Kristian Höpping

Ein Beitrag zur Potenzialanalyse von reifenfülldruckbasierten Fahrerassistenzsystemen

Kraftfahrzeugtechnische Berichte
Herausgegeben von Prof. Dr. Klaus Augsburg
Fachgebiet Kraftfahrzeugtechnik an der
TU Ilmenau

Band 11

Ein Beitrag zur Potenzialanalyse von reifenfülldruckbasierten Fahrerassistenzsystemen

Kristian Höpping

Universitätsverlag Ilmenau
2019

Impressum

Bibliografische Information der Deutschen Nationalbibliothek
Die Deutsche Nationalbibliothek verzeichnet diese Publikation in der Deutschen Nationalbibliografie; detaillierte bibliografische Angaben sind im Internet über http://dnb.d-nb.de abrufbar.

Diese Arbeit hat der Fakultät für Maschinenbau der Technischen Universität Ilmenau als Dissertation vorgelegen.

Tag der Einreichung:	15. Oktober 2018
1. Gutachter:	Univ.-Prof. Dr.-Ing. Klaus Augsburg (Technische Universität Ilmenau)
2. Gutachter:	Univ.-Prof. Dr. rer. nat. Hermann Winner (Technische Universität Darmstadt)
3. Gutachter:	Dr.-Ing. Maik Jeschor (DEKRA Automobil GmbH)
Tag der Verteidigung:	10. Mai 2019

Technische Universität Ilmenau/Universitätsbibliothek
Universitätsverlag Ilmenau
Postfach 10 05 65
98684 Ilmenau
http://www.tu-ilmenau.de/universitaetsverlag

ISSN 1865-0880
ISBN 978-3-86360-209-3 (Druckausgabe)
URN urn:nbn:de:gbv:ilm1-2019000296
DOI 10.22032/dbt.39319

Titelgrafik: Veit Henkel | Fakultät für Maschinenbau, TU Ilmenau

Vorwort

Die vorliegende Dissertationsschrift entstand während meiner Tätigkeit als wissenschaftlicher Mitarbeiter am Fachgebiet Kraftfahrzeugtechnik der Technischen Universität Ilmenau. An dieser Stelle möchte ich mich bei allen Personen bedanken, die mich bei der Erstellung der Forschungsarbeit unterstützt haben.

Mein ganz besonderer Dank gilt Herrn Univ.-Prof. Dr.-Ing. Klaus Augsburg, der die Arbeit anregte, die Durchführung dieser Arbeit ermöglichte und sie fachlich betreut hat. Von seiner Bereitschaft, die wissenschaftliche Eigenständigkeit zu fördern, habe ich sehr profitiert. Für die stets gewährte Selbstständigkeit und das damit bewiesene Vertrauen möchte ich mich herzlichst bedanken.

Weiterhin möchte ich mich bei Herrn Univ.-Prof. Dr. rer. nat. Hermann Winner und Herrn Dr.-Ing. Maik Jeschor für die kritische Durchsicht der Arbeit und die Übernahme der Gutachten bedanken.

Für die kollegiale Arbeitsatmosphäre, die wertvollen Diskussionen und die konstruktiven Gespräche möchte ich mich bei allen aktuellen und ehemaligen Mitarbeitern des Fachgebiets Kraftfahrzeugtechnik bedanken. Mein besonderer Dank gilt den Studierenden, die durch ihre engagierte Unterstützung zum Gelingen dieser Arbeit beigetragen haben.

Großer Dank gebührt meinen Eltern, die mir diese Ausbildung ermöglicht haben und jederzeit ein wichtiger Rückhalt für mich waren. Meine Familie hat mir immer ihre vollste Unterstützung zukommen lassen, damit ich meinen Interessen folgen konnte.

Nicht (mehr) zu kurz kommen sollen auch meine Söhne Frederik und Franz. Für die immer wieder aufgebrachte Geduld und das entgegengebrachte Verständnis, wenn Papa am Wochenende arbeitete, danke ich Euch sehr.

Mein letzter, aber größter Dank gilt meiner Frau Christiane. Ich kann mich nicht genug dafür bedanken, dass Du mich immer bedingungslos unterstützt, wiederkehrend motiviert und mir stets den Rücken zum Anfertigen der vorliegenden Dissertation freigehalten hast.

Ilmenau, im Mai 2019 Kristian Höpping

Kurzfassung

Bei der Wahl des optimalen Reifenfülldrucks besteht ein sehr großes Spannungsfeld zwischen sich gegenüberstehenden Komfort-, Sicherheits- und Umweltanforderungen. Eine intelligent geregelte Reifenfülldruckregelanlage (RDRA), die den Reifeninnendruck hochdynamisch und radselektiv in Abhängigkeit des Fahrzeug- und Fahrbahnzustands adaptiert, verspricht ein großes Potenzial zur Minimierung der Zielkonflikte. Im Rahmen dieser Forschungsarbeit wird eine Methodik zur Realisierung und Bewertung der Leistungsfähigkeit eines reifenfülldruckbasierten Fahrerassistenzsystems erarbeitet.

Die Entwicklung eines Reifenmessanhängers sowie eines Corner-Modul-Prüfstands als mobile bzw. stationäre Prüfeinrichtung zur Charakterisierung von Reifeneigenschaften unter Real- bzw. Laborbedingungen sowie die Erarbeitung einer Mess- und Auswertemethode erlauben die Untersuchung des Kraftschlussverhaltens von Reifen. Neben der Bewertung verschiedener Einflussgrößen quantifizieren die analysierten Messergebnisse erstmals den Einfluss großer Reifenfülldruckvariationen auf das Umfangskraftverhalten von Pkw-Reifen. Da die Reifencharakteristiken, die im Labor auf Prüfstandstrommeln sowie auf realer Asphaltfahrbahn erfasst wurden, teilweise voneinander abweichen, wird eine Umrechnungsmethode erarbeitet, die den Fahrbahnkrümmungseinfluss berücksichtigt. Das Verfahren erlaubt es, Umfangskraftbeiwert-Schlupf-Kennlinien anhand von Reifenlatschmessungen zu skalieren. Schließlich wird die allgemeingültige Anwendbarkeit des Umrechnungsverfahrens sowie der Einfluss der Fahrbahnbeschaffenheit auf das bestimmte Kraftschlussverhalten diskutiert.

Der Reifen ist das einzige Bindeglied zwischen dem Kraftfahrzeug und der Fahrbahn. Für numerische Analysen ist die Wahl geeigneter Reifenmodelle sowie die Gewährleistung geringer Approximationsfehler daher unabdingbar. Zur Abbildung des Reifenverhaltens werden die für Fahrdynamiksimulationen besonders relevanten *Magic Formula*-, *HSRI*- und *Deur*-Reifenmodelle für große Reifenfülldruckvariationen erweitert. Eine entwickelte Parametrisierungsmethode erlaubt es, die Koeffizienten der Modelle anhand der Messdaten zu identifizieren. Mit den im Rahmen der hier vorliegenden Forschungsarbeit eingeführten Modellerweiterungen wird erstmals die Möglichkeit geschaffen, mit den genannten Reifensimulationsmodellen große Reifenfülldruckvariationen zu berücksichtigen.

Ein entwickeltes Gesamtfahrzeug-Co-Simulationsmodell zur numerischen Berechnung des Fahrdynamikverhaltens von Kraftfahrzeugen erlaubt, neben der Implementierung der erweiterten Reifenmodellgleichungen, die Integration eines parametrisierten Radschlupfregelsystems sowie einer erarbeiteten Reifenfülldruckregelanlage als MIL-Modelle. Der interdisziplinäre und ganzheitliche Simulationsansatz bietet erstmals die

Möglichkeit, den Einfluss einer radselektiven, hochdynamischen Reifenfülldruckadaption auf die Fahrdynamik von Kraftfahrzeugen zu bewerten. Der Einfluss verschiedener Parametervariationen sowie die Analyse unterschiedlicher Regelphilosophien auf das im Fokus der Forschung stehende Bremswegverkürzungspotenzial wird dargestellt. Die Resultate erlauben die Schlussfolgerung, dass mithilfe einer gezielten Reifenfülldruckadaption der Bremsweg signifikant verringert werden kann.

Schließlich werden die Komponenten einer Reifenfülldruckverstellanlage ausgelegt und, zusammen mit einer entwickelten Regelstrategie, in einem Demonstratorfahrzeug implementiert. Damit wird erstmals eine hochdynamische Reifenfülldruckregelanlage in einem Versuchsfahrzeug realisiert und die Möglichkeit geschaffen, das Potenzial einer intelligent geregelten, hochdynamischen Reifenfülldruckregelanlage als Fahrerassistenzsystem experimentell zu bewerten. Durch umfangreiche Fahrversuche auf einem Testgelände wird das Gesamtfahrzeug-Co-Simulationsmodell validiert. Ein Vergleich numerisch berechneter und experimentell analysierter Bremsweguntersuchungen erlaubt es, die Leistungsfähigkeit der erweiterten Reifenmodelle zur Simulation des Bremswegverkürzungspotenzials durch eine Reifeninnendruckadaption zu bewerten. Nicht zuletzt durch die Analyse des Kraftübertragungsverhaltens im Reifen-Fahrbahn-Kontakt mithilfe eines Radkraftsensors wird das Wirkprinzip eines reifenfülldruckbasierten Fahrerassistenzsystems nachgewiesen.

Mit der vorliegenden Forschungsarbeit wird ein Beitrag zur simulativen und experimentellen Bewertung des Potenzials, insbesondere zur Bremswegverkürzung, eines reifenfülldruckbasierten Fahrerassistenzsystems geleistet.

Abstract

Since the tyre inflation pressure has a significant influence on comfort, safety and environmental behaviour, the choice of the optimal inflation pressure is always a conflict of aims. An intelligent controlled Tire Pressure Control System (TPCS), that adapts the inflation pressure highly dynamic and wheel-selective according to the vehicle and road conditions, promises a high potential to minimize this conflict of aims. With this work a methodology to realise and to evaluate the performance of a tyre inflation pressure based driver-assistance system was developed.

The development of a Tyre Test Trailer and a Corner Module Test Rig as a mobile, respectively stationary, testing device to acquire tyre characteristics under real, respectively laboratory, conditions as well as the development of a measurement and evaluation method allow to investigate the traction characteristics of tyres. In addition to the evaluation of different influencing parameters, the analysed measurement results quantify the influence of large inflation pressure variations on tangential force behaviour of passenger car tyres for the first time. Since the tyre characteristics, acquired in the laboratory on the drums as well as on a real asphalt road, deviate occasionally, a conversion method to consider the track surface curvature was developed. The procedure allows to scale tangential force-slip-characteristics according to tyre footprint measurements. Eventually, the universal application of the conversion method and the influence of the track surface texture on the traction behaviour were discussed.

The tyre is the single connection between the vehicle and the road. Consequently, the choice of appropriate tyre simulation models as well as the guarantee of small approximation errors are essential for numerical analyses. To describe the tyre behaviour, the for vehicle dynamics simulations especially relevant *Magic Formula*, *HSRI* and *Deur* tyre models were extended for large inflation pressure changes. A developed parametrisation method allows to identify the model coefficients by the measured data. With the introduced model extensions a possibility to consider large tyre inflation pressure changes is presented for the first time.

A created complete vehicle co-simulation model to calculate the driving dynamics of vehicles allows, in addition to the implementation of the extended tyre model equations, the integration of a parametrised anti-lock braking system and a developed Tire Pressure Control System as MIL models. The interdisciplinary and integrated simulation approach offers initially the possibility to evaluate the influence of a wheel-selective, highly dynamic inflation pressure adaptation on vehicle dynamics. The influence of different parameter variations as well as the analysis of different control strategies on the potential of increasing braking performance, which is a focus of this research work, were described. The results lead to the conclusion, that a specific adaptation of the tyre inflation pressure can reduce the stopping distance significantly.

Subsequently, the components of a Tire Pressure Control System were designed and, together with a developed control strategy, implemented to a demonstrator vehicle. For the first time a test vehicle with a highly dynamic Tire Pressure Control System was realised. Thereby a facility was created to evaluate experimentally the potential of an intelligent controlled, highly dynamic Tire Pressure Control System. On the basis of comprehensive driving tests on a proving ground the complete vehicle co-simulation model was validated. A comparison of numerically calculated and experimentally determined braking manoeuvres allowed to evaluate the performance of the enhanced tyre models to simulate the potential to reduce the stopping distance by adapting the inflation pressure. Not least because of the analysis of the grip performance in the tyre-road-contact with a wheel force transducer, the operating principle of a tyre inflation pressure based driver-assistance system was proved.

The presented work provides a substantial contribution to evaluate the potential of a tyre inflation pressure based driver-assistance system, especially for reducing the stopping distance.

Inhaltsverzeichnis

Vorwort V

Kurzfassung VII

Abstract IX

Inhaltsverzeichnis XI

Abbildungsverzeichnis XV

Tabellenverzeichnis XIX

Abkürzungsverzeichnis XXI

Symbolverzeichnis XXIII

1 Einleitung 1
1.1 Motivation 1
1.2 Zielsetzung und Aufbau der Arbeit 5

2 Stand der Forschung 7
2.1 Kraftübertragung am Reifen 7
2.1.1 Aufbau von Luftreifen 7
2.1.2 Theorie der Gummireibung 9
2.1.3 Kraftschlussverhalten zwischen Reifen und Fahrbahnoberfläche 12
2.1.4 Einflussgrößen auf das Kraftschlussverhalten 18
2.2 Einfluss des Reifenfülldrucks auf Reifencharakteristiken 25
2.2.1 Einfluss des Reifenfülldrucks auf das Kraftschlussverhalten 25
2.2.2 Einfluss des Reifenfülldrucks auf den Bremsweg 30
2.2.3 Einfluss des Reifenfülldrucks auf den Rollwiderstand 31
2.2.4 Einfluss des Reifenfülldrucks auf den Fahrkomfort 34
2.2.5 Einfluss des Reifenfülldrucks bei nachgiebigen Fahrbahnen 34
2.3 Charakterisierung von Reifeneigenschaften 35
2.4 Reifenmodelle 38
2.4.1 Klassifizierung der Reifenmodelle 38
2.4.2 Das *Magic Formula* Reifenmodell 44
2.4.3 Das *HSRI* Reifenmodell 48
2.4.4 Das *Deur* Reifenmodell 49
2.4.5 Transientes Reifenkraftverhalten 50
2.5 Reifenfülldruckregelanlagen (RDRA) 55
2.5.1 Entwicklungshistorie von Reifenfülldruckregelanlagen 55
2.5.2 Technische Umsetzungen von Reifenfülldruckregelanlagen 57
2.5.3 Konzepte neuartiger Reifenfülldruckregelungen 59
2.6 Forschungsbedarf 65

3 Abschätzung des Bremswegverkürzungspotenzials durch eine Reifenfülldruckadaption 69
3.1 Versuchsfahrzeuge, Messwerterfassung und Versuchsdurchführung 69
3.2 Diskussion der Messergebnisse 72
3.3 Fazit 82

4 Messeinrichtungen, -methode und -programm zur Charakterisierung von Reifeneigenschaften 83
4.1 Reifenmessanhänger (RMA) 83
4.1.1 Konstruktive Entwicklung des Reifenmessanhängers 83
4.1.2 Mess- und Regeltechnik des Reifenmessanhängers 85
4.1.3 Inbetriebnahme des Reifenmessanhängers 87
4.2 Corner-Modul-Prüfstand (CMP) 88
4.2.1 Konstruktive Entwicklung des Corner-Modul-Prüfstands 88
4.2.2 Mess- und Regeltechnik des Corner-Modul-Prüfstand 90
4.2.3 Inbetriebnahme des Corner-Modul-Prüfstands 92
4.3 Prüfablauf von Umfangskraft-Schlupf-Kennlinien-Untersuchungen 92
4.4 Automatisierte Auswertung der Messergebnisse 96
4.5 Charakteristische Eigenschaften und Vergleich der Messeinrichtungen 100
4.6 Messprogramm 108
4.7 Fazit 110

5 Diskussion der Messergebnisse 113
5.1 Reifenmessanhänger auf trockener Asphalt-Fahrbahn 113
5.2 Reifenmessanhänger auf nasser Niedrigreibwertfahrbahn 118
5.3 Corner-Modul-Prüfstand auf gekrümmter Laborfahrbahn 122
5.4 Vergleich der Messungen auf unterschiedlichen Fahrbahnoberflächen 126
5.5 Umrechnungsvorschrift zur Berücksichtigung des Krümmungseinflusses . . . 132
5.5.1 Bekannte Umrechnungsvorschriften 132
5.5.2 Entwicklung einer eigenen Umrechnungsvorschrift 135
5.5.3 Diskussion der allgemeingültigen Anwendbarkeit 142
5.6 Diskussion des Fahrbahntextureinflusses auf das Kraftschlussverhalten . . . 144
5.7 Fazit 151

6 Erweiterung von Reifenmodellen für große Reifenfülldruckvariationen 153
6.1 Parametrisierung von Reifenmodellen 153
6.2 Erweitung des *MF* Reifenmodells für große Reifenfülldruckvariationen . . . 156
6.2.1 Modellierung des quasistationären Reifenmodells 156
6.2.2 Modellierung des dynamischen Radhalbmessers 163
6.2.3 Modellierung des transienten Reifenverhaltens 165
6.3 Erweitung des *HSRI* Reifenmodells für große Reifenfülldruckvariationen . . 167
6.4 Erweitung des *Deur* Reifenmodells für große Reifenfülldruckvariationen . . . 172
6.5 Vergleich der Reifenmodelle 177
6.6 Fazit 180

7 Gesamtfahrzeug-Co-Simulation zur Potenzialbewertung einer hochdynamischen RDRA 183
7.1 Aufbau des Gesamtfahrzeug-Co-Simulationsmodells 183
7.1.1 Komponentenmodell des Bremssystems 185
7.1.2 ABS-Regelalgorithmus 186
7.1.3 Reifenmodell 189

7.1.4 Modell der Reifenfülldruckregelung (RDR) . . . 190
7.1.5 Fahrmanöver . . . 191
7.2 Diskussion der Simulationsergebnisse . . . 191
7.2.1 Sensitivitätsanalyse bremswegrelevanter Einflussgrößen . . . 191
7.2.2 Bremswegsimulationen mit reifenfülldruckabhängigen Reifenmodellen 194
7.3 Fazit . . . 202

8 Entwicklung einer hochdynamischen Reifenfülldruckregelanlage 205
8.1 Auslegung einer Reifenfülldruckregelanlage . . . 205
8.1.1 Modellierung einer Reifenfülldruckregelanlage . . . 205
8.1.2 Analyse der Parametervariation . . . 209
8.2 Aufbau des Demonstrators . . . 212
8.2.1 Auswahl der Pneumatik-Komponenten . . . 212
8.2.2 Validierung des RDRA-Simulationsmodells . . . 214
8.3 Entwicklung einer Regelstrategie zur hochdynamischen Fülldruckanpassung 217
8.3.1 Regelalgorithmus zur automatischen Reifeninnendruckadaption . . . 217
8.3.2 Entwicklung einer Ventilregelung . . . 219
8.4 Fazit . . . 220

9 Experimentelle Bremsweguntersuchungen zur Potenzialbewertung einer hochdyn. RDRA 223
9.1 Versuchsfahrzeug, Messwerterfassung und Versuchsdurchführung . . . 223
9.2 Bremswegversuche auf trockener Asphalt-Fahrbahn . . . 224
9.3 Bremswegversuche auf nasser Niedrigreibwertfahrbahn . . . 228
9.4 Analyse des zeitlichen Radkraftverlaufs während der Reifenfülldruckregelung 232
9.5 Vergleich der Simulations- und Fahrversuchsergebnisse . . . 234
9.6 Fazit . . . 241

10 Zusammenfassung und Ausblick 245
10.1 Zusammenfassung . . . 245
10.2 Ausblick . . . 247

Literaturverzeichnis A-1

A Anhang A-37
A.1 Auslegung des elektro-servohydraulischen Bremssystems für den RMA . . . A-37
A.2 Spezifikation der Versuchsfahrzeuge . . . A-40
A.3 Am RMA verwendete Komponenten des Bremssystems . . . A-41
A.4 Am Reifenmessanhänger verwendete Messtechnik . . . A-42
A.5 Am Corner-Modul-Prüfstand verwendete Messtechnik . . . A-43
A.6 Architektur des Mess- und Regelsystems des Reifenmessanhängers . . . A-44
A.7 Rad-Koordinatensysteme . . . A-46
A.8 Messprogramm . . . A-48
A.9 Einfluss des Versatzes zwischen Messrad und Laufrolle auf μ_x . . . A-50
A.10 Vergleich der parametrisierten *Magic Formula* Modelle . . . A-52
A.11 Auf verschiedenen Fahrbahnkrümmungen ermittelte Reifencharakteristiken . A-53
A.12 Ermittelte Flächenpressungsverteilungen im Reifenlatsch . . . A-58
A.13 Mit dem Versuchsfahrzeug ermittelte Umfangskraftbeiwert-Schlupf-Verläufe A-60

Abbildungsverzeichnis

1.1 Grenzwertkurve für den zulässigen CO_2-Ausstoß und Herstelleremissionen . 1
1.2 Anteile am Gesamtfahrwiderstand bei Konstantfahrt 2
1.3 Anteile am Gesamtfahrwiderstand in Abhängigkeit des Fahrzyklus 2

2.1 Aufbau eines Reifens 8
2.2 Hauptkomponenten zur Kraftwirkung zwischen dem Reifen und der Fahrbahn 10
2.3 Einfluss der Gleitgeschwindigkeit auf die Adhäsions- und Hysteresereibung . 11
2.4 Vergleich der Gummireibungstheorie mit COLOUMBschen Reibgesetzen . . . 11
2.5 Labormessung des Kraftschlussbeiwerts 12
2.6 Aufteilung von Deformations- und Gleitschlupf nach KUMMER & MEYER . 13
2.7 Weg eines Profilelements durch den Reifenlatsch 15
2.8 Tangentialspannungsverlauf im Reifenlatsch 16
2.9 Typischer Verlauf einer Umfangskraft-Schlupf-Kennlinie 17
2.10 Einfluss von mu_x und F_z auf die übertragbare Umfangskraft 18
2.11 Einflussgrößen auf den Reibwert im Reifen-Fahrbahn-Kontakt 19
2.12 3-Zonen-Modell zur Verdrängung des Wasserfilms im Reifenlatsch 19
2.13 Experimentell ermittelter Einfluss von F_z auf die μ_x-λ_x-Kennlinie 23
2.14 Experimentell ermittelter Einfluss von p_R auf die μ_x-λ_x-Kennlinie 26
2.15 Einfluss des Reifenfülldrucks auf den Umfangskraftbeiwert bei Nässe 27
2.16 Erklärung des Rollwiderstands 32
2.17 Einfluss des Reifenfülldrucks auf den Rollwiderstand 33
2.18 Einfluss des Reifenfülldrucks auf die Vertikalsteifigkeit von Reifen 34
2.19 Vergleich von Prüfständen zur Charakterisierung von Reifeneigenschaften . 36
2.20 Einteilung der Reifenmodelle und Anwendungsbereiche 44
2.21 Grafische Darstellung der *Magic Formula* Grundformel 47
2.22 Modell für transientes Reifenkraftverhalten in Umfangsrichtung 51
2.23 Aufbau der Reifendruckregelung am *Kamm-Wagen K1* 55
2.24 Schema *Fendt* Traktor mit einer Reifenfülldruckregelanlage 58
2.25 Anlagenschema der *ALR* am Demonstratorfahrzeug 62
2.26 Druckregelstrategie der *ALR* nach der Fahrzeuggeschwindigkeit 63
2.27 Schema Mess- und Regeltechnik des Funktionsdemonstrators 64
2.28 Funktionsdemonstrator auf dem Testgelände 64

3.1 Mit dem *Transporter* experimentell ermittelte Bremswege 73
3.2 Für den *Transporter*-Reifen experimentell ermittelte F_x-Schlupf-Kennlinien 74
3.3 Mit dem *Sportwagen 1* experimentell ermittelte Bremswege 75
3.4 Mit dem *Sportwagen 2* experimentell ermittelte Bremswege 76
3.5 Mit dem *Kompaktfahrzeug* experimentell ermittelte Bremswege 79
3.6 Mit dem *Kompaktfahrzeug* auf nasser Fahrbahn ermittelte s_L- und F_z-Verläufe 80
3.7 Mit dem *Kompaktfahrzeug* auf nasser Fahrbahn ermittelte Messwertverläufe 81

4.1 Perspektivische Ansicht des Reifenmessanhängers 85
4.2 Reifenmessanhänger mit Zugfahrzeug auf dem Testgelände 87
4.3 CAD-Modell des Vier-Rollen-Prüfstands mit montierten CMP 90
4.4 Softwarearchitektur zur Regelung und Messwerterfassung am CMP 91
4.5 An hinterer, rechter Prüfstandstrommel montierter Corner-Modul-Prüfstand 92
4.6 Rohsignale und Mittelung der Umfangskraftbeiwert-Schlupf-Kennlinien . . . 99
4.7 Programmabalauf zur automatisierten Auswertung der Messergebnisse . . . 100
4.8 Vergleich der Rohsignale der Wiederholungsmessungen 101
4.9 Vergleich Reproduzierbarkeit der Messergebnisse am RMA 102
4.10 Vergleich Reproduzierbarkeit der Messergebnisse am CMP 102
4.11 Mit RMA auf 48"-Trommel analysierte Wiederholungsmessungen 103
4.12 Für den SUV-Reifen mit RMA und CMP ermittelte μ_x-$\lambda_{x,B}$-Kennlinien . . 105
4.13 Messplan zur Charakterisierung der Reifeneigenschaften 110

5.1 Mit dem RMA auf trockener Asphaltfahrbahn ermittelte Reifenkennlinien . 113
5.2 Mit dem RMA auf trockener Asphaltfahrbahn ermittelte Umfangssteifigkeiten 114
5.3 Mit dem RMA auf trockener Fahrbahn ermittelte max. Umfangskraftbeiwerte 116
5.4 Mit dem RMA auf trockener Asphaltfahrbahn ermittelte krit. Schlupfwerte 117
5.5 Mit dem RMA auf trockener Asphaltfahrbahn ermittelte Reibwertverhältnisse 118
5.6 Mit dem RMA auf nasser Niedrigreibwertfahrbahn ermittelte Reifenkennlinien 119
5.7 Mit dem RMA auf nasser Fahrbahn ermittelte Umfangssteifigkeiten 119
5.8 Mit dem RMA auf nasser Fahrbahn ermittelte max. Umfangskraftbeiwerte . 120
5.9 Mit dem RMA auf nasser Fahrbahn ermittelte kritische Schlupfwerte 121
5.10 Mit dem RMA auf nasser Fahrbahn ermittelte Reibwertverhältnisse 122
5.11 Mit dem CMP auf der 48"-Lauftrommel ermittelte Reifenkennlinien 123
5.12 Mit dem CMP auf der 48"-Lauftrommel ermittelte Umfangssteifigkeiten . . 123
5.13 Mit dem CMP auf der 48"-Lauftrommel ermittelte max. Umfangskraftbeiwerte 124
5.14 Mit dem CMP auf der 48"-Lauftrommel ermittelte kritische Schlupfwerte . . 125
5.15 Mit dem CMP auf der 48"-Lauftrommel ermittelte Reibwertverhältnisse . . 126
5.16 Für den SUV-Reifen auf untersch. Krümmungen ermittelte Reifenkennlinien 127
5.17 Für den SUV-Reifen auf untersch. Krümmungen erm. Umfangssteifigkeiten . 128
5.18 Für den SUV-Reifen mit RMA erm. Verhältnisse der Umfangssteifigkeiten . 129
5.19 Für den SUV-Reifen auf untersch. Krümmungen erm. $\mu_{x,max}$-Werte 129
5.20 Für den SUV-Reifen mit RMA erm. Verhältnisse der $\mu_{x,max}$-Werte 130
5.21 Für den SUV-Reifen in Abhängigkeit der Krümmung ermittelte Latschlängen 137
5.22 Verhältnisse der Latschlängen des SUV-Reifens in Abh. der Krümmung . . . 138
5.23 Für den SUV-Reifen in Abh. der Krümmung erm. mittlere Flächenpressungen 138
5.24 Verhältnisse der Flächenpressungen des SUV-Reifens in Abh. der Krümmung 139
5.25 Für ausgewählte Latschkenngrößen errechnete statistische Kenngrößen . . . 140
5.26 Anw. der Korrekturmethode für am CMP erm. Umfangssteifigkeiten 143
5.27 Anw. der Korrekturmethode für am CMP erm. max. Umgangskraftbeiwerte 143
5.28 Anw. der Korrekturmethode für am CMP erm. Reifenkennlinien 143
5.29 Untersuchte Fahrbahnoberflächen 145
5.30 Oberflächenprofil der untersuchten Fahrbahnen 145
5.31 Flächenpressungsverteilung auf der Asphaltfahrbahn 146
5.32 Flächenpressungsverteilung auf der 75"-Prüfstandstrommel 146
5.33 Effektive Latschfläche in Abhängigkeit von p_R und der Fahrbahnoberfläche . 147
5.34 Einfluss der Fahrbahntextur auf die effektive Latschfläche 148
5.35 Mit *Tekscan*-Foliensensor auf der Ebene bestimmte Latschlängen 148
5.36 Reifenfülldruckeinfluss auf die relative Flächen- und Längenänderung 150

6.1 Programmablauf zur autom. Identifikation der Reifenmodellparameter . . . 156
6.2 Parameteridentifikation des maximalen Umfangskraftbeiwerts $\mu_{x,max}$ 161
6.3 Parameteridentifikation des Biegefaktors E_x 161
6.4 Parameteridentifikation der Umfangsteifigkeit C_λ 161
6.5 Parameteridentifikation des Formfaktors C_x 161
6.6 Parametrisiertes *MF* v2012 Modell (RMA auf nasser Fahrbahn) 162
6.7 Parametrisiertes erweitertes *MF* Modell (RMA auf nasser Fahrbahn) 162
6.8 Radien am rollenden Reifen 163
6.9 Einfluss der Radlast auf den statischen und dynamischen Reifenradius . . . 164
6.10 Approximation des dyn. Reifenradius in Abhängigkeit von F_z und p_R 165
6.11 Für den SUV-Reifen ermittelte Längssteifigkeit c_x 166
6.12 Parameteridentifikation der Längssteifigkeit c_x 166
6.13 Für den SUV-Reifen ermittelte Einlauflängen in Abhängigkeit von F_z und p_R 167
6.14 Vergleich *HSRI* Basis-Reifenmodell und erw. *HSRI* Reifenmodell 168
6.15 Parameteridentifikation der Umfangsteifigkeit C_λ 171
6.16 Parameteridentifikation des theor. angenommenen Haftreibbeiwerts μ_p . . . 171
6.17 Parameteridentifikation des Gleitreibbeiwerts μ_s 171
6.18 Parametrisiertes erweitertes *HSRI* Modell (CMP auf 75“-Trommel) 172
6.19 Parameteridentifikation des Anpassungsfaktors κ_D 176
6.20 Parameteridentifikation des COULOMBschen Kraftschlussbeiwerts μ_c 176
6.21 Parameteridentifikation des statischen Kraftschlussbeiwerts μ_{st} 176
6.22 Parameteridentifikation der Latschläne L_L 176
6.23 Parametrisiertes erweitertes *Deur* Modell (RMA auf trockener Fahrbahn) . 176
6.24 Für parametrisierte Reifenmodelle errechnete Approximationsfehler 179
6.25 Vergleich Kennlinien für *MF*-, *HSRI*- und *Deur*-Reifenmodelle 180

7.1 Schema Gesamtfahrzeug-Co-Simulationsmodell 184
7.2 ABS-Regelbereiche in Abh. des Fahrbahnzustands und des Schräglaufwinkels 186
7.3 ABS-Regelzyklus 188
7.4 Synthetische *Magic Formula* Reifenkennlinien 192
7.5 Einfluss der *Magic Formula*-Parameter auf Bremsweg und ABS-Regelgüte . 193
7.6 Simulierte Bremswege auf trockener Fahrbahn in Abh. des Reifenmodells . . 195
7.7 Simulierte Bremswege auf nasser Fahrbahn in Abhängigkeit des Reifenmodells 196
7.8 Simulierte Bremswege in Abhängigkeit der ABS-Parametrisierung 199
7.9 Simulierte Bremswege in Abhängigkeit der Reifenmodellparametrisierung . . 200
7.10 Simulierte Bremswege in Abhängigkeit der RDRA-Parametrisierung 201

8.1 Pneumatikschaltplan der hochdynamischen Reifenfülldruckregelanlage . . . 206
8.2 Simulierte Ein- und Auslasszeiten in Abhängigkeit von C_V und D_R 210
8.3 Simulierte Einlasszeiten in Abhängigkeit von V_T und D_R 211
8.4 Reifenfülldruck- und Speicherdruckverlauf in Abhängigkeit von V_T 212
8.5 Schema Verbau der Pneumatikkompontenten am Versuchsfahrzeug 213
8.6 Versuchsfahrzeug *Range Rover Evoque* auf dem Testgelände 213
8.7 Schema Mess- und Regeltechnik am Versuchsfahrzeug *Range Rover Evoque* 214
8.8 Vergleich der simulierten und gemessenen Reifenfülldruckänderung 216
8.9 Vgl. der simulierten und gemessenen Ein- und Auslasszeiten am Versuchsfzg. 216
8.10 Zuschaltschwelle des Notbremsassistenten 218
8.11 Schematische Darstellung der Ventillogik 220

9.1 Mit dem Versuchsfahrzeug auf trockener Fahrbahn ermittelte Bremswege . . 225
9.2 μ_x-Schlupf-Verläufe während der Bremsung auf trockener Fahrbahn 225

9.3 Mit dem Versuchsfahrzeug auf trockener Fahrbahn erm. Messwertverläufe . 226
9.4 Häufigkeitsverteilung der erfassten Bremsdrücke auf trockener Fahrbahn . . 228
9.5 Mit dem Versuchsfahrzeug auf nasser Fahrbahn ermittelte Bremswege . . . 229
9.6 μ_x-Schlupf-Verläufe während der Bremsung auf nasser Fahrbahn 230
9.7 Mit dem Versuchsfahrzeug auf nasser Fahrbahn ermittelte Messwertverläufe 231
9.8 Häufigkeitsverteilung der erfassten Bremsdrücke auf nasser Fahrbahn 232
9.9 Experimentell ermittelte Messwertverläufe mit aktiver RDR bei Teilbremsung 233
9.10 Vergleich der Bremswege in Abhängigkeit der Reifenmodelle 235
9.11 Vergleich simulierter und gemessener μ_x-$\lambda_{x,B}$-Verlauf auf trockener Fahrbahn 236
9.12 Vergleich der Bremswege in Abhängigkeit der Modellparametrisierung . . . 237
9.13 Vergleich der Bremswege in Abhängigkeit der ABS-Parametrisierung 238
9.14 Vergleich simulierter und gemessener μ_x-$\lambda_{x,B}$-Verlauf auf nasser Fahrbahn . 238
9.15 Parametrisierung des *MF*-Reifenmodells mit dem Versuchsfahrzeug 240
9.16 Vergleich simulierte und experimentell ermittelte Bremswege 240

10.1 Für den Sport-Reifen unter klimatisierten Bedingungen erm. Reifenkennlinien 250

A.1 Schema Bremssystem zur Realisierung des Bremsschlupfs A-38
A.2 RT-Softwarearchitektur zur Regelung und Messwerterfassung am RMA . . . A-45
A.3 TYDEX-W- und TYDEX-C-Koordinatensystem A-47
A.4 Messplan der experimentellen Analysen unter Realbedingungen A-48
A.5 Messplan der experimentellen Analysen unter Laborbedingungen A-49
A.6 Positionierung des Messrads auf der Laufrolle des *MaSTeR*-Prüffelds A-50
A.7 Relative Abweichung zwischen realen und gemessenen Umfangskraftbeiwert A-51
A.8 Parametrisiertes *MF* v2012 Modell (CMP auf 48"-Trommel) A-52
A.9 Parametrisiertes erweitertes *MF* Modell (CMP auf 48"-Trommel) A-52
A.10 Für den Eco-Reifen auf unterschiedl. Krümmungen erm. Reifenkennlinien . A-53
A.11 Für den Sport-Reifen auf unterschiedl. Krümmungen erm. Reifenkennlinien A-53
A.12 Für den SUV-Reifen auf unterschiedl. Krümmungen erm. Reifenkennlinien . A-53
A.13 Für den Eco-Reifen auf unterschiedl. Krümmungen erm. Umfangssteifigkeiten A-54
A.14 Für den Sport-Reifen ermittelte Umfangssteifigkeiten A-54
A.15 Für den SUV-Reifen auf unterschiedl. Krümmungen erm. Umfangssteifigkeiten A-54
A.16 Für den Eco-Reifen ermittelte max. Umfangskraftbeiwerte A-55
A.17 Für den Sport-Reifen ermittelte max. Umfangskraftbeiwerte A-55
A.18 Für den SUV-Reifen ermittelte max. Umfangskraftbeiwerte A-55
A.19 Für den Eco-Reifen auf unterschiedl. Krümmungen erm. krit. Schlupfwerte . A-56
A.20 Für den Sport-Reifen auf unterschiedl. Krümmungen erm. krit. Schlupfwerte A-56
A.21 Für den SUV-Reifen auf unterschiedl. Krümmungen erm. krit. Schlupfwerte A-56
A.22 Für den Eco-Reifen auf unterschiedl. Krümmungen erm. Reibwertverhältnisse A-57
A.23 Für den Sport-Reifen ermittelte Reibwertverhältnisse A-57
A.24 Für den SUV-Reifen auf unterschiedl. Krümmungen erm. Reibwertverhältnisse A-57
A.25 μ_x-$\lambda_{x,B}$-Verläufe während der Bremsung auf trockener Fahrbahn A-60
A.26 μ_x-$\lambda_{x,B}$-Verläufe während der Bremsung auf nasser Fahrbahn A-60

Tabellenverzeichnis

2.1 Übersicht Reifenmodelle 39

3.1 Übersicht der Versuchsfahrzeuge 70

4.1 Spezifikation des Reifenmessanhängers 88
4.2 Vergleich der Prüfstandsvarianten 107
4.3 Spezifikation der untersuchten Reifen 109

5.1 Für den SUV-Reifen ermittelte Flächenpressungsverteilungen 136
5.2 Berechnete Oberflächenkennwerte der untersuchten Fahrbahnen 144

6.1 Bezeichnung der Koeffizienten zur Erweiterung des *MF*-Reifenmodells . . . 159
6.2 Bezeichnung der Koeffizienten zur Erweiterung des *HSRI*-Reifenmodells . . 170
6.3 Bezeichnung der Koeffizienten zur Erweiterung des *Deur*-Reifenmodells . . . 175
6.4 Für parametrisierte Reifenmodelle errechnete Approximationsfehler 178

8.1 Vergleich der Simulationsmodelle 215

A.1 Spezifikation der Versuchsfahrzeuge A-40
A.2 Spezifikation der Komponenten des elektro-servohydraulischen Bremssystems A-41
A.3 Spezifikation der verwendeten Messtechnik am Reifenmessanhänger A-42
A.4 Spezifikation der verwendeten Messtechnik am Corner-Modul-Prüfstand . . A-43
A.5 Für den Eco-Reifen ermittelte Flächenpressungsverteilungen A-58
A.6 Für den Sport-Reifen ermittelte Flächenpressungsverteilungen A-59
A.7 In Abhängigkeit der Krümmung bestimmte Verhältnisse der Latschlängen . A-59

Abkürzungsverzeichnis

ABS	Antiblockiersystem
AI	Analog In (Eingang Analogsignale)
ALIS	Automatisches Lande- und Piloteninformationssystem
ALR	Automatische Luftdruck Regelung
AO	Analog Out (Ausgang Analogsignale)
ASTM	American Society for Testing and Materials
AV	Auslassventil
BASt	Bundesanstalt für Straßenwesen
BDR	Bremsdruckregelung
CAD	Computer Aided Design
CAN	Controller Area Network
CERAM	Centre d'Essais et de Recherches Automobile de Mortefontaine
CMP	Corner-Modul-Prüfstand
cRIO	CompactRIO
DI	Digital In (Eingang Digitalsignale)
DO	Digital Out (Ausgang Digitalsignale)
ESP	Elektronisches Stabilitätsprogramm
ETRTO	European Tyre and Rim Technical Organisation
EU	Europäische Union
EV	Einlassventil
FAS	Fahrerassistenzsystem
F-FEM	Fast-Front End Module
FFT	Fast Fourier Transformation
FPGA	Field Programmable Gate Array
GPS	Global Positioning System
HA	Hinterachse
HIL	Hardware-in-the-Loop

HSRI	Highway Safety Research Institute (University of Michigan)
IMU	Inertial Measurement Unit
MaSTeR	Multivalent anwendbare Simulations- und Testumgebung Rollenprüfstand
MIL	Model-in-the-Loop
MKS	Mehrkörpersimulation
NBA	Notfall-Bremsassistent
NEFZ	Neuen Europäischen Fahrzyklus
NHTSA	National Highway Traffic Safety Administration
Nkw	Nutzkraftwagen
NLP	nichtlineares Programm
NP	Normal Priority
PATON	Patentinformationszentrum und Online-Dienste
Pkw	Personenkraftwagen
RDE	Real Driving Emissions
RDKS	Reifendruckkontrollsystem
RDR	Reifenfülldruckregelung
RDRA	Reifenfülldruckregelanlage
RMA	Reifenmessanhänger
SUV	Sport Utility Vehicle
TC	Thermocouple, Thermoelement
TCI	Time Critical Interface
TIME	Tire Measurements
TPCS	Tire Pressure Control System
TPMT	Tire Model Performance Test
TYDEX	Tyre Data Exchange Format
VA	Vorderachse
VI	Virtual Instrument
WHO	Weltgesundheitsorganisation
WLTP	Worldwide Harmonized Light-Vehicles Test Procedure

Symbolverzeichnis

Formelzeichen

a_0, a_1, a_2	Koeffizienten Geschwindigkeitseinfluss auf den Rollwiderstand	[–]
A_B	Fläche des Bremsbelags	[m^2]
A_{eff}	Effektive Latschfläche	[m^2]
A_{br}	Bruttofläche	[m^2]
A_F	Stirnfläche des Fahrzeugs	[m^2]
A_K	Kolbenfläche	[m^2]
$A_{K,1}$	Kolbenfläche (Kammer 1/2)	[m^2]
$A_{K,2}$	Kolbenfläche (Kammer 1/2)	[m^2]
A_L	Fläche des Reifenlatschs	[m^2]
$A_{Q,min}$	Minimaler Leitungsquerschnitt	[m^2]
A_R	Oberfläche des Reifens	[m^2]
a, A	Schwellwerte Radumfangsverzögerung bei ABS-Regelung	[m/s^2]
a_{Rad}	Radumfangsbeschleunigung	[m/s^2]
$A_{Rück}$	Fläche der Rückleitung	[m^2]
a_x	Fahrzeugverzögerung	[m/s^2]
A_{Zu}	Fläche der Zuleitung	[m^2]
B	Steifigkeitsfaktor beim Magic Formula Reifenmodell	[–]
B_{CO_2}	Kohlenstoffdioxidausstoß	[g/km]
b_{eff}	Effektive Latschbreite	[m]
B_K	Kraftstoffverbrauch	[l/km]
b_L	Breite des Reifenlatschs	[m]
B_{reff}	Einflussfaktoren der Radlast auf r_{dyn} (MF Modell)	[–]
b_R	Reifenbreite	[m]
b_V	kritisches Druckverhältnis des Ventils	[–]
$BA_{Schwelle}$	Auslöseschwelle des Bremsassistenten	[–]
C	Formfaktor beim Magic Formula Reifenmodell	[–]
c_b	Seitenwandsteifigkeit des Reifens	[N/m]
$c_{b\theta}$	Torsionssteifigkeit des Reifens	[Nm/rad]
c_{cx}	Steifigkeit des Laufstreifens	[N/m]
c_{F1}	Koeffizient zur Berechnung des Einflussfaktors der Trommelkrümmung	[1/N]
c_{F2}	Koeffizient zur Berechnung des Einflussfaktors der Trommelkrümmung	[$1/N^2$]
c_p	Spezifische Wärmekapazität bei kontantem Druck	[J/(kgK)]
c_{p1}	Koeffizient zur Berechnung des Einflussfaktors der Trommelkrümmung	[1/bar]
c_{p2}	Koeffizient zur Berechnung des Einflussfaktors der Trommelkrümmung	[$1/bar^2$]
c_{pF}	Koeffizient zur Berechnung des Einflussfaktors der Trommelkrümmung	[1/(Nbar)]
C_{Px2}	Quadr. Einflussfaktor des Reifenfülldrucks auf C_λ (erw. HSRI Modell)	[–]
C_{PCx1}	Lin. Kombinationsfaktor von F_z und p_R auf C_λ (erw. HSRI Modell)	[–]
C_V	Leitwert des Ventils	[$l/(s \cdot bar)$]
c_v	Spezifische Wärmekapazität bei kontantem Volumen	[J/(kgK)]
C_{Vx1}	Vertikaler Offset-Faktor auf C_λ (erw. HSRI Modell)	[–]
c_w	Luftwiderstandsbeiwert	[–]
c_x	Längssteifigkeit des Reifens	[N/m]
C_{x1}	Umfangssteifigkeit C_λ bei p_{R0} und F_{z0} (erw. HSRI Modell)	[–]

C_{x2}	Linearer Einflussfaktor der Radlast auf C_λ (erw. HSRI Modell)	[−]
C_{x3}	Quadratischer Einflussfaktor der Radlast auf C_λ (erw. HSRI Modell)	[−]
c_y	Quersteifigkeit des Reifens	[N/m]
c_z	Vertikalsteifigkeit des Reifens	[N/m]
C_α	Schräglaufsteifigkeit	[N/°]
C_λ	Umfangssteifigkeit, Längsschlupfsteifigkeit	[−]
D	Maximalwert beim Magic Formula Reifenmodell	[−]
D_P	Profilkuppendichte	[1/m]
$d_{B,A}$	Außendurchmesser der Bremsscheibe	[m]
df_z	Normalisierte Radlaständerung	[−]
d_K	Kolbendurchmesser	[m]
D_R	Innendurchmesser der Leitung bzw. des Rohrs	[m]
$d_{R,a}$	Außendurchmesser des Reifens	[m]
$d_{R,i}$	Innendurchmesser des Reifens	[m]
$D_{R,Rück}$	Durchmesser der Rückleitung	[m]
$D_{R,Zu}$	Durchmesser der Zuleitung	[m]
D_{reff}	Einflussfaktoren der Radlast auf r_{dyn} (MF Modell)	[−]
dp_R	Normalisierte Reifenfülldruckänderung	[−]
E	Krümmungsfaktor beim Magic Formula Reifenmodell	[−]
e	Hebelarmlänge	[m]
e_{C_α}	Einflussfaktor der Trommelkrümmung in Abhängigkeit von p_R und F_z	[−]
$\vec{F}$	Kraftvektor	[N]
F_A	Adhäsionskraft	[N]
F_{ABS}	Bremspedalkraft, bei der das ABS auslöst	[N]
f_{ABS}	Regelfrequenz des ABS	[Hz]
F_C	Coulombsche Reibkraft (Deur Reifenmodell)	[N]
f_{CO_2}	Umrechnungsfaktor Kraftstoffverbrauch / CO_2-Ausstoß	$[\frac{g/km}{l/100\,km}]$
F_H	Hysteresekraft	[N]
F_K	Kohäsionskraft	[N]
F_N	Normalkraft	[N]
F_{Nutz}	Nutzbare Kolbenkraft	[N]
f_R	Rollwiderstandsbeiwert	[−]
F_R	Rollwiderstandskraft	[N]
F_{Reib}	Reibkraft	[N]
F_{reff}	Einflussfaktoren der Radlast auf r_{dyn} (MF Modell)	[−]
F_{st}	Statische Reibkraft (Deur Reifenmodell)	[N]
F_V	Viskose Kraft	[N]
F_x	Umfangskraftkraft	[N]
F_y	Seitenkraft	[N]
F_z, $\bar{F}_z$	Vertikalkraft, mittlere Radlast	[N]
F_{z0}	Nominelle Bezugsradlast	[N]
$F_{z,r}$	Relative Radlast in Bezug zur ETRTO-Last	[−]
g	Erdbeschleunigung	[m/s²]
GS	Grundschwelle zur Auslösung des Bremsassistenten	[−]
G_λ	Korrekturfaktor HSRI Reifenmodell nach BIAN	[−]
$G_{x\alpha}$	Wichtungsfunktion Schräglaufeinfluss MF Reifenmodell	[−]
H	Brennwert Kraftstoff	[kWh/l]
h	Profilhöhe	[m]
$i_{G,j}$	Gesamtübersetzung im j. Gang	[−]
k	Materialkonstante des Laufstreifens	[N/m³]
k_A	Absolute Rauigkeit	[m]
$k_{C\alpha}$	Skalierungsfaktor zur Berücksichtung des Krümmungseinflusses auf C_α	[−]
k_{cx}	Dämpfungskonstante des Laufstreifen (transientes Reifenmodell)	[Ns/m]
K_D	Dimensionslose Größe beim HSRI Reifenmodell	[−]
k_D	Dämpfungskonstante	[Ns/m]
k_{Fy}	Faktor zur Berücksichtung des Fahrbahnkrümmungseinflusses auf F_y	[−]

K_L	Lern-Faktor zur Auslösung des Bremsassistenten	[–]
k_R	Korrekturfaktor für die Reifensteifigkeit	[–]
K_S	Bremspedalweg-Faktor zur Auslösung des Bremsassistenten	[–]
K_V	Geschwindigkeits-Faktor zur Auslösung des Bremsassistenten	[–]
$k_{v,low}$	Dämpfungskonstante beim transieten Reifenmodell	[Ns/m]
$K_{x\kappa}$	Längskraftsteifigkeit	[–]
$K_{ABS,Z}$	Gewichtungsfaktoren für die Abbremsung bei ABS-Regelung	[–]
$K_{ABS,\lambda}$	Gewichtungsfaktoren für den Schlupf bei ABS-Regelung	[–]
K_λ	Umfangskraftsteifigkeit, Längsschlupfsteifigkeit	[N/–]
k_λ	Faktor zur Berücksichtigung des Krümmungseinflusses auf C_λ	[–]
$k_{\mu,x,max}$	Faktor zur Berücksichtigung des Krümmungseinflusses auf $\mu_{x,max}$	[–]
l_R	Länge der Leitung bzw. des Rohrs	[m]
$l_{R,Rück}$	Länge der Rückleitung	[m]
$l_{R,Zu}$	Länge der Zuleitung	[m]
L_L	Länge des Reifenlatschs	[m]
$L_{L,ref}$	Latschlänge L_L bei p_{R0} und F_{z0} (erw. Deur Modell)	[–]
$L_{L,01}$	Linearer Einflussfaktor der Radlast auf L_L (erw. Deur Modell)	[–]
$L_{L,02}$	Quadr. Einflussfaktor der Radlast auf L_L (erw. Deur Modell)	[–]
$L_{L,10}$	Linearer Einflussfaktor des Reifenfülldrucks auf L_L (erw. Deur Modell)	[–]
$L_{L,20}$	Quadr. Einflussfaktor des Reifenfülldrucks auf L_L (erw. Deur Modell)	[–]
$L_{L,11}$	Lin. Kombinationsfaktor von F_z und p_R auf L_L (erw. Deur Modell)	[–]
$L_{L,off}$	Vertikaler Offset-Faktor auf L_L (erw. Deur Modell)	[–]
m	Masse	[kg]
m_c	Masse des Laufstreifens im Kontakt (transientes Reifenmodell)	[kg]
m_F	Fahrzeugmasse	[kg]
$\vec{M}$	Drehmomentvektor	[Nm]
$M_{A,reib}$	Reibmoment des Antriebstrangs	[Nm]
M_B	Bremsmoment	[Nm]
M_{Max}	Maximales Drehmoment	[Nm]
M_x	Kippmoment	[Nm]
M_y	Rollwiderstandsmoment	[Nm]
M_z	Rückstellmoment	[Nm]
n	Anzahl der durchgeführten Messungen	[–]
$n_{EM,n}$	Nenndrehzahl der elektrischen Maschine	[1/s]
n_{Rad}	Raddrehzahl	[1/s]
p	Druck	[N/m^2]
p_0	Referenzdruck	[bar]
p_1	Druck vor Zustandsänderung	[bar]
p_2	Druck nach Zustandsänderung	[bar]
p_B	Bremsdruck	[bar]
p_{Cx1}	Längsdynamischer Formfaktor C_x bei p_{R0} und F_{z0} (erw. MF Modell)	[–]
p_{Cx2}	Linearer Einflussfaktor der Radlast auf C_x (erw. MF Modell)	[–]
p_{Cx3}	Quadratischer Einflussfaktor der Radlast auf C_x (erw. MF Modell)	[–]
p_{CPx1}	Linearer Einflussfaktor des Fülldrucks auf C_x (erw. MF Modell)	[–]
p_{CPx2}	Quadratischer Einflussfaktor des Fülldrucks auf C_x (erw. MF Modell)	[–]
p_{CPCx1}	Kombinationsfaktor von F_z und p_R auf C_x (erw. MF Modell)	[–]
p_{CVx1}	Vertikaler Offset-Faktor auf C_x (erw. MF Modell)	[–]
p_{CFx1}	Linearer Einflussfaktor der Radlast auf c_x (MF Modell)	[–]
p_{CFx2}	Quadratischer Einflussfaktor der Radlast auf c_x (MF Modell)	[–]
p_{CFx3}	Linearer Einflussfaktor des Fülldrucks auf c_x (MF Modell)	[–]
p_{Dx1}	Maximaler Umfangskraftbeiwert $\mu_{x,max}$ bei p_{R0} und F_{z0} MF Modell	[–]
p_{Dx2}	Linearer Einflussfaktor der Radlast auf $\mu_{x,max}$ (erw. MF Modell)	[–]
p_{Dx3}	Quadratischer Einflussfaktor des Sturz γ auf $\mu_{x,max}$ (erw. MF Modell)	[–]
p_{Dx4}	Quadratischer Einflussfaktor der Radlast auf $\mu_{x,max}$ (erw. MF Modell)	[–]
p_{DPx1}	Linearer Einflussfaktor des Fülldrucks auf $\mu_{x,max}$ (erw. MF Modell)	[–]
p_{DPx2}	Quadr. Einflussfaktor des Fülldrucks auf $\mu_{x,max}$ (erw. MF Modell)	[–]
p_{DPDx1}	Kombinationsfaktor von F_z und p_R auf $\mu_{x,max}$ (erw. MF Modell)	[–]

p_{DVx1}	Vertikaler Offset-Faktor auf $\mu_{x,max}$ (erw. MF Modell)	[–]
p_{Ex1}	Längsdynamischer Biegefaktor E_x bei p_{R0} und F_{z0} (erw. MF Modell)	[–]
p_{Ex2}	Linearer Einflussfaktor der Radlast auf E_x (erw. MF Modell)	[–]
p_{Ex3}	Quadratischer Einflussfaktor der Radlast auf E_x (erw. MF Modell)	[–]
p_{EPx1}	Linearer Einflussfaktor des Fülldrucks auf E_x (erw. MF Modell)	[–]
p_{EPx2}	Quadratischer Einflussfaktor des Fülldrucks auf E_x (erw. MF Modell)	[–]
p_{EPEx1}	Kombinationsfaktor von F_z und p_R auf E_x (erw. MF Modell)	[–]
p_{EVx1}	Vertikaler Offset-Faktor auf E_x (erw. MF Modell)	[–]
p_i, $\bar{p}_i$	Flächenpressung, mittlere Flächenpressung	[bar]
p_{Kx1}	Umfangskraftbeiwert K_λ bei p_{R0} und F_{z0} (erw. MF Modell)	[–]
p_{Kx2}	Linearer Einflussfaktor der Radlast auf K_λ (erw. MF Modell)	[–]
p_{Kx3}	Quadratischer Einflussfaktor der Radlast auf K_λ (erw. MF Modell)	[–]
p_{KPx1}	Linearer Einflussfaktor des Fülldrucks auf K_λ (erw. MF Modell)	[–]
p_{KPx2}	Quadratischer Einflussfaktor des Fülldrucks auf K_λ (erw. MF Modell)	[–]
p_{KPKx1}	Kombinationsfaktor von F_z und p_R auf K_λ (erw. MF Modell)	[–]
p_{KVx1}	Vertikaler Offset-Faktor auf K_λ (erw. MF Modell)	[–]
p_{max}	Maximale Flächenpressung	[bar]
p_{Rx1}	Dynamischer Reifenhalbmesser r_{dyn} bei p_{R0} und F_{z0} (erw. MF Modell)	[–]
p_{Rx2}	Linearer Einflussfaktor der Radlast auf r_{dyn} (erw. MF Modell)	[–]
p_{Rx3}	Quadratischer Einflussfaktor der Radlast auf r_{dyn} (erw. MF Modell)	[–]
p_{RPx1}	Linearer Einflussfaktor des Fülldrucks auf r_{dyn} (erw. MF Modell)	[–]
p_{RPx2}	Quadratischer Einflussfaktor des Fülldrucks auf r_{dyn} (erw. MF Modell)	[–]
p_{RPRx1}	Kombinationsfaktor von F_z und p_R auf r_{dyn} (erw. MF Modell)	[–]
p_{VRx1}	Vertikaler Offset-Faktor auf r_{dyn} (erw. MF Modell)	[–]
p_{Lx1}	Längssteifigkeit c_x bei p_{R0} und F_{z0} (erw. MF Modell)	[–]
p_{Lx2}	Linearer Einflussfaktor der Radlast auf c_x (erw. MF Modell)	[–]
p_{Lx3}	Quadratischer Einflussfaktor der Radlast auf c_x (erw. MF Modell)	[–]
p_{LPx1}	Linearer Einflussfaktor des Fülldrucks auf c_x (erw. MF Modell)	[–]
p_{LPx2}	Quadratischer Einflussfaktor des Fülldrucks auf c_x (erw. MF Modell)	[–]
p_{LPRx1}	Kombinationsfaktor von F_z und p_R auf c_x (erw. MF Modell)	[–]
p_{VLx1}	Vertikaler Offset-Faktor auf c_x (erw. MF Modell)	[–]
p_{Fz1}	Linearer Einflussfaktor des Fülldrucks auf c_z (MF Modell)	[–]
q_{re0}, q_{v1}	Einflussfaktoren der Zentrifugalkraft auf r_0 (MF Modell)	[–]
P_{Dauer}	Leistung im Dauerbetrieb	[W]
P_{Max}	Maximale Leistung	[W]
p_R	Reifenfülldruck	[bar]
p_{R0}	Referenzfülldruck	[bar]
$p_{Speicher}$	Druck im Membranspeicher	[bar]
Δp_{SV}	Druckverlust am Servoventil	[bar]
p_T	Druck im Drucktank	[bar]
p_U	Umgebungsdruck	[bar]
p_z	Normaldruck	[N/m^2]
Q	Volumenstrom, Nennvolumenstrom	[m^3/s]
q_m	Massenstrom	[kg/s]
$q_{m,K}$	Massenstrom des Kompressors	[kg/s]
$Q_{n_{sv}}$	Nennvolumenstrom am Servoventil	[m^3/s]
$q_{Sy1}..q_{Sy8}$	Parameter Rollwiderstand MF-Reifenmodell	[–]
r_0	Unbelasteter Reifenhalbmesser	[m]
Δr	Reifeneinfederung	[m]
R_a	Mittenrauwert	[m]
$r_{B,eff}$	effektiver Reibradius der Bremsscheibe	[m]
r_{dyn}	Dynamischer Reifenhalbmesser	[m]
Re	Reynoldszahl	[m]
R_p	Maximale Profilkuppenhöhe	[m]
R_q	Quadratischer Mittenrauwert	[m]
rr	Relative Rauigkeit	[–]
R_S	Spezifische Gaskonstante	[J/(kgK)]

r_{stat}	Statischer Reifenhalbmesser	[m]
r_T	Radius der Prüfstandstrommel	[m]
R_z	Gemittelte Rautiefe	[m]
s	Wegstrecke	[km]
$S_{B,F}$	Fenster-Bremsweg	[m]
$S_{B,n}$	Normierter Bremsweg	[m]
S_H	Horizontale Nullpunktverschiebung beim MF Reifenmodell	[–]
$s_{Hub,K}$	Hub des Kompressors	[m]
S_K	Schaltkriterium bei ABS-Regelung	[–]
s_L	Einfederung am Lasersensor	[m]
SSE	Summe der Fehlerquadrate	[–]
s_{Pedal}	Bremspedalweg	[m]
S_V	Vertikale Nullpunktverschiebung beim MF Reifenmodell	[–]
T	Temperatur	[°C]
T_1	Temperatur vor Zustandsänderung	[°C]
T_2	Temperatur nach Zustandsänderung	[°C]
t	Zeit	[s]
T_{BF}	Temperatur der Bremsflüssigkeit	[°C]
T_{FB}	Fahrbahntemperatur	[°C]
T_L	Verweildauer im Latsch	[s]
T_R	Oberflächentemperatur des Laufstreifens des Reifens	[°C]
T_U	Umgebungstemperatur	[°C]
U	Abrollumfang des Reifens	[m]
u	Verformung des Profilelements	[m]
U_{EV}	Spannung der Energieversorgung	[V]
U_R	Abrollumfang des Reifens	[m]
U_{SV}	Spannung des Servoventils	[V]
u_s	Strömungsgeschwindigkeit	[m/s]
u_{max}	Maximale Verformung des Profilelements	[m]
V	Volumen	[m^3]
$\vec{v}$	Geschwindigkeitsvektor	[m/s]
v_{DS}	Deformationsschlupfgeschwindigkeit	[m/s]
v_{GS}	Gleitschlupfgeschwindigkeit	[m/s]
v_G	Gleitgeschwindigkeit	[m/s]
$v_{Gürtel}$	Absolutgeschwindigkeit des Reifengürtels	[m/s]
$v_{initial}$	Initialgeschwindigkeit	[m/s]
v_K	Kolbengeschwindigkeit	[m/s]
v_{low}	Geschwindigkeitsschwelle für Dämpfungsterm beim trans. Reifenmodell	[m/s]
V_R	Reifenvolumen	[m^3]
v_r	Relativgeschwindigkeit	[m/s]
v_{Rad}	Radumfangsgeschwindigkeit	[m/s]
v_{ref}	Referenzgeschwindigkeit bei ABS-Regelung	[m/s]
v_s	Stribeck Geschwindigkeit (Deur Reifenmodell)	[m/s]
v_{sc}	Schlupfgeschwindigkeit im Reifen-Fahrbahn-Kontakt	[m/s]
v_{sx}	Schlupfgeschwindigkeit am Radumfang	[m/s]
V_R	Volumen des Drucktanks	[m^3]
v_x	Längsgeschwindigkeit des Radmittelpunktes, Fahrzeuggeschwindigkeit	[m/s]
v_{x0}	Nominelle Bezugsgeschwindigkeit (MF Reifenmodell)	[m/s]
v_y	Seitliche Gleitgeschwindigkeit am Reifen	[m/s]
x	Wegstrecke	[m]
x_1, x_2, x_3	Abstand Lasersensoren	[m]
Z	Kompressibilitätsfaktor	[–]
$\tilde{z}$	Mittlere Bürstenauslenkung beim Deur Reifenmodell	[m]
z_{Rad}	Radumfangsabbremsung	[–]
α	Schräglaufwinkel am Reifen	[°]
α_R	Koeffizient Reifenfülldruckeinfluss auf Rollwiderstand	[–]

β	Schwimmwinkel des Fahrzeugs	[°]
β_R	Koeffizient Radlasteinfluss auf Rollwiderstand	[–]
γ	Sturzwinkel des Rads	[°]
δ	Anpassungskoeffizient quasistationäres Reibverhalten (Deur Modell)	[–]
δ_L	Lenkradwinkel	[°]
ε	Approximationsfehler	[–]
ε_A	Flächenpositivanteil	[–]
ε_F	Korrekturwert zur Vermeidung einer Singularität (trans. Reifenmodell)	[–]
η_B	Wirkungsgrad der Scheibenbremse	[–]
η_{th}	Thermischer Wirkungsgrad	[–]
θ	Anpassungskoeffizient Adhäsionskraft (Deur Reifenmodell)	[–]
θ_N	Nickwinkel des Fahrzeugs	[°]
κ, κ_x	Längsschlupf beim MF Reifenmodell	[–]
κ'	Lokaler Schlupf beim transienten Reifenmodell	[–]
κ_D	Anpassungskoeffizient Reifen-Fahrbahn-Reibverhalten (Deur Modell)	[–]
κ_{FB}	Fahrbahnkrümmung	[1/m]
κ_P	Polytropenexponent der Polytrope Zustandsänderung	[–]
$\kappa_{D,ref}$	Anpassungsfaktor κ_D bei p_{R0} und F_{z0} (erw. Deur Modell)	[–]
$\kappa_{D,01}$	Linearer Einflussfaktor der Radlast auf κ_D (erw. Deur Modell)	[–]
$\kappa_{D,02}$	Quadratischer Einflussfaktor der Radlast auf κ_D (erw. Deur Modell)	[–]
$\kappa_{D,10}$	Linearer Einflussfaktor des Reifenfülldrucks auf κ_D (erw. Deur Modell)	[–]
$\kappa_{D,20}$	Quadr. Einflussfaktor des Reifenfülldrucks auf κ_D (erw. Deur Modell)	[–]
$\kappa_{D,11}$	Lin. Kombinationsfaktor von F_z und p_R auf κ_D (erw. Deur Modell)	[–]
$\kappa_{D,off}$	Vertikaler Offset-Faktor auf κ_D (erw. Deur Modell)	[–]
λ_{Cx}	Skalierungsfaktor Formfaktor (MF Modell)	[–]
λ_{Ex}	Skalierungsfaktor Biegefaktor (MF Modell)	[–]
λ_{Hx}	Skalierungsfaktor horizontale Nullpunktverschiebung (MF Modell)	[–]
λ_{krit}	Kritischer Schlupf	[–]
$\lambda_{K\lambda}$	Skalierungsfaktor Umfangssteifigkeit (MF Modell)	[–]
λ_{My}	Skalierungsfaktor Rollwiderstandsmoment (MF Modell)	[–]
λ_{ob}	Obere Schlupfgrenze bei ABS-Regelung	[–]
λ_P	Wärmeleitfähigkeit	[W/(mK)]
λ_R	Rohrreibungszahl	[–]
λ_{un}	Untere Schlupfgrenze bei ABS-Regelung	[–]
λ_{Vx}	Skalierungsfaktor vertikale Nullpunktverschiebung (MF Modell)	[–]
λ_x	Längsschlupf	[–]
$\lambda_{x,A}$	Antriebsschlupf	[–]
$\lambda_{x,B}$	Bremsschlupf	[–]
$\lambda_{\mu x}$	Skalierungsfaktor max. Umfangskraftbeiwert (MF Modell)	[–]
μ	Kraftschlussbeiwert	[–]
μ_B	Reibwert der Scheibenbremse	[–]
μ_c	Coulombscher Kraftschlussbeiwert (Deur Modell)	[–]
$\mu_{c,ref}$	Coulombscher Kraftschlussbeiwert μ_c bei p_{R0} & F_{z0} (erw. Deur Modell)	[–]
$\mu_{c,01}$	Linearer Einflussfaktor der Radlast auf μ_c (erw. Deur Modell)	[–]
$\mu_{c,02}$	Quadratischer Einflussfaktor der Radlast auf μ_c (erw. Deur Modell)	[–]
$\mu_{c,10}$	Linearer Einflussfaktor des Reifenfülldrucks auf μ_c (erw. Deur Modell)	[–]
$\mu_{c,20}$	Quadr. Einflussfaktor des Reifenfülldrucks auf μ_c (erw. Deur Modell)	[–]
$\mu_{c,11}$	Lin. Kombinationsfaktor von F_z und p_R auf μ_c (erw. Deur Modell)	[–]
$\mu_{c,off}$	Vertikaler Offset-Faktor auf μ_c (erw. Deur Modell)	[–]
μ_G	Gleitreibbeiwert	[–]
μ_H	Haftreibbeiwert	[–]
μ_{mod}	Modifizierter max. Umfangskraftbeiwert (erw. HSRI Modell)	[–]
μ_p	Theoretischer Haftkraftschlussbeiwert (HSRI Reifenmodell)	[–]
μ_{px1}	Theor. Haftkraftschlussbeiwert μ_p bei p_{R0} und F_{z0} (erw. HSRI Modell)	[–]
μ_{px2}	Linearer Einflussfaktor der Radlast auf μ_p (erw. HSRI Modell)	[–]
μ_{px3}	Quadratischer Einflussfaktor der Radlast auf μ_p (erw. HSRI Modell)	[–]
μ_{pPx1}	Linearer Einflussfaktor des Reifenfülldrucks auf μ_p (erw. HSRI Modell)	[–]

μ_{pPx2}	Quadr. Einflussfaktor des Reifenfülldrucks auf μ_p (erw. HSRI Modell)	[–]
μ_{pDx1}	Lin. Kombinationsfaktor von F_z und p_R auf μ_p (erw. HSRI Modell)	[–]
μ_{pVx1}	Vertikaler Offset-Faktor auf μ_p (erw. HSRI Modell)	[–]
μ_s	Gleitreibwert (HSRI Reifenmodell)	[–]
μ_{st}	Statischer Kraftschlussbeiwert (Deur Modell)	[–]
$\mu_{st,ref}$	Statischer Kraftschlussbeiwert bei p_{R0} und F_{z0} (erw. Deur Modell)	[–]
$\mu_{st,01}$	Linearer Einflussfaktor der Radlast auf μ_{st} (erw. Deur Modell)	[–]
$\mu_{st,02}$	Quadratischer Einflussfaktor der Radlast auf μ_{st} (erw. Deur Modell)	[–]
$\mu_{st,10}$	Linearer Einflussfaktor des Reifenfülldrucks auf μ_{st} (erw. Deur Modell)	[–]
$\mu_{st,20}$	Quadr. Einflussfaktor des Reifenfülldrucks auf μ_{st} (erw. Deur Modell)	[–]
$\mu_{st,11}$	Lin. Kombinationsfaktor von F_z und p_R auf μ_{st} (erw. Deur Modell)	[–]
$\mu_{st,off}$	Vertikaler Offset-Faktor auf μ_{st} (erw. Deur Modell)	[–]
μ_{sx1}	Gleitreibwert μ_s bei p_{R0} und F_{z0} (erw. HSRI Modell)	[–]
μ_{sx2}	Linearer Einflussfaktor der Radlast auf μ_s (erw. HSRI Modell)	[–]
μ_{sx3}	Quadratischer Einflussfaktor der Radlast auf μ_s (erw. HSRI Modell)	[–]
μ_{sPx1}	Linearer Einflussfaktor des Reifenfülldrucks auf μ_s (erw. HSRI Modell)	[–]
μ_{sPx2}	Quadr. Einflussfaktor des Reifenfülldrucks auf μ_s (erw. HSRI Modell)	[–]
μ_{sPSx1}	Lin. Kombinationsfaktor von F_z und p_R auf μ_s (erw. HSRI Modell)	[–]
μ_{sVx1}	Vertikaler Offset-Faktor auf μ_s (erw. HSRI Modell)	[–]
μ_x	Umfangskraftbeiwert	[–]
$\mu_{30\%}$	Umfangskraftbeiwert bei 30 % Bremsschlupf	[–]
ν_{Kin}	Kinematische Viskosität	[m^2/s]
ξ_R	Rohreibungsverlustwert	[–]
ρ_{BP}	Maßkorrelationskoeffizient nach BRAVAIS-PEARSON	[–]
ρ_{Fluid}, ρ_L	Dichte des Fluids, Luftdichte	[kg/m^3]
ρ_S	Rangkorrelationskoeffizienten nach SPEARMAN	[–]
σ_0	Steifigkeitskoeffizient beim Deur Reifenmodell	[N/m]
σ_1	Dämpfungskoeffizient beim Deur Reifenmodell	[Ns/m]
σ_2	Viskoser Reibkoeffizient beim Deur Reifenmodell	[Ns/m]
$\sigma_{\mu_{x,max}}$	Standardabweichung der maximalen Umfangskraftbeiwerte	[–]
σ_{C_λ}	Standardabweichung der Umfangssteifigkeiten	[–]
σ_{p_B}	Standardabweichung der Einzelmesswerte des Bremsdrucks	[bar]
σ_S	Standardabweichung der normierten Einzelbremswege	[m]
σ_x, σ_x^*	Einlauflänge der Umfangskraft infolge von Längsschlupf	[m]
$\tau_{\sigma,x}$	Einlaufzeit der Umfangskraft infolge von Längsschlupf	[s]
τ_x	Tangentialspannung	[N/m^2]
φ_t	Drehschlupf	[–]
ψ_{Rad}	Drehgeschwindigkeit des Rads um Vertikalachse	[rad/s]
ω_{EM}	Winkelgeschwindigkeit der elektrischen Maschine	[rad/s]
ω, ω_{Rad}	Winkelgeschwindigkeit des Rads	[rad/s]

Indizes

0	Referenzwert, Initialwert
48	Gemessen auf der 48"-Trommel
75	Gemessen auf der 75"-Trommel
ab	Druckabbau
Anf	Anfangswert
dyn	Dynamisch
E	Gemessen auf der Ebene
$\kappa_{FB,1}$	Fahrbahnkrümmung 1
$\kappa_{FB,2}$	Fahrbahnkrümmung 2
end	Letzter Wert
G	Gleiten
HL	Hinteres, linkes Rad
HR	Hinteres, rechtes Rad

i	Einzelwert
l	links
max	Maximalwert
$Mess$	Messwert
min	Minimalwert
$Modell$	Modellwert
$norm$	Normiert
pos	Position, z. B. VL, VR, HL, HR
r	rechts
$stat$	Stationär, Quasistationär
T	Gemessen auf der Trommel
VL	Vorderes, linkes Rad
VR	Vorderes, rechtes Rad
x	Längsrichtung
y	Querrichtung
z	Vertikalrichtung
γ	Mit Sturzeinfluss

1 Einleitung

1.1 Motivation

Ab dem Jahr 2020 dürfen in der EU neu zugelassene Pkws im Durchschnitt nur noch 95 Gramm Kohlenstoffdioxid pro gefahrenen Kilometer ausstoßen. Wird dieser Grenzwert überschritten, müssen die Hersteller eine empfindliche Strafe zahlen. Diese beträgt pro verkauftem Fahrzeug und Gramm über dem Emissionsgrenzwert 95 Euro. Zudem ist damit zu rechnen, dass der Grenzwert weiter sinkt. So schlägt die EU-Kommission vor, dass Neuwagen bis zum Jahr 2025 durchschnittlich 15 % weniger CO_2 ausstoßen dürfen als im Jahr 2021. [194; 257; 363; 103; 104]

Abb. 1.1 veranschaulicht den herstellerspezifischen Grenzwert, der auf dem durchschnittlichen Fahrzeuggewicht der Herstellerflotten basiert, als Kennlinie. [vgl. 194] Weiterhin sind die für das Jahr 2016 durchschnittlich berechneten Emissionswerte ausgewählter Automobilhersteller dargestellt. Die verdeutlichten Kenngrößen erlauben die Schlussfolgerung, dass bislang kein großer Automobilhersteller den zukünftig geforderten Grenzwert einhält. Im Jahr 2017 lag der durchschnittliche Kohlenstoffdioxid-Ausstoß aller in Deutschland neu zugelassenen Fahrzeuge bei 127,9 Gramm pro gefahrenem Kilometer. [219] Verschärft wird die Problematik zudem durch ein neues Prüfverfahren zur Bestimmung des Schadstoffausstoßes. Dieser wurde bisher anhand des *Neuen Europäischen Fahrzyklus (NEFZ)* bei konstanten Umweltbedingungen im Labor bestimmt. Seit September 2017 werden die Abgasemissionen für neue Fahrzeugmodelle anhand der weltweit harmonisierten Testprozedur *Worldwide Harmonized Light-Vehicles Test Procedure (WLTP)* bewertet. Zusätzlich müssen neue Fahrzeugtypen eine Schadstoffprüfung unter realen Fahrbedingungen, sog. Real Driving Emissions (RDE), bestehen. [vgl. 324]

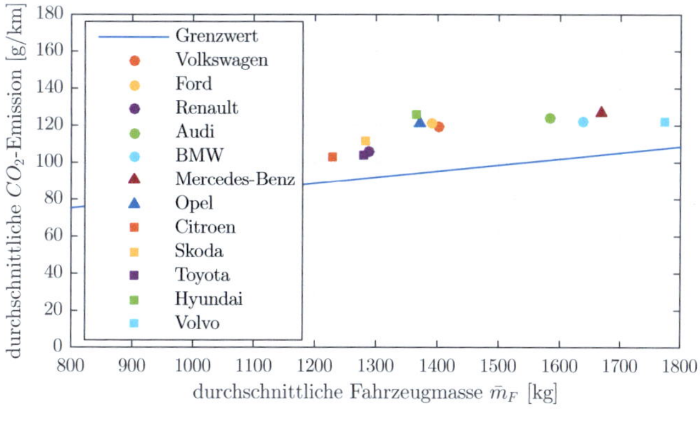

Abb. 1.1: Grenzwertkurve für den zulässigen CO_2-Ausstoß und Herstelleremissionen (Datenquelle: [194; 257])

Der CO_2-Ausstoß von Kraftfahrzeugen wird im Wesentlichen durch die Antriebsverluste, den Beschleunigungswiderstand[1], den Luftwiderstand sowie den Rollwiderstand bestimmt. Die anspruchsvolle Zielsetzung, den Kohlenstoffdioxidausstoß von Kraftfahrzeugen weiter zu reduzieren, verlangt die Fahrzeugantriebe, z. B. durch Elektrifizierung, effizienter zu gestalten, Leichtbaulösungen zu finden sowie den Luft- und Rollwiderstand zu verringern. Abb. 1.2 veranschaulicht in Anlehnung an [96] den Leistungsanteil der einzelnen Fahrwiderstände am Gesamtleistungsbedarf für ein elektrisch angetriebenes Konzeptfahrzeug mit reduzierten Fahrwiderständen[2] (wobei die Verluste des Elektroantriebs überschläglich unabhängig von der Fahrgeschwindigkeit als konstant betrachtet werden) bei Konstantfahrt in Abhängigkeit der Fahrzeuggeschwindigkeit. Dabei zeigt sich, dass (trotz eines sehr gering angenommenen Rollwiderstandsbeiwerts) insbesondere im geringen Geschwindigkeitsbereich die Rollwiderstandsverluste dominieren und teilweise über 70 % am Gesamtfahrwiderstand, respektive am CO_2-Ausstoß, betragen können.

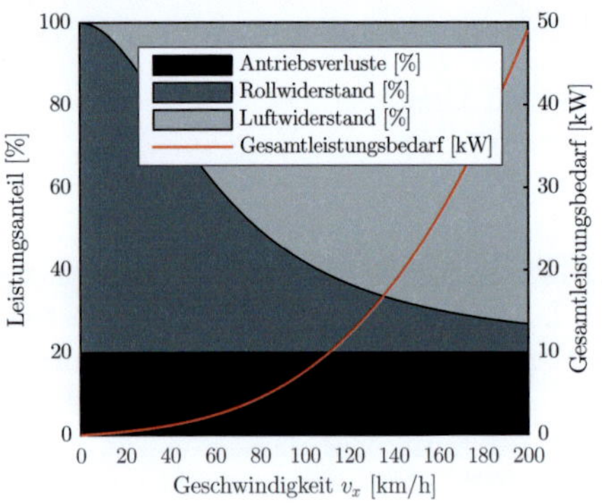

Abb. 1.2: Anteile am Gesamtfahrwiderstand bei Konstantfahrt [nach 96]

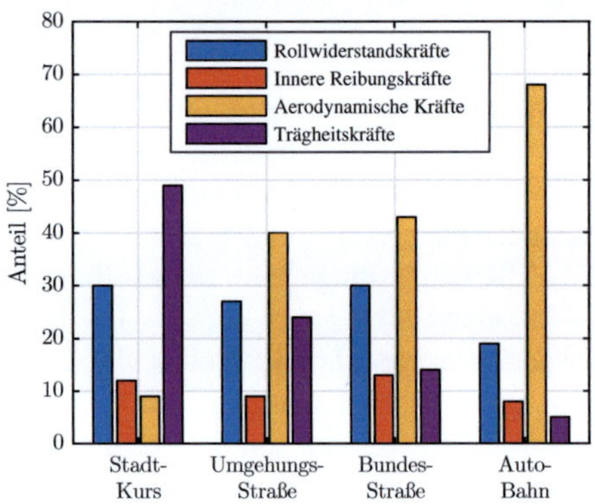

Abb. 1.3: Anteile am Gesamtfahrwiderstand in Abhängigkeit des Fahrzyklus [nach 383]

Je nach betrachtetem Fahrzyklus liegt der mittlere Anteil des Rollwiderstands am Fahrwiderstand zwischen 20 % und 30 %. Überschläglich beträgt der Anteil des Rollwiderstands am Gesamtfahrwiderstand auf Autobahnen 20 %, auf Umgehungsstraßen 25 % und im Stadtverkehr 30 %, vgl. Abb. 1.3. Auch wenn der Rollwiderstand[3] in den letzten Jahren deutlich abgenommen hat, bietet die Rollwiderstandsreduzierung noch erhebliches Potenzial zur Verbrauchsreduzierung. [292] Eine Abnahme des Rollwiderstandbeiwerts um 30 % resultiert in einer Verringerung des Energieverbrauchs von ca. 5 %. [155] Eine Reduktion des Rollwiderstands um 10 % bewirkt eine Verringerung des Kraftstoffverbrauchs, respektive des Kohlenstoffdioxidausstoßes, von ungefähr 1 % bis 2 %. [262] Eine Abnahme des Rollwiderstandsbeiwert um 1 kg/t führt in einer

[1] Bei modernen elektrifizierten Kraftfahrzeugen spielt der Beschleunigungswiderstand eine untergeordnete Rolle, da ein Teil der Beschleunigungsleistung durch rekuperatives Bremsen (bei moderaten Verzögerungen) zurückgewonnen werden kann.

[2] Rollwiderstandsbeiwert $f_R = 5{,}2\,\mathrm{kg/t}$, Luftwiderstandsbeiwert $c_w = 0{,}2$, Stirnfläche $A_F = 1{,}9\,m^2$, Fahrzeugmasse $m_F = 1.200\,\mathrm{kg}$

[3] Der Rollwiderstandsbeiwert f_R eines handelsüblichen Pkw-Reifen liegt üblicherweise zwischen 8,5 kg/t und 13 kg/t. [383]

überschläglichen Abschätzung zu einem um 1,5 g/km reduzierten CO_2-Ausstoß. [355] Heutige Optimierungen des Rollwiderstands werden, neben verbesserten Reifenkonstruktionen, insbesondere durch neuartige Reifendimensionen mit geringer Breite und großen Außendurchmessern (sog. Tall & Narrow Dimensionen) und einem erhöhten Reifenfülldruck erzielt. [292; 355] Nach [383] kann eine Reduktion der Rollwiderstandskräfte um 10 % beispielsweise durch eine Fülldruckerhöhung von 2,1 bar auf 2,7 bar erzielt werden. Ein überhöhter Reifeninnendruck kann sich allerdings negativ auf die Komfort- und Traktionseigenschaften von Kraftfahrzeugen auswirken. Verschiedene Publikationen [182; 246; 371] sowie Veröffentlichungen vom Autor [HA14; Sav+15; Höp+16] zeigen auf, dass sich ein nicht optimal gewählter Reifenfülldruck negativ auf die Kraftübertragungseigenschaften und folglich auf den Bremsweg auswirken kann.

Der Reifen muss einen geringen Rollwiderstand aufweisen und gleichzeitig Anforderungen bezüglich Sicherheit, Fahrdynamik, Komfort und Lebensdauer erfüllen. Bei der Abstimmung muss ein Optimum gefunden werden, um die verschiedenen Anforderungen zu erreichen. Bei der Auslegung der einzelnen Komponenten eines Reifens stehen sich in der Reifenentwicklung ungefähr 70 Zielkonflikte gegenüber. [68] Einer der Hauptkonflikte besteht zwischen der Optimierung des Rollwiderstands und des Haftungsverhaltens. Verbessert man den Rollwiderstand, verschlechtert sich häufig das (Nass-)Bremsverhalten. Die Eigenschaften eines modernen Reifens sollten in der Summe daher möglichst ausgewogen sein. Ähnlich wie bei der konstruktiven Auslegung des Reifens, existiert auch bei der Wahl des richtigen Reifenfülldrucks ein Spannungsfeld gegenüberstehender Ansprüche. Der Reifeninnendruck beeinflusst letztlich fast alle Reifeneigenschaften. Eine Erhöhung des Reifenfülldrucks resultiert in einer Verringerung des Rollwiderstands und einer Zunahme der Tragfähigkeit. Bei höheren Radlasten erhöht sich mit einer Fülldruckerhöhung die Seitenkraftsteifigkeit des Reifens, die wiederum das Eigenlenkverhalten des Fahrzeugs beeinflusst. Aufgrund der kleineren Reifenaufstandsfläche können sich die übertragbaren Reibkräfte im Reifen-Fahrbahn-Kontakt reduzieren. Dies kann u. a. in einem verlängerten Bremsweg resultieren. Durch den ebenfalls abnehmenden Reifennachlauf, verringert sich das Rückstellmoment, und damit die Parkierkräfte. Ein reduzierter Reifenfülldruck bewirkt eine Verringerung der vertikalen Federsteifigkeit und verbessert folglich die Komforteigenschaften des Gesamtfahrzeugs. Insbesondere auf losem Untergrund bewirkt ein verringerter Innendruck oftmals eine Erhöhung der Traktionskräfte. Ein Minderluftdruck führt aufgrund der größeren Einfederung zu einer höheren Walkarbeit, und folglich zu einer erhöhten thermischen Erwärmung. Dies kann durch Überhitzung zu Reifenschäden führen. Meist wird der vom Fahrzeughersteller empfohlene Reifenfülldruck in Abhängigkeit der Reifendimension und der Beladung angegeben. Da insbesondere bei sportlichen Oberklassefahrzeugen die Spreizung zwischen Komfort und Sportlichkeit besonders groß ist, empfehlen einige Fahrzeughersteller bei niedrigen Geschwindigkeiten einen sog. Komfortdruck einzustellen. Sind höhere Fahrgeschwindigkeiten angestrebt, ist der Reifenfülldruck zu erhöhen. [vgl. 362; 227; 88]

Der Mindestluftdruck wird von der *European Tyre and Rim Technical Organisation (ETRTO)* in Abhängigkeit der Dimension sowie des Tragfähigkeits- und Geschwindigkeitsindex festgeschrieben. [227] Um Reifenschäden, und folglich Verkehrsunfälle, aufgrund eines zu geringen Reifenfülldrucks zu vermeiden, müssen seit 2012 in der EU neu zugelassene Fahrzeuge mit einem Reifendruckkontrollsystem (RDKS) ausgestattet sein. [vgl. HA14; 227] Trotzdem haben diese Systeme eine beschränkte Funktionalität. Einerseits erlaubt die entsprechende EU-Verordnung eine Verringerung des Warmdrucks von 20 %, bevor eine Warnmeldung erscheint. [227] Andererseits kann ein RDKS den Fahrzeugführer vor einem Druckverlust warnen, der Reifenfülldruck muss jedoch manuell angepasst werden. Eine Möglichkeit den Zielkonflikt zur Wahl des richtigen Reifeninnendrucks zu minimieren, bietet die Verwendung eines Reifenfülldruckregelsystems. Einfachere Ausführungsformen existieren für die Anwendung im Militär-, Landwirtschafts- und Offroad-Bereich. Bei der in Kap. 2.5 vorgestellten Literatur- und Patentrecherche wird deutlich, dass erste Ansätze automatisch geregelter, dynamischer Systeme für Personenkraftwagen (Pkw) im Straßenverkehr in Forschungs- und Patentschriften beschrieben werden. Die Anwendung einer intelligent geregelten, hochdynamischen Reifenfülldruckregelanlage zur radselektiven Adaption des Reifeninnendrucks existiert in Serien- oder Konzeptfahrzeugen bisher jedoch nicht.

Nicht zuletzt durch die Entwicklung von Fahrdynamikregel- und Fahrerassistenzsystemen - wie z. B. das Antiblockiersystem (ABS), das Elektronisches Stabilitätsprogramm (ESP) oder der Notfall-Bremsassistent (NBA) - konnte die aktive Sicherheit von Kraftfahrzeugen in den letzten Jahren erhöht und die Zahl der Verkehrsunfälle stetig reduziert werden. Trotzdem sterben nach Angaben der Weltgesundheitsorganisation (WHO) jedes Jahr weltweit noch über 1,2 Mio. Menschen im Straßenverkehr. [404] Allein in der Bundesrepublik Deutschland gab es im Jahr 2017 3.180 Verkehrstote. Zudem wurden weitere 66.513 Personen schwer verletzt. [350] 1.166 der polizeilich erfassten Unfälle mit Personenschäden können dabei nachweislich auf technische Mängel der Bereifung, wie z. B. ein falsch eingestellter Reifenfülldruck, zurückgeführt werden. Hauptunfallursache ist jedoch häufig die Unaufmerksamkeit bzw. eine Fehleinschätzung des Fahrzeugführers. Europaweit sind nahezu 90 % der Verkehrsunfälle auf menschliches Fehlverhalten zurückzuführen. [78; 384] Die Einführung des hoch- bzw. vollautomatisierten Fahrens wird daher oftmals als Schlüsseltechnologie auf dem Weg zum unfallfreien Fahren gesehen. Viele Firmen und Organisationen haben sich die Vision vom unfallfreien Fahren, die sog. „Vision-Zero“, zum Leitbild gemacht und es werden große Anstrengungen unternommen, um dieses Ziel zu realisieren. Beispielsweise hat die Europäische Kommission 2050 als das Jahr angesetzt, zu dem „nahezu niemand“ mehr auf europäischen Straßen sterben soll. [vgl. 77; 156; 82]

Aufgrund der stetigen Weiterentwicklung von Fahrerassistenzsystem, die den Fahrer in seiner Fahraufgabe entlasten, ist die Rechenleitung der Steuergeräte in den letzten Jahren signifikant gestiegen. Leistungsstarke Funknetze ermöglichen zukünftig die großflächige Car-to-X-Kommunikation sowie einen erhöhten Vernetzungsgrad der Fahrzeuge. [vgl. 156] Nicht zuletzt getrieben durch den Wunsch, hochautomatisiertes Fahren zu realisieren, hat auch die zuverlässige Erkennung des Fahrbahnzustands, respektive des Kraftschlusspotenzials zwischen dem Reifen und der Fahrbahn, in der letzten Zeit große Fortschritte gemacht. [vgl. 156] Diese Weiterentwicklungen sind Voraussetzung für die Realisierung neuartiger Fahrerassistenzsysteme und rücken die Entwicklung einer hochdynamischen, intelligent geregelten Reifenfülldruckregelanlage zunehmend in den Fokus der Forschung.

Da etwa zwei Drittel aller Verkehrsunfälle Kollisionen sind, bei denen ein Fahrzeug frontal mit einem anderen Verkehrsteilnehmer oder einem Objekt zusammenstößt, ist die Weiterentwicklung von Notbremsfunktionen von zentraler Bedeutung. [214; 218]

Daher sind beispielsweise seit dem Jahr 2013 für die Zulassungen von neuen Nutzfahrzeugen bestimmter Klassen innerhalb der EU Notbremsassistenten verpflichtend vorgeschrieben. [102] Die vorliegende Arbeit konzentriert sich daher insbesondere auf die Bewertung eines reifenfülldruckbasierten Fahrerassistenzsystems hinsichtlich des Bremswegverkürzungspotenzials.

1.2 Zielsetzung und Aufbau der Arbeit

Eine intelligent geregelte Reifenfülldruckregelanlage (RDRA), die den Reifeninnendruck hochdynamisch und radselektiv in Abhängigkeit des Fahrzeug- und Fahrbahnzustands adaptiert, verspricht ein großes Potenzial, um den Zielkonflikt zwischen einem geringen Rollwiderstands sowie maximalen Komfort- und Kraftschlussbedingungen zu minimieren. Es ist das Ziel der vorliegenden Forschungsarbeit, eine grundlegende Methodik zu entwickeln, um die Leistungsfähigkeit einer hochdynamischen Reifenfülldruckverstellanlage simulativ und experimentell bewerten zu können und damit einen Beitrag zur Realisierung eines reifenfülldruckbasierten Fahrerassistenzsystems zu leisten.

Im **Kapitel 2** wird der Stand der Forschung ausführlich dargestellt. Dazu werden zunächst die Grundlagen zum Kraftschlussverhalten des Reifens dargelegt sowie der Einfluss verschiedener Parameter, die das Kraftübertragungsverhalten im Rad-Boden-Kontakt beeinflussen, beschrieben. Bewährte Messmethoden zur Charakterisierung von Reifeneigenschaften werden erläutert. Weiterhin werden bekannte Reifensimulationsmodelle vorgestellt. Schließlich werden Konzepte und Umsetzungsvarianten zur Beeinflussung des Kraftübertragungsverhaltens von Reifen mithilfe von Reifenfülldruckregelanlage beschrieben, die im Rahmen einer durchgeführten Literatur- und Patentrecherche analysiert wurden. Die offenen Fragestellungen der aktuellen Forschungstätigkeiten werden herausgearbeitet.

Zur Analyse des Bremswegverkürzungspotenzials von Kraftfahrzeugen durch die Integration einer hochdynamischen Reifenfülldruckregelanlage werden zunächst experimentell durchgeführte Bremsweguntersuchungen von vier verschiedenen Fahrzeugen analysiert. Die Messmethode sowie die Diskussion der Ergebnisse wird in **Kapitel 3** vorgestellt.

Bisherige Forschungsaktivitäten, die sich dem Reifenfülldruckeinfluss widmeten, beschränkten sich durchgehend auf ein geringes Reifenfülldruckspektrum. Zudem zeigen die Forschungsarbeiten, dass ermittelte Reifencharakteristiken stark von den Messbedingungen abhängig sind. Folglich ist die Durchführung eigener Reifenkennlinienmessungen unumgänglich. Die Konzipierung eines Corner-Modul-Prüfstand und eines Reifenmessanhängers als stationäre bzw. mobile Prüfeinrichtung zur Charakterisierung von Reifeneigenschaften unter Labor- und Realbedingungen wird in **Kapitel 4** vorgestellt. Zudem wird die Erarbeitung einer geeigneten Messmethode, die Entwicklung einer Methodik zur automatisierten Auswertung der Messergebnisse sowie die Ausarbeitung eines Messprogramms erläutert.

Die Resultate der Messungen, die mit dem Reifenmessanhänger auf trockener Asphalt-Fahrbahn und nasser Niedrigreibwertfahrbahn auf einem Testgelände sowie mit dem Corner-Modul-Prüfstand auf einer 48"- und einer 75"-Prüfstandstrommel unter klimatisierten Laborbedingungen erzielt wurden, quantifizieren den Einfluss großer Reifenfülldruckvariationen auf das im Fokus der Forschung stehende Umfangskraftverhalten von Pkw-Reifen. Die Analyse der Messergebnisse wird in **Kapitel 5** beschrieben. Da die auf unterschiedlich gekrümmten Prüfstandstrommeln sowie auf realer, ebener Fahrbahn erzielten Versuchsergebnisse teilweise abweichende Resultate liefern, wird eine Umrechnungsmethode zur Berücksichtigung des Krümmungseinflusses auf das Kraftübertragungsverhalten im Reifen-Fahrbahn-Kontakt vorgeschlagen und deren Anwendung diskutiert.

Für realistische numerische Analysen ist die Applikation geeigneter Reifensimulationsmodelle mit einer hohen Modellgüte unabdingbar. Da die für Fahrdynamiksimulation relevanten Modelle den Reifeninnendruckeinfluss bisher nicht berücksichtigen, respektive nur für geringe Reifenfülldruckvariationen Gültigkeit besitzen, werden das *Magic Formula*-, das *HSRI*- sowie das *Deur*-Reifenmodell für große Reifenfülldruckvariationen erweitert. Die vorgeschlagenen Modellerweiterungen sowie die entwickelte Parametrisierungsmethode zur Identifikation der Modellkoeffizienten anhand der Messergebnisse werden im **Kapitel 6** vorgestellt.

Im **Kapitel 7** wird ein entwickeltes Gesamtfahrzeug-Co-Simulationsmodell zur numerischen Berechnung des Fahrdynamikverhaltens von Kraftfahrzeugen vorgestellt, welches die Implementierung der erweiterten Reifenmodellgleichungen, eines parametrisierten Radschlupfregelsystem sowie einer modellierten Reifenfülldruckregelanlage als sog. Model-in-the-Loop (MIL)-Modelle erlaubt. Der ganzheitliche Simulationsansatz bietet die Möglichkeit, eine Vielzahl an Einflussgrößen zu variieren, verschiedene Regelansätze zu untersuchen und schließlich das Potenzial einer hochdynamischen Reifenfülldruckadaption auf die Fahrdynamik zu bewerten. Die Simulationsergebnisse einer analysierten Parametervariationen auf das im Fokus der Forschung stehende Bremswegverkürzungspotenzial wird dargestellt.

Zur Validierung des Gesamtfahrzeug-Co-Simulationsmodells sowie zur Analyse von experimentellen Untersuchungen wird ein Demonstratorfahrzeug aufgebaut. Die Auslegung der Komponenten einer hochdynamischen Reifenfülldruckregelanlage anhand einer Simulationsrechnung sowie der Aufbau des Versuchsfahrzeugs wird in **Kapitel 8** beschrieben.

Die Durchführung umfangreicher Fahrversuche auf einem Testgelände sowie die Diskussion der Resultate erlaubt, neben der Validierung der Simulationsmodelle, die experimentelle Bewertung des Bremswegverkürzungspotenzials durch die Integration einer hochdynamischen Reifenfülldruckregelanlage in einen Pkw. Der Nachweis des Wirkprinzips sowie die Beurteilung des Kraftübertragungsverhaltens im Reifen-Fahrbahn-Kontakt, und folglich die Optimierung der Fahrdynamik des Demonstrators, durch eine radselektive Reifenfülldruckadaption wird im **Kapitel 9** vorgestellt.

Abgeschlossen wird die Arbeit mit dem **Kapitel 10**, welches die Ergebnisse zusammenfasst sowie einen Ausblick für zukünftige Forschungsarbeiten gibt.

2 Stand der Forschung

Zur Darstellung der Mechanismen der Kraftübertragung am Reifen wird zunächst der Aufbau heutiger Radialreifen vorgestellt. Anschließend wird die Theorie der Gummireibung erläutert. Diese ist Grundlage für das Reibverhalten in der Aufstandsfläche zwischen Reifen und Fahrbahn, dem sog. Reifenlatsch, und damit für die Kraftübertragung am Reifen. Das Kraftschlussverhalten zwischen Reifen und Fahrbahnoberfläche wird anhand eines einfachen Bürstenmodells beschrieben. Zudem werden die Parameter diskutiert, die das Kraftübertragungsverhalten von Reifen im Wesentlichen beeinflussen. Insbesondere der Einfluss des Reifenfülldrucks wird hier näher betrachtet. Zur Ermittlung des Kraftschlusspotenzials von Reifen, insbesondere die Messung von Umfangskraft-Schlupf-Kennlinien, werden verschiedene bekannte Messmethoden vorgestellt. Dabei stellt sich heraus, dass sich die Kraftschlussmessungen, die auf gekrümmten Prüfstandstrommeln und auf realen Fahrbahnen durchgeführt wurden, unterscheiden können. Im Rahmen verschiedener Forschungsarbeiten wurden daher erste Ansätze entwickelt, um auf Trommeln ermittelte Reifenkennlinien auf die Ebene umzurechnen. Diese werden beschrieben. Für numerische Analysen ist ein geeignetes Reifenmodell, welches die Realität mit hoher Modellgüte widerspiegelt, unabdingbar. Folglich werden bekannte Reifensimulationsmodelle vorgestellt. Die für Fahrdynamiksimulationen besonders relevanten *Magic Formula-*, *HSRI-* sowie *Deur-*Simulationsmodelle werden erläutert. Weiterhin werden bekannte Konzepte zur Beeinflussung des Kraftübertragungsverhaltens von Reifen mithilfe von Reifenfülldruckregelanlagen vorgestellt, welche im Rahmen einer am *PATON - Landespatentzentrum Thüringen* durchgeführten Literatur- und Patentanalyse recherchiert wurden. Schließlich werden die Forschungsaufgaben für die hier vorliegende Arbeit herausgearbeitet und präzisiert.

2.1 Kraftübertragung am Reifen

2.1.1 Aufbau von Luftreifen

Die Erfindung des Luftreifens wird JOHN BOYD DUNLOP zugeschrieben, der 1888 den ersten brauchbaren luftgefüllten Reifen erfand, ihn patentierte und für eine erste Produktion sorgte. [35] Seitdem haben viele Entwicklungen den modernen Reifen bedeutend beeinflusst. Der Aufbau eines heutigen Pkw-Reifens ist sehr komplex. Moderne Radialreifen können aus über 20 verschiedenen Gummimischungen und vielen unterschiedlichen Komponenten bestehen. [227] Dabei bestimmt jede einzelne Komponente die Reifeneigenschaften mit.

Anhand des Aufbaus der Karkassen-Gewebelagen können Fahrzeugreifen in Diagonal- und Radialreifen unterschieden werden. Seit Mitte der 1970er Jahre werden im Pkw-Bereich ausschließlich Radialreifen eingesetzt. Diagonalreifen finden nur noch in Einzelfällen für Landwirtschafts-, Industrie oder Zweiradreifen Anwendung. [181] Abb. 2.1

zeigt den Aufbau eines modernen Pkw-Luftreifens in Radialbauweise. Dabei unterscheidet sich der grundsätzliche Aufbau unterschiedlicher Fabrikate nur unwesentlich. [227]

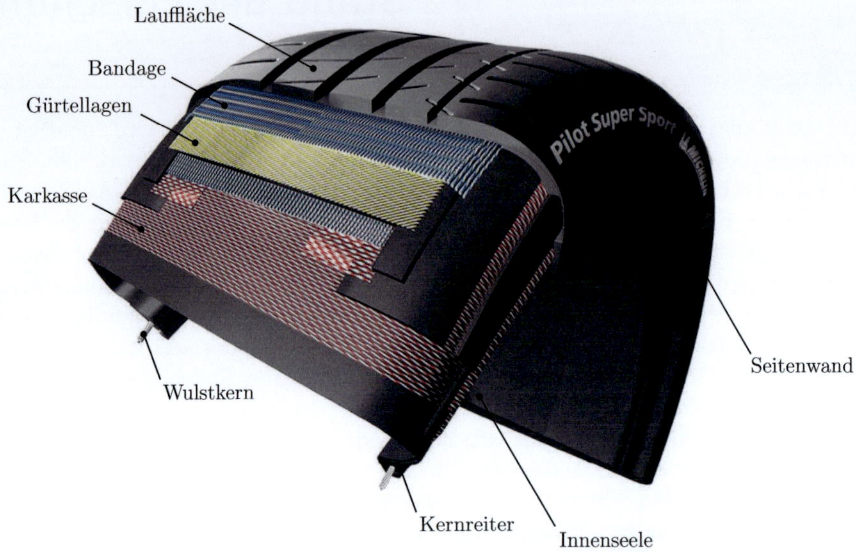

Abb. 2.1: Aufbau eines Reifens (Bildquelle: [89])

Der Zusammenhalt des Reifens wird durch den Festigkeitsträger, der sog. Karkasse (frz. *carcasse*, zu dt. „Gerippe"), gegeben, die radial (im 90 ° Winkel) zur Laufrichtung über den Reifenkörper von Wulst zu Wulst verläuft und dort umgeschlagen wird. Die Karkasse besteht aus mehreren Lagen gummierten Kunstfasern, wie Rayon, Nylon oder Polyester, und ist mitverantwortlich für Tragfähigkeit und Geschwindigkeitsklasse des Reifens. Der Wulstkern wird aus steifen Stahldrahtpaketen hergestellt. Er sorgt dafür, dass das Hornprofil, welches den Wulstkern umgibt, nicht von der Felge rutscht und gewährleistet so einen sicheren Sitz des Reifens auf der Felge. Oberhalb der Wulst befindet sich der Kernreiter aus Gummi. Mit ihm lassen sich Reifenverformung bei Seitenkräften, die Lenkreaktion des Reifens und der Einfederkomfort beeinflussen. Innerhalb der Karkassenlagen gewährleistet die Innenseele (oder der Innenliner), der oft aus einer Butylschicht besteht, die Abdichtung des Reifens und verhindert Fülldruckverluste. Um den Reifenumfang sind Stahlgürtellagen gelegt, welche aus mindestens zwei gekreuzten Lagen von gummibeschichteten und verdrillten Stahlfäden bestehen. Diese verleihen der Aufstandsfläche die nötige Richtungsstabilität bei einwirkenden Längs- und Querkräften. Die hohe Steifigkeit des Reifenlatschs verringert die Dehnung, Stauchung und Bewegung im Latsch. Dies wirkt sich positiv auf den Rollwiderstand aus. Zudem entsteht dadurch weniger Schlupf, was die Fahrstabilität verbessert und den Abrieb verringert. Bei Hochleistungsreifen wird der Gürtel oft durch eine Bandage, respektive einer Null-Grad-Abdeckung, aus Textilcordlagen, wie z. B. gummierten Nylonfäden, abgedeckt. Diese unterstützt zusätzlich den Rundlauf und die Formbeständigkeit des Reifens bei hohen Geschwindigkeiten. Über den Gürtellagen bzw. der Bandage befindet sich die Gummimischung der Lauffläche. Diese stellt den Kontakt zur Fahrbahn her und beeinflusst vor allem Haftung, Taktion und Stabilitätseigenschaften. Die Profilierung dient vor allem zur Wasserdrainage, um auf nasser Fahrbahn das Wasser aus der Kontaktzone abzuleiten. Die Seitenwand schützt den Reifen vor Beschädigung und beeinflusst Fahr- und Komforteigenschaften. [35; 174; 89]

Eine ausführliche Darstellung über den Aufbau und die Herstellung von Reifen geben u. a. [154; 227; 35].

2.1.2 Theorie der Gummireibung

Für das Verständnis der Kraftübertragung zwischen dem Reifen und der Fahrbahn sind die Reibungsmechanismen in der Kontaktzone zwischen Lauffläche des Reifens und der Fahrbahn von entscheidender Bedeutung. Die Reibpaarung ist vor allem durch die Viskoelastizität des Gummis gekennzeichnet und kann daher nicht durch die klassische COULOMBsche Reibtheorie beschrieben werden.

BOWDEN & TABOR [53] bemerkten, dass sich die Reibkraft aus zwei Komponenten, dem Adhäsions- und dem Verformungsanteil, zusammensetzt. Darauf aufbauend entwickelten KUMMER & MEYER [211; 212; 221; 213] eine vereinheitlichte Gummireibungstheorie, die Grundlage für die Theorie der Reifenreibung ist. RIEGER [305] sowie GEYER [125] vertieften die Theorie theoretisch und experimentell. RIEGER untersuchte zudem auch Effekte auf nasser Fahrbahn. WEBER [393], FINK [117] und MUNDL et al. [255] untersuchten den Kraftschluss von Gummi auf Eis bzw. Schnee. BACHMANN [20] analysierte experimentell die Korrelation zwischen dem Gleitverhalten von Gummiproben und dem maximalen Kraftschlussbeiwert von Reifen auf realen Fahrbahnen. Neuere Ansätze zur Beschreibung der Gummireibung stammen u. a. von PERSSON. [284; 285; 286; 234] Für niedrige Geschwindigkeiten beschreibt er Scherkräfte, die sich aus der Bindung von Gummimolekülen zum Straßenbelag ergeben. Dabei werden Mechanismen von Adhäsion und Hysterese vereint, indem Adhäsionseffekte auf kleinste Rauigkeiten zurückgeführt werden. Dieser Effekt ist ebenfalls abhängig von Gleitgeschwindigkeit und Temperatur. Trotz einer Vielzahl an Forschungsarbeiten ist das Reibverhalten von Elastomeren noch nicht vollständig verstanden. Die Gummireibungstheorie nach KUMMER & MEYER bildet immer noch die Grundlage für das Verständnis der Reifenreibung. Abb. 2.2 veranschaulicht die Hauptkomponenten, Adhäsion und Hyserese, der Gummireibung.

Grundlage für die Theorie der Gummireibung sind dessen mechanische Eigenschaften, die sich aus den chemischen Aufbau der fadenförmigen Gummimolekülketten erklären lasen. Bei der **Adhäsion** kommt es bei direktem Kontakt der außenliegenden Moleküle des Gummis und den regelmäßig angeordneten Molekülen der Fahrbahn dazu, dass aufgrund der molekularen Anziehungskräfte eine Verbindung eingegangen wird. Durch das Gleiten des Gummis auf der Fahrbahn dehnen sich die Molekülketten bis bestehende Verbindungen auseinander gerissen werden. Nach dem Zerreißen ziehen sich die Ketten wider zusammen und bilden neue Verbindungen mit anderen Molekülen der Fahrbahn. Dieser Vorgang wiederholt sich stetig im Reifenlatsch. Beim periodischen Dehnen und Entspannen der Gummimolekülketten findet eine Energiedissipation statt, d. h. über den Reifenlatsch gemittelt resultiert eine der Bewegungsrichtung entgegengesetzte Kraft die sog. Adhäsionskraft F_A.

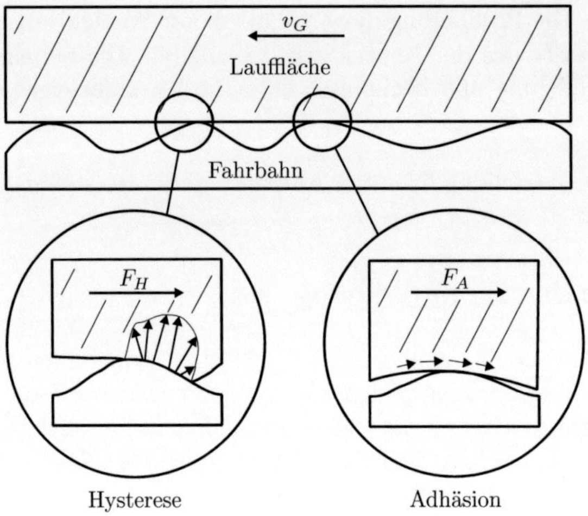

Abb. 2.2: Hauptkomponenten zur Kraftwirkung zwischen dem Reifen und der Fahrbahn [nach 221; 336]

Die **Hysterese** wird durch die Deformation des Gummis bei Umfließen von makroskopischen Fahrbahnteilchen hervorgerufen. Durch die viskoelastischen Eigenschaften des Gummis, d. h. durch die innere Dämpfung, wird mehr Energie beim Komprimieren des Gummis benötigt, als er beim Expandieren abgibt. Dadurch kommt es zu einer unsymmetrischen Flächenpressungsverteilung. Die dadurch entstehende resultierende Kraft, die ebenfalls der Bewegungsrichtung des Gummis entgegen wirkt, wird als Hysteresekraft F_H bezeichnet.

Die beiden Hauptmechanismen Adhäsion und Hysterese treten in der Regel zusammen auf und überlagern sich. Die Größe der Adhäsions- bzw. Hysteresekraft hängt von den viskoelastischen Eigenschaften des Gummis sowie von der Fahrbahnoberfläche bzw. der Gleitgeschwindigkeit ab. Die Hysteresekomponente nimmt mit dem verformten Gummivolumen, d. h. mit der Anzahl der Kontaktstellen und einer gröberen Fahrbahnoberfläche, zu. Die Adhäsionskraft nimmt mit zunehmender Berührfläche zu. Bei Trockenheit ist die Adhäsionskomponente umso größer, je glatter die Oberfläche ist. Ein trennendes Medium wie z. B. Wasser bei nassen Fahrbahnen behindert die Ausbildung von Bindungen, wodurch sich der Adhäsionsanteil an der Gesamtreibung verringert. Eine Mikrorauigkeit der Fahrbahnoberfläche gewährleistet eine lokale Durchdringung des Wasserfilms. Während die Adhäsionskraft - je nach Gummimischung - bei einer Gleitgeschwindigkeit von ca. 0,1 km/h ihren Maximalwert besitzt und damit vor allem bei geringen Gleitgeschwindigkeiten für die übertragbaren Kräfte verantwortlich ist, steigt der Hystereseanteil mit wachsender Gleitgeschwindigkeit an (vgl. Abb. 2.3). [157; 226; 118; 304]

Adhäsion und Hysterese werden durch viskose Reibung F_v und Kohäsionsreibung F_K ergänzt. Eine viskose Scherspannung tritt auf, wenn sich zwischen Gummi und Fahrbahn ein viskoses Medium, wie z. B. Wasser, befindet. Dieser Mechanismus wirkt vor allem beim Aufschwimmen der Lauffläche, dem sog. Aquaplaning, wenn Adhäsion und Hyserese nicht mehr wirken. Die Kohäsion ist ein Reibmechanismus, der das An-

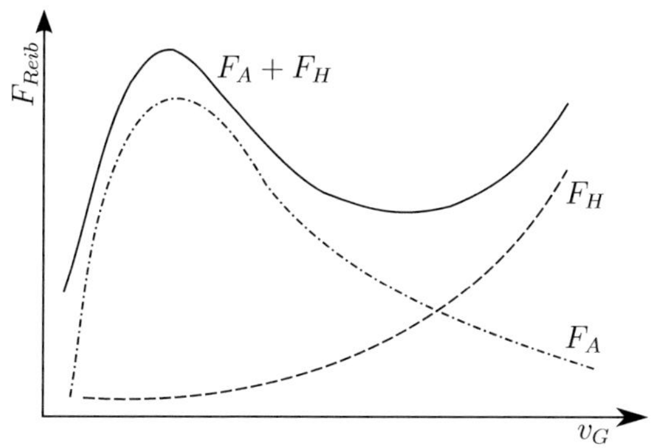

Abb. 2.3: Einfluss der Gleitgeschwindigkeit auf die Adhäsions- und Hysteresereibung [nach 212]

einanderhaften gleicher Molelüle (z. B. Gummi/Gummi) beschreibt und während des Energieverbrauchs bei Verschleiß von Gummi entsteht. Dieser Effekt ist jedoch von untergeordneter Bedeutung. Zusammenfassend setzt sich nach der vereinheitlichten Gummireibungstheorie nach KUMMER & MEYER die Reibungskraft einer Gummiprobe nach Gleichung 2.1 zusammen.

$$F_{Reib} = F_A + F_H + F_K + F_V \tag{2.1}$$

Im Gegensatz zur COULOMBschen Reibtheorie, ist die Gummireibung abhängig von Normaldruck, Gleitgeschwindigkeit und Temperatur. Die Reibkraft verhält sich zur Normalkraft bei der Elastomerreibung im Vergleich zur COULOMBschen Reibtheorie nicht proportional, sondern nimmt degressiv ab. Mit zunehmender Flächenpressung nimmt der Reibbeiwert ab. Zudem gibt es bei der Elastomerreibung keine Unterteilung in Haft- und Gleitreibung. Der Kraftschlussbeiwert steigt mit zunehmender Gleitgeschwindigkeit zunächst an, erreicht ein Optimum und fällt wieder ab. Ein Vergleich zwischen der Gummireibung und den klassischen Reibungsgesetzen nach COLOUMB ist in Abb. 2.4 dargestellt. Anhand der Darstellung, die auf der Veröffentlichung [211] von KUMMER & MEYER aus dem Jahr 1964 beruht, lässt sich auch erkennen, dass mit steigender Temperatur der Kraftschlussbeiwert abnimmt. Dies ist bei modernen Reifen von der Gummimischung abhängig. Bei einer Gummimischung von typischen

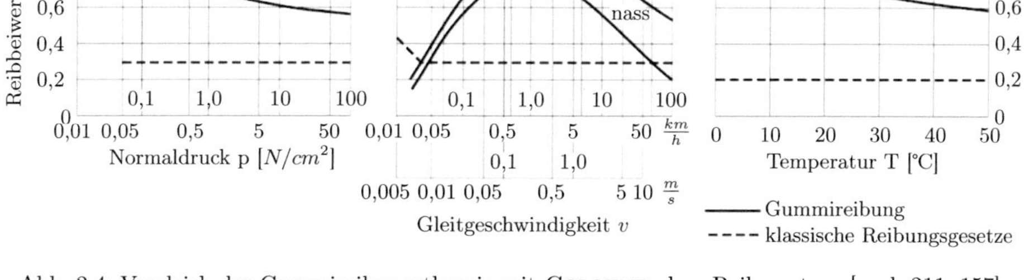

Abb. 2.4: Vergleich der Gummireibungstheorie mit COLOUMBschen Reibgesetzen [nach 211; 157]

Sommerreifen steigt die Griffigkeit bis zu einer Temperatur von 50 °C bis 60 °C an und fällt dann wieder ab. [157]

Auch neuere Messungen von Gummiproben moderner Laufstreifenmischungen zeigen, dass der Reibwert mit abnehmendem Kontaktdruck zunimmt, vgl. Abb. 2.5. [vgl. 4; 143; 46]

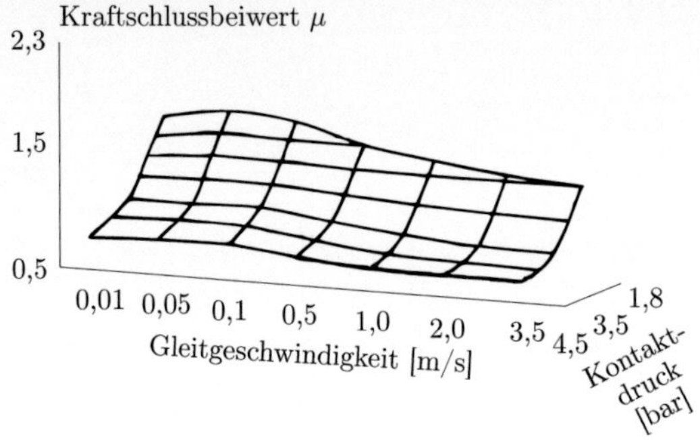

Abb. 2.5: Labormessung des Kraftschlussbeiwerts μ in Abhängigkeit vom Kontaktdruck und der Gleitgeschwindigkeit auf Korund-180 [nach 46]

2.1.3 Kraftschlussverhalten zwischen Reifen und Fahrbahnoberfläche

Die Eigenschaften der Gummireibung lassen sich auf den rollenden Reifen übertragen. Dabei überlagern sich jedoch Effekte, die durch die Abplattung des Reifens unter einer Radlast entstehen. Die Abplattung des Reifens bewirkt, dass im Reifenlatsch nach außen gerichtete Verformungen entstehen. Die damit induzierten, nach innen gerichteten Schubspannungen, müssen bei der lokalen Betrachtung der Reibverhältnisse in der Aufstandsfläche Berücksichtigung finden. Dies unterscheidet sich vom Elementarversuch einer Gummiprobe.

Die für das Aufkommen einer Reibkraft verantwortliche Gleitgeschwindigkeit v_G enteht am Reifen durch den sog. Umfangsschlupf. Diese Größe, welche den Bewegungszustand eines angetriebenen, gebremsten oder frei rollendem Rad kennzeichnet, beschreibt die bezogene Abweichung von Radgeschwindigkeit im Aufstandspunkt und der Geschwindigkeit des Radmittelpunktes (entspricht bei Geradeausfahrt der Fahrzeuggeschwindigkeit). Dabei wird das Rad als Starrkörper betrachtet. Häufig wird in der Literatur zwischen Antriebschlupf $\lambda_{x,A}$ und Bremsschlupf $\lambda_{x,B}$ unterschieden. [vgl. 409; 261; 298; 336; 165] Dazu wird der Betrag der Relativgeschwindigkeit von Radgeschwindigkeit im theoretischen Radaufstandspunkt $\omega_{Rad} \cdot r_{dyn}$ und der Geschwindigkeit des Radmittelpunktes v_x auf den jeweils größeren Wert bezogen. Damit ergibt sich für das angetriebene Rad ($v_x < \omega_{Rad} \cdot r_{dyn}$) ein Antriebsschlupf

$$\lambda_{x,A} = \frac{(\omega_{Rad} \cdot r_{dyn} - v_x)}{\omega_{Rad} \cdot r_{dyn}} \tag{2.2}$$

und am gebremsten Rad ($v_x > \omega_{Rad} \cdot r_{dyn}$) ein Bremsschlupf

$$\lambda_{x,B} = \frac{(v_x - \omega_{Rad} \cdot r_{dyn})}{v_x}. \tag{2.3}$$

Oft wird Gl. 2.2 und Gl. 2.3 für Antriebs- und Bremsschlupf zum Umfangsschlupf λ_x zusammengefasst:

$$\lambda_x = \frac{|v_x - \omega_{Rad} \cdot r_{dyn}|}{max(v_x, \omega_{Rad} \cdot r_{dyn})} \tag{2.4}$$

Der Schlupf wird im Intervall von [0,1] bzw. [0,100 %] angegeben. Dabei entspricht 0 % Schlupf einem frei rollenden Rad und 100 % Schlupf einem durchdrehenden bzw. blockierenden Rad. Mitunter werden in der Literatur leicht abgewandelte Schlupfdefinitionen verwendet. [vgl. 131; 36; 307; 281; 408] Dies ist insbesondere bei der Verwendung unterschiedlicher Simulationsumgebungen zu beachten.

Ein weiterer Unterschied zur ermittelten Gleitgeschwindigkeit beim Elementarversuch einer Gummiprobe zeigt sich bei der Betrachtung des Deformationsschlupfs. Dieser ist auf eine elastische Verformung der Profilelemente in der Lauffläche zurückzuführen. Er wird bei der Bestimmung des Umfangsschlupfs mit erfasst und lässt sich nur schwer vom den tatsächlichen Gleitanteilen trennen. Abb. 2.6 veranschaulicht das Modell nach KUMMER & MEYER zur Aufteilung von Deformations- und Gleitschlupf. Es wird ersichtlich, dass bei niedrigen Relativgeschwindigkeiten insbesondere die Deformationsschlupfanteile ausgeprägt sind. Mit steigender Relativgeschwindigkeit überlagert der Gleitschlupf den Anteil des Deformationsschlupfs.

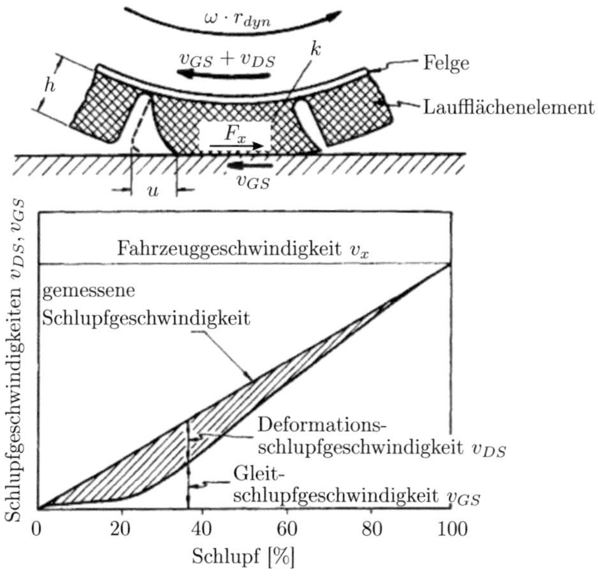

Abb. 2.6: Aufteilung von Deformations- und Gleitschlupf nach KUMMER & MEYER [nach 221]

Eine Umfangskraft am Reifen kann nur bei vorhandenem Umfangsschlupf übertragen werden, während die Querkraft nur bei vorhandenem Querschlupf übertragen wird. Bei Seitenkraftübertragung am Reifen kommt es zu einer Deformations- und Gleitbewegung des Reifens im Latschbereich und es ensteht eine seitliche Gleitgeschwindigkeit v_y. Im Zusammenhang mit dem Geschwindigkeitsvektor v_x in Bewegungsrichtung des Rades ergibt sich der sog. Schräglaufwinkel α. [vgl. 336; 261]

$$\alpha = \arctan\left(\frac{v_y}{v_x}\right) \tag{2.5}$$

Die Kraftübertragung am Reifen unter Schlupf lässt sich anschaulich am sog. Bürstenmodell erklären. Zur Veranschaulichung der Entstehung von Umfangskräften wird die Bewegung eines einzelnen Profilelements durch den Latsch am angetriebenen Rad eines einfachen Bürstenmodells betrachet, welches in Abb. 2.7 schematisch veranschaulicht ist. [vgl. 336] Der mit dem Gürtel (der als umfangssteifes, geschlossenes Band angesehen wird) verbundene Laufstreifen wird durch elastische Biegeelemente (Profilstollenelemente) modelliert. Die Geschwindigkeit des Radmittelpunkts entspricht bei Geradeausfahrt der Fahrzeuggeschwindigkeit v_x, das Rad hat die Winkelgeschwindigkeit ω_{Rad}, Der Gürtel läuft folgerichtig mit der Längssgeschwindigkeit $\omega_{Rad} \cdot r_{dyn}$ um. Aufgrund der Undehnbarkeit des Gürtels, hat dieser im Reifenlatsch die absolute Geschwindigkeit

$$v_{Gürtel} = v_x - \omega_{Rad} \cdot r_{dyn}. \tag{2.6}$$

Das betrachtete Profilelement erreicht zum Zeitpunkt t_0 im Einlaufpunkt E (bei $x = 0$) den Latschbereich $\bar{EA}$ In Folge der Umfangsgeschwindigkeit des Gürtels wird das Profilelement durch den Latsch transportiert. Zum Zeitpunkt t befindet es sich damit an der Stelle x im Reifenlatsch.

$$x = \omega_{Rad} \cdot r_{dyn} \cdot t \tag{2.7}$$

Im einlaufenden Kontaktbereich kommt es zum Haften des Profilelements an der Fahrbahn. Durch die weitere Rotation des Rades, d. h. der Abschnitt $\bar{EA}$ des Gürtels bewegt sich mit der Absolutgeschwindigkeit $v_{Gürtel} = \omega_{Rad} \cdot r_{dyn} - v_x$ entgegen der Fahrgeschwindigkeit v_x, verformt sich das Profilelement in horizontaler Richtung.

$$u(t) = v_{Gürtel} \cdot t = (\omega_{Rad} \cdot r_{dyn} - v_x) \cdot t \tag{2.8}$$

Wird die Zeit t durch den Weg x repräsentiert und der Antriebsschlupf $\lambda_{x,A}$ eingesetzt, ergibt sich eine Verformung des Profilelements, die in Abhängigkeit vom Schlupf linear mit dem Weg zunimmt.

$$u(x) = (\omega_{Rad} \cdot r_{dyn} - v_x) \cdot \frac{x}{\omega_{Rad} \cdot r_{dyn}} = \lambda_{x,A} \cdot x \tag{2.9}$$

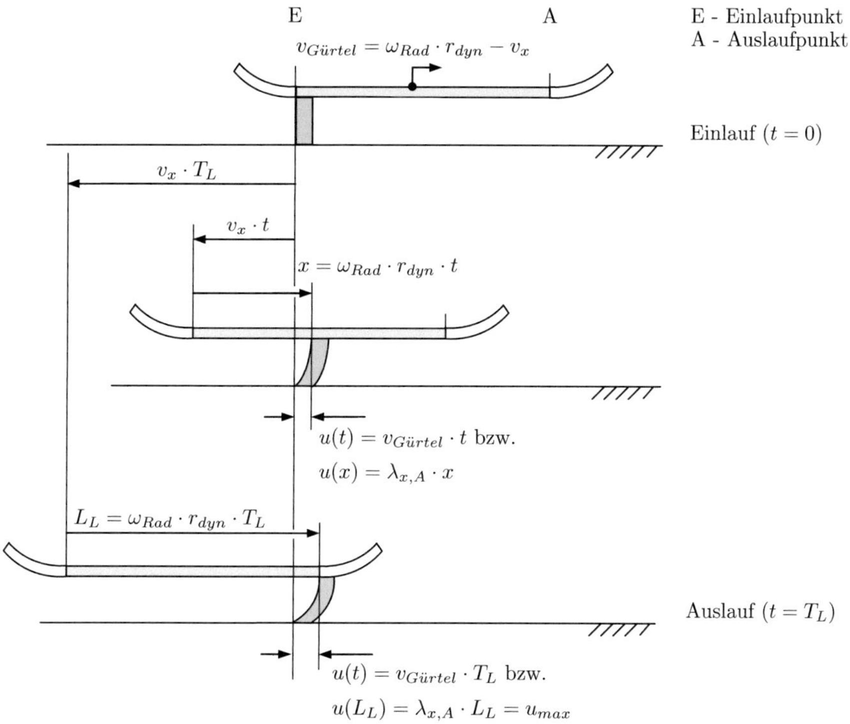

Abb. 2.7: Weg eines Profilelements durch den Reifenlatsch [nach 336]

Wird nun (lineares) elastisches Verhalten für die Verformung des biegsamen Bürstenelements angenommen, überträgt ein Profilelement der Länge dx und der Breite dy eine Schubspannung. Diese ist proportional zur Verformung $u(x)$. Die eingeführte Konstante k ist dabei abhängig vom Schubmodul der Gummimmischung, der Profilhöhe der Lauffläche sowie der Profilgestaltung.

$$\tau_x(x) = k \cdot u(x) \tag{2.10}$$

Die resultierende Umfangskraft F_x lässt sich durch die Integration der Tangentialspannung aller Profilelemente in der Aufstandsfläche A_L ermitteln[4].

$$F_x = \int_{A_L} \tau_x(x)\,\mathrm{d}A_L = \int_0^{L_L} \tau_x(x) \cdot b_L\,\mathrm{d}x = \frac{1}{2} \cdot k \cdot b_L \cdot L_L^2 \cdot \lambda_{x,A} \tag{2.11}$$

Gl. 2.11 gilt nur unter der Voraussetzung, dass alle Profilelemente über die gesamte Latschlänge L auf der Fahrbahnoberfläche haften. Dies gilt allerdings meist nicht für die gesamte Latschlänge. Einfache Bürstenmodelle legen hier die COULOMBsche Reibungstheorie zugrunde.

[4]Unter Annahme einer kontinuierlichen Spannungsverteilung, einer konstanten Latschbreite b_L und ohne Betrachtung des Einflusses der Profilgestaltung

Nach Gl. 2.12 lässt sich die Normaldruckverteilung $p_z(x)$ ermitteln.

$$F_z = \int_{A_L} p_z(x)\,\mathrm{d}A_L = \int_0^{L_L} p_z(x) \cdot b_L\,\mathrm{d}x \tag{2.12}$$

Zudem gilt für die Tangentialspannung $\tau_x(x)$ die Haftbedingung mit dem Haftreibkoeffizienten μ_H

$$\tau_{xH}(x) = \mu_H \cdot p_z(x), \text{ wenn } \tau_x(x) \leq \tau_x(x) \tag{2.13}$$

Wird die Haftgrenze an der Stelle x im Reifenlatsch überschritten, beginnt das Profilelement zu gleiten. Es ergibt sich eine Gleitreibspannung $\tau_{xG}(x)$ mit dem Gleitreibkoeffizienten μ_G

$$\tau_{xG}(x) = \mu_G \cdot p_z(x) \tag{2.14}$$

Daher teilt sich der Reifenlatsch in einen Haft- und einen Gleitbereich auf. Mit zunehmenden Umfangsschlupf wandert die Haftgrenze in Richtung Einlaufpunkt. Abb. 2.8 stellt den Tangentialspannungsverlauf (aus der sich die übertragende Umfangskraft ergibt) in Abhängigkeit von verschiedenen Schlupfbedingungen dar.

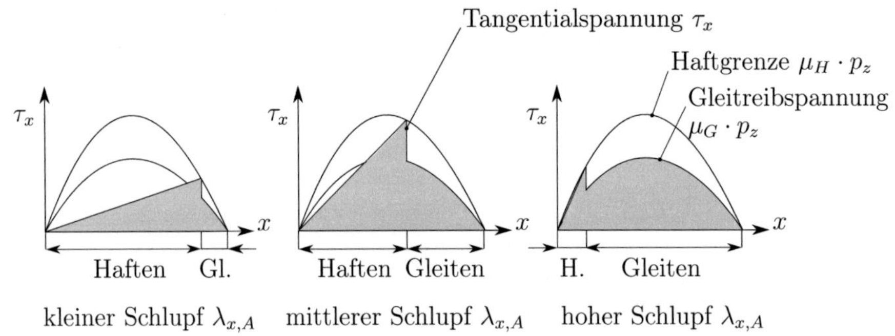

Abb. 2.8: Tangentialspannungsverlauf im Reifenlatsch [nach 7]

Die übertragbare Umfangskraft F_x lässt sich in Abhängigkeit vom Umfangsschlupf λ_x darstellen. Abb. 2.9 zeigt einen typischen Verlauf einer Umfangskraft-Schlupf-Kurve. Für analog gebräuchliche Reibwert-Schlupf-Kurve wird die übertragbare Umfangskraft F_x mit der Aufstandskraft F_z nach Gl. 2.15 normiert.

$$\mu_x = \frac{F_x}{F_z} \tag{2.15}$$

Es lässt sich erkennen, dass bei einem Schlupf von 0 % keine Kraft übertragen werden kann. Bei kleinen Schlupfwerten steigt die Umfangskraft zunächst linear an. Dies lässt sich dadurch erklären, dass sich bei geringem Schlupf der Haftbereich über einen großen Teil der gesamten Latschlänge ausdehnt (vgl. Abb. 2.6). Der Umfangsschlupf

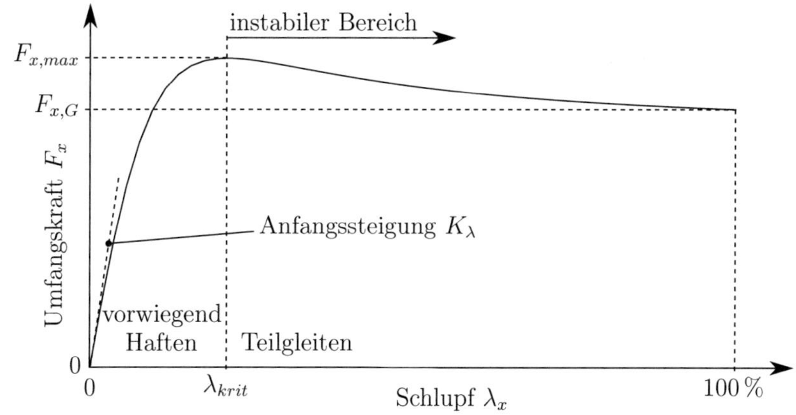

Abb. 2.9: Typischer Verlauf einer Umfangskraft-Schlupf-Kennlinie

wird hauptsächlich durch den Deformationsschlupf hervorgerufen. Die Umfangskraft F_x steigt nach Gl. 2.11 linear an und kann nach Gl. 2.16 beschrieben werden.

$$F_x = K_\lambda \cdot \lambda_x \tag{2.16}$$

Die Anfangssteigung, die häufig als Umfangskraftsteifigkeit bzw. Längsschlupfsteifigkeit bezeichnet wird, ergibt sich folglich zu

$$K_\lambda = \frac{1}{2} \cdot k \cdot b_L \cdot L_L^2. \tag{2.17}$$

Mit wachsendem Schlupf nehmen die Gleitanteile im Reifenlatsch zu und die übertragbare Umfangskraft F_x überschreitet die maximal übertragbare Kraft $F_{x,max}$. Der bei der maximalen Längskraft auftretende Kraftschlussbeiwert wird mit $\mu_{x,max}$ und der Schlupf an diesem Punkt als kritischer Schlupf λ_{krit} bezeichnet. Der maximale Kraftschluss tritt bei Pkw-Reifen meist in einem Schlupfbereich von 5 % bis 15 % (bzw. bei einem Schräglaufwinkel zwischen 4 ° bis 7 °) auf. [382] Steigt der Schlupf weiter an, wird dieser Bereich als instabiler Bereich bezeichnet. Die übertragbare Umfangskraft F_x fällt wieder ab. Bei einem Schlupf λ_x von 1 liegt schließlich reine Gleitreibung vor.

Die Charakteristik der Umfangskraft-Schlupf-Kurve hängt von konstruktiven Reifenparametern wie Gummimischung, Bauart, Profilgestaltung und Reifendimension, von äußeren Bedingungen wie Reifenfülldruck, Temperatur oder Fahrgeschwindigkeit, von der Radlast F_z und von den maximalen Haftbeiwert μ_H und dem Gleitreibkoeffizienten μ_G ab. Einen wesentlichen Einfluss hat die Schersteifigkeit des Laufstreifens, die bei Zunahme zu einem geringeren kritischen Schlupf λ_{krit} führt und die Überhöhung von $\mu_{x,max}/\mu_G$ zunimmt. Wie in Abb. 2.10 (rechts) veranschaulicht, führt eine Erhöhung der Radlast F_z zu einer größeren übertragbaren Umfangskraft. Der Schlupfbereich des Maximums, also der kritische Schlupf λ_{krit}, bleibt weitestgehend konstant. Mit steigender Radlast F_z erhöht sich auch die Einfederung Δr sowie die Latschlänge L_L.

Dies führt zu einer größeren Schersteifigkeit des Reifenlatsches und damit zu einer höheren Umfangskraftsteifigkeit K_λ (vgl. Gl. 2.17). Die Abhängigkeit von verschiedenen Fahrbahnzuständen, respektive Kraftschlussbeiwerten, ist in Abb. 2.10 (links) dargestellt. Auf trockenem Asphalt kann meist eine hohe Umfangskraft F_x übertragen werden. Auf nassem Untergrund oder auf Eis sinkt der Kraftschlussbeiwert. Da die Umfangskraftsteifigkeit K_λ überwiegend von der Schersteifigkeit der Lauffläche bestimmt wird, bleibt diese erhalten. Reduziert sich die übertragbare Umfangskraft F_x, verringert sich die maximal übertragbare Umfangskraft $F_{x,max}$ in Richtung geringerer Schlupfwerte.

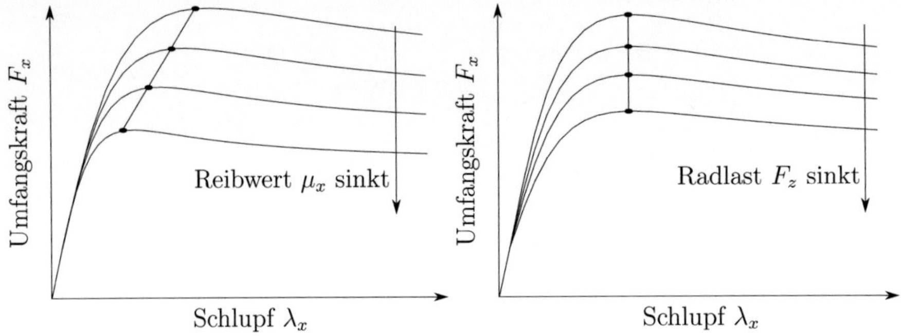

Abb. 2.10: Einfluss des Kraftschlussbeiwerts und der Radlast auf die übertragbare Umfangskraft

Bei genauerer Betrachtung der Schubspannungsverteilung in der Reifenaufstandsfläche stellt man fest, dass der Verlauf der Tangentialspannung im Reifenlatsch selbst beim frei rollenden Rad nicht konstant ist. Aufgrund der Abplattung des Reifens entstehen nach innen gerichteten Schubspannungen. Diese überlagern sich mit den Tangentialspannungen beim angetriebenen bzw. gebremsten Rad. Beim angetriebenen Rad liegt der resultierende Kraftangriffspunkt der Umfangskraft im vorderen Latschbereich, beim Bremsen im auslaufenden Bereich. Aufgrund dieser unsymmetrischen Verteilung der Tangentialspannungen sind die Linien im realen Kennfeld nicht symetrisch. Der Schlupf beim Bremsen ist größer als beim Antreiben. Zudem ist die maximal übertragbare Umfangskraft $F_{x,max}$ beim Antreiben größer als beim Bremsen. [362]

2.1.4 Einflussgrößen auf das Kraftschlussverhalten

Der Einfluss von verschiedenen Betriebsbedingungen beeinflusst die charakteristischen Kenngrößen einer Umfangskraft-Schlupf-Kennlinie und war bereits Thema vieler Forschungsarbeiten. Reifenkennlinien und -kennfelder unter verschiedensten Bedingungen wurden an Reifenprüfeinrichtungen auf realen Fahrbahnen und im Labor aufgezeichnet und analysiert. ESSERS et al. [93], GENGENBACH [124], GNADLER et al. [146], BACHMANN [19; 20; 21], EICHHORN und ROTH [100; 94; 309], FISCHLEIN [118; 115], FACH [107], KLEMPAU [210], MAULICK [243] und WOHANKA [402] analysierten, neben vielen anderen Forschungsarbeiten, den Einfluss von trockenen und nassen Fahrbahnoberflächen unter verschiedenen Bedingungen auf charakteristische Größen von Kraftschluss-Schlupf-Kurven. Häufig werden die Einflussgrößen in der Literatur in die vier Haupteinflussgrößen Reifen, Fahrbahn, Fahrzeug und Zwischenmedium eingeteilt (vgl. Abb. 2.11. [vgl. 26; 392]).

Reifen	Fahrzeug	Zwischenmedium	Fahrbahn
Reifentyp	Geschwindigkeit	Art (Wasser, Schnee)	Belagart
Reifenbauart	Radlast	Schichtdicke	Mikroskopische Textur
Gummimischung	Radstellung	Aggregatzustand	Makroskopische Textur
Profilgeometrie	Schlupfzustand	Temperatur	Drainagevermögen
Profiltiefe			Festigkeit
Temperatur			Temperatur
Reifenfülldruck			

Abb. 2.11: Einflussgrößen auf den Reibwert im Reifen-Fahrbahn-Kontakt

Einfluss eines Zwischenmediums

Die in Kap. 2.1.2 beschriebenen Reibmechanismen Adhäsion und Hysterese, die hauptsächlich die Kraftübertragung am Reifen realisieren, treten bei Wasser als Zwischenmedium nur bedingt auf. Die durch Adhäsion hervorgerufenen Reibungskräfte treten bei Wasser in der Kontaktzone nahezu nicht mehr auf. Der Kraftschluss wird insbesondere durch die Hysteresekräfte (die vor allem durch die Makrorauigkeit der Fahrbahn bestimmt werden) realisiert. Diese werden - je nach Wasserhöhe - verringert. Eine durch den Wasserfilm verursachte Glättung der Fahrbahntextur reduziert die Hystereseverluste. [285] Durch den Druck in der Reifenaufstandsfläche (und einer entsprechenden Profilierung) erfolgt die Verdrängung des Wassers. Es stellen sich verschiedene Kontaktverhältnisse im Reifenlatsch ein, die in der Literatur - u. a. in [258; 261; 310; 107; 304] - häufig durch das sog. 3-Zonen-Modell beschrieben werden (vgl. Abb. 2.12). In der Einlaufzone (Zone A) befindet sich ein Wasserkeil zwischen dem Reifen und der Fahrbahn. Da das Wasser durch den Druck aus dem Reifen-Fahrbahn-Kontakt gepresst wird, nimmt die Wasserhöhe kontinuierlich ab. Die auftretende viskose Reibung kann als Beitrag zur Gesamtreibung vernachlässigt werden. In der Übergangszone B tritt Mischreibung auf, d. h. es kommt lokal zu einer Durchdringung des Wasserfilms und folglich zu einem Kontakt zwischen Reifen und Fahrbahn. Es bilden sich sog. Wassernester. In der Kontaktzone C kann annähernd von einem trockenen Kontakt ausgegangen werden. Die Kraftübertragung zwischen Reifen und nasser Fahrbahn wird demzufolge in Zone B und C übertragen. Die Ausprägung der Zonen hängt insbesondere von der Wasserhöhe und der Fahrgeschwindigkeit ab.

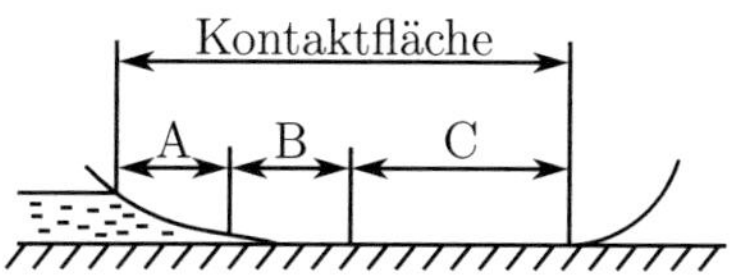

Abb. 2.12: 3-Zonen-Modell zur Verdrängung des Wasserfilms im Reifenlatsch

Dringt mehr Wasser in den Reifen-Fahrbahn-Kontakt ein, als abgeleitet werden kann, schwimmt der Reifen auf. Dieser Effekt wird als sog. Aquaplaning bezeichnet. Der Kraftschlussbeiwert beträgt dann nahezu Null.

Ausführliche experimentelle Untersuchungen, die den Einfluss der Wasserhöhe auf die Ausprägung von Umfangskraft-Schlupf-Kennlinien analysieren, zeigten u. a. FACH [107], WOHANKA [402] und MAULICK [243] in ihren Forschungsarbeiten. Weiterhin stellten u. a. GNADLER et al. [146; 144], BOLZ [42], GIESSLER [130] und GÜLTLINGER [151] in ihren Arbeiten fest, dass Eis bzw. Schnee als Zwischenmedium das Kraftübertragungsverhalten von Pkw-Reifen signifikant beeinflusst.

Einfluss der Fahrbahn

Die oben aufgeführten Forschungsarbeiten zeigten auf, dass ein hoher Kraftschlussbeiwert auf trockener und insbesondere nasser Fahrbahn nur mit einer scharfen Mikrotextur (mit Korngrößen zwischen 0,01 mm und 0,1 mm) und einer groben Makrotextur (Korngrößen der Fahrbahn um ca. 1 mm) möglich ist. Eine scharfe Mikrotextur ermöglicht eine lokale Durchdringung des Wasserfilms sowie eine große Berührungsfläche, welche großen Einfluss auf die Ausbildung der Adhäsionsreibung hat. Eine grobe Makrotextur der Fahrbahn begünstigt das Wasseraufnahmevermögen, d. h. dass Wasser zwischen den Rauigkeitsspitzen gespeichert werden kann, um Wasser aus dem Kontakt zwischen Reifen und Fahrbahn zu verdrängen. Zudem ist die Makrotextur für die Verzahnungswirkung der Hysteresereibung verantwortlich. Asphalt mit scharfer Mikrotextur und grober Makrotexter ermöglicht daher hohe Kraftschlussbeiwerte unter trockenen und nassen Bedingungen. Viele der Arbeiten beschäftigten sich mit der Charakterisierung der Fahrbahntextur und der Schichtdicke des Zwischenmediums Wasser. EICHHORN [94] führte Umfangskraftbeiwert-Schlupf-Messungen auf 25 unterschiedlichen (Asphalt-, Beton- und Kopfsteinpflaster-) Fahrbahnen durch und stellte fest, dass der maximale Kraftschlussbeiwert stark von der Fahrbahnbeschaffenheit abhängt. FISCHLEIN [118] führte am Innentrommelprüfstand der *Universität Karlsruhe (TH)* Kraftschlussmessungen auf sechs unterschiedlichen Fahrbahnoberflächen durch. Die Ergebnisse zeigten auf, dass die Umfangskraftsteifigkeit des Reifens und der maximale Kraftschlussbeiwert maßgeblich durch die Fahrbahnoberfläche bestimmt werden. Dies ist insbesondere auf die tatsächliche Kontaktfläche zwischen dem Reifen und der Fahrbahn zurückzuführen. Besonders groß ist der Unterschied bei sog. Safety-Walk-Oberflächen. Die Längsschlupfsteifigkeit auf trockenen Safety-Walk-Belag ist im Mittel 10 % größer sind als auf trockenen realen Fahrbahnen. Die maximalen Kraftschlussbeiwerte auf Safety-Walk liegen meist ca. 5 % unter den Werten der realen Fahrbahnen. FISCHLEIN zweifelt daher an, ob Kraftschlussmessungen auf Safety-Walk-Belägen mit Messungen auf realen Fahrbahnen vergleichbar sind und tatsächlich für Reifenuntersuchungen genutzt werden können.

Viele Forschungsarbeiten haben sich bereits mit der Thematik beschäftigt, den Fahrbahnzustand sowie den Kraftschlussbeiwert zwischen Reifen und Fahrbahn präzise und teilweise vorausschauend (z. B. für die Parametrisierung von modernen Fahrdynamikregelsystemen) zu erfassen. ROTH [309], LUDWIG [239; 240], STÖCKER [351], BACHMANN [20], FACH [106], HEINRICH [166], KLÜPPEL et al. [199] und XIE [405] nutzten beispielsweise eine in der Lauffläche des Reifens verbaute Sensorik, die es ermöglicht die Verformungen der Profilelemente im Reifenlatsch zu messen, damit lokale Phänomene in der Lauffläche des Reifens zu analysieren und Rückschlüsse auf das Kraftübertragungsverhalten zu ziehen. Auch ein an der Innenseite der Lauffläche eines Reifens verbauter Beschleunigungssensor erlaubte es, die Latschlänge, die Radlast und den dynamischen Reifenhalbmesser abzuschätzen sowie das Aufschwimmen eines Reifenlatschbereichs auf einer Wasseroberfläche zu detektieren. Diese Informationen können von Fahrdynamikregelsystemen gezielt genutzt werden. [267; 303] Weitere Arbeiten haben sich mit der Reibwerterkennung am Fahrzeug beschäftigt. [vgl. 391; 392; 291; 280] Eichhorn [94] untersuchte beispielsweise den Reibwert mit einem Reifenmessanhänger auf verschiedenen trockenen und nassen Fahrbahnen. Er entwickelt ein analytisches Kontakttiefemodell, um aus ermittelten Fahrbahntexturen Kontaktverhältnisse am Reifen anzunähern. Er schlägt ein Prognosesystem zur Reibwerterkennung vor, das einen Lasersensor zur Texturerkennung, einen Reflexionssensor zur Nässeerkennung, einen Absorptionssensor zur Erkennung von Eis und ein Pyrometer zur Ermittlung der Fahrbahnoberflächentemperatur nutzt. Weber [391; 392] zeigte auf, welche Potentiale eine a-priori-Reibwerterkennung für ABS-Algorithmen bieten. Er analysierte zunächst, inwiefern der kritische Schlupf vom Reifentyp, dem Reifeninnendruck und der Radlast abhängt und konzipierte anschließend einen ABS-Algorithmus als PI-Regler. Er zeigte auf, dass eine Reibwerterkennung zur Einstellung der Regelschwellen einen signifikanten Einfluss auf den Bremsweg hat. Auch Klempau [210] entwickelte im Rahmen seiner Dissertation durch die statistische Auswertung einer Vielzahl an Reibwertmessungen und deren Einflussgrößen ein semi-empirisches Reibwertvorhersagemodell. Trabelsi [359] stellte in seiner Forschungsarbeit ein mögliches Multisensoriksystem zur Reibwertprognose zwischen Reifen und Fahrbahn vor. Neben der Nutzung vorhandener Serienfahrzeugsensoren, wurden auch optische und akustische Sensoren zur automatischen Erkennung des Fahrbahnzustands in einem Versuchsfahrzeug implementiert und untersucht. Holtschulze [174] zeigte in seiner Dissertation, dass die Entwicklung einer Reibwertsensorik zur Erkennung des maximalen Kraftschlusspotenzials des Reifens auf Fahrbahnen nicht durch ein einzelnes Konzept für alle Betriebssituationen verlässlich möglich ist. Er schlug daher vor, die Vorteile unterschiedlicher Ansätze zu verknüpfen. Insbesondere durch die Erweiterung bisher bekannter Methoden (wie z. B. optische Verfahren zur Charakterisierung der Fahrbahnoberfläche, Reifensensoren zur Ermittlung von Fülldruck, Temperatur und Profiltiefe am Reifen und interne Fahrzeugsensoren zur Schätzung der Radlast und der Fahrzeugbewegung) durch ein optisches Verfahren zur Bewertung der Reifendeformation und deren Implementierung in ein geeignetes Reifenmodell kann die zuverlässige Erkennung des Kraftschlusses verbessert werden. Für eine präzise Reibwertprognose, ist neben den Fahrbahneigenschaften, die Kenntnis über den verwendeten Reifen notwendig. Holtschulze schlägt für eine Grundparametrisierung zur Reibwerterkennung daher weiterhin vor, im Rahmen der Reifenentwicklung an einem Prüfstand ermittelte Parameter auf einen am Reifen montierten Identifikationschip zu speichern. [174, S. 128] Hartmann et al. [156] stellten kürzlich einen entwickelten Datenfusionsalgorithmus vor, der die Informationen der Wetter-, Inertial- und Umweltsensoren um digitale Wetterkarten und sog. Backend-Informationen ergänzt und daraus entsprechende Reibwertklassen ableitet. Die neuartige Methode verspricht die Genauigkeit und Zuverlässigkeit bisheriger Fahrbahnzustandserkennung weiter zu erhöhen. Nicht zuletzt getrieben durch den Wunsch hochautomatisiertes Fahren zu ermöglichen, hat die Entwicklung der Fahrbahnzustandserkennung in der letzten Zeit große Fortschritte gemacht. Neben Fahrdynamiksensoren (wie z. B. Beschleunigungs- oder Raddrehzahlsensoren), fahrzeuggebundenen Umweltsensoren (wie z. B. Regen- oder Temperatursensor) hat sich insbesondere die Genauigkeit sowie die Größe des Erfassungsbereich der teilweise redundanten optischen Umfeldsensorik (wie z. B. Radar-, Lidar- oder Kamerasensoren) verbessert. Schließlich liefern LEX et al. [225] einen guten Überblick über bestehende Methoden zur Abschätzung des Reifen-Fahrbahn-Kraftschlusspotenzials im Fahrzeug.

Einfluss der Profiltiefe

Viele der oben genannten Arbeiten zeigen, dass der maximale Kraftschlussbeiwert $\mu_{x,max}$ sowie der Gleitreibbeiwert μ_G beim Übergang von trockener auf feuchte Fahrbahn abnehmen. Mit steigender Wasserhöhe sinken die Reibwerte weiter ab. Direkten Einfluss hat zudem die Profilhöhe des Reifens. Während bei großer Profiltiefe ein gewisses Wasserverdrängungsvermögen gewährleistet werden kann, wird das seitliche Ausströmen des Wassers durch die niedrigeren Strömungsquerschnitte bei geringerer Profiltiefe erschwert. Dadurch sinkt der Kraftschlussbeiwert mit abnehmender Profilhöhe auf nassen Fahrbahnen ab. Besonders deutlich wird der Einfluss bei höheren Geschwindigkeiten, da nicht das gesamte Wasser verdrängt werden kann und der Reifen dann teilweise aufschwimmt. [vgl. 243; 402] Auf trockener Fahrbahn nimmt der Kraftschlussbeiwert mit abnehmender Profilhöhe meist zu. [vgl. 309; 146; 20] Aufgrund der zum Profilgrund schmaler werdenden Profilrillen nimmt der Negativanteil und damit die Flächenpressung ab. Dies bewirkt nach der Theorie der Gummireibung ein größeres Kraftübertragungspotenzial (vgl. Kap. 2.1.2). Zudem bewirkt eine geringere Profilhöhe eine niedrigere Höhe der Bürsten im Bürstenmodell (vgl. Kap. 2.1.3). Die niedrigeren Bürsten resultieren in einer größeren Steifigkeit der Profilelemente. Da diese bei gleicher Umfangskraft weniger verformt werden, bewirkt dies eine homogenere Flächenpressung am Profilelement. Zudem nimmt die Längsschlupfsteifigkeit K_λ mit abnehmender Profilhöhe zu.

Einfluss der Radlast

Neben einer hohen Profiltiefe wirkt sich mitunter auch eine hohe Radlast positiv auf das Kraftübertragungsverhalten auf nassen Fahrbahnen aus. Dies ist vor allem mit einer besseren Wasserverdrängung im Reifenlatsch zu erklären. Eine höhere Radlast wirkt der hydrodynamischen Auftriebskraft entgegen und verhindert, dass sich ein Wasserkeil im Reifeneinlauf ausbilden kann. Flächenpressungsspitzen im Reifenlatsch ermöglichen zudem ein Durchdringen des Wasserfilms und eine Ermöglichung der Adhäsionsreibung. [107; 402; 210] Auf trockenen Fahrbahnen kehrt sich der Einfluss der Radlast um. Eine geringere Radlast resultiert dann in einem höheren Kraftschlussbeiwert. [146; 309; 210; 118] Dies lässt sich dadurch erklären, dass mit geringerer Radlast eine niedrigere und oft auch homogenere Flächenpressungsverteilung im Reifenlatsch vorliegt. Nach der Gummireibungstheroie erhöht sich die übertragbare Reibkraft mit sinkendem Normaldruck (vgl. Kap. 2.1.2). Bei hohen Radlasten kommt es aufgrund örtlicher Flächenpressungsspitzen zu lokalen Schubspannungen, die das Kraftschlusspotenzial verringern. PERSSON beschreibt in [286], dass die Erhöhung der übertragbaren Reibkraft bei geringerem Kontaktdruck auf eine verringerte Wärmeerzeugung im Gummi zurückzuführen ist. Demnach führt eine Reduktion des Normaldrucks an den Rauheitsspitzen im Kontaktbereich zwischen Reifen und Fahrbahn zu geringeren Blitztemperaturen, d. h. zu niedrigeren kurzzeitigen Temperaturerhöhungen an der Gummioberfläche. Die reduzierte Gummitemperatur resultiert in einer erhöhten übertragbaren Reibkraft, vgl. Kap. 2.1.2.

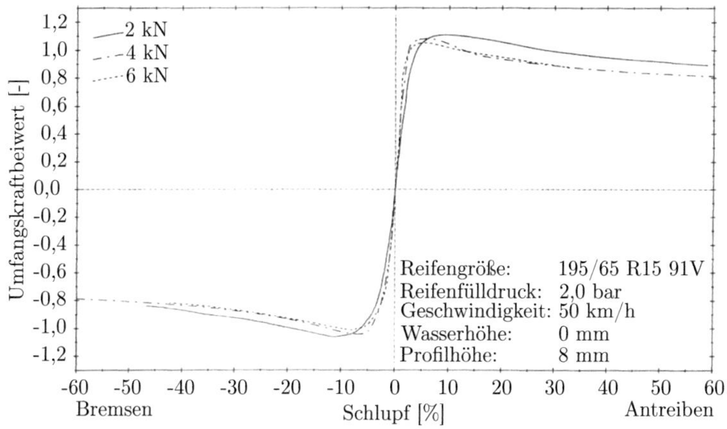

Abb. 2.13: Experimentell ermittelter Einfluss der Radlast auf die μ-Schlupf-Kennlinie [146]

Abb. 2.13 veranschaulicht beispielhaft Messungen, die von GNADLER et al. [146] mit einem Reifen der Dimension 195/65 R 15 auf trockener Fahrbahn bei verschiedenen Radlasten durchgeführt wurden. Dabei kann festgestellt werden, dass sich zudem die Anfangssteigung der Reibbeiwert-Schlupf-Kennlinien mit zunehmender Radlast erhöht. Dies kann anhand des in Kap. 2.1.3 vorgestellten Bürstenmodells erklärt werden. Mit höherer Radlast nimmt die Latschlänge und die Anzahl der sich mit der Fahrbahn in Kontakt befindlichen Profilelemente zu. Durch eine größere Anzahl an Bürsten einer gedachten Parallelschaltung von Elementarsteifigkeiten erhöht sich die Gesamtsteifigkeit.

Einfluss der Fahrgeschwindigkeit

Einen signifikanten Einfluss auf die Kraftschluss-Schlupf-Kurve besitzt die Fahrgeschwindigkeit. Die sich am Reifen ergebende Gleitgeschwindigkeit beeinflusst das Kraftübertragungspotenzial zwischen Laufstreifen und Fahrbahn. Bei hohen Gleitgeschwindigkeit kann die Gummimischung nur noch teilweise der Fahrbahn folgen. Dadurch wird die effektive Kontaktfläche und folglich die Adhäsionskomponente nach der Gummireibungstheorie reduziert (vgl. Kap. 2.1.2). Zudem beeinflusst die geschwindigkeitsabhängige Anregung des Reifens die Materialeigenschaften des Gummis. Die oben aufgeführten Forschungsarbeiten zeigen, dass der maximale Kraftschlussbeiwert $\mu_{x,max}$ und insbesondere der Gleitreibbeiwert μ_G mit steigender Geschwindigkeit abnehmen. Besonders groß ist der Einfluss auf nasser Fahrbahn, da mit steigender Geschwindigkeit die Zeit zum Verdrängen des Wasserfilms verkürzt wird. Bei größeren Geschwindigkeiten kommt es daher zum teilweisen Aufschwimmen des Reifens und das Kraftschlusspotenzial wird deutlich reduziert. [146; 107; 402; 210]

Einfluss der Temperatur

Die Temperatur beeinflusst direkt die Materialeigenschaften der Gummimischung und folglich das Kraftübertragungspotenzial des Reifens. EICHHORN [94] und ROTH [309] untersuchten den Einfluss am Reifenmessanhänger *PETRA I* der *Technischen Hochschule Darmstadt* auf realer Fahrbahn und stellten fest, dass eine Erhöhung der Temperatur die Längsschlupfsteifigkeit K_λ verringert sowie den maximalen Kraftschlussbeiwert $\mu_{x,max}$ erhöht. Zudem verschiebt sich die Lage des Reibwertmaximums mit steigender Temperatur hin zu größeren Schlupfwerten. ROTH [309] zeigt für einen Sommerreifen der Dimension 195/65 R 15 H, dass der maximale Kraftschlussbeiwert von ca. 1,0 bei einer Reifentemperatur von ca. 60 °C auf ca. 0,9 bei einer Reifentemperatur von -4 °C abfällt. Auch SIVARAMAKRISHNAN et al. [348] führten Messungen mit einem Reifenmessanhänger durch und zeigten, dass die Umgebungstemperatur, und folglich die sich einstellende Temperaturverteilung am Reifen, einen signifikanten Einfluss auf die charakteristischen Kenngrößen der Reifenkennlinien hat. Sie stellten fest, dass bei einer Reduzierung der Umgebungstemperatur von 30 °C auf 0 °C die mittlere Umfangssteifigkeit um 40 % zunimmt und der maximale Kraftschlussbeiwert um 15 % abnimmt. FEVRIER et al. [112] fanden heraus, dass durch die Temperaturerhöhung bei mehreren Seitenkraftmessungen hintereinander auf einem Reifenprüfstand die maximale Seitenkraft um 13 % und die Schräglaufsteifigkeit sogar um 32% abnahm.

Der konkrete Einfluss der Temperatur auf das Kraftübertragungsverhaltens des Reifens hängt stark von der Gummimischung des Reifens, insbesondere dem Unterschied von Sommer- und Winterreifen, ab. Daher kann das Kraftschlusspotenzial, insbesondere bei Fahrzeugreifen, die für niedrige Temperaturen ausgelegt sind, bei höheren Temperaturen (z. B. durch Verkanten der Profilelemente) abnehmen.

Der Reifen ist ständig im Wärmeaustausch mit der Umgebungsluft, der Fahrbahn und der Felge. Folglich ändert sich die Temperaturverteilung am Reifen, insbesondere nach Fahrtbeginn. Ein Reifen erreicht erst nach ca. 30 min Fahrzeit seine Betriebstemperatur. Dabei stellen sich typische Laufflächentemperaturen zwischen 20 °C und 60 °C ein. [227, Kap. 4] Bei hohen Belastungen, wie sie z. B. im Sportwagenbereich vorkommen, können wesentlich höhere Temperaturen auftreten. [vgl. 362] Mit sich ändernder Lufttemperatur im Reifen ändert sich auch der Reifeninnendruck, der wiederum das Kraftübertragungsverhalten des Reifens beeinflusst. Das abgeschlossene Luftvolumen im Reifen kann annähernd als isochor betrachtet werden. Bei Erhöhung der Lufttemperatur von 10 °C erhöht sich der Reifeninnendruck meist zwischen 0,1 bar und 0,15 bar. [227, Kap. 4]

Die Betrachtung der Einflussgrößen auf die Reifen-Fahrbahn-Reibpaarung ist sehr komplex. Viele Forschungsarbeiten haben sich daher bereits dem Thema gewidmet. Eine vollständige Vorstellung aller Ergebnisse wäre daher sehr umfangreich. Einen guten Überblick zu Forschungsarbeiten und -ergebnissen zum Reibwert zwischen Reifen und Fahrbahn mit 187 Literaturquellen gibt BACHMANN. [19] Eine gute Übersicht gibt zudem das Werk *The Pneumatic Tire.* [154] Eine weitere wichtige Einflussgröße, die das Kraftschlussverhalten des Luftreifens wesentlich beeinflusst, ist der im Fokus dieser Forschungsarbeit stehende Reifenfülldruck. Dieser wird im Folgenden diskutiert.

2.2 Einfluss des Reifenfülldrucks auf Reifencharakteristiken

Im gesamten Reifen wirkt der Fülldruck von innen auf die Karkasse. Die Karkassenfäden, sowie die umgebende Gummikonstruktion, kann nur in sehr geringem Maße Druckkräfte aufnehmen. Die Übertragung der Radlast erfolgt daher hauptsächlich über den Fülldruck, der die Karkasse im oberen Bereich des Reifens nach oben zieht, die wiederum die Zugkraft auf die an den Felgenschultern abgestützten Wulstkerne überträgt. [287] Folglich beeinflusst der Reifenfülldruck maßgeblich die Vertikalsteifigkeit des Reifens. [vgl. 362; 403; 277] Wird das Rad in Folge einer Aufstandskraft belastet, verformt sich der untere Bereich des Reifens und der sog. Reifenlatsch bildet sich aus. Vereinfacht lässt sich der Reifen als biegeweiche Membran modellieren und nach Gl. 2.18 beschreiben.[5] [362] Folglich vergrößert sich die Aufstandsfläche A_L mit zunehmender Radlast F_z sowie abnehmendem Reifeninnendruck p_R. Mit Variation des Reifenfülldrucks wird hauptsächlich die Latschlänge beeinflusst, die Breite der Aufstandsfläche bleibt annähernd konstant. Aus dem Konstruktionsradius des Reifens r_0 und der Reifeneinfederung Δr lässt sich nach Gl. 2.19 in grober Näherung die Latschlänge L_L berechnen. [336] Eine Änderung des Fülldrucks wirkt sich auf die Steifigkeit, und damit auf die Aufstandsfläche des Reifens aus. Folglich werden die Rollwiderstands-, Komfort- und Kraftübertragungseigenschaften des Reifens maßgeblich beeinflusst.

$$A_L = \frac{k_R \cdot F_z}{p_R} \tag{2.18}$$

$$\left(\frac{L_L}{2}\right)^2 = r_0^2 - (r_0 - \Delta r)^2 \approx 2 r_0 \Delta r \Rightarrow L_L \approx 2\sqrt{2 r_0 \Delta r} \tag{2.19}$$

Durch die Verringerung des Reifenfülldrucks vergrößert sich die Reifenaufstandsfläche, wodurch die mittlere Flächenpressung sinkt. Zusammen mit der Radlast (und unter Berücksichtigung von Reifenaufbau und Profilgestaltung) ist der Reifeninnendruck daher maßgeblich für die Ausprägung der Flächenpressungsverteilung im Reifenlatsch verantwortlich. Nach der Gummireibungstheorie (vgl. Kap. 2.1.2) erhöht sich auf trockener Fahrbahn mit abnehmender Flächenpressung das Kraftschlusspotenzial.

2.2.1 Einfluss des Reifenfülldrucks auf das Kraftschlussverhalten

Gnadler, Unrau et al. [366; 127] untersuchten den Einfluss des Reifeninnendrucks auf das Seitenkraftverhalten von Reifen. Bei geringen Radlasten F_z nimmt die Seitenkraftsteifigkeit mit zunehmenden Reifenfülldruck p_R signifikant ab. Durch den höheren Fülldruck verkürzt sich die Latschlänge L_L. Bei konstanten Schräglaufwinkel verspannen sich daher die Profilelemente in geringeren Bereichen und erzeugen folglich

[5]Der Parameter k_R beschreibt dabei den Korrekturfaktor für die Reifensteifigkeit, da die Reifenflanken mittragen, ein Biegemoment zum Laufstreifen übertragen und die Membran entlasten. Typischerweise nimmt k_R Werte zwischen 0,85 und 0,9 an. [362]

geringere Seitenkräfte F_y. Bei hohen Radlasten F_z resultiert ein höherer Reifeninnendruck hingegen in größeren Schräglaufsteifigkeiten. Der Reifen ist bei geringen Reifenfülldrücken zu weich und führt zu starken Verformungen der Seitenwand. Folglich können sich Schubspannungen im Kontaktbereich schwieriger aufbauen. Es überlagern sich die Effekte der Laufflächenelastizität und der Querfedercharakteristik der Seitenwand zwischen Gürtel und Felge. In der Summe beider Effekte nimmt die Schräglaufsteigifkeit c_α bei höheren Radlasten mit zunehmenden Reifenfülldruck zu. Stellt man die Schräglaufsteifigkeit c_α über der Radlast F_z dar, ergibt sich ein degressiver Verlauf. GUTJAHR [152] beschreibt dies mit einem Polynom dritten Grades. Anstieg und Maximum der Kennlinie werden dabei vom Reifenfülldruck beeinflusst. Für die Erzielung konstant hoher Schräglaufsteifigkeiten c_α muss der Reifenfülldruck p_R näherungsweise proportional zur Radlast F_z erhöht werden. [157] Insbesondere bei Reifen aus dem Nutzkraftwagen (Nkw)-Bereich ist der Einfluss des Reifenfülldrucks auf die Schräglaufsteifigkeit stark abhängig vom Reifentyp. [101] Schließlich lässt sich durch den Einfluss des Fülldrucks auf die Schräglaufsteifigkeiten c_α das Eigenlenkverhalten eines Fahrzeuges beeinflussen. [362; 311] Da der Hebelarm der resultierenden Seitenkraft bei einer Verringerung der Latschlänge abnimmt, reduziert sich mit steigendem Reifeninnendruck zudem das Rückstellmoment M_z. [362; 157; 317]

Der Einfluss des Reifenfülldrucks auf das Umfangskraftverhalten ist weniger stark ausgeprägt. [157] Allerdings gilt, analog zur Seitenkraftsteifigkeit c_α bei geringen Radlasten, dass mit Verringerung des Reifeninnendrucks und der resultierenden Zunahme der Latschlänge die Längsschlupfsteifigkeit K_λ zunimmt. Dies wird auch in Gl. 2.17 im Bürstenmodell (vgl. Kap. 2.1.3) ersichtlich. GNADLER et al. [146] untersuchten den Einfluss des Reifenfülldrucks auf die μ-Schlupf-Kurven eines Sommerreifens der Dimension 195/65 R 15 V und eines Winterreifens der Dimension 195/65 R 15 T auf trockener Fahrbahn am Innentrommelprüfstand der *Universität Karlsruhe*. Sie fanden heraus, dass mit abnehmendem Luftdruck die Anfangssteigung der Kurven, also die Längskraftsteifigkeit K_λ, kontinuierlich zunimmt. Eine Radlastabhängigkeit wie bei Seitenkraft-Schräglauf-Kurven ist in Umfangsrichtung nicht zu erkennen. Bei beiden Reifen war zu erkennen, dass die maximal übertragbaren Umfangskräfte mit abneh-

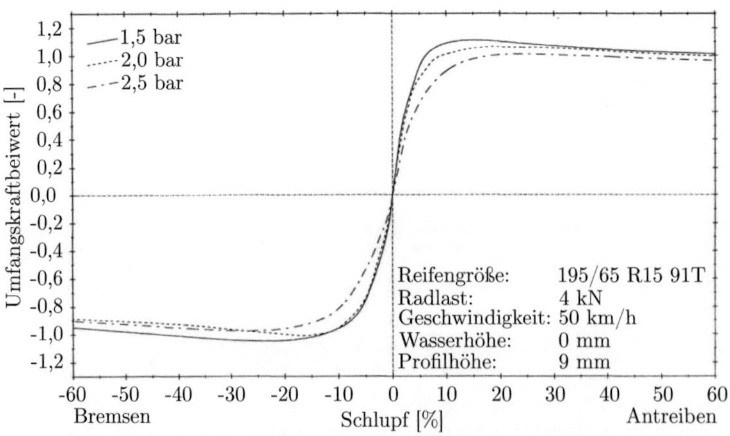

Abb. 2.14: Experimentell ermittelter Einfluss des Reifenfülldrucks auf die μ_x-Schlupf-Kennlinie [146]

menden Reifeninnendruck im untersuchten Bereich von 1,5 bar bis 2,5 bar zunehmen. Abb. 2.14 zeigt das Messergebnis für den 195/65 R 15 T M+S Reifen.

FACH untersuchte am Innentrommelprüfstand der Bundesanstalt für Straßenwesen (BASt) verschiedene Einflüsse auf das Umfangskraftverhalten am Reifen bei Nässe. [126; 107]. Er stellte u. a. fest, dass sich auf nasser Fahrbahn die Längskraftübertragung mit steigendem Reifenfülldruck verbessert. Durch die bei höheren Reifeninnendruck verringerte Aufstandsfläche wird die mittlere Flächenpressung im Latsch erhöht. Dies begünstigt die Wasserverdrängung. Mit höheren Reifenfülldrücken wird jedoch ein Maximum erreicht, bei dem eine weitere Erhöhung des Fülldrucks keine größeren Umfangskräfte bewirkt. Dies erklärt FACH damit, dass sich die Latschlänge bei weiterer Druckerhöhung verkürzt. Dies führt zu einem schnelleren Aufschwimmen des Reifens und somit zu einem entgegengesetzten Effekt. Abb. 2.15 zeigt den ermittelten Reifenfülldruckeinfluss auf den Kraftschlussbeiwert für einen Reifen der Dimension 225/45 ZR 16 bei einer Radlast von 2500 N, einer Fahrgeschwindigkeit von 80 km/h sowie einer Wasserhöhe von 2 mm.

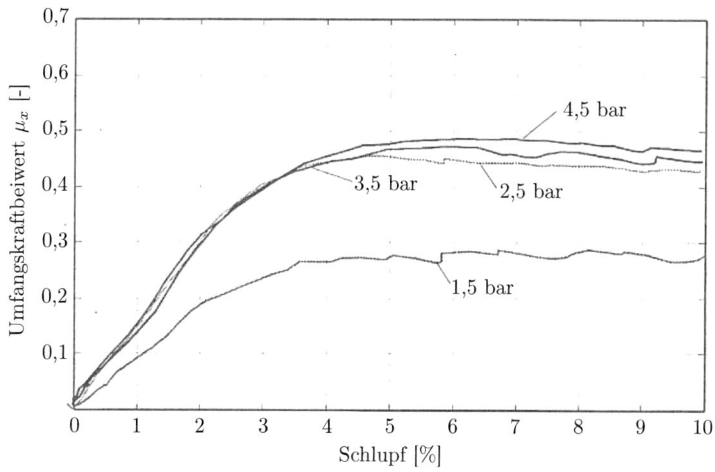

Abb. 2.15: Einfluss des Reifenfülldrucks auf den Umfangskraftbeiwert bei Nässe [107]

Untersuchungen von COLLIER & WARCHOL mit einem Reifenmessanhänger aus dem Jahr 1980 zeigten, dass bei Reifen der Dimension G78-15 (entspricht bei heutigen Reifen der Dimension 215/75 R 15) auf trockenem Asphalt der Einfluss des Reifenfülldrucks im Bereich von 1,1 bar bis 3,3 bar keinen signifikanten Einfluss auf den maximalen Umfangskraftbeiwert hat. [73; 403]

Die US-Bundesbehörde für Straßen- und Fahrzeugsicherheit *National Highway Traffic Safety Administration (NHTSA)* führte im Juni 2001 Umfangskraftmessungen mit einem instrumentieren Reifenmessanhänger (dem sog. „Skid Truck System") des *Transportation Research Center (TRC)* auf trockener und nasser Fahrbahn durch. Untersucht wurden ein von der *American Society for Testing and Materials (ASTM)* in den 1980er Jahren entwickelter Referenzreifen „Standard Reference Test Tire" (SRTT) und ein moderner Allwetterreifen *Goodyear Eagle LS* in der Dimension 225/60 R 16. Bei verschiedenen Geschwindigkeiten zwischen 16 und 113 km/h (10 und 70 mph) wurde der maximale Kraftschlussbeiwert bei den Reifenfülldrücken 2,41 bar (35 psi), 1,65 bar (24 psi) und 1,17 bar (17 psi) ermittelt. Die Ergebnisse zeigen, dass der maximale Kraftschlussbeiwert des Allwetterreifens auf trockener Fahrbahn um ca. 3,1 % sinkt, wenn der Reifeninnendruck von 2,41 bar auf 1,17 bar reduziert wird. Der Reibwert am *SRTT* Reifen sinkt um ca. 6,9 % bei Reduzierung des Innendrucks im selben Bereich. Auf nasser Fahrbahn steigt der maximal erreichbare Reibbeiwert um ca. 3,6 % beim *Goodyear Eagle LS* Reifen, während die übertragbare Umfangskraft am *SRTT* Reifen um ca. 6,2 % bei der Reduzierung des Fülldrucks sinkt. Die Messungen zeigen, dass die Abhängigkeit des Kraftschlussbeiwerts vom Reifenfülldruck nicht linear ist und zudem auch mit der Geschwindigkeit schwankt. Insgesamt kommen die Autoren zu dem Schluss, dass zu wenige Reifenfülldrücke und Reifentypen für eine allgemeingültige Aussage untersucht wurden. [248]

HOOGH UND SCHMEITZ [176; 317] erweiterten das *Magic Formula* Reifenmodell (vgl. Kap. 2.4.2). Dafür wurden insgesamt 5 verschiedene Reifen (mit Dimensionen von 155/70 R 13 bis 225/55 R 16) für mindestens 4 verschiedene Radlasten sowie 3 Reifenfülldrücke - je nach Reifen - zwischen 1,8 bar bis 2,8 bar am „Tire Test Trailer“ der *TNO Automotive* untersucht. Die Messung der Seitenkraftsteifigkeit c_α bestätigt die Ergebnisse von GNADLER, UNRAU et al., dass diese mit zunehmendem Reifeninnendruck bei geringen Radlasten abnimmt und bei hohen Radlasten zunimmt. Die Messung des maximalen Kraftschlussbeiwerts in Querrichtung zeigt, dass es keinen eindeutigen, reifenunabhängigen Zusammenhang zum Reifenfülldruck gibt. Bei einigen Reifen führt ein hoher Reifenfülldruck bei niedrigen Radlasten und ein niedriger Reifenfülldruck bei höheren Radlasten zu einem größeren Kraftschlussbeiwert, bei anderen Reifen kehrt sich dieses Verhältnis um oder ist unabhängig von der Radlast. Beim Kraftschlussbeiwert in Längsrichtung zeigt sich, dass bei den meisten Reifen der Kraftschlussbeiwert mit steigendem Fülldruck zunimmt, nur beim Reifen der Dimension 225/55 R 16 kehrt sich das Verhältnis um.

BACHMANN [20] analysierte im Rahmen seiner Dissertation den Einfluss des Reifenfülldrucks mithilfe des Reifenmessanhängers *PETRA II* der *Technischen Universität Darmstadt*. Dabei wurden Untersuchungen zum maximal übertragbaren Kraftschluss mit einem Sommerreifen der Dimension 195/65 R 15 H auf Asphaltbeton mit den Innendrücken 1,5 bar, 2,5 bar und 3,5 bar auf trockener und nasser Fahrbahn durchgeführt. Er stellte fest, dass der Einfluss auf nasser Straße marginal war, auf trockener Fahrbahn bewirkte ein geringerer Fülldruck jedoch einen größeren Reibwert. Dieser konnte bei einer Profiltiefe von 2 mm von ca. 1,2 (bei 3,5 bar) auf 1,3 (bei 1,5 bar) angehoben werden. Die Messungen auf trockener Fahrbahn bestätigen die Messungen von GNADLER et al. [146], stehen jedoch in Widerspruch zu den Resultaten von ROTH [309]. Es ist jedoch zu bemerken, dass die Untersuchungen von ROTH auf einem Flachbahnprüfstand bei einer sehr geringen Geschwindigkeit von 2,4 km/h erfolgten.

FISCHLEIN [118] untersuchte den Einfluss der Fahrbahnbeschaffenheit auf das Kraftschlussverhalten von Reifen. Es wurden verschiedene Fahrbahnbeläge am Innentrommelprüfstand der *Universität Karlsruhe* montiert. Mit einem Sommerreifen der Dimension 195/65 R 15 wurden Messungen bei einer Radlast von 4 kN auf trockener und nasser Fahrbahn für die Reifeninnendrücke 2,0 bar, 2,5 bar und 3,0 bar durchgeführt. Er stellt fest, dass feiner strukturierte Fahrbahnen mit einer größeren Profilkuppendichte zu größeren Unterschieden der Längskraftsteifigkeit K_λ führen als gröbere

Fahrbahnen wie z. B. Waschbeton. Die Ergebnisse zeigen weiterhin, dass sich keine eindeutigen Unterschiede der Reifeninnendrücke auf die Umfangskraftbeiwerte erkennen lassen. Prinzipiell lässt sich auf trockenen Fahrbahnen jedoch erkennen, dass bei groben Fahrbahnen die maximalen Kraftschlussbeiwerte sehr ähnlich sind. Bei feineren Fahrbahnoberflächen resultieren höhere Fülldrücke in etwas größeren Kraftschlussbeiwerten. Auf nassen Fahrbahnen zeigt sich, dass ein höherer Reifenfülldruck zu größeren mittleren Flächenpressungen in der Aufstandsfläche und damit zu einer besseren Wasserverdrängung führt, was eine Erhöhung der maximalen Kraftschlussbeiwerte zur Folge hat. Einen eindeutigen Einfluss der Fahrbahn konnte FISCHLEIN jedoch nicht nachweisen, da bei unterschiedenen Belastungsfällen verschiedene Tendenzen auftreten.

WOHANKA [105; 402] untersuchte im Rahmen seiner Dissertation u. a. den Einfluss des Reifenfülldrucks auf den maximalen Längskraftbeiwert auf nasser Fahrbahn. Dazu wurden Messungen mit dem „Universellen Reibungsmesser II (URM)“ der *Universität Stuttgart* (vgl. Kap. 2.3) auf einer realen Fahrbahn durchgeführt. Der Reifenfülldruck wurde in 0,4 bar Stufen im Bereich von 1,4 bar bis 3,0 bar variiert. Dabei zeigte sich, dass die übertragbare Längskraft bei einer Wasserfilmdicke von 3 mm tendenziell mit steigendem Innendruck zunimmt. Allerdings ist die Ausprägung des Effekts stark vom ausgewählten Reifen abhängig. Verstärkt wird der Zusammenhang jedoch mit abnehmender Profiltiefe. Auf nasser Fahrbahn kann ein geringerer Reifenfülldruck zu einem schnelleren lokalen Aufschwimmen des Reifens, dem Mikro-Aquaplaning führen. Ein höherer Reifenfülldruck, und damit eine örtliche Flächenpressungserhöhung, begünstigt häufig die Wasserverdrängung.

SHOOP [337] ermittelte das Traktionsvermögen von fünf Sommerreifen für Elektrofahrzeuge der Dimension 205/75 R 15 bzw. 205/60 R 15 und drei Winterreifen der Dimension 205/75 R 15 im Fahrversuch auf vier verschieden präparierten Schnee- sowie einer Eisfahrbahn. Die Untersuchungen wurden mit 60 % sowie 100 % des vom Reifenhersteller empfohlenen Reifenluftdrucks durchgeführt. Bei einer Fahrzeuggeschwindigkeit von 8 km/h wurde nach SAE Standard J1466 der ermittelte Kraftschlussbeiwert im praktischen Antriebsschlupfbereich zwischen ca. 30 % und 75 % gemittelt und ins Verhältnis zu Traktionsmessungen mit einem Referenzreifen „Standard Reference Test Tire“ (SRTT) gesetzt. Die so bestimmte Traktionsrate ist für die meisten Reifen- und Fahrbahnvarianten bei reduzierten Reifenfülldruck deutlich größer. Unter kalten Schneebedingungen erhöht sich die Traktionsrate für alle Reifen zwischen 5 % und 15 %. Der Einfluss des Reifenfülldrucks bei Fahrbahnbedingungen mit Schneematsch oder Eis ist abhängig vom untersuchten Reifen.

BOLZ [42] hat den maximalen Seitenkraftbeiwert eines Reifens der Dimension 205/55 R 16 mit einer Winter-Gummimischung bei drei unterschiedlichen Profilvarianten (Technisches Sommerprofil, Allwetterprofil, Technisches Winterprofil) auf Schnee am Innentrommelprüfstand der *Universität Karlsruhe* vermessen. Beim Winterprofil zeigte sich beim Vergleich der Messungen mit einem Reifenfülldruck von 1,5 bar und 3,0 bar kaum eine Veränderung. Bei dem Sommerprofil nahm der Seitenkraftbeiwert mit steigendem Druck leicht zu.

Auch GIESSLER [130] führte am Innentrommelprüfstand der *Universität Karlsruhe* experimentelle Untersuchungen auf Schnee und auf Eis durch. Eine Erhöhung des

Reifenfülldrucks von 1,5 bar auf 2,5 bar bzw. 3,5 bar führte an einem Winterreifen der Dimension 205/55 R 16 auf fester Schneefahrbahn unter einer Fahrbahntemperatur von -12 ± 1 °C zu einer leichten Steigerung des maximalen Kraftschlussbeiwerts. Zudem wurde eine Erhöhung der Traktionskräfte im instabilen Bereich der Kraftschluss-Schlupf-Kurve beobachtet. GIESSLER erklärt den Unterschied zu den Messungen auf realer Fahrbahn von SHOOP damit, dass es bei höheren Reifeninnendrücken, und folglich bei ungleichmäßiger Flächenpressungsverteilung, zu einer elastischen Verformung der Fahrbahn kommt. Durch den entstehenden Formschluss können Horizontalkräfte abgestützt werden. Auf weichen Schneefahrbahnen überwiegt die plastische Deformation. Die Messungen von GIESSLER auf Eis mit einer Fahrbahntemperatur von -5 ± 1 °C zeigen, dass ein niedrigerer Reifenfülldruck zu höheren Umfangskräften, insbesondere im Gleitbereich, führt. Auf Eis kommt es zu keiner Deformation. Dadurch überwiegt der Einfluss der Flächenpressung auf Adhäsions- und Viskosereibung.

2.2.2 Einfluss des Reifenfülldrucks auf den Bremsweg

Die *National Highway Traffic Safety Administration (NHTSA)* führte ABS-Bremsungen mit einem Versuchsfahrzeug auf einer trockenen und nassen Asphalt- und Beton-Fahrbahn aus einer Fahrgeschwindigkeit von ca. 100 km/h (60 mph) durch. [371] Es konnte festgestellt werden, dass auf trockenen und nassen Beton der Bremsweg prinzipiell mit steigendem Reifenfülldruck abnimmt. Auf nasser Beton-Fahrbahn kann der ermittelte Bremsweg von 45,4 m bei 1,0 bar (15 psi) um ca. 1,4 m bei 2,0 bar (30 psi) verkürzt werden. Auf trockener und nasser Asphaltfahrbahn dreht sich der Effekt teilweise um und es können kürzere Anhaltewege bei geringeren Innendrücken beobachtet werden. Die Autoren beschreiben auch Bremswegmessungen, die von *Goodyear* mit einem Versuchsfahrzeug auf einer Asphalt- und Beton-Fahrbahn bei einer Wasserhöhe von ca. 1,3 mm (0,05") mit Startgeschwindigkeiten von ca. 40 km/h (25 mph) und ca. 72 km/h (45 mph) durchgeführt wurden. Die Ergebnisse zeigen, dass ein geringer Reifeninnendruck prinzipiell zu höheren Bremswegen führt. Eine Fülldruckreduzierung von 2,4 bar (35 psi) auf 1,7 bar (25 psi) führt auf beiden Fahrbahnen (bei einer Initialgeschwindigkeit von ca. 72 km/h) zu einer Verlängerung des Bremswegs um ca. 1 m. Reduziert man den Innendruck auf 1,2 bar (17 psi) erhöhen sich die ermittelte Bremswegdifferenzen. Es zeigt sich allerdings auch, dass die Bremswegunterschiede von der Startgeschwindigkeit und der Fahrbahn abhängig sind. So ist bei den Versuchen auf nassen Beton mit einer Fahrzeuggeschwindigkeit von 40 km/h keine signifikante Differenz zwischen den Messergebnissen bei unterschiedlichen Fülldrücken erkennbar.

HADRYS et al. [182] bestimmten mit einem Verzögerungsmessgerät den Bremsweg eines Kleinwagens auf trockenem und nassem Asphalt aus einer Fahrgeschwindigkeit von 60 km/h für drei verschiedene Reifenfülldrücke an der Vorderachse: 1,0 bar, 2,0 bar und 3,0 bar. Es wird gezeigt, dass die Bremswege beim mittleren Fülldruck von 2,0 bar am geringsten sind. Eine Reifenfülldruckerhöhung von 2,0 bar auf 3,0 bar resultiert in einer Bremswegerhöhung von 22,0 m auf 24,6 m auf trockener Fahrbahn bzw. von 25,4 m auf 29,0 m auf nasser Fahrbahn.

MARSHEK et al. [246] führten ABS-Bremsungen mit 6 verschiedenen Versuchsfahrzeugen auf trockenem Asphalt aus einer Geschwindigkeit von 65 km/h mit unterschiedlichen Reifenfülldrücken durch und ermittelten die Verzögerung (und berechneten daraus den Bremsweg). Sie stellten fest, dass der ermittelte Anhalteweg nur geringfügig vom Reifenfülldruck abhängig ist. Prinzipiell kann der geringste Bremsweg jedoch bei mittleren Reifenfülldrücken beobachtet werden, mit sinkenden oder steigenden Fülldruck erhöht sich die Strecke bis zum Stillstand.

SIVARAMAKRISHNAN et al. [347; 348] untersuchten mithilfe eines einachsigen Reifenmessanhängers der Fa. *Goodyear* den Einfluss der Laufflächensteifigkeit, der Gummimischung sowie der Karkassensteifigkeit speziell gefertigter Versuchsreifen auf die Ausprägung von Umfangskraft-Schlupf-Kennlinien. Zudem wurden u. a. der Einfluss der Radlast, der Außentemperatur sowie des Reifenfülldrucks analysiert. Dabei wurde festgestellt, dass Reifenfülldruckvariationen zwischen 2,28 bar (33 psi) und 2,83 bar (41 psi) einen geringen Einfluss auf die Umfangssteifigkeit und den maximalen Kraftschlussbeiwert, und folglich auf die Regelgüte eines ABS, haben. Anschließend wurden mit den Versuchsreifen Bremswegmessungen mit zwei verschiedenen Pkws durchgeführt. Dabei konnte festgestellt werden, dass die Karkassensteifigkeit einen geringen Einfluss und die Gummimischung einen hohen Einfluss auf den ermittelten Anhalteweg hat. Eine signifikante Sensitivität der Laufflächensteifigkeit war nur bei einem der beiden Fahrzeuge nachweisbar. Es kann daher geschlussfolgert werden, dass die Adaption des ABS an sich ändernde Reifenparameter abhängig vom jeweils verwendeten Regelsystem ist. Obwohl die Fahrzeugmasse der beiden Versuchsfahrzeuge vergleichbar war, wurden zudem unterschiedliche Bremswege ermittelt. Dies führten die Autoren insbesondere auf eine unterschiedliche Effizienz der implementierten Antiblockiersysteme zurück.

Auch TURNER et al. [365] und KIDNEY et al. [205] zeigten, dass der ermittelte Bremsweg sowohl vom verwendeten Reifen (mit seinen charakteristischen Eigenschaften) als auch vom ABS abhängt. Die Autoren führten experimentelle Bremsweguntersuchungen durch, die mit zwei unterschiedlichen Fahrzeugen (und folglich sich unterscheidenden Radschlupfregelsystemen) und jeweils acht verschiedenen Reifenvariationen durchgeführt wurden. Die Ergebnisse zeigen, dass bestimmte Reifenvarianten in Kombinationen mit einem ABS (Fahrzeug A) in kurzen Bremswegen resultieren, während sie mit dem anderen Regelsystem (Fahrzeug B) einen höheren Anhalteweg bewirken. Andere Reifenvarianten zeigen ein umgekehrtes Verhalten, d. h. dass mit Fahrzeug A ein längerer und mit Fahrzeug B ein verkürzter Bremsweg ermittelt wurde.

2.2.3 Einfluss des Reifenfülldrucks auf den Rollwiderstand

Der Rollwiderstand wird, neben Gleit-, Reib- und Lüfterverlusten, hauptsächlich durch den Walkwiderstand verursacht. Die Entstehung des Walkwiderstands am drehenden Rad wird in der Literatur häufig am physikalischen Ersatzmodell des Luftreifens, welches in Abb. 2.16 schematisch dargestellt ist, erklärt. [vgl. 261; 336; 157] Dabei ist der Gürtel des Reifens mit der Felge über KELVIN-VOIGT-Körper, also parallel geschaltete Feder-Dämpfer-Elemente, verbunden. Die Federn berücksichtigen dabei das elastische Verhalten des Reifens aufgrund des kompressiblen Gases. Die Dämpfer repräsentieren die Dämpfungseigenschaften des Reifengummis. Diese führen zu einer größeren Pressung im vorderen Latschbereich und zu einer verringerten im hinteren Latschbereich. Die resultierende Normalkraft greift also um den Betrag e

vor der Latschmitte an. Demnach ergibt sich aus dem Momentengleichgewicht am schlupf- und beschleunigungsfreien Rad:

$$F_x = \frac{e}{r_{stat}} \cdot F_z = f_R \cdot F_z \tag{2.20}$$

Folglich errechnet sich der Rollwiderstandsbeiwert f_R aus dem Quotienten des Hebelarmlänge e und dem statischen Radhalbmesser r_{stat}. Der Rollwiderstandsbeiwert ist abhängig von Reifentemperatur, Radlast, Fahrgeschwindigkeit und dem Reifeninnendruck.

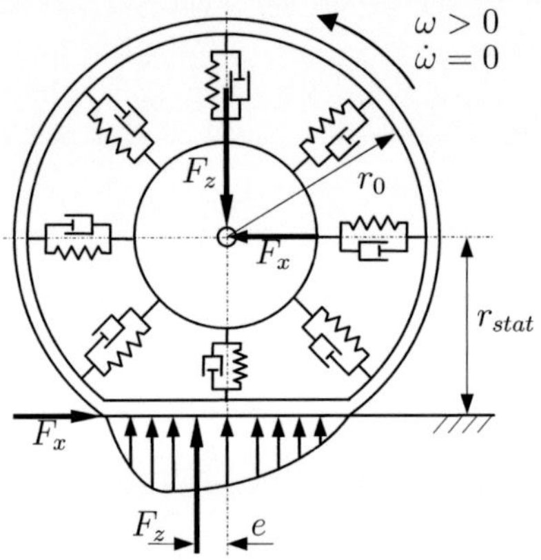

Abb. 2.16: Erklärung des Rollwiderstands [336]

Ein höherer Fülldruck führt zu reduzierten Biege- und Scherbelastungen innerhalb der deformierten Lauffläche und resultiert in einem geringeren Walkwiderstand. Dies lässt sich am physikalischen Ersatzmodell erklären. Bei einem höheren Reifenfülldruck nimmt die Steifigkeit der Federn zu. Federwege und Federgeschwindigkeiten verringern sich beim Abrollen des Reifens. Folglich nehmen die Dämpferkräfte, woraus der Rollwiderstand am rollenden Rad resultiert, ab.

Taborek [356] zeigte bereits 1957, dass der Reifeninnendruck einen signifikanten Einfluss auf den Rollwiderstand hat. Auch Collier & Warchol [73] untersuchten später den Einfluss des Reifenfülldrucks auf den Rollwiderstand und stellten dabei fest, dass dieser mit abnehmenden Fülldruck progressiv zunimmt. Viele Forschungsarbeiten, wie z. B. [63; 201; 25; 149; 120; Wol11; Pas13a], beschäftigen sich mit dem Einfluss des Reifeninnendrucks auf den Rollwiderstand. Sie zeigen u. a., dass der Reifenfülldruck einen großen Einfluss auf den Rollwiderstand und folglich auf den Kraftstoffverbrauch, respektive Schadstoffausstoß, von Kraftfahrzeugen hat.

Anhand von approximierten Rollwiderstandsmessungen schlägt Grover [149] eine mathematische Beziehung zur Charakterisierung des Reifenfülldruck-, Radlast- und Geschwindigkeitseinflusses auf die Rollwiderstandskraft vor, die später auch in der SAE J2452 Norm [345] übernommen wurde:

$$F_x = p_R^{\alpha_R} \cdot F_z^{\beta_R} \cdot \left(a_0 + a_1 v_x + a_2 v_x^2\right) \tag{2.21}$$

Basierend auf dieser mathematischen Beschreibung stellt *Michelin* [383] ein Modell vor, welches den Reifenfülldruckeinfluss wie folgt beschreibt:

$$f_R = f_{R,ISO} \left(\frac{p_R}{p_{i,ISO}}\right)^{\alpha_R} \left(\frac{F_z}{F_{z,ISO}}\right)^{\beta_R} \tag{2.22}$$

Die Normalbedingungen sind dabei nach DIN ISO 8767 [83] definiert, d. h. die Radlast $F_{z,ISO}$ entspricht 80% der maximal zulässigen Tragfähigkeit und der Normdruck $p_{i,ISO}$ beträgt 2,1 bar. Zudem wird angegeben, dass man für Pkw-Reifen den Exponenten α_R mit einem Wert von -0,4 und den Exponenten β_R mit einem Wert von 0,85 annehmen kann. Abb. 2.17 stellt den Einfluss des Reifenfülldrucks auf den Rollwiderstand nach Gl. 2.22 für einen Rollwiderstandsbeiwert $f_{R,ISO}$ von 100 % bei $p_{i,ISO}$ von 2,1 bar mit den vorgeschlagenen Werten für die Exponenten α und β dar. Es zeigt sich, dass ein Minderdruck von 0,3 bar bereits zu einem Rollwiderstandsanstieg von ca. 6 % führt, ein Minderdruck von 1,0 bar führt zu einem Rollwiderstandsanstieg von ca. 30 %. Dies resultiert in einem erhöhten Kraftstoffverbrauch von 3 % bis 5 %. [383]

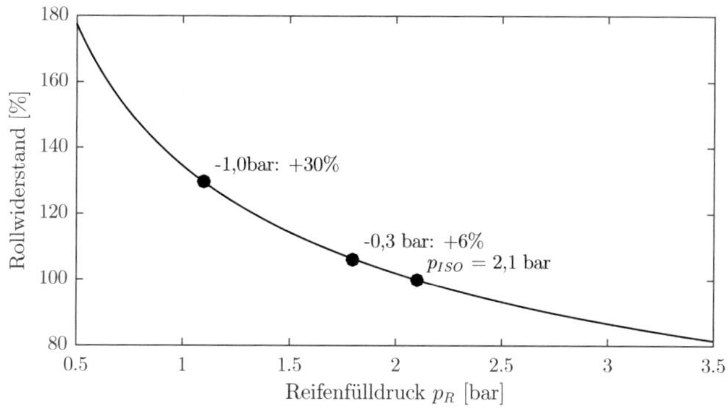

Abb. 2.17: Einfluss des Reifenfülldrucks auf den Rollwiderstand

HOOGH, SCHMEITZ, VELD, BESSELINK et al. [176; 317; 379; 50] erweiterten das *Magic Formula* sowie das *MF-Swift* Reifenmodell um den Einfluss des Reifeninnendrucks. Die Ergebnisse der Forschungsarbeiten wurden im Jahr 2008 im Reifenmodell *MF-Tyre* 6.1 implementiert (vgl. Kap. 2.4.2). In Anlehnung an Gl. 2.22 wird die ursprüngliche Beziehung zur Beschreibung des Rollwiderstands (hier ohne Sturzeinfluss) um den Fülldruckeinfluss erweitert:

$$\begin{aligned} M_y = -F_{z0} \cdot r_0 &\left\{ q_{Sy1} + q_{Sy2} \left(\frac{F_x}{F_{z0}}\right) + q_{Sy3} \left|\frac{v_x}{v_{x0}}\right| + q_{Sy4} \left(\frac{v_x}{v_{x0}}\right)^4 \right\} \\ &\cdot \underline{\left(\frac{F_z}{F_{z0}}\right)^{q_{Sy7}} \left(\frac{p_R}{p_{R0}}\right)^{q_{Sy8}}} \cdot \lambda_{My} \end{aligned} \tag{2.23}$$

Die Erweiterung ist unterstrichen. Die Parameter q_{Sy7} und q_{Sy8} entsprechen dabei den von *Michelin* [383] vorgeschlagenen Koeffizienten α_R und β_R.

2.2.4 Einfluss des Reifenfülldrucks auf den Fahrkomfort

Wie bereits beschrieben, wird die Vertikalsteifigkeit des Reifens insbesondere durch den Reifeninnendruck bestimmt. Verschiedene Literaturquellen, u. a. [408; 50], sowie eigene Untersuchungen [Ber16] zeigen auf, dass der Einfluss des Fülldrucks auf die Radialsteifigkeit als linearer Zusammenhang beschrieben werden kann. Abb. 2.18 veranschaulicht die Federsteifigkeit des Reifens in Abhängigkeit des Reifenfülldrucks für verschiedene Reifendimensionen. Die Federrate des Reifens beeinflusst die Übertragung von Schwingungen und Stößen zwischen Fahrbahn und Fahrzeug maßgeblich. Mitschke & Wallentowitz [261, Kap. 13.9] verdeutlichen, dass sich Aufbaubeschleunigung und Radlastschwankungen bei weicheren Reifen deutlich verringern. Die Höhe der Resonanzspitze der Vergrößerungsfunktion für die Aufbaubeschleunigung bezogen auf die Fahrbahnanregung steigt ungefähr proportional mit der Federkonstante des Reifens. Zudem verringern sich mit abnehmender Vertikalsteifigkeit die Radlastschwankungen des Reifens. Der Asymptotenwert der Vergrößerungsfunktion der Radlastschwankungen reduziert sich proportional mit der Reifenfedersteifigkeit. Zudem nimmt die Radeigenfrequenz mit abnehmender Steifigkeit ab. Ein Reifen mit einer geringeren Radialsteifigkeit kann die Amplituden im Bereich der Radresonanzspitze vermindern. Ein geringerer Reifeninnendruck erhöht folglich den Fahrkomfort. Gleichzeitig nimmt mit zunehmendem Reifeninnendruck die Latschlänge, und folglich der resultierende Reifennachlauf ab und beeinflusst damit u. a. die Lenkungsrückstellung positiv. Das heißt die notwendigen Lenkkräfte beim Parkieren nehmen mit erhöhtem Fülldruck ab. [227]

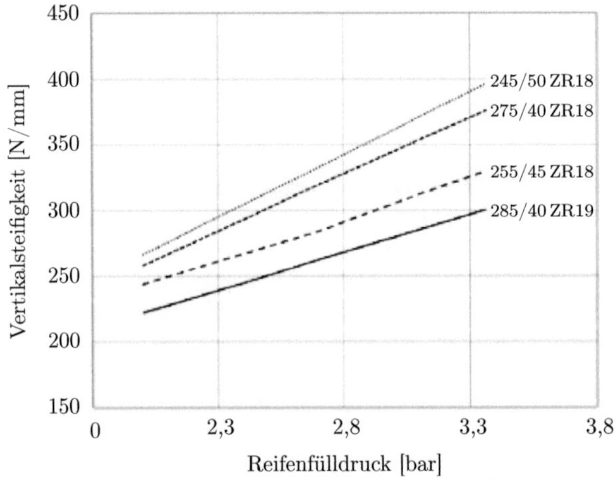

Abb. 2.18: Einfluss des Reifenfülldrucks auf die Vertikalsteifigkeit von Reifen [319]

2.2.5 Einfluss des Reifenfülldrucks bei nachgiebigen Fahrbahnen

Beim Geländeeinsatz von Kraftfahrzeugen, der explizit nicht Bestandteil der Arbeit ist und hier nur am Rande betrachtet werden soll, hat der Reifenfülldruck einen sehr großen Einfluss auf die Reifencharakteristiken. Auf nachgiebigen Fahrbahnen, wie z. B. Sand, Ackerböden oder Schotter, gelten oft andere physikalische Zusammenhänge als die bisher vorgestellten. Neben der klassischen Gummireibung spielt der Formschluss zwischen den Profilelementen und dem Untergrund sowie die Verformbarkeit der Fahrbahn eine große Rolle. Mit Verringerung des Reifeninnendrucks vergrößert sich die Aufstandsfläche und es reduziert sich der Bodenkontaktdruck, respektive die Verdichtung des Bodens in den oberen Schichten. Da häufige Verdichtungen von Ackerböden zur Schädigung der Bodenschichten und folglich zum Rückgang von Ernteerträgen führen, kann mit einer Reduzierung des Fülldrucks die nachhaltige Schädigung des Bodens vermindert werden. [vgl. 325] Durch eine Anpassung des Reifeninnendrucks können die übertragbaren Reifenkräfte - je nach Radlast und Bodenbeschaffenheit - signifikant beeinflusst werden, die Zugleistungsübertragung gesteigert werden sowie der Kraftstoffverbrauch reduziert werden. [vgl. 90; 249; 370; 1] SCHLECHTER [326] zeigte beispielsweise, dass mit einer Reifenfülldruckverringerung von 3,5 bar auf 2,0 bar die Zugkraft auf unwegsamen Boden fast verdoppelt werden kann. Der Einfluss des Reifenfülldrucks auf den Rollwiderstand verhält sich bei nachgiebigen Fahrbahnen anders als auf festen Fahrbahnen. Auf deformierbaren Fahrbahnen kann der Rollwiderstand mit sinkendem Reifenfülldruck abnehmen. Dies lässt sich dadurch erklären, dass (neben der Walkarbeit) Energie zur Verformung des Bodens dissipiert. Sinkt der Reifen weniger ein, wird weniger Energie zur Verformung des Bodens benötigt und der Rollwiderstand sinkt. TABOREK [356] untersuchte bereits 1957 den Einfluss des Reifenfülldrucks in Abhängigkeit der Fahrbahnbeschaffenheit auf den Rollwiderstand. Auch neuere Untersuchungen, wie z. B. die von MATHE [242], analysierten den Einfluss von Reifenfülldruck und Fahrbahnnachgiebigkeit auf den Rollwiderstand. MATHE zeigt, dass der Rollwiderstand bei einem Geländefahrzeug auf einem bestellten Feld auf ca. 30 % gesenkt werden kann, wenn der Reifeninnendruck von 2,4 bar auf 1,5 bar reduziert wird. Er erwähnt allerdings auch, dass die Messergebnisse stark von Typ, Beschaffenheit, Feuchtigkeit und Temperatur des untersuchten Bodens abhängen.

2.3 Charakterisierung von Reifeneigenschaften

Zur Ermittlung von Kraftschlusseigenschaften am Reifen kommen oftmals Reifenprüfstände im Labor zum Einsatz. Typische Aufbauvarianten sind die in Abb. 2.19 schematisch dargestellten Innentrommel-, Außentrommel- sowie Flachbahnprüfstände. Zur Ermittlung von Reifenkennfeldern auf realen Fahrbahnen werden meist mobile Messeinrichtungen, wie Messfahrzeuge oder Reifenmessanhänger, verwendet.

Stationäre Laborprüfstände, wie z. B. die Außentrommelprüfstände der *Technischen Universität Dresden* [vgl. 17; 191; 45] oder der *RWTH Aachen* [vgl. 181] sowie die Innentrommelprüfstande der *BASt* [vgl. 126] oder des *Karlsruher Instituts für Technologie (KIT)* [vgl. 146; 369], erlauben, reproduzierbare Kraftschlussmessungen unter Laborbedingungen zu realisieren. Zudem ermöglichen Innentrommelprüfstände, unterschiedliche Fahrbahnbeläge zu montieren und experimentelle Analysen bei Nässe oder auf Schnee durchzuführen. [126; 42; 130; 151] Dies ist bei Außentrommelprüfständen aufgrund der Fliehkraft nicht möglich. Nachteilig bei Trommelprüfständen ist jedoch, dass die Fahrbahnkrümmung die zu messenden Reifeneigenschaften beeinflusst. Alternativ bieten Flachbahnprüfstände die Möglichkeit, Reifenuntersuchungen auf einer ebenen Fahrbahn durchzuführen. Nachteilig ist hier allerdings die Verwendung von unrealistischen Fahrbahnbelägen. So führt der häufig verwendete Safety-Walk-Belag

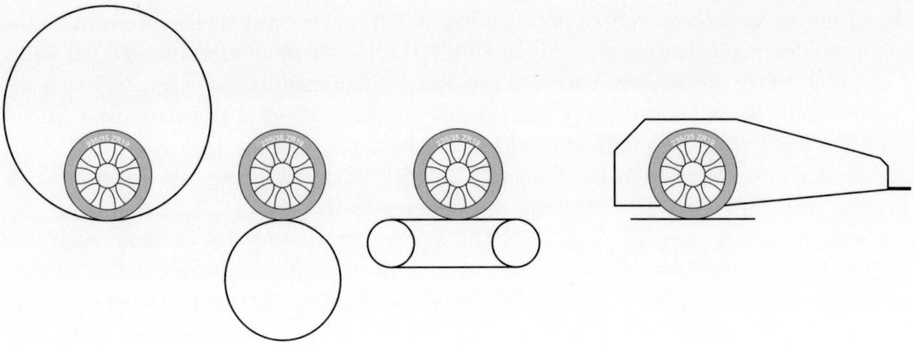

(a) (b) (c) (d)

Abb. 2.19: Vergleich von Prüfständen zur Charakterisierung von Reifeneigenschaften

zu unrealistisch hohen Reibwerten. Eine Herausforderung stellt die Führung und -regelung des Bandes sowie das Vermeiden von Laufbahnschwingungen dar. Insbesondere bei Untersuchung des Seitenkraftverhaltens von Reifen muss das biegeweiche Band in Querrichtung nachgeführt werden. [226; 57; 387; 335] Mitunter werden auch Linearprüfstände eingesetzt. Ein Messrad rollt dann auf einer feststehenden Oberfläche ab. So sind größtenteils realistische Experimente auf Sand oder Eis möglich. Aufgrund der begrenzten Länge eines Prüfstands sind allerdings nur Untersuchungen bei langsamen Geschwindigkeiten möglich. [170; 195; 51]

Reifenmessanhänger bzw. Reifenmessfahrzeuge erlauben die Untersuchung des Kraftschlussverhaltens von Reifen auf realen Fahrbahnen. Erste (Einrad-)Reifenmessanhänger zur mobilen Messung des Reibwerts zwischen Reifen und Fahrbahn gab es bereits in den 1930er Jahren. [204] Einen guten Überblick über moderne Prüfeinrichtungen zur mobilen Reibwertmessung auf Straßen gibt BACHMANN [19]. Bekannte einachsige Reifenmessanhänger zur Kopplung mit einem Zugfahrzeug sind der an der *University of Pretoria* entwickelte „Tyre Tester“ [Hof17] oder der bei *Goodyear* im Einsatz befindliche „Braking Skid Trailer“. [347; 348] Neben der Verstellung von Radstellungsgrößen ist es durch die Bremsdruckregelung einer Reibbremse indirekt möglich, den Bremsschlupf zu regeln. Aus verschiedenen Publikationen sind ebenfalls die an der *Technischen Universität Darmstadt* entwickelten Reifenmessanhänger *PETRA I* und *PETRA II (Personenkraftwagen - Traktionsmessanhänger)* bekannt. [vgl. 20; 210] In der Literatur beschriebene mehrachsige Prüfeinrichtungen sind u. a. der Reifenmessbus von *Daimler* [236; 237], der „Delft Tire Test Trailer“ der *TNO Automotive* [278], der „Universelle Reibungsmesser II (URM)“ der *Universität Stuttgart* [168; 202; 243; 402] sowie der „Fahrbare Reifenprüfstand (FaReP)“ der *RWTH Aachen* [180]. Vorteilhaft der zweiachsigen Messfahrzeuge bzw. -Anhänger ist, dass das Messrad hydraulisch auf die Fahrbahn gedrückt wird. Meist sind daher dynamische Spur- und Radlastverstellungen möglich. Nachteilig bei einachsigen und mehrachsigen mobilen Messungen ist mitunter die inhomogene Oberfläche der realen Fahrbahn. Diese führt zu Radlast- und Reibwertschwankungen, die durch entsprechende Aufbereitung der Messdaten geglättet werden müssen. Laboruntersuchungen erzielen hier eine bessere Wiederholgenauigkeit der Messergebnisse, da viele Randbedingungen konstant gehalten werden können. Problematisch bei Innen- und Außentrommelprüfständen ist allerdings der teilweise unrealistische Fahrbahnbelag sowie die Krümmung der Fahrbahnoberfläche. Diese hat erheblichen Einfluss auf die effektive Latschlänge und damit z. B. auf die Längsschlupfsteifigkeit oder den max. Kraftschlussbeiwert.

ZAMOW [407] konnte mihilfe von Messungen gleicher Reifen auf unterschiedlichen Prüfständen belegen, dass es bei der Ermittlung von Längskraft- und Seitenkraftsteifigkeiten sowie bei der Bestimmung der maximalen Kraftschlussbeiwerte zu Abweichungen von bis zu 25 % kommen kann. Für Untersuchungen der Industrie für ein Benchmarking (d. h. für einen Vergleich verschiedener Reifen untereinander) ist oft ein relativer Vergleich ausreichend. Dargestellt wird dann oft die Abweichung zu einem Referenzreifen durch ein sog. Rating. [236; 226] Für quantitativ belastbare Messergebnisse erschweren die genannten Effekte jedoch die Vergleichbarkeit zwischen verschiedenen Prüfständen. Im Rahmen des *TIME* Forschungsprojekts [vgl. 150; 15; 209; 374; 375] wurden gleiche Reifen auf 11 unterschiedlichen Reifenprüfständen bzw. -prüffahrzeugen untersucht. Dabei zeigte sich, dass sich die für den gleichen Reifen auf unterschiedlichen Prüfständen ermittelten Schräglaufsteifigkeit um 26 % bis 63 % unterscheiden können. [375] AUGUSTIN [18] stellte im Rahmen seiner Dissertation, neben verschiedenen Fahrbahnoberflächen sowie sich unterscheidenden Konditionierungs- und Messprozeduren, die unterschiedlichen Krümmungsradien der Prüfstände als Hauptursache dafür heraus. Anhand der Messdaten war zu erkennen, dass die Seitenkraftsteifigkeit mit zunehmender Trommelkrümmung abnimmt. Bei einem Außentrommelprüfstand mit einem Durchmesser von 2 m wird die Steifigkeit durchschnittlich 18 % zu gering gemessen. [369, S. 14] GNADLER et al. [150; 15], HÜSEMANN [181] und UNRAU [369] entwickelten daher verschiedene Methoden, um den Effekt des Krümmungseinflusses rechnerisch zu korrigieren. GNADLER et al. [150; 15] entwickelten für ausgewählte Prüfstände mit spezifischen Krümmungsradien eine Vorschrift zur Korrektur der Schräglauf- bzw. Umfangssteifigkeit, die empirisch anhand einer Vielzahl von Messergebnissen hergeleitet wurde. Der maximale Kraftschlussbeiwert wird nicht korrigiert. UNRAU [369] schlägt im Rahmen seiner Dissertation u. a. zur Korrektur der Schräglaufsteifigkeit eine Berechnungsvorschrift vor, die vom Reifeninnendruck und der Radlast abhängig ist. Er musste jedoch festgestellen, dass eine allgemeingültige Ermittlung der Koeffizienten aus Geometriedaten des Reifens keine zufriedenstellenden Ergebnisse lieferte. Folglich muss zumindest ein Kurzmessprogramm auf gekrümmter und ebener Fahrbahn durchgeführt werden, um die Koeffizienten zu ermitteln. Die maximal übertragbaren Kräfte in Abhängigkeit von der Fahrbahnoberflächenkrümmung werden nicht korrigiert. Es wird davon ausgegangen, dass die Krümmung nur einen geringen Einfluss hat. UNRAU schreibt der verwendeten Fahrbahnoberfläche eine wesentlich größere Bedeutung zu. HÜSEMANN [181] zeigte, dass es möglich ist, eine Korrektur mithilfe ermittelter Aufstandsflächengeometrien am Reifen durchzuführen. Mithilfe einer durchgeführten Korrelationsanalyse konnte nachgewiesen werden, dass der Skalierungsfaktor zur Korrektur des Fahrbahnkrümmungseinflusses auf die Schräglaufsteifigkeit sehr gut mit dem Verhältnis der ermittelten Latschlängen korreliert. Mögliche Umrechnungsvorschriften für Umfangskraftmessungen wurden nicht betrachtet. Die entwickelten Korrekturmethoden werden in Kap. 5.5.1 näher vorgestellt. Es zeigt sich jedoch, dass diese entweder nur für spezielle Prüfstände Gültigkeit besitzen bzw. nur zur Korrektur von Seitenkraftmessungen validiert wurden. Ein allgemeingültiger Ansatz zur Korrektur des Krümmungseinflusses von Umfangskraftmessungen ist nicht bekannt.

2.4 Reifenmodelle

Für simulative Untersuchungen ist ein geeignetes Reifenmodell, welches die Messergebnisse möglichst genau widerspiegelt, unabdingbar. Die hinreichend genaue Modellierung von Reifen zur Beschreibung der Wechselwirkung zwischen dem Reifen und der Fahrbahn ist zur Fahrdynamiksimulation daher von essentieller Bedeutung. Sämtliche Kräfte und Momente zwischen Fahrzeug und Straße werden über den postkartengroßen Latsch der Reifen übertragen. Realistische Simulationsergebnisse zur Beurteilung der Dynamik von Kraftfahrzeugen sind daher nur mit Reifenmodellen möglich, die die Realität gut abbilden. Dabei müssen die Modelle sowohl das quasistationäre als auch das transiente Verhalten beschreiben. Die Parameter sollten physikalische, charakteristische Größen des Reifens repräsentieren. Zudem sollten die Koeffizienten so einfach wie möglich aus Messungen parametrisierbar sein. Im Folgenden werden die Reifenmodelle zunächst anhand einer Klassifizierung in verschiedene Kategorien eingeteilt. Anschließend werden bekannte Reifenmodelle vorgestellt. Die für Fahrdynamiksimulationen sehr häufig angewendeten Reifensimulationsmodelle - konkret das *Magic Formula* Reifenmodell, das *HSRI* Modell sowie das *LuGre* Simulationsmodell - werden beschrieben. Darüber hinaus werden bekannte Modellierungsansätze zur Abbildung des transienten Reifenverhaltens vorgestellt.

2.4.1 Klassifizierung der Reifenmodelle

Es existiert eine größere Anzahl von veröffentlichten und kommerziellen Reifenmodellen. Häufig wird in der Literatur eine Einteilung nach mathematischen, semiphysikalischen und physikalischen Modellansatz unternommen. Oft ist die Zuordnung jedoch schwierig, da (wie beim *Magic Formula* Modell nach BAKKER und PACEJKA) quasistationäre Eigenschaften mathematisch nachgebildet werden, das transiente Verhalten jedoch durch ein physikalisches Modell beschrieben wird. Zudem ist fraglich, ob ein Reifenmodell mit empirischen Korrekturfaktoren noch als physikalisches Modell bezeichnet werden darf.

In der Literatur existieren verschiedene Ansätze, um Reifenmodelle zu klassifizieren. Steht die Abbildung des Vertikalkraftverhaltens von Reifen im Vordergrund, wird oftmals eine Einteilung nach der Ausdehnung des Kontaktbereichs vorgenommen. [vgl. 408; 320; 29] Häufig wird auch eine Unterteilung der Modelle nach dem Detaillierungsgrad unternommen. [vgl. 97] Je detaillierter ein Modell ist, desto größer ist der Parametrisierungs-, Modellierungs- und Rechenaufwand. Dieser Ansatz wird hier aufgegriffen. Tab. 2.1 veranschaulicht eine Klassifizierung von Reifenmodellen nach deren Detaillierungsgrad.

Kennlinienmodelle

Zu den Kennlinienmodellen gehören Dateninterpolationsmodelle und mathematische Modelle, die auf phänomenologischen Ansatzfunktionen beruhen. Reifencharakteristiken können durch Wertetabellen oder Graphen beschrieben werden (und in verschiedene Simulationsprogramme wie *AVL Cruise* oder *LMS AMESim* implementiert werden). So entwickelten SCHIESCHKE & WURSTER das Reifenmodell *IPG-Tire*. [354] Die Approximation der Messwerte erfolgt durch sog. Spline-Polynome 4. Ordnung. Die Kombination von Längs- und Querschlupf wird über das sog. Reibkuchenmodell

Tab. 2.1: Übersicht Reifenmodelle

Modelltyp	Beschreibung	Beispiele
Mathematische Modelle 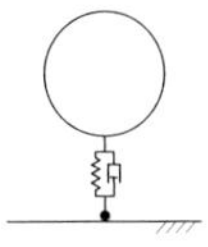	Kennlinienmodelle und mathematische Modelle, die auf phänomenologischen Ansatzfunktionen beruhen, Betrachtung Reifen-Fahrbahnkontakt als Punktkontakt, Modellierung Vertikalkraft und transientes Verhalten teilweise mit physikalischem Ansatz, echtzeitfähig	- Magic Formula [277] - HTire [137] - Burckhardt [55] - IPG-Tire [354] - TMeasy [178] - Fiala [116]
Bürstenmodelle 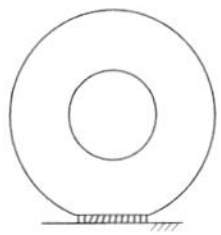	Modellierung Kontaktbereich zwischen Reifengürtel und Fahrbahn mit Bürsten, Approximation der Aufstandskraftverteilung, oft kombiniert mit Starrgürtelringmodell, echtzeitfähig	- TameTire [113] - BRIT [5] - Timis [162] - LuGre [71]
Starr-Gürtelringmodelle 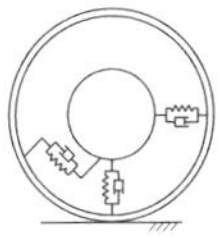	Modellierung Reifengürtel mit starren Kreisring, Verbindung mit Felge über Feder-Dämpfer-Elemente, meist echtzeitfähig	- RMOD-K RB [270] - CDTire 20 [34] - RTire [137] - SWIFT [277]
Flexible Gürtelringmodelle 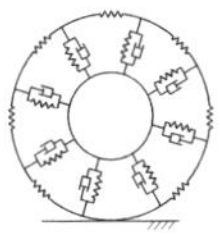	Mehrkörper-Gürtelring-Modell, Gürtel wird mit Massepunkten modelliert, die mit Feder-Dämpfer-Elementen verbunden sind, teilweise beschränkt echtzeitfähig	- FTire [137] - RMOD-K FB [270] - CDTire 30 [34]
FE Modelle 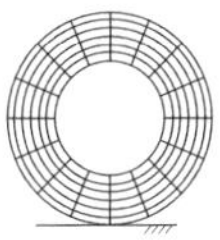	Modellierung Reifen durch Strukturmodell mit finiten Elementen und nichtlineralen Materialeigenschaften, nicht echtzeitfähig	- FETire [137] - RMOD-K FEM [270] - CDTire 50 [34] - DNS-Tire [138]

nach WEBER [394] ermittelt. Eine für schnellere Rechenzeiten modifizierte Version „RealTime Tire" ist in der Simulationsumgebung *IPG CarMaker* integriert.

BURCKHARDT [55] schlägt für die Modellierung von quasi-stationären Reifenkennlinien einen exponentiellen Ansatz vor. Das Modell berücksichtigt den Fahrbahnzustand sowie die Fahrgeschwindigkeit. Nachteilig ist jedoch, dass die Modellparameter keine physikalische Bedeutung haben.

Das *Magic Formula* Modell nach BAKKER und PACEJKA schlägt für die Nachbildung von gemessenen Kraftschlusskurven eine trigonometrische Funktion vor. Basierend auf den physikalischen Eigenschaften von Gummi, werden Seitenkraft-Schräglaufwinkel- sowie Umfangskraft-Schluf-Kennlinien mit der gleichen Kurvenform nachgebildet. Das Reifenmodell wird in Kap. 2.4.2 ausführlich beschrieben.

Beim *TMeasy* Reifenmodell, das auf den Ansätzen von HIRSCHBERG & RILL beruht, werden die jeweiligen Reifenkennlinien durch 3 verschiedene Ansätze zusammengesetzt. Der steigende Bereich der Kennlinie bis zum kritischen Schlupf wird durch eine gebrochenrationale Funktion beschrieben, der instabile Bereich der Kennlinie wird durch ein kubisches Polynom abgebildet, der Bereich des reinen Gleitens wird durch eine Konstante modelliert. Die Einflüsse von Radlast, Kraftschlussbeiwert der Fahrbahn sowie Radsturz werden bei diesem Ansatz berücksichtigt. Das transiente Verhalten des Reifens wird durch ein Feder-Dämpfer-Modell präsentiert. [178; 179; 172; 306; 307]

Zu Reifenmodellen, die auf phänomenologischen Ansatzfunktionen beruhen, gehören weiterhin Reifenmodelle nach KIENCKE&DAISS [200], HAKEN [164], FIALA [116], der University of Arizona (UA) [132], LUGNER & MITTERMAYR [232] oder AMMON [7]. Für die Betrachtung von Reifen im landwirtschaftlichen Einsatz wurde u. a. das *Hohenheimer Reifenmodell* entwickelt. [288; 321; 110; 400]

Bürstenmodelle

Bürstenmodelle modellieren den Kontaktbereich zwischen Reifengürtel und Fahrbahn durch einzelne Bürsten. Die mit einer meist parabolisch verteilten Last beaufschlagten Bürsten repräsentieren die Elastizität der Karkasse und der Profilelemente und können elastisch verformt werden. Nach dem COULOMBsche Reibmodell können Haft- und Gleitbereiche sowie die Schubspannungen der einzelnen Bürsten berechnet werden. Durch die Flächenintegration der Schubspannung lassen sich die resultierenden Kräfte im Reifenlatsch ermitteln. Eine gute Einführung in einfache Bürstenmodelle geben SCHRAMM ET AL. [336] und PACEJKA [277]. Erweiterungen wurden u. a. von SVENDENIUS & WITTENMARK [353], HENRICHMÖLLER et al. [162] und HEINEMANN et al. [167] vorgestellt.

Das von DUGOFF, FANCHER und SEGEL [84] entwickelte *HSRI*-Reifenmodell schlägt vor, die Bereiche des kombinierten Gleitens und Haftens im Reifenlatsch und den Bereich des reinen Haftens getrennt zu betrachten. Die geometrische Form des Gleit- und Haftbereichs wird als trapezförmige Fläche angenommen. Zudem wird in dem einfachen physikalischen Modell davon ausgegangen, dass eine konstante Flächenpressung vorliegt. Das Modell wird in Kap. 2.4.3 näher beschrieben.

Höhere Modellgüten werden u. a. dadurch erreicht, dass für den Reifen-Fahrbahn-Kontakt nicht das COULOMBsche Reibmodell angenommen wird. Eine realistischere Beschreibung bietet hier das LuGre (Lund-Grenoble) Modell. Ursprünglich wurde das Modell von CANUDAS DE WIT et al. [61] zur Berechnung von dynamischen Reibkontakten unter Betrachtung von Hysterese- und Stribeck-Effekten entwickelt. Ziel war es, Regler, die der Kompensation unbekannter Reibungseffekte dienen, zu vereinfachen. Später wurde das Modell in verschiedener Komplexität zur Modellierung des Reifen-Fahrbahn-Kontakts angewendet. [60; 378; 71; 72; 79; 3] Eine von DEUR [79] vorgeschlagene Modellvariante wird in Kap. 2.4.4 vorgestellt.

Das von *Michelin* entwickelte, kommerzielle thermomechanische Reifenmodell *TameTire (Thermal and Mechanical Tire Emulator)* errechnet aus drei Untermodellen (mechanisches Modell, Abbildung der Gummieigenschaften und thermisches Modell) die

Kräfte und Momente am Rad in Abhängigkeit von Fahrgeschwindigkeit, Radlast, Reifenfülldruck und insbesondere von der Umgebungs-, Fahrbahn-, und Reifenanfangs-Temperatur. [vgl. 123; 112; 260; 113]

Ein Vorteil der hier beschriebenen Modelle besteht darin, dass das dynamische Verhalten des Reifens umfassend beschrieben wird. Zudem dienen physikalische Kennwerte des Reifens als Modellparameter. Diese sind jedoch häufig nur mit größerem Aufwand zu ermitteln.

Starrgürtelringmodelle

Starrgürtelringmodelle bilden den Gürtel des Reifens mit einem starren Kreisring ab. Dieser ist über Feder-Dämpfer-Elemente mit der Felge verbunden. Schwingungsmoden können durch Starrkörperbewegungen zwischen Felge und Gürtel beschrieben werden. Für Schwingungsmoden bis 80 Hz kann der Gürtel erfahrungsgemäß als starr angenommen werden. Angewendet werden die Modelle häufig zur Simulation von Schlagleistenüberfahrten. Für die Berechnung der Kräfte und Momente im Reifenaufstandspunkt wird häufig auf das *Magic Formula* Modell (vgl. Kap. 2.4.2) zurückgegriffen.

Die wesentlichen Arbeiten zur Entwicklung der Starrgürtelringmodelle gehen auf MAURICE und ZEGELAAR zurück. [244; 408] SCHMEITZ entwickelte eine Methode, die effektive Fahrbahnhöhe zu berechnen. Damit kann das reale Verformungsverhalten von Reifens auch bei kurzwelligen Hindernissen mit Hilfe eines Punktkontakts abgebildet werden. [320] Die Ergebnisse der Arbeiten flossen in die Entwicklung des kommerziellen Reifenmodells SWIFT (Short Wavelength Intermediate Frequency Tyre Model) der Fa. *TNO Automotive* ein. [315; 341] Bekannt ist zudem das von GIPSER und AMMON entwickelte *BRIT (Brush and Ring Tire Model)* Modell, welches ein Starrgürtelmodell mit einem Bürstenmodell verbindet. [5]

Zur Parametrisierung von Starrgürtelmodellen müssen aufwendige Reifenmessungen durchgeführt werden, um statische Steifigkeiten, Massen und Massenträgheitsmomente des Reifens experimentell zu ermitteln. Durch Modalanalysen und Schlagleistenüberfahrten am Prüfstand lassen sich dynamische Steifigkeiten und Dämpfungskoeffizienten bestimmen. [vgl. 408; 29] TUONONEN et al. stellten weiterhin eine neuartige Methode vor, um ein Starrgürtelringmodell anhand eines instrumentieren Versuchsfahrzeug zu parametrisieren. [364]

Flexible Gürtelringmodelle

Flexible Gürtelringmodelle bilden den Gürtel des Reifens mit Massepunkten ab, die mit Feder-Dämpfer-Elementen untereinander sowie mit der Felge verbunden sind. Damit lassen sich, neben Starrkörperbewegungen, auch Verformungen des Gürtels abbilden.

GIPSER entwickelte das kommerzielle *FTire (Flexibel Ring Tire Model)* Reifenmodell. Der flexible Ring besteht aus mehreren Gürtelgliedern (typischerweise 60-360), die über Federelemente untereinander und mit der Felge verbunden sind. Die biegsamen Gürtelglieder besitzen einen translatorischen sowie einen rotatorischen Freiheitsgrad. Zur Abbildung von längs- und querdynamischen Reifeneigenschaften sind den Gürtelgliedern mehrere masselose Kontakt- bzw. Reibungselemente zugeordnet.

FTire ermöglich damit die Simulation von Überfahrten über kurzwelligen Fahrbahnunebenheiten mit einer Wellenlänge von 2 cm. Der Gültigkeitsbereich erstreckt sich bis zu einer Frequenz von 150 Hz. [141; 133; 135; 137] Die Entwicklung von *FTire* startete 1998. GIPSER verwendete sowohl Ansätze von dem von ihm entwickelten, rechenintensiven FE-Modell *DNS-Tire* [138], dem Starrgürtel-Bürsten-modell *BRIT* [5; 129] und *CTire (Comfort Tire Model)* [140]. Seitdem wurde das Modell stetig weiterentwickelt. Die Modellfamilie *FTire* umfasst, neben dem flexiblen Gürtelringmodell, ein Starrgürtelringmodel *RTire (Rigid Ring Tire Model)*, ein FE-Modell *FETire* sowie eine Implementierung des *Magic Formula* Modells *HTire*. Die Modellfamilie sowie die Werkzeuge zur Parametrisierung der Modelle werden durch die Fa. *cosin scientific software* vertrieben. Insgesamt werden drei Werkzeuge zur Parametrisierung eines *FTire* Reifenmodells angeboten. Diese bieten die Möglichkeit die Parameter mittels eines FE-Modells abzuleiten, mithilfe von bereits parametrisierten Beispiel-Datensätzen abzuschätzen oder anhand von Messdaten zu ermitteln. [134; 136; 137] Die Parametrisierung des Modells erfolgt manuell-iterativ und ist für den Anwender meist sehr aufwendig und komplex, nicht zuletzt weil viele Messungen notwendig sind. Dazu zählen, neben der Untersuchung des Kraftschlusspotenzials, u. a. die Bestimmung der Vertikalsteifigkeit auf einer flachen Oberfläche sowie unterschiedlich ausgerichteten Schlagleisten bei verschiedenen Sturzwinkeln, die Ermittlung der Längs- und Quersteifigkeit des Reifens, die Analyse der Größe der Reifenaufstandsfläche bei unterschiedlichen Radlasten und Reifenfülldrücken sowie Schlagleistenüberfahrten. [97; 137; 400]

Aufbauend auf den Arbeiten von BÖHM [41] und EICHLER [95], stellten OERTEL und FANDRE das strukturmechanische Modell RMOD-K (Reifenmodell-Komfort) zur Simulation der Überfahrt kurzwelliger Bodenunebenheiten vor. [272; 271] 2002 wurden die Rechte für den Quellcode an die Fa. *LMS* verkauft. Gemeinsam mit dem *Fraunhofer-Institut für Betriebsfestigkeit und Systemzuverlässigkeit (LBF)* wurde das Modell weiterentwickelt und unter dem Name *CDTire (Comfort and Durability Tire Model)* vertrieben. *RMOD-K* und *CDTire* werden seitdem unabhängig voneinander weiterentwickelt und verkauft. Seit 2008 wird *CDTire* vom *Fraunhofer-Institut für Techno- und Wirtschaftsmathematik (ITWM)* weiterentwickelt. [119; 34; 54; 400; 2]

Von beiden Modellfamilien *RMOD-K* und *CDTire* existieren verschiedene Modellvarianten. *CDTire* 20 kennzeichnet ein Starrgürtelmodell, *CDTire* 30 charakterisiert ein zweidimensionales flexibles Gürtelmodell, *CDTire* 40 beschreibt ein dreidimensionales flexibles Gürtelmodell und *CDTire* 50 ist ein strukturmechanisches Mehrkörpersimulationsmodell. [vgl. 119; 34; 22; 122] Die Modelle werden kontinuierlich weiterentwickelt und decken teilweise Frequenzen von über 200 Hz ab. [121] In der neusten Version *RMOD-K* stehen mit *RMOD-K RB* ein Rigid-Belt Modell (Starrgürtelmodell), mit *RMOD-K FB* ein Flexible-Belt Modell (flexibles Gürtelmodell) und mit *RMOD-K FEM* ein FE-Modell zur Verfügung. [270]

Finite Elemente Modelle

FEM-Reifenmodelle werden vor allen zur Analyse des Konstruktions- oder Materialeinflusses auf Reifeneigenschaften verwendet. Sie werden vor allem von Reifenherstellern zur Auslegung neuer Reifen genutzt. Aufgrund der großen Anzahl an Elementen,

Freiheitsgraden und Nichtlinearitäten des Materials sind diese Modelle sehr rechenintensiv. Die Modelle finden daher kaum Anwendung zur simulativen Beurteilung der Fahrdynamik eines Fahrzeugs. Validierte FEM-Reifenmodelle werden häufig genutzt, um Modellparameter für starre oder flexible Gürtelringmodelle abzuleiten. Bekannte Reifenmodelle sind das von GIPSER entwickelte Modell *DNS (Dynamical Non-Linear Spatial Tire Model)* [138; 139], welches Grundlage für das in der Modellfamilie *FTire* integrierte Modell *FETire* ist.

Vergleich der Reifenmodelle

Es gibt verschiedene Arbeiten, die ausgewählte Reifenmodelle miteinander vergleichen [vgl. 23; 169; 368; 330; 329]. Allgemeingültige Aussagen zur Abbildungsgüte der verschiedenen Reifenmodelle sind jedoch sehr schwierig, da die Genauigkeit der Modelle von den vorhandenen Datensätzen der Reifen sowie dem durchgeführten Parametrisierungsprozess abhängig ist. Je komplexer die Modelle sind, desto schwieriger ist meist auch der Prozess der Parametrisierung. Zudem wird die Auswahl des Modells durch den Anwendungsfall bestimmt. Insbesondere bei der Anwendung komplexer Reifenmodelle zur Gesamtfahrzeugsimulation auf unebenen Fahrbahnen kommen kommerzielle Reifenmodelle (wie *SWIFT*, *FTire* oder *RMOD-K*) zum Einsatz. Die Weiterentwicklung, eine Standardisierung der Parametrisierung sowie die kontinuierliche Anpassung zur Implementierung der komplexen Modelle an neue oder weiterentwickelte Simulationsumgebungen ist meist nur durch die Industrie möglich. Nachteilig ist (neben den Lizenzgebühren) auch die meist beschränkte Einsicht in die Modellgleichungen.

BÖSCH et al. [23] zeigen, dass bei der Fahrzeugentwicklung bei *Daimler* verschiedenste Reifenmodelle zum Einsatz kommen. Für Handling-Simulationen werden mathematische Modelle nach PACEJKA, RILL oder LUGNER verwendet. Für die Entwicklung von Fahrdynamikreglern werden oft anspruchsvollere Modelle wie das *BRIT*-Modell eingesetzt. Für Komfortuntersuchungen kommen Reifenmodelle der *RMOD-K*- oder *FTire*-Familie zum Einsatz. Vergleiche der Modelle untereinander zeigen teilweise signifikante Unterschiede. Wünschenswert wäre daher ein allumfassendes Modell, dass sowohl Handling- als auch sog. Ride-Simulationen präzise abbildet und im Idealfall echtzeitfähig ist. Bisher gibt es ein solches Modell nicht. SELIG et al. [331] vermuten, dass es auch in naher Zukunft kein Reifenmodell geben wird, dass einfach zu parametrisieren ist und gleichzeitig alle Anwendungsfälle präzise abdeckt. Folglich ist es von besonderer Bedeutung, ein geeignetes Reifenmodell entsprechend des Anwendungsbereichs auszuwählen. Für unterschiedliche Frequenzbereiche gibt es Modelle, die das Verhalten des Reifens gut beschreiben. Modelle für niedrige Frequenzbereiche, also Handling-Modelle zur Fahrdynamiksimulation, bilden die Charakteristiken der Reifen in höheren Frequenzbereichen nicht ab. Modelle für die höheren Frequenzbereiche bilden die Schwingungseigenschaften des Reifens gut ab, häufig werden dann allerdings die niedrigeren Frequenzbereiche nicht adäquat abgebildet. [247] Zudem eignet sich der Einsatz aufgrund der hohen Komplexität und des damit verbundenen Rechenaufwands nicht. Flexible Gürtelringmodelle liefern beispielsweise sehr gute Ergebnisse bei kurzwelligen Bodenunebenheiten, sind jedoch nur sehr aufwendig mit kommerziellen Programmen zu parametrisieren. Zudem sind die Modelle aufgrund ihrer Komplexität nicht echtzeitfähig und damit für Hardware-in-the-Loop (HIL) Anwendungen nicht geeignet. Kennlinienmodelle hingegen sind meist ohne Lizenzgebühren in verschiedenen Simulationsumgebungen implementiert oder implementierbar und weisen eine wesentlich kürzere Rechenzeit auf. Gern werden Reifenmodelle daher nach ihrer Komplexität sowie ihrem anwendbaren Frequenzbereich eingeteilt. [vgl. 6; 227; 247; 331] Abb. 2.20 veranschaulicht eine solche Einteilung der Reifenmodelle. Der qualitativ dargestellte Komplexitätsgrad kann als Anzahl der Freiheitsgrade und der damit verbundenen Rechenzeit betrachtet werden. Zudem erkennt man, dass Reifenmodelle die den höheren Frequenzbereich abdecken, einen limitierte Einsatz bei niederfrequenten Anwendungen haben. Kennlinienmodelle, die mit einem physikalischen Ansatz zur Beschreibung des transienten Reifenverhaltens gekoppelt sind, können - je nach Quelle - bis zu Frequenzen (die bei ABS-Bremsungen z. B. durch Bremsmomentenschwankungen hervorgerufen werden) von 15 Hz bis 30 Hz eingesetzt werden. [vgl. 196; 190; 49] Starrgürtelringmodelle sind - je nach Quelle - bis zu Frequenzen zwischen 60 Hz und 100 Hz gültig, Flexible Gürtelringmodelle ermöglichen Schwingungssimulationen bis 150 Hz. [227]

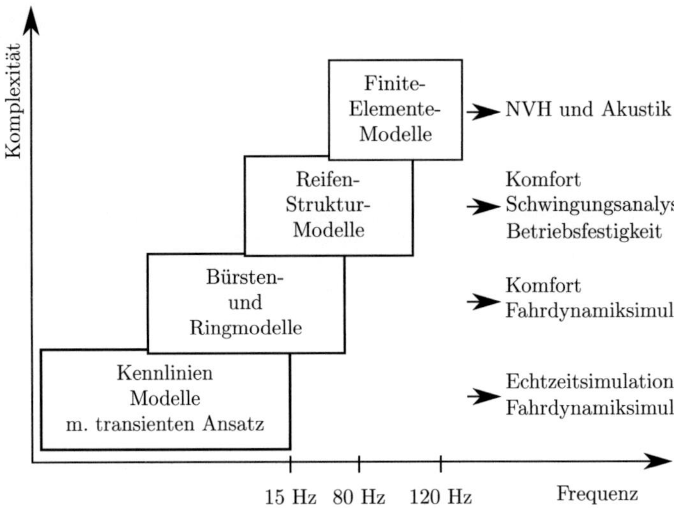

Abb. 2.20: Einteilung der Reifenmodelle und Anwendungsbereiche

Da im Rahmen der vorliegenden Forschungsarbeit die fahrdynamische Beurteilung von Kraftfahrzeugen auf ebenen Fahrbahnen im Fokus der Forschung steht, werden im Folgenden drei für die Fahrdynamiksimulation besonders relevante Modelle vorgestellt. Ein häufig verwendetes Reifensimulationsmodell ist das semi-empirische *Magic Formula* Modell, welches eine sehr gute Abbildungsgüte von gemessenen Kennlinien (auch in Abhängigkeit von z. B. Radlast oder Sturz) aufweist und daher von vielen Simulationsprogrammen unterstützt wird. Weiterhin werden die physikalisch basierenden *HSRI* und *Deur* Reifenmodelle näher beschrieben.

2.4.2 Das *Magic Formula* Reifenmodell

Die Entstehung des *Magic Formula* Modells

Eines der am häufigsten verwendeten Reifenmodelle für Fahrdynamiksimulationen ist das *Magic Formula* Modell. Eine große Anzahl an Simulationsprogrammen haben das

Modell integriert und bieten Schnittstellen für die Implementierung der Modellparameter. Der große Vorteil des Modells ist es, dass es die gemessenen Reifendaten mit einer sehr hohen Abbildungsgenauigkeit darstellen kann. Die einzelnen Parameter beschreiben teilweise charakteristische, physikalischen Reifengrößen, wodurch ein physikalischer Bezug entsteht. Aufgrund der stetigen Funktion und der überschaubaren Rechenzeit ist das Modell numerisch stabil und für Echtzeitanwendungen geeignet. UIL [368] zeigte, dass das semi-empirische *Magic Formula* Reifenmodell zwar kein physikalisches Modell ist, die Approximation von gemessenen quasistationären Kennlinien jedoch wesentlich genauer ist als beim von ihm untersuchten physikalischen Bürstenmodell „TreadSim". Dies erklärt UIL durch Vereinfachungen, die bei physikalischen Modellen mitunter gemacht werden, wie z. B. die überschlägliche Approximation der Flächenpressungsverteilung im Reifenlatsch.

Das *Magic Formula* Reifenmodell wurde im Rahmen einer Kooperation zwischen der *Technischen Universität Delft* und *Volvo* entwickelt und erstmals von BAKKER, NYBORG und PACEJKA im Jahr 1987 veröffentlicht. [39] Kurz darauf wurde bereits die zweite Version vorgestellt, welche kombinierten Schlupf durch einen physikalischen Ansatz und transientes Verhalten durch Einlauflängen berücksichtigt. [43] Später wurde ein verbessertes Modell vorgestellt, dass die Nullpunktverschiebung und den pneumatischen Nachlauf berücksichtigte sowie das kombinierte Schlupfverhalten und das transiente Verhalten besser nachbildete. [282] Die darin beschriebene Formulierung des Modells wird in der Literatur häufig als Version 3 des *Magic Formula* Modells bezeichnet. PACEJKA & BESSELINK [283] erweiterten 1997 das Modell um einen transienten Ansatz. Es folgten weitere Verbesserungen, die den Abbildungsumfang erweiterten. [vgl. 275; 276; 277; 36] Die aktuelle Version des Modells, welches im Folgenden als *Magic Formula* v2012 Reifenmodell bezeichnet wird, wurde im Jahr 2012 in der 3. Auflage des Buchs „Tyre and Vehicle Dynamics" von PACEJKA veröffentlicht. [277]

Die Fa. *TNO* implementiert kontinuierlich die Modellerweiterungen in das kommerzielle Reifenmodell *MF-Tyre*. [341] Häufig verwendet werden die Version *MF-Tyre* 5.2 aus dem Jahr 2001 und die Version *MF-Tyre* 6.1 aus dem Jahr 2008. Im Jahr 2004 wurden zudem die drei Reifenmodelle *MF-Tyre* 5.2 (für Fahrdynamiksimulationen von Pkw Reifen), *MF-MCTyre* 1.1 (für Fahrdynamiksimulationen von Motorrad Reifen) und *SWIFT* 1.2 (für Fahrkomfortbetrachtung von Pkw Reifen, vgl. Kap. 2.4.1) im Modell *MF-Tyre/MF-Swift* 6.0 zusammengeführt. [341]

Mitunter existieren leicht abgewandelte Modelle, die auf dem MAGIC FORMULA Reifenmodell aufbauen. So bezeichnet *MSC.Software* beispielsweise das in die Mehrkörpersimulation (MKS) Umgebung *Adams/Car* implementierte *MF-Tyre* 5.2 Pendant nach [275] als *PAC2002* Reifenmodell. KUIPER & VAN OOSTEN stellten das Modell in der Publikation [222] vor. Es wird u. a. ein Stillstands-Modell implementiert, um eine Singularität bei der Berechnung des Schlupfs bei einer Fahrzeuggeschwindigkeit v_x von 0 km/h zu vermeiden. Es lässt sich feststellen, dass es mitunter leichte Unterschiede zwischen den von PACEJKA publizierten Formeln und der Implementierung in der Software MF-TYRE oder andere Simulationsumgebungen gibt. [36] Es sollte daher stets beachtet werden, welche Version bzw. welche Formulierung des Modells genutzt wird.

Neben der guten Abbildungsgenauigkeit und der ständigen Weiterentwicklung des Modells, wurde die Akzeptanz des Reifenmodells auch dadurch verstärkt, dass es von Reifenherstellern genutzt wird. So beschreiben BAYLE et al. bereits im Jahr 1993 in der Publikation [33] wie das *Magic Formula* Reifenmodell bei *Michelin* parametrisiert und genutzt wird. Auch Fahrzeughersteller veröffentlichen bereits im Jahr 1992 ihre Erfahrung mit dem Modell, z. B. in [230; 173].

Die Grundformel des *Magic Formula* Modells

Die Grundform des *Magic Formula* kann nach Gl. 2.24 beschrieben werden. [277]

$$y(x) = D \sin[C \arctan\{Bx - E(Bx - \arctan(Bx))\}] \tag{2.24}$$

Die Eingangsgröße x kann dabei entweder der Tangens des Schräglaufwinkels $tan(\alpha)$ bzw. der Längsschlupf λ_x[6] sein. Die errechnete Ausgangsgröße y entspricht damit entweder der Längskraft F_x, der Querkraft F_y oder dem Rückstellmoment M_z. Im letzten Fall wird jedoch eine geringfügig veränderte Kosinusformulierung verwendet.

Der Verlauf der Reifenkennlinie wird im wesentlichen durch die vier Grundparameter, den Steifigkeitsfaktor B, den Formfaktor C, den Maximalwert D sowie dem Krümmungs- bzw. Biegefaktor E, bestimmt.

Zur Beschreibung von Null-(Seiten-)Kräften, die z. B. durch Konuseffekte hervorgerufen werden, kann die im Ursprung punktsymetrische Kennlinie nach Gl. 2.26 verschoben werden.

$$Y(X) = y(X + S_H) + S_V \tag{2.26}$$

Abb. 2.21 zeigt den Verlauf einer typischen Kennlinie sowie den Einfluss der Grundparameter und der horizontalen und vertikalen Verschiebung S_H bzw. S_V.

Die Grundparameter werden durch weitere Beziehungen bestimmt, die u. a. den Einfluss von Schlupf, Schräglaufwinkel, Sturz, Radlast oder Geschwindigkeit beschreiben.

Erweiterung um den Reifenfülldruckeinfluss

HOOGH, SCHMEITZ et al. [176; 317] erweiterten das *Magic Formula* Reifenmodell um den Einfluss des Reifeninnendrucks. Dafür wurden insgesamt 5 verschiedene Reifen für mindestens 4 Radlasten sowie 3 Reifenfülldrücke am „Tire Test Trailer“ der *TNO Automotive* untersucht (vgl. Kap. 2.2.1). VELD, BESSELINK et al. [379; 50] erweiterten später das *MF-Swift* Modell um den Einfluss des Fülldrucks. Die Ergebnisse der Forschungsarbeiten wurden im Jahr 2008 im kommerziellen Reifenmodell *MF-Tyre* 6.1

[6] Beim *Magic Formula* Reifenmodell wird der Längsschlupf oftmals mit κ symbolisiert und nach Gl. 2.25 berechnet, so dass dieser bei einem gebremsten Rad negativ ist.

$$\kappa = -\lambda_{x,B} \tag{2.25}$$

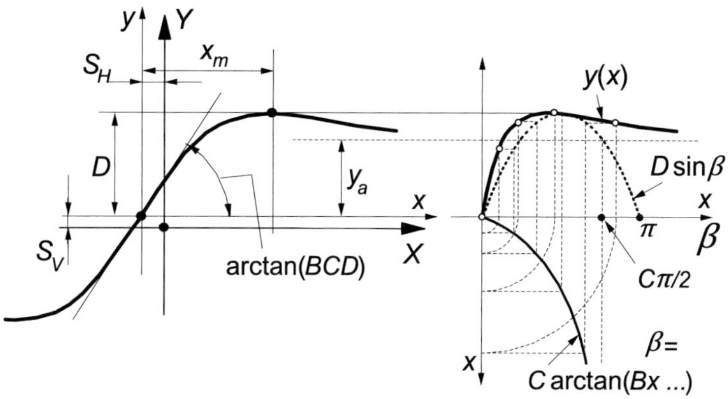

Abb. 2.21: Grafische Darstellung der *Magic Formula* Grundformel [277]

implementiert. Diese um den Reifenfülldruckeinfluss erweiterte Version besteht insgesamt aus 144 Parametern um die Längs- und Querkraft sowie das Roll-, Rückstell- und Kippmoment vollständig zu beschreiben. [341; 323] Weitere 25 Skalierungsfaktoren ermöglichen zudem die Reifenkennlinie zu beeinflussen, ohne die eigentlichen Parameter zu modifizieren und beispielsweise Parameterstudien zum Einfluss von bestimmten Kennwerten auf das Reifenverhalten durchzuführen. Zudem wurden im Jahr 2012 die erweiterten Formeln zur Beschreibung des aktuellen *Magic Formula* v2012 Reifenmodells in der 3. Auflage des Buchs „Tyre and Vehicle Dynamics" von PACEJKA veröffentlicht.

Die Berechnung der quasistationären Längskraft F_x wird im *Magic Formula* v2012 Reifenmodell durch 26 Parameter bestimmt. Für transiente Betrachtungen werden weitere Einflussgrößen benötigt. Analog zum Radlasteinfluss in älteren *Magic Formula* Versionen wird zunächst die normalisierte Reifenfülldruckänderung dp_R nach Gl. 2.27 eingeführt.

$$dp_R = \frac{p_R - p_{R0}}{p_{R0}} \tag{2.27}$$

Dabei beschreibt die Größe p_R den aktuelle Reifenfülldruck, p_{R0} bezeichnet den Referenzdruck.

HOOGH, SCHMEITZ et al. [176; 317] stellten fest, dass der Einfluss des Reifenfülldrucks auf die Längskraftsteifigkeit und den maximalen Kraftschlussbeiwert jeweils mit einem quadratischen Ansatz beschrieben werden können. Sie führten die Parameter $p_{px1}, p_{px2}, p_{px3}$ und p_{px4} ein. Die aus dem bisher bekannten Reifenmodell (*MF-Tyre* 5.2) bekannten Beziehungen zur Bestimmung von Längskraftsteifigkeit K_λ und maximalem Kraftschlussbeiwert $\mu_{x,max}$ werden zur Berücksichtigung des Reifenfülldruckeinflusses durch den quadratischen Ansatz nach Gl. 2.28 und 2.29 erweitert.

$$K_\lambda = F_z \cdot (p_{Kx1} + p_{Kx2} \cdot dfz) \cdot e^{p_{Kx3} \cdot dfz} \cdot \underline{(1 + p_{px1} \cdot dp_R + p_{px2} \cdot dp_R^2)} \cdot \lambda_{K\lambda} \tag{2.28}$$

$$\mu_{x,max} = (p_{Dx1} + p_{Dx2} \cdot df_z) \cdot (1 - p_{Dx3} \cdot \gamma^2) \cdot \underline{(1 + p_{px3} \cdot dp_R + p_{px4} \cdot dp_R^2)} \cdot \lambda_{\mu x} \tag{2.29}$$

Die restlichen Parameter bestimmen sich analog zu den Beziehungen aus dem bisher bekannten Reifenmodell (kommerzielles Reifenmodell *MF-Tyre* 5.2. bzw. von PACEJKA im Jahr 2002 veröffentlichte Version des *Magic Formula* Reifenmodells) [vgl. 50; 275; 277]

$$\kappa_x = \kappa + S_{Hx} \tag{2.30}$$

$$C_x = p_{Cx1} \cdot \lambda_{Cx} \tag{2.31}$$

$$D_x = \mu_x \cdot F_z \tag{2.32}$$

$$E_x = (p_{Ex1} + p_{Ex2} \cdot dfz + p_{Ex3} \cdot dfz^2) \cdot (1 - p_{Ex4} \cdot sign(\kappa_x)) \cdot \lambda_{Ex} \tag{2.33}$$

$$B_x = \frac{K_\lambda}{(C_x \cdot D_x)} \tag{2.34}$$

$$S_{Hx} = (p_{Hx1} + p_{Hx2} \cdot dfz) \cdot \lambda_{Hx} \tag{2.35}$$

$$S_{Vx} = F_z \cdot (p_{Vx1} + p_{Vx2} \cdot dfz) \cdot \lambda_{Vx} \cdot \lambda_{\mu x} \tag{2.36}$$

Mithilfe der ermittelten Parameter wird die Längskraft F_x nach Gl. 2.37 ermittelt. Wird kein kombinierter Schlupf betrachtet, d. h. bei einem Schräglaufwinkel α von 0° wird nur der Längsschlupf analysiert, so ist die Wichtungsfunktion $G_{x\alpha}$ gleich 1.

$$F_x = (D_x \sin\left[C_x \arctan\left\{B_x\kappa_x - E_x(B_x\kappa_x - \arctan(B_x\kappa_x))\right\}\right] + S_{V_x}) \cdot G_{x\alpha} \tag{2.37}$$

Das *Magic Formula* Reifenmodell v2012 besteht insgesamt aus 144 Parametern, die die quasi-stationären und transienten Kräfte und Momente am Reifen beschreiben. Werden in der Parameterdatei weitere Informationen zur Beschreibung des Reifens abgespeichert, kann ein vollständiger Parametersatz aus über 200 Parametern bestehen. [36] SCHMID & FÖRSCHL SCHMID et al. [335] zeigten, dass zur vollständigen Parametrisierung des Reifenmodells eine Vielzahl an Untersuchungen (wie z. B. reine Längskraftmessungen, Seitenkraftmessungen, kombinierten Messungen bei verschiedenen Radlasten, Sinusanregungen und Vertikalsteifigkeitsmessungen) notwendig sind. Aufgrund des auftretenden Verschleißes während der Messungen an einem Flachbahnprüfstand werden daher insgesamt 5 Reifen benötigt.

2.4.3 Das *HSRI* Reifenmodell

DUGOFF, FANCHER und SEGEL [84] entwickelten das *Highway Safety Research Institute (University of Michigan) (HSRI)* Reifenmodell zur Berechnung der Längs- sowie Querkraft am Reifen. Für das physikalisch motivierte Modell schlugen sie vor, den Haftbereich sowie den Bereich des kombinierten Gleitens und Haftens getrennt zu betrachten. Die Reifenkräfte werden anhand der entstehenden Verformung im Reifenlatsch bestimmt. Diese wird bei einer konstanten Flächenpressung als trapezförmig approximiert. [vgl. 261; 336] Erweiterungen wurden u. a. von BERNARD et al. [52] vorgeschlagen. WIEGNER [396] erweiterte das Modell und fügte das Rückstellmoment hinzu. Später wurde das Modell von UFFELMANN [367] um die Berücksichtigung von Radlastschwankungen ergänzt. Die Berechnung der Umgangskraft wird im *HSRI*-Modell durch die Gl. 2.38 beschrieben. [91]

$$F_x = K_\lambda \cdot \frac{\lambda_x}{1+\lambda_x} \cdot f(K_D) \tag{2.38}$$

Durch Verwendung des Schlupfs λ_x, des Schräglaufwinkels α sowie des maximalen Kraftschlussbeiwerts μ_{max} und der Radlast F_z erhält man die dimensionslose Größe K_D nach Gl. 2.39 sowie die Funktion $f(K_D)$ nach Gl. 2.40. Ist die dimensionslose Größe K_D größer als 1, liegt kein Gleiten sondern ausschließlich Haften im Reifenlatsch vor und die Längskraft F_x berechnet sich aus dem linearen Zusammenhang von Umfangskraftsteifigkeit und Schlupf. Ist K_D kleiner als 1, treten Haften und Gleiten kombiniert im Latsch auf.

$$K_D = \frac{\mu_{max} \cdot F_z \cdot (1+\lambda_x)}{2 \cdot \sqrt{(K_\lambda \cdot \lambda_x)^2 + (C_\alpha \cdot tan(\alpha))^2}} \tag{2.39}$$

$$f(K_D) = \begin{cases} K_D \cdot (2 - K_D) & , K_D < 1 \\ 1 & , K_D \geq 1 \end{cases} \tag{2.40}$$

Aufgrund der geringen Anzahl an Parametern ist der Rechenzeitbedarf für das Modell sehr gering. Daher wird das Modell, neben der Anwendung für Fahrdynamiksimulationen, insbesondere auch zur Echtzeit-Schätzung von Reifenkräften im Fahrzeug eingesetzt. [vgl. 87; 388; Wan+13; 91; 381; 163] Die Regelgüte von Fahrerassistenz- und Fahrdynamikregelsystemen hängt nicht nur vom Regelalgorithmus selbst, sondern oft auch von den Beobachtern zur Schätzung bestimmter Parameter des Fahrzustands ab, die nicht direkt gemessen werden können. Aufgrund der begrenzten Rechenleistung fahrzeuginterner Steuergeräte sind komplexere, nicht-lineare Reifenmodelle oftmals ungeeignet.

2.4.4 Das *Deur* Reifenmodell

Ein häufig verwendetes physikalische Bürstenmodell ist das *Deur* Modell. Es basiert auf dem *Lund-Grenoble (LuGre)* Reibmodell, welches von CANUDAS DE WIT et al. [61] als Weiterentwicklung des DAHL Modells [75] vorgestellt wurde. Das Reibmodell ermöglicht es, den STRIBECK-Effekt sowie das Hystereseverhalten von Reibvorgängen abzubilden. Der Kontaktbereich der sich berührenden Körper wird durch Federelemente, den sog. „Bürsten“, beschrieben, die bei Krafteinwirkung ausgelenkt werden. Das *LuGre* Reibmodell wurde von verschiedenen Autoren, u. a. in [70; 60; 378; 71; 72; 79; 74; 3], für die Anwendung als Reifenmodell erweitert. Eines seiner ersten Anwendungen wurde im Jahr 2001 von DEUR in [79] hergeleitet und detailliert vorgestellt. Der Fahrbahnkontakt wird über die elastischen Bürsten modelliert. Es wird zunächst angenommen, dass der Reifen-Fahrbahn-Kontakt eine rechteckige Form mit der Länge L_L hat. Es wird von einer gleichförmigen Verteilung der Normalkraft ausgegangen. Das verteilte Reibmodell, wo die zeitliche und örtliche Bürstenverformung als partielle Differenzialgleichung abgebildet wird, kann bei Annahme einer durchschnittlichen

Bürstenauslenkung in ein konzentriertes, punktförmiges Reibmodell überführt werden. Die zeitliche Bürstendeformation wird dann als gewöhnliche Differenzialgleichung beschrieben. Folglich lässt sich über die durchschnittliche Steifigkeit der Bürsten in der Kontaktfläche, die Relativgeschwindigkeit und die anfängliche Bürstenauslenkung das dynamische Verhalten als nichtlineare Differentialgleichung erster Ordnung modellieren. Die kompakte Modellbeschreibung wird im Folgenden kurz erläutert.

Die Umfangskraft F_x errechnet sich nach Gl. 2.41, wobei $\tilde{z}$ die durchschnittliche Bürstenauslenkung symbolisiert. σ_0 und σ_1 beschreiben die mittleren Steifigkeitskoeffizienten bzw. den mittleren Dämpfungskoeffizienten der Bürsten. σ_2 charakterisiert den viskosen Reibkoeffizienten.

$$F_x = \sigma_0 \cdot \tilde{z} + \sigma_1 \cdot \dot{\tilde{z}} + \sigma_2 \cdot v_r \tag{2.41}$$

Die zeitliche Änderung der Bürstenauslenkung kann durch Gl. 2.42 beschrieben werden.

$$\dot{\tilde{z}} = \frac{d\tilde{z}}{dt} = v_r - \left\{ \frac{\sigma_0 \cdot |v_r|}{g(v_r)} + \frac{\kappa_D}{L_L} \cdot r_{dyn} \cdot |\omega| \right\} \cdot \tilde{z} \tag{2.42}$$

Der STRIBECK-Zusammenhang ist nach Gl. 2.43 definiert.

$$g(v_r) = \theta \cdot \left\{ F_c + (F_{st} - F_c) \cdot e^{-\left|\frac{v_r}{v_s}\right|^{\delta}} \right\} \tag{2.43}$$

Die Relativgeschwindigkeit errechnet sich während eines Bremsvorgangs aus der Fahrzeuggeschwindigkeit v_x und dem Bremsschlupf λ_x nach Gl. 2.44.

$$v_r = v_x - \omega \cdot r_{dyn} = v_x \cdot \lambda_x \tag{2.44}$$

Wird die zeitliche Auslenkung als konstant angesehen, d. h. $\dot{\tilde{z}}$ wird 0, kann Gl. 2.42 nach $\tilde{z}$ umgestellt werden. Folglich kann mit der resultierenden Gl. 2.45 das quasistationäre Reifenmodell beschrieben werden.

$$\tilde{z} = \frac{v_r}{\left\{ \frac{\sigma_0 \cdot |v_r|}{g(v_r)} + \frac{\kappa_D}{L_L} \cdot r_{dyn} \cdot |\omega| \right\}} \tag{2.45}$$

2.4.5 Transientes Reifenkraftverhalten

Die vorgestellten Reifenmodelle zur mathematischen Abbildung des Reifenkraft-Übertragungsverhaltens gelten bei genauerer Betrachtung nur für stationäre bzw. quasistationäre Fälle, d. h. die Größen wie Schlupf, Schräglaufwinkel oder Sturz bleiben konstant bzw. dürfen sich nur mit geringer Geschwindigkeit ändern. Bei der Analyse dynamischer Vorgänge am Reifen (z. B. bei schneller Änderung des Schlupfs), muss der zeitlich verzögerte Aufbau der Reifenkräfte berücksichtigt werden. Erste

Untersuchungs- und Modellierungsansätze zum instationären Seitenkraftverhalten gehen u. a. auf SCHLIPPE & DIETRICH [328] aus dem Jahr 1942 zurück. Viele Forschungsarbeiten beschäftigten sich später mit der Modellierung des instationären Reifenverhaltens, u. a. PACEJKA [279; 283], BÖHM [40], GIM [142], RILL [306], HIGUCHI [170; 177], CLOVER & BERNARD [62], ZEGELAAR [408] oder EINSLE [97; 92]. Einen sehr detaillierten Überblick über verschiedene experimentelle Analysen zur Untersuchung des transienten Kraftaufbaus am Reifen sowie unterschiedlichen Ansätzen zur Modellierung des Reifenkraftaufbauverhaltens gibt EINSLE [97] in seiner Dissertationsschrift.

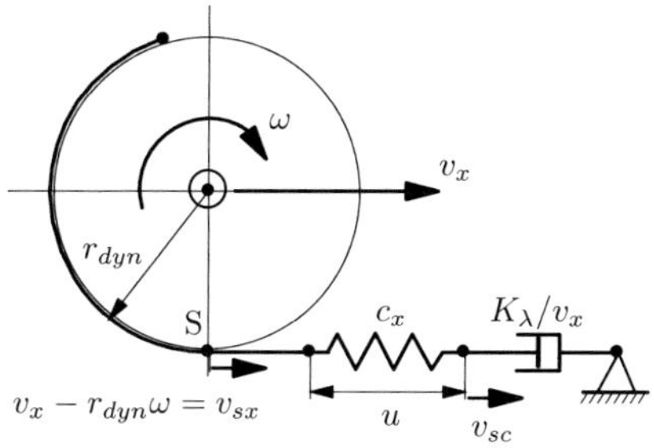

Abb. 2.22: Modell für transientes Reifenkraftverhalten in Umfangsrichtung [nach 277, Kap. 7.2]

Das instationäre Reifenverhalten kann damit begründet werden, dass der Kraftaufbau mit einer Bewegung des Reifens verbunden ist. Abb. 2.22 veranschaulicht ein Modell eines Reifens während der Kraftübertragung. Der Dämpfer mit der Dämpfungskonstante $k_D = K_\lambda/v_x$ symbolisiert die Kraftübertragung im Reifen-Fahrbahn-Kontakt[7]. Der Reifenlatsch ist mit der Felge über eine Feder verbunden. Diese modelliert die Verformung der Karkasse. Die Schlupfgeschwindigkeit im Reifen-Fahrbahn-Kontakt ist mit v_{sc} bezeichnet, der Schlupf am Punkt S am Radumfang beträgt $v_{sx} = \omega r_{dyn} - v_x$. Demnach errechnet sich die Deformationsgeschwindigkeit nach Gl. 2.46, wobei u die Auslenkung der Karkasse beschreibt.

$$\frac{du}{dt} = v_{sx} - v_{sc} \tag{2.46}$$

In erster Näherung kann der lokale Schlupf κ' im Reifenlatsch nach Gl. 2.47 berechnet werden.

$$\kappa' = \frac{v_{sc}}{v_x} \tag{2.47}$$

Unter der Annahme, dass bei Auftreten eines lokalen Schlupfs im Reifenlatsch direkt eine Reibkraft übertragen wird und der Schlupf κ' gering ist, kann die Umfangskraft

[7] Die Verbindung des Reifens zur Fahrbahn hat die Qualität eines mechanischen Dämpfers, d. h. die Übertragung von Kräften erfolgt nur bei einer Relativgeschwindigkeit. Der Dämpfungsparameter $k_D = K_\lambda/v_x$ nimmt mit steigender Geschwindigkeit v_x ab. Die Umfangskraft errechnet sich folglich mit $F_x = k_D \cdot v_{sc}$. Dies entspricht der Formulierung, wonach sich die Umfangskraft F_x für geringe Schlupfwerte aus dem Produkt von Umfangskraftsteifigkeit K_λ und dem Schlupf κ' berechnet (vgl. Kap. 2.1.2).

F_x nach Gl. 2.48 aus dem Produkt von Umfangskraftsteifigkeit K_λ und dem Schlupf κ' berechnet werden.

$$F_x = K_\lambda \cdot \kappa' \tag{2.48}$$

Zudem kann die Umfangskraft F_x im Modell aus der Reaktionskraft der Karkassenverformung nach Gl. 2.49 errechnet werden, wobei c_x die Längssteifigkeit des Reifens beschreibt.

$$F_x = c_x \cdot u \tag{2.49}$$

Durch Kombination der Gl. 2.46 bis Gl. 2.49 erhält man die folgende Differentialgleichung 1. Ordnung (vgl. [245]):

$$\frac{du}{dt} + \frac{c_x}{K_\lambda} v_x \cdot u = v_{sx} \tag{2.50}$$

Dabei beschreibt das Verhältnis K_λ / c_x die sog. Einlauflänge σ_x. Demnach kann Gl. 2.50 auch wie folgt formuliert werden:

$$\frac{du}{dt} + \frac{1}{\sigma_x} v_x \cdot u = v_{sx} \tag{2.51}$$

Diese Gleichung kann im Zeitbereich gelöst werden. Der daraus resultierende transiente Schlupf kann nach Gl. 2.52 (durch Kombination von Gl. 2.48 und Gl. 2.49) zur Berechnung der Umfangskraft (als Eingangsgröße für das quasistionäre Reifenmodell) genutzt werden.

$$\kappa' = \frac{u}{\sigma_x} \tag{2.52}$$

Alternativ kann man Gl. 2.50 (durch die Kombination von Gl. 2.52 und Gl. 2.50 und der Berücksichtigung, dass $du/dt = d\kappa'/dt$ und $v_s = \omega r_{dyn} - v_x = \kappa v_x$) umformulieren und erhält:

$$\sigma_x \frac{d\kappa'}{dt} + v_x \cdot \kappa' = \kappa \cdot v_x \tag{2.53}$$

Weiterhin ist es möglich, durch Einsetzen der Gl. 2.49 in Gl. 2.50 die Auslenkung der Karkasse u zu eleminieren. Als Resultat erhält man die Differentialgleichung 1. Ordnung, die von vielen Autoren (vgl. [7; 165; 336; 298]) zur Beschreibung des transienten Kraftaufbaus am Reifen vorgeschlagen wird:

$$\sigma_x \frac{dF_x}{dt} + v_x \cdot F_x = K_\lambda (\omega r_{dyn} - v_x) \tag{2.54}$$

Die Lösung der Differentialgleichung kann durch eine Exponentialfunktion beschrieben werden, d. h. dass bei Vorgabe eines Schlupfsprungs der Kraftaufbau verzögert auftritt. Die Einlauflänge σ_x beschreibt demnach den Weg, den das Rad zurücklegen muss, um 2/3 der stationären Umfangskraft aufzubauen. Um ca. 95 % der stationären Umfangskraft zu erreichen, muss das Rad den Weg $3\sigma_x$ zurücklegen. Aus regelungstechnischer Sicht verhält sich der Reifen damit wie ein Tiefpassfilter, respektive wie ein PT_1-Glied (Verzögerungsglied).

Bei genauerer Betrachtung zeigt sich, dass die Längssteifigkeit c_x aus der Steifigkeit des Laufsteifens c_{cx}, der Seitenwandsteifigkeit des Reifens c_b sowie der Torsionssteifigkeit des Reifens $c_{b\theta}$ resultiert und nach Gl. 2.55 als Reihenschaltung der Steifigkeiten betrachtet werden kann. [410] Komplexe Starrgürtelringmodelle bieten die Möglichkeit diese Steifigkeiten getrennt voneinander zu modellieren. [vgl. 408; 315]

$$\frac{1}{c_x} = \frac{1}{c_{cx}} + \frac{1}{c_b} + \frac{r_{dyn}^2}{c_{b\theta}} \tag{2.55}$$

BRAGHIN & SABBIONI [49] bestimmten durch das sinusförmige Aufprägen eines Antriebs- und Bremsmoments auf den Reifen (bis zu einem maximalen Schlupf von 6 %) an einem Flachbahnprüfstand die longitudinale Einlauflänge σ_x. Für verschiedene Radlasten zwischen 2.000 N und 5.000 N und Betätigungsfrequenzen zwischen 0,5 Hz und 5 Hz stellten die Autoren fest, dass die ermittelten Einlauflängen meist zwischen 0,1 m und 1,0 m liegen. Nach [245] liegen typische Relaxationslängen im Bereich zwischen 0,3 m und 0,8 m. TURNER et al. [365] ermittelten ebenfalls longitudinale Einlauflängen für verschiedene Reifen bei unterschiedlichen Radlasten und Schlupfwerten. Sie stellten fest, dass diese zwischen 0,05 m und 0,4 m liegen. Bei Schlupfwerten zwischen 5 % bis 15 %, wie sie typischerweise während eines ABS-Eingriffs vorkommen können, werden Relaxationslängen zwischen 0,05 m und 0,18 m ermittelt.

ZEGELAAR [408] vergleicht in seiner Dissertation die verschiedenen Formulierungsansätze - die Filterung der Längskraft nach Gl. 2.54, die Filterung des Schlupfs nach Gl. 2.53 und die Filterung der Längsdeformation der Karkasse nach Gl. 2.50 - zur Abbildung des realen Reifenverhaltens bei instationären Schlupf-, Radlast- und Reibwertvariationen. Die Untersuchungen zeigen, dass die Filterung des Schlupfs den Einfluss einer dynamischen Radlaständerung auf das Kraftaufbauverhalten nicht abbilden kann. Das instationäre Modell zur Filterung der Längskraft ist bei Fahrzeuggeschwindigkeiten von 0 km/h numerisch instabil. ZEGELAAR schlägt daher vor, die Differentialgleichung der Längsdeformation als Relaxationsmodell zu nutzen. Auch PACEJKA [277] schlägt zur Abbildung des transienten Reifenkraftverhaltens für das *Magic Formula* (und andere Reifenmodelle) vor, den Ansatz zur Betrachtung der Längsdeformation zu nutzen. Dieses Modell wird in der Literatur häufig als linearen Kontaktpunktmodell (engl. linear single contract point transient model) bezeichnet. Der transiente Schlupf κ', der sich nach Gl. 2.52 aus dem Quotienten der Längsdeformation der Karkasse u und der Einlauflänge σ_x berechnet, wird anschließend als Eingangsgröße für das quasistationäre *Magic Formula* Reifenmodell genutzt. Neben einer guten Abbildung des dynamischen Reifenkraftverhaltens bringt insbesondere die Schlupfdefinition dieses Ansatzes den numerischen Vorteil mit sich, dass es bei einer Fahrzeuggeschwindigkeit von 0 km/h zu keiner Singularität (aufgrund der Division von 0) kommt und folglich eine Fahrdynamiksimulation aus dem Stillstand möglich ist.

Verschiedene Forschungsarbeiten, u. a. [177; 408; 49; 190; 97], zeigen, dass die Einlauflänge nicht konstant ist und mit steigendem Radschlupf signifikant abnimmt. Daher wurde ein nicht-lineares Kontaktpunktmodell eingeführt, welches sich vom lineares Kontaktpunktmodell durch die Berechnung der Einlauflänge unterscheidet. Diese ist hier nicht konstant, sondern errechnet sich nach Gl. 2.56 aus dem Gradienten der quasistationären Reifenkennlinie beim jeweiligen Schlupf und der Längssteifigkeit des Reifens. Folglich nimmt die Einlauflänge σ_x^* mit zunehmendem Radschlupf ab. Dabei beschreibt σ_{x0} die initiale Einlauflänge, die sich bei $\kappa'=0$ aus dem Quotienten der Umfangskraftsteigung K_λ und der Längssteifigkeit des Reifens c_x berechnet.

$$\sigma_x^* = \frac{1}{c_x} \cdot \frac{\partial F_x}{\partial \kappa'} = \frac{\sigma_{x0}}{K_\lambda} \cdot \frac{F_x}{\kappa'} \tag{2.56}$$

Zudem schlägt Pacejka [283; 277] einen alternativen Ansatz vor und führt das sog. Kontaktmassemodell (engl. contact mass model) ein. Dort wird für den Reifenlatsch eine Masse angenommen. Über ein Feder-Dämpfer-Element ist diese mit der Felge verbunden. Demnach wird das instationäre Reifenverhalten durch die folgende Differentialgleichung beschrieben:

$$m_c \dot{v_{sx}} + c_{cx} \dot{u} + k_{cx} u = F_x \tag{2.57}$$

In den kommerziellen *Magic Formula* Reifenmodellen, wie *MF-Tyre* [341] oder *PAC2002* [222], hat der Anwender die Möglichkeit (über eine auszuwählende Option) sich zwischen den verschiedenen transienten Ansätzen mit unterschiedlicher Komplexität zu entscheiden. Alle Modelle sind für Frequenzen bis ca. 15 Hz gültig. [222]

Jaiswal et al. [190] und Braghin & Sabbioni [49] verglichen die drei von Pacejka vorgeschlagenen Modelle für die Anwendung zur Simulation von ABS-Bremsungen. Unabhängig von einander stellten die Autoren fest, dass die Reifenkraftsimulationen mit dem linearen Kontaktpunktmodell (aufgrund der konstant angenommen Einlauflänge) höhere Oszillationen als in der Realität zeigt und daher nicht für die Anwendung von ABS-Simulationen geeignet ist. Das nicht-lineare Kontaktpunktmodell und das Kontaktmassemodell zeigen beide realistische Kraftverläufe. Zudem vergleichen Jansen et al. [196] ein quasistationäres *Magic Formula* Modell mit einem *Magic Formula* Modell mit transientem Ansatz sowie einem Starrgürtelmodell zur Simulation eines Bremsvorgangs mit ABS. Sie zeigen, dass ein quasistationäres Modell für die Simulation von ABS Bremsungen nicht geeignet ist. Das transiente Modell hingegen kann Bremsmomentschwingungen bis ca. 30 Hz realistisch abbilden. Bei höherfrequenten Analysen (bis 80 Hz) sollte der Effekt der Masse und des Massenträgheitsmoment des Reifengürtels durch ein Starrgürtelmodell berücksichtigt werden.

Verschiedene Forschungsarbeiten zeigen, dass die Einlauflänge u. a. vom Reifenfülldruck abhängig ist. [vgl. 50; 97] Prinzipiell führt eine niedrigere Radlast sowie ein höherer Fülldruck zu einer geringeren Einlauflänge. Zur Berücksichtigung der Reifenfülldruckabhängigkeit auf die Einlauflänge wurde u. a. von BESSELINK et al. [50] für das *Magic Formula* Modell vorgeschlagen, die Längssteifigkeit c_x in Abhängigkeit von Radlast und Reifenfülldruck nach Gl. 2.58 zu parametrisieren und anschließend die initiale Einlauflänge σ_{x0} aus dem Quotienten der Umfangskraftsteifigkeit K_λ und der Längssteifigkeit c_x nach Gl. 2.59 zu berechnen.

$$c_x = c_{x0} \cdot \left(1 + p_{CFx1} \cdot df_z + p_{CFx2} \cdot df_z^2\right) \cdot \left(p_{CFx3} \cdot dp_R\right) \quad (2.58)$$

$$\sigma_{x0} = \frac{K_\lambda}{c_x} \quad (2.59)$$

2.5 Reifenfülldruckregelanlagen (RDRA)

2.5.1 Entwicklungshistorie von Reifenfülldruckregelanlagen

KAMM entwickelte am *Forschungsinstitut für Kraftfahrwesen und Fahrzeugmotoren (FKFS)* in Stuttgart Ende der 1930er Jahre ein Versuchsfahrzeug, den *Kamm-Wagen K1*, mit einer Reifendruckregelanlage. Im Forschungsfahrzeug wurde ein vom Verbrennungsmotor angetriebener Luftverdichter verbaut. Ziel war es mit einem hohen Reifenfülldruck den Rollwiderstand der Diagonalreifen und folglich den Kraftstoffverbrauch zu reduzieren. Um eine Verbesserung des Fahrkomforts auf unebenen Fahrbahnen zu erreichen, hatte der Fahrer über Schalter im Innenraum die Möglichkeit den Reifeninnendruck während der Fahrt einzustellen. Die Einrichtung erlaubte es innerhalb von 1 bis 2 Minuten den Reifeninnendruck von 1,8 atü auf 3,5 atü zu erhöhen. Das System hat sich auf Versuchsfahrten über mehr als 10.000 km, die mit Geschwindigkeiten zwischen 120 km/h und 170 km/h durchgeführt wurden, bewährt. Übermäßige Abnutzung des Reifens war nicht zu erkennen. Abb. 2.23 zeigt den Aufbau der Reifendruckregelanlage mit Vierwegehahn zur Einstellung des Reifeninnendrucks im Innenraum des Wagens. [198; 86]

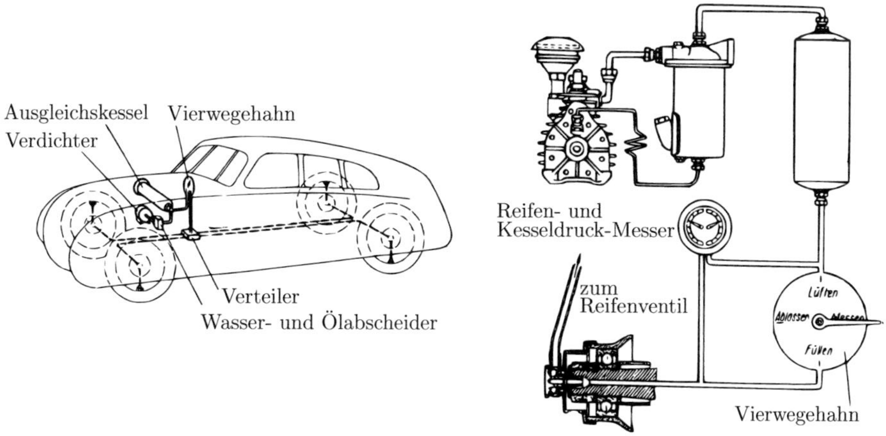

Abb. 2.23: Aufbau der Reifendruckregelung am *Kamm-Wagen K1* [86]

Reifenfülldruckregelanlagen haben bereits in den 1940er Jahren Einzug in die Kraftfahrzeugtechnik erhalten. Dabei lag der Fokus vor allem bei der Reifeninnendruckanpassung zur Steigerung der Traktion von Militärfahrzeugen in unwegsamen Gelände. Erst später hat die Technologie auch Einzug in die Land- und Forsttechnik erhalten.

Zu Beginn des zweiten Weltkriegs entwickelte *General Motors* in den USA den ersten Lastkraftwagen, den *DUKW 353*, mit einem System zur manuellen Reifenfülldruckverstellung während der Fahrt. Dieses Amphibienfahrzeug wurde ab 1942 produziert. Die Reifendruckregelanlage ermöglichte insbesondere bei Einsätzen auf weichen Böden in der Nähe von Flüssen eine erhöhte Mobilität. Durch den weltweiten Einsatz des Fahrzeugs verbreiteten sich die Vorteile dieser Technologie. Sie wurde nach dem zweiten Weltkrieg auch durch andere Hersteller adaptiert, die Militärfahrzeuge mit Reifendruckverstellanlagen entwickelten. Die ehemalige UdSSR verbaute ab 1947 Reifendruckregelanlagen beim *ZIL 150*. In den 1960er Jahren wurden viele der bereiften Militärfahrzeuge der ehemaligen Sowjetunion mit Reifendruckverstellanlagen produziert. Dazu zählen z. B. die russischen Fahrzeuge *ZIL 157* und *Ural 375D*, der in der Tschechoslowakei entwickelte *Tatra T813* und der in der ehemaligen DDR hergestellte *IFA W50*. Nach 1970 besaßen ein Großteil der in der ehemaligen Sowjetunion hergestellten taktischen Radfahrzeuge Reifendruckregelanlagen. [389] Seit den 1970er Jahren wurden auch wieder verstärkt Militärfahrzeuge des US Militärs mit Reifendruckverstellanlagen ausgestattet. In den frühen 1990er Jahre waren weltweit 33 verschiedene Reifendruckregelsysteme in Militärfahrzeugen bekannt. Auch bei modernen Militärfahrzeugen werden teilweise manuelle Systeme zur Reifenfülldruckverstellung während der Fahrt eingesetzt. [197; 254; 76] Einen guten Überblick über in Militärfahrzeuge integrierte Reifendruckverstellanlagen gibt WARNER. [389]

In der jüngeren Geschichte erfolgte die Anwendung von Reifendruckregelanlagen vor allem im Bereich der Land- und Forstwirtschaft. Insbesondere auf nachgiebigen Fahrbahnen hat der Reifenfülldruck einen signifikanten Einfluss auf das Komfort-, Rollwiderstands- und Kraftübertragungsverhalten von Reifen (vgl. Kap. 2.2.5). Zur Regelung des Reifeninnendrucks während der Fahrt bieten Hersteller wie *Steuerungstechnik StW*, *PTG Reifendruckregelsysteme* oder *Krude* nachrüstbare Reifenfülldruckregelanlagen an. [370; 294] FENDT bietet als einziger Hersteller von Traktoren eine voll integrierte Reifendruckregelanlage für die 800er, 900er und 1000er Baureihen an. Der Feldhäcksler *Claas Jaguar* ist optional an der Vorderachse mit einer Reifendruckverstellanlage ausgestattet.

Bei der Forstwirtschaft, insbesondere bei schweren Holztransportern, werden Reifendruckregelanlagen zur Reduzierung von Wegeschäden und zur Zugkraftsteigerung auf weichen Zufahrtswegen eingesetzt. Bereits 1992 wurden erste Fahrzeugflotten von Holztransportern in Nordamerika mit nachrüstbaren Reifendruckregelanlagen ausgestattet. Die nachrüstbaren Regelsysteme, im englischsprachigen Raum oft als Tire Pressure Control System (TPCS) bezeichnet, wurden stetig weiterentwickelt und werden heute u. a. von den Firmen *Dana Commercial Vehicle Products Group* oder *Tire Pressure Control Internationa Ltd.* mit den Namen *SPICER* oder *TIREBOSS* verkauft. Neben dem Einsatz bei Forstfahrzeugen, werden die Nachrüstlösungen auch für Feuerwehr- oder Baufahrzeuge angeboten. [254] Aufgrund der Skepsis von Anwendern bei Nachrüstlösungen, möglichen Einschränkungen sowie zusätzlichen Kosten für die Straßenzulassung haben sich die Systeme in der breiten Anwendung bisher nicht durchgesetzt. Ein größeres Marktpotenzial für die Technologie wird erst gesehen, wenn die Integration durch die Fahrzeughersteller selbst erfolgt. [47]

Im zivilen Bereich sind nur wenige serienreife Systeme zur Reifeninnendruckregelung bekannt. Der *Hummer H1*, der weitestgehend dem US Militärfahrzeug *HMMWV* entspricht, wird optional mit Reifendruckverstellanlage ausgeliefert. Der *Unimog* sowie der Geländewagen *G 63 AMG 6x6* der *Daimler AG* ermöglichen dem Fahrer, den Reifenfülldruck über eine Bedieneinheit im Innenraum zu variieren. [395; 266]

2.5.2 Technische Umsetzungen von Reifenfülldruckregelanlagen

Für Nutzkraftfahrzeuge existieren manuelle Reifendruckverstellungen am stehenden Rad. Die Fa. *Daimler* bietet ein sog. *Semi Tire Inflation System (STIS)* für seine Militärfahrzeuge ab Werk an. [76] Die Fa. *Steuerungstechnik StW* [352] und die Fa. *PTG Reifendruckregelsysteme* [293] bieten z. B. Systeme an, die es ermöglichen den Reifenfülldruck im Stand einzustellen. Dazu werden Schnellkupplungen an die Ventileinsätze der Felge montiert. Zur Druckluftversorgung wird die fahrzeugeigene Druckluftbremsanlage genutzt. Am stehenden Fahrzeug werden Druckluftversorgung und Schnellkupplungen an den Rädern über Spiralschläuche verbunden. Insbesondere die einfache und schnelle Montage, der Verzicht auf Drehdurchführungen und der günstige Anschaffungspreis sind vorteilhaft. Nachteilig ist, dass das System nicht während der Fahrt betrieben werden kann.

Reifendruckregelanlagen, die es gestatten, den Innendruck während der Fahrt zu regeln, werden teilweise als *Central Tire Inflation System (CTIS)* [vgl. 389] bezeichnet. Diese werden bei ausgewählten Fahrzeugen ab Werk angeboten (vgl. Kap. 2.5.1). Zudem bieten Hersteller wie *Steuerungstechnik StW*, *PTG Reifendruckregelsysteme* und *Krude* Nachrüstlösungen, insbesondere für Nutzkraftfahrzeuge, an. Ventilsätze und Drehdurchführungen werden an das jeweilige Fahrzeug angepasst. Als Kompressor kann die Druckluftbremsanlage oder eine zusätzliche Luftbeschaffungsanlage verwendet werden. Eine in der Fahrerkabine montierte Steuerbox ermöglicht es dem Fahrer, den gewünschten Innendruck am Reifen einzustellen. Die Befüll- und Entleerzeiten hängen stark vom verwendeten Kompressor sowie der Reifengröße ab. Typische Einlasszeiten zur Befüllung von zwei Ackerschlepperreifen der Dimension 650/65 R 38 von 0,8 bar auf 1,4 bar liegen bei ca. 4 Minuten. [370; 294] Eine Klassifizierung verschiedener Aufbauvarianten sowie eine detaillierte Beschreibung konstruktiver Umsetzungsmöglichkeiten von Reifenfülldruckregelanlage geben u. a. LACH [223] und POHEN [289] in ihren Dissertationsschriften.

FENDT bietet als einziger Hersteller von Traktoren eine voll integrierte Reifendruckregelanlage für alle Reifen ab Werk an. Abb. 2.24 zeigt den schematischen Aufbau der implementierten Reifenfülldruckregelanlage. Die Befüll- bzw. Entleerzeit des *Fendt VarioGrip* Systems beträgt 8,5 Minuten bzw. 4,5 Minuten, um einen Druckunterschied von 1,0 bar zu realisieren. Der Reifenfülldruck ist achsweise vom Fahrer einstellbar. Die Reifenluftdruckmessung erfolgt nicht am Reifen, sondern in der Füllleitung. [349]

Der *Unimog* der *Daimler AG* verfügt optional über eine während der Fahrt bedienbaren Reifendruckverstellanlage. [vgl. 395] Bei der angetriebenen Portalachse wird

Abb. 2.24: Schema *Fendt* Traktor mit einer Reifenfülldruckregelanlage [349]

ebenfalls ein sog. Ein-Leiter-System mit äußerem Rotor verwendet. Die Zuleitung erfolgt auf der Innenseite an das stehende Achstragrohr auf eine hohlgebohrte Hülse. Für die Abdichtung zwischen festen und drehender Leitung werden Radialdichtungen genutzt. [223] SCHWANGHART [327] gibt an, dass die Befüllung aller vier Reifen ca. 4,8 Minuten dauert, um den Reifenfülldruck von 1,6 bar auf 4,1 bar zu erhöhen.

SCHLECHTER [326] berechnet die Befüll- und Entleerzeiten für verschiedene Fahrzeuge mit Reifendruckverstellanlagen. Die Befüllzeit der vier Reifen des *IFA W50* liegt bei ca. 7 Minuten, die Auslasszeit bei ca. 7,5 Minuten. Die Befüllzeit für acht Reifen der Dimension 15.00-21 ND liegen beim *Tatra T813* für einen Druckbereich von 0,8 bar bis 4,0 bar bei 20 Minuten, die Entleerzeit beträgt 9 Minuten.

Der Geländewagen *G 63 AMG 6x6* der *Daimler AG* ermöglicht dem Fahrer, den Reifendruck für die Vorder- sowie die beiden Hinterachsen getrennt über Schalter im Innenraum zu variieren. Vier 20-Liter-Druckbehälter, die in den hinteren Radhäusern verbaut sind, werden über einen Kompressor mit Druckluft versorgt. Die Reifendruckerhöhung von 0,5 bar auf 1,8 bar ist in 20 Sekunden möglich. [266]

Zur Regelung des Reifenfülldrucks ist die Erfassung des aktuellen Fülldrucks im Reifen notwendig. Bei einfachen Anlagen, wie bei älteren Militärfahrzeugen, erfolgt dies mit Manometern, die in den jeweiligen Zuleitungen verbaut sind. Da während einer Druckänderung der dynamische Druck gemessen wird, muss für die Bestimmung des statischen Innendrucks die Befüllung oder Entleerung unterbrochen werden. Der Fahrer beendet die Druckregelung, wenn der gewünschte Solldruck erreicht ist. Bei moderneren Systemen erfolgt die Messung über Drucksensoren in den Zuleitungen oder am Radventil. Eine Regelanlage vergleicht Solldruck und Istdruck und regelt entsprechend der Differenz den Reifenfülldruck. Die Vorgabe des Solldrucks erfolgt bei allen Systemen über Bedieneinrichtungen im Innenraum. [389; 223; 289]

2.5.3 Konzepte neuartiger Reifenfülldruckregelungen

Lach [223] modelliert in seiner Forschungsarbeit eine Reifenfülldruckregelanlage im (von der *Universität der Bundeswehr Hamburg*) entwickelten Simulationsprogramm *ORSIS (Off Road Systems Interactive Simulation)* und bietet damit die Möglichkeit, diese in die Gesamtsimulation Fahrzeug-Gelände von Militärfahrzeugen zu integrieren. Das Simulationsmodell wurde mit realen Messungen validiert. Eine Reifenfülldruckerhöhung von 2 Reifen der Dimension 800/65 R32 von 0,8 bar auf 1,8 bar dauerte 3 Minuten 15 Sekunden. Lach schlägt eine einfache Drei-Punkt-Regelung abhängig vom Schlupf oder der Einsinkung vor, um den Reifenfülldruck automatisch zu regeln.

Pohen [289] konstatiert im Rahmen seiner Dissertation, dass nachrüstbare fahrzeuggebundene Reifendruckverstellanlagen für landwirtschaftliche Fahrzeuge aufgrund der starken Anpassung an das jeweilige Fahrzeug unzureichend gelöst und nicht beliebig auf andere Fahrzeuge übertragbar sind. Radgebundene Reifendruckregelanlagen, wo Druckluftversorgung, Druckluftspeicher sowie die Ventil- und Sensortechnik im Rad integriert sind, existierten nur als patentrechtlich geschützte Systeme. Er führte daher eine konstruktionsmethodische Entwicklung für eine radgebundene Reifendruckregelanlage für landwirtschaftliche Fahrzeuge durch und erprobte das neu entwickelte System auf einem Reifenprüfstand.

Bartels (*IQ Mobil Electronics*) [24] schlägt in einer Offenlegungsschrift ein System zur Ermittlung des Solldrucks unter Berücksichtigung verschiedener Sensorinformationen wie z. B. Gierrate oder Beschleunigung des Fahrzeugs, Felgentemperatur oder Walkleistung vor. Die erfassten Informationen sowie der Ist-Reifenfülldruck werden in ein Fahrwerksmodell einspeist. Ist der Reifeninnendruck zu gering, wird eine Warnung an den Fahrer ausgegeben. Zudem wird ein geeigneter Reifeninnendruck für den Fahrer (und seine Nutzungsart und Fahrweise) ermittelt und vorgeschlagen.

Williston (*General Motors*) [397] stellt in einer Patentanmeldung aus dem Jahr 2002 ein Reifendrucksteuersystem vor. Neben dem Reifendruck und der Umgebungstemperatur wird mithilfe eines Lastsensors die Beladung eines Fahrzeugs erfasst. Durch eine Steuerung sowie ein Reifenaufpumpsystem, welches pneumatisch mit dem Reifen gekoppelt ist, soll automatisch der Reifendruck an Umgebungstemperatur und Fahrzeugbeladung angepasst werden.

Brügmann et al. (*Continental*) [48] schlagen eine Vorrichtung zur Beeinflussung der Reifeneigenschaften, insbesondere bei landwirtschaftlichen Fahrzeugen oder Baufahrzeugen, vor. Beim Fahren mit niedrigen Geschwindigkeiten auf weichem Untergrund ist meist eine Verringerung des Luftdrucks wünschenswert, beim Fahren mit höherer Geschwindigkeit wird ein höherer Reifeninnendruck angestrebt. Gemäß den Ansprüchen soll der Reifen in mehrere kammerartige Räume unterteilt werden, die durch Einschnürungen voneinander getrennt sind. Dadurch kann je Zeiteinheit nur eine bestimmte Luftmenge von Kammer zu Kammer strömen. Bei langsamer Rotation des Reifens ist genügend Zeit für einen Ausgleich der Luftmengen von Kammer zu Kammer. Mit zunehmender Raddrehzahl ist für einen kompletten Luftmengenausgleich zwischen den Kammern nicht genügend Zeit. Dies führt zu einem erhöhten Reifendruck.

Insbesondere zur Reduzierung des Bremswegs (aber auch zur Erhöhung der übertragbaren Kräfte beim Antreiben oder schnellen Richtungswechseln) stellen KLEINHOFF et al. (*Continental*) in einer im Jahr 2002 beantragten Patentanmeldung eine Vorrichtung zur Änderung des Reifendrucks während der Fahrt vor. Während eines Bremsvorgangs ist der Luftdruck im Reifen absenkbar. Anschließend kann dieser wieder auf den ursprünglichen Wert erhöht werden. Die Vorrichtung sieht ein oder mehrere steuerbare Ventile am Reifen sowie einen Druckbehälter mit angeschlossenen Kompressor vor. Die Ventile sollten eine Querschnittsfläche von etwa 30 mm^2 aufweisen, um eine schnelle Druckabsenkung zu ermöglichen. Bevorzugt wird eine drahtlose Ansteuerung der Ventile. Es ist vorgesehen, den Reifeninnendruck der einzelnen Reifen gesondert, z. B. in Abhängigkeit der Achslast, über eine gemeinsame Steuervorrichtung zu ändern. [220]

RECKNAGEL et al. (*Bosch*) beschreiben in einer 2005 veröffentlichten Patentschrift ein Verfahren zur Variation des Reifenfülldrucks bei einer bevorstehenden oder bestehenden fahrdynamisch kritischen Situation. Wird eine drohende Kollission mit einem Hindernis durch ein Precrasherkennungssystem oder ein Notbremserkennungssystem erkannt, soll der Reifenluftdruck insbesondere in den Vorderrädern angepasst werden. Ziel ist es, dass der Reibwert zwischen Reifen und Fahrbahn erhöht wird. Zudem soll ein starkes Lenkmanöver unterstützt werden. Die Erzeugung der Druckluft kann über einen Kompressor oder einen Druckspeicher realisiert werden, der an einer Tankstelle aufgefüllt wird. Die Ansteuerung der Ventile kann drahtlos erfolgen. Zur Bestimmung des Zieldrucks können Reibwert-Schlupf-Kennlinien betrachtet und im Fahrzeugsteuergerät hinterlegt werden. [300]

In der von WIRMEL (*Daimler*) im Jahr 2006 veröffentlichten Patentschrift [399] wird eine Reifendruckregeleinrichtung für Fahrzeuge mit wechselndem Einsatzprofil, wie z. B. landwirtschaftliche Fahrzeuge oder Baufahrzeuge, beschrieben. Dabei wird, neben dem Reifenfülldruck, die Reifentemperatur überwacht. In einem Kennfeld ist der optimale Reifendruck in Abhängigkeit der Temperatur hinterlegt. Der erfasste Ist-Fülldruck wird mit dem Solldruck verglichen. Bei Über- oder Unterschreiten des Solldrucks wird der Reifeninnendruck korrigiert.

KOBETZ (*Daimler*) schlägt in einer 2006 publizierten Offenlegungsschrift ein Verfahren zur Regelung des Reifeninnendrucks zur Vermeidung von Standplatten vor. Wird, z. B. anhand eines Fahrprofils, der Temperatur oder dem Abstellzeitraum, eine Abplattungsgefahr erkannt, wird ein Stand-Reifenfülldruck eingestellt. [215]

In einer 2008 von ALBRECHT & PRETTEREBNER (*Daimler*) veröffentlichten Patentanmeldung wird ein Verfahren zur Reifendruckregelung bei einem Kraftfahrzeug vorgestellt. Es wird angeregt, den Reifendruck abhängig von der Fahrsituation und den Fahrbedingungen zu regeln. Ziel ist es den Kraftstoffverbrauch zu verringern, den Reifenverschleiß sowie die Geräuschemissionen zu mindern und in kritischen Situationen den Bremsweg zu reduzieren. Im Standardbetrieb des Fahrzeugs wird von der Steuereinheit ein üblicher, mittlerer Universaldruck vorgegeben. Durch Fahrsituationsparameter, wie z. B. Längs- und Querbeschleunigung, soll ein kritischer Bremseingriff erkannt werden und der Solldruck wird abgesenkt. Es wird vorgeschlagen, dass nach einer Solldruckabsenkung durch die Steuereinheit eine Istdruckabsenkung durch die Reifendruckverstellanlage innerhalb eines Zeitraums von wenigen hundert Millisekunden erfolgt. [10]

Goodyear stellte 2012 das Konzept des automatischens Reifenfüllsystem *Air Maintainance Technology (AMT)* vor. [217; 30] Dazu wird in den Patenten [32; 171; 31] ein System vorgeschlagen, dass den Reifen bei Bedarf selbst befüllen kann. Ein Schlauch wird in der Nähe der Wulst in die Seitenwand des Reifens eingebettet. Durch die Walkbewegungen des Reifens wird der Schlauch teilweise gequetscht. Erkennt ein Sensor einen Druckverlust, kann über den Pumpeffekt des Schlauchs Luft von außen in den Reifen gepumpt werden.

Continental stellte im September 2017 auf der *Internationalen Automobil-Ausstellung (IAA)* in Frankfurt den Konzeptreifen *ContiAdapt* vor. [99] Durch eine in der Breite einstellbare Felge sowie durch die Änderung des Reifeninnendrucks, die durch einen im Rad integrierten Mikro-Kompressor realisiert wird, kann die Reifenaufstandsfläche an unterschiedliche Straßenbedingungen (z. B. Trockenheit, Nässe oder Niedrigreibwert) angepasst werden. Durch die Variation des Reifenlatschs ist es möglich, dass unterschiedlich profilierte Bereiche des Konzeptreifens in Kontakt mit der Fahrbahn kommen. Zunächst ist die Variation der Felgenbreite um $\pm 1''$ innerhalb von 2 bis 3 Minuten sowie eine Reifenfülldruckvariation von 1 bar bis 3 bar vorgesehen. Durch eine reifenintegrierte Sensortechnologie kann zudem der Belastungszustand des Reifens überwacht werden und der Fülldruck bei Bedarf angepasst werden.

Die *Steyr-Daimler-Puch Spezialfahrzeug GmbH* entwickelte eine automatische Reifenfüllanlage. Die Vorrichtung und das Verfahren wird in mehreren Patentanmeldungen beschrieben. [338; 316; 340] Die *Automatische Luftdruck Regelung (ALR)* wird von SKOFF im Jahr 2005 in [339] vorgestellt. Die Anlage regelt den Reifenluftdruck an zwei Achsen in Abhängigkeit von Fahrzeuggeschwindigkeit, Beladung und Traktion. Gemeinsam mit den Firmen *Magna Steuer Fahrzeugtechnik* und *Ventrex Automotive* wurde ein *Audi A8* als Demonstrationsfahrzeug aufgebaut. Die *ALR* besteht aus einem Kompressor, einem Druckluftspeicher, einem Verteilersystem mit Ventilen und Leitungen sowie Drehdurchführungen im Radnabenbereich. Der Reifenluftdruck wird vom Kontrollsystem gemessen und in Intervallen von 5 bis 6 Sekunden an das Steuergerät übermittelt. Im Versuchsfahrzeug kann der Fahrer den Reifenfülldruck an Vorder- und Hinterachse manuell regeln. Grundsätzlich können zudem verschiedene automatische Regelstrategien implementiert werden. Abb. 2.25 zeigt das Anlagenschema des Demonstratorfahrzeugs.

In Abhängig von der Fahrzeugphilosophie können von der elektronischen Steuereinheit verschiedene Regelstrategien zur Traktionssteigerung, Erhöhung der Sicherheit oder Komfortverbesserung umgesetzt oder mit unterschiedlicher Wichtung überlagert werden. Dabei werden prinzipiell folgende mögliche Regelstrategien vorgeschlagen.

- **Regelung nach Beladung:** Eine grundlegende Regelung sieht vor, den Fülldruck in Abhängigkeit der Achslast zu regeln. Diese muss mit geeigneter Sensorik ermittelt werden. Bei Fahrzeugen, bei denen Luftfedern oder Xenonlicht verbaut sind, ist oftmals bereits eine Beladungssensorik (z. B. zur blendfreien Leuchteneinstellung) vorhanden.

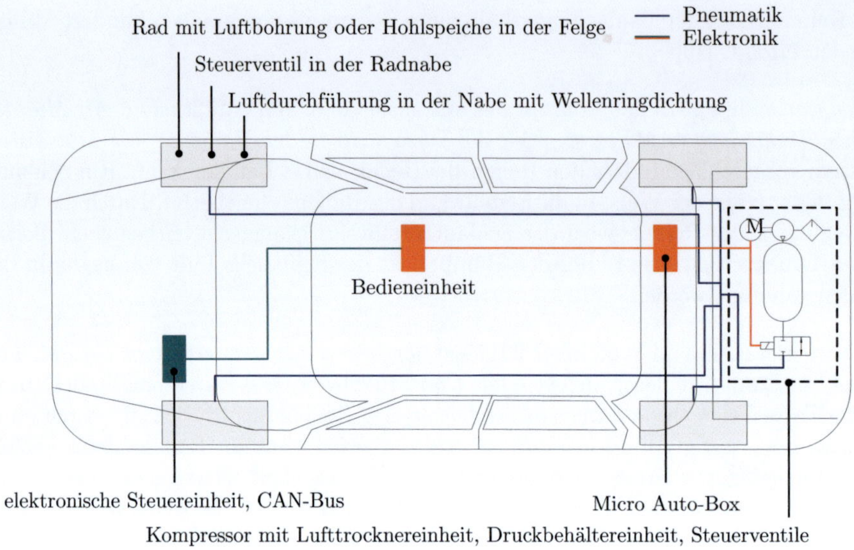

Abb. 2.25: Anlagenschema der *ALR* am Demonstratorfahrzeug [nach 216; 161]

- **Regelung nach Fahrzeuggeschwindigkeit:** Um bei höheren Fahrzeuggeschwindigkeiten thermische Überlastungen (die zu vorzeitigen Versagen des Reifen führen kann) zu vermeiden, muss der vorgeschriebenen Luftdruck am Reifen eingehalten werden. Das ist bei geringeren Geschwindigkeiten meist nicht notwendig und führt zu signifikanten Komforteinbußen. Daher wird eine Regelstrategie nach der Fahrzeuggeschwindigkeit vorgeschlagen. Abb. 2.26 zeigt die vorgeschlagene Druckregelstrategie nach der Fahrgeschwindigkeit. [339]

- **Regelung zur Verbesserung der Fahrstabilität:** Durch den Einfluss des Fülldrucks auf die Schräglaufsteifigkeiten c_α der Reifen kann das Eigenlenkverhalten des Fahrzeuges beeinflusst werden. Zudem ist der maximale Seitenkraftbeiwert abhängig vom Reifeninnendruck. Es kann daher ein Regelansatz entwickelt werden, der einerseits die übertragbaren Seitenkräfte erhöht. Andererseits kann durch eine gezielte Regelung z. B. der Schwimmwinkels die Fahrzeugs reduziert und folglich die Fahrstabilität erhöht werden.

- **Regelung zur Traktionssteigerung:** Zudem kann eine Regelstrategie zur Traktionssteigerung zum Einsatz kommen. Dies ist insbesondere für Sport Utility Vehicle (SUV) Fahrzeuge sinnvoll, die mit hochgeschwindigkeitstauglichen Reifen keine wirkliche Geländegängigkeit mehr aufweisen. Wird durch einen vom Fahrer betätigten Schalter oder einer entsprechenden Logik (z. B. bei Betätigung der elektronischen Differenzialsperre) zu geringe Traktion erkannt, wird der Reifenluftdruck angepasst.

- **Regelung zur Flat Spot Vermeidung:** Wird ein Fahrzeug mit warm gefahrenen Reifen geparkt, behalten die Kunstofflagen (z. B. aus Nylon) der Karkasse beim Abkühlen teilweise die abgeplattete Form des Reifenlatsches. Dies führt beim nächsten Starten des Fahrzeugs zu Schwingungen, die der Fahrer an Sitz und Lenkrad bemerkt. Bei Wiedererwärmung des Reifens nehmen die Schwingungen wieder ab. Zur Minimierung des Flat Spots ist es vorstellbar, dass beim Abstellen des Fahrzeugs der Reifeninnendruck angehoben wird. Bei Wiederinbetriebnahme des Fahrzeugs wird der Reifenfülldruck für kurze Zeit verringert, um den Reifen schnell auf Betriebstemperatur zu bringen.

- **Regelung zur Komfortverbesserung:** Durch die Änderung des Reifenfülldrucks wird die vertikale Feder-Dämpfercharakteristik des Reifens beeinflusst. Damit ist es möglich, die Eigenfrequenz des Reifen bzw. des gesamten Fahrwerks im geringen Maße zu verschieben. Dieser Effekt kann für eine Komfortregelstrategie verwendet werden. Insbesondere periodischen Fahrbahnanregungen, die im Bereich der Eigenfrequenz von Motor und Fahrwerk liegen, führen zum sog. Stuckern. Durch Abstimmung der Reifendruckverstellanlage auf das jeweilige Fahrzeug könnte das Motorstuckern in einem gewissen Rahmen reduziert werden.
- **Regelung zur Bremswegverkürzung:** Der Effekt der Abhängigkeit des Reibwertmaximums vom Reifenfülldruck kann bei Notbremsungen dazu genutzt werden, den Bremsweg zu verkürzen. Da die Dynamik des vorgestellten *ALR* Systems eher langsam ist[8], wird vorgeschlagen, die Regelstrategie nur bei Vollbremsungen aus hoher Geschwindigkeit zu realisieren.

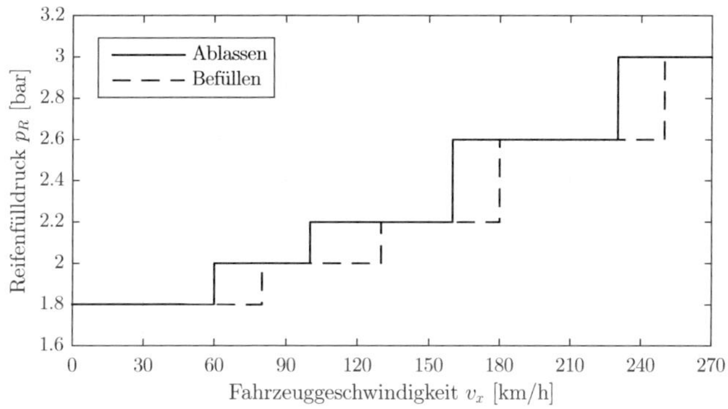

Abb. 2.26: Druckregelstrategie der *ALR* nach der Fahrzeuggeschwindigkeit [nach 339]

Durch die Nutzung von Synergien (wie z. B. pneumatisch betätigte Aktoren) wäre es möglich, dass das System kostenneutral in zukünftige Fahrzeuge implementiert werden kann. Die SKOFF (*Steyr-Daimler-Puch Spezialfahrzeug GmbH*) stellt in einer Patentschrift daher ein System vor, wo Reifendruckverstellung, Luftfederung und Luftlager des Motors von einer Druckversorgungseinheit versorgt werden. Durch die gleichzeitige Regelung des Luftfedersystems, der pneumatisch verstellbaren Motorlager und der Reifendruckverstellanlage mittels einer Steuereinheit ist eine Erhöhung der Sicherheit und eine Verbesserung des Komforts am Fahrzeug vorstellbar. [340]

Da durch eine Reifeninnendruckadaption insbesondere Kraftstoffeinsparungen im Nutzkraftfahrzeugbereich zu erwarten sind, wurde u. a. vom Autor im Rahmen des

[8] Es wird angegeben, dass nach 3 bis 4 Sekunden erste Auswirkungen einer Reifenfülldruckänderung messbar werden. [339]

Forschungsprojekts *ADTYRE* [vgl. 16; Aug+13; HA14] ein Leicht-Nkw als erster Funktionsdemonstrator mit einer dynamischen Reifenfülldruckregelanlage ausgelegt und aufgebaut. Anhand eines entwickelten Simulationsmodells zur Auslegung des Pneumatiksystems wurden geeignete Komponenten ausgewählt. Anschließend sind Konzepte zur Implementierung einer dynamischen Reifenfülldruckregelanlage am Versuchsträger *Mercedes Sprinter* erarbeitet und konstruktiv umgesetzt worden. [vgl. Bol12; Nol12; Pas11; Pas13b; Pas13a; Roc11] Abb. 2.28 zeigt den Demonstrator auf dem Testgelände. Abb. 2.27 veranschaulicht schematisch die Architektur der integrierten Mess- und Regeltechnik zur Ansteuerung der Reifenfülldruckregelung. Eine einfache Regelstrategie ermöglichte es, den Reifenfülldruck in allen Reifen automatisch an die Fahrsituation anzupassen.

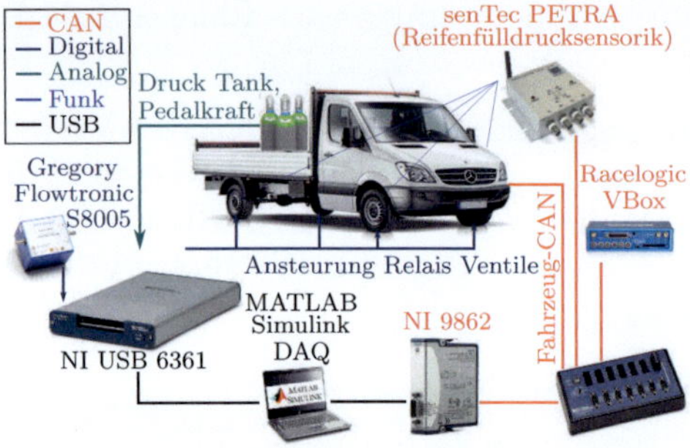

Abb. 2.27: Schema Mess- und Regeltechnik des Funktionsdemonstrators [nach HA14]

Abb. 2.28: Funktionsdemonstrator auf dem Testgelände

Ein erhöhter Reifeninnendruck verringert den Rollwiderstand des Reifens und resultiert folglich in einer Reduzierung des Kraftstoffverbrauchs, respektive des CO_2-Ausstoßes. [355; 155; 262] Nach Gl. 2.22 in Kap. 2.2.3 kann eine Reduzierung des Rollwiderstands um 10 % beispielsweise durch eine Erhöhung des Reifeninnnendrucks von 2,1 bar auf 2,7 bar realisiert werden. Rollwiderstandsmessungen, die im Rahmen des Forschungsprojekts nach ISO 18164 durchgeführt wurden, zeigen, dass der Rollwiderstandsbeiwert f_R des Leicht-Nkw-Reifens[9] von 13,2 kg/t auf 9,8 kg/t gesenkt werden kann, indem der Fülldruck von 2,5 bar auf 5,0 bar erhöht wird.

Bei konstanter Fahrgeschwindigkeit kann der Kohlenstoffdioxidausstoß pro Wegstrecke in erster Näherung nach Gl. 2.60 abgeschätzt werden. [vgl. 155] Bei Vernachlässigung eines zusätzlichen Gewichtes einer Reifenfülldruckregelanlage sowie eventuell benötigter Energie zur Druckerzeugung ergibt sich demnach eine Reduzierung des CO_2-Ausstoßes von 16,8 g/km[10], wenn der mittlere Reifenfülldruck von 2,5 bar auf 5,0 bar erhöht wird.

[9] *Goodyear Cargo G26* 205/75 R 16 C 110/108 R

[10] Für eine angenommene Fahrzeugmasse m_F von 2 t, einem mittleren thermischen Wirkungsgrad η_{th} von 30 %, einem Umrechnungsfaktor f_{CO_2} von 23,3 $\frac{\text{g/km}}{\text{l/100 km}}$ sowie einem Heizwert H von Super Kraftstoff von 30,9 MJ/l (vgl. [231, Kap. 3.3])

$$\underbrace{\frac{B_{CO_2}}{s}}_{\substack{CO_2-Emission\\ pro\ Wegstrecke}} = f_{CO_2} \cdot \frac{1}{H \cdot \eta_{th}} \cdot \left(\underbrace{f_R \cdot m_F \cdot g}_{Rollwiderstand} + \underbrace{\frac{1}{2} \cdot \rho_L \cdot c_w \cdot A_F \cdot v_x^2}_{Luftwiderstand} + \underbrace{\frac{M_{A,reib} \cdot i_{G,j}}{U_R}}_{Antriebswiderstand} \right) \tag{2.60}$$

Mithilfe des instrumentalisierten Versuchsträgers konnte einerseits ein entwickeltes Simulationsmodell zur dezidierten Berechnung des Kraftstoffverbrauchs, respektive des Kohlenstoffdioxidausstoßes, in Abhängigkeit des Reifenfülldrucks, der Fahrzeugparameter sowie des gewählten Fahrzyklus validiert werden. Andererseits konnte mithilfe des Funktionsdemonstrators das Wirkprinzips einer Reifenfülldruckadaption zur Reduzierung des Rollwiderstands, und folglich des CO_2-Ausstoßes, im praktischen Fahrversuch nachgewiesen werden. [vgl. 16; Pas13a; HA14; Sti13]

2.6 Forschungsbedarf

Die hier vorgestellten Grundlagen zeigen, dass der Fülldruck einen signifikanten Einfluss auf den Rollwiderstand sowie das Kraftschlussverhalten von Reifen hat. Eine Erhöhung des Fülldrucks bewirkt eine Verringerung des Kraftstoffverbrauchs, respektive des CO_2-Ausstoßes. Jedoch führt ein erhöhter Reifeninnendrucks meist auch zu reduzierten Traktionseigenschaften, und folglich zu einem verlängerten Bremsweg. Insbesondere das Kraftübertragungspotenzial von Pkw-Reifen auf befestigten Fahrbahnen in Abhängigkeit vom Fülldruck wurde in den vorgestellten Publikationen häufig nur am Rande betrachtet. Die Forschungsarbeiten, die sich dem Reifenfülldruckeinfluss widmeten, beschränkten sich auf eine niedrige Variationsanzahl sowie ein geringes Reifenfülldruckspektrum. Zudem wurde oftmals das (aus fahrdynamischer Sicht kritischere) Seitenkraftverhalten analysiert. Daher konzentriert sich diese Forschungsarbeit explizit auf das Umfangskraftverhalten. Darüber hinaus wird festgestellt, dass sich die durchgeführten experimentellen Versuche auf Reifen mit Felgendurchmessern zwischen 13" und 16" beschränkten. Diese Reifendimensionen werden bei modernen Fahrzeugen größtenteils nur noch im Kleinwagensegment verwendet. Weiterhin zeigten die genannten Arbeiten teilweise widersprüchliche Ergebnisse auf. Einige Forschungsarbeiten, z. B. [248; 317], konstatieren daher, dass bisher zu wenige Reifenfülldruckvariationen sowie zu wenige Reifendimensionen untersucht wurden sind, um eine allgemeingültige Aussage über den Reifenfülldruckeinfluss auf das Kraftschlussverhalten von Reifen zu machen. Das Ziel der vorliegenden Arbeit ist es folglich, den Einfluss großer Reifenfülldruckvariationen auf das Umfangskraftverhalten moderner Pkw-Reifen experimentell zu analysieren.

Zur Charakterisierung von Reifeneigenschaften müssen Prüfeinrichtungen konzipiert, aufgebaut und in Betrieb genommen werden. Die Vorstellung bekannter Reifenprüfstände zeigte, dass die verschiedenen Konzepte Vor- und Nachteile aufweisen und bisher kein Aufbau existiert, der alle Anforderungen gleichermaßen befriedigend erfüllt. Es wird daher vorgeschlagen, einen stationären Reifenprüfstand und gleichzeitig eine mobile Messeinrichtung zu entwickeln und aufzubauen. Dies ermöglicht es, die messtechnisch erfassten Reifenkennlinien miteinander zu vergleichen, die unter Laborbedingungen auf Prüfstandstrommeln sowie unter Realbedingungen auf ebenen

Fahrbahnen aufgezeichnet wurden. Die in Kap. 2.3 vorgestellten Umrechnungsverfahren, um den Fahrbahnkrümmungseinfluss von Laborprüfständen zu korrigieren, sind entweder nur für das Seitenkraftverhalten von Reifen gültig oder haben sich nicht als zufriedenstellend erwiesen. Zur Berücksichtigung des Krümmungseinflusses von Außentrommelprüfständen auf das Kraftübertragungsverhalten im Reifen-Fahrbahn-Kontakt wird daher eine Umrechnungsmethode vorgeschlagen und deren Anwendbarkeit diskutiert.

Der Reifenfülldruck hat einen signifikanten und teilweise konträren Einfluss auf das longitudinale und laterale Kraftschlusspotenzial, das Rückstellmoment, das Einfederverhalten sowie den Rollwiderstand. Wünschenswert wäre daher ein System, dass den Reifeninnendruck während der Fahrt variieren kann. Anhand der durchgeführten Literatur- und Patentrecherche wird deutlich, dass eine Vielzahl an Reifendruckregelanlagen existiert. Haupteinsatzgebiete sind insbesondere Nutzfahrzeuge aus den Bereichen Forst-, Land- und Militärtechnik. Bei allen Anlagen erfolgt die, mitunter sehr zeitintensive, Druckverstellung durch manuelle Bedienung vom Fahrer. Im Pkw-Bereich verbaute Reifenfülldruckregelanlagen dienen insbesondere dem Offroad-Einsatz oder als Versuchsfahrzeuge für Erprobungsfahrten. Zur Anwendung von Fülldruckregelanlagen im Straßenverkehr wurden in letzter Zeit verstärkt Veröffentlichungen und Patentanmeldung bekannt, jedoch existieren bisher keine Anlagen in Serienfahrzeugen. Es kann daher geschlussfolgert werden, dass bisher keine Regelanlage ausgelegt und aufgebaut wurde, die den Fülldruck hochdynamisch und automatisch in Abhängigkeit des Fahrzustands regelt. Zur Bewertung des Potenzials von radselektiv geregelten und hochdynamischen Reifenfülldruckregelanlagen als Fahrerassistenzsystem in Kraftfahrzeugen müssen daher simulative und experimentelle Analysemethoden entwickelt werden.

Die in Kap. 2.4 vorgestellten, und für die Fahrdynamiksimulationen von Kraftfahrzeugen besonders relevanten, *Magic Formula*-, *HSRI*- und *Deur*-Reifenmodelle berücksichtigen den Reifenfülldruck entweder nicht als Eingangsgröße oder sind nur für geringe Fülldruckänderungen gültig. Zur Abbildung des Reifenverhaltens mit hoher Modellgüte, müssen folgerichtig Modellerweiterungen erarbeitet werden, die den Einfluss großer Reifenfülldruckvariationen mit sehr guter Genauigkeit approximieren.

Die vorgestellten Bremsweguntersuchungen (vgl. Kap. 2.2.2) führen zu der Erkenntnis, dass der Anhalteweg eines Kraftfahrzeugs von einer Vielzahl von Einflussgrößen, wie den Reifencharakteristiken oder den implementierten ABS-Regelalgorithmen, bestimmt wird. Um das im Fokus der Forschung stehende Bremswegverkürzungspotenzial einer hochdynamischen Reifenfülldruckregelanlage umfänglich, numerisch bewerten zu können, ist eine ganzheitliche Simulationsmethode zu erarbeiten. Eine zu entwickelnde Gesamtfahrzeug-Co-Simulation muss es u. a. ermöglichen, fülldruckabhängige Reifenmodell-Koeffizienten, Regelschwellen des ABS sowie die Modellparameter einer Reifenfülldruckregelanlage unabhängig voneinander variieren zu können. Zur umfassenden Bewertung des Potenzials einer hochdynamischen Reifenfülldruckregelung auf die Fahrdynamik von Kraftfahrzeugen ist eine Sensitivitätsanalyse der Einflussparameter durchzuführen und auszuwerten.

Eine durchgeführte Literatur- und Patentrecherche erlaubt die Schlussfolgerung, dass bisher kein Serien- oder Konzeptfahrzeug vorgestellt wurde, welches mit hoher Dynamik den Reifenfülldruck radselektiv und automatisch geregelt in Abhängigkeit der Fahrbedingungen adaptieren kann. Im Rahmen des *ADTYRE*-Forschungsprojekts [vgl. 16; Aug+13; HA14] wurde u. a. vom Autor ein Leicht-Nkw als Funktionsdemonstrator mit einer Reifenfülldruckverstellanlage aufgebaut. Erste experimentelle Analysen bestätigten das prinzipielle Funktionsprinzip einer RDRA, insbesondere zur Reduzierung des Rollwiderstands und folglich des Kraftstoffverbrauchs. Zur Implementierung komplexer Regelstrategien war das nicht-echtzeitfähige Mess- und Regelsystem jedoch nicht geeignet. Zum Nachweis des Wirkprinzips eines reifenfülldruckbasierten Fahrerassistenzsystems, ist folglich ein Versuchsfahrzeug mit integrierter hochdynamischer Reifenfülldruckregelanlage, die den Reifeninnendruck adaptiv an die Fahrsituation anpasst, aufzubauen. Durch umfangreiche experimentelle Untersuchungen auf einem Testgelände ist die Leistungsfähigkeit einer hochdynamischen Fülldruckverstellanlage auf das Bremswegverkürzungspotenzial zu bewerten.

3 Abschätzung des Bremswegverkürzungspotenzials durch eine Reifenfülldruckadaption

Die in Kap. 2 vorgestellten Ergebnisse lassen vermuten, dass die Integration einer hochdynamischen Reifenfülldruckregelanlage (RDRA) als neuartiges Fahrerassistenzsystem erhebliches Potenzial zur Minimierung der Zielkonflikte am Reifen bietet und es folglich möglich ist, den Bremsweg von Kraftfahrzeugen nachweislich zu reduzieren. Auch vom Autor mit verschiedenen Fahrzeugvarianten durchgeführte Bremswegmessungen, die u. a. in [HA14; Sav+15; Höp+16] vorgestellt wurden, zeigten bereits auf, dass der Reifenfülldruck einen signifikanten Einfluss auf den Bremsweg hat. Zur vorbetrachtenden Abschätzung des Bremswegverkürzungspotenzials durch eine gezielte Anpassung des Reifenfülldrucks werden im Folgenden die Resultate analysierter Bremswegmessungen vorgestellt. Zunächst werden die verwendeten Versuchsfahrzeuge, die Testbedingungen und die Versuchsdurchführung beschrieben. Anschließend werden die erzielten Ergebnisse diskutiert.

3.1 Versuchsfahrzeuge, Messwerterfassung und Versuchsdurchführung

Im Rahmen der Forschungsarbeit wurden Bremsweguntersuchungen mit einem Kompaktfahrzeug, einem Transporter sowie zwei Sportwagen bei unterschiedlichen Reifenfülldrücken durchgeführt. Die Ermittlung des Bremswegs erfolgt bei allen Messungen über den GPS-Datenlogger *VBox 3iSL* der Fa. *Racelogic*. Für die Messung der Geschwindigkeit wird die Dopplerverschiebung in den von den Satelliten kommenden Signalen ermittelt. Die Genauigkeit zur Geschwindigkeitsmessung wird mit $\pm 0{,}1\,\text{km/h}$ angegeben. Der Bremsweg wird über das integrierte Geschwindigkeitssignal ermittelt. Die sich daraus ergebende Genauigkeit für Bremswegmessung beträgt ca. $\pm 5\,\text{cm}$. [295; 296; 297]

Neben den Messkenngrößen der Fahrzeuggeschwindigkeit, der Längs- und Querbeschleunigung sowie der Position des Fahrzeugs, die von der *VBox 3iSL* mit 100 Hz abgespeichert werden, werden weitere Messsignale, wie z. B. die Raddrehzahlen, über den Controller Area Network (CAN)-Bus aufgezeichnet. Abhängig vom jeweiligen Versuchsfahrzeug werden zusätzlich verbaute Sensoren über analoge Messwerterfassungsmöglichkeiten abgespeichert. Die Betätigungskraft am Bremspedal wird über einen Pedalkraftsensor[11] aufgezeichnet. An den Radbremsen montierte Drucksensoren ermöglichen es, den Bremsdruck am jeweiligen Rad zu überwachen. Die Überwachung der Bremsscheiben- und Reifen-Laufflächentemperaturen erfolgte entweder manuell

[11]Pedalkraftsensor *Novatech F304* mit Messverstärker *HBM MP55*

mit einem Widerstandsthermometer oder über verbaute Thermoelemente, respektive optische Pyrometer.

Zur Untersuchung des Reifenfülldruckeinflusses auf den Bremsweg von Sportwagen wurden zunächst Versuche mit einem *Gumpert Apollo* auf trockener Asphalt-Fahrbahn durchgeführt. Anschließend fanden experimentelle Analysen mit einem *Porsche 991 Turbo S* auf trockener und nasser Fahrbahn statt. Zur reproduzierbaren Aktuierung des Bremspedals wurde der am *Fachgebiet Kraftfahrzeugtechnik* der *TU Ilmenau* entwickelte Bremsroboter [vgl. 360] adaptiert und genutzt. Zusätzlich erfolgten Bremsweguntersuchungen mit einem *Transporter* sowie mit dem Versuchsfahrzeug *DYNA* [vgl. 388; 85] der französischen *Université de Technologie de Compiègne*. Auf drei unterschiedlichen Fahrbahnoberflächen (trockene und nasse Asphalt-Fahrbahn sowie ein nasser Niedrigreibwert-Belag) wurden ABS-Bremsungen für die Reifenfülldrücke 1,5 bar, 2,5 bar und 3,5 bar in allen Reifen untersucht. Mithilfe des Datenerfassungssystems konnten Messsignale von unterschiedlichen Sensoren, wie z. B. Beschleunigungssensoren, Pedalkraftsensor, Bremsscheibentemperatursensor, aufgezeichnet werden. Drei Laserabstandssensoren ermöglichten es, die Nick- und Wankbewegungen des Fahrzeugs zu erfassen. Bremsdrucksensoren, die an den vorderen Bremssätteln montiert wurden, ermöglichten die Aufzeichnung der Bremsdrücke der beiden Bremskreise während einer Bremsung. An diesem Fahrzeug war jedes der vier Räder mit einem 6-Komponenten-Radkraftsensor (*Kistler RoaDyn S625*) ausgestattet. Dies ermöglichte es, die Kräfte und Momente am Rad während einer Bremsung auszuwerten. Tab. 3.1 veranschaulicht die für die Untersuchungen Versuchsfahrzeuge. Tab. A.1 in Kap. A.2 im Anhang fasst die Spezifikation der instrumentalisierten Fahrzeuge sowie die jeweiligen Umgebungsbedingungen auf dem Testgelände zusammen.

Tab. 3.1: Übersicht der Versuchsfahrzeuge

Transporter	**Sportwagen 1**	**Sportwagen 2**	**Kompaktfahrzeug**
Mercedes Sprinter W906	Gumpert Apollo	Porsche 991 Turbo S	Peugot 308 SW

Die experimentellen Analysen mit dem *Transporter* sowie dem *Sportwagen 2* fanden auf dem von der *TU Ilmenau* genutzten Testgelände *Flugplatz Arnstadt-Alkersleben* statt (auf dem auch die Versuche mit dem Reifenmessanhänger durchgeführt wurden, die in Kap. 4.3 vorgestellt werden). Die Messungen auf trockener Asphalt-Fahrbahn erfolgten auf einer ausgewählten Spur auf der Start- und Landebahn. Zudem erfolgten Untersuchungen auf einer speziell lackierten, und mithilfe eines Sprinklersystems gleichmäßig bewässerten, Niedrigreibwertfahrbahn. Die Wasserhöhe war nicht präzise messbar. Es wird jedoch eingeschätzt, dass diese niedrig war und unter 1 mm betrug. Die Messungen mit dem *Sportwagen 1* wurden auf der Start- und Landebahn des *Flugplatz Altenburg* durchgeführt. Die Bremsweguntersuchungen mit dem *Kompaktfahrzeug DYNA* erfolgten auf dem Testgelände *CERAM* in Mortefontaine in

Frankreich. Neben den Untersuchungen auf trockenen und nassen Asphalt, wurden ABS-Bremsungen auf einer bewässerten und speziell gefliesten Niedrigreibwertstrecke durchgeführt.

Um belastbare Messergebnisse zu erzielen und mögliche Fehlereinflüsse zu minimieren, wurde die Versuchsdurchführung an das standardisierte Open-Loop-Messverfahren nach ISO 21994 [184] bzw. DIN 70028 [80] zur Durchführung von Bremswegmessungen mit ABS angelehnt. Die beiden Normen unterscheiden sich nur geringfügig voneinander. So wird in der DIN 70028 angeregt, die Bremsung aus einer Intertialgeschwindigkeit von 113±2 km/h zu beginnen. Die Norm ISO 21994 schlägt vor, die Messung aus einer Fahrzeuggeschwindigkeit von 100±2 km/h zu beginnen. Zur Konditionierung des Fahrzeugs schreiben beide Normen vor, zunächst fünf ABS-Bremsungen aus einer Geschwindigkeit von 100 km/h durchzuführen und anschließend die Reifen bei normaler Fahrt abkühlen zu lassen. Zur Durchführung der Bremswegmessungen ist das Bremspedal möglichst schnell und kräftig zu betätigen. Die Pedalkraft sollte über die gesamte Bremsung mindestens 500 N nach ISO 21994 (bzw. 600 N nach DIN 70028) oder das 1,5 fache der Kraft F_{ABS}, bei der das ABS auslöst, betragen. Zu Beginn einer jeden Bremsung soll die Temperatur der vorderen Bremsscheiben zwischen 80 °C und 120 °C liegen.

Über das Multifunktionsdisplay, das mit der *Racelogic VBox 3iSL* verbunden ist, kann die gewünschte Startgeschwindigkeit gut realisiert werden. Der verbaute Pedalkraftsensor ermöglicht die Überwachung der Betätigungskraft am Bremspedal während der Bremsung. Die Umgebungs-, Asphalt- und Reifentemperatur wird vor und nach den jeweiligen Versuchen mit einem Widerstandsthermometer ermittelt. Teilweise wird die Temperatur der vorderen rechten Bremsscheibe zusätzlich über ein schleifendes Thermoelement Typ K erfasst. Für die Versuche, die auf dem Testgelände *Flugplatz Arnstadt-Alkersleben* durchgeführt werden, werden die Umgebungsbedingungen vom automatischen Lande- und Piloteninformationssystem (ALIS) *msFIS* über die Homepage des Verkehrslandeplatzes aufgezeichnet.

Um den Fehlereinfluss zu reduzieren und eine statistische Absicherung zu gewährleisten, wird vorgeschlagen, mindestens 10 individuelle Messungen - 5 Bremsmanöver in jede Fahrbahnrichtung - pro Messreihe durchzuführen. Der jeweils größte sowie geringste Wert wird gestrichen. Um möglichst reproduzierbare Ergebnisse zu erzielen, d. h. insbesondere die Bereiche des Druckaufbaus sowie des Zurücknickens bei Stillstand des Fahrzeugs zu vernachlässigen, ist der Bereich der Vollverzögerung (engl. MFDD - mean fully developed deceleration) auszuwerten. [vgl. 295; 296] Für die aus einer Initialgeschwindigkeit von 100 km/h durchgeführten Messungen hat das Auswertefenster zwischen den Geschwindigkeiten $v_{x,i}$ 90 km/h und 5 km/h als zweckmäßig erwiesen. Dieser wird hier als Fenster-Bremsweg bezeichnet. Gemäß ISO 21994, respektive DIN 70028, wird anhand der einzelnen ermittelten Fenster-Bremswege $s_{B,F,i}$ die jeweilige mittlere Verzögerung $a_{x,i}$ nach Gl. 3.1 ermittelt.

$$a_{x,i} = \frac{v_{x,i,90}^2 - v_{x,i,5}^2}{2 \cdot s_{B,F,i}} \tag{3.1}$$

Anhand des arithmetischen Mittelwerts $\bar{a}_x$ der mittleren Verzögerungen $a_{x,i}$ kann der normierte Bremsweg $s_{B,n}$ errechnet werden, wobei hier eine normierte Geschwindigkeit $v_{x,norm}$ von 100 km/h angenommen wird.

$$s_{B,n} = \frac{v_{x,norm}^2}{2 \cdot \bar{a}_x} \tag{3.2}$$

Die Standardabweichung σ_S zur Abschätzung der Streuung der ermittelten, normierten Einzelbremswege $s_{B,n,i}$ um den Mittelwert $s_{B,n}$ errechnet sich nach Gl. 3.3.

$$\sigma_S = \sqrt{\frac{1}{n} \sum_{i=1}^{n} (s_{B,n,i} - s_{B,n})} \tag{3.3}$$

3.2 Diskussion der Messergebnisse

Zur Abschätzung des Bremswegverkürzungspotenzials durch eine Reifenfülldruckadaption erfolgten Bremswegmessungen mit dem ***Transporter*** auf dem Testgelände *Flugplatz Arnstadt-Alkersleben*. Diese wurden vom Autor u. a. in [HA14] vorgestellt. In Anlehnung an die standardisierten Messverfahren wurden jeweils zehn ABS-Bremsungen für verschiedene Reifenfülldrücke zwischen 1,25 bar und 6,0 bar in allen Reifen auf der Landebahn aus einer Fahrgeschwindigkeit von 80 km/h durchgeführt. Die Ergebnisse zeigen, dass der Fülldruck keinen signifikanten Einfluss auf den ermittelten Anhalteweg hat. [vgl. Sch13b] Zur Überprüfung der Messergebnisse wurden erneut Bremswegversuche auf trockener Asphalt-Fahrbahn vorgenommen. Zur Erhöhung der statistischen Sicherheit wurden für die Reifenfülldrücke 2,5 bar, 3,75 bar und 5,0 bar (in allen Reifen) 26 Bremsungen pro untersuchten Fülldruck durchgeführt. Aufgrund der Gegebenheiten am Testgelände erfolgten die Bremsungen auf dem Rollweg in westliche Richtung (parallel zu Landebahn 27) aus einer Startgeschwindigkeit von 100 km/h bis zum Stillstand. In Abb. 3.1 (links) sind die Mittelwerte der ermittelten Fenster-Bremswege sowie für die errechneten normierten Anhaltewege in Abhängigkeit des Reifenfülldrucks dargestellt. Die im Diagramm dargestellten Balken geben als obere Grenze die Standardabweichung $+\sigma_S$ und als untere Grenze die Standardabweichung -σ_S wider.

Die Ergebnisse zeigen, dass es zu einer Streuung zwischen den Einzelbremswegen einer Messreihe kommt. Die errechneten Standardabweichungen für die ermittelten Fenster-Bremswege liegen zwischen 0,54 m und 0,90 m. Es kann festgestellt werden, dass die Streuung durch die Erhöhung der Anzahl der Einzelbremsungen von 10 auf 26, nicht signifikant abnimmt. Unterschiedliche Startgeschwindigkeiten oder Bremspedalbetätigungen zwischen den Messungen können als Ursache für die Abweichungen ausgeschlossen werden. Zudem wird der Temperatureinfluss als gering eingeschätzt, da sich die Außentemperatur, die Fahrbahntemperatur sowie die Oberflächentemperatur der Lauffläche der (vor den Bremsungen konditionierten) Reifen während der Versuchsdurchführung nur geringfügig änderten. Ebenso konnte keine Änderung der Profiltiefe beobachtet werden. Vorstellbar ist, dass der erzielbare Kraftschlussbeiwert abhängig von der Fahrspur der Fahrbahn ist. Diese weichen unvermeidlich zwischen

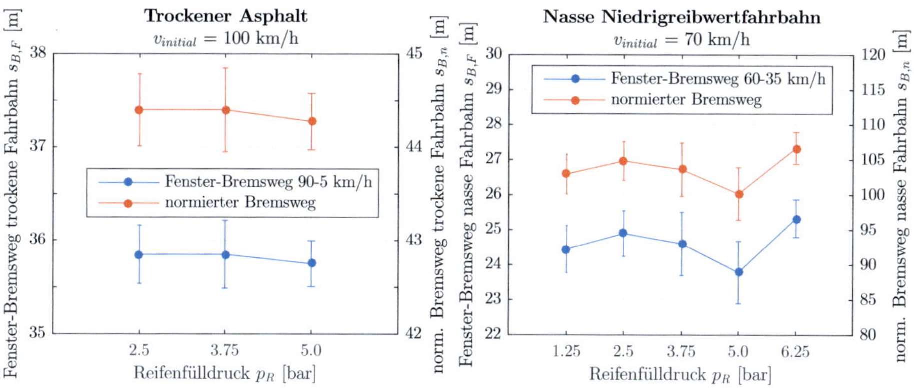

Abb. 3.1: Mit dem *Transporter* experimentell ermittelte Bremswege

den einzelnen Versuchen jeweils leicht voneinander ab. Zudem ist zu beobachten, dass der ABS-Algorithmus bei jedem Versuch leicht unterschiedlich reagiert und sich die Raddrehzahl- oder Bremsdruckverläufe der Einzelbremsungen geringfügig unterscheiden. Zusammenfassend kann die angegebene Standardabweichung jedoch als gering, und folglich die Reproduzierbarkeit der Versuchsergebnisse als sehr gut, bezeichnet werden.

Schließlich zeigen die Messergebnisse auf trockener Fahrbahn auf, dass beim hier untersuchten Versuchsfahrzeug kein Einfluss des Reifeninnendrucks auf den Bremsweg nachweisbar ist. Die mittleren Fenster-Bremswege unterscheiden sich um maximal 10 cm. Diese Differenz ist geringer als die berechneten Standardabweichungen.

Weiterhin wurden ABS-Bremsungen mit dem *Transporter* auf nasser Niedrigreibwertfahrbahn aus einer Fahrgeschwindigkeit von 70 km/h durchgeführt und ausgewertet. [vgl. Hut14; HA14] Da die Länge der Niedrigreibwertfahrbahn auf 50 m begrenzt ist, konnte auf der Low-μ-Fläche nur auf eine Fahrgeschwindigkeit bis ca. 30 km/h verzögert werden. Als Auswertefenster wird daher der Geschwindigkeitsbereich zwischen 60 km/h und 35 km/h genutzt. Die errechneten Mittelwerte und Standardabweichungen der Fenster-Bremswege und der normierten Bremswege sind in Abb. 3.1 dargestellt. Die Ergebnisse zeigen, dass der mittlere Bremsweg mit zunehmenden Reifenfülldruck tendenziell abnimmt. Die Differenz zwischen dem mittleren Fenster-Bremsweg bei einem Reifenfülldruck von 2,5 bar und 5,0 bar beträgt 1,11 m. Umgerechnet auf den normierten Bremsweg entspricht dies einer Bremswegdifferenz von 4,67 m. Der Effekt kann damit begründet werden, dass ein höherer Reifenfülldruck und damit eine größere Flächenpressung im Reifen-Fahrbahn-Kontakt die Wasserverdrängung im Reifenlatsch begünstigt. Es kann weiterhin festgehalten werden, dass sich die Tendenz bei extremen Fülldrücken umkehren kann. Im Vergleich zum Anhalteweg bei 5,0 bar erhöht sich der Bremsweg bei einem Reifeninnendruck von 6,25 bar um 6,5 %. Hier wirken zwei gegenläufige Effekte. Einerseits fördert eine höhere Flächenpressung die Wasserverdrängung in der Einlauf- und Übergangszone (vgl. 3-Zonen-Modells in Kap. 2.1.4), andererseits verkürzt sich mit höheren Fülldruck die eigentliche Kontaktzone. Dies resultiert in einer Reduktion des Adhäsionsreibung und folglich in einem niedrigeren Kraftschlusspotenzial. Auch bei besonders geringen Reifenfülldruck von

1,25 bar kehrt sich die Tendenz um und es kann im Vergleich zum Bremsweg bei 2,5 bar ein um 1,88 m verkürzter normierter Bremsweg beobachtet werden. Es wird vermutet, dass bei sehr niedrigen Reifeninnendrücken Flächenpressungsspitzen im Reifenlatsch entstehen, die eine lokale Durchdringung des Wasserfilms ermöglichen und Adhäsionskräfte übertragen werden können.

Im Rahmen von Voruntersuchungen wurden Reifenkennlinienmessungen für den Transporter-Reifen (*Goodyear Cargo G26* 205/75 R16 C 108/110 R) am Innentrommelprüfstand der *Universität Karlsruhe* (vgl. [118; 369; 42; 304]) auf trockener, feuchter (Wasserhöhe 0,5 mm) und nasser Fahrbahn (Wasserhöhe 2,0 mm) bei einer Radlast von 6.500 N, einer Geschwindigkeit von 100 km/h und Raumtemperatur (T_U = 18 °C bis 24 °C) für die Reifenfülldrücke 2,5 bar, 3,75 bar und 5,0 bar durchgeführt. Als Fahrbahnbelag wurde ein Asphaltbelag mit der Körnung 0/11 (d. h. Korngrößen zwischen 0 mm und 11 mm) genutzt. Die in Abb. 3.2 dargestellten Umfangskraftbeiwert-Schlupf-Kennlinien lassen den Rückschluss zu, dass der Einfluss des Reifeninnendrucks auf den maximalen Umfangskraftbeiwert auf nasser Fahrbahn deutlich ausgeprägt ist. Ein höherer Fülldruck resultiert in einer geringeren Reifenaufstandsfläche, respektive in einer erhöhten mittleren Flächenpressung im Reifen-Fahrbahn-Kontakt. Dies begünstigt die Wasserdurchdringung und führt folglich zu einem erhöhten Umfangskraftbeiwert. Die Charakterisierung der Reifenaufstandsfläche in Abhängigkeit des Reifeninnendrucks zeigte auf, dass insbesondere die Latschlänge maßgeblich durch den Reifeninnendruck beeinflusst wird. Trotzdem führt das analysierte Kraftschlussverhalten auf trockener Fahrbahn zu der Erkenntnis, dass der Einfluss des Reifenfülldrucks auf den maximalen Umfangskraftbeiwert marginal ist. Es darf daher vermutet werden, dass der Fülldruckeinfluss auf das Umfangskraftverhalten bei dem analysierten Leicht-Nkw-Reifen geringer ausgeprägt ist als bei den nachfolgend untersuchten Pkw-Reifen.

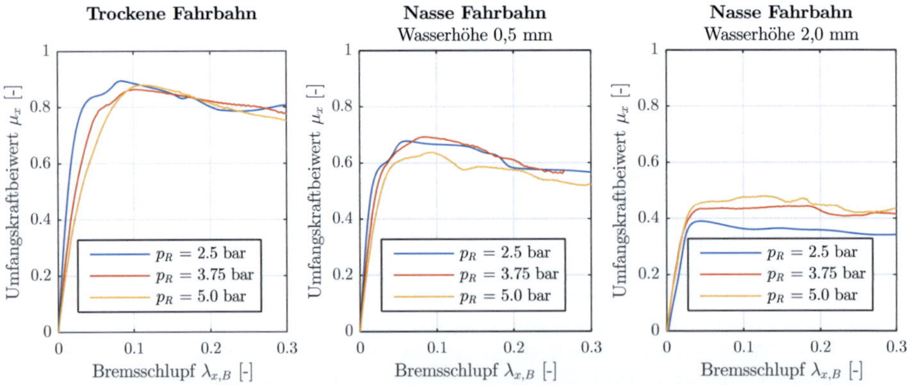

Abb. 3.2: Für den *Transporter*-Reifen experimentell ermittelte Umfangskraft-Schlupf-Kennlinien

Weiterhin wurden vom Autor Bremsweguntersuchungen mit dem ***Sportwagen 1*** aus einer Fahrgeschwindigkeit von 110 km/h bis zum Stillstand nach der in Kap. 3.1 beschriebenen Versuchsmethode durchgeführt. Abb. 3.3 (links) verdeutlicht die berechneten Mittelwerte und Standardabweichungen der bestimmten Fenster-Bremswege, respektive der nach Gl. 3.2 errechneten normierten Anhaltewege, in Abhängigkeit des Reifenfülldrucks. Im Vergleich zu den experimentellen Analysen, die mit dem dem *Transporter* bestimmt wurden, kann hier ein eindeutiger Einfluss des Reifenfülldrucks auf den Bremsweg auf trockener Fahrbahn nachgewiesen werden. Der normierte Bremsweg bei einem Reifenfülldruck von 3,5 bar beträgt 37,46 m, bei einem Reifeninnendruck von 2,5 bar 35,74 m. Dies entspricht einer Differenz von 1,72 m, respektive einem Bremswegverkürzungspotenzial von 4,6 %. Weiterhin kann festgestellt werden, dass eine Reduzierung des Fülldrucks von 3,5 bar auf 1,5 bar eine Verringerung des Anhaltewegs um 2,32 m (entspricht 6,2 %) ermöglicht.

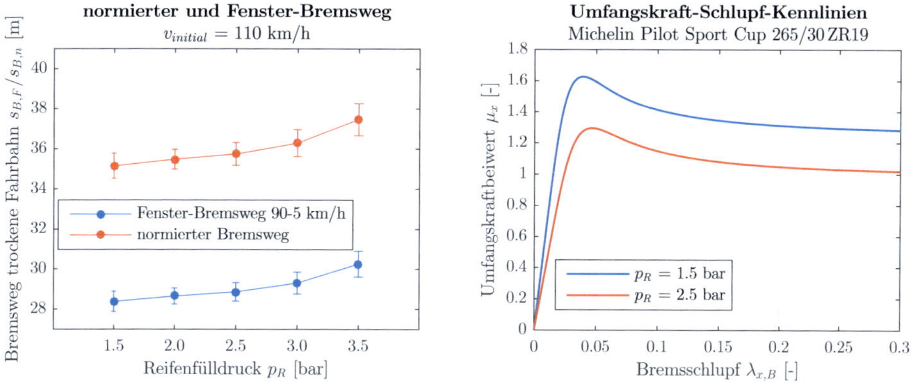

Abb. 3.3: Mit dem *Sportwagen 1* experimentell ermittelte Bremswege und μ_x-Schlupf-Kennlinien

Beispielhaft wurden ausgewählte Umfangskraftkennlinien für die am *Sportwagen 1* verwendeten Reifen (*Michelin Pilot Sport Cup* 265/30 ZR19) an einem Flachbahnprüfstand eines Projektpartners auf Safety-Walk-Belag bei einer Radlast von 4.000 N für die Reifenfülldrücke 1,5 bar und 2,5 bar analysiert. Anschließend wurde ein *MF-Tyre* 5.2 Reifenmodell parametrisiert. Die in Abb. 3.3 (rechts) veranschaulichten Modellkennlinien erlauben die Feststellung, dass bei dem untersuchten Reifen ein niedrigerer Reifeninnendruck den maximalen Umfangskraftbeiwert signifikant erhöht. Folglich führen sowohl die experimentellen Bremswegmessungen mit dem *Sportwagen 1*, als auch die ermittelten Reifenkennlinien, zu der Vermutung, dass die hier verwendeten Sportreifen wesentlich sensitiver auf eine Reifeninnendruckvariation auf trockener Fahrbahn reagieren als die Leicht-Nkw-Reifen.

Weitere Bremswegmessungen wurden mit dem ***Sportwagen 2*** auf trockener Asphalt-Fahrbahn sowie nasser Niedrigreibwert-Fahrbahn durchgeführt und anschließend ausgewertet. Um mögliche Einflussfaktoren auf die experimentellen Bremsweganalysen weiter zu minimieren, wurde der am *Fachgebiet Kraftfahrzeugtechnik* der *TU Ilmenau* entwickelte Bremsroboter [vgl. 360] zur reproduzierbaren Aktuierung des Bremspedals genutzt. Das Regel- und Datenerfassungssystem der Pedalaktuierungseinrichtung (realisiert über ein *LabVIEW*-Programm, welches auf einem echtzeitfähigen *National Instruments cRIO* Steuersystem implementiert ist), ist mit der *Vbox 3iSL* verbunden und betätigt das Bremspedal[12] sobald eine Fahrzeuggeschwindigkeit von 105 km/h unterschritten wird.

[12] Die Betätigung der Bremse erfolgte weggeregelt mit einer Geschwindigkeit von 800 mm/s auf einen Pedalweg von 75 mm. Die erreichte Pedalkraft überschreitet die nach ISO 21994 bzw. DIN 70028 geforderte Kraft $1,5 \cdot F_{ABS}$.

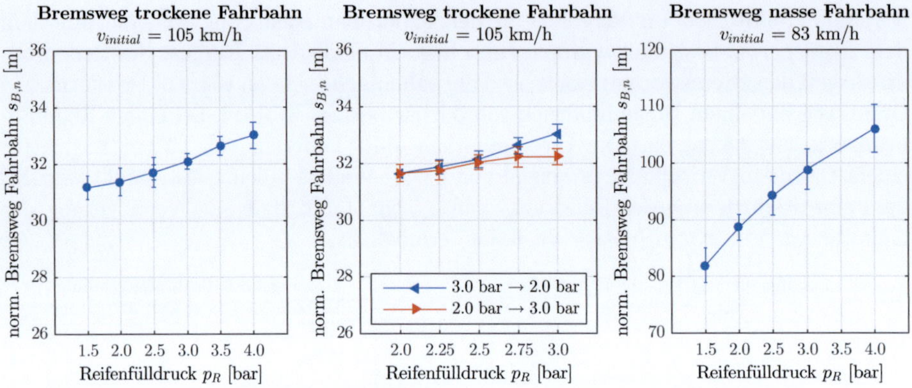

Abb. 3.4: Mit dem *Sportwagen 2* experimentell ermittelte Bremswege

Nach Durchführung der beschriebenen Einlaufprozedur wurden zunächst die Messungen bei einem Innendruck von 2,5 bar, 2,0 bar und 1,5 bar durchgeführt. Anschließend wurde der Fülldruck an allen Reifen auf 4,0 bar erhöht und nach jeder Messreihe reduziert. Schließlich wurden die Messungen mit einer Vergleichsmessung, die ebenfalls mit einem Fülldruck von 2,5 bar durchgeführt wird, abgeschlossen. Dabei kann zwischen dem mittleren Bremsweg der ersten Messreihe, die bei einem Reifenfülldruck von 2,5 bar durchgeführt wurde, und dem Anhalteweg der letzten Messreihe, die ebenfalls bei einem Fülldruck von 2,5 bar aufgezeichnet wurde, eine Abweichung der ermittelten Fenster-Bremswege von 0,58 m festgestellt werden. Obwohl darauf geachtet wurde, die Randbedingen möglichst konstant zu halten, änderten sich die Versuchsbedingungen leicht über den Zeitraum der Messungen. Innerhalb der 7-stündigen Messzeit erhöhte sich die Außentemperatur von 16 °C auf 22 °C. Die Temperatur der Fahrbahn erhöhte sich von 19 °C auf 26 °C. Eine signifikante Änderung der Oberflächentemperatur der Lauffläche des Reifens konnte nicht festgestellt werden. Trotzdem ist eine Temperaturzunahme im Inneren der Lauffläche sowie eine Änderung der Wärmeverteilung im gesamten Reifen möglich. Eine Sägezahnbildung oder die Abnahme der Profiltiefe (die aufgrund der zunehmenden Dicke der Profilelemente zum Profilgrund hin in einer größeren effektiven Reifenlatschfläche resultieren würde und folglich auf trockener Fahrbahn eine größere Kraftübertragung ermöglichen könnte) konnte bei den hier durchgeführten längsdynamischen Versuchen nicht beobachtet werden. Um den systematischen Fehler zu berücksichtigen, wird daher eine Korrektur des „Drift-Einflusses“ durch einen Skalierungsfaktor, der linear über den zeitlichen Verlauf der Messreihen von 0,978 auf 1 zunimmt und mit dem mittleren Bremsweg multipliziert wird, vorgeschlagen. Abb. 3.4 (links) veranschaulicht die nach diesem Verfahren korrigierten normierten Bremswege sowie die dazugehörige Standardabweichung in Abhängigkeit des Reifenfülldrucks, die sich aus den ermittelten Einzelmessungen errechnen. Anhand der aufgezeigten Ergebnisse darf festgehalten werden, dass beim Versuchsfahrzeug *Sportwagen 2* ein geringerer Reifenfülldruck den Bremsweg ebenfalls verkürzt. Dies kann dadurch erklärt werden, dass sich mit abnehmenden Fülldruck die Reifenaufstandsfläche, und damit die Berührungsfläche und Kontaktstellen zwischen Lauffläche und Fahrbahn, erhöht. Dies ermöglicht nach der Gummireibungstheorie (vgl. Kap. 2.1.2) höhere übertragbare Adhäsions- und Hysteresekräfte. Zudem kann gezeigt werden, dass die Messunsicherheit gering ist und die ermittelte Änderung des Bremswegs nachweislich größer ist als der für jede Messreihe bestimmte Vertrauensbereich. Weiterhin darf festgehalten werden, dass die Streuung zwischen den Einzelmessungen nicht maßgeblich durch die Pedalaktuierung bestimmt wird. Vergleichende Versuche (ohne Variation des Reifenfülldrucks) zeigten, dass sich die Standardabweichung nicht erhöht, wenn das Bremspedal möglichst schnell und kräftig durch einen Fahrer betätigt wird.

Um den Einfluss des Reifeninnendrucks auf den Bremsweg sowie die Reproduzierbarkeit der Messungen weiter zu untersuchen, wurden an einem weiteren Messtag Bremswegmessungen mit dem Versuchsfahrzeug durchgeführt. Dafür wurde der mittlere Reifenfülldruckbereich zwischen 2,0 bar und 3,0 bar mit mehreren Zwischenschritten untersucht. Dazu wurde die Kennlinie einmal aufgezeichnet, indem der Reifenfülldruck nach jeder Messreihe reduziert wurde. Anschließend wurde eine weitere Kennlinie aufgenommen, indem der Fülldruck nach jeder Messreihe erhöht wurde. Die dabei ermittelten Kennwerte sind in Abb. 3.4 (mitte) dargestellt. Bei Betrachtung der erzielten Resultate fällt auf, dass insbesondere Abweichungen zwischen der Messung bei einem Fülldruck von 3,0 bar, die zu Beginn des Messtags aufgezeichnet wurde, und der 3,0 bar-Messung, die zum Ende des Messtags aufgenommen wurden, feststellbar sind. Eine nachweisbare Abnahme der Profiltiefe, eine Sägezahnbildung sowie eine signifikante Änderung der Umgebungsbedingungen (während der ungefähr 7-stündigen Messzeit erhöhte sich die Umgebungstemperatur T_U von 13 °C auf 15 °C, die Fahrbahntemperatur T_{FB} von 15 °C auf 16 °C und die ermittelte Oberflächentemperatur der Lauffläche des vorderen rechten Reifens von 35 °C auf 36 °C) kann ausgeschlossen werden. Es kann jedoch vermutet werden, dass die Anzahl der nach ISO 21994 bzw. DIN 70028 vorgeschriebenen Bremsungen zur Konditionierung des Versuchsfahrzeug nicht ausreichen, um stationäre Temperaturbedingungen zu garantieren. Bei Vernachlässigung der Messungen bei einem Reifenfülldruck von 3,0 bar kann festgestellt werden, dass die Abweichung zwischen den normierten Bremswegen der beiden Messreihen zwischen 0,10 m und 0,40 m beträgt. Der Vergleich mit den mit größeren Reifenfülldruckvariationen durchgeführten Fahrversuchen, die in einem zeitlich Abstand von vier Wochen stattfanden, lässt erkennen, dass die maximale Abweichung (bei den Fülldrücken 2,0 bar und 2,5 bar) zwischen 0,02 m und 0,30 m liegt. Damit wurde nachgewiesen, dass sich der Reifenfülldruckeinfluss auf den Bremswege mit einer sehr guten Wiederholgenauigkeit ermitteln lässt. Weiterhin darf konstatiert werden, dass auch geringe Fülldruckänderungen den resultierenden Anhalteweg beeinflussen.

Darüber hinaus wurden mit dem Versuchsfahrzeug Bremswegmessungen auf der nassen Niedrigreibwert-Fahrbahn des Testgeländes mit einer Startgeschwindigkeit von 83 km/h durchgeführt. Da die Länge der Fahrbahn auf 50 m begrenzt ist, kann auf der Low-μ-Fläche nur auf eine Fahrgeschwindigkeit bis ca. 40 km/h verzögert werden. Als Auswertefenster hat sich der Geschwindigkeitsbereich zwischen 75 km/h und 55 km/h als zielführend erwiesen. Während der Messung waren keine signifikanten Umgebungs-, Fahrbahn- oder Reifentemperaturunterschiede zu beobachten. Analog zu den Messungen auf trockener Fahrbahn, wurde auch auf nasser Fahrbahn mit den Bremsmessungen bei einem Reifenfülldruck von 2,5 bar begonnen. Anschließend wurden die Messungen bei 2,0 bar und 1,5 bar durchgeführt. Daraufhin erfolgten die Versuche bei 4,0 bar und 3,0 bar. Aufgrund der Randbedingungen am Testgelände konnten keine experimentellen Analysen bei 3,5 bar und wiederholend bei 2,5 bar untersucht werden. In Abb. 3.4 (rechts) sind die errechneten Mittelwerte und Standardabweichungen für die ermittelten normierten Bremswege in Abhängigkeit des Reifenfülldrucks dargestellt. Es ist zu erkennen, dass die Streuung zwischen den einzelnen Messungen einer Messreihe höher ist als auf trockener Fahrbahn. Dies ist hier insbesondere mit dem kleinen Geschwindigkeitsbereich für das Auswertefenster zu begründen. Leicht unterschiedliche Regeleingriffe des ABS oder geringe Reibwertschwankungen der Fahrbahn können sich folglich stärker auf den errechneten Bremsweg auswirken. Es kann jedoch nachgewiesen werden, dass der Einfluss des Reifenfülldrucks auf den Bremsweg wesentlich größer ist als auf trockener Fahrbahn. Der normierte Bremsweg kann durch eine Reduzierung des Fülldrucks von 2,5 bar auf 1,5 bar um 12,31 m, respektive um 13,1 %, verkürzt werden. Die Differenz der normierten Bremswege bei 4,0 bar und 1,5 bar beträgt 24,15 m. Dies entspricht einer relativen Bremswegverkürzung von 22,8 %. Es kann festgestellt werden, dass auch auf nasser Fahrbahn ein geringerer Reifenfülldruck in einem geringeren Bremsweg resultiert. Dies korreliert mit den Erkenntnissen, die mit dem Reifenmessanhänger auf nasser Fahrbahn gewonnen wurden und in Kap. 5.2 vorgestellt werden. Der Effekt kann dadurch erklärt werden, dass die am Versuchsfahrzeug montierten Reifen eine große Profiltiefe aufwiesen und der durchgehende Wasserfilm auf der Fahrbahn keine kritische Wasserhöhe hatte. Das Wasser kann in der Einlauf- und Übergangszone im vorderen Teil des Reifenlatschs (vgl. 3-Zonen-Modells in in Kap. 2.1.4) gut verdrängt werden. Mit abnehmenden Fülldruck steigt die Länge der Kontaktzone, die hinter dem aufschwimmenden Teil der Reifenaufstandsfläche den Wasserfilm durchdringen kann. Dies führt zu einer Erhöhung des Adhäsionsanteils an der Gesamtreibung resultiert in einer höheren Reibkraft zwischen Reifen und Fahrbahn.

Zusätzlich zu den bereits diskutierten experimentellen Fahrdynamikuntersuchungen wurden Bremswegmessungen mit einem ***Kompaktfahrzeug***, dem Versuchsfahrzeug *DYNA* der französischen *Université de Technologie de Compiègne*, auf dem Testgelände *CERAM* in Mortefontaine (Frankreich) durchgeführt. Auf drei unterschiedlichen Fahrbahnoberflächen (trockene und nasse Asphalt-Fahrbahn sowie ein nasser Niedrigreibwert-Belag) wurden Bremswegmessungen für die Reifenfülldrücke 1,5 bar, 2,5 bar und 3,5 bar untersucht. Jedes der vier Räder am Versuchsfahrzeug war mit einem 6-Komponenten-Radkraftsensor ausgestattet, welche es ermöglichten, die Kräfte und Momente am Rad während einer Bremsung zu analysieren. Die nach den standardisierten Messverfahren ermittelten Bremswege auf trockenen und nassen Asphalt wurden aus einer Fahrgeschwindigkeit von 100 km/h durchgeführt. Aufgrund der begrenzten Länge der Niedrigreibwertfläche, wurden die Messungen auf dieser Fahrbahn aus einer Geschwindigkeit von 70 km/h bis zum Stillstand durchgeführt. Durch eine begrenzte Versuchszeit auf dem Testgelände wurden, anstatt fünf Bremsmanöver in beide Fahrbahnrichtungen, nur fünf Messungen pro Messreihe in eine Fahrbahnrichtung durchgeführt. Die Auswertung der Untersuchungen, die von HÖPPING et al. zudem umfänglich in [Höp+16] vorgestellt wurden, werden im Folgenden erläutert.

Abb. 3.5 verdeutlicht die mittleren normierten Bremswege sowie die errechneten Standardabweichungen in Abhängigkeit des Reifenfülldrucks sowie der Fahrbahnoberfläche. Die Ergebnisse erlauben die Schlussfolgerung, dass die Sensitivität des Anhaltewegs in Abhängigkeit des Fülldrucks mit abnehmendem Reibwert der Fahrbahn zunimmt. Das heißt, dass der Fülldruckeinfluss auf trockener Asphalt-Fahrbahn nicht nachweisbar ist. Auf nassem Asphalt bewirkt eine Reduktion des Reifenfülldrucks von 3,5 bar auf 1,5 bar an allen Reifen eine Verkürzung des Bremsweg um 1,55 m. Insbesondere auf der bewässerten, gefliesten Niedrigreibwertfahrbahn ist ein signifikanter Einfluss des Reifeninnendrucks auf den ermittelten Bremsweg feststellbar. Eine Reduktion des Fülldrucks von 3,5 bar auf 2,5 bar resultiert in einer Verringerung des normierten Bremswegs um 25,0 m, ein Absenken des Innendrucks auf 1,5 bar bewirkt eine Verkürzung des Anhaltewegs um 58,0 m. Dies entspricht einer relativen Bremswegverkürzung von über 20 %. Weiterhin kann festgehalten werden, dass die Streuung der Einzelmesswerte, respektive die errechnete Standardabweichung, mit abnehmendem Kraftschlussbeiwert zwischen Reifen und Fahrbahn zunimmt. Bemerkenswert ist, dass die Standardabweichung der Messungen, die auf der trockenen Asphalt-Fahrbahn der Fahrdynamikfläche des Testgeländes durchgeführt wurden, sehr gering ist und zwischen 0,16 m und 0,23 m liegt.

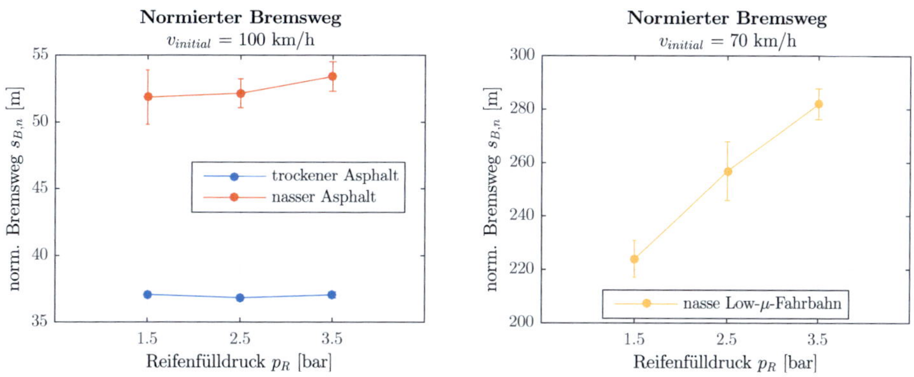

Abb. 3.5: Mit dem *Kompaktfahrzeug* experimentell ermittelte Bremswege

Der Reifenfülldruck beeinflusst, neben den Charakteristiken der Umfangskraftbeiwert-Schlupf-Kennlinie, auch die Vertikalsteifigkeit des Reifens. Höhere Vertikalkraftschwingungen können die übertragbare Reibkraft im Fahrbahn-Reifen-Kontakt beeinträchtigen. Dieser Effekt kann mit dem nichtlinearen viskoelastischen Verhalten des Reifens begründet werden. Eine höhere Radlast resultiert in einer größeren Latschfläche. Die dadurch in den Rad-Boden-Kontakt gebrachten Profilelemente müssen sich jedoch erst verspannen, um eine Kraft übertragen zu können. Erst wenn der Reifen weiter rollt und sich die Profilstollen deformieren führt dies zu einer erhöhten Umfangskraft. Wird die Radlast reduziert, führt dies sofort zu einer geringeren Aufstandsfläche und folglich zu einer geringeren Umgangskraft. Dieses Phänomen führt zu einer reduzierten effektiven Umgangskraft bei Vertikalkraftschwingungen. Je öfter diese auftreten, desto geringer ist die effektive Reibkraft. Das heißt, eine höhere Frequenz hat einen größeren Einfluss. [192] Determiniert wird der Effekt durch das Fahrwerk und die (reifenfülldruckabhängigen) Reifencharakteristiken. [vgl. Els+13; 46] Ob eine harte oder weiche Dämpfereinstellung in einem geringeren Bremsweg resultieren, hängt insbesondere von der Nickeigenfrequenz des Fahrzeugs, und damit von der Initialgeschwindigkeit des Bremsmanövers ab. [264; 269] REICHEL [301] untersuchte den Einfluss des Reifenfülldrucks auf Radlastschwingungen beim Überfahren von Schlagleisten und stellte fest, dass die Vertikalkraftamplituden bei niedrigen Geschwindigkeiten mit höheren Fülldrücken zunehmen. Bei größeren Startgeschwindigkeiten ändern sich die Frequenzbereiche. In der Nähe der Eigenfrequenz der ungefederten Massen führt ein niedrigerer Fülldruck, respektive eine niedrigere Vertikalsteifigkeit des Reifens, zu höheren Amplituden. Oberhalb der Eigenfrequenz kehrt sich der Effekt um und geringere Innendrücke reduzieren die auftretenden Schwingungen. Eine FFT-Analyse der Vertikalkräfte, die mit dem Versuchsfahrzeug *DYNA* auf nasser Niedrigreibwertfahrbahn aufgezeichnet wurden, zeigt, dass sich die Eigenfrequenz der ungefederten Radmassen bei einer Erhöhung des Reifenfülldrucks von 1,5 bar auf 3,5 bar von ca. 10,0 Hz auf ca. 12,5 Hz erhöht. [vgl. Höp+16] Abb. 3.6 veranschaulicht die Vertikalkräfte, die am linken und rechten Vorderrad beim Beginn eines Bremsvorgangs erfasst wurden. Zudem ist die Einfederung am rechten Vorderrad, die mithilfe eines Lasersensors erfasst wurde, dargestellt. Es kann festgestellt werden, dass Radlastschwankungen mit einer Frequenz von etwa 2 Hz auftreten, die durch den Einnickvorgang des Fahrzeugs angeregt werden. Überlagert werden die Radlastvariationen von Schwingungen der ungefederten Radmassen. Die Ergebnisse zeigen, dass die ersten Vertikalkraftamplituden unmittelbar nach dem Beginn des Bremsvorgangs mit zunehmendem Reifeninnendruck zunehmen. Nach sehr kurzer Zeit werden diese gedämpft. Der Einfluss des Reifenfülldrucks auf den weiteren Vertikalkraftverlauf scheint marginal zu sein. Reichel [301] schlägt vor, zur Quantifizierung der Vertikalkraftschwankungen die Standardabweichung heranzuziehen. Die Berechnung der Abweichungen, die für jede Reifenfülldruckvariante aus den Radlast-Messwerte der vorderen Räder aller Einzelmessungen errechnet wurden, zeigt einen geringen Reifenfülldruckeinfluss. Bei einem Fülldruck von 3,5 bar beträgt die berechnete Standardabweichung 293 N, bei einem Innendruck von 1,5 bar kann diese mit 234 N kalkuliert werden. Die Erkenntnisse erlauben die Schlussfolgerung, dass der Einfluss des Reifenfülldrucks auf die Vertikalkraftschwingungen am Reifen, und folglich auf die Übertragung einer Reibkraft, gering ist.

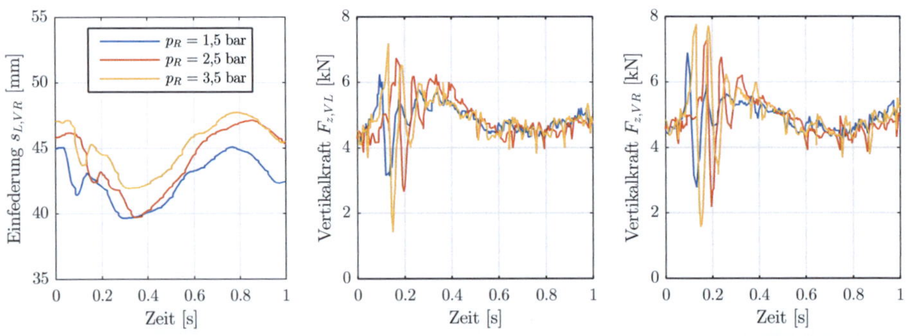

Abb. 3.6: Mit dem *Kompaktfahrzeug* auf nasser Niedrigreibwertfahrbahn ermittelte Einfederungs- und Vertikalkraftverläufe

Abb. 3.7 veranschaulicht die Radgeschwindigkeiten sowie die mithilfe der Radkraftsensoren ermittelten Umfangskräfte ausgewählter Bremsmanöver bei den analysierten Reifenfülldrücken 1,5 bar, 2,5 bar und 3,5 bar. Dabei kann festgestellt werden, dass das Radschlupfregelsystem den Bremsschlupf um den kritischen Schlupf sehr gut einregelt. Ein Überschwingen hin zu hohen Bremsschlupfwerten wird vermieden. Ein Einbre-

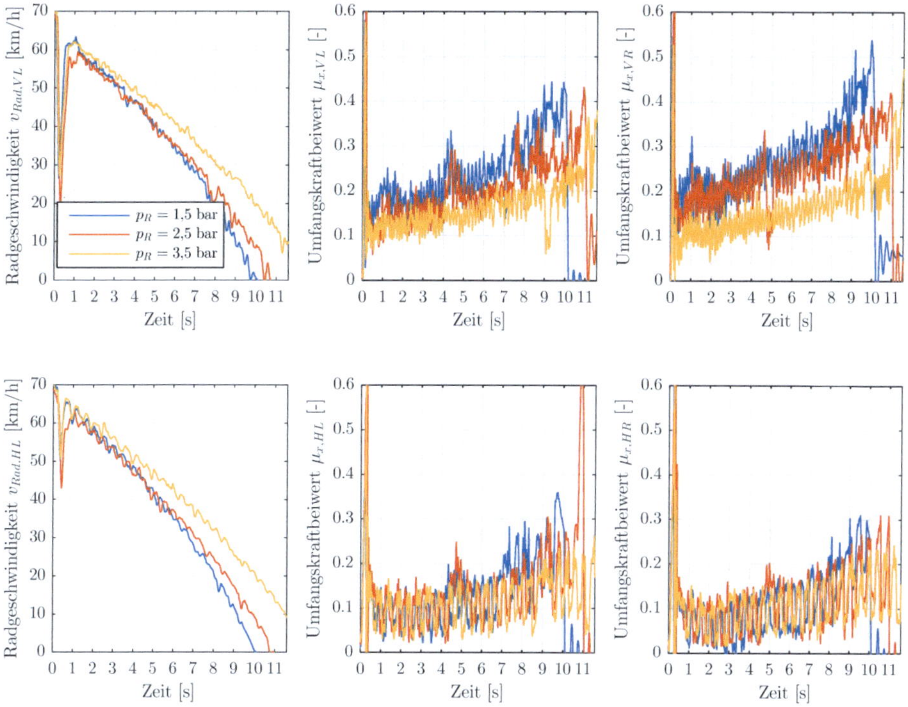

Abb. 3.7: Mit dem *Kompaktfahrzeug* auf nasser Niedrigreibwertfahrbahn ermittelte Messwertverläufe

chen der Radgeschwindigkeit, und folglich eine stärkere Bremsdruck- bzw. Umfangskraftreduktion, ist im zeitlichen Verlauf nicht zu beobachten. Es darf daher vermutet werden, dass die moderne ABS-Regelstrategie sich adaptiv an die durch den Reifeninnendruck veränderten Reifeneigenschaften anpasst. Der Regelalgorithmus wird durch den veränderten Fülldruck nicht nachweislich beeinträchtigt. Anhand ausgewerteter Ausrollversuche, die mit dem *Kompaktfahrzeug* durchgeführt wurden, konnte festgestellt werden, dass der Reifenfülldruck den dynamischen Radhalbmesser nur marginal beeinflusst. Die maximale Differenz betrug 4,4 mm. [Höp+16] Der Einfluss auf das ABS, welches den Radhalbmesser zur Schlupfberechnung als konstant annimmt, ist daher gering. Die Ergebnisse zeigen weiterhin auf, dass der Bremsdruck - und folglich die messtechnisch erfassten Radumfangskräfte - periodisch von der Regelung reduziert und erhöht wurden. Es ist ersichtlich, dass die Regelfrequenz an der Hinterachse etwa 2 Hz beträgt und damit wesentlich geringer ist als an der Vorderachse, wo die Regelfrequenz ca. 10 Hz beträgt. Die Vermutung liegt nahe, dass dies zur Verbesserung der Fahrstabilität sowie zur Schätzung von Regelparametern geschieht, die für die gezielte Anpassung des Fahrdynamikregelsystem relevant sind. Schließlich ist erkennbar, dass ein geringerer Reifenfülldruck höhere Bremsdrücke, und folglich höhere Umfangskräfte, ermöglicht. Darüber hinaus kann beobachtet werden, dass der Kraftschlussbeiwert im Verlauf des Bremsvorgangs zunimmt. Dies zeigt, dass der Reibwert mit abnehmender Fahrzeuggeschwindigkeit zunimmt.

3.3 Fazit

Die in diesem Kapitel vorgestellten Analysen der Bremswegmessungen, die mit vier instrumentalisierten Forschungsfahrzeugen nach einem standardisierten Open-Loop-Messverfahren auf unterschiedlichen Fahrbahnen durchgeführt wurden, erlauben eine Abschätzung des Bremswegverkürzungspotenzials durch eine Reifenfülldruckadaption. Einerseits wurde nachgewiesen, dass mit der dargestellten Versuchsmethode reproduzierbare und statistisch abgesicherte Bremswegaufzeichnungen messtechnisch erfassbar sind. Andererseits wurde der Einfluss großer Reifeninnendruckvariationen auf die experimentell ermittelten Anhaltewege quantifiziert. Die dargestellten Analysen führen zu der Erkenntnis, dass der Reifenfülldruck den resultierenden Bremsweg teilweise signifikant beeinflusst. Gleichzeitig führen die Resultate zu der Schlussfolgerung, dass die bestimmten Bremswegdifferenzen insbesondere von der verwendeten Reifenvariante sowie den Fahrbahneigenschaften abhängig sind. Während der Einfluss des Reifeninnendrucks auf das Kraftübertragungsverhalten im Reifen-Fahrbahn-Kontakt, respektive auf den resultierenden Bremsweg, bei dem hier untersuchten *Kompaktfahrzeug* sowie bei dem *Transporter* auf trockener Fahrbahn marginal ist, konnte bei den analysierten Sportwagen eine deutliche Bremswegreduktion bei Verringerung des Reifenfülldrucks nachgewiesen werden. Insbesondere die Untersuchungen, die auf einer nassen Niedrigreibwertfahrbahn durchgeführt wurden, zeigten auf, dass durch eine geeignete Adaption des Reifeninnendrucks das relative Bremswegverkürzungspotenzial teilweise über 20 % beträgt. Schließlich darf vermutet werden, dass die Sensitivität einer Reifenfülldruckadaption bei Sportwagenreifen (die u. a. durch eine besonders griffige Gummimischung charakterisiert werden können) ausgeprägter ist als z. B. bei Leicht-Nkw-Reifen (deren Reifenkonstruktion u. a. durch eine verstärkte Karkasse beschrieben werden kann). Weiterhin ist davon auszugehen, dass sich der Einfluss des Reifenfülldrucks auf die Kraftschlusseigenschaften im Reifen-Fahrbahn-Kontakt auf nassen, glatten Untergründen wesentlich deutlicher auswirkt als auf trockenen, rauen Fahrbahnen. Zur Charakterisierung von Reifeneigenschaften in Abhängigkeit großer Reifenfülldruckvariationen sowie zur Bewertung verschiedener Reifen- und Fahrbahn-Einflussgrößen sind folgerichtig angepasste Messeinrichtungen zu entwickeln. Diese werden im folgenden Kapitel vorgestellt. Die für verschiedene Reifen- und Fahrbahnvarianten ermittelten Reifencharakteristiken sowie die Diskussion des Reifenfülldruckeinflusses werden im Kap. 5 beschrieben.

Die Installation von vier Radkraftsensoren am *Kompaktfahrzeug* ermöglichte eine umfassende Analyse der am Rad übertragenen Kräfte während des ABS-Bremsvorgangs. Die diskutierten Messergebnisse führen zu der Erkenntnis, dass das Vertikalkraftverhalten sowie die Leistungsfähigkeit des ABS beim verwendeten Versuchsfahrzeug nicht nachweislich vom Reifenfülldruck beeinflusst werden. Die Auswirkung des Reifeninnendrucks auf das Umfangskraftverhalten des Reifens, und folglich auf das Bremswegverkürzungspotenzial, ist hingegen signifikant. Zur ganzheitlichen Bewertung einer Vielzahl unterschiedlicher Einflussparameter auf das Fahrdynamikverhalten eines Kraftfahrzeugs während einer ABS-Bremsung wird ein ganzheitliches Gesamtfahrzeug-Co-Simulationsmodell entwickelt. Die Erarbeitung des Reifen- bzw. Gesamtfahrzeugmodells sowie die Bewertung der einzelnen Einflussgrößen auf das Bremswegverkürzungspotenzial wird in den Kapiteln 6 und 7 dargelegt.

4 Messeinrichtungen, Messmethode und Messprogramm zur Charakterisierung von Reifeneigenschaften

Wie in Kap. 2.3 diskutiert, werden zur Ermittlung von Kraftschlusseigenschaften am Reifen entweder Laborprüfstände oder mobile Messeinrichtungen eingesetzt. Während mit stationären Reifenprüfständen sehr reproduzierbare Messungen im Labor möglich sind, werden Untersuchungen mit Reifenmessanhängern auf realen Fahrbahnen durch Umwelt- und Fahrbahnbedingungen beeinflusst. Die Nutzung von Laborprüfstände führt, aufgrund künstlicher Fahrbahnbeläge oder einer vorhandenen Trommelkrümmung, mitunter zu unrealistischen Reifenkennlinien. Um den Reifenfülldruckeinfluss auf Kraftschlussmessungen am Reifen sowohl unter Labor- als auch unter Realbedingungen untersuchen und miteinander vergleichen zu können, wurden im Rahmen der hier vorliegenden Forschungsarbeit ein Laborprüfstand, der sog. Corner-Modul-Prüfstand (CMP), sowie ein Reifenmessanhänger (RMA) konzipiert und aufgebaut. Die entwickelten Messeinrichtungen werden vorgestellt. Zudem wird die erarbeite Mess- und Auswertemethode sowie das entwickelte Messprogramm detailliert beschrieben. Zur Bewertung des Potenzials von Reifenfülldruckregelanlagen auf die Fahrzeuglängsdynamik, steht dabei insbesondere eine experimentelle Sensitivitätsanalyse des Umfangskraftverhaltens in Abhängigkeit der Fahrbahnkrümmung, der Reifenvariante, der Radlast sowie des Reifenfülldrucks im Fokus der Forschung.

4.1 Reifenmessanhänger (RMA)

4.1.1 Konstruktive Entwicklung des Reifenmessanhängers

Im Rahmen der hier vorliegenden Forschungsarbeit wurde ein Reifenmessanhänger entwickelt und aufgebaut. Ziel war es, mithilfe eines multivalent anwendbaren Messanhängers Reifenkennfelder auf realen Fahrbahnen zu erfassen. Dazu wurde ein Anhänger entwickelt, der es erlaubt, den Bremsdruck zur Realisierung des Bremsschlupfs dynamisch zu regeln, Radstellungsgrößen präzise und in großen Variationsbereichen zu verstellen, unterschiedlichste Radlasten zu realisieren sowie den Reifenfülldruck hochdynamisch zu regeln. Zur Konstruktion wurde die Methodik des konstruktiven Entwicklungsprozesses nach VDI-Richtlinie 2221 [380] angewendet.[13]

[13]Erste Publikationen zur Konstruktionslehre stammen u. a. aus Ilmenau von PROF. FRIEDRICH HANSEN aus den 1950er Jahren. [158] Ziel war die Rationalisierung der Entwicklungsabläufe und eine geschlossene Darstellung zur Konstruktionssystematik. Spätere Weiterentwicklungen zum konstruktiven Entwicklungsprozess stammen u. a. von HANSEN, HÖHNE oder PAHL & BEITZ. [159; 160; 9; 114] Basierend auf diesen und anderen Arbeiten wurde die Gesamtübersicht der Konstruktionsmethodik in der VDI Richtlinie 2221 zusammengefasst. [373]

Anhand der im Rahmen des Forschungsvorhabens entwickelten Anforderungsliste wurden nach der Systematik des konstruktiven Entwicklungsprozesses verschiedene Teilprinzipe ausgearbeitet und bewertet. Insbesondere die vergleichsweise niedrigen Kosten sowie die mögliche Kopplung mit einem vorhanden Pkw als Zugfahrzeug resultierten in der Entwicklung eines einachsigen Reifenmessanhängers mit einem Mess- und einem Referenzrad. Im Gegensatz zu einem einachsigen Anhänger mit zwei Führungsrädern und einem Messrad ist mit einem zweirädrigen Messanhänger eine definierte Radführung auch bei querdynamischen Untersuchungen (mit Sturz- und Spureinstellung) möglich. Nach Auswahl der am besten geeignetsten Teillösung wurde die Einzelteile dimensioniert und konkret konstruiert. Eine detaillierte Beschreibung der einzelnen Entwicklungsschritte ist in [Str14; Tie13] dokumentiert.

Forderungen, große Variationen von Reifendimensionen und Radlasten zu ermöglichen sowie den Anhänger an verschiedene Zugfahrzeuge ankoppeln zu können, begründeten die Unterteilung des Rahmens für den Messanhänger in die drei Elemente Deichselmodul, Bremsmodul und Zusatzmodul. Damit sind Schwerpunktlage sowie Höhe der Anhängerkupplung bei verschiedenen Reifengrößen variierbar. Zudem wurde man damit der Anforderung gerecht, den Messanhänger möglichst modular und für zukünftige Forschungsvorhaben multivalent anwendbar zu gestalten. Vorstellbar ist z. B., das Zusatzmodul durch ein Modul zur Reifenpartikelanalyse zu ersetzen. Die drei Module sind untereinander durch Lochplatten verbunden, deren Bohrbilder eine Höhenverstellung der einzelnen Module in Abstufungen von 10 mm im Bereich von ±150 mm zulässt. Zur Variation der Radlast wurde auf kostengünstige Gewichte á 50 kg aus dem landwirtschaftlichen Bereich zurückgegriffen. Es ist möglich, jeweils bis zu 16 Gewichte am Deichselmodul und und am Zusatzmodul zu montieren. Für die Erreichung niedriger Radlasten ist es zudem möglich, das Zusatzmodul zu demontieren.

Besonderes Augenmerk ist der Konzipierung der Radaufhängung zugekommen. Ziel war es, große Sturz- und Spurwinkel sowie Radlasten zu ermöglichen und diese präzise einstellen zu können. Auch während der Messung, und der dabei wirkenden Kräfte, sollen sich die Radstellungsgrößen nach Möglichkeit nicht ändern. Um systemimmanente (Elasto-)Kinematiken bekannter Radaufhängungen auszuschließen, erwies es sich als zielführend, eine eigene Radaufhängung zu entwickeln. Anhand verschiedener Lösungsansätze wurde eine Bewertung hinsichtlich des zu erwartenden Bauraums, der zu erwartende Masse, der abzustützenden Lagerkräfte und der zu erwartenden Fertigungskosten vorgenommen. Vor allem um den Wärmeeintrag der zur Bremsschlupfregelung notwendigen Scheibenbremse in die Messfelge zu reduzieren, der großen Steifigkeit der Aufhängung sowie aufgrund der kompakten Bauweise und der vergleichsweise günstigen Fertigungsmöglichkeit wurde sich für das ausgearbeitete Grundprinzip entschieden. [vgl. Tie13] Schließlich wurde eine steife Radaufhängung dimensioniert und konstruiert, die es ermöglicht - je nach Reifendimension und Kombination von Sturz und Spureinstellung - Sturzwinkel von ±10 ° bzw. Spurwinkel von ±15 ° zu realisieren. Die Verstellung der Spur erfolgt kontinuierlich über einen Spurhebel. Der Sturzwinkel kann über eine diskrete Verstellung in 1 ° Schritten eingestellt werden.

Eine perspektivische Ansicht des entwickelten CAD-Modells des Reifenmessanhängers ist in Abb. 4.1 dargestellt. Erkennbar sind u. a. die drei Module des Rahmens. In Fahrtrichtung vorn befindet sich das Deichselmodul, welches der Ankopplung an ein Zugfahrzeug und der Aufnahme von Gewichten zur Variation der Radlast dient.

Zudem ist eine Einhausung für die Messtechnik vorgesehen. Das Bremsmodul beinhaltet die zur Radführung benötigten Radmodule, d. h. die Radaufhängung sowie die Scheibenbremsen zur Realisierung des Bremsschlupfs. Die Einhausung für das elektro-servohydraulische Bremssystem wird am Bremsmodul montiert. Das Zusatzmodul ist zur Aufnahme von Gewichten für die Radlastvariation vorgesehen. Der Rahmen wurde als Schweißkonstruktion ausgelegt, die aus einzelnen Rechteckprofilen besteht. Die Radmodule, welche aus Dreh- und Frästeilen bestehen, sind über eine Schweißkonstruktion mit dem Rahmen verbunden. Zur Montage verschiedener Felgengrößen mit unterschiedlichen Lochkreisdurchmessern sind radial verschiebbare Nutensteine vorgesehen.

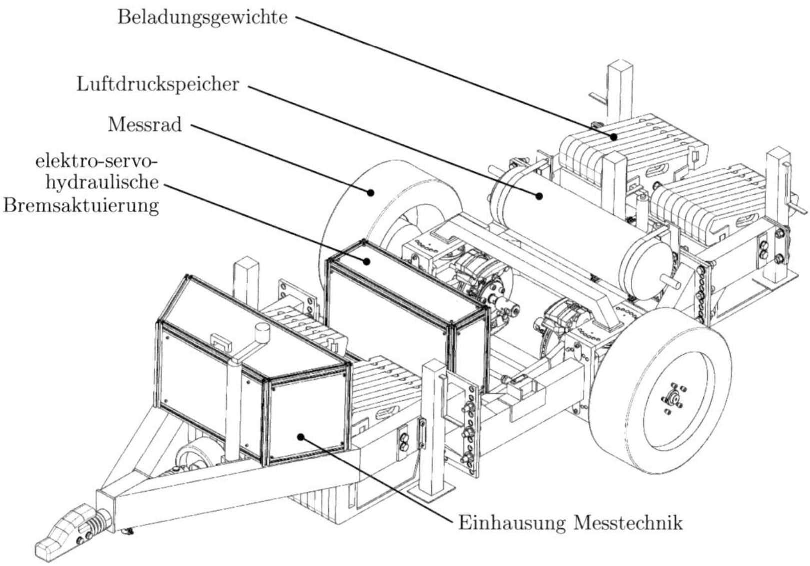

Abb. 4.1: Perspektivische Ansicht des Reifenmessanhängers

Zur Realisierung von Bremsschlupf am Reifenmessanhänger wurde ein Bremssystem aus dem Pkw-Bereich verbaut. Aus Kostengründen, der Ermöglichung hoher Bremskräfte sowie der sehr guten Regelbarkeit kommt hier eine Faustsattelbremse mit innenbelüfteter Scheibenbremse zum Einsatz, welche elektro-servohydraulisch betätigt wird. Der Aufbau, die Auslegung sowie die Ansteuerung des servohydraulischen Bremssystems wird in Kap. A.1 im Anhang vorgestellt.

4.1.2 Mess- und Regeltechnik des Reifenmessanhängers

Da die Regelung des Bremsdrucks zur Bremsschlupfrealisierung, die Reifenfülldruckregelung sowie die Messwertaufzeichnung in Echtzeit erfolgen muss, kommt hier eine Realtime-Plattform zur Steuerung, Regelung und Datenaufzeichnung zum Einsatz. Aufgrund der hohen Modularität und des geringen Energieverbrauchs für mobile Anwendung wird am Reifenmessanhänger ein *cRIO*-System der Fa. *National Instruments* verwendet. Am Chassis wurde ein leistungsfähiger Controller sowie verschiedene Einsteckkarten zur Datenerfassung sowie -Ausgabe verbaut. Dies ermöglicht das Einlesen bzw. Ausgeben von analogen, digitalen und CAN-Bus-Mess- bzw. Regelsignalen.

Ein großer Vorteil des Systems ist die Möglichkeit den im Chassis integrierten Field Programmable Gate Array (FPGA)-Chip zu nutzen. Durch die Nutzung von wiederprogrammierbaren Schaltkreisen erlaubt dieser eine hardwarenahe Programmierung. Programmierte Prozesse können parallel und mit Taktfrequenzen von bis zu 200 MHz ablaufen. [vgl. 128]

Das umfangreiche Mess- und Regelprogramm wurde mithilfe von *National Instruments LabVIEW* realisiert und anschließend als kompiliertes Programmpaket auf die cRIO-Plattform übertragen. Bei der Umsetzung wurde auf eine dezidierte Realtime-Programmierung geachtet, d. h. die Gesamtanwendung teilt sich in die Host-Anwendung (zur Bedienung des Systems mit einem Notebook) sowie die Echtzeitanwendung (welche auf dem Realtime-Betriebssystem des cRIO-Systems ausgeführt wird) auf. Die detaillierte Architektur des Mess- und Regelsystems wird in Kap. A.6 im Anhang beschrieben.

Die Messung der Kräfte und Momente am Rad erfolgt über einen 6-Komponenten-Radkraftsensor der Fa. *Kistler*. Die Messfelge *Kistler RoaDyn S635* ermöglicht es, Längs-, Quer- und Vertikalkräfte sowie die Drehmomente um die drei Radachsen messtechnisch zu erfassen. Diese werden durch die in der Felge integrierten fünf Kraftmessdosen ermittelt. Die sog. Rad- und Bordelektronik errechnet daraus die Kräfte und Momente im Rad-Koordinatensystem. Der Messbereich für die Längskraft F_x sowie der Vertikalkraft F_z beträgt ± 35 kN. Der Messbereich für die Querkraft F_y liegt im Bereich ± 20 kN. Die Linearität sowie die Hysterese wird mit 0,5 % vom Endwert angegeben. Zudem werden an der Ringantenne zur Übertragung der Messwerte die Größen Drehzahl und Drehwinkel erfasst. 94 über den Umfang verteilte Permanentmagnete ermöglichen eine Winkelauflösung von 376 Schritten pro Umdrehung. Durch Interpolation wird die Auflösung weiter erhöht. Die Drehwinkelgenauigkeit wird mit $\approx 0{,}1\,°$ angegeben. [208; 207] Die Messsignale werden am cRIO-System redundant über den CAN-Bus und den analogen Eingang mit einer Taktfrequenz von 800 Hz aufgezeichnet. Die mit dem Radkraftsensor ermittelten Kräfte und Momente werden im radfesten Achssystem aufgezeichnet. Die Vorzeichenkonvention des hier verwendeten Radkraftsensors orientiert sich am Referenz-Koordinatensystem für Straßenfahrzeuge nach ISO 4130 [187], d. h. die in x-Richtung wirkende Längskraft F_x gibt mit positiven Vorzeichen die Bremskräfte und mit negativen Vorzeichen die Antriebskräfte wider. Ein positiver Schräglaufwinkel α resultiert in einer positiven Seitenkraft F_y (vgl. Kap. A.7).

Die zur Schlupfberechnung notwendige translatorische Radgeschwindigkeit wird aus der Längsgeschwindigkeit des Reifenmessanhängers ermittelt. Fahrgeschwindigkeit, Beschleunigung und Schwimmwinkel des Messanhängers werden durch den GPS-Datenlogger *Racelogic VBox 3iSL* aufgezeichnet, welche eine Messgenauigkeit von $\pm 0{,}1$ km/h ermöglicht (vgl. Kap. 3.1). Durch die Nutzung einer zusätzlich verbauten Inertial Measurement Unit (IMU) kann ein integrierter Kalman-Filter das Geschwindigkeitssignal in Echtzeit filtern und damit bei gestörten Satelittenempfang (kurzzeitig) verbessern. Durch die Nutzung von zwei GPS-Antennen kann der Schwimmwinkel des Anhängers erfasst werden. Die Messgenauigkeit zur Erfassung des Schwimmwinkels β wird bei einen Abstand der Antennen von 2,0 m mit einer mittleren quadratischen Abweichung von unter 0,05° angegeben. Die Messsignale werden über den

CAN-Bus der Messwerterfassung mit der max. Taktfrequenz der *VBox 3iSL* von 100 Hz aufgezeichnet. [297]

Zur messtechnischen Erfassung der Temperatur der Bremsscheiben sowie der Bremsflüssigkeit kommt jeweils ein Thermoelement vom Typ K zum Einsatz. Für die Aufzeichnung der Laufflächen-Temperatur des Reifens wird ein Infrarot-Pyrometer genutzt. Die Bestimmung des Bremsdrucks erfolgt durch am Bremssattel verbaute Druckmessumformer. Drei Laserabstandssensoren erfassen den Abstand zum Boden. Über trigonometrische Berechnungen können daraus der Wank- und Nickwinkel berechnet werden. [vgl. Str14] Tab. A.3 in Kap. A.4 im Anhang gibt einen Überblick über die verwendete Messtechnik.

4.1.3 Inbetriebnahme des Reifenmessanhängers

Zur Inbetriebnahme des Reifenmessanhängers wurden Vorversuche auf dem Testgelände durchgeführt. Diese waren insbesondere notwendig, um die Parameter für die Bremsdruckregelung, die Reifenfülldruckregelung sowie die Blockierverhinderung empirisch zu bestimmen und die Mess- und Regelsoftware zu optimieren. [vgl. Hof16; Vie14]

Die Einstellung der Radstellungsgrößen des Reifenmessanhängers erfolgt im Falle der Sturzverstellung diskret über die drehbar ineinander liegenden Radkästen. Die Spurverstellung ist kontinuierlich über Spurstangen möglich. Da bei der kontinuierlichen Einstellung der Spur zunächst keine Referenz vorhanden war, und Radstellungsgrößen auf dem Testgelände nicht ohne weiteres hinreichend genau gemessen werden können, wurde die Vermessung der Radstellungsgrößen mithilfe der Achsvermessungsanlage *Beissbarth ML8R easy*[14] durchgeführt. Für die Spurhebellängen als Maßverkörperung der Spur wurden entsprechende Kennfelder aufgezeichnet. Geht man von einer Einstellgenauigkeit von $\pm 1\,\mathrm{mm}$ am Spurhebel aus, impliziert dies eine Genauigkeit des Spurwinkels von ca. $\pm 7'$ ($\hat{=}$ ca. $\pm 0{,}1\,°$). Weiterhin konnte nachgewiesen werden, dass eine Radlasterhöhung die Radstellungsgrößen nur marginal beeinflusst. Eine Beladung der Prüfeinrichtung mit 800 kg bewirkte eine Sturzwinkeländerung von 0,05 ° sowie eine Spurwinkeländerung von 0,04 °. [vgl. Tra14]

Abb. 4.2: Reifenmessanhänger mit Zugfahrzeug auf dem Testgelände

[14] Der Hersteller gibt für die Messung der Einzelspur eine Genauigkeit von $\pm 2'$ bei einem Messwertbereich von $\pm 2°$ an. [28]

Abb. 4.2 zeigt den Reifenmessanhänger mit dem in dieser Forschungsarbeit verwendeten Zugfahrzeug *Ford Ranger*[15]. Es hat sich gezeigt, dass mit dem Fahrzeug (auch bei höherer Beladung des Messanhängers und beim Durchfahren einer Bremsdruckrampe bis zum Blockieren der Räder) eine konstante Geschwindigkeit von 50 km/h bei Nutzung des 2. Gangs gehalten werden kann. Größere Geschwindigkeiten sind nur bei niedriger Beladung des Reifenmessanhängers bzw. bei niedrigen Reibwerten des Fahrbahnbelags realisierbar.

Tabelle 4.1 veranschaulicht zusammenfassend die finale Spezifikation des entwickelten Reifenmessanhängers.

Tab. 4.1: Spezifikation des Reifenmessanhängers

Spezifikation	Wert
Felgendurchmesser[a]	13" bis 21"
Radlast	370 kg bis 1000 kg
Geschwindigkeit[b]	bis 100 km/h
Spur[c]	-15 ° bis +15 °
Sturz[c]	-10 ° bis +10 °
Bremsschlupf	0 % bis 100 %
Bremsdruckgradient	>200 bar/s
Reifenfülldruckgradient Einlass[d]	3,3 bar/s
Reifenfülldruckgradient Auslass[d]	1,6 bar/s
Gesamtlänge	4017 mm
Spurbreite[e]	1518 mm

[a] Mit vorhandenen Radkraftsensor sind Felgendurchmesser 17" und 19" möglich

[b] Abhängig von Zugfahrzeug, Radlast, Reifenfülldruck und Fahrbahn (hier meist 50 km/h)

[c] Je nach Reifendimension und Kombination von Sturz und Spureinstellung

[d] Abhängig von Reifendimension (hier: 235/35 R 19) und Fülldruck im Luftdruckspeicher (hier: 10 bar)

[e] Je nach Felgengröße, hier: 7,0J x 17" (ET55)

4.2 Corner-Modul-Prüfstand (CMP)

4.2.1 Konstruktive Entwicklung des Corner-Modul-Prüfstands

Zur Messung von Reifencharakteristiken unter Laborbedingungen wurde im Rahmen der Forschungsarbeit ein Corner-Modul-Prüfstand konzipiert, konstruiert und aufgebaut. Nach der Methodik des konstruktiven Entwicklungsprozeses (nach VDI-Richtlinie 2221) wurde ein Lastenheft erstellt, verschiedene Prinzipien entwickelt und bewertet sowie ein technisches Prinzip ausgearbeitet. Anschließend wurde der Prüfstand dimensioniert, konstruiert, mithilfe einer Strukturanalyse optimiert und folglich aufgebaut. Eine detaillierte Beschreibung der konstruktiven Entwicklungssystematik geben [Rei15; Wen15b; Wen15a]. Mithilfe des entwickelten Corner-Modul-Prüfstands können

[15] Das Fahrzeug ist mit einem 3,2-Liter-Reihenfünfzylinder-Dieselmotor mit 147 kW (450 Nm bei 1.500 1/min) motorisiert. Die Kraftübertragung erfolgt über ein 6-Gang=Schaltgetriebe an die Hinterachse (bei Bedarf könnte ein Allradantrieb manuell zugeschaltet werden).

Reifeneigenschaften auf einer Laufrolle des Vier-Rollen-Prüfstands des *Fachgebiets Kraftfahrzeugtechnik* der *Technischen Universität Ilmenau* experimentell analysiert werden. Bei der Auslegung und Konstruktion des Komponentenprüfstands stand insbesondere im Fokus, den Prüfstand auch für Folgearbeiten multivalent anwenden zu können. Neben Reifenuntersuchungen ist es daher möglich, Fahrwerks- oder Bremscharakteristiken zu analysieren. Durch die Montage von Schlagleisten auf den Laufrollen sind zudem vertikaldynamische Reifencharakterisierungen möglich.

Das im Jahr 2017 in Betrieb genommene klimatisierte Prüffeld *Multivalent anwendbare Simulations- und Testumgebung Rollenprüfstand (MaSTeR)* ermöglicht es, Pkws mit einer Achslast bist zu 2.500 kg unter reproduzierbaren Laborbedingungen zu untersuchen. Zur Untersuchung von Reifencharakteristiken kann die Prüfeinrichtung sowohl an der vorderen als auch an der hinteren rechten Rolle montiert werden. Durch die Besonderheit des Prüfstands, dass sich die Rollendurchmesser an der Vorder- und Hinterachse unterscheiden, kann der Einfluss der Fahrbahnkrümmung auf das Kraftschlussverhalten von Reifen bestimmt werden. Die vorderen Laufrollen haben einen Durchmesser von ca. 1,22 m (48"), die üblicherweise für die Hinterachse vorgesehenen Rollen haben einen Durchmesser von ca. 1,91 m (75"). Die Asynchronmotoren[16] zum Antreiben und Bremsen der vorderen Laufrollen ermöglichen im Kurzzeitbetrieb, und bis zu einer Geschwindigkeit von 92 km/h (entspricht 400 1/min), die Abstützung einer maximalen Bremskraft von 8.922 N. An der hinteren 75"-Trommel kann bis zu einer Geschwindigkeit von 128 km/h eine maximale Bremskraft von 5.706 N abgestützt werden.[17] Die maximal realisierbare Geschwindigkeit beträgt 250 km/h. Die Genauigkeit der Drehzahl-, respektive Geschwindigkeitsregelung, wird mit ±0,03 km/h angegeben. Die Temperatur des klimatisierten Prüffelds kann im Bereich von -20 °C bis 45 °C und die Feuchte im Bereich von 20 % bis 80 % r.F. (im Temperaturbereich von +10 °C bis +40 °C) geregelt werden. Zur Realisierung einer Oberflächenrauigkeit, wurde unter Hochtemperatur eine Chromstahllegierung[18] auf die Laufrollen gespritzt. Durch die Variation der Verfahrensparameter werden bei dem autogenen Metallspritzverfahren eine gemittelte Rautiefe R_z zwischen 80 μm und 100 μm erreicht. In Abb. 4.3 ist das CAD-Modell des Vier-Rollen-Prüfstands und des im Rahmen der hier vorliegenden Forschungsarbeit entwickelten Corner-Modul-Prüfstands dargestellt.

Für die hier vorgestellten Versuche wurde eine Doppelquerlenker-Radaufhängung eines *Audi A4* der Modellreihe B8 mit Feder-Dämpfer-Bein und Bremse am Käfig des Corner Modul Prüfstands montiert. Bei der Bremse handelt es sich um eine Faustsattelbremse mit innenbelüfteter Scheibenbremse in 16"-Ausführung der Fa. *Ate*[19]. Über eine Trapezgewindespindel kann die Radlast stufenlos von 0 bis 1.250 kg eingestellt werden. Eine Gewindestange erlaubt es, den Schräglaufwinkel stufenlos im Bereich von ±15 ° zu verstellen. Die Sturzverstellung ist stufenlos im Bereich von ca. ±4 ° möglich.

[16] Asynchronmotor für 48"-Trommeln (r_T = 609,6 mm): ASM 150K-8, P_{max} (motorisch) für 10 s: 228 kW, P_{Dauer}: 150 kW, M_{max} (motorisch) für 10 s: 5.443 Nm (bis 400 1/min)

[17] Asynchronmotor für 75"-Trommeln (r_T = 952,5 mm): ASM 914-160, P_{max} (motorisch) für 10 s: 260 kW, P_{Dauer}: 160 kW, M_{max} (motorisch) für 10 s: 5.730 Nm (bis 400 1/min)

[18] 1.4034, X46 CR13

[19] Kolbendurchmesser d_K 57 mm, Belagfläche A_B 2 x 60,0 cm^2, Außendurchmesser $d_{B,A}$ der Bremsscheibe 314 mm, eff. Reibradius r_{eff} 130 mm

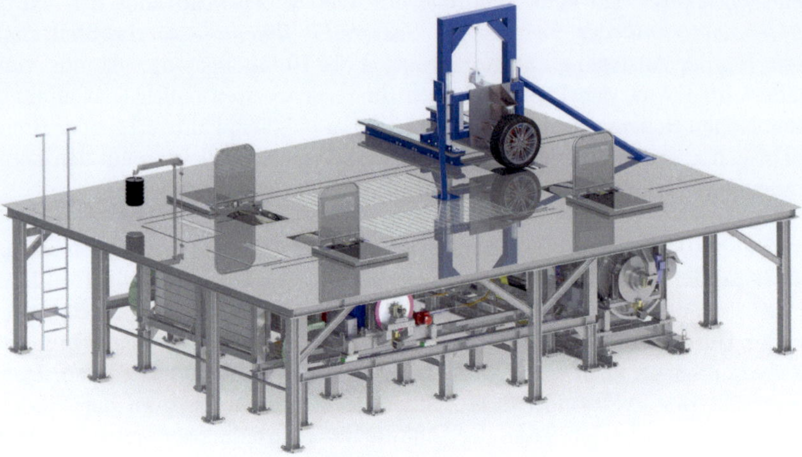

Abb. 4.3: CAD-Modell des Vier-Rollen-Prüfstands mit montierten Corner-Modul-Prüfstand

Bei der Auslegung wurde darauf geachtet, dass sich der Prüfstand möglichst genau positionieren lässt. Zudem sollen die zu erwartenden statischen und dynamischen Abstützkräfte und -momente nur eine geringe Verformung des Prüfaufbaus bewirken. Erreicht wurde dies durch große Profilquerschnitte, Abstützungen sowie einer geringen Fertigungstoleranz.

Zur Bremsdruckerzeugung wird ein mit Dreiphasenwechselstrom betriebenes, stationäres Hydraulikaggregat eingesetzt, welches ursprünglich von der Fa. *Herion Systemtechnik* für einen Schwungmassen-Bremsenprüfstand entwickelt wurde. Analog zu dem in dieser Arbeit entwickelten elektro-servohydraulischen Systems zur Bremsaktuierung des Reifenmessanhängers (vgl. Kap. A.1) erfolgt die Modulierung des Bremsdrucks durch die Betätigung eines Hauptbremszylinders über einen Hydraulikzylinder. Die Regelung der Ein- und Ausfahrgeschwindigkeit des Kolbens erfolgt über die Steuerung des Volumenstroms mittels eines Servoventils.

4.2.2 Mess- und Regeltechnik des Corner-Modul-Prüfstand

Die Erfassung der Kräfte und Momente am Reifen erfolgt mit dem selben Radkraftsensor wie am Reifenmessanhänger. Zur Erfassung der Bremsschreiben-Temperatur kommt ein schleifendes Thermoelement Typ K zum Einsatz. Die Laufflächen-Temperatur des Reifens wird mit einem Infrarot-Pyrometer aufgezeichnet. Die Bestimmung des Bremsdrucks erfolgt über einen am Bremssattel verbauten Druckmessumformer. Die Raddrehzahl wird redundant über die Messfelge sowie einen an der Radlagerung verbauten Inkrementalgeber erfasst.

Zur Bestimmung des Schräglaufwinkels am Messrad während des Messbetriebs wird ein Laserlinienscanner[20] verwendet. Dieser ermittelt den Abstand von 640 Messpunk-

[20] *Mirco-Epsilon ScanCONTROL 2710-100*

ten auf der Stirnfläche der Felge des 6-Komponenten-Messrads. Der Sensor ist über eine serielle Datenübertragung mit einem Messrechner verbunden. Ein entwickeltes *LabVIEW*-Programm erfasst die Daten und errechnet daraus den Spurwinkel, respektive Schräglaufwinkel, an der Felge. Über ein Analogausgangsmodul wird der ermittelte Schräglaufwinkel an die zentrale Messwerterfassung übertragen. Die Messgenauigkeit wird vom Hersteller für diesen Messbereich mit ±0,2 mm angegeben. [250] Bei einer Länge der Messlinie von 100 mm ergibt sich daraus eine Genauigkeit des zu erfassenden Winkels von ca. ±0,1 °. Tab. A.4 in Kap. A.5 im Anhang gibt zusammenfassend einen Überblick über die verwendete Messtechnik.

Die Ansteuerung des Corner Modul Prüfstands wird in die Mess- und Regelumgebung des *MaSTeR*-Prüffelds integriert. Die Ansteuerung des Vier-Rollen-Prüfstands erfolgt über *AVL PUMA* (Prüf- und Messtechnikautomatisierung). In der Prüfkammer verbaute und an die *AVL PUMA* Hardware angeschlossene Fast-Front End Module (F-FEM) ermöglichen es, analoge, digitale und CAN-Bus-Mess- und Regelsignale einzulesen bzw. auszugeben. Die Automatisierungs- und Regelsoftware für Fahrzeugrollenprüfstände *AVL PUMA Open* ermöglicht die Implementierung und Konditionierung der Signale. Für HIL-Anwendungen ist das echtzeitfähiges System *AVL InMotion* mit der Prüfstandssteuerung verbunden. Mit der integrierten Fahrdynamiksimulationsumgebung *IPG CarMaker* ist es beispielsweise möglich, ein modelliertes Gesamtfahrzeug in einem bestimmten Fahrzyklus zu simulieren und die in Echtzeit gemessenen Daten am Corner-Modul-Prüfstand (wie z. B. Kräfte am Rad oder Raddrehzahl) mit in die Simulation einzubeziehen. Die hier aufgebaute Mess- und Regelarchitektur zur Ansteuerung des Komponentenprüfstands ist in Abb. 4.4 dargestellt. Damit wurde ein ganzheitliches Mess- und Regelkonzept aufgebaut, welches später auch für HIL-Anwendungen genutzt werden kann. Hier wird die aufgebaute Architektur für die Aktuierung des Hydroaggregats, respektive des Bremssystems, sowie zur Aufzeichnung der Messsignale zur Erfassung von Reifencharakteristiken genutzt. Die Regelung des Bremsdrucks erfolgt, analog der Regelung am Messanhänger, über einen nichtlinearen P-Regler. Dieser wird als *MATLAB Simulink* Modell in der Simulations-

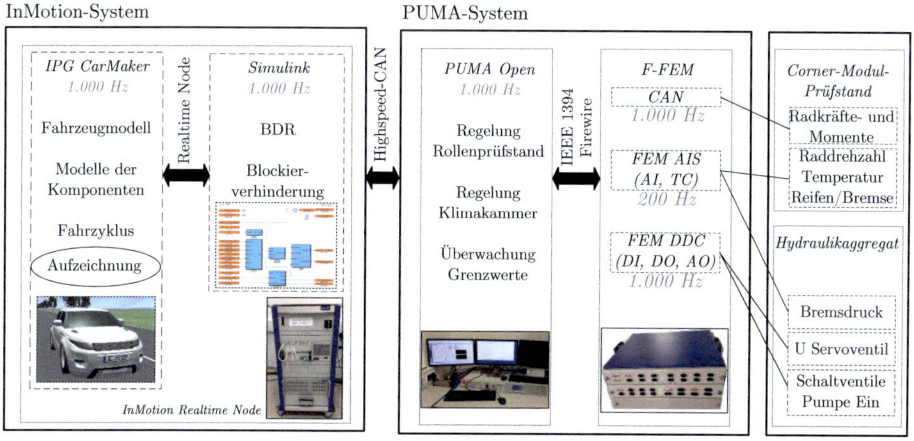

Abb. 4.4: Softwarearchitektur zur Regelung und Messwerterfassung am Corner-Modul-Prüfstand

umgebung *IPG CarMaker* implementiert und kann anschließend durch Kompilieren auf dem *InMotion* System für Echtzeitanwendungen genutzt werden. Die Bedienung erfolgt über ein programmiertes Fenster in der *AVL PUMA Open* Software.

4.2.3 Inbetriebnahme des Corner-Modul-Prüfstands

Abb. 4.5 veranschaulicht den an der hinteren, rechten Prüfstandstrommel montierten Corner-Modul-Prüfstand. Mithilfe der Zentriereinrichtung des Rollenprüfstands kann das Rad mittig auf dem Zenit der Rolle positioniert werden. Die Einstellung von Sturz und Spur am Rad erfolgt über die vorgesehenen Verstelleinrichtungen. Zur Bestimmung der Referenzwerte wurden Sturz- und Spurwinkel am Messrad zunächst mit dem mobilen Koordinatenmessgerät[21] vermessen. Durch die am Messarm verbaute Zirkon-Kugelmesssonde ist es möglich, verschiedene Punkte im Raum zu erfassen. Mithilfe der Auswertesoftware *Geomatic Studio 2014* können Sturz- und Spurwinkel zwischen (durch die Messpunkte aufgespannten) Linien oder Ebenen mit einer Genauigkeit von ±0,02 ° bestimmt werden. Die konkrete Vorgehensweise ist in [Poh17] beschrieben.

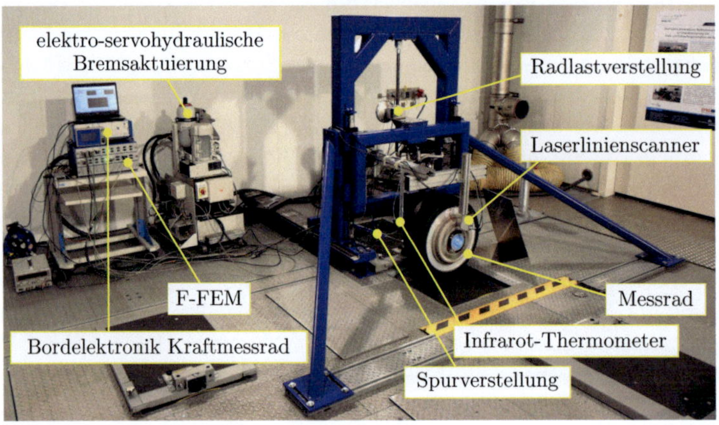

Abb. 4.5: An hinterer, rechter Prüfstandstrommel montierter Corner-Modul-Prüfstand

4.3 Prüfablauf von Umfangskraft-Schlupf-Kennlinien-Untersuchungen

Während für die Ermittlung des Rollwiderstands Prüfnormen existieren [vgl. 83; 183; 343], werden zur Ermittlung von Kraftschlusseigenschaften am Reifen von den Prüfstandsbetreibern verschiedene Mess- und Auswerteprogramme verwendet, die sich meist über mehrere Jahre aus den Erfahrungen der jeweiligen Betreiber entwickelt haben. Typische Messprozeduren werden u. a. von KASPRZAK [203] oder SCHMIDT & FÖRSCHL [335] vorgestellt. Ein übliches Verfahren zur Messung von Seitenkraftkennlinien ist die kontinuierliche Verstellung des Schräglaufwinkels. Die Betätigungsgeschwindigkeiten zur Ermittlung von quasistationären Seitenkraft-Schräglaufwinkel-

[21] *FaroArm Fusion*, Volumetrische Messgenauigkeit der Kugelmesssonde beträgt ±0,071 mm [109]

Kennlinien[22] schwanken dabei von 0,5 °/s bis 4 °/s. [366; 181; 369; 42] Der maximale Schräglaufwinkel ist durch den höchstmöglichen Verstellwinkel begrenzt, der üblicherweise ±20 ° bis ±30 ° beträgt. [vgl. 366; 335] Insbesondere bei Seitenkraftmessungen bringt jedes Messprogramm unterschiedliche Betriebszustände, wie Temperatur oder Verschleiß der Fahrbahn, mit sich und resultiert daher mitunter in unterschiedlichen Reifencharakteristiken. LEISTER [228] entwickelte folglich eine neuartige Testmethode und empfiehlt, anstatt der Fahrgeschwindigkeit am Prüfstand, die Gleitgeschwindigkeit zwischen Reifen und Fahrbahn konstant zu halten und folglich die Fahrgeschwindigkeit bei der Erhöhung des Schräglaufwinkels zu verringern. Es konnte nachgewiesen werden, dass mit dieser Prüfmethode während der Messung unrealistische Temperaturerhöhungen in der Lauffläche (und damit verbundene Einflüsse auf die Seitenkrafteigenschaften des Reifens) vermieden werden können. Zur Entwicklung einer möglichst allgemeingültigen Reifenmessprozedur zur Ermittlung des Seitenkraft-Rückstellmoment-Verhaltens, die mit realen Fahrbedingungen weitestgehend übereinstimmen, wurde im Rahmen des Forschungsprojekts *Tire Measurements (TIME)* eine neue Messprozedur spezifiziert. [374; 209; 375; 376] Eine später entwickelte *Tire Model Performance Test (TPMT)*-Messprozedur ermöglicht es, neben der Parametrierung von quasistationären Reifenmodellen für Handling-Analysen, auch Schwingungsmoden (u. a. durch Schlagleistenüberfahrten) zu analysieren und damit starre und flexible Gürtelringmodelle zu parametrisieren (vgl. Kap. 6). [235] Da die *TIME*-Prozedur hohe Anforderungen an die Prüfeinrichtung stellt, entwickelte AUGUSTIN [18] eine Mess- und Regeleinrichtung zur Umsetzung des Messverfahrens am Innentrommelprüfstand der *Universität Karlsruhe* und verglich diese mit klassischen Kennfeldmessung sowie Messungen unter realen Zeitverläufen. Er schlussfolgerte, dass mit der *TIME*-Messprozedur ein Standard zur reproduzierbaren Ermittlung von Seitenkraft- und Rückstellmomentverhalten geschaffen wurde. Die Messungen am Prüfstand sind den Bedingungen am Fahrzeug (mit kontinuierlichen Schräglauf- und Radlastverstellung) sehr ähnlich. Kennfeldmessungen (z. B. mit konstanter Schräglaufwinkel- und Radlasteinstellung) spiegeln hingegen zwar nicht die realen Bedingungen am Fahrzeug wider, eignen sich aber hervorragend zur vollständigen Parametrisierung von Reifenmodellen.

Zur Ermittlung von Umfangskraft-Schlupf-Kennlinien existiert bisher keine einheitliche Messprozedur. Am Reifenmessanhänger „PETRA“ der *Technischen Universität Darmstadt* wird mithilfe der stufenweise Verstellung des Förderwegs der Axialkolbenpumpe zur Erzeugung einer Bremskraft ein bestimmter Schlupfzustand eingestellt. Nach Einschwingen des Schlupfzustands wird die Messwertaufzeichnung gestartet. Eine Umfangskraftkennlinie wird somit in diskreten Schritten aufgenommen. [210] Am „Universelle Reibungsmesser II (URM)“ der *Universität Stuttgart* wird das Rad durch ein stetig steigendes Bremsmoment bis zum Blockieren abgebremst. [402] Am Innentrommelprüfstand der *Universität Karlsruhe* wird eine lineare Bremskraftzunahme innerhalb weniger Sekunden durchfahren. In den Arbeiten von BOLZ und GIESSLER werden innerhalb von 5 s ca. 60 % Bremsschlupf erreicht. [42; 130] Umfangskraftkennlinien am „Mobile Truck Tire Traction Dynamometer“ des *University*

[22] Zur Bestimmung des instationären Verhaltens der Seitenkraft werden oftmals Schräglaufwinkelverstellungen im Gleitsinus von 0,1 Hz bis 5 Hz bei einer Amplitude von ±1 ° [152] oder ein Schräglaufwinkelsprung durchgeführt. [97]

of Michigan Transportation Research Institute (UMTRI) werden mit einer linearen Bremsmomentenrampe durchfahren. Die Bremsschlupfrate beträgt 80 %/s. [290; 108] Zur Vermeidung von übermäßigen Reifenverschleiß wird üblicherweise bei Erreichen eines gewissen Bremsschlupfs, z. B. bei 30 % oder 50 %, das Bremsmoment gelöst bzw. das Rad von der Fahrbahn gehoben. [vgl. 146; 402; 42] Zudem ist für die Fahrdynamiksimulation mit modernen ABS- oder ESP-Regelsystemen die Parametrisierung von Reifenmodellen bei sehr hohen Bremsschlupfwerten oder eines blockierenden Rades meist nicht von Interesse. Nach Beauregard [27] ist der gemessene maximale Kraftschlussbeiwert unkritisch bezüglich der Abbremsdauer. Eine Abbremsdauer von bis zu einer Sekunde, in der das Messrad vom freien Rollen bis zum Bremskraftmaximum abgebremst wird, ist ohne Einfluss. Folglich muss zur messtechnischen Erfassung von Umfangskraft-Schlupf-Kennlinien mit dem Reifenmessanhänger bzw. dem CMP eine geeignete Messprozedur erarbeitet werden, die es ermöglicht, quasistationäre Reifencharakteristiken reproduzierbar aufzuzeichnen und gleichzeitig mögliche Störgrößen zu reduzieren.

Die experimentellen Analysen mit dem Reifenmessanhänger auf trockener Fahrbahn erfolgen auf der Start- und Landebahn des Testgeländes *Flugplatz Arnstadt-Alkersleben*. Der Flugplatz verfügt über eine ebene Asphalt-Fahrbahn mit einer Gesamtlänge von 870 m. Zur Durchführung reproduzierbarer Messungen werden die Versuche auf einer ausgewählten Spur in die selbe Richtung durchgeführt. Die Messprozedur wird dabei stets im selben Abschnitt gestartet. Das Zugfahrzeug wird auf eine konstante Geschwindigkeit von 50 km/h beschleunigt. In Anlehnung an die vorgestellten Messprozeduren zur Ermittlung von Umfangskraft-Schlupf-Kennlinien, wurde im Rahmen von Vorversuchen eine Variantenanalyse mit verschiedenartigen Bremsbetätigungen untersucht. Als zielführend hat sich eine kontinuierliche und lineare Verstellung des Bremsdrucks erwiesen. Diese realisiert indirekt eine kontinuierliche, quasistationäre Bremsschlupfänderung. Eine treppenförmige Erhöhung des Bremsdruck führte zu Radkraftschwingungen und damit zu einer Verfälschung der Messergebnisse. Als guter Kompromiss zwischen einer langsamen, quasistationären Bremsschlupfverstellung und einer moderaten Messdauer hat sich eine Bremsdruckrampe mit einem Druckgradienten von 10 bar/s herausgestellt. Um übermäßigen Reifenverschleiß zu limitieren, wird die Bremsdruckrampe bei ca. 30 % bis 50 % Bremsschlupf abgebrochen. Eine in der Regelsoftware implementierte Blockierverhinderung überwacht dafür stetig die Raddrehzahl. Unterschreitet diese einen vorgegebene Schwellwert, wird der Bremsdruck schnell abgebaut. Je nach Beladung, respektive Radlast, wird der kritische Schlupf bei 50 bar bis 75 bar Bremsdruck erreicht. Damit wird die Längskraft-Schlupf-Kennlinie innerhalb von 5 s bis 7,5 s aufgezeichnet. Untersuchungen mit geringeren Bremsdruckgradienten zeigten, dass die Messgenauigkeit damit nicht verbessert werden kann. Die Bremsanlage wird aufgrund der längeren Messdauer jedoch stärker thermisch belastet. Längere Kühlphasen wären die Folge. Zusätzlich zu den auf trockener Fahrbahn durchgeführten Messungen, wird der Reifenfülldruckeinfluss auf die Umfangskraft-Schlupf-Kennlinien auf nasser Fahrbahn experimentell untersucht. Dazu werden Reifenkennlinienmessungen auf einer speziell lackierten, und mithilfe eines Sprinklersystems gleichmäßig bewässerten, Niedrigreibwertfahrbahn des Testgeländes durchgeführt. Aufgrund der begrenzten Länge der Spezialfahrbahn beträgt der Gradient der Bremsdruckrampe zur Realisierung des Bremsschlupfs hier 15 bar/s. Die

Wasserhöhe kann nicht exakt gemessen werden. Es kann jedoch abgeschätzt werden, dass diese niedrig ist und unter 1 mm liegt.

Die Messungen am Corner-Modul-Prüfstand können auf der vorderen rechten Rolle mit einem Durchmesser von 48" bzw. auf der hinteren rechten Rolle mit einem Durchmesser von 75" des Vier-Rollen-Prüfstands durchgeführt werden. Die Geschwindigkeit der Rollen kann hier variiert werden. Zur Gewährleistung der Vergleichbarkeit mit den Messungen, die mit dem RMA aufgezeichnet werden, wird zunächst ebenfalls eine Geschwindigkeit von 50 km/h eingestellt. Analog zur Regelung am Reifenmessanhänger wird eine lineare Bremsdruckrampe mit einer Steigung von 10 bar/s durchfahren. Eine in der Regelung implementierte Blockierverhinderung beendet die Aktuierung der Bremse bei Erreichen eines vorher definierten Schlupfs. Die experimentellen Analysen am MaSTeR-Prüffeld werden bei klimatisierten Laborbedingungen (Umgebungstemperatur 20 °C, Luftfeuchte 40 % r.F.) durchgeführt. Für eine konstante Zirkulation der Umgebungsluft in der Prüfkammer und zur Kühlung der Scheibenbremse wird der Fahrtwindlüfter genutzt und mit 25 % der Maximalleistung betrieben.

Die geschilderte Prüfprozedur spiegelt die gleiche Grundproblematik wider, die sich bei den meisten Labor- und mobilen Prüfeinrichtungen zur Messung von Umfangskraftkennlinien auf realen Fahrbahnen wiederfindet. Nach Durchlaufen des Kraftmaximums durchläuft der Reifen den sog. instabilen Bereich. Das Kraft- bzw. Reibwertmaximum selbst wird nur für einen sehr kurzen Moment erreicht. Da der Reibwert einer realen Fahrbahn lokal schwankt, ist das Maximum nur eine Momentaufnahme einer bestimmten Stelle auf der Fahrbahn. Um eine Reibwert-Schlupf-Kennlinie wirklich quasistationär zu durchfahren, müsste die Raddrehzahl unabhängig vom Lastmoment einstellbar sein. Aus Sicht der Regeltechnik ist dies auch bei Laborprüfständen sehr schwierig, da jeder Regeleingriff mit einem Zeitverzug verbunden ist. Dieser führt wiederum zu Schwingungen. Aufwendig geregelte Synchronmotoren könnten (im Vergleich zu anderen elektrischen Antriebsmaschinen) eine konstante Drehzahl unabhängig vom Lastmoment ermöglichen. Die Implementierung an den hier vorgestellten Prüfeinrichtungen wäre aufgrund von Gewicht, Bauraum, Komplexität der Regelung und Anschaffungskosten jedoch nicht umsetzbar. Bolz [42] beschreibt daher in seiner Dissertation Maßnahmen, um die Problematik zu reduzieren. Hohe Rotationsträgheitsmomente bewirken, dass sich die Drehzahl des Rades deutlich verzögert ändert. Höhere Geschwindigkeiten wirken sich einerseits positiv auf die Rotationsträgheiten aus, andererseits wird eine größere Strecke pro Zeit zurückgelegt. Dies ermöglicht eine gewisse Mittlung des Reibwerts über der Fahrbahnlänge. Aus den genannten Gründen werden die Versuche mit dem Reifenmessanhänger stets auf der selben Spur im selben Abschnitt mit einer möglichst homogenen Fahrbahnoberfläche durchgeführt. Zudem werden mehrere Versuche pro Messreihe durchgeführt.

Laborprüfstände weisen eine sehr hohe Reproduzierbarkeit der Messungen auf. [vgl. 369] Aus diesem Grund werden meist keine bzw. maximal eine Wiederholungsmessung durchgeführt. Messungen mit mobilen Prüfeinrichtungen weisen aufgrund von systemimmanenten Radlastschwankungen sowie inhomogenen Oberflächen bei realen Fahrbahnen deutlich größere Schwankungen zwischen den Messwerten auf. Klempau [210] führt in seiner Arbeit daher drei Messdurchgänge mit dem Reifenmessanhänger *PETRA* durch. Für Reibwertuntersuchungen am instrumentierten Reifenmessanhänger „Skid Truck System“ des *Transportation Research Center (TRC)* werden nach der Testprozedur ASTM F408-99 fünf Wiederholungen pro Messreihe durchgeführt, Ausreißer entfernt und anschließend gemittelt. [248] Die in dieser Forschungsarbeit durchgeführten Versuche zeigen, dass die Untersuchungen unter Laborbedingungen eine sehr gute Reproduzierbarkeit, und die Messungen auf dem Testgelände eine moderate Wiederholgenauigkeit aufweisen (vgl. Kap. 4.5). Daher werden jeweils drei Wiederholungsmessungen für die Messungen am Vier-Rollen-Prüfstand durchgeführt. Für die experimentellen Analysen, die mit dem Reifenmessanhänger auf realer Fahrbahn durchgeführt werden, sind fünf Wiederholungsmessungen vorgesehen.

Zur Messung einer Umfangskraftkennlinie werden neuwertige, aber mindestens 150 km eingefahrene[23], Reifen genutzt. Vor Beginn der Aufzeichnung einer Messreihe wird eine Warmfahrprozedur durchfahren. Bei Messungen am Vier-Rollen-Prüfstand unter Laborbedingungen rollt der Reifen ca. 30 Minuten bei einer Radlast von ca. 3.500 N bei 50 km/h. Anschließend werden 10 Bremsdruckrampen durchfahren. Aufgrund begrenzter Kapazität der Energieversorgung des Reifenmessanhängers und teilweise auftretenden Wartezeiten aufgrund von Flugverkehr auf dem Testgelände, wird vor den Messungen, die mit dem RMA aufgezeichnet werden, teilweise eine reduzierte Warmlaufprozedur durchgeführt.

Wird ein Reifen mehrfach mit gleicher Belastung, z. B. wiederkehrenden Bremsungen, beansprucht, kommt es zur sogenannten Sägezahnbildung an den einzelnen Profilelementen. Das Einschleifen der Profilblöcke bewirkt, dass Flächenpressungsspitzen verringert werden und eine homogene Druckverteilung im Rad-Boden-Kontakt entsteht. Dies hat zur Folge, dass das Kraftübertragungspotenzial auf trockener Fahrbahn verbessert werden kann. GNADLER et al. [146; 145] zeigten, dass insbesondere bei Winterreifen eine unsymetrische Belastung des Reifens zu einem ungleichmäßigen Verschleißbild führt. Folglich wird der maximale Reibwert einer Umfangskraft-Schlupf-Kennlinie von der Sägezahnausbildung beeinflusst. LEISTER [227] stellte fest, dass Reifen eingebremst werden können und die dabei entstehende Sägezahnausprägung zu einem kürzeren Bremsweg führt. Dieser nimmt mit den ersten Bremsungen exponentiell ab. Nach mehreren Bremsungen ist der Einfluss wesentlich geringer. Da die mithilfe des Reifenmessanhängers und des Corner-Modul-Prüfstands durchgeführten Umfangskraftbeiwert-Schlupf-Messungen ausschließlich durch eine Bebremsung des Reifens realisiert werden, ist eine (Brems-)Sägezahnbildung unvermeidlich. Es zeigt sich jedoch, dass die Ausprägung nicht besonders hoch ist. Um trotzdem vergleichbare und reproduzierbare Messergebnisse zu erzielen werden die zu untersuchende Reifen zunächst durch mehrere Bremsungen eingebremst. Die Untersuchungen auf verschiedenen Fahrbahnoberflächen werden mit ähnlich ausgeprägter Bremssägezahnausbildung durchgeführt.

4.4 Automatisierte Auswertung der Messergebnisse

Zur automatisierten Analyse der Messergebnisse wurde im Rahmen der Forschungsarbeit eine Auswertemethode entwickelt und mithilfe eines umfangreichen *MATLAB*-

[23] Wann ein Reifen eingefahren ist, ist in der Literatur unterschiedlich definiert. SHOOP [337] schlägt vor, dass ein Reifen mindestens 160 km gefahren sein muss, bevor ein Reifentest durchgeführt wird. Für Bremswegmessungen nach ISO 21994 [184] wird vorgeschlagen, dass die Reifen über 150 km ohne übermäßige Beanspruchung eingefahren werden. Die maximale longitudinale und laterale Beschleunigung sollte $\pm 3\,m/s^2$ nicht übersteigen.

Programmpakets umgesetzt. Zunächst werden, abhängig vom genutzten Prüfstand, die *.tdms- bzw. *.erg-Messdateien eingelesen und zur weiteren Verarbeitung in *MATLAB* als *.mat-Dateien abgespeichert. Die Versuchsdaten werden auf Plausibilität geprüft. Die Messgrößen vor und nach der Bremsprozedur werden entfernt. Aufgrund der internen Verarbeitung der Signale in der Bordelektronik des verwendeten Messrads kommt es zu einer Verzögerung der Analogsignale von 2,6 ms und einer Verzögerung der CAN-Signale von 22,6 ms (bei einem Abspeichertakt von 800 Hz) [vgl. 207]. Die Verzögerung der Abspeicher-Zyklen wird hier korrigiert. Zur Berechnung des Bremsschlupfs nach Gl. 2.3 wird der dynamische Radhalbmesser r_{dyn} benötigt. Dieser wird während der Versuchsdurchführung am rollenden Rad im schlupffreien Zustand vor Beginn der Bremsung aus dem Verhältnis von Radgeschwindigkeit v_{Rad} und der Längsgeschwindigkeit v_x des Reifenmessanhängers, respektive der sich aus der Rollendrehzahl ergebenden Längsgeschwindigkeit v_x der jeweiligen Lauftrommel des Vier-Rollen-Prüfstands, ermittelt. Da das Datenerfassungssystem am Reifenmessanhänger die Daten mit einem Abspeichertakt von 800 Hz aufzeichnet, die verwendete *Racelogic VBox* die Längsgeschwindigkeit jedoch nur mit 100 Hz erfasst, wird eine Interpolation zwischen den Messwerten durchgeführt.

Die vom Messrad ausgegebene Vertikalkraft F_z ermittelt die in die Messdosen eingeleitete Aufstandskraft. Diese unterscheidet sich von der auf die Straße aufgebrachten Last, die z. B. im Stand mit einer Bodenwaage aufgezeichnet werden kann, durch die Gewichtskräfte der Radkomponenten von Reifen, Felge, Messrad-Außenteil, Schrauben der Verbindung von Felge und Außenteil, Messdosen-Schrauben sowie der Hälfte der Messdosen. Die Messrad-Messung ist daher gegenüber einer Bodenwaagen-Messung vermindert. Zur Ermittlung der im Reifenlatsch wirkenden Aufstandskraft muss die Gewichtskraft der entsprechenden Radkomponenten auf die Messrad-Messung addiert werden. Diese ist abhängig von der verwendeten Reifen-Felgen-Kombination und lässt sich aus der Gewichtskraft der Einzelkomponenten bzw. aus der im aufgebockten Zustand gemessenen Gewichtskraft bestimmen. Die zu addierenden Gewichtskräfte liegen für die im Rahmen der Forschungsarbeit untersuchten Reifen-Felgen-Kombinationen zwischen 213 N und 303 N und werden im Rahmen der Auswertung berücksichtigt.

Zur Gewährleistung von reproduzierbaren Messungen werden am Reifenmessanhänger fünf Versuche pro Messreihe, d. h. für eine zu untersuchende Radlast-Reifenfülldruck-Variante, durchgeführt. Am Corner-Modul-Prüfstand werden drei Versuche pro Messreihe durchgeführt. Diese werden genutzt, um automatisiert eine Reibwert-Schlupf-Kurve zu ermitteln. Die Auswertung von Umfangskraft-Schlupf-Kennlinien, respektive Reibwert-Schlupf-Kennlinien, ist in der Regel aufwendiger als die Auswertung von Seitenkraft-Schräglauf-Kennlinien, da die aufgezeichneten Messwerte nicht äquidistant bezüglich des Schlupfs sind. [42] Wie auch von anderen Prüfeinrichtungen bekannt, weisen die erfassten Schlupfwerte eine gewisse Streuung auf. [vgl. 148; 347; 203] Dies ist auf die limitierte Genauigkeit der Geschwindigkeitsmessung zurückzuführen. Insbesondere am Reifenmessanhänger besitzt die GPS basierte Geschwindigkeitsmessung nur eine Genauigkeit von $\pm 0{,}1$ km/h (vgl. Kap. 4.1.2). Bolz [42] schlägt in seiner Arbeit eine Klassifizierung der Rohsignale vor. Dabei werden alle Messwerte innerhalb einer definierten Schlupfklasse mit einer Klassenbreite von 0,5 % Schlupf gemittelt. Sivaramakrishnan et al. [347] schlagen eine lokal gewichtete Regression für verschiedene Äste der Kennlinie vor. Die resultierende Reibwert-Schlupf-Kennlinie setzt sich folglich aus den verschiedenen Teilen zusammen.

Für die in dieser Arbeit aufgezeichneten Messsignale kann ebenfalls festgestellt werden, dass die Mittelung der Rohsignale durch Glättung oder die Anwendung unterschiedlicher Filter nicht zu einem befriedigenden Ergebnis führt. Insbesondere die Filterfrequenz hat einen signifikanten Einfluss auf die charakteristische Ausprägung der Reibwert-Schlupf-Kennlinie. [vgl. Vie15] Es wird daher vorgeschlagen, zunächst eine Schlupfklassifizierung durchzuführen. Die Klassenbreite kann im *MATLAB*-Programm eingestellt werden. Gute Ergebnisse werden mit mit einer Klassenbreite von 0,5 % erzielt. Da sich insbesondere bei niedrigen Reifenfülldrücken und hohen Radlasten sehr große Steigungen, respektive Längsschlupfsteifigkeiten, ergeben, führt die Schlupfklassizierung im linearen Bereich der Kennlinie oft zu unbefriedigenden Ergebnissen. Daher wird für die Mittelung eine Koordinatentransformation vorgeschlagen. Das Koordinatensystem wird um einen bestimmten Winkel gedreht. Damit ergibt sich im transformierten Bezugssystem ein geringerer Anstieg der Kennlinie. Um kleinere Ausreißer der resultierenden Kennlinie zu glätten, wird eine Regression durchgeführt. Ein weitverbreitetes Glättungsverfahren ist die lokal gewichtete Regression, deren Ursprung auf CLEVELAND [67] zurückgeht. Hier wird eine lokal gewichtete Regressionsfunktion mit einer quadratischen Gewichtungsfunktion genutzt. [vgl. 256, Kap. 7.8] Zur späteren Berechnung der Abweichung zwischen parametrisierter und gemessener Reifenkennlinie wird eine Kennlinie benötigt, die aus äquidistanten Stützstellen besteht. Daher wird schließlich mithilfe einer Spline-Interpolation (d. h. durch die Interpolation stückweise stetiger Polynome) anhand der Stützpunkte der Regressionskennlinie die finale Reifenkennlinie approximiert und u. a. im standardisierten TYDEX-Format[24] abgespeichert. Abb. 4.6 veranschaulicht die am Reifenmessanhänger bzw. am Corner-Modul-Prüfstand aufgezeichneten Rohsignale einer ausgewählten Versuchsreihe, die in fünf bzw. drei nacheinander durchgeführten Messungen erfasst wurden. Weiterhin sind die durch Schlupfklassizierung und anschließende Regression ermittelten Umfangskraftbeiwert-Schlupf-Kennlinien dargestellt.

Mithilfe des automatisierten Auswerte-Programms ist es möglich, charakteristische Kenngrößen zu berechnen, die markante Bereiche der ermittelten Reibwert-Schlupf-Kennlinien beschreiben. Als besonders relevant, um den Einfluss des Reifeninnendrucks und der Radlast auf die quasistationären Reifencharakteristiken zu beschreiben, haben sich im Rahmen der Forschungsarbeit die Umfangssteifigkeit, der maximale Umfangskraftbeiwert, der kritische Schlupf sowie das Verhältnis des Reibwerts bei 30 % Schlupf zum maximalen Reibwert zur Charakterisierung erwiesen. Alternativ könnten auch weitere Parameter, wie die von FISCHLEIN [118] vorgeschlagene Krümmung der μ-Schlupf-Kurve im Maximum oder die größte negative Steigung nach dem Maximum der Kennlinie berücksichtigt werden. Neben der quantitativen Bewertung

[24]Neben der Normung von Messgrößen-Einheiten und der Standardisierung von Messkoordinatensystemen (vgl. Kap. A.7), wurde der konkrete Aufbau einer Messdatei von der Forschungskooperation *Tyre Data Exchange Format (TYDEX)* als Standard zum Datenaustausch von Reifenmessdaten entwickelt und veröffentlicht. [vgl. 273; 372] Kommerzielle Programme, wie z. B. *cosin scientific software* [69], *MF-Tyre* [358] oder *IPG Tireutil* [188] benötigen die Messdaten von Reifenprüfständen im *TYDEX*-Format, um Reifenmodelle wie *FTire*, *SWIFT* oder *IPG-Tire* zu parametrisieren.

des Reifenfülldruckeinflusses werden die errechneten Kenngrößen als Startwerte für die Parameteridentifikation der Reifenmodelle (vgl. Kap. 6.1) benötigt.

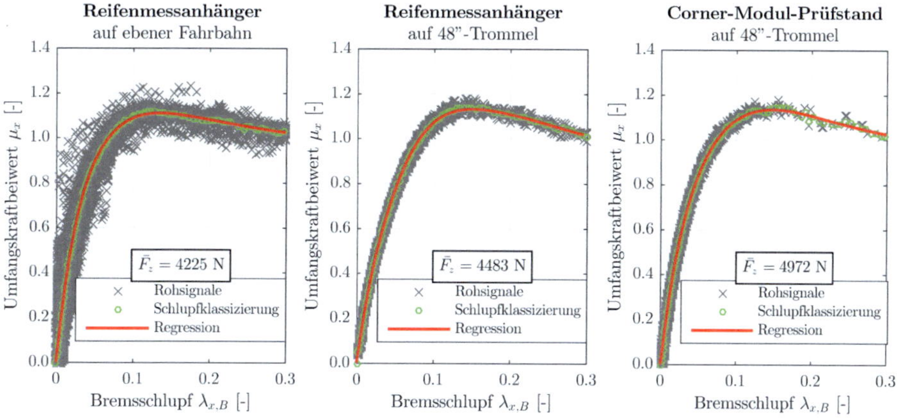

Abb. 4.6: Rohsignale und Mittelung der Umfangskraftbeiwert-Schlupf-Kennlinien (SUV-Reifen, p_R = 2,5 bar)

Für die Berechnung der Steifigkeit einer Umfangskraft-Schlupf-Kennlinie, respektive einer Seitenkraft-Schräglauf-Kennlinie, existiert kein standardisiertes Verfahren. Einsle [97] erwähnt, dass zur Bestimmung der Seitenkraftsteifigkeit häufig eine lineare Interpolation bis zu einer Schwelle zwischen 1 ° und 2 ° durchgeführt wird. Alternativ kann eine Seitenkraftschwelle von $\frac{1}{3} \cdot \frac{(F_{y,max} - F_{y,min})}{2}$ definiert werden. [vgl. 97; 261] Unrau [369] und Augustin [18] schlagen eine Regressionsgerade zwischen den Schräglaufwinkelschwellen von ±0,2 ° zur Bestimmung der Seitenkraftsteifigkeit vor. Für die im Rahmen dieser Arbeit aufgezeichneten Reibwert-Schlupf-Kennlinien zeigte sich, dass die Bestimmung des Gradienten einer Regressionsgerade im Nulldurchgang der Kennlinie nicht möglich ist, da keine vollständige Umfangskraft-Schlupf-Kennlinie für ein angetriebenes und bebremstes Rad vorliegt, die den Ursprung durchläuft. Mit den hier verwendeten Messsystemen kann nur Bremsschlupf erzeugt werden. Bei geringen Schlupfwerten, der nach [251; 64] bis zu 3 % betragen kann, darf von einer linearen Beziehung zwischen Bremsschlupf und dem Umfangskraftbeiwert ausgegangen werden. Im Rahmen der hier vorliegenden Forschungsarbeit wird die Umfangssteifigkeit durch eine lineare Regression an den Kennwerten der Umfangskraftbeiwert-Schlupf-Kennlinien bestimmt, die unterhalb von 1,5 % Schlupf liegen. Dieses Berechnungsverfahren erlaubt eine robuste Bestimmung der Kenngrößen für hohe Längsschlupfsteifigkeiten (bei niedrigen Reifenfülldrücken) sowie bei niedrige Gradienten (bei hohen Reifeninnendrücken).

Abb. 4.7 veranschaulicht zusammenfassend den Programmablauf des entwickelten *MATLAB*-Programmpakets zur automatisierten Auswertung der Messergebnisse. Die abgespeicherten Ergebnisse werden später genutzt, um die Modellparameter für ausgewählte Reifenmodelle zu identifizieren (vgl. Kap. 6.1).

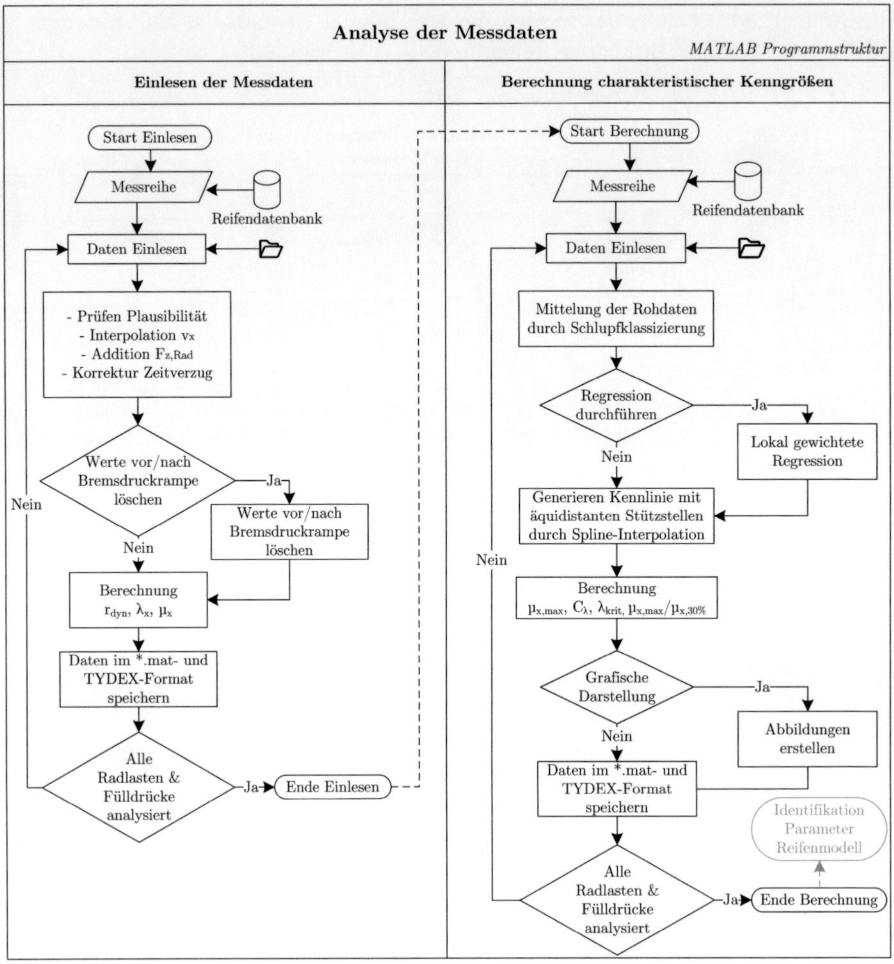

Abb. 4.7: Programmabalauf zur automatisierten Auswertung der Messergebnisse

4.5 Charakteristische Eigenschaften und Vergleich der Messeinrichtungen

Zur statistischen Absicherung der Messergebnisse werden für jeden zu untersuchenden Betriebspunkt, d. h. für jede Reifenfülldruck-Radlast-Variante, mehrere Umfangskraftbeiwert-Schlupf-Kennlinien aufgezeichnet. Für die Untersuchungen, die am Vier-Rollen-Prüfstand durchgeführt werden, haben sich drei Wiederholungsmessungen als zielführend erwiesen. Für die Messungen, die mit dem Reifenmessanhänger auf realer Fahrbahn durchgeführt werden, sind fünf Messungen pro Versuchsreihe vorgesehen. Anhand aller Messwerte wird anschließend die Umfangskraft-Schlupf-Kennlinie berechnet. Zur Bestimmung der Reproduzierbarkeit der Einzelmessungen wird zusätzlich eine Reibwertkennlinie für jede aufgezeichnete Messwertkurve berechnet. Insbesondere bei den unter Laborbedingungen durchgeführten Untersuchungen konnte eine sehr gute Wiederholgenauigkeit nachgewiesen werden. Die Standardabweichung zwischen den ermittelten Längsschlupfsteifigkeiten der Einzelmessungen überschreitet nur in wenigen Ausnahmefällen einen Wert von 3 %. Auch die Standardabweichung der maximalen Umfangskraftbeiwerte der einzelnen Messungen liegt in den meisten Fällen unter 2 %. Die Abweichung zwischen den mit dem Reifenmessanhänger auf trockener Fahrbahn ermittelten Anfangssteigungen der Reibwert-Schlupf-Kennlinie ist hingegen signifikant. Die Standardabweichung beträgt - je nach Reifen und Betriebspunkt - zwischen 3,3 % und 29,3 %. Durchschnittlich liegt die mittlere quadratische Abweichung bei 13,6 %. Dies ist insbesondere dadurch erklärbar, dass mit Beginn der Bremsschlupfrealisierung am Messanhänger eine Radlastverlagerung auftritt und folglich Schwingungen in das Messsystem eingeprägt werden, die während der Messprozedur abklingen. Diese Schwingungen sind bei näherer Betrachtung im ansteigenden Ast der Reifenkennlinie erkennbar. Da zur Berechnung der Umfangskraftsteifigkeit nur ein kleiner Teil der ansteigenden Kurve betrachtet wird, beeinflussen die Schwingungen daher das Berechnungsergebnis. Trotz möglicher Reibwertschwankungen der Fahrbahn des Testgeländes ist die Abweichung zwischen den ermittelten maximalen Kraftschlussbeiwerten bemerkenswert gering. Die bei allen Untersuchungen maximal ermittelte Differenz zwischen dem Reibwertmaximum einer Einzelmessung und dem Mittelwert betrug 0,035 bzw. 2,9 %. Meist liegen die maximalen Abweichungen der fünf Einzelmessungen bezogen auf den Mittelwert unter 2 %. Auch die Standardabweichung zwischen den fünf ermittelten Kraftschlussmaxima pro Messreihe liegt stets unter 2 %. Zur Veranschaulichung der sehr guten Reproduzierbarkeit sind in Abb. 4.8 die in den Einzelmessungen aufgezeichneten Umfangskraftbeiwerte in Abhängigkeit vom Bremsschlupf für einen ausgewählten Betriebspunkt dargestellt. Auf nasser Fahrbahn sind die Abweichungen zwischen den fünf Einzelmessungen, aufgrund möglicher Schwankungen der Wasserhöhe (und folglich des resultierenden Kraftschlussbeiwerts), leicht höher. Allerdings übersteigen auch hier die maximal bestimmten relativen Abweichungen sowie die Standardabweichungen der erfassten maximalen Kraftschlussbeiwerte einer Messreihe nur selten einen Wert von 5 %.

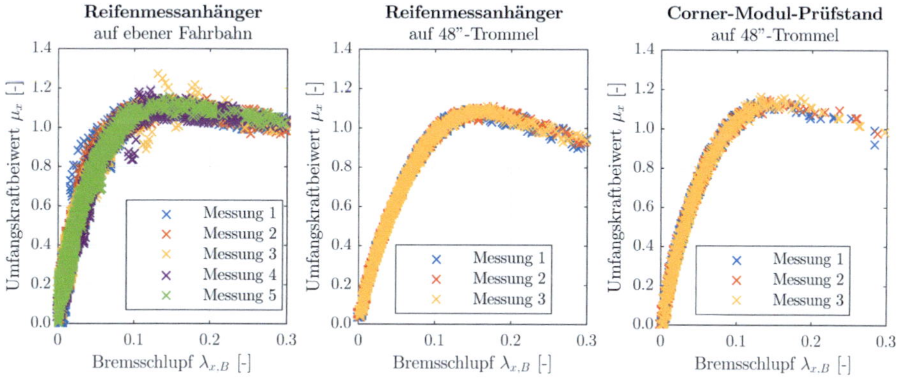

Abb. 4.8: Vergleich der Rohsignale der Wiederholungsmessungen (SUV-Reifen, $F_z \approx 4.500\,\text{N}$, $p_R = 3{,}5\,\text{bar}$)

Für den sog. Eco-Reifen (vgl. Kap. 4.6) wurden mit dem Reifenmessanhänger bei einer mittleren Radlast $\bar{F}_z$ von ca. 7,6 kN Wiederholungsmessungen auf der nassen Niedrigreibwertfahrbahn durchgeführt, vgl. Abb. 4.9. Die bei einem Reifenfülldruck von 1,5 bar, 2,5 bar und 4,0 bar aufgezeichneten Messungen wurden im Abstand von einer Stunde durchgeführt. Dabei zeigt sich, dass die Abweichung der Umfangssteifigkeiten bezogen auf die Erstmessung bei 4 %, 9 % bzw. 25 % liegen. Dies unterstreicht nochmals, dass die Genauigkeit der ermittelten Längsschlupfsteifigkeiten hinterfragt werden muss. Die Reproduzierbarkeit des maximalen Kraftschlussbeiwerts ist hingegen sehr gut. Die bestimmten Abweichungen betragen zwischen 1,0 % und 1,2 %. Zur Abschätzung der Wiederholgenauigkeit unter Laborbedingungen wurde am Corner-Modul-Prüfstand der maximale Kraftschluss zwischen Reifen und Fahrbahn in Abhängigkeit des Reifenfülldrucks einmal ermittelt, indem der Fülldruck nach jeder Messreihe reduziert wurde. Anschließend wurde die Messreihe erneut durchgeführt, wobei der Fülldruck nach jeder Messreihe erhöht wurde. Die Ergebnisse sind in Abb. 4.10 dargestellt und zeigen eine sehr gute Reproduzierbarkeit der Ergebnisse auf. Die maximale relative Abweichung der ermittelten Umfangssteifigkeiten beträgt ca. 6,3 %. Die höchste relative Abweichung der bestimmten maximalen Kraftschlussbeiwerte beträgt ca. 1,9 %.

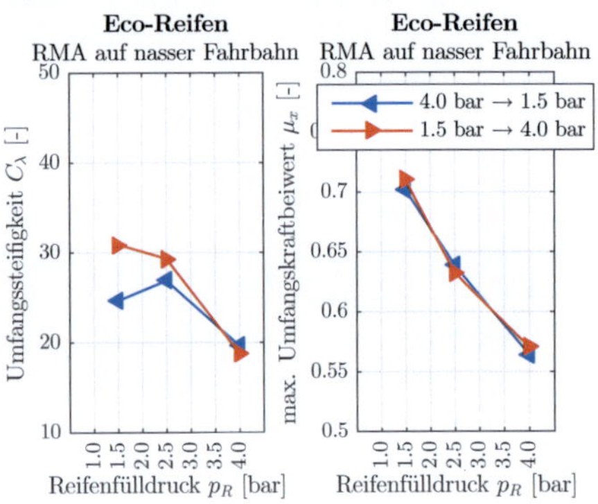

Abb. 4.9: Vergleich Reproduzierbarkeit der Messergebnisse am RMA ($F_z \approx 7{,}6\,\mathrm{kN}$)

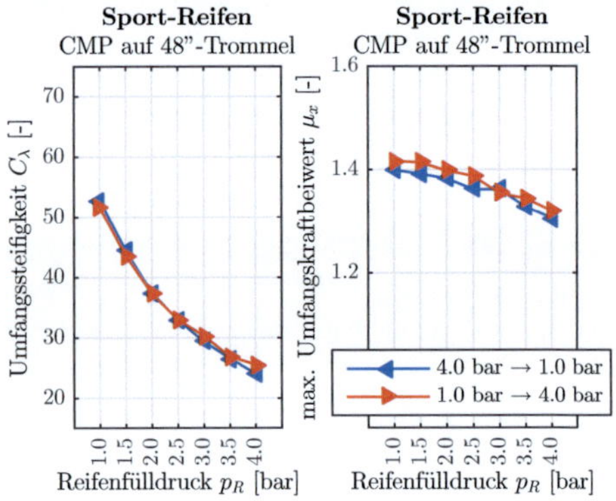

Abb. 4.10: Vergleich Reproduzierbarkeit der Messergebnisse am CMP ($F_z \approx 2{,}5\,\mathrm{kN}$)

Zur weiteren Abschätzung der Wiederholgenauigkeit der Versuche wurden Wiederholungsmessungen mit dem Reifenmessanhänger auf der 48"-Trommel des Vier-Rollen-Prüfstands im Abstand von ca. drei Monaten durchgeführt. Für beide Versuchsreihen wurde der selbe SUV-Reifen verwendet. Die dabei ermittelten Umfangssteifigkeiten und maximalen Umfangskraftbeiwerte sind in Abb. 4.11 dargestellt. Es lässt sich feststellen, dass der qualitative Verlauf der Kennlinien sehr ähnlich ist. Jedoch ist eine annähernd konstante Abweichung zwischen den Kennlinien erkennbar. Die maximale relative Abweichung bezogen auf die zuerst durchgeführten Messungen betragen bei der Längsschlupfsteifigkeit ca. 26 % und beim maximalen Reibbeiwert ca. 10 %. Die ermittelten Unterschiede können auf eine Vielzahl an Einflussgrößen zurückgeführt werden. Beispielsweise weichen die mittlere Radlasten leicht voneinander ab. Dies beruht auf der Tatsache, dass die Belastungsgewichte für den Reifenmessanhänger nicht geeicht sind. Weiterhin ist die Genauigkeit zur Positionierung des Messanhängers auf dem Zenit der Rolle mit der Zentriereinrichtung limitiert. Eine Positionierung der Mittelachse des Reifens vor oder nach dem Zenit der Rolle kann die Messergebnisse verfälschen. Eine in Kap. A.9 im Anhang vorgestellte Abschätzungsrechnung zeigt auf, dass ein Abstand zwischen dem Reifen- und Rollenzenit von 10 mm zu einer Abweichung des ermittelten Kraftschlussbeiwerts von ca. 3,5 % führen kann. Eine Beeinflussung der Kraftschlusseigenschaften durch die Umgebungsbedingungen kann ausgeschlossen werden, da die Messungen unter klimatisierten Laborbedingungen (Umgebungstemperatur 20 °C, Luftfeuchte 40 % r.F.) nach gleich ablaufender Einlaufprozedur durchgeführt wurden. Der Einfluss verschiedener Vorbelastungen sowie eine Beeinflussung des Kraftschlussverhaltens durch Alterungserscheinungen kann nicht ausgeschlossen werden. Obwohl - anders als bei Seitenkraftmessungen - die Abnahme der Profiltiefe bei Umfangskraftmessungen gering ist, konnte die Differenz der Laufflächenhöhe zwischen beiden Versuchsreihen mit ca. 0,7 mm (Messung 1: 7,0 mm, Messung 2: 6,3 mm) abgeschätzt werden. Geht man davon aus, dass die Profilrillen zum Profilgrund schmaler werden, nimmt die effektive Aufstandsfläche im Reifenlatsch mit abnehmender Profiltiefe zu. Dies führt nach der Theorie der Gummireibung (vgl. Kap. 2.1.2) zu einem größeren Kraftübertragungspotenzial. Nicht zuletzt konnte Reifenabrieb auf der Laufrolle festgestellt werden. Dies bewirkt, dass die Reibkraft zusätzlich zur Adhäsions- und Hysteresekomponente durch eine Kohäsionskomponente beeinflusst wird. Nimmt der Reifenabrieb auf der Fahrbahnoberfläche zu, kann auch die resultierende Umfangskraft höher werden. Die Analyse der Einflüsse der Reifen-, Fahrbahn- und Betriebsparameter auf das Kraftschlussverhalten führt zu der Erkenntnis, dass die Zusammenhänge sehr komplex sind. Wie bereits von anderen Autoren, u. a. [15; 236; 226], festgestellt, darf daher auch hier konstatiert werden, dass viele Einflussgrößen auf die Kraftschlusseigenschaften von Reifen wirken. Zudem sind die beeinflussenden Parameter teilweise miteinander verkettet. Die Komplexität der Beziehungen erschwert daher häufig die isolierte Bewertung einzelner Einflussgrößen. Schließlich kann geschlussfolgert werden, dass die Reproduzierbarkeit zwischen den Einzelmessungen einer Versuchsreihe sehr gut ist. Vergleicht man die Versuche miteinander, die in unterschiedlichen Zeiträumen durchgeführt wurden, sind mitunter Differenzen zwischen den Resultaten messbar. Der qualitative Verlauf der Kennlinien wird im Wesentlichen nicht beeinflusst. Für eine präzise quantitative Beschreibung des Kraftschlussverhaltens ist folglich eine genaue Positionierung und Kalibrierung des Messrads sowie eine korrekte Charakterisierung der Betriebsparameter unabdingbar.

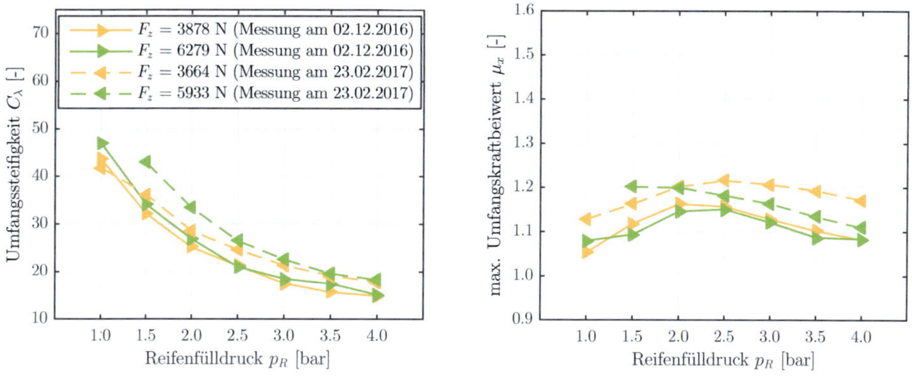

Abb. 4.11: Mit RMA auf 48"-Trommel analysierte Wiederholungsmessungen (SUV-Reifen)

Aufgrund der systemimmanenten Eigenschaften der Prüfeinrichtungen, unterscheiden sich die charakteristischen Eigenschaften leicht voneinander. Während mit dem Corner-Modul-Prüfstand Reifenkennlinienmessungen bis zu einer Geschwindigkeit von 250 km/h durchführbar sind, wird die Maximalgeschwindigkeit für experimentelle Untersuchungen mit dem Reifenmessanhänger auf dem Testgelände durch die notwendige Zugkraft, und damit durch die Motorisierung des Zugfahrzeugs, begrenzt (vgl. Kap. 4.1.3). Während am Corner-Modul-Prüfstand sehr kleine Radlasten realisierbar sind, ist die minimale Radlast beim Reifenmessanhänger (bedingt durch das Eigengewicht des Messanhängers) auf ca. 370 kg begrenzt. Am Vier-Rollen-Prüfstand können die Asynchronmaschinen im Kurzzeitbetrieb eine Bremskraft von 8.922 N an der vorderen 48"-Trommel bzw. 5.706 N an der hinteren 75"-Laufrolle abstützen (vgl. Kap. 4.2.1). Geht man von einem maximalen Umfangskraftbeiwert von 1,3 aus, sollte folglich die Radlast 4.389 N an der 75"-Trommel (und 6.863 N an der 48"-Trommel) nicht überschreiten, um ein Absinken der Rollendrehzahl zu verhindern.

Für die Belastbarkeit der Messergebnisse ist es wichtig, dass sich die Radstellungsgrößen während der Messung möglichst wenig ändern. In Kap. 4.1.3 wurde bereits gezeigt, dass die Radaufhängung am Reifenmessanhänger entsprechend steif ist, so dass selbst die Einprägung großer Kräfte praktisch keine Auswirkungen auf den Sturz- und Spurwinkel des Messrads haben. Ein möglicher Schräglaufwinkel wird nur dann aufgeprägt, wenn es durch eine ungleichmäßige Bremskraftverteilung zwischen dem linken und rechten Rad des Anhängers zu einem Schiefziehen des Reifenmessanhängers kommt. Der dabei entstehende Schwimmwinkel wurde während der Versuchsdurchführung mithilfe der *Racelogic VBox 3iSL* erfasst. Es konnte nachgewiesen werden, dass der erfasste Schwimmwinkel (sowohl bei den Messungen auf trockenem Asphalt als auch auf nasser Niedrigreibwertfahrbahn) nur sehr selten einen Wert von 0,5 ° überschreitet. Am *MaSTeR*-Prüffeld wird der Schräglaufwinkel des Rads durch einen Laserlinienscanner messtechnisch erfasst (vgl. Kap. 4.2.3). Messungen, die mit dem Reifenmessanhänger auf der Prüfstandstrommel durchgeführt wurden, zeigten ebenfalls, dass sich der Schräglaufwinkel während einer Messung um maximal 0,5 ° ändert. Am Corner-Modul-Prüfstand kommt es aufgrund der (Elasto-)Kinematik des Fahrwerks zu einer Schräglaufwinkeländerug. Diese kann im Worstcase, also bei hohen Radlasten und demzufolge hohen Bremskräften, bis zu 1,5 ° betragen. Die Messungen mit dem Laserlinienscanner erlauben weiterhin eine Abschätzung der Sturzänderung des Messrads in Abhängigkeit der Radlast und des Reifenfülldrucks. Es konnte nachgewiesen werden, dass die Änderung des Sturzwinkels bei Variation der Radlast oder des Reifenfülldrucks stets unter 0,15 ° liegt und der Einfluss damit als vernachlässigbar angenommen werden kann.

Aufgrund der großen wirkenden Bremskräfte sowie der Elastizität der Radaufhängung des Corner-Modul-Prüfstands, respektive der Ketten zur Fesselung des Reifenmessanhängers, wird das zu untersuchende Rad während der Messprozedur leicht vom Rollenzenit gedrückt. Um die Verschiebung des Rads während der Messungen quantifizieren zu können, wurden am Corner-Modul-Prüfstand sowie am Reifenmessanhänger Untersuchungen mit der Hochgeschwindigkeitskamera *Keyence VW 9000* durchgeführt. Mit dem Messsystem ist es möglich, eine Videodatei von der Bewegung des Felgenhorns mit einer sehr hohen Bildwiederholrate aufzuzeichnen. Durch eine Videoanalyse mit der Software *National Instruments Vision* kann anschließend die Bewegung charakterisiert werden. Untersucht wurde jeweils der Fall einer hohen Radlast von ca. 4.500 N und folglich einem hohen erreichbaren Bremsdruck von ca. 70 bar am Sport-Reifen (bei 50 km/h und einem Reifenfülldruck von 2,0 bar). Es konnte nachgewiesen werden, dass sich das Messrad am CMP um ca. 4 mm, respektive am RMA um ca. 5 mm, verschiebt. Eine in Kap. A.9 vorgestellte Abschätzungsrechnung zeigt auf, dass dieser Einfluss vernachlässigt werden kann.

Um mögliche Einflüsse auf die Messergebnisse, die durch den Prüfaufbau bedingt werden, bewerten zu können, wurden (zusätzlich zu den Untersuchungen mit dem Corner-Modul-Prüfstand) Reifenkennlinienmessungen mit dem Reifenmessanhänger am MaSTeR-Prüffeld durchgeführt. Ein Vergleich der Umfangskraftmessungen, die mit beiden Prüfeinrichtungen bei gleichen Laborbedingungen auf dem Vier-Rollen-Prüfstand analysiert wurden, erlaubt es, den Einfluss möglicher systemimmanenter Störgrößen während der Messprozedur abschätzen zu können. Für die Versuchsdurchführung kann der Messanhänger sowohl auf den vorderen 48"-Lauftrommeln als auch auf den hinteren 75"-Prüfstandsrollen zentriert und mithilfe einer Kettenfesslung befestigt werden. Die Umfangskraftbeiwert-Schlupf-Kennlinien wurden gemäß des definierten Messprogramms, welches im nächsten Kapitel vorgestellt wird, aufgezeichnet. Bei konstanten, klimatisierten Umgebungsbedingungen (20 °C, 40 % r. F.) wurde der Radlast- und Reifenfülldruckeinfluss auf das Kraftschlussverhalten von drei Reifenvarianten untersucht. Abb. 4.12 veranschaulicht beispielhaft die für den SUV-Reifen ermittelten Umfangskraftbeiwert-Schlupf-Kennlinien. Die Reifencharakteristiken weiterer untersuchter Reifenvarianten sowie die Analyse markanter Bereiche der Kennlinien sind in Kap. A.11 im Anhang dargestellt. Die Resultate erlauben einerseits die Schlussfolgerung, dass die auf der 75"-Prüfstandstrommeln bestimmten Umfangssteifigkeiten sowie maximalen Kraftschlussbeiwerte größer sind als auf der Laufrolle mit einem kleineren Außendurchmesser. Dieses Phänomen wird in Kap. 5.4 detailliert diskutiert. Weiterhin ist festzustellen, dass die resultierenden mittleren Radlasten bei den verwendeten Prüfeinrichtungen geringfügig voneinander abweichen. Die im Reifenlatsch angreifende Bremskraft bewirkt am Reifenmessanhänger ein Drehmoment um die Anhängerkupplung. Um diesen Einfluss so gering wie möglich zu halten, wurde bereits bei der konstruktiven Auslegung des mobilen Messsystems (vgl. Kap. 4.1.1)

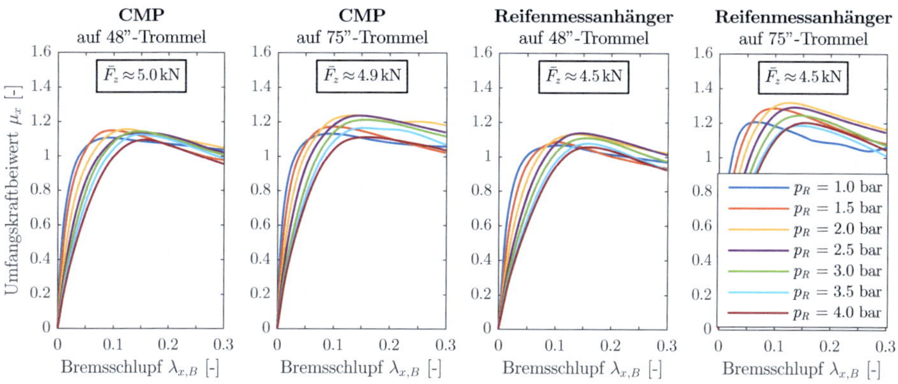

Abb. 4.12: Für den SUV-Reifen mit RMA und CMP ermittelte μ_x-$\lambda_{x,B}$-Kennlinien

auf eine geringe Länge des resultierenden Hebelarms geachtet. Trotzdem nimmt die Radlast (mit zunehmender Bremskraft) leicht ab. Am Corner-Modul-Prüfstand bewirkt die Kinematik des Fahrwerks beim Angreifen einer Bremskraft eine geringe Erhöhung der Radlast während der Messung. Ein Vergleich der Resultate, die mit dem Corner-Modul-Prüfstand bzw. dem Reifenmessanhänger auf den Prüfstandsrollen durchgeführt wurden, zeigt auf, dass die ermittelten Reifencharakteristiken sehr ähnliche qualitative und quantitative Verläufe aufweisen. Bei Betrachtung der Verhältnisse der maximal bestimmten Umfangskraftbeiwerte, die jeweils mit dem CMP und dem RMA auf der 48"- bzw. 75"-Prüfstandstrommel ermittelt wurden, fällt auf, dass die Abweichungen meist deutlich unter 10 % liegen. Es darf daher konstatiert werden, dass der Einfluss des verwendeten Prüfaufbaus auf die im Labor erzielten Messergebnisse gering ausgeprägt ist. Inwiefern die gemessenen Unterschiede auf den Prüfaufbau, d. h. insbesondere auf die (Elasto-)Kinematik des verwendeten Fahrwerks am Corner-Modul-Prüfstand (und die damit leicht veränderlichen Radlast-, Spur- und Sturzbedingungen während der Messung), zurückzuführen sind, ist nicht abschließend zu klären. Wie bereits in diesem Kapitel beschrieben, können eine Vielzahl verschiedener Einflussgrößen nicht isoliert voneinander betrachtet werden. Da zwischen den Messungen teilweise größere zeitliche Abstände von bis zu drei Monaten lagen und für die Messungen die selben Reifen genutzt wurden, können die durchgeführten Einlauf- und Messprozeduren die Verschleißerscheinungen und die individuelle Vorbelastung der Reifen beeinflussen. Folglich können die ermittelten Reifencharakteristiken geringfügig voneinander abweichen. Da die Einricht- und Umrüstzeit am Reifenmessanhänger länger ist als am Corner-Modul-Prüfstand, mussten die experimentellen Untersuchungen zur Aufzeichnung eines vollständigen Reifenkennfelds zudem über zwei Messtage erfolgen. Schließlich darf jedoch konstatiert werden, dass der Einfluss einer geringen Zunahme der Radlast sowie der Änderung des Schräglaufwinkels am Corner-Modul-Prüfstand von bis zu 1,5 ° während der Messprozedur auf das analysierte Kraftschlussverhalten gering ausgeprägt ist. Diese Erkenntnis korreliert mit Forschungsergebnissen, die von anderen Autoren vorgestellt wurden. GNADLER et al. [146] zeigten beispielsweise, dass eine Änderung des Schräglaufwinkels in diesem Bereich praktisch keinen Einfluss auf das Umfangskraft-Schlupf-Verhalten haben. Auch LEISTER [226, Kap. 8] konstatiert, dass die Reduktion der Längshaftung durch Aufbringen eines Schräglaufwinkels geringer ausgeprägt ist als die Reduktion der Querhaftung durch das Aufprägen von Längsschlupf. Folglich ist der Einfluss kleiner Schräglaufwinkel auf die Umfangskraft-Schlupf-Kennlinie gering. Eigene Untersuchungen analysierten zudem die Flächenpressungsverteilung im Reifen-Fahrbahn-Kontakt auf der Prüfstandsrolle für verschiedene Schräglaufwinkel (vgl. Kap. 5.5.2). Die Resultate zeigen, dass bis zu einem Schräglaufwinkel von 3 ° kein Einfluss auf die Ausprägung der Reifenaufstandsfläche nachgewiesen werden kann. [vgl. Jes18]

Abschließend bleibt folgerichtig festzustellen, dass mit den hier entwickelten Prüfständen reproduzierbare Reifenkennlinienmessungen durchgeführt werden können. Aufgrund der systemimmanenten Eigenschaften der Prüfeinrichtungen resultieren entsprechende Anwendungsgebiete. Während mit dem Reifenmessanhänger insbesondere Untersuchungen auf verschiedensten realen Fahrbahnen durchgeführt werden können, erlauben die Messungen unter Laborbedingungen Analysen unter klimatisierten Bedingungen mit einer hohen Wiederholgenauigkeit. Tab. 4.2 verdeutlicht zusammenfassend die Spezifikation, respektive die charakteristischen Eigenschaften, der Prüfstandsvarianten.

Tab. 4.2: Vergleich der Prüfstandsvarianten

Reifenmessanhänger auf realer Fahrbahn	**Reifenmessanhänger auf Trommel**	**Corner-Modul-Prüfstand auf Trommel**
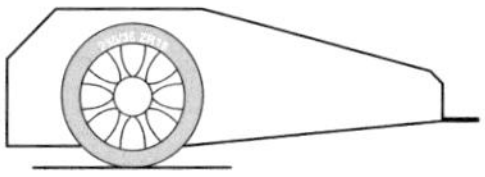	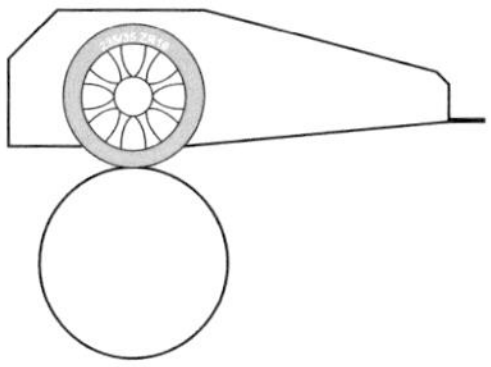	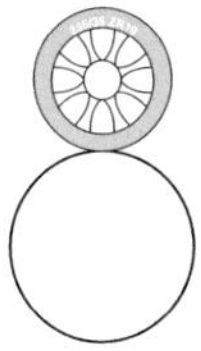
gute Reproduzierbarkeit *5 Messungen pro Messreihe* $\sigma_{\mu_{x,max}} < 2\,\%$ $\sigma_{C_\lambda} < 30\,\%$	**sehr gute Reproduzierbarkeit** *3 Messungen pro Messreihe* $\sigma_{\mu_{x,max}} < 2\,\%$ $\sigma_{C_\lambda} < 5\,\%$	**sehr gute Reproduzierbarkeit** *3 Messungen pro Messreihe* $\sigma_{\mu_{x,max}} < 2\,\%$ $\sigma_{C_\lambda} < 5\,\%$
reale Temperaturbedinungen	**klimatisierte Laborbedinungen** *-20 °C bis +45 °C möglich*	**klimatisierte Laborbedinungen** *-20 °C bis +45 °C möglich*
reale ebene Fahrbahn *trockene und nasse Oberfläche*	**gekrümmte Fahrbahn** *trockene Cr-Stahl Oberfläche*	**gekrümmte Fahrbahn** *trockene Cr-Stahl Oberfläche*
mittlere Geschwindigkeit *z. B. 50 km/h*	**mittlere & höhere Geschwindigkeit** *bis 250 km/h möglich*	**mittlere & höhere Geschwindigkeit** *bis 250 km/h möglich*
moderate Genauigkeit Schlupfmessung *Geschwindigkeit über VBox*	**sehr gute Genauigkeit Schlupfmessung** *Geschwindigkeit über Drehzahl Rolle*	**sehr gute Genauigkeit Schlupfmessung** *Geschwindigkeit über Drehzahl Rolle*
höhere Radlasten[a] *ca. 370 kg bis ca. 1.000 kg*	**mittlere Radlasten**[b] *ca. 370 kg bis ca. 700 kg*	**niedrige Radlasten**[c] *0 kg bis ca. 450 kg*
höherer Einricht- & Messaufwand	**mittlerer Einricht- & Messaufwand**	**niedriger Einricht- & Messaufwand**
starre Radaufhängung *geringere Dämpfung der Vertikalkraft, Schräglaufwinkeländerung* $\Delta\alpha$ *bis zu 0,5 °, keine Sturzänderung*	**starre Radaufhängung** *geringere Dämpfung der Vertikalkraft, Schräglaufwinkeländerung* $\Delta\alpha$ *bis zu 0,5 °, keine Sturzänderung*	**Radaufhängung an (elastischer) Mehrlenker-Vorderachse** *Dämpfung durch Stoßdämpfer, Schräglaufwinkeländerung* $\Delta\alpha$ *bis zu 1,5 °, Sturzänderung* $\Delta\gamma$ *bis zu 0,15 °*
Befestigung RMA mit Zugfahrzeug durch Anhängerkupplung	**Befestigung RMA auf Trommel mit Kettenfesselung** *Längsbewegung auf Rolle bis zu 5 mm (bei* $F_z \approx 4.500\,N$, $p_B = 67\,bar$*) durch Elastizität der Ketten*	**Befestigung Messrad durch Fahrwerk am CMP** *Längsbewegung auf Rolle bis zu 4 mm (bei* $F_z \approx 4.500\,N$, $p_B = 67\,bar$*) durch (Elasto-)Kinematik des Fahrwerks*

[a]Die minimale Radlast wird durch das Eigengewicht des RMA begrenzt, die maximal zu realisierende Radlast wird durch die Anzahl der montierbaren Belastungsgewichte beschränkt.

[b]Die maximale Radlast ist abhängig von der realisierbaren Umfangskraft und wird folglich durch die Maximalmomente der Asynchronmaschinen und der Trommeldurchmesser des MaSTeR-Prüffelds begrenzt.

[c]Die maximale Radlast wird beim hier verwendeten Fahrwerksaufbau konstruktiv durch den Abstand der unteren Querlenker zum Boden begrenzt. Eine verbesserte Aufbauvariante ermöglicht eine Applikation höherer Radlasten.

4.6 Messprogramm

Wie in Kap. 2.6 zusammengefasst, wurde der Einfluss des Reifeninnendrucks auf Reifencharakteristiken von Pkw-Reifen in bisherigen Forschungsarbeiten nur am Rande betrachtet. Die Arbeiten beschränkten sich auf eine niedrige Variationsanzahl sowie ein geringes Reifenfülldruckspektrum. Zudem wurde festgestellt, dass sich die durchgeführten experimentellen Versuche auf Reifendimensionen mit einem maximalen Felgendurchmesser von 16" beschränkten. Da bei modernen Pkws (nicht zuletzt zur Verringerung des Rollwiderstands) eher größere Reifendimensionen verwendet werden, sollen hier Reifen der Dimension 17" und 19" untersucht werden. Weiterhin konnte gezeigt werden, dass die Fahrbahn einen signifikanten Einfluss auf den Reibwertverlauf von Reifenkennlinien hat. Um eine möglichst allgemeingültige Aussage über den Reifenfülldruckeinfluss auf das Umfangskraftverhalten von Pkw-Reifen bei verschiedenen Betriebsbedingungen zu erlangen, wurde ein Messplan erarbeitet, der eine Vielzahl an Einflussgrößen berücksichtigt. Dieser wird im Folgenden beschrieben.

- **Reifenvarianten**: Zur Untersuchung des Einflusses verschiedener Reifenvarianten auf den Reifenfülldruckeinfluss werden unterschiedliche Reifentypen in Radialbauweise für den Pkw-Einsatz analysiert. Tab. 4.3 zeigt eine Übersicht der in dieser Arbeit untersuchten Reifen, die hier als Eco-, Sport- und SUV-Reifen bezeichnet werden. Grundsätzliche systematische Untersuchungen zum Einfluss bestimmter Reifenparameter auf das Reifenfülldruckverhalten sind mit Serienreifen nur bedingt möglich, da Reifen mit unterschiedlicher Dimension für verschiedene Fahrzeuge entwickelt werden und daher Geschwindigkeitsindex, Anzahl der Karkassenlagen, Tragfähigkeit, Gummimischung und Profilgestaltung voneinander abweichen. Die Auswahl erzielt jedoch einen guten Kompromiss, um unterschiedliche Reifenvarianten bei einer moderaten Messdauer zu untersuchen. Es wurden neuwertige, jedoch eingefahrene Reifen verwendet (vgl. Kap. 4.3). Um den Einfluss verschiedener Chargen, Herstellungsorte oder -zeiten zu vermeiden, wurde für alle Messungen der selbe Reifen genutzt.
- **Reifenfülldruckvariationen**: Um den Einfluss des Reifeninnendrucks auf Reifencharakteristiken allgemeingültig experimentell zu analysieren, soll im Rahmen der Forschungsarbeit ein möglichst großes Reifeninnendruck-Spektrum betrachtet werden. Es wird vorgeschlagen, Reifenfülldrücke von 1,0 bar bis 4,0 bar in 0,5 bar-Schritten zu untersuchen. Erste Voruntersuchungen zeigten, dass kleinere Variationsschritte keinen zusätzlichen Erkenntnisgewinn mit sich bringen, der Messaufwand würde sich jedoch erheblich vergrößern. Weiterhin musste festgestellt werden, dass Messungen mit einem Innendruck von unter 1,0 bar mitunter nicht durchführbar sind, da die Seitenwand bereits die Fahrbahn berührt. Bei großen Radlasten musste zudem teilweise auf Messungen bei einem Fülldruck von 1,0 bar verzichtet werden. Bei den untersuchten Reifen wird ein maximaler (Kalt-)Druck von 340 kPa angegeben. Um Beschädigungen zu vermeiden, werden die Untersuchungen folglich bei maximal 4,0 bar durchgeführt.
- **Radlastvariationen**: Zur Analyse eines nichtlinearen Radlasteinflusses auf die Reifeneigenschaften wird vorgeschlagen, die Messungen bei mindestens drei unterschiedliche Radlasten durchzuführen. Auch VAN OOOSTEN & BAKKER [377] empfehlen mindestens drei verschiedene Aufstandskräfte zur Parametrisierung

Tab. 4.3: Spezifikation der untersuchten Reifen

	Eco-Reifen	**Sport-Reifen**	**SUV-Reifen**

Hersteller	Michelin	Michelin	Pirelli
Bezeichnung	Energy Saver	Pilot Sport 2	Scorpion Verde
Anwendung	Sommer-Reifen	Sommer-Reifen	Allwetter-Reifen
Dimension	215/55 R 17	235/35 R 19	235/55 R 19
Tragfähigkeitsindex	94	87	105
Geschwindigkeitsindex	H	Y	V
DOT	2812	1512	3515
Profiltiefe	6 mm	6 mm	7 mm
mittl. Shore-A Härte	66,7	72,0	69,7
Gewebelagen Karkasse	1x Polyester	1x Rayon	2x Rayon
Gürtellagen	2x Stahl	2x Stahl	2x Stahl
Gewebelagen Bandage	1x Polyamide	1x Polyamide	2x Nylon

des *Magic Formula* Reifenmodells zu betrachten. Folglich werden die experimentellen Untersuchungen bei mindestens drei, meist vier, Radlastvarianten mit einer möglichst hohen Last-Spreizung durchgeführt. Bestimmt durch die systemimmanenten Eigenschaften der Prüfvorrichtungen unterscheiden sich die konkret eingestellten Werte mitunter in Abhängigkeit der verwendeter Messeinrichtung.

- **Fahrbahnvarianten**: Zur Abschätzung des Fahrbahneffekts auf die Umgangskraftbeiwert-Schlupf-Kennlinien bei variierten Reifenfülldrücken werden mit dem Reifenmessanhänger Versuche auf unterschiedlichen, realen Fahrbahnoberflächen analysiert. Die Messungen auf trockener Asphalt-Fahrbahn werden auf der Landebahn des Testgeländes *Flugplatz Arnstadt-Alkersleben* durchgeführt. Für die Messungen auf nasser Niedrigreibwertfahrbahn wird eine speziell lackierte, und mit Wassersprinklern gleichmäßig bewässerte, Fläche auf der Rollbahn genutzt. Mit dem Corner-Modul-Prüfstand können Messungen auf der 48"- bzw. 75"-Prüfstandstrommel des Vier-Rollen-Prüfstands durchgeführt werden. Der Chromstahl-Fahrbahnbelag hat im Vergleich zu realen Asphalt- oder Betonbelägen eine deutlich feinere Oberfläche (vgl. Kap. 4.2.1).

- **Prüfstandsvariationen**: Zur Untersuchung von Kraftschlussbeiwert-Schlupf-Messungen in Abhängigkeit verschiedener Parameter, insbesondere dem Reifenfülldruck, werden die im Rahmen dieser Forschungsarbeit entwickelten Messeinrichtungen genutzt. Der Reifenmessanhänger ermöglicht es, experimentelle Analysen auf realen (trockenen und nassen) Fahrbahnen durchzuführen. Der Corner-Modul-Prüfstand bietet die Möglichkeit, Reifeneigenschaften am klimatisierten Vier-Rollen-Prüfstand unter Laborbedingungen zu charakterisieren. Für vergleichende Untersuchungen wird zudem der Reifenmessanhänger am *MaSTeR*-Prüffeld montiert. Dies erlaubt eine umfassende Bewertung des Prüfstandseinflusses auf die Kraftschlussmessungen.

Zusammenfassend veranschaulicht Abb. 4.13 schematisch das erarbeitete Messprogramm. In Kap. A.8 im Anhang sind die während der Versuchsdurchführung aufgezeichneten Betriebsbedingungen dokumentiert, die zwischen den Messreihen teilweise variieren. Während die Umgebungstemperatur am klimatisierten MaSTeR-Prüffeld für die meisten experimentellen Analysen beispielsweise 20 °C betrug, war die Außentemperatur auf dem Testgelände abhängig von den Umweltbedingungen. Weiterhin unterschieden sich die bei den verschiedenen Messreihen erfassten Vertikalkräfte mitunter leicht voneinander. Die im Folgenden mit $\bar{F}_z$ symbolisierten mittleren Radlasten beschreiben den arithmetischen Mittelwert der Aufstandskraft, die während der Messprozedur am gebremsten Rad erfasst wurde. Diese weichen von den Radlasten am rollenden Rad, aufgrund der Radlastverlagerung am Reifenmessanhänger bzw. der (Elasto-)Kinematik des Fahrwerks am Corner-Modul-Prüfstand geringfügig ab. Zudem sind leicht unterschiedliche Vertikalkräfte zwischen den untersuchten Reifenvarianten feststellbar. Dies ist u. a. darauf zurückzuführen, dass die jeweils verwendeten Gewichte zur Belastung des Reifenmessanhängers nicht geeicht sind. Schließlich beeinflusst die Masse des Reifens sowie der verwendeten Felge die resultierende Aufstandskraft (vgl. Kap. 4.4).

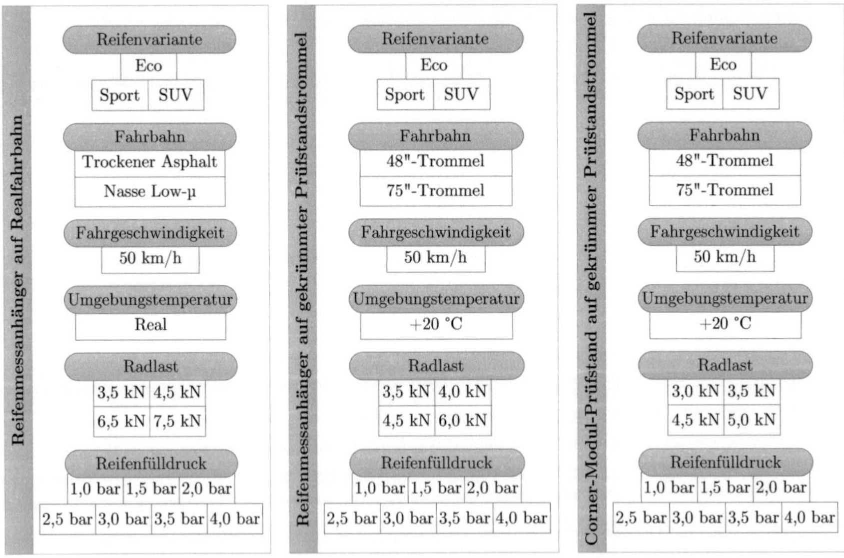

Abb. 4.13: Messplan zur Charakterisierung der Reifeneigenschaften

4.7 Fazit

Zur Analyse des Reifenfülldruckeinflusses auf Kraftschlusscharakteristiken von Reifen wurden zwei im Rahmen dieser Forschungsarbeit entwickelte Prüfeinrichtungen vorgestellt. Ein Reifenmessanhänger erlaubt es, Reifeneigenschaften auf realen (trockenen und nassen) Fahrbahnen aufzuzeichnen. Mithilfe des Corner-Modul-Prüfstands ist es möglich, Reifencharakteristiken unter Laborbedingungen zu ermitteln. Weiterhin wurde die erarbeitete Methode zur Messwerterfassung und sowie das entwickelte Verfahren zur automatisierten Auswertung der Versuchsergebnisse erläutert. Die Analyse erster Messergebnisse erlaubt eine Bewertung der charakteristischen Prüfstandseigenschaften sowie einen Vergleich der Versuchseinrichtungen miteinander. Es wurde nachgewiesen, dass mit der mobilen sowie stationären Messeinrichtung reproduzierbare Kraftschlussmessungen durchgeführt werden können. Während andere Reifenprüfstände mitunter in ihren Anwendungsgebieten (z. B. keine Messmöglichkeit auf realer Fahrbahn) oder der Variationsbreite bestimmter Einflussparameter (z. B. limitierte Radlastverstellung) stärker eingeschränkt sind, ermöglichen die hier entwickelten Prüfeinrichtungen die Analyse eines großen Spektrums verschiedener Einflussgrößen auf das Kraftschlussverhalten von Reifen. Zur Quantifizierung großer Reifenfülldruckvariationen auf das im Fokus der Forschung stehende Umfangskraftverhalten von Pkw-Reifen wurde ein ausgearbeitetes Messprogramm vorgestellt. Dieses sieht insbesondere vor, Umfangskraftbeiwert-Schlupf-Kennlinien von drei unterschiedlichen Reifenvarianten in Abhängigkeit der Fahrbahnbeschaffenheit, der Fahrbahnkrümmung sowie der Radlast und des Reifeninnendrucks zu charakterisieren. Die Diskussion der Messergebnisse wird im folgenden Kapitel vorgestellt.

5 Diskussion der Messergebnisse

In diesem Kapitel werden zunächst die Messergebnisse vorgestellt, die mit dem Reifenmessanhänger auf trockener Asphalt-Fahrbahn sowie nasser Niedrigreibwertfahrbahn erzielt wurden. Der Einfluss großer Reifenfülldruckvariationen auf die Reifencharakteristiken sowie markante Kenngrößen werden diskutiert. Weiterhin werden die Resultate der Versuche beschrieben, die mithilfe des Corner-Modul-Prüfstands und des Reifenmessanhängers auf der 48"- und der 75"-Prüfstandstrommel des *MaSTeR*-Prüffelds unter Laborbedingungen ermittelt wurden. Zur Bewertung des Fahrbahneinflusses, insbesondere der Trommelkrümmung, werden die analysierten Messergebnisse miteinander verglichen. Nach Zusammenfassung bekannter Verfahren zur Korrektur des Fahrbahnkrümmungseinflusses wird eine eigene Umrechnungsmethode abgeleitet, die es erlaubt, Umfangskraftbeiwert-Schlupf-Kennlinien anhand von Reifenlatschmessungen in Abhängigkeit der Fahrbahnkrümmung zu skalieren. Schließlich wird die allgemeingültige Anwendbarkeit des Umrechnungsverfahrens sowie der Einfluss der Fahrbahnbeschaffenheit auf das bestimmte Kraftschlussverhalten umfänglich diskutiert.

5.1 Reifenmessanhänger auf trockener Asphalt-Fahrbahn

Abb. 5.1 veranschaulicht die Umfangskraftbeiwert-Schlupf-Kennlinien, die mithilfe des in Kap. 4.4 vorgestellten *MATLAB*-Programms automatisiert für die untersuchten Reifen (bei einer ausgewählten mittleren Radlast $\bar{F}_z$) berechnet wurden. Es kann festgestellt werden, dass der Reifenfülldruck einen signifikanten Einfluss auf die Form und den Verlauf der Kennlinien hat. Zur Analyse des Reifenfülldruckeinflusses auf die

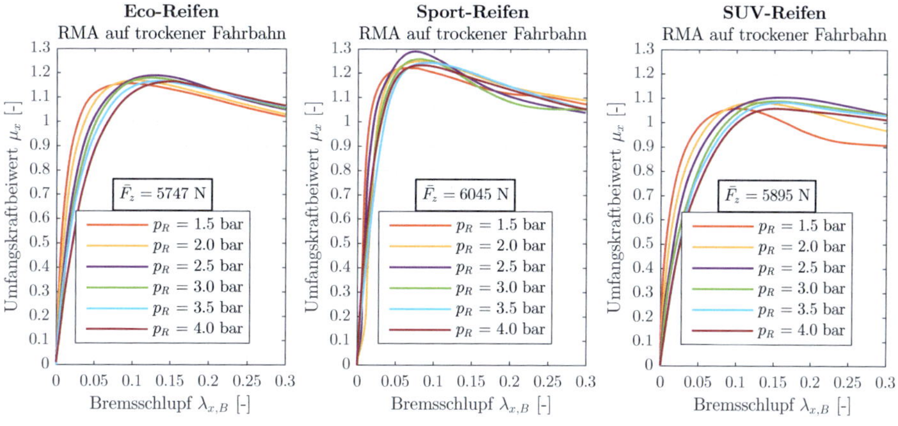

Abb. 5.1: Mit dem RMA auf trockener Asphaltfahrbahn ermittelte Reifenkennlinien

Reifenkennlinien werden im Folgenden charakteristische Kenngrößen betrachtet, die markante Bereiche der quasistationären Reifencharakteristik beschreiben. Im Rahmen dieser Forschungsarbeit haben sich dafür die Anfangssteigung (die redundant auch als Umfangssteifigkeit oder Längsschlupfsteifigkeit bezeichnet wird), der maximale Umfangskraftbeiwert, der kritische Schlupf sowie das Reibwertverhältnis, das hier als Quotient des Reibwerts bei 30 % Schlupf und des maximalen Kraftschlussbeiwerts definiert wird, als geeignet erwiesen. Alternativ könnten auch weitere Parameter, wie z. B. die größte negative Steigung betrachtet werden (vgl. Kap. 4.4).

Abb. 5.2 veranschaulicht die **Umfangssteifigkeiten**, die für die untersuchten Reifen in Abhängigkeit der Radlast sowie des Reifenfülldrucks berechnet wurden. Erwartungsgemäß kann festgestellt werden, dass eine höhere Radlast zu größeren Anfangssteigungen der Kennlinien führt. Als wesentlich größerer Einfluss stellt sich jedoch der Reifeninnendruck heraus. Insbesondere bei niedrigen Fülldrücken bewirkt eine geringe Änderung des Fülldrucks eine große Änderung der Längsschlupfsteifigkeit. Die Betrachtung der Kennlinien lässt eine Potenzfunktion als Zusammenhang zwischen dem Reifenfülldruck und der Umfangssteifigkeit vermuten. Das Phänomen lässt sich mit dem Bürstenmodell (vgl. Kap. 2.1.3) erklären. Mit abnehmenden Fülldruck nimmt die Latschlänge, und damit die sich im Reifen-Fahrbahn-Kontakt befindlichen Elementarsteifigkeiten, zu. Die resultierende Längsschlupfsteifigkeit ist nach Gl. 2.17 proportional zur quadratischen Latschlänge und nimmt daher mit abnehmendem Fülldruck und folglich größerer Reifenaufstandslänge zu.

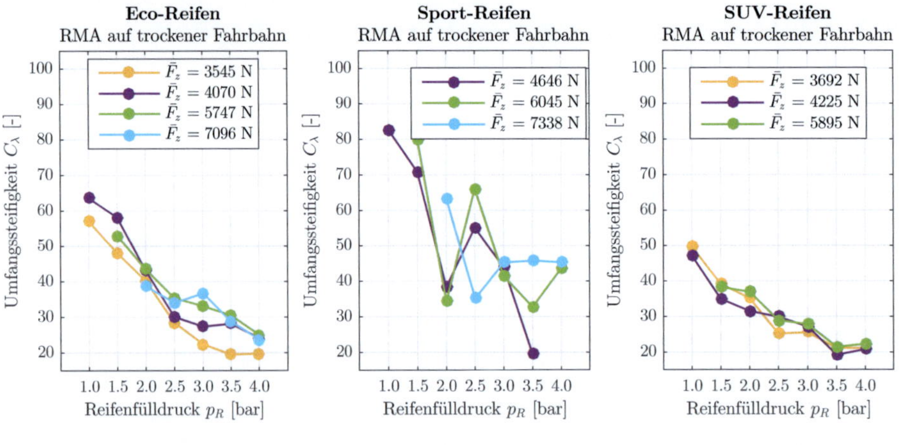

Abb. 5.2: Mit dem RMA auf trockener Asphaltfahrbahn ermittelte Umfangssteifigkeiten

Betrachtet man beispielhaft die Anfangssteigungen des Eco-Reifens, fällt auf, dass sich die Umfangssteifigkeit bei einer Radlast von ca. 3.500 N um ca. 100 % erhöht, wenn der Reifenfülldruck von 2,5 bar auf 1,0 bar reduziert wird. Bei einer Erhöhung des Innendrucks von 2,5 bar auf 4,0 bar reduziert sich die Umfangssteifigkeit um ca. 30 %. Weiterhin ist erkennbar, dass die mittlere Steifigkeit des Sport-Reifens mit einem Niederquerschnittsprofil verglichen mit den anderen analysierten Reifen am größten ist. Die Umfangssteifigkeit des untersuchten Allwetterreifens (SUV-Reifen), der durch ein Höhen-Breiten-Verhältnis von 55 % sowie einer weicheren Gummimischung charakterisiert ist, ist etwas geringer.

Im Vergleich zu den mit dem Corner-Modul-Prüfstand unter Laborbedingungen ermittelten Längsschlupfsteifigkeiten, die in Kap. 5.3 vorgestellt werden, ist der Verlauf der Kennlinien durch einige Ausreißer geprägt. Dies ist darauf zurückzuführen, dass die Reproduzierbarkeit der Steifigkeitsmessungen unter Laborbedingungen besser ist als auf der realen Fahrbahn. Insbesondere die zu Beginn der Messprozedur eingeprägten Vertikalkraftschwingungen (aufgrund der Radlastverlagerung am Messanhänger) können die Reproduzierbarkeit der ermittelten Umfangssteifigkeiten beeinflussen (vgl. Kap. 4.5).

Gnadler, Unrau et al. [366; 127] untersuchten den Einfluss des Reifeninnendrucks auf das Seitenkraftverhalten von Reifen und stellten fest, dass der Reifenfülldruckeinfluss abhängig von der Radlast ist (vgl. Kap. 2.2.1). Bei geringen Radlasten nimmt die Seitenkraftsteifigkeit mit zunehmenden Reifenfülldruck ab, bei hohen Radlasten resultiert ein höherer Reifeninnendruck hingegen in größeren Schräglaufsteifigkeiten. Dies kann damit erklärt werden, dass sich die Effekte der Laufflächensteifigkeit und der Karkassensteifigkeit überlagern. Auch die Umfangssteifigkeit ergibt sich aus der Kombination von Karkassensteifigkeit, die bei höherem Fülldruck unter größerer Spannung steht, und der Laufflächensteifigkeit. Diese ist abhängig von der Profiltiefe und Gummimischung sowie von der Latschlänge, die wiederum von der Radlast und dem Reifenfülldruck beeinflusst wird. Der relative Anteil der Karkassen- bzw. Laufflächensteifigkeit an der Gesamtsteifigkeit wird vor allem durch die Reifenkonstruktion beeinflusst. [408; 347; 348] Da der Reifenfülldruck einen gegenläufigen Effekt auf die beiden Komponenten hat, könnte man vermuten, dass die Steifigkeit zunächst mit zunehmendem Fülldruck ansteigt und anschließend (bei höheren Reifeninnendrücken) mit zunehmendem Reifenfülldruck abnimmt. [vgl. 286] Sivaramakrishnan et al. [347; 348] stellten fest, dass der Einfluss des Reifenfülldrucks auf die Umfangssteifigkeit vernachlässigbar ist, da sich die Effekte auf die Laufflächen- sowie Stuktursteifigkeit gegenseitig aufheben. Es muss jedoch beachtet werden, dass in dieser Studie nur die Reifenfülldrücke 2,28 bar (33 psi), 2,55 bar (37 psi) und 2,83 bar (41 psi) analysiert worden sind. Folglich ist eine Verallgemeinerung für große Reifenfülldruckvariationen nicht möglich. Die in dieser Forschungsarbeit vorgestellten Ergebnisse lassen den Schluss zu, dass aufgrund der sehr hohen Umfangssteifigkeit der Karkasse bei Stahlgürtelreifen die Überlagerung in Umfangsrichtung nur eine untergeordnete Rolle spielt. Die Umfangssteifigkeit wird vor allem durch die Laufflächenelastizität bestimmt. Für große Radlast- und Reifenfülldruckvariationen konnte nachgewiesen werden, dass die Längsschlupfsteifigkeit mit abnehmendem Reifenfülldruck zunimmt.

Abb. 5.3 veranschaulicht die mit dem Reifenmessanhänger auf trockener Asphalt-Fahrbahn ermittelten **maximalen Umfangskraftbeiwerte**. Deutlich zu erkennen ist, dass auf trockener Fahrbahn der maximale Reibwert mit zunehmender Radlast sinkt. Dieses Verhalten ist aus der Literatur bekannt, vgl. Kap. 2.1.4, und kann nach der Gummireibungstheorie (vgl. Kap. 2.1.2) damit begründet werden, dass mit steigender Radlast die mittlere Flächenpressung im Reifenlatsch zunimmt und folglich die übertragbare Reibkraft abnimmt. Die von diesem Trend abweichenden Messpunkte können damit begründet werden, dass die experimentellen Analysen über einen bzw. zwei gesamte Messtage erfolgten. Mögliche Schwankungen der Umgebungs- und Fahrbahntemperatur sowie Veränderungen am Reifen selbst während der langen Messzeit können die Ergebnisse daher beeinflussen. Weiterhin kann bei allen untersuchten Reifen festgestellt werden, dass der Reifenfülldruck einen nachweisbaren Einfluss auf die ermittelten maximalen Umfangskraftbeiwerte hat. Tendenziell nimmt der maximale Kraftschlussbeiwert mit abnehmendem Reifenfülldruck zu. Auch dieser Effekt kann mit der Flächenpressungsverteilung im Reifen-Fahrbahn-Kontakt erklärt werden. Ein Reduktion des Reifeninnendrucks resultiert in einer Erhöhung der Latschfläche, respektive in einer Verringerung der (mittleren) Flächenpressung, und folglich nach der Gummireibungstheorie in einer Erhöhung des Kraftübertragungspotenzials. Nach PERSSON [286] bewirkt eine Reduktion des Kontaktdrucks an den Rauheitsspitzen im Kontaktbereich eine verringerte Wärmeerzeugung im Gummi. Eine geringere Blitztemperatur, d. h. eine kurzzeitige Temperaturerhöhung an der Gummioberfläche, ist die Folge. Schließlich bewirkt eine reduzierte Temperatur eine erhöhte übertragbare Reibkraft (vgl. Kap. 2.1.2). Die Messergebnisse zeigen, dass der höchste Kraftschlussbeiwert bei einem mittleren Reifenfülldruckbereich erreicht wird. Bei sehr geringen Reifeninnendrücken nimmt das Kraftschlusspotenzial wieder ab. Es kann daher vermutet werden, dass bei geringen Fülldrücken eine ungleichmäßige Flächenpressungsverteilung, und folglich lokale Flächenpressungsüberhöhungen, auftreten. Diese führen zu einer Reduktion der Traktionskräfte.

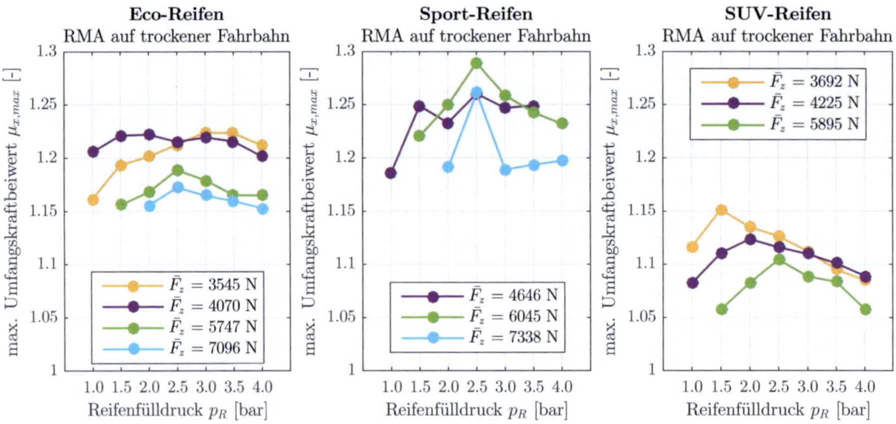

Abb. 5.3: Mit dem RMA auf trockener Asphaltfahrbahn ermittelte maximale Umfangskraftbeiwerte

Obwohl ein breites Reifenfülldruckspektrum zwischen 1,0 bar und 4,0 bar untersucht wurde, was sich signifikant auf die Reifenaufstandsfläche und damit auf die Flächenpressungsverteilung im Reifenlatsch auswirkt, ist der Einfluss auf den maximalen Umfangskraftreibbeiwert moderat. Beim SUV-Reifen nimmt der berechnete maximale Umfangskraftbeiwert bei einer mittleren Radlast von 5.895 N beispielsweise um ca. 4,4 % von 1,057 auf 1,103 zu, wenn der Reifenfülldruck von 4,0 bar auf 2,5 bar verringert wird. Weiterhin zeigt sich, dass sich der optimale Reifenfülldruck, bei dem der höchste Umfangskraftbeiwert erzielt werden kann, in Abhängigkeit der Radlast ändert. Besonders gut zu erkennen ist dies beim SUV-Reifen. Der optimale Fülldruck steigt hier von 1,5 bar auf 2,5 bar bei einer Erhöhung der mittleren Radlast von 3.692 N auf 5.895 N. Ein Vergleich mit den am *MaSTeR*-Prüffeld bestimmten Reifencharakteristiken, der nachfolgend vorgestellt und diskutiert wird, zeigt auf, dass der Einfluss des Fülldrucks auf die auf der Asphaltfahrbahn ermittelten maximalen Umfangskraftbeiwerte vergleichsweise gering ausgeprägt ist.

Abb. 5.4 verdeutlicht den **kritischen Schlupf**, bei dem der maximale Kraftschluss auftritt, für die untersuchten Reifen in Abhängigkeit der Radlast und des Reifenfülldrucks. Die Kenngröße wird insbesondere von der Umfangssteifigkeit sowie dem maximalen Kraftschlussbeiwert beeinflusst und ist ein essentieller Parameter für die Auslegung eines ABS-Algorithmus und dessen Regelschwellen. Der kritische Schlupf zeigt eine geringe Abhängigkeit der Radlast, der Einfluss des Reifeninnendrucks ist jedoch signifikant. Mit zunehmendem Fülldruck steigt der kritische Schlupf. Da ein höherer Reifenfülldruck eine geringere Latschlänge impliziert, nimmt die mittlere Auslenkung der Profilelemente ab. Um bei einem erhöhten Reifenfülldruck eine gleichbleibende Umfangskraft übertragen zu können, müssen die Profilelemente der Lauffläche daher weiter ausgelenkt werden, wodurch sich der Schlupf am Reifen erhöht. Die quantitativen Werte für den kritischen Schlupf sind abhängig von den untersuchten Reifenvarianten. Während beim Sport-Reifen die bestimmten Kenngrößen (bis auf einen Wert, der als Ausreißer zu betrachten ist) stets unter 10 % liegen, werden beim Eco- und SUV-Reifen kritische Schlupfwerte bis ca. 16 % erreicht.

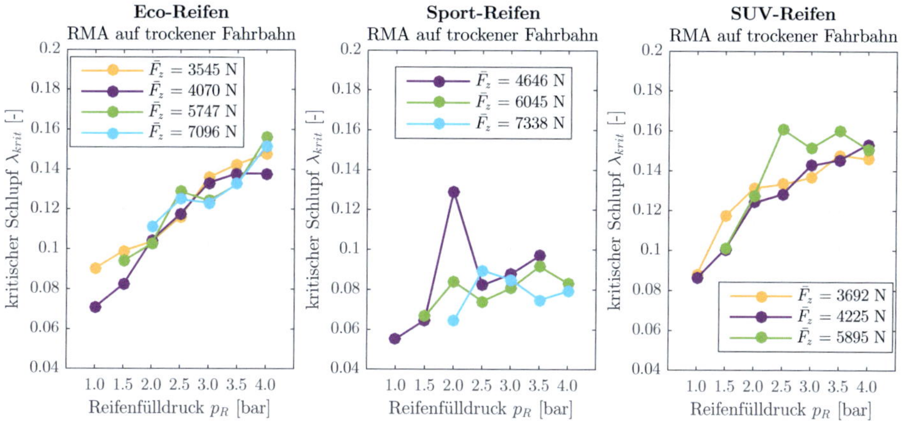

Abb. 5.4: Mit dem RMA auf trockener Asphaltfahrbahn ermittelte kritische Schlupfwerte

Der **Reibwertabfall nach dem Kraftschlussmaximum** wird, wie oben beschrieben, hier durch das Verhältnis des maximalen Umfangskraftbeiwert und dem Reibwert bei 30 % Bremsschlupf charakterisiert. Alternativ wäre es u. a. auch möglich, die größte negative Steigung nach dem Reibwertmaximum zur Beschreibung des Kennlinienabfalls zu betrachten. Aufgrund auftretender Schwingungen der Kennlinie ist der Verlauf dieser charakteristischen Größe jedoch von entsprechenden Ausreißern geprägt. Das hier dargestellte Reibwertverhältnis ist quantitativ ebenfalls stark vom konkreten Verlauf der Reifenkennlinie abhängig, beschreibt für die durchgeführten experimentellen Analysen den qualitativen Verlauf des Reibwertabfalls jedoch sehr gut. Die berechneten Reibwertverhältnisse $\mu_{max}/\mu_{30\%}$ sind in Abb. 5.5 veranschaulicht. Es kann festgestellt werden, dass der Einfluss des Reifenfülldrucks auf den Reibwertabfall nach dem Kraftschlussmaximum gering, jedoch nicht vernachlässigbar, ist. Beim untersuchten Eco- bzw. SUV-Reifen liegen die ermittelten Verhältnisse für alle Betriebspunkte zwischen 88,5 % und 93,2 % bzw. zwischen 86,6 % und 96,3 %. Zudem zeigt sich, dass das Kraftschlussmaximum beim Sport-Reifen deutlicher ausgeprägt ist und der Reibwert nach Erreichen des Maximums stärker abnimmt. Folglich sind die errechneten Reibwertverhältnisse $\mu_{max}/\mu_{30\%}$ geringer und liegen zwischen 80,6 % und 90,7 %. Der stärkere Abfall der Kraftschlusskennlinie nach dem Maximum wird häufig auch mit einer höheren Laufflächen- bzw. Umfangssteifigkeit in Verbindung gebracht. [vgl. 347] Dieser Zusammenhang ist auch beim Sport-Reifen mit seiner vergleichsweise hohen Schlupfsteifigkeit zu beobachten. Mögliche Ausreißer einer gedachten stetigen Trendlinie sind hier darauf zurückzuführen, dass während der Messprozedur der Bereich oberhalb des kritischen Schlupfs sehr schnell durchlaufen wird und entsprechend wenig Messpunkte aufgezeichnet werden. Ausreißer können somit Form und Verlauf der Regressionskennlinie maßgeblich beeinflussen. Darüber hinaus kann festgestellt werden, dass der Reibwertabfall beim Eco-Reifen und beim SUV-Reifen mit zunehmenden Fülldruck leicht zunimmt, wohingegen beim Sport-Reifen kein definierbarer Zusammenhang erkennbar ist. Daher muss die Schlussfolgerung gezogen werden, dass der qualitative Reifenfülldruckeinfluss auf die Reibwertverhältnisse nicht unabhängig von der Reifenvariante ist.

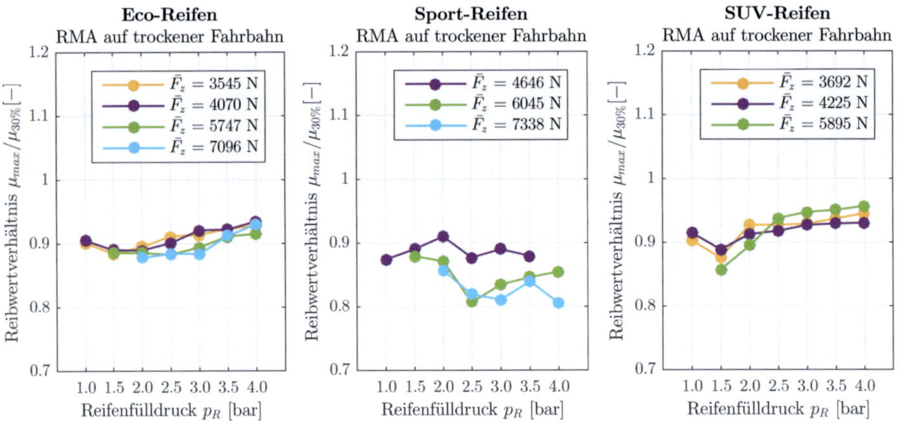

Abb. 5.5: Mit dem RMA auf trockener Asphaltfahrbahn ermittelte Reibwertverhältnisse

5.2 Reifenmessanhänger auf nasser Niedrigreibwertfahrbahn

Zusätzlich zu den durchgeführten Messungen auf trockener Asphaltfahrbahn, wurden experimentelle Untersuchungen auf einer speziell lackierten Niedrigreibwertfahrbahn, die durch ein Sprinklersystem gleichmäßig bewässert wurde, durchgeführt. Beispielhaft sind die bei einer Radlast von ca. 6.400 N ermittelten Umfangskraftbeiwert-Schlupf-Kennlinien in Abb. 5.6 dargestellt. Es ist feststellbar, dass der Reifenfülldruck einen signifikanten Einfluss auf den charakteristischen Verlauf der Kennlinien hat. Im Vergleich zu den Messungen auf trockener Fahrbahn fällt auf, dass der Einfluss des Reifeninnendrucks auf den maximalen Kraftschlussbeiwert deutlicher ausfällt. Weiterhin ist bei den Untersuchungen auf nassem Untergrund erkennbar, dass insbesondere nach

Erreichen des Kraftschlussmaximums Schwingungen im Verlauf der Reifenkennlinien auftreten. Aufgrund einer geringen Makrotextur der Fahrbahn, und der damit gering ausgeprägten Hysteresereibung, nimmt der Reibbeiwert nach Erreichen des Kraftschlussmaximums stark ab. Dies kann, neben möglichen lokalen Schwankungen der Wasserhöhe, zu Schwingungen im gemessenen Kraftverlauf führen.

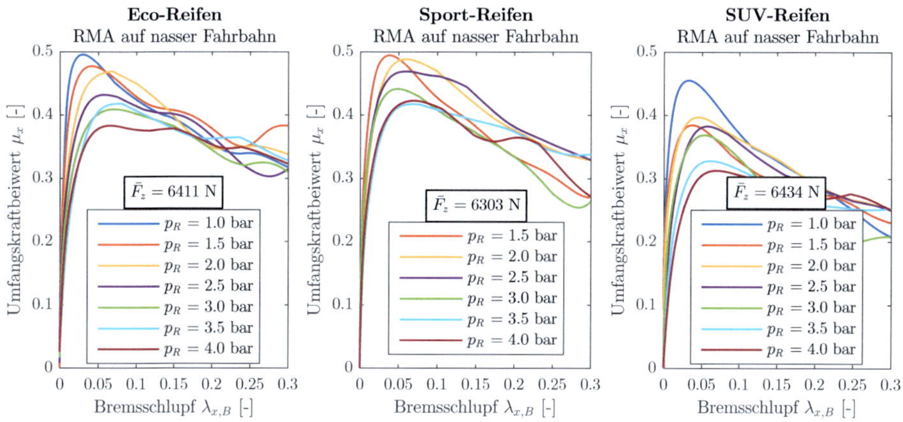

Abb. 5.6: Mit dem RMA auf nasser Niedrigreibwertfahrbahn ermittelte Reifenkennlinien

Abb. 5.7 veranschaulicht die **Umfangssteifigkeiten** in Abhängigkeit der Radlast und des Fülldrucks für die experimentellen Analysen, die mit dem Reifenmessanhänger auf nasser Niedrigreibwertfahrbahn durchgeführt wurden. Analog zu den Ergebnissen, die auf trockener Asphalt-Fahrbahn erzielt wurden, kann festgehalten werden, dass eine Reduzierung des Reifeninnendrucks zu einer höheren Anfangssteigung der Kennlinien führt. Im Vergleich zu den Resultaten, die auf trockener Fahrbahn bestimmt wurden, sind die Längsschlupfsteifigkeiten etwas geringer. Zudem ist der Einfluss des Fülldrucks nicht so stark ausgeprägt. Dies ist einerseits auf die Berechnungsmethode (vgl. Kap. 4.4) zurückzuführen, die die Anfangssteigung der Kraftschlusskennlinien bis zu

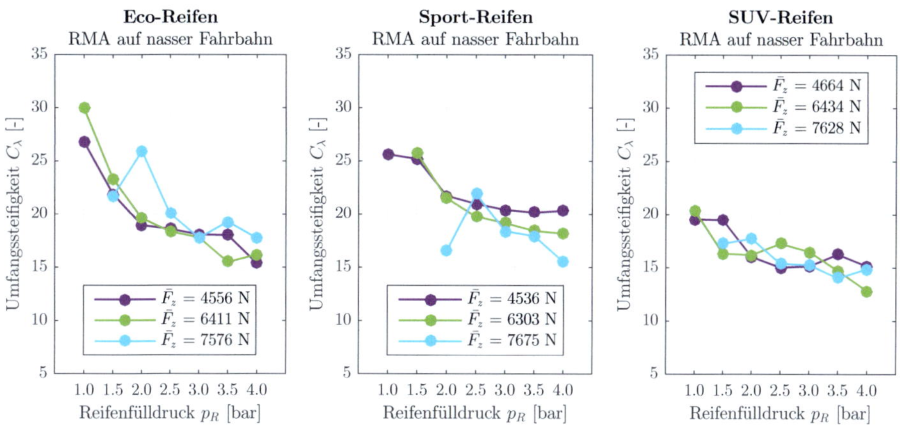

Abb. 5.7: Mit dem RMA auf nasser Niedrigreibwertfahrbahn ermittelte Umfangssteifigkeiten

einem Schlupfwert von 1,5 % berechnet und somit möglicherweise kein reines Haften der Profilelemente im Reifen-Fahrbahn-Kontakt mehr vorliegt, respektive bereits der nichtlineare Bereich der Umfangskraftbeiwertkennlinien analysiert wird. Andererseits bildet sich auf der nassen Niedrigreibwertfahrbahn mit geringem Drainagevermögen eine Einlauf- und Übergangszone im Reifen-Fahrbahn-Kontakt aus (vgl. 3-Zonen-Modell in Kap. 2.1.4). Die eigentliche Kontaktzone ist demzufolge geringer als auf der trockenen Fahrbahn. Folglich nimmt die Umfangssteifigkeit, die maßgeblich durch die Latschlänge bestimmt wird, ab.

Abb. 5.8 verdeutlicht die mit dem Reifenmessanhänger auf nasser Fahrbahn analysierten **maximalen Umfangskraftbeiwerte**. Erwartungskonform ist zu beobachten, dass die erzielbaren Kraftschlussbeiwerte wesentlich geringer sind als auf der trockenen Fahrbahn. Weiterhin ist ersichtlich, dass auf der bewässerten Niedrigreibwertfahrbahn mit den Sommerreifen prinzipiell größere Umfangskräfte übertragbar sind als mit dem analysierten Allwetterreifen. Deutlich zu erkennen ist zudem, dass der Reifenfülldruckeinfluss auf die maximal bestimmten Umfangskraftbeiwerte signifikant ist. Die am SUV-Reifen durchgeführten Untersuchungen zeigen beispielsweise auf, dass der maximale Kraftschlussbeiwert (bei einer Radlast von ca. 6.400 N) von 0,313 um 46,3 % auf 0,458 erhöht werden kann, wenn der Reifenfülldruck von 4,0 bar auf 1,0 bar reduziert wird. Weiterhin kann bei allen analysierten Reifenvarianten festgestellt werden, dass ein geringerer Reifenfülldruck zu einem größeren Kraftschlusspotenzial führt. Dies lässt sich mithilfe des in Kap. 2.1.4 vorgestellten 3-Zonen-Modells erläutern. In der Einlauf- und Übergangszone muss zunächst der Wasserfilm durchbrochen werden. Erst im hinteren Teil des Reifenlatschs ist die eigentliche Kontaktzone ausgeprägt. Eine Verringerung des Reifenfülldrucks führt zu einer größeren Latschlänge und folglich zu einer längeren Kontaktzone. Dies führt zu einer Erhöhung des Adhäsionsanteils an der Gesamtreibung und bewirkt ein höheres Kraftschlusspotenzial.

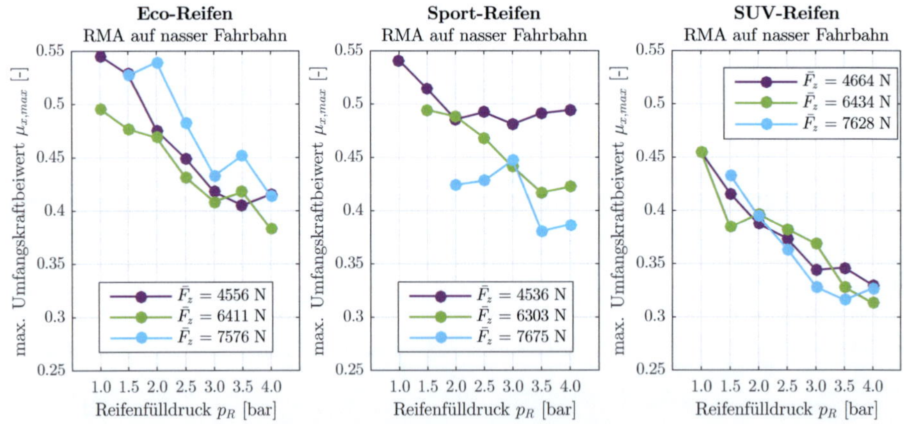

Abb. 5.8: Mit dem RMA auf nasser Niedrigreibwertfahrbahn ermittelte max. Umfangskraftbeiwerte

Eigene und externe Forschungsarbeiten [vgl. HA14; 146; 107] zeigen teilweise ein gegenteiliges Verhalten auf, d. h. dass ein erhöhter Reifenfülldruck zu einem erhöhten Kraftschlusspotenzial führt. Dieser Effekt kommt insbesondere bei größeren Wasserhöhen (von z. B. 2 mm) und höheren Fahrgeschwindigkeiten zum Tragen. Eine höhere

Flächenpressung im Reifenlatsch begünstigst die Durchdringung des Wasserfilms sowie die Verdrängung des Zwischenmediums. Aufgrund der geringen Wasserhöhe, die bei den Messungen mit dem Reifenmessanhänger auf der nassen Niedrigreibwertfahrbahn vorhanden war, hat sich dieses Phänomen nicht nachweisen lassen.

Der Einfluss der Radlast auf die Reifenkennlinien ist im Vergleich zu den Messungen auf trockener Fahrbahn geringer ausgeprägt. Hier wirken zwei sich gegenüberstehende Effekte. Prinzipiell führt eine niedrigere Radlast zu einer geringeren Flächenpressung im Reifenlatsch und folglich zu höheren übertragbaren Reibkräften. Andererseits bewirkt eine höhere Radlast auf nasser Fahrbahn eine bessere Durchdringung des Wasserfilms.

Die für die analysierten Reifen in Abhängigkeit des Reifenfülldrucks und der Radlast errechneten Kennwerte des **kritischen Schlupfs**, bei denen der maximale Kraftschluss auftritt, sind in Abb. 5.9 dargestellt. Ähnlich der in Kap. 5.1 diskutierten Ergebnisse, ist auch auf nasser Fahrbahn eine geringe Abhängigkeit der Radlast zu beobachten. Der Einfluss des Fülldrucks hingegen ist signifikant. Mit zunehmendem Reifeninnendruck, und folglich abnehmender Latschlänge, steigt der kritische Schlupf. Um eine annähernd gleiche Umfangskraft übertragen zu können, müssen die Profilelemente einer kürzeren Lauffläche weiter ausgelenkt werden. Folglich steigt der resultierende Bremsschlupf an. Weiterhin ist feststellbar, dass die quantitativ ermittelten Werte für den kritischen Schlupf auf nasser Fahrbahn wesentlich geringer sind als auf trockener Fahrbahn. Aufgrund des geringeren Kraftschlusspotenzials auf nasser Fahrbahn werden die Profilelemente des Reifens nicht soweit ausgelenkt wie auf trockener Fahrbahn bevor sie in den Gleitbereich eintreten. Demzufolge ist der berechnete kritische Schlupf am Reifen geringer. Der für die analysierten Reifenvarianten ermittelte kritische Schlupf liegt meist zwischen 2 % und 8 %[25].

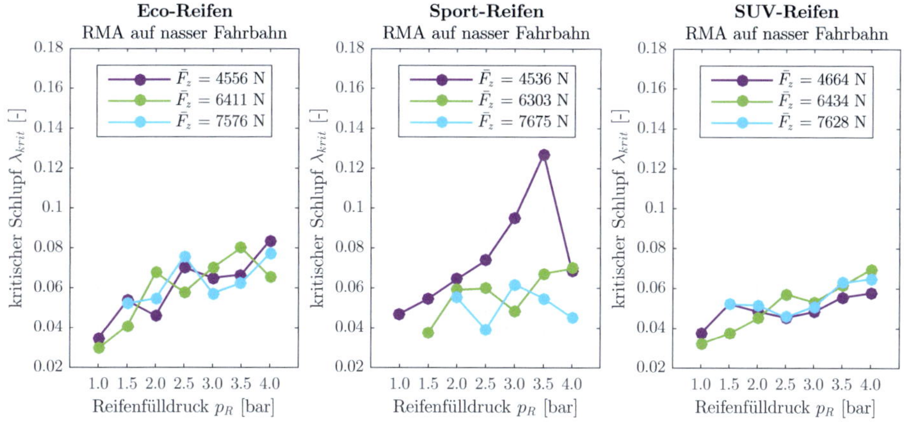

Abb. 5.9: Mit dem RMA auf nasser Niedrigreibwertfahrbahn ermittelte kritische Schlupfwerte

[25] Der Verlauf des kritischen Schlupfs (sowie weiterer errechneter Kenngrößen), der beim Sport-Reifen bei einer Radlast von ca. 4.500 N ermittelt wurde, muss hier als erste Messreihe des Kennfelds aufgrund vorangegangener Vorbelastungen anderer Untersuchungen als Ausreißer betrachtet werden.

Zur Veranschaulichung der qualitativen Verläufe zur Bewertung des Reibwertabfalls nach Erreichen des Kraftschlussmaximums sind die errechneten **Reibwertverhältnisse** $\mu_{x,max}/\mu_{x,30\%}$ in Abb. 5.10 dargestellt. Es kann festgestellt werden, dass der Reibwert nach Erreichen des Kraftschlussmaximums mit zunehmenden Schlupf signifikant abnimmt. Während auf trockener Fahrbahn die errechneten Reibwertverhältnisse $\mu_{max}/\mu_{30\%}$ für alle Betriebspunkte meist deutlich über 80 % liegen, werden auf nasser Fahrbahn wesentlich geringere Verhältnisse erreicht. Meist liegen die für verschiedene Radlast-Reifenfülldruck-Varianten errechneten Reibwertverhältnisse $\mu_{max}/\mu_{30\%}$ in einem Bereich von 55 % bis 90 %. Zudem ist der Einfluss des Reifenfülldrucks nachweisbar. Prinzipiell führt ein reduzierter Fülldruck zu einem ausgeprägten Reibwertmaximum mit stärkerem Abfall bei höheren Schlupfwerten und folglich zu geringeren Reibwertverhältnissen $\mu_{max}/\mu_{30\%}$. Der Reibbeiwert nach Erreichen des Kraftschlussmaximums, der durch einen hohen Gleitanteil charakterisiert wird, wird hauptsächlich durch die Hysteresereibung bestimmt. Diese nimmt mit abnehmender Makrorauigkeit ab (vgl. Kap. 2.1.2). Da die nasse Niedrigreibwertfahrbahn eine wesentlich geringere Makrotextur als die trockene Asphalt-Fahrbahn aufweist, nimmt der Umfangskraftbeiwert bei hohen Bremsschlupfwerten erwartungskonform stark ab.

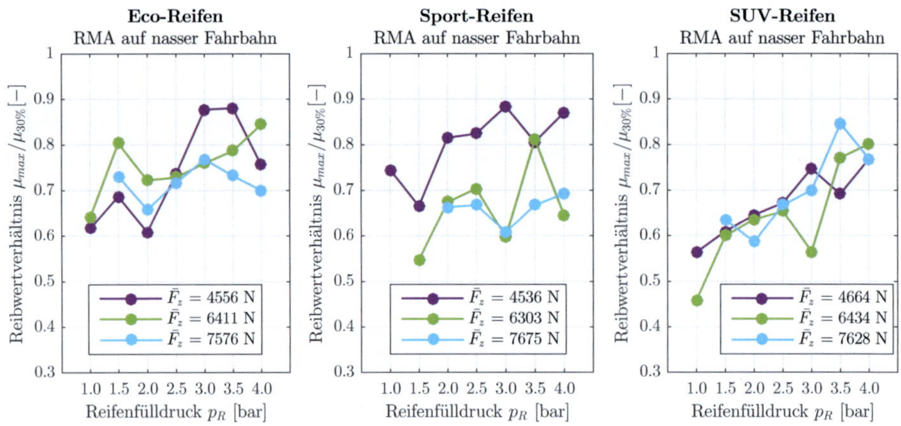

Abb. 5.10: Mit dem RMA auf nasser Niedrigreibwertfahrbahn ermittelte Reibwertverhältnisse

5.3 Corner-Modul-Prüfstand auf gekrümmter Laborfahrbahn

Zusätzlich zu den experimentellen Untersuchungen, die mithilfe des Reifenmessanhängers auf realen Fahrbahnen durchgeführt wurden, wurde der Einfluss großer Reifenfülldruckvariationen auf das Umfangskraftverhalten mithilfe des Corner-Modul-Prüfstands auf zwei unterschiedlich gekrümmten Oberflächen, einer 48"- und einer 75"-Prüfstandstrommel, analysiert. Im Folgenden werden beispielhaft die Ergebnisse, die mit dem Corner-Modul-Prüfstand auf der 48"-Laufrolle ermittelt wurden, vorgestellt. Ein Vergleich der Messungen unter Labor- sowie Realbedingungen erfolgt im nachfolgenden Unterkapitel.

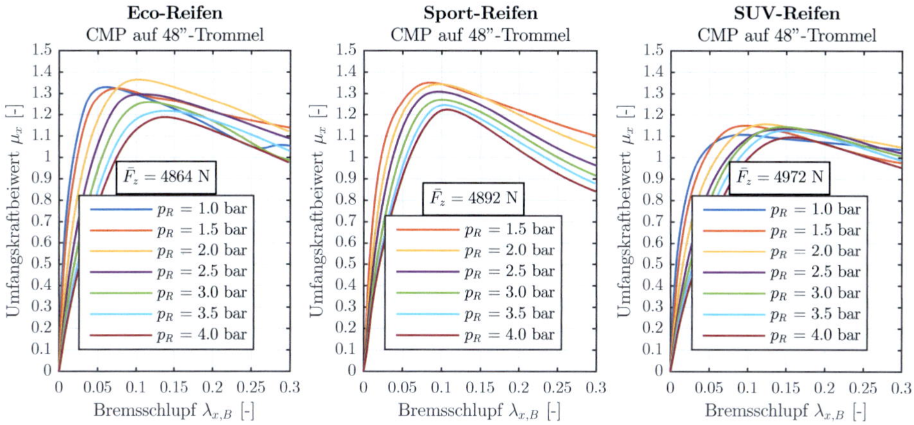

Abb. 5.11: Mit dem CMP auf der 48“-Lauftrommel ermittelte Reifenkennlinien

Abb. 5.11 veranschaulicht beispielhaft die Umfangskraftbeiwert-Schlupf-Kennlinien, die am Corner-Modul-Prüfstand auf der 48"-Lauftrommel bei einer Radlast von ca. 4.200 N ermittelt wurden. Auch bei den unter Laborbedingungen durchgeführten Untersuchungen kann festgestellt werden, dass der Reifenfülldruck einen signifikanten Einfluss auf die Form und den Verlauf der Kennlinien hat. Zudem zeigt sich anhand der Charakteristiken, dass insbesondere die Umfangssteifigkeit, der maximale Kraftschlussbeiwert sowie der kritische Schlupf wesentlich durch den Fülldruck beeinflusst werden.

In Abb. 5.12 sind die berechneten **Umfangssteifigkeiten** für die analysierten Reifenvarianten veranschaulicht. Wie bei den Messungen, die mit dem Reifenmessanhänger durchgeführt wurden, ist ersichtlich, dass eine höhere Radlast zu größeren Anfangssteigungen der Kennlinien führt. Zudem ist Einfluss des Reifenfülldrucks ebenfalls signifikant größer als der Einfluss der Radlast. Im Vergleich zu den mit dem Reifenmessanhänger auf realer Fahrbahn ermittelten Charakteristiken, ist der Verlauf der

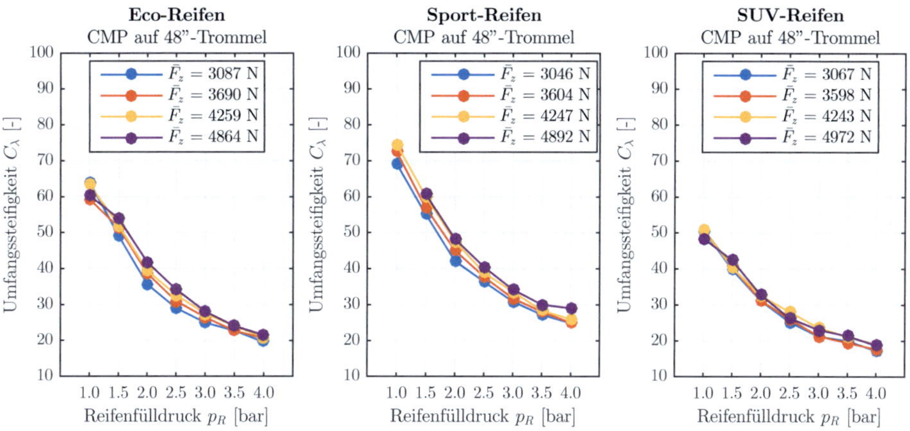

Abb. 5.12: Mit dem CMP auf der 48“-Lauftrommel ermittelte Umfangssteifigkeiten

Kennlinien aufgrund der besseren Reproduzierbarkeit (vgl. Kap. 4.5) durch weniger Ausreißer geprägt. Ein nichtlinearer Zusammenhang zwischen Längsschlupfsteifigkeit und Reifeninnendruck ist deutlich erkennbar.

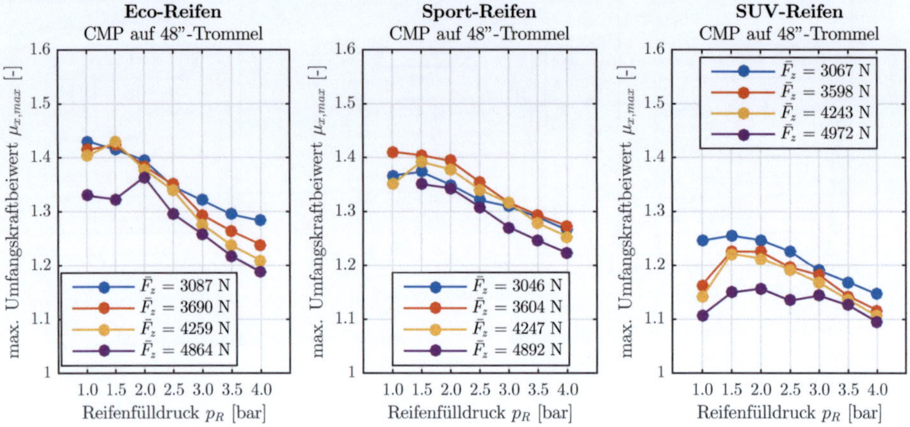

Abb. 5.13: Mit dem CMP auf der 48"-Lauftrommel ermittelte maximale Umfangskraftbeiwerte

Abb. 5.13 veranschaulicht die **maximalen Umfangskraftbeiwerte**, die bei verschiedenen Radlasten in Abhängigkeit vom Reifenfülldruck experimentell ermittelt wurden. Wie bei den Messergebnissen, die mit dem Reifenmessanhänger aufgezeichnet wurden, ist auch hier erkennbar, dass die übertragbare Umfangskraft mit abnehmender Radlast zunimmt[26]. Das bestätigt, dass der Einfluss des Fülldrucks auf den maximalen Kraftschlussbeiwert wesentlich größer ist als bei den Untersuchungen, die mit dem Reifenmessanhänger auf dem Versuchsgelände durchgeführt wurden. Ausgehend von einem Reifenfüllendruck von 4,0 bar, kann bei allen untersuchten Reifen eine Erhöhung des Reibwerts mit Abnahme des Fülldrucks beobachtet werden. Bei einer Reduzierung des Reifenfülldrucks von 4,0 bar auf 1,5 bar bei einer Radlast von ca. 4.200 N kann der maximale Umfangskraftbeiwert beim Eco-Reifen um 18,1 %, beim Sport-Reifen um 11,4 % und beim SUV-Reifen um 10,3 % erhöht werden. Weiterhin wird deutlich, dass die maximal übertragbare Umfangskraft abhängig vom untersuchten Reifen und der Radlast ist. Bei geringen Radlasten wird mit dem niedrigsten untersuchten Innendruck von 1,0 bar der höchste Reibwert erzielt. Meist wird der maximale Umfangskraftbeiwert jedoch bei Reifenfülldrücken zwischen 1,5 bar und 2,0 bar erreicht. Bei sehr niedrigeren Fülldrücken sinkt das Traktionsvermögen wieder. Es kann davon ausgegangen werden, dass bei besonders geringen Reifeninnendrücken eine ungleichmäßige Flächenpressungsverteilung, z. B. durch eine lokale Flächenpressungsüberhö-

[26]Dieses Verhalten weicht beim Sport-Reifen bei einer Radlast von ca. 3.000 N ab. Dieses Phänomen ist damit zu erklären, dass es sich hierbei um die erste Messung der Versuchsreihe handelt, die nach experimentellen Untersuchungen mit dem Reifenmessanhänger auf der realen Fahrbahn durchgeführt wurde. Dabei war derselbe Versuchsreifen so montiert, dass er eine entgegengesetzte Laufrichtung hatte. Demnach hatte sich eine leichte Sägezahnausprägung gebildet, die für die Messungen am Corner-Modul-Prüfstand entgegen der Laufrichtung war. Folglich sind die experimentell bestimmten Kraftschlussbeiwerte (auch nach der Warmlaufprozedur) für die erste Messreihe etwas geringer als zu erwarten. Zudem musste die gesamte Messreihe beim Sport-Reifen aus organisatorischen Gründen an unterschiedlichen Messtagen erfolgen. Folglich sind Fehlereinflüsse möglich, die in Kap. 4.5 diskutiert wurden.

hung im Schulterbereich, auftritt. Dies resultiert in einer Reduktion der übertragbaren Reibkräfte. Die Resultate erlauben die Schlussfolgerung, dass der Einfluss des Reifenfülldrucks auf den maximalen Kraftschlussbeiwert wesentlich ausgeprägter ist als bei den Ergebnissen, die mit dem Reifenmessanhänger auf trockener Asphalt-Fahrbahn ermittelt wurden. Eine vergleichende Diskussion der Messungen unter Labor- sowie Realbedingungen erfolgt im sich anschließenden Unterkapitel.

Der am Prüffeld ermittelte **kritische Schlupf**, bei dem der maximale Umfangskraftbeiwert erreicht wird, ist in Abb. 5.14 dargestellt. Dabei zeigt sich ein ähnlicher qualitativer Verlauf in Abhängigkeit von der Radlast und dem Reifeninnendruck wie bei den in Kap. 5.1 vorgestellten Untersuchungen, die auf der realen Fahrbahn messtechnisch erfasst wurden. Auffällig ist, dass auch der quantitative Verlauf in einem sehr ähnlichen Bereich liegt. Beim Eco-Reifen liegt der kritische Schlupf für alle Betriebspunkte zwischen 6,7 % und 14,9 %. Beim Sport-Reifen liegt der Bereich zwischen 8,1 % und 11,9 %.

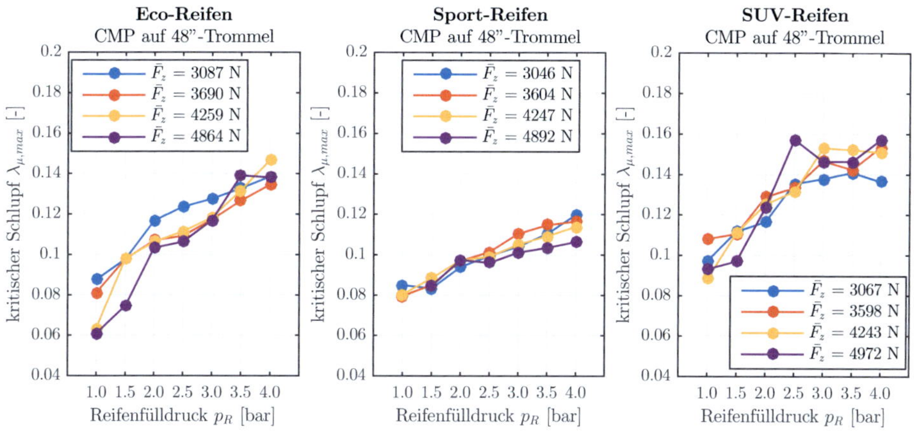

Abb. 5.14: Mit dem CMP auf der 48"-Lauftrommel ermittelte kritische Schlupfwerte

Abb. 5.15 veranschaulicht die **Reibwertverhältnisse** $\mu_{max}/\mu_{30\%}$ zur Charakterisierung der Umfangskraftbeiwertsabnahme nach dem Kraftschlussmaximum für die mithilfe des Corner-Modul-Prüfstand am *MaSTeR*-Prüffeld ermittelten Reifenkennlinien. Im Gegensatz zu den in Kap. 5.1 ausgewerteten Verhältnissen, die mit dem Reifenmessanhänger auf trockener Fahrbahn aufgezeichnet wurden, ist hier der Einfluss des Reifeninnendrucks deutlicher ausgeprägt. Während bei den Messungen auf realer Fahrbahn das errechnete Verhältnis $\mu_{max}/\mu_{30\%}$ mit zunehmenden Fülldruck leicht zunahm, zeigt sich hier ein entgegengesetzer qualitativer Verlauf der Kennlinien. Insbesondere beim Sport- und SUV-Reifen kann festgestellt werden, dass ein höherer Reifenfülldruck zu einem größeren Reibwertabfall nach dem Maximum führt. Weiterhin darf geschlussfolgert werden, dass die auf der Prüfstandsrolle (mit einer geringen Makrorauigkeit) ermittelten Reibwertverhältnisse geringer sind als auf der realen Fahrbahn, die eine hohe Makrorauigkeit aufweist. Dies kann darauf zurückgeführt werden, dass die Gleitreibung nach dem maximalen Kraftschlussbeiwert hauptsächlich durch den Anteil der Hysteresereibung bestimmt wird. Je größer die Makrorauigkeit ist, desto mehr nimmt der Hystereseanteil mit mittlerer Gleitgeschwindigkeit im Reifenlatsch zu und desto geringer wird der Reibwertabfall nach dem Maximum. [vgl. 118]

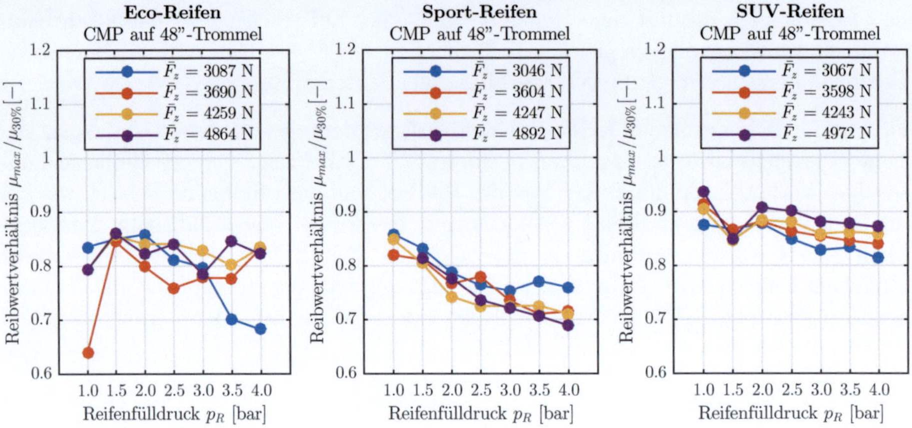

Abb. 5.15: Mit dem CMP auf der 48"-Lauftrommel ermittelte Reibwertverhältnisse

5.4 Vergleich der Messungen auf unterschiedlichen Fahrbahnoberflächen

Die in dieser Forschungsarbeit auf unterschiedlich gekrümmten Fahrbahnoberflächen ermittelten Reifencharakteristiken unterscheiden sich mitunter deutlich voneinander. Teilweise kann dieses Phänomen den sich unterscheidenden Prüfbedingungen, Reifenvarianten und Fahrbahneigenschaften zugeschrieben werden. Insbesondere beeinflussen jedoch die verschiedenen Fahrbahnkrümmungen, respektive die resultierenden Ausprägungen der Reifenaufstandsflächen, maßgeblich das Kraftschlussverhalten. Im Folgenden werden die unter Labor- und Realbedingungen bestimmten Reifenkennlinien nochmals vergleichend dargestellt und der Einfluss der Fahrbahnoberflächen auf die Reifencharakteristiken diskutiert.

Wie in Kap. 4.5 erläutert, wurden die Untersuchungen im Labor auf den zwei Prüfstandstrommeln mit unterschiedlichen Außendurchmesser sowohl mit dem Corner-Modul-Prüfstand als auch mit dem Reifenmessanhänger durchgeführt. Folglich können die Resultate beider Versuchsvarianten für einen Vergleich mit den Analysen auf realer Fahrbahn herangezogen werden. Da sich die Laboruntersuchungen, die mit dem Reifenmessanhänger sowie mit dem Corner-Modul-Prüfstand bestimmt wurden, nur geringfügig voneinander unterscheiden, führen beide Vergleiche zu denselben Erkenntnissen. Ein Einfluss des verwendeten Prüfaufbaus im Labor auf die Messergebnisse war nicht eindeutig nachweisbar. Um trotzdem mögliche Fehlereinflüsse des Prüfaufbaus (die am Corner-Modul-Prüfstand insbesondere durch die (Elasto-)Kinematik des verwendeten Fahrwerks bestimmt werden) auszuschließen, werden im Folgenden nur die Messergebnisse, die mit dem Reifenmessanhänger aufgezeichnet wurden, für die Betrachtung herangezogen.

Abb. 5.16 veranschaulicht die Umfangskraftbeiwert-Schlupf-Kennlinien, die mithilfe des Reifenmessanhängers auf der realen, trockenen Asphalt-Fahrbahn sowie auf der

48"- und der 75"-Prüfstandstrommel unter Laborbedingungen für den SUV-Reifen analysiert wurden. Die Resultate, die mit dem Corner-Modul-Prüfstand sowie für die untersuchten Eco- und Sport-Reifen ermittelt wurden, sind in Kap. A.11 im Anhang dargestellt. Bei Betrachtung der Messergebnisse, die unter Labor- und Realbedingungen erzielt wurden, sind qualitative und quantitative Unterschiede zwischen den analysierten Reifencharakteristiken zu beobachten. Insbesondere die Umfangssteifigkeit sowie der maximale Kraftschlussbeiwert weichen nachweislich voneinander ab. Wie bereits in Kap. 4.5 diskutiert, wird ein direkter Vergleich der Messergebnisse durch verschiedene Einflussgrößen erschwert. Aufgrund der systemimmanenten Charakteristiken der Prüfeinrichtungen, unterscheiden sich beispielsweise die resultierenden Radlasten geringfügig voneinander. Weiterhin wirken sich leicht abweichende Betriebsbedingungen mitunter auf das ermittelte Kraftschlussverhalten der Reifen aus. Hauptsächlich sind die quantitativen Abweichungen der Reifencharakteristiken jedoch auf die verschiedenen Fahrbahnkrümmungen, und folglich auf die unterschiedliche Ausprägung der Reifenaufstandsfläche, zurückzuführen. Die sich unterscheidenden Kontaktbedingungen wirken sich auf die Kraftschlussverhältnisse zwischen dem Reifen und der Fahrbahn aus. Die Anzahl der sich im Reifen-Fahrbahn-Kontakt befindlichen Profilelemente, die sich ergebende Flächenpressungsverteilung sowie die daraus resultierenden Tangentialspannungen beeinflussen die Umfangssteifigkeit sowie das Kraftschlusspotenzial maßgeblich. Eigene Untersuchungen zeigen, dass die Vertikalsteifigkeit auf der Außentrommel - je nach Radlast und Reifenfülldruck - ca. 5 % bis 15 % geringer ist als auf der Ebene. [vgl. Ber16] Folglich federt der Reifen auf der Trommel bei gleicher Radlast stärker ein als auf der Ebene. Dadurch werden die Profilelemente beim Durchlaufen des Latsches stärker deformiert. Weiterhin zeigen eigene und externe Untersuchungen, dass sich auf der Trommel eine kürzere Latschlänge ausbildet als auf der Ebene. [vgl. HAB17b; Ber16; Jes17; 369; 181] Dies führt zu höheren Verformungsgeschwindigkeiten und anderen Flächenpressungsverteilungen als auf der Ebene. Eine Analyse der Reifenaufstandsfläche, die in Kap. 5.5.2 detailliert vorgestellt wird, zeigt, dass die Latschlänge der untersuchten Reifen auf der Ebene durchschnittlich ca. 32 % größer ist als auf der 48"-Trommel (respektive 22 % größer als auf der 75"-Rolle). Die mittlere Flächenpressung ist auf der Ebene ca. 18 % geringer als auf

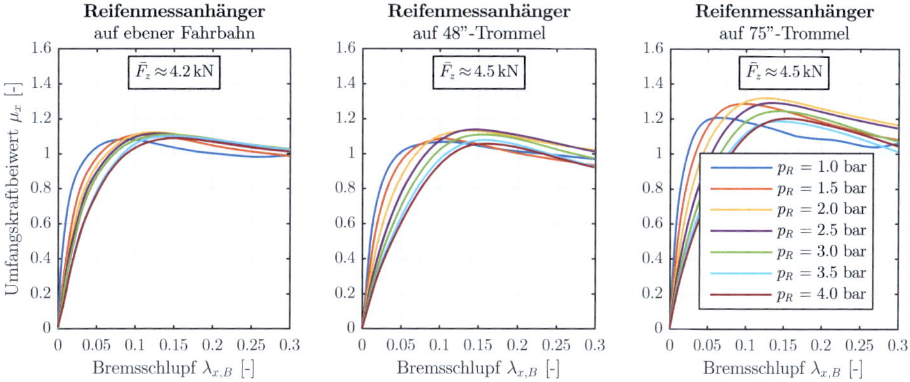

Abb. 5.16: Für den SUV-Reifen auf unterschiedlichen Fahrbahnkrümmungen ermittelte Umfangskraftbeiwert-Schlupf-Kennlinien

der 48"-Prüfstandstrommel (respektive 13 % kleiner als auf der 75"-Trommel). Dabei ist zu beobachten, dass die Verhältnisse weitgehend unabhängig von der Radlast bzw. dem Fülldruck sind.

In Abb. 5.17 sind beispielhaft die für den SUV-Reifen ermittelten **Umfangssteifigkeiten** dargestellt. Auffällig ist, dass die am Vier-Rollen-Prüfstand ermittelten Steifigkeiten, im Vergleich zu den mit dem Reifenmessanhänger auf realer Fahrbahn ermittelten Charakteristiken, einen stetigen Verlauf aufzeigen und durch weniger Ausreißer geprägt sind. Dies ist auf die besseren Reproduzierbarkeit der Messungen unter Laborbedingungen, insbesondere die geringeren Vertikalkraftschwingungen zu Beginn der Messprozedur, zurückzuführen (vgl. Kap. 4.5). Darüber hinaus sind die auf den Prüfstandsrollen ermittelten Umfangssteifigkeiten geringer als auf der ebenen Fahrbahn. Abb. 5.18 veranschaulicht beispielhaft für den untersuchten SUV-Reifen die Verhältnisse der ermittelten Längsschlupfsteifigkeiten, die mithilfe der Prüfeinrichtung auf der ebenen Fahrbahn sowie der 75"- und 48"-Prüfstandstrommel bestimmt wurden. Es kann festgestellt werden, dass die auf der 75"-Laufrolle ermittelten Steifigkeiten zwischen 18 % und 36 % größer sind als auf der 48"-Rolle. Die Kennwerte, die für den Eco- und Sport-Reifen bestimmt wurden, weisen sehr ähnliche qualitative Verläufe auf und sind in Kap. A.11 im Anhang veranschaulicht. Prinzipiell kommen hier zwei gegenläufige Effekte zum Tragen. Im Vergleich zur realen Asphalt-Fahrbahn erhöht sich durch die geringere Makrotextur der Chromstahl-Oberfläche die tatsächliche Kontaktfläche. Bereits FISCHLEIN [118] zeigte, dass die Umfangskraftsteifigkeit auf feinen Fahrbahnen (wie z. B. Safety-Walk-Belag) aufgrund der größeren effektiven Berührfläche höher ist als auf rauen Oberflächen (wie beispielsweise Asphalt). Andererseits ist die Länge des Reifenlatschs aufgrund der gekrümmten Oberfläche geringer. Die erforderlichen Schubspannungen müssen über eine geringere Anzahl an Profilelementen übertragen werden. Dies resultiert in einer höheren Deformation der Profilelemente bei gleicher übertragener Umfangskraft und in einer geringeren Steifigkeit des Reifens. Betrachtet man ein einfaches Bürstenmodell (vgl. Kap. 2.1.2), nimmt die resultierende Längsschlupfsteifigkeit proportional zur quadratischen Latschlänge zu.

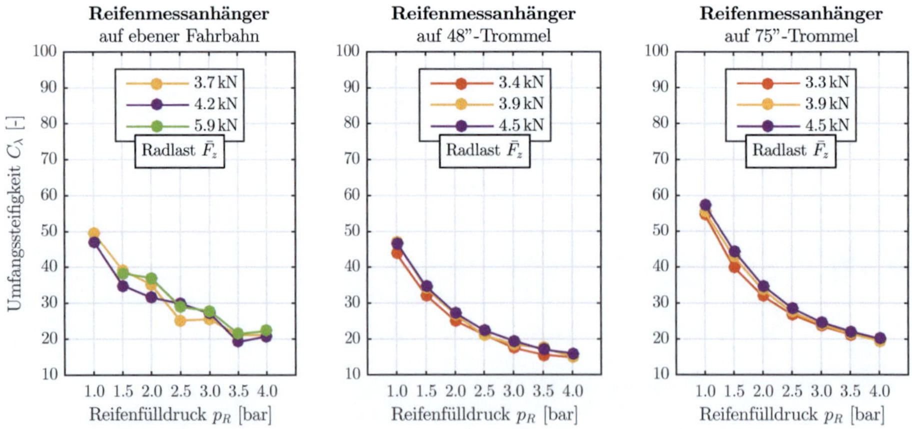

Abb. 5.17: Für den SUV-Reifen auf unterschiedlichen Fahrbahnkrümmungen ermittelte Umfangssteifigkeiten

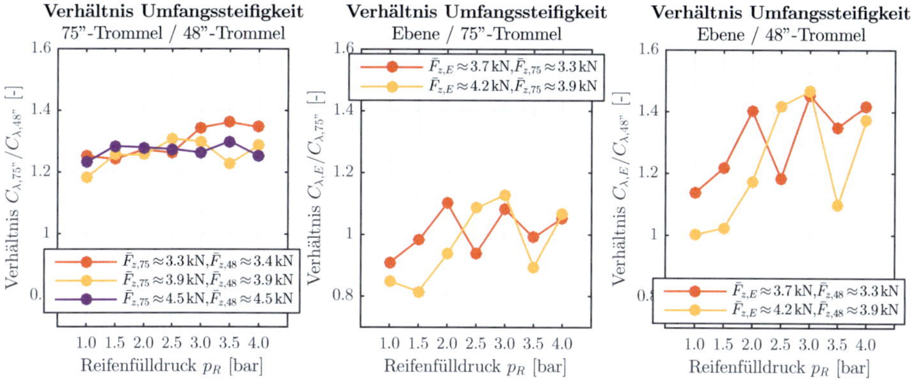

Abb. 5.18: Für den SUV-Reifen mit RMA ermittelte Verhältnisse der Umfangssteifigkeiten

Die mit den verschiedenen Parametervariationen für den SUV-Reifen bestimmten unterschiedlichen **maximalen Umfangskraftbeiwerte** sind in Abb. 5.19 dargestellt. Die errechneten Verhältnisse der auf unterschiedlichen Fahrbahnkrümmungen ermittelten maximalen Kraftschlussbeiwerte sind in Abb. 5.20 veranschaulicht. Bei Betrachtung der Diagramme zeigen sich deutliche Unterschiede zwischen den experimentellen Untersuchungen, die auf der Realfahrbahn sowie auf den Prüfstandstrommeln durchgeführt wurden. Es wird ersichtlich, dass die maximalen Umfangskraftreibbeiwerte auf der ebenen Asphalt-Fahrbahn wesentlich geringer ausfallen als auf den Prüfstandstrommeln. Besonders deutlich werden die Differenzen, wenn man die analysierten Kraftschlusskennwerte betrachtet, die für den Eco- und Sport-Reifen ermittelt wurden und in Kap. A.11 im Anhang dargestellt sind. Darüber hinaus fällt auf, dass die maximalen Reibwerte auf der größeren 75"-Laufrolle signifikant größer ausfallen als auf der kleineren 48"-Trommel. Beim SUV-Reifen liegen die Verhältnisse der Maximalreibwerte $\mu_{x,max,75"}/\mu_{x,max,48"}$ zwischen 1,08 und 1,20. Auch ist zu beobachten, dass der Einfluss des Reifenfülldrucks auf den maximalen Kraftschlussbeiwert bei den

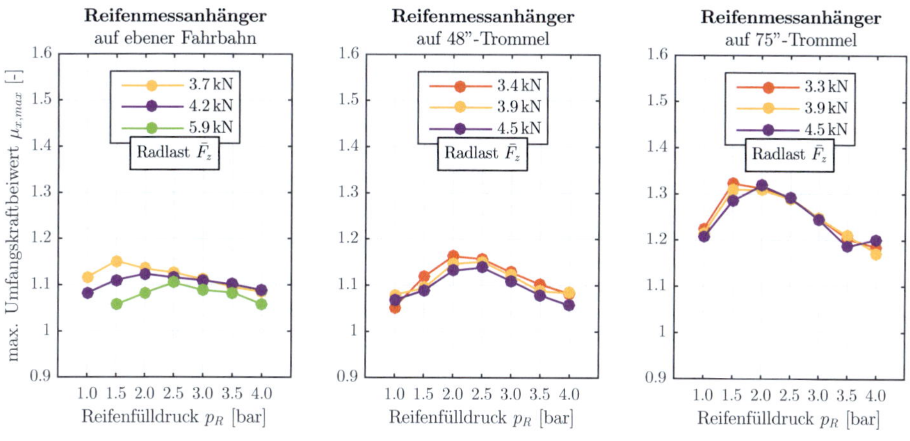

Abb. 5.19: Für den SUV-Reifen auf unterschiedlichen Fahrbahnkrümmungen ermittelte max. Umfangskraftbeiwerte

Versuchen, die unter Laborbedingungen auf dem Vier-Rollen-Prüfstand durchgeführt wurden, wesentlich größer ist als bei den Untersuchungen, die auf Asphalt statt fanden.

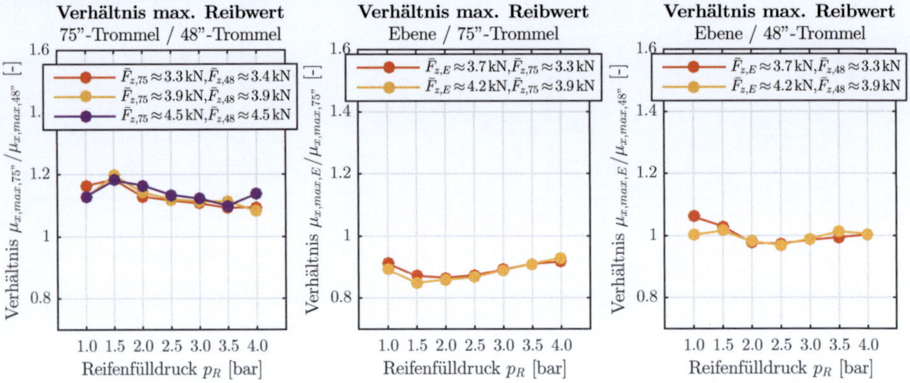

Abb. 5.20: Für den SUV-Reifen mit RMA ermittelte Verhältnisse der max. Umfangskraftbeiwerte

Es konnte nachgewiesen werden, dass die resultierenden Reifenlatschlängen abhängig von der Fahrbahnoberflächenkrümmung sind und sich folglich auf die Längsschlupfsteifigkeit des Reifens auswirken. Weiterhin beeinflusst die Umfangssteifigkeit das Kraftübertragungspotenzial des Reifens. Der Übergang vom haftenden zum gleitenden Profilelement findet bei einer bestimmten lokalen Auslenkung statt und ist unabhängig von der Krümmung der Oberfläche. Wird die Umfangssteifigkeit - aufgrund der kleiner werdenden Latschlänge (bei Erhöhung der Krümmung der Außentrommel) - geringer, wird eine geringere Profilverformung bis zum Übergangspunkt vom Haften zum Gleiten aufgebaut. Folglich ist die übertragbare Umfangskraft bei größerer Krümmung der Prüfstandstrommel niedriger. Weiterhin resultiert ein kleinerer Außendurchmesser der Laufrollen in einer geringeren Reifenaufstandsfläche und folglich in einer höheren mittleren Flächenpressung im Reifen-Fahrbahn-Kontakt. Dies führt nach der Gummireibungstheorie ebenfalls zu einem geringeren maximalen Kraftschlussbeiwert. Dies kann durch die Messergebnisse bestätigt werden. Die auf der 75"-Laufrolle erzielten maximalen Reibbeiwerte sind nachweislich höher als die Kraftschlussbeiwerte, die auf der 48"-Trommel ermittelt wurden.

Ein Vergleich der Resultate, die auf der Real- bzw. den Laborfahrbahnen bestimmt wurden, führt zu der Erkenntnis, dass hier gegenläufige Effekte wirken. Einerseits ist die Reifenaufstandsfläche auf den Prüfstandstrommeln geringer als auf der ebenen Fahrbahn. Folglich nimmt die mittlere Flächenpressung zu, respektive das Kraftschlusspotenzial ab. Andererseits erhöht die hohe Mikro- und geringe Makrotextur der Chromstahl-Oberfläche der Prüfstandsrollen die effektive Berührfläche im Vergleich zur realen Asphalt-Fahrbahn. Trotz der geringeren mittleren Flächenpressungen auf der ebenen Fahrbahn, zeigen die Ergebnisse auf, dass die auf der Asphalt-Oberfläche bestimmten maximalen Kraftschlussbeiwerte - insbesondere im Vergleich zu den Messungen auf der 75"-Trommel - geringer sind. Daher darf geschlussfolgert werden, dass neben der Fahrbahnkrümmung, die Fahrbahneigenschaften (wie die Ausprägung der Textur) das resultierende Kraftschlussverhalten beeinflussen. Weiterhin ist festzustellen, dass der Einfluss des Reifenfülldrucks auf den maximalen Kraftschlussbeiwert auf den gekrümmten Laborfahrbahnen deutlich ausgeprägter ist als bei den Untersuchungen, die auf der realen Asphalt-Oberfläche ermittelt wurden. Dies bestätigt Messungen von FISCHLEIN [118], der ebenfalls erkannte, dass der Einfluss des Reifeninnendrucks auf den maximalen Kraftschlussbeiwert auf groben Fahrbahnen geringer ist als feinen Fahrbahnen (vgl. Kap. 2.2.1). Dieses Phänomen wird nachfolgend, in Kap. 5.6, umfänglich analysiert.

Die Kennwerte des **kritischen Schlupfs** λ_{krit}, die für die untersuchten Reifenvarianten auf der Ebene, der 48"- und der 75"-Prüfstandstrommel bestimmt wurden, sind in Kap. A.11 im Anhang veranschaulicht. Die errechneten Schlupfwerte, sowie die daraus berechneten Verhältnisse, erlauben die Schlussfolgerung, dass der kritische Schlupf nur bedingt von den Fahrbahneigenschaften sowie der Fahrbahnkrümmung beeinflusst wird. Die Lage des Reibwertmaximums einer Umfangskraftbeiwert-Schlupf-Kennlinie wird hauptsächlich durch die Umfangssteifigkeit sowie den maximalen Kraftschlussbeiwert bestimmt. Prinzipiell wirken bei der Variation der Fahrbahnkrümmung zwei entgegengesetzte Phänomene. Einerseits reduziert sich mit zunehmender Trommelkrümmung die Umfangssteifigkeit. Andererseits resultiert ein geringerer Trommeldurchmesser in einer Verringerung des maximalen Reibbeiwerts. Auch die höhere Makrotextur der Asphalt-Fahrbahn beeinflusst sowohl die Umfangssteifigkeit als auch den maximalen Kraftschlussbeiwert. Ein dezidierter Einfluss der Fahrbahneigenschaften, respektive der Fahrbahnkrümmung, auf den kritischen Schlupf ist daher nicht nachweisbar.

Die **Reibwertverhältnisse** $\mu_{max}/\mu_{30\%}$, die für die analysierten Reifen auf den verschiedenen Fahrbahnkrümmungen ermittelt wurden, sind ebenfalls in Kap. A.11 im Anhang veranschaulicht. Es muss bemerkt werden, dass der Bereich oberhalb des kritischen Schlupfs während der Messprozedur sehr schnell durchlaufen wird und folglich entsprechend wenige Messpunkte aufgezeichnet werden und es teilweise zu Schwingungen kommt. Dies beeinflusst die errechneten Reibwertverhältnisse und führt mitunter zu Ausreißern einer gedachten Trendlinie. Trotzdem spiegeln die errechneten Verhältnisse $\mu_{max}/\mu_{30\%}$ sehr gut den qualitativen Verlauf des Reibwertabfalls nach dem Kraftschlussmaximum wider. Die Ergebnisse erlauben die Schlussfolgerung, dass der Einfluss der Trommelkrümmung unter Laborbedingungen auf die Reibwertverhältnisse $\mu_{max}/\mu_{30\%}$ gering ist. Es ist jedoch festzustellen, dass die mit dem RMA auf den Prüfstandsrollen ermittelten Reibwertverhältnisse niedrigere Werte annehmen und der Einfluss des Fülldrucks deutlich ausgeprägter ist als die Kraftschlussverhältnisse, die mit dem RMA auf der Asphalt-Fahrbahn bestimmt wurden. Da die Gleitreibung nach dem maximalen Kraftschlussbeiwert hauptsächlich durch den Anteil der Hystesereibung bestimmt wird, ist dieses Phänomen insbesondere auf die unterschiedliche Fahrbahntextur zurückzuführen. Die größere Makrorauigkeit der Asphalt-Fahrbahn begünstigt die Zunahme der Hysteresereibung mit steigender Gleitgeschwindigkeit im Reifenlatsch und resultiert in einem verringerten Reibwertabfall nach dem Kraftschlussmaximum.

Eine größere Trommelkrümmung führt aufgrund der größeren Einfederung zu einer höheren Walkarbeit und resultiert folglich in einer Zunahme des Rollwiderstands. Die Vermutung, dass ein erhöhter Rollwiderstand in einer messbaren Zunahme der Reifentemperatur führt, und damit die Reifencharakteristiken temperaturbedingt beeinflusst, konnte nicht bestätigt werden. Die Oberflächentemperaturen der Lauffläche des

Reifens wurden für alle am Corner-Modul-Prüfstand durchgeführten Messungen aufgezeichnet und anschließend analysiert. [vgl. Göp17] Nach der Einlaufprozedur stellten sich stationäre Oberflächentemperaturen zwischen 28 °C und 36 °C ein. Während der Messprozedur erhöhte sich die Laufflächentemperatur, insbesondere in Abhängigkeit der Radlast und der damit verbundenen Messdauer, fiel anschießend jedoch schnell wieder auf den stationären Wert ab. Eine Analyse der Messdaten zeigte, dass kein messbarer Unterschied zwischen den gemessenen Laufflächentemperaturen, die bei den Messungen auf der kleineren 48"-Prüfstandsrolle und der größeren 75"-Lauftrommel an der Reifenoberfläche aufgezeichnet wurden, nachgewiesen werden konnte. Die bestimmten Differenzen der Reifencharakteristiken sind insbesondere auf die unterschiedliche Ausprägung der Reifenaufstandsfläche zurückzuführen. Folglich wird im folgenden Kapitel eine Methode zur Korrektur des Fahrbahnkrümmungseinflusses erarbeitet und deren Anwendbarkeit diskutiert.

5.5 Entwicklung einer Umrechnungsvorschrift zur Berücksichtigung des Fahrbahnkrümmungseinflusses

Die analysierten Kraftschlusscharakteristiken, die unter Laborbedingungen auf den Prüfstandstrommeln sowie unter Realbedingungen auf der Asphaltfahrbahn bestimmt wurden, unterscheiden sich teilweise deutlich voneinander. Wie im Kap. 2.3 erwähnt, existieren erste bekannte Ansätze zur Korrektur des Fahrbahnkrümmungseinflusses. Diese werden im Folgenden vorgestellt. Die Korrekturmethoden besitzen jedoch nur für spezielle Prüfstände Gültigkeit bzw. sind teilweise nur zur Korrektur von Seitenkraftmessungen validiert worden. Nachfolgend wird ein erster Ansatz zur Korrektur des Krümmungseinflusses von Umfangskraftmessungen erarbeitet und diskutiert.

5.5.1 Bekannte Umrechnungsvorschriften zur Skalierung von Kraftschlusscharakteristiken auf Trommelprüfständen

Zur Korrektur eines auf der Rolle ermittelten Rollwiderstands ist in den DIN-, ISO- oder SAE-Normen [83; 183; 343] eine Umrechnungsvorschrift gegeben. Diese gehen auf Publikationen von CLARK [65] und LUCHINI [238] zurück. Demnach lässt sich die Rollwiderstandskraft auf der Ebene $F_{R,E}$ anhand des unbelasteten Reifenradius r_0, des Trommelradius r_T sowie des auf der Trommel gemessenen Rollwiderstands $F_{R,T}$ ermitteln:

$$F_{R,E} = F_{R,T} \cdot \left(1 + \frac{r_0}{r_T}\right)^{-\frac{1}{2}} \tag{5.1}$$

Für die Umrechnung von Kraftschlusscharakteristiken auf Trommelprüfständen gibt es bisher keine einheitliche oder standardisierte Vorschrift. Einige Forschungsarbeiten, die im Folgenden kurz vorgestellt werden, erarbeiteten erste Ansätze zur Korrektur der auf Prüfstandstrommeln ermittelten Reifenkennlinien.

Im Rahmen des *TIME* Forschungsprojekts [150; 15; 209; 374; 375] wurden gleiche Reifen auf 11 unterschiedlichen Reifenprüfständen bzw. -prüffahrzeugen untersucht.

Dabei zeigte sich, dass sich die für den gleichen Reifen auf unterschiedlichen Prüfständen ermittelten Schräglaufsteifigkeiten um 26 % bis 63 % unterscheiden können. [375] AUGUSTIN [18] stellte die unterschiedliche Krümmung der Prüfstände als eine der Hauptursachen dafür heraus. Anhand der Messdaten war zu erkennen, dass die Seitenkraftsteifigkeit mit zunehmender Trommelkrümmung abnimmt. Bei einem Außentrommelprüfstand mit einem Durchmesser von 2 m wird die Steifigkeit durchschnittlich 18 % zu gering gemessen. [369] Daher wurde eine Korrekturvorschrift entwickelt, die empirisch anhand der Vielzahl an Messergebnissen hergeleitet wurde. Diese ist abhängig von der Radlast, dem unbelasteten Reifenradius sowie dem Durchmesser der Prüfstandstrommel. Für den Innentrommelprüfstand mit einem Durchmesser von 3,8 m der *Universität Karlsruhe* lautet diese konkret [15; 369]:

$$k_{C\alpha} = \frac{C_{\alpha,E}}{C_{\alpha,T}} = \left(0,914 + 0,134 \cdot F_{z,r} - 0,539 \cdot \frac{r_0}{r_T}\right)^{-1} \tag{5.2}$$

Die Umrechnung wird ebenfalls zur Korrektur der Umfangssteifigkeit C_λ verwendet. Zur Berechnung der gesamten Querkraft-Schräglaufwinkel- bzw. Umfangskraft-Schlupf-Kennlinie wird der Streckungsansatz zur Kennlinienumrechnung nach FISCHLEIN [118] genutzt, d. h. die Kennlinien werden in Richtung des Schräglaufwinkels (bzw. in Richtung des Schlupfes) gestreckt. Die Korrektur zur Umrechnung der auf einem Trommelprüfstand ermittelten Kennlinien auf eine Ebene, entspricht somit einer linearen Streckung des Schräglaufwinkels oder des Schlupfs nach Gl. 5.3 bzw. Gl. 5.4. Die maximal ermittelten Quer- bzw. Längskräfte werden bei diesem Ansatz nicht korrigiert. Es wird davon ausgegangen, dass die Krümmung keinen signifikanten Einfluss hat. Der verwendeten Fahrbahnoberfläche kommt hier eine wesentlich größere Bedeutung zu.

$$\alpha_E = k_{C\alpha} \cdot \alpha_T \tag{5.3}$$

$$\lambda_{x,E} = k_{C\alpha} \cdot \lambda_{x,T} \tag{5.4}$$

UNRAU [369] untersuchte im Rahmen seiner Dissertation den Fahrbahnkrümmungseinfluss auf die Schräglaufsteifigkeit von Reifen. Er zeigte, dass die auf einem Außentrommelprüfstand ermittelten Schräglaufsteifigkeiten geringer sind als die auf einem Flachbahnprüfstand ermittelten Werte. Zudem konnte festgestellt werden, dass mit zunehmender Radlast sowie abnehmendem Reifenfülldruck der Krümmungseinfluss geringer wird und die auf der Trommel ermittelten Ergebnisse sich an die Ergebnisse der Ebene annähern. Er entwickelte daher eine Korrekturvorschrift. Betrachtet man den einfachen Ansatz des Bürstenmodells (vgl. Kap. 2.1.3), so ist die Schräglaufsteifigkeit C_α proportional zur quadratischen Latschlänge L_L^2. Vernachlässigt man die Einfederung Δr des Reifens, kann man in erster Näherung das Verhältnis von auf der Ebene ermittelten Schräglaufsteifigkeit $C_{\alpha,E}$ und auf der Trommel ermittelten Schräglaufsteifigkeit $C_{\alpha,T}$ wie folgt ins Verhältnis setzen:

$$\frac{C_{\alpha,E}}{C_{\alpha,T}} = \frac{L_{L,E}^2}{L_{L,T}^2} = 1 + \frac{r_0}{r_T} \tag{5.5}$$

Da die auf Trommel und Ebene unterschiedliche Einfederung Δr des Reifens nicht vernachlässigt werden kann, führte UNRAU den Faktor e_{C_α} ein. Die quadratische Abhängigkeit des Krümmungseinflusses von der Radlast F_z und dem Reifenfülldruck p_R wird durch die Koeffizienten c_{F1} bis c_{pF} beschrieben. UNRAU stellte fest, dass die ermittelten Koeffizienten abhängig vom untersuchten Reifen sind. Eine allgemeingültige Ermittlung der Parameter aus den Geometriedaten des Reifens lieferten keine zufriedenstellenden Ergebnisse. Folglich muss zumindest ein Kurzmessprogramm auf gekrümmter und ebener Fahrbahn durchgeführt werden, um die einzelnen Koeffizienten zu ermitteln. Die maximal übertragbaren Kräfte in Abhängigkeit der Fahrbahnoberflächenkrümmung wurden nicht korrigiert. Es wird angenommen, dass der Einfluss der Trommelkrümmung gering ist. Der verwendeten Fahrbahnoberfläche kommt hier eine wesentlich größere Bedeutung zu.

$$\frac{C_{\alpha,E}}{C_{\alpha,T}} = 1 + e_{C_\alpha} \cdot \frac{r_0}{r_T} \tag{5.6}$$

$$e_{C_\alpha} = c_{F1} \cdot F_z + c_{F2} \cdot F_z^2 + c_{p1} \cdot p + c_{pF} \cdot p \cdot F_z \tag{5.7}$$

HÜSEMANN [181] entwickelte ebenfalls eine Methode zur Korrektur des Fahrbahnoberflächeneinflusses. Für einen Pkw-Reifen führte er zunächst Untersuchungen auf einem Flachbahnprüfstand sowie zwei Außentrommelprüfständen (mit Außendurchmessern von 2,55 m und 1,59 m) durch. Zudem variierte er die Fahrbahnoberfläche, respektive den Reibwert zwischen dem Reifen und der Fahrbahn. Er zeigte auf, dass die Schräglaufsteifigkeit c_α mit steigender Radlast sowie zunehmenden Trommeldurchmesser zunimmt. Ein Einfluss des Reibwerts der eingesetzten Fahrbahnen konnte nicht nachgewiesen werden. Weiterhin stellte er fest, dass der Einfluss der Fahrbahnkrümmung auf den maximal erzielbaren Kraftschlussbeiwert deutlich weniger ausgeprägt ist als auf die Schräglaufsteifigkeit. Die Abweichung der ermittelten maximalen Kraftschlussbeiwerte auf ebener und gekrümmter Fahrbahn liegen für alle untersuchten Radlasten zwischen 3 kN und 9 kN deutlich unter 10 %.

HÜSEMANN zeigte, dass es möglich ist eine Korrektur mithilfe ausgewählter Kennwerte ermittelter Aufstandsflächengeometrien durchzuführen. Basierend auf dem Streckungsansatz nach FISCHLEIN [118] wird zunächst die Einführung der Skalierungsfaktoren $k_{C\alpha}$ sowie k_{Fy} und die Korrektur nach Gl. 5.8 und Gl. 5.9 vorgeschlagen. Mithilfe einer durchgeführten Korrelationsanalyse konnte nachgewiesen werden, dass der Skalierungsfaktor $k_{C\alpha}$ zur Korrektur des Fahrbahnkrümmungseinflusses auf die Schräglaufsteifigkeit sehr gut mit dem Verhältnis der Latschflächen A_L korreliert. Die beste Korrelation zeigte sich zwischen dem ermittelten Skalierungsfaktor $k_{C\alpha}$ und dem Verhältnis von Latschfläche und Reifenquersteifigkeit A_L/c_y.

$$\alpha_{\kappa_{FB,1}} = k_{C\alpha} \cdot \alpha_{\kappa_{FB,2}} \tag{5.8}$$

$$F_{y,\kappa_{FB,1}} = k_{Fy} \cdot F_{y,\kappa_{FB,2}} \tag{5.9}$$

Aufgrund der sich in Abhängigkeit der Fahrbahnkrümmung unterscheidenden Reifenaufstandsflächen, respektive Flächenpressungsverteilungen, ist zu erwarten, dass sich auch die maximal erzielbaren Kraftschlussbeiwerte unterscheiden. Zudem bewirkt eine reduzierte Schräglaufsteifigkeit ein kleineres erzielbares Kraftschlussmaximum, da nur eine geringere Profilverformung bis zum Übergangspunkt vom Haften zum Gleiten aufgebaut werden kann. Demzufolge ist die übertragbare Seitenkraft niedriger. HÜSEMANN entwickelte daher für die Betrachtung der maximal erzielbaren Seitenkraft einen Korrekturvorschlag in Abhängigkeit der Schräglaufsteifigkeit. Er stellte allerdings gleichzeitig fest, dass der Einfluss der Fahrbahnkrümmung auf die maximal erzielbare Seitenkraft deutlich weniger ausgeprägt ist als auf die Schräglaufsteifigkeit. Es konnte nachgewiesen werden, dass der Korrekturfaktor zur Korrektur des maximalen Kraftschlusses kaum von der Fahrbahnkrümmung, sondern hauptsächlich durch die Reibwertverhältnisse bestimmt wird. Diese werden in der von HÜSEMANN vorgestellten Arbeit mit einem mobilen Profilstollen-Reibwertprüfstand abgeschätzt.

5.5.2 Entwicklung einer eigenen Umrechnungsvorschrift zur Skalierung von Kraftschlusscharakteristiken auf Trommelprüfständen

Anhand der vorangegangenen Betrachtungen kann festgestellt werden, dass die Radlast, der Reifenfülldruck und die Fahrbahnkrümmung das Kraftübertragungsverhalten am Reifen maßgeblich beeinflussen. Weiterhin wurde gezeigt, dass dies insbesondere auf die unterschiedliche Ausprägung der Reifenaufstandsfläche zurückzuführen ist. HÜSEMANN zeigte einen Zusammenhang zwischen den ermittelten Latschkennwerten und den charakteristischen Größen der Reifenkennlinienmessungen auf. Unter Einbeziehung der Reifenlatschmessungen wurde eine Korrekturmethode entwickelt, die es erlaubt, den Fahrbahnkrümmungseinfluss zu korrigieren, ohne erneut Kraftschlussmessungen auf der Ebene durchführen zu müssen. Der von HÜSEMANN vorgestellte Ansatz zur Korrektur des Krümmungseinflusses auf Seitenkraftmessungen anhand von Aufstandsflächengeometrien scheint daher auch für die Umrechnung von Umfangskraftmessungen zielführend zu sein. Eine Weiterentwicklung der Korrekturmethode wird im Folgenden vorgestellt.

Zunächst wurden für die drei in dieser Arbeit untersuchten Reifenvarianten die erforderlichen Reifenaufstandsgeometrien sowie die Flächenpressungsverteilungen im Reifenlatsch in Abhängigkeit der Radlast, des Fülldrucks sowie der Fahrbahnkrümmung bestimmt. Wie u. a. vom Autor in [Els+16] vorgestellt, existieren prinzipiell verschiedene Methoden, um Kenngrößen der Reifenaufstandsfläche zu ermitteln. Im Rahmen dieser Forschungsarbeit wurden die charakteristischen Größen mithilfe des Druck-Foliensensors *Tekscan TVR 8404* messtechnisch erfasst, da neben der Reifenlatschgeometrie auch die Kontaktdruckverteilung bestimmt werden kann. Der 27 cm x 30 cm große Matrix-Foliensensor besteht aus über 36.000 kraftresistiven Sensorelementen, die es ermöglichen, die Kontaktdruckverteilung im Reifen-Fahrbahn-Kontakt präzise zu erfassen. Zur Durchführung der Reifenlatschuntersuchungen wurden die verschiedenen Reifenvarianten am Reifenmessanhänger montiert. Analog zu den durchgeführten Kraftschlussmessungen wurde ein Sturz- bzw. Spurwinkel von 0 ° eingestellt. Alle Messungen wurden für die Reifenfülldrücke 1,0 bar, 1,5 bar, 2,0 bar, 2,5 bar, 3,0 bar, 3,5 bar und 4,0 bar analysiert. Die Montage der Beladungsgewichte am Reifenmessanhänger erlaubten eine Realisierung der Radlast zwischen 3,2 kN und 8,8 kN. Für den

Eco-, Sport- und SUV-Reifen wurden die Geometrie- und Kontaktdruckanalysen auf der Ebene sowie auf der 48"- und 75"-Prüfstandstrommel des Vier-Rollen-Prüffelds bei jeweils identischer Radposition durchgeführt. Die ermittelten Flächenpressungsverteilungen wurden als Matrix erfasst und abgespeichert. Eine erarbeitete Auswertemethode, die als *MATLAB*-Programm realisiert wurde, erlaubt es, charakteristische Geometrie- und Kontaktdruckgrößen zu errechnen. Eine detaillierte Darstellung der Mess- und Auswertemethode wird in [Jes17] beschrieben.

Tab. 5.1: Für den SUV-Reifen ermittelte Flächenpressungsverteilungen ($F_z \approx 4{,}4\,\text{kN}$)

p_R / κ_{FB}	**1,5 bar**	**2,5 bar**	**3,5 bar**
48"-Trommel	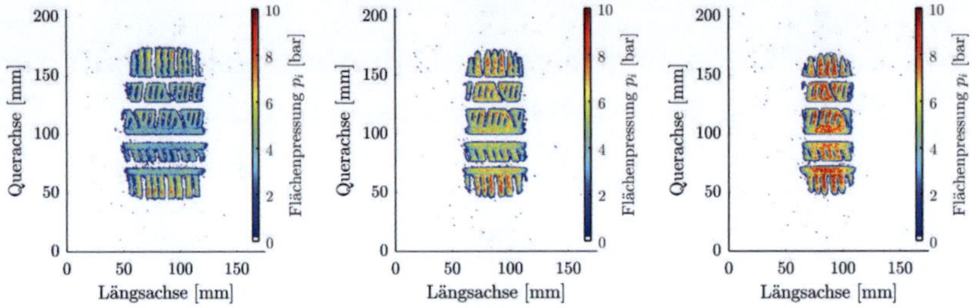		
75"-Trommel	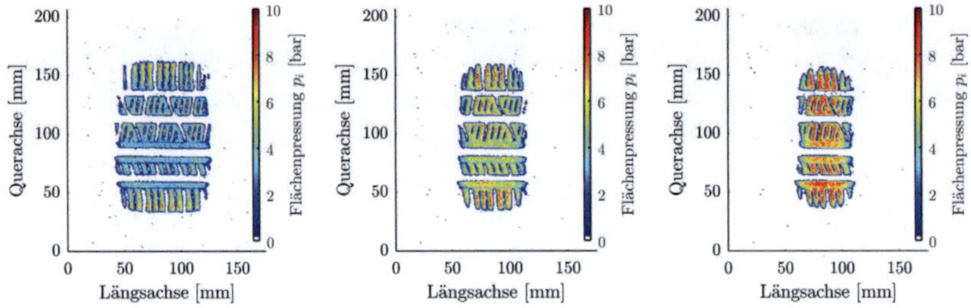		
Ebene	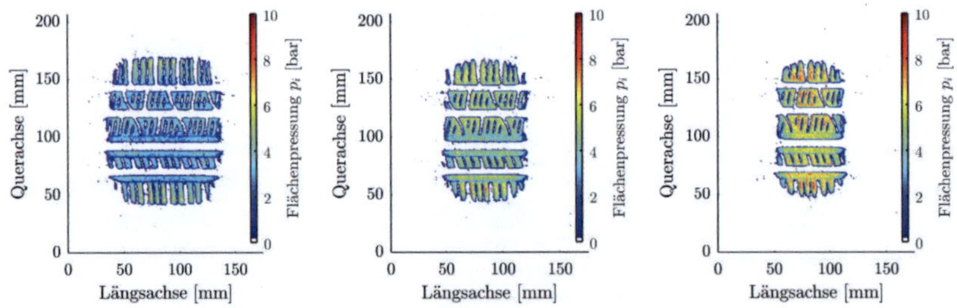		

In Tab. 5.1 sind die veranschaulichten Flächenpressungsverteilungen, die beispielhaft für den SUV-Reifen bei unterschiedlichen Reifenfülldrücken und einer Radlast von 4,4 kN auf der Ebene sowie auf der 48"- und der 75"-Prüfstandstrommel aufgezeichnet wurden, dargestellt. Die für den Eco- und Sport-Reifen veranschaulichten Kontaktdruckverteilungen sind in Kap. A.12 im Anhang abgebildet. Deutlich wird, wie bereits in Kap. 2.2 aufgezeigt, dass der Reifenfülldruck insbesondere die Latschlänge beeinflusst. Die Breite des Reifen-Fahrbahn-Kontakts bleibt weitgehend konstant. Zudem kann festgestellt werden, dass die Fahrbahnkrümmung die resultierende Latschlänge, und folglich die Flächenpressungsverteilung, maßgeblich beeinflusst.

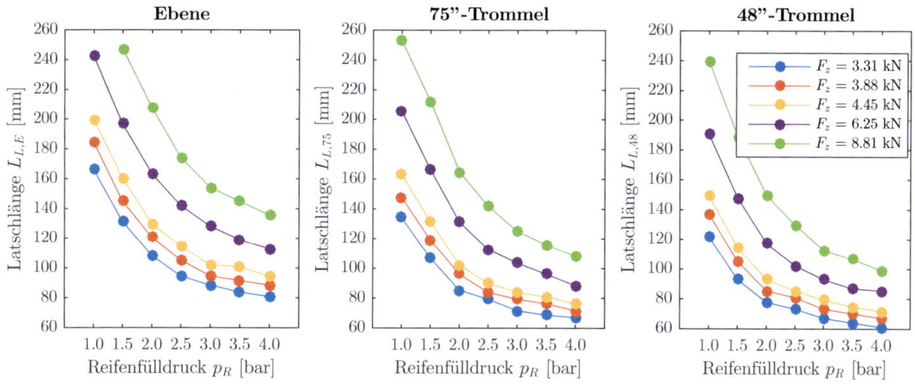

Abb. 5.21: Für den SUV-Reifen in Abhängigkeit der Krümmung ermittelte Latschlängen

Eine detaillierte Analyse erlaubt quantitative Aussagen, inwiefern Geometriegrößen oder charakteristische Kontaktdruck-Kenngrößen, wie z. B. Maximal-, Mittel- oder Medianwert der analysierten lokalen Flächenpressungen, von den Einflussparametern abhängen. Abb. 5.21 veranschaulicht beispielhaft für den SUV-Reifen den Zusammenhang der resultierenden Latschlänge und der Radlast, des Reifenfülldrucks und der Fahrbahnkrümmung. Dabei lässt sich eine eindeutige Abhängigkeit der Länge der Reifenaufstandsfläche von der Aufstandskraft sowie des Reifeninnendrucks nachweisen. Die Approximation des Kennfelds mit einem Ansatz, der den Radlast- und Fülldruckeinfluss quadratisch abbildet, zeigt eine sehr gute Abbildungsgüte. Darüber hinaus kann nachgewiesen werden, dass eine höhere Fahrbahnkrümmung in einer kürzeren Latschlänge resultiert. Abb. 5.22 verdeutlicht für den untersuchten SUV-Reifen die Verhältnisse der Latschlängen in Abhängigkeit der Oberflächenkrümmung. Bei Betrachtung der Resultate kann festgestellt werden, dass die Verhältnisse weitgehend unabhängig von der Radlast bzw. dem Fülldruck sind. Die für die untersuchten Reifenvarianten auf den unterschiedlichen Oberflächenkrümmungen ermittelten Verhältnisse der Latschlängen[27] zeigen auf, dass die Länge des Reifen-Fahrbahn-Kontakts auf der Ebene durchschnittlich ca. 32 % größer ist als auf der 48"-Trommel, respektive 22 % größer ist als auf der 75"-Lauftrommel. Dies verdeutlicht nochmals, dass die Fahrbahnkrümmung einen signifikanten Einfluss auf die resultierende Aufstandslänge hat. Anhand der Verhältnisse kann ebenfalls abgeleitet werden, dass diese bei den hier analysierten Pkw-Reifen weitgehend unabhängig von der Reifenvariante sind. Die errechneten Parameter unterscheiden sich nur marginal voneinander.

Der für den SUV-Reifen ermittelte Einfluss von Radlast, Reifenfülldruck und Fahrbahnkrümmung auf die mittlere Flächenpressung im Reifen-Fahrbahn-Kontakt ist in Abb. 5.23 veranschaulicht. Auch hier ist ein eindeutiger Zusammenhang zu beobachten. Eine höhere Radlast bewirkt eine höhere mittlere Flächenpressung. Wesentlich größer ist jedoch der Einfluss des Reifenfülldrucks. Ein größerer Fülldruck resultiert, aufgrund einer verringerten Latschfläche, in einer höheren mittleren Flächenpressung. Dieser Einfluss scheint nahezu linear zu sein. Weiterhin ist feststellbar, dass eine hö-

[27]Die bestimmten minimalen, maximalen und mittleren Verhältnisse der Latschlängen werden in Tab. A.7 in Kap. A.12 im Anhang beschrieben.

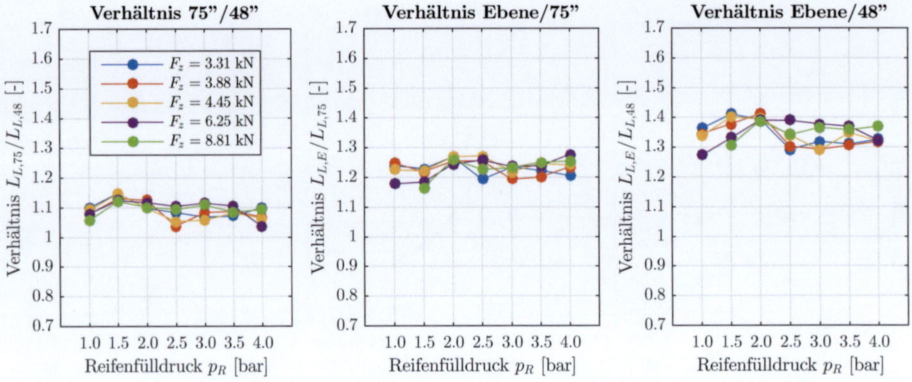

Abb. 5.22: Verhältnisse der Latschlängen des SUV-Reifens in Abhängigkeit der Fahrbahnkrümmung

here Trommelkrümmung zu höheren Kontaktdrücken führt. Abb. 5.24 verdeutlicht beispielhaft für den untersuchten SUV-Reifen die Verhältnisse der mittleren Flächenpressungen in Abhängigkeit der Fahrbahnkrümmung. Für die drei untersuchten Reifen kann gezeigt werden, dass die mittlere Flächenpressung auf der Ebene durchschnittlich rund 18 % geringer ist als auf der 48"-Prüfstandstrommel, respektive ca. 13 % kleiner ist als auf der 75"-Trommel. Es ist ebenfalls festzuhalten, dass die Verhältnisse weitgehend unabhängig von der untersuchten Reifenvariante, der Radlast und dem Reifenfülldruck sind.

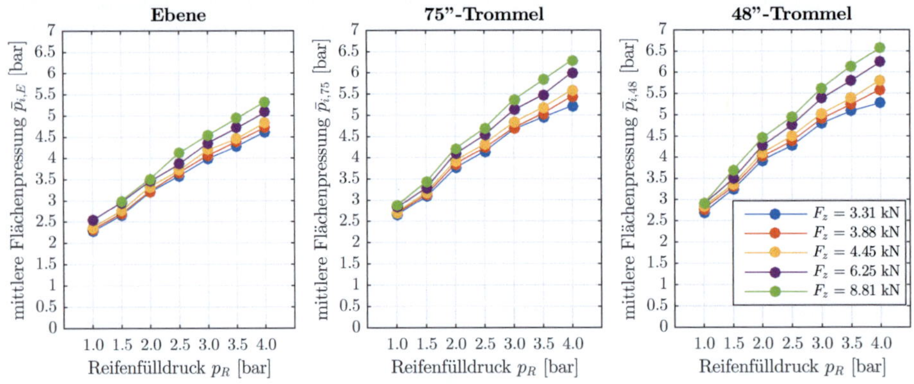

Abb. 5.23: Für den SUV-Reifen in Abh. der Krümmung ermittelte mittlere Flächenpressungen

HÜSEMANN [181] zeigte anhand einer durchgeführten Korrelationsanalyse, dass die Reifenaufstandsfläche sowie die Schräglaufsteifigkeit korrelieren und entwickelte eine entsprechende Korrekturvorschrift (vgl. Kap. 5.5.1). Zur Überprüfung, inwiefern die im Rahmen dieser Arbeit bestimmten Latschkenngrößen mit den auf unterschiedlichen Fahrbahnkrümmungen ermittelten charakteristischen Größen der Reifenkennlinien in Wechselwirkung stehen, wird im Folgenden ebenfalls ein statistischer Zusammenhang überprüft. Ziel ist es, die Skalierungsfaktoren, die letztendlich die Verhältnisse der auf unterschiedlichen Fahrbahnkrümmungen bestimmten Reifenkenngrößen beschreiben (z. B. $C_{\lambda,75}/C_{\lambda,48}$), durch Reifenlatschmessungen zu bestimmen. Damit wäre es

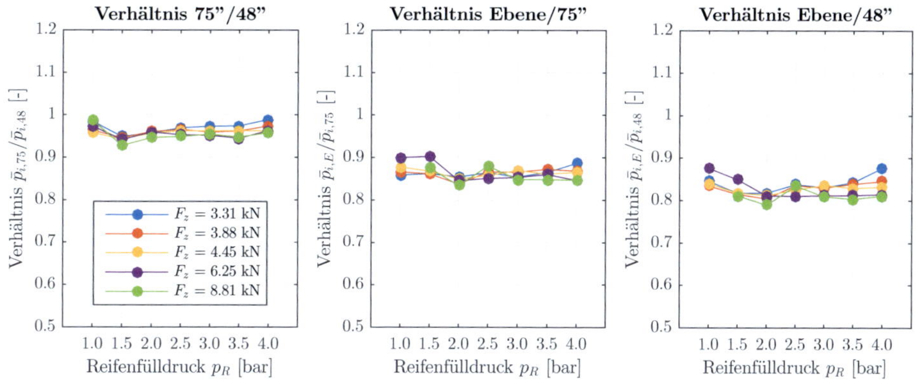

Abb. 5.24: Verhältnisse der Flächenpressungen des SUV-Reifens in Abh. der Fahrbahnkrümmung

möglich, Reifenkennlinienmessungen auf einer Prüfstandstrommel unter Laborbedingungen aufzuzeichnen und den Fahrbahnkrümmungseinfluss anhand von analysierten Reifenlatschuntersuchungen zu korrigieren. Ähnlich zu der in Kap. 5.5.1 vorgestellten Korrekturvorschrift, wird der folgende mathematische Ansatz für die gezielte Umrechnung von Umfangskraft-Schlupf-Kennlinien vorgeschlagen, die auf verschiedenen Fahrbahnen mit unterschiedlichen Fahrbahnkrümmungen $\kappa_{FB,1}$ und $\kappa_{FB,2}$ bestimmt wurden. Da insbesondere die Umfangssteifigkeit sowie der maximale Kraftschlussbeiwert durch die Fahrbahnkrümmung beeinflusst werden (vgl. Kap. 5.4), werden diese Kenngrößen skaliert. Der Streckungsansatz nach Gl. 5.12 erlaubt die Korrektur der gesamten Reifenkennlinie.

$$C_{\lambda,\kappa_{FB,1}} = k_\lambda \cdot C_{\lambda,\kappa_{FB,2}} \tag{5.10}$$

$$\mu_{x,max,\kappa_{FB,1}} = k_{\mu,x,max} \cdot \mu_{x,max,\kappa_{FB,2}} \tag{5.11}$$

$$\lambda_{x,\kappa_{FB,1}} = k_\lambda \cdot \lambda_{x,\kappa_{FB,2}} \tag{5.12}$$

Im Folgenden wird mithilfe von statistischen Methoden überprüft, inwiefern die Reifenlatschuntersuchungen zur Bestimmung der Skalierungsfaktoren k_λ und $k_{\mu,x,max}$ geeignet sind. Dazu werden zunächst die Reifenkennlinienmessungen, die auf den Prüfstandstrommeln mit unterschiedlichen Durchmessern unter Laborbedingungen ermittelt wurden, herangezogen. Zur Bewertung der linearen Abhängigkeit wird der Maßkorrelationskoeffizient ρ_{PB} nach BRAVAIS-PEARSON herangezogen, vgl. Gl. 5.13. [vgl. 322; Jes17] Ein Korrelationskoeffizient nahe 1 beschreibt einen sehr guten linearen Zusammenhang zwischen der Zielgröße z und der Ansatzgröße x. Andere Korrelationsansätzte, wie z. B. die Berechnung des Rangkorrelationskoeffizienten ρ_S nach SPEARMAN, erwiesen sich als weniger geeignet. Der Ansatz nach SPEARMAN ordnet die Merkmalsausprägungen entsprechend ihres Absolutwertes entsprechenden Rängen $rg(x)$ zu. Die Differenzen zwischen den einzelnen Messwerten bleiben jedoch unberücksichtigt.

$$\rho_{BP}(x,z) = \frac{\sum_{i=1}^{n}(x_i - \bar{x})(z_i - \bar{z})}{\sqrt{\sum_{i=1}^{n}(x_i - \bar{x})^2 \sum_{i=1}^{n}(z_i - \bar{z})^2}} \tag{5.13}$$

Zur Analyse des hier zu untersuchenden Zusammenhangs wird zunächst für die charakteristischen Kenngrößen der Reifenkennlinien als Zielgröße z sowie ausgewählte Latschkenngrößen als Ansatzgröße x eine Korrelationsanalyse durchgeführt. Die Berechnung des Maßkorrelationskoeffizienten ρ_{PB} erlaubt es, die lineare Abhängigkeit der beiden Kenngrößen in Abhängigkeit des Reifeninnendrucks zu bewerten. Durch Mittelwertbildung der Einzelkorrelationswerte, die für jede untersuchte Fahrbahnkrümmung, Radlast und Reifenvariante errechnet wurden, wird ein Gesamtkorrelationswert errechnet. Ausgewählte Berechnungsergebnisse sind in Abb. 5.25 veranschaulicht. Bei Betrachtung der Resultate fällt auf, dass prinzipiell mehrere Kenngrößen, die die Ausprägung des Reifenlatschs charakterisieren, gute Korrelationsergebnisse aufzeigen. Da die Korrelation zwar den proportionalen Zusammenhang zwischen der zu überprüfenden Kenngröße x und den Zielgröße z beschreibt, jedoch keine Aussage der absoluten Beträge von x im Vergleich zu z trifft, wird zusätzlich die Summe der Fehlerquadrate SSE zwischen den Verhältnissen der Ansatzgröße und der Zielgröße nach Gl. 5.14 berechnet. Diese sollte möglichst gering sein, um einen relevanten statistischen Zusammenhang zwischen der Ansatzgröße x und der Zielgröße z nachweisen zu können.

$$SSE = \sum_{i=1}^{n}\left(\frac{x_{i_{FB,1}}}{x_{i_{FB,2}}} - \frac{z_{i_{FB,1}}}{z_{i_{FB,2}}}\right)^2 \tag{5.14}$$

Die statistischen Kennwerte wurden sowohl für die Messgrößen errechnet, die mit dem Corner-Modul-Prüfstand erfasst wurden, als auch mit den Versuchsdaten berechnet, die mit dem Reifenmessanhänger bestimmt wurden. Ein detaillierter Vergleich der Resultate, die mit der statistischen Analysemethode erzielt wurden, zeigt auf, dass beide Messmethoden zu vergleichbaren Ergebnissen führen. [vgl. Jes18] Abb. 5.25 verdeutlicht die errechneten Korrelationskoeffizienten sowie die berechneten Fehlerkenngrößen für ausgewählte Latschkennwerte. Die dargestellten Kenngrößen stellen

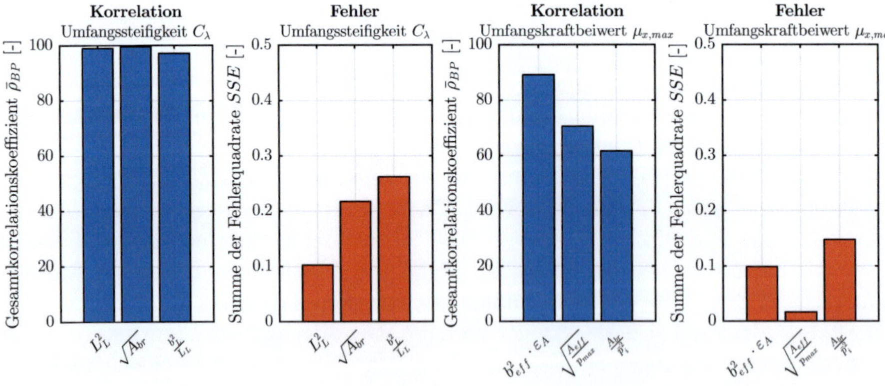

Abb. 5.25: Für ausgewählte Latschkenngrößen errechnete statistische Kenngrößen

den Mittelwert der errechneten statistischen Kennwerte dar, die anhand der CMP- sowie RMA-Messdaten ermittelt wurden.

HÜSEMANN [181] überprüfte in seiner Arbeit insgesamt zehn direkt gemessene oder abgeleitete Latschkenngrößen hinsichtlich ihrer Eignung zur Verwendung als Skalierungsfaktoren zur Umrechnung der Seitenkraftsteifigkeit. Um im Rahmen dieser Arbeit möglichst viele Kenngrößen zu überprüfen, wurde ein *MATLAB*-Programmpaket entwickelt, welches die statistischen Abhängigkeiten automatisiert analysiert. Insgesamt werden 13 direkt gemessene Reifenlatschkenngrößen (wie z. B. die Latschlänge L_L, die effektive Latschfläche A_{eff}, die Bruttofläche A_{br}, der Flächenpositivanteil ε_A, die mittlere Flächenpressung $\bar{p}_i$ oder die maximale Flächenpressung p_{max}) sowie abgeleitete Kenngrößen betrachtet, die sich aus der Quadrierung, Wurzel- oder Kehrwertbildung der Größen sowie der Addition, Subtraktion, Multiplikation oder Division von zwei ermittelten Kennwerten ergeben. Damit können über 5.000 Kenngrößenvarianten zur Eignung als Skalierungsfaktor bewertet werden. Anhand der Resultate kann abgeleitet werden, dass mehrere Latschkenngrößen zu geringen Fehlerwerten SSE führen und daher geeignet sind, die Verhältnisse der Umfangssteifigkeiten $C_{\lambda,75}/C_{\lambda,48}$ und der maximalen Kraftschlussbeiwerte $\mu_{max,75}/\mu_{max,48}$ abzubilden und der Bestimmung der Skalierungsfaktoren k_λ und $k_{\mu,x,max}$ zu dienen. In einer detaillierten Analyse wurden daher Ansatzfunktionen gewählt, deren physikalische Plausibilität gegeben ist, die in hohen Korrelationskoeffizienten resultieren sowie zu einer niedrigen Summe der Fehlerquadrate SSE führen. [vgl. Jes18] Es wird vorgeschlagen, zur Berechnung des Skalierungsfaktors k_λ zur Korrektur des Einflusses der Fahrbahnkrümmung auf die Umfangssteifigkeit die Verhältnisse der quadrierten Reifenlatschlängen l_{75}^2/l_{48}^2 zu nutzen. Dieser Zusammenhang kann zudem physikalisch begründet werden. Nach dem in Kap. 2.1.2 vorgestellten Bürstenmodell nimmt die Längsschlupfsteifigkeit proportional mit der quadrierten Länge des Reifen-Fahrbahn-Kontakts zu. Zur Berechnung des Skalierungsfaktors $k_{\mu,x,max}$ zur Korrektur des Einflusses der Fahrbahnkrümmung auf den maximalen Umfangskraftbeiwert erwies sich die Wurzel des Quotienten der effektiven Reifenlatschfläche A_{eff} sowie der maximalen Flächenpressung p_{max} als Ansatzfunktion als zielführend. Zudem ist es physikalisch plausibel, dass der maximale Kraftschlussbeiwert mit wachsender Reifenaufstandsfläche sowie mit abnehmendem maximalen Kontaktdruck zunimmt.

Schließlich können die Skalierungsfaktoren k_λ und $k_{\mu,x,max}$ anhand der auf der 48"- und der 75"-Prüfstandsrolle bestimmten Latschkenngrößen errechnet werden. Es ist zu bemerken, dass für jede Reifenfülldruck-Radlast-Variante ein Skalierungsfaktor berechnet werden kann, woraus sich eine Verhältnismatrix ergibt. Aufgrund des geringen Reifenfülldruck- und Radlasteinflusses auf die ermittelten Verhältnisse, weichen die errechneten Einzelwerte nur marginal voneinander ab. Folgerichtig ist die Bildung eines Mittelwerts zulässig. Dies erlaubt darüber hinaus den Rückschluss, dass für zukünftige Messungen die Anzahl der zu untersuchenden Reifenfülldruck-Radlast-Betriebspunkte zur Bestimmung des Skalierungsfaktors reduziert werden kann. Gl. 5.15 und Gl. 5.16 beschreiben zusammenfassend die Ermittlung der Skalierungsfaktoren zur Korrektur des Einflusses der Fahrbahnkrümmung auf die Umfangssteifigkeit k_λ bzw. den maximalen Umfangskraftbeiwert $k_{\mu,x,max}$. Letztlich erlaubt der Streckungsansatz nach

Gl. 5.17 die Korrektur des Einflusses der Trommelkrümmung auf die gesamte Umfangskraftbeiwert-Schlupf-Kennlinie.

$$k_\lambda = \frac{\bar{C}_{\lambda,75}(p, F_z)}{\bar{C}_{\lambda,48}(p, F_z)} \approx \frac{\bar{L}^2_{L,75}(p, F_z)}{\bar{L}^2_{L,48}(p, F_z)} \tag{5.15}$$

$$k_{\mu,x,max} = \frac{\bar{\mu}_{x,max,75}(p, F_z)}{\bar{\mu}_{x,max,48}(p, F_z)} \approx \sqrt{\frac{\bar{A}_{eff,75}(p, F_z)}{\bar{p}_{max,75}(p, F_z)}} \cdot \sqrt{\frac{\bar{p}_{max,48}(p, F_z)}{\bar{A}_{eff,48}(p, F_z)}} \tag{5.16}$$

$$\lambda_{x,75}(p, F_z) = k_\lambda \cdot \lambda_{x,48}(p, F_z) \tag{5.17}$$

5.5.3 Diskussion der allgemeingültigen Anwendbarkeit der Umrechnungsvorschrift

Abb. 5.26 veranschaulicht die Anwendung der Korrekturmethode für ausgewählte Umfangssteifigkeiten. Neben den auf der 48"-Prüfstandstrommel ermittelten Anfangssteigungen, sind die auf der 75"-Laufrolle bestimmten Längsschlupfsteifigkeiten dargestellt. Die errechnete Kennlinie zeigt die skalierten Messpunkte auf. Ausgehend von den Messungen, die auf der 48"-Trommel ermittelt wurden, ist die korrigierte Kennlinie nach Gl. 5.15 errechnet wurden. Abb. 5.27 verdeutlicht analog die angewendete Korrekturmethode für den maximalen Kraftschlussbeiwert. In Abb. 5.28 sind ausgewählte Umfangskraftbeiwert-Schlupf-Kennlinien dargestellt, die auf der 48"- und 75"-Laufrolle erfasst sowie anhand des angewendeten Skalierungsverfahrens errechnet wurden.

Die Anwendung der vorgestellten Methode zeigt, dass es möglich ist, Messungen auf einer stärker gekrümmten Prüfstandstrommel durchzuführen und den Einfluss der Fahrbahnkrümmung auf die ermittelten Reifencharakteristiken anschließend zu korrigieren. Geht man davon aus, dass die 75"-Prüfstandstrommel aufgrund der geringeren Fahrbahnkrümmung zu realistischeren Ergebnissen führt, können Umfangskraftbeiwertkennlinien, die auf der 48"-Laufrolle ermittelt wurden, skaliert werden. Dies kann mitunter zielführend sein, da auf der kleineren 48"-Labortrommel u. a. größere Umfangskräfte übertragen werden können. Es darf festgehalten werden, dass das Skalierungsverfahren weitgehend zu zufriedenstellenden Ergebnissen führt. Weiterhin ist zu bemerken, dass die Umrechnungsmethode sowohl für die Messdaten, die mit dem Corner-Modul-Prüfstand aufgezeichnet wurden, als auch für die Versuchsergebnisse, die mit dem Reifenmessanhänger bestimmt wurden, zu ähnlich guten Resultaten führt. [Jes18]

Schließlich ist festzustellen, dass eine Überführung zwischen den unter Real- und Laborbedingungen erzielten Kraftschlussgrößen mit der Methode nicht zu befriedigenden Ergebnissen führt. Das grundsätzlich angestrebte Ziel, aus Messergebnissen, die auf gekrümmten Trommelfahrbahnen ermittelt wurden, das Verhalten der Reifen auf realen, ebenen Fahrbahnen zu berechnen, wurde nicht erreicht. Auch die von HÜSEMANN beschriebene Korrektur des maximalen Kraftschlussbeiwerts mithilfe eines mobilen Profilstollen-Reibwertprüfstands wäre nicht zielführend, da der unter unterschiedlichen Prüfbedingungen ermittelte maximale Umfangskraftbeiwert maßgeblich vom Reifenfülldruck beeinflusst wird. Ein direkter Vergleich der Messergebnisse

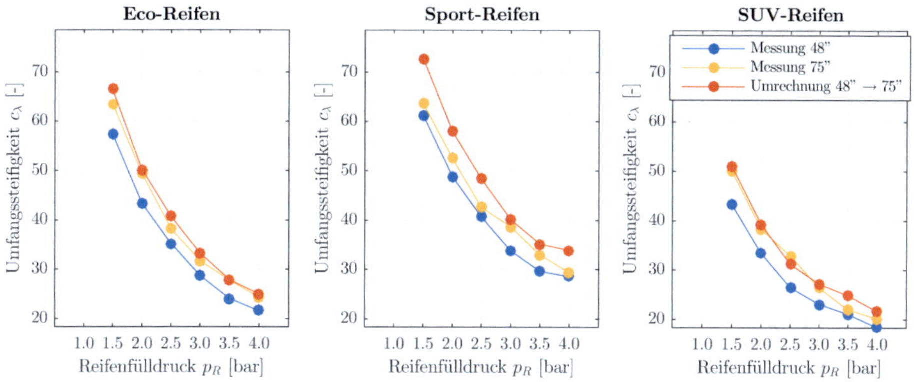

Abb. 5.26: Anwendung der Korrekturmethode für am CMP ermittelte Umfangssteifigkeiten ($F_z \approx 4{,}4\,\mathrm{kN}$)

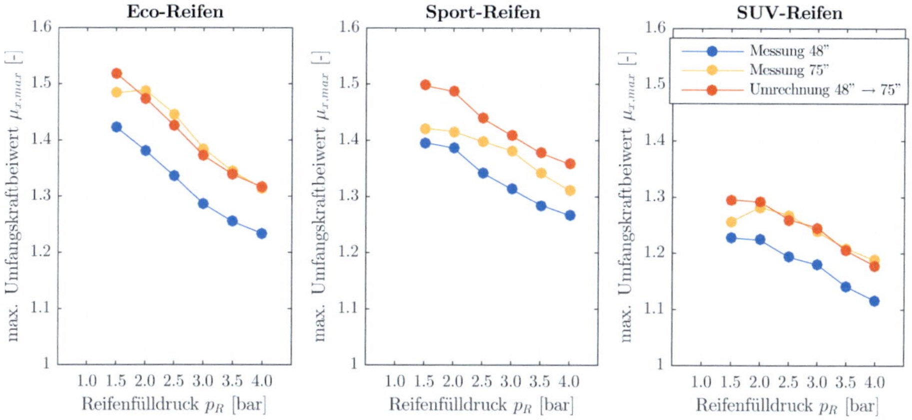

Abb. 5.27: Anwendung der Korrekturmethode für am CMP ermittelte max. Umgangskraftbeiwerte ($F_z \approx 3{,}3\,\mathrm{kN}$)

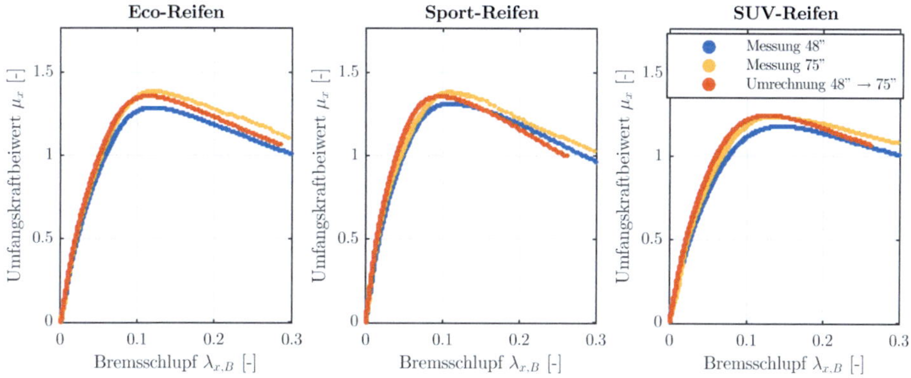

Abb. 5.28: Anwendung der Korrekturmethode für am CMP ermittelte Umfangskraftbeiwert-Schlupf-Kennlinien ($p_R = 3{,}0\,\mathrm{bar}$, $F_z \approx 3{,}3\,\mathrm{kN}$)

wird zudem dadurch erschwert, da das Umfangskraftverhalten nicht nur durch die Fahrbahnkrümmung beeinflusst wird. Wie bereits in Kap. 4.5 aufgezeigt, wird das Kraftschlussverhalten durch eine Vielzahl an Parametern bestimmt, die teilweise miteinander verkettet sind. Dies führt zu komplexen Zusammenhängen und erschwert eine isolierte Betrachtung der einzelnen Einflussgrößen. Zur Vermeidung von herstellungsbedingten Einflussparametern wurden die unter Real- und Laborbedingungen analysierten Versuche mit den selben Reifen durchgeführt. Auch wenn bei Umfangskraftmessungen der Verschleiß wesentlich geringer ist als bei Querkraftmessungen, ist eine Reduzierung der Profiltiefe mit Messfortschritt unvermeidbar. Auch die exakte Reproduzierbarkeit der Radlasten ist nur bedingt möglich, da die Belastungsgewichte des Messanhängers nicht geeicht sind. Schließlich sind die Umgebungsbedingungen auf dem Testgelände, anders als am klimatisierten Laborprüffeld, nicht konstant und ändern sich teilweise während des Tagesverlaufs. Neben den Reifen- und Betriebsparametern, wird das Kraftschlussverhalten durch die Fahrbahneigenschaften bestimmt. Zusätzlich zur Fahrbahnkrümmung, unterscheiden sich bei der Labor- und Realfahrbahn insbesondere die Fahrbahntexturen. Es muss daher konstatiert werden, dass die alleinige Berücksichtigung der Fahrbahnkrümmung nicht ausreichend ist. Für eine allgemeingültige Umrechnungsvorschrift, die in zukünftigen Forschungsarbeiten zu erarbeiten ist, muss die Fahrbahnbeschaffenheit zwingend mitbetrachtet werden. Im folgenden Kapitel werden die Oberflächeneigenschaften der untersuchten Fahrbahnen charakterisiert sowie der Einfluss der Textur auf die Umfangskraftmessungen diskutiert.

5.6 Diskussion des Fahrbahntextureinflusses auf das Kraftschlussverhalten

Zur Charakterisierung der Oberflächentexturen der in dieser Arbeit für die Vergleichsmessungen verwendeten Fahrbahnuntergründe, wurden die Fahrbahnbelege (vgl. Abb. 5.29) mit einem Laserlinienscanner vermessen. Ein mithilfe von *MATLAB* realisiertes Analysetool erlaubt es, charakteristische Oberflächenkennwerte (z. B. definiert nach DIN EN ISO 4287 [81]) zur Beschreibung der Fahrbahnbeschaffenheit zu berechnen. Die Versuchs- und Analysemethodik wird detailliert in [Jes18] beschrieben. Abb. 5.30 veranschaulicht ausgewählte Bereiche der mithilfe des Laserlinienscanners bestimmten Oberflächenprofile. Tab. 5.2 stellt beispielhaft eine Auswahl berechneter Oberflächenkenngrößen gegenüber. Erwartungsgemäß wird deutlich, dass die reale Asphaltfahrbahn eine wesentlich höhere Makrotextur als die Chromstahloberfläche der Prüfstandstrommeln aufweist.

Tab. 5.2: Berechnete Oberflächenkennwerte der untersuchten Fahrbahnen

	Prüfstandsrolle	**Asphaltfahrbahn**
Mittenrauwert R_a	$46\,\mu$m	$293\,\mu$m
Quadratischer Mittenrauwert R_q	$61\,\mu$m	$369\,\mu$m
Maximale Profilkuppenhöhe R_p	$93\,\mu$m	$421\,\mu$m
Profilkuppendichte D_P	0,67 1/mm	0,26 1/mm

Die im vorherigen Unterkapitel erarbeitete Umrechnungsmethodik zur Korrektur des Fahrbahnkrümmungseinflusses trägt dem Umstand Rechnung, dass die Kraftschluss-

(a) Prüfstandstrommel **(b) Asphaltfahrbahn**

Abb. 5.29: Untersuchte Fahrbahnoberflächen

eigenschaften durch die Ausprägung der Aufstandsfläche bestimmt werden. Folglich wurden die charakteristischen Größen des Reifenlatschs mithilfe des Druck-Foliensensors in Abhängigkeit der Reifenvariante, der Fahrbahnkrümmung, der Radlast und des Reifenfülldrucks messtechnisch erfasst (vgl. Kap. 5.5.2). Die Untersuchungen erfolgten auf der 48"- und 75"-Prüfstandstrommel sowie auf einer ebenen Stahloberfläche. Bedingt durch die hohe Empfindlichkeit der dünnen Leiterbahnen des *Tekscan*-Foliensensor (vgl. Kap. 5.5.2) ist die Analyse der Flächenpressungsverteilung auf rauen Oberflächen nicht möglich. Aufgrund der ausgeprägten Makrotextur der realen Asphaltfahrbahn, kann jedoch davon ausgegangen werden, dass die tatsächliche Berührfläche zwischen dem Laufstreifen und der Fahrbahn von den ermittelten Kennwerten abweicht. Zur Abschätzung der tatsächlichen Kontaktfläche wurden daher zusätzliche Aufstandsflächenuntersuchungen mit einfachen *Fujifilm Prescale* Druckmessfolien für ausgewählte Betriebsbedingungen durchgeführt. Wird eine Belastung auf die Messfolien ausgeübt, reagiert ein in Mikrokapseln eingebrachtes Färbematerial mit einem Farbentwickler. Die Intensität der Verfärbung ist abhängig vom Kontaktdruck. Zur Abschätzung der effektiven Berührfläche, respektive der resultierenden Flächenpressungsverteilung, wurden die Druckmessfolien sowohl auf der Asphaltfahrbahn als auch auf der 75"-Prüfstandstrommel in den Reifen-Fahrbahn-Kontakt des SUV-Reifens ein-

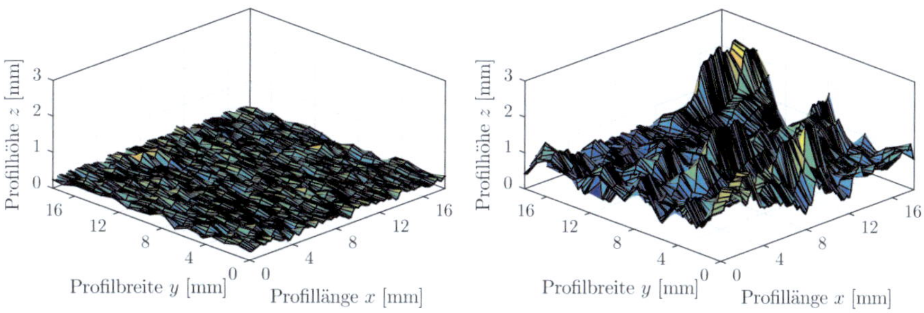

(a) Prüfstandstrommel **(b) Asphaltfahrbahn**

Abb. 5.30: Oberflächenprofil der untersuchten Fahrbahnen

gebracht[28]. Ein mithilfe von *MATLAB* realisiertes Auswerteprogramm erlaubt es, ausgewählte Kenngrößen der ermittelten Reifenlatschcharakteristiken zu analysieren. Das Messprinzip, die Versuchsdurchführung sowie die Analyse der Messungen werden ebenfalls detailliert in [Jes18] erläutert. Abb. 5.31 veranschaulicht die Flächenpressungsverteilung, die anhand der bestimmten Druckintensitäten der Messfolien auf der Asphaltfahrbahn des Testgeländes für die Reifeninnendrücke von 1,5 bar, 2,5 bar und 3,5 bar errechnet wurden. In Abb. 5.32 ist die bei gleichen Randbedingungen auf der 75"-Prüfstandstrommel ermittelte Kontaktdruckverteilung dargestellt.

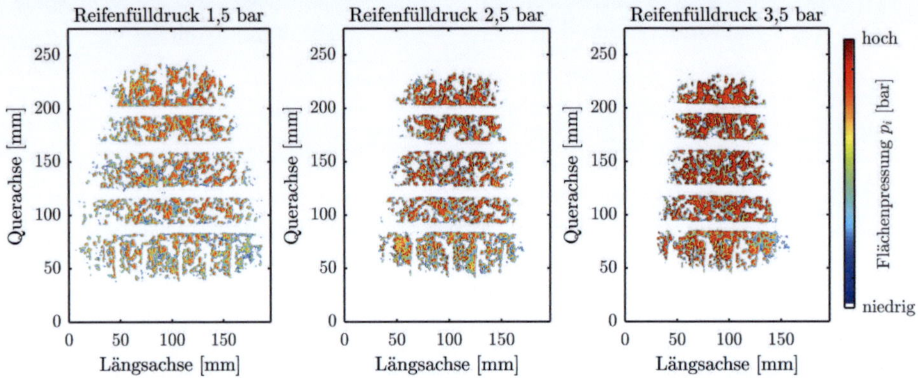

Abb. 5.31: Flächenpressungsverteilung im Reifen-Fahrbahn-Kontakt auf der Asphaltfahrbahn (SUV-Reifen, $F_z = 5{,}2\,\text{kN}$)

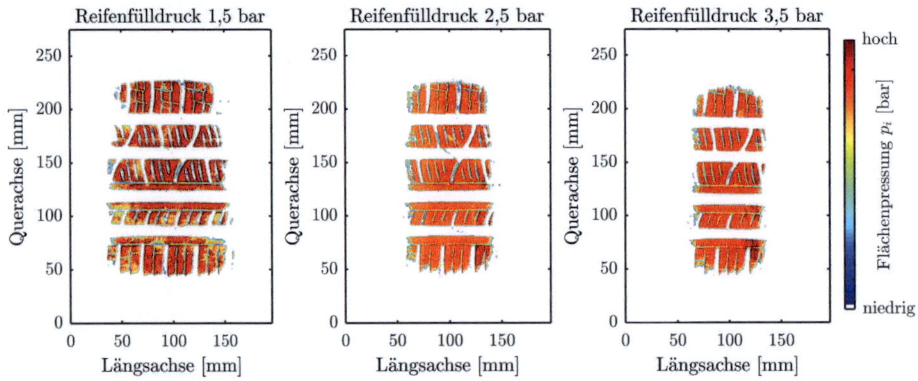

Abb. 5.32: Flächenpressungsverteilung im Reifen-Fahrbahn-Kontakt auf der 75"-Prüfstandstrommel (SUV-Reifen, $F_z = 5{,}2\,\text{kN}$)

Die Intensität der Verfärbung der Druckmessfolien wird durch verschiedene Randbedingungen (u. a. Temperatur und Luftfeuchtigkeit der Umgebungsluft während der Messung) beeinflusst. Da ein entsprechender Fehlereinfluss zu erwarten ist, sind hier, anstatt der errechneten Absolutwerte, die qualitativen Verläufe der ermittelten Flächenpressungen dargestellt. Trotzdem kann die relative Änderung der Kontaktdruck-

[28]Die Messungen wurden am Versuchsfahrzeug *Range Rover Evoque* am linken Vorderrad durchgeführt. Der mithilfe einer Achsvermessungsanlage ermittelte Sturz betrug 0 ° 51'. Die Radlast wurde mit 5,2 kN bestimmt.

verteilung und der effektiven Berührfläche im Reifen-Fahrbahn-Kontakt in Abhängigkeit des Fülldrucks sehr gut abgeschätzt werden. Bedingt durch die unterschiedliche Fahrbahnkrümmung ist erwartungsgemäß eine entsprechende Differenz der Aufstandsflächen (vgl. Kap. 5.5.2) erkennbar. Die Resultate erlauben jedoch insbesondere die Schlussfolgerung, dass die tatsächlichen Kontaktflächen maßgeblich durch die Fahrbahnbeschaffenheit beeinflusst werden. Während auf der vergleichsweise glatten Prüfstandstrommel eine gleichmäßige Druckverteilung im Reifen-Fahrbahn-Kontakt zu erkennen ist, ist auf der Asphaltfahrbahn der Kontakt nur an den Rauigkeitsspitzen zu beobachten. Es wird deutlich, dass die effektive Berührfläche mit zunehmender Makrorauigkeit abnimmt und der Kontaktdruck an den Texturspitzen steigt.

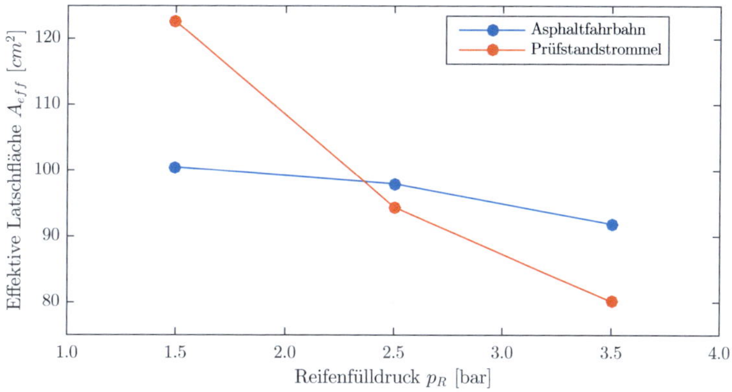

Abb. 5.33: Effektive Latschfläche in Abhängigkeit des Reifenfülldrucks und der Fahrbahnoberfläche (SUV-Reifen, $F_z = 5{,}2\,\mathrm{kN}$)

Abb. 5.33 veranschaulicht die errechnete effektive (d. h. die tatsächlich erfasste) Berührfläche im Reifen-Fahrbahn-Kontakt in Abhängigkeit des Fülldrucks für die experimentellen Analysen auf der Labor- sowie der Realfahrbahn. Es ist zu erkennen, dass die effektive Latschfläche auf der Prüfstandstrommel mit abnehmenden Reifeninnendruck signifikant zunimmt, während die tatsächliche Kontaktfläche auf dem Asphaltbelag nur in geringem Maße steigt. Dieser Effekt ist dadurch erklärbar, dass bei Fahrbahnen mit hoher Makrorauigkeit die Latschfläche mit abnehmendem Reifenfülldruck zwar zunimmt, gleichzeitig reduziert sich, aufgrund des verringerten Kontaktdrucks, jedoch die Eindringtiefe des Laufstreifengummis zwischen die Rauigkeitsspitzen. Folglich bewirkt eine Modifikation des Reifenfülldrucks auf groben Fahrbahntexturen nur eine geringe Änderung der effektiven Berührfläche. Abb. 5.34 veranschaulicht dieses Phänomen schematisch.

Mithilfe des beschriebenen Effekts lässt sich erklären, warum der gemessene Einfluss des Reifenfülldrucks auf den maximalen Umfangskraftbeiwert auf den Laborfahrbahnen deutlich ausgeprägter ist als auf der realen Asphalt-Oberfläche (vgl. Kap. 5.4). Der maximale Kraftschlussbeiwert hängt auf trockenen Fahrbahnen mit geringer Makrorauigkeit hauptsächlich von der Adhäsionsreibung, und folglich von der effektiven Berührfläche zwischen dem Gummi und der Fahrbahn, ab. Mit abnehmendem Reifeninnendruck nimmt prinzipiell die effektive Latschfläche, und folglich das Kraftübertragungspotenzial, zu. Auf Fahrbahnoberflächen mit hoher Makrorauigkeit ist die tat-

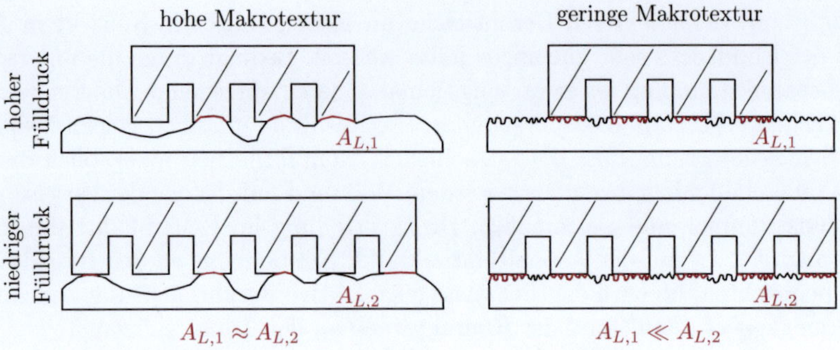

Abb. 5.34: Einfluss der Fahrbahntextur auf die effektive Latschfläche

sächliche Berührfläche, neben dem Oberflächenprofil des Untergrunds, ebenfalls vom örtlichen Kontaktdruck und damit von der Eindringtiefe der Gummioberfläche in die Fahrbahntextur abhängig. Eine Erhöhung des Fülldrucks bewirkt eine Abnahme der Latschfläche. Gleichzeitig erhöht sich, aufgrund der höheren lokalen Flächenpressung, die Eindringtiefe. Folglich bewirkt eine Modifikation des Reifenfülldrucks nur eine geringe Änderung der effektiven Berührfläche, respektive der Adhäsionsreibung. Zusätzlich wird die Kraftübertragung auf groben Fahrbahnen durch die Hysteresereibung bestimmt, die insbesondere vom verformten Gummivolumen abhängt. Während ein erhöhter Fülldruck eine Reduzierung der Latschfläche bewirkt, erhöht sich mit zunehmendem Kontaktdruck gleichzeitig die Eindringtiefe des Laufstreifengummis in die Fahrbahn. Dies resultiert in einer erhöhten Hysteresereibung. Demnach ist die Sensitivität des Kraftübertragungspotenzials in Abhängigkeit vom Reifenfülldruck auf Fahrbahnoberflächen mit hoher Makrorauigkeit geringer ausgeprägt.

Die analysierten experimentellen Untersuchungen führten ebenfalls zu der Erkenntnis, dass die Empfindlichkeit des Kraftschlussbeiwerts vom Reifenfülldruck mitunter abhängig von der gewählten Reifenvariante ist. Die mit dem Reifenmessanhänger bestimmten maximalen Umfangskraftbeiwerte erlauben beispielsweise den Rückschluss, dass der Eco-Reifen auf trockener Asphaltfahrbahn weniger empfindlich auf eine Reifenfülldruckadaption reagiert als der Sport- oder der SUV-Reifen. Insbesondere die

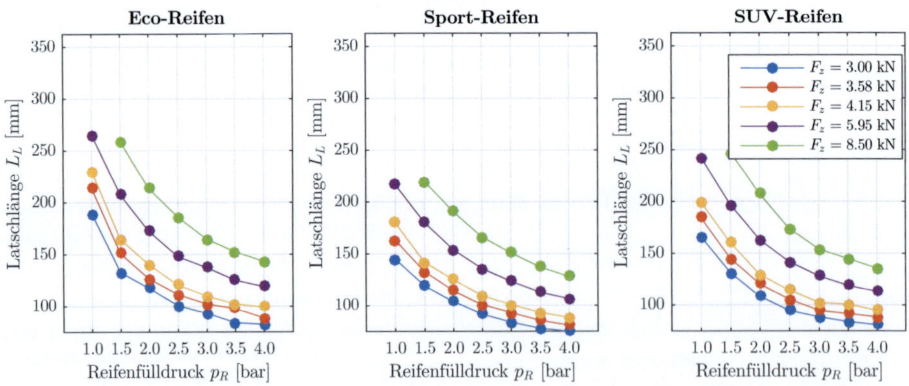

Abb. 5.35: Mit *Tekscan*-Foliensensor experimentell auf der Ebene bestimmte Latschlängen

in Kap. 3 vorgestellten Bremsweg- und Reifenkennlinienuntersuchungen zeigten teilweise deutliche Sensitivitätsunterschiede zwischen den betrachteten Reifentypen auf. Obwohl eine Adaption des Reifenfülldrucks in einer signifikanten Änderung der Reifenaufstandsfläche des Leicht-Nkw-Reifens resultierte, konnte kein nachweisbarer Einfluss auf das Kraftschlusspotenzial des Reifens auf trockener Fahrbahn erfasst werden. Die mithilfe der *Tekscan*-Druckmessfolie durchgeführte, und in Kap. 5.5.2 vorgestellte, umfassende Analyse des Fülldruckeinflusses auf die Reifenlatschkenngrößen führen zu der Schlussfolgerung, dass die Latschbreite bei einer Fülldruckänderung annähernd konstant bleibt und sich die Latschlänge bei allen untersuchten Reifenvarianten in ähnlichem Maße ändert. Abb. 5.35 verdeutlicht die für den Eco-, Sport- und SUV-Reifen experimentell mit der Druckmessfolie auf der Ebene bestimmten Latschlängen in Abhängigkeit großer Reifenfülldruckvariationen. Ausgehend von einer Referenz-Latschlänge, respektive einer Referenz-Latschfläche, bei einem Reifeninnendruck von 2,5 bar, veranschaulicht Abb. 5.36 beispielhaft die relative Längen- bzw. Flächenänderung der Reifenaufstandsflächen bei einer Radlast F_z von 3,58 kN. Die analysierten Reifenlatschcharakteristiken verdeutlichen, dass die Längen- bzw. Flächenänderungen der Aufstandsfläche in Abhängigkeit des Fülldrucks weitgehend unabhängig von der analysierten Reifenvariante ist. Obwohl sich der konstruktive Aufbau der analysierten Reifen, z. B. bei der Anzahl der Karkassenlagen, unterscheidet, ist der Einfluss auf die Ausprägung des Reifenlatschs marginal. Nur bei sehr geringen Fülldrücken sind messbare Differenzen der relativen Aufstandsflächenänderung nachweisbar. Erwartungsgemäß ist die relative Latschflächenänderung beim SUV-Reifen (mit dem höchsten Tragfähigkeitsindex der untersuchten Reifen) etwas niedriger. Da die resultierenden Latschlängen und die Radialsteifigkeiten der Reifen in Zusammenhang stehen (vgl. Kap. 2.2), darf angenommen werden, dass die Gradienten der Vertikalsteifigkeitsänderung in Abhängigkeit des Reifeninnendrucks bei den untersuchten Reifendimensionen vergleichbar sind. Dieser Umstand korreliert mit den in Kap. 2.2.4 vorgestellten Untersuchungen. Folgerichtig darf geschlussfolgert werden, dass die unterschiedliche Sensitivität des Kraftschlussverhaltens in Abhängigkeit des Reifenfülldrucks nur bedingt durch die Reifenkonstruktion bestimmt wird. Vielmehr sind die Empfindlichkeitsunterschiede auf sich unterscheidende Mischungseigenschaften des Laufstreifengummis, u. a. auf die Abhängigkeit der effektiven Berührfläche von der Mischungshärte, zurückzuführen. Eine Erhöhung des Reifenfülldrucks impliziert eine Abnahme der Latschfläche. Gleichzeitig erhöht sich bei weicheren Gummimischungen die Eindringtiefe in die Fahrbahntextur. Folglich ist einerseits die verhältnismäßige Kontaktflächenabnahme im Reifen-Fahrbahn-Kontakt, die die Adhäsionsreibung wesentlich beeinflusst, geringer ausgeprägt. Andererseits nimmt die Hysteresekomponente der resultierenden Reibkraft zu. Begünstigt wird der Effekt zudem dadurch, dass der Hystereseanteil bei einer geringeren Mischungshärte meist höher ist als bei einer härteren Mischung. [vgl. 304] Aufgrund der gegenläufigen Wirkprinzipien ist die Sensitivität des Kraftschlusspotenzials vom Reifeninnendruck bei weicheren Gummimischungen geringer ausgeprägt als bei härteren Zusammensetzungen. Bei härteren Laufstreifenmischungen ist der Effekt des eindringenden Gummis in die Rauheitsspitzen der Fahrbahnoberfläche geringer ausgebildet. Ein reduzierter Reifenfülldruck resultiert dann prinzipiell in einer Erhöhung der effektiven Berührfläche. Folglich nimmt die Adhäsionsreibkraft, respektive das Kraftschlusspotenzial, zu.

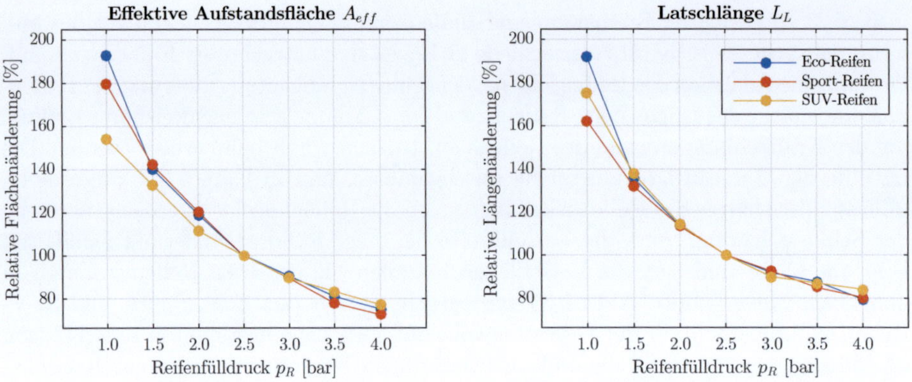

Abb. 5.36: Reifenfülldruckeinfluss auf die relative Flächen- und Längenänderung des Reifenlatschs ($F_z = 3{,}58\,\mathrm{kN}$)

Anhand des diskutierten Einflusses der Fahrbahnbeschaffenheit auf das Kraftschlussverhalten kann erklärt werden, weshalb sich die auf den Real- und Laborfahrbahnen aufgezeichneten reifenfülldruckabhängigen Reifencharakteristiken signifikant voneinander unterscheiden. Einerseits muss daher folgerichtig angezweifelt werden, dass die Labormessungen zur Charakterisierung des Reifenfülldruckeinflusses auf das Kraftschlussverhalten auf realen Fahrbahnen geeignet sind. Andererseits muss geschlussfolgert werden, dass zukünftige Forschungsarbeiten zur Erarbeitung einer Korrekturmethode, die es erlaubt, das auf gekrümmten Laborfahrbahnen bestimmte Kraftschlussverhalten auf Realfahrbahnen umzurechnen, die charakterisierenden Parameter der Fahrbahntextur mit berücksichtigen müssen.

Ähnliche Schlussfolgerungen ziehen RIEHM et al. [304] und FISCHLEIN [118; 115] in ihren Forschungsarbeiten. RIEHM et al. zeigen, dass der Reifen nicht losgelöst von der Fahrbahn betrachtet werden kann. Die Autoren untersuchten Umfangskraft-Schlupf-Kennlinien von sechs verschiedene Laufstreifenmischungen auf drei unterschiedlichen Oberflächentexturen. Sie konstatieren, dass sich die Rangordnung, d. h. welche Gummimischung zu höchsten Reibwerten führt, in Abhängigkeit der Fahrbahnoberfläche umkehren kann. Die Resultate zeigen, dass bei der Entwicklung neuer Laufstreifenmischungen stets die verschiedenen Texturspektren berücksichtigt werden müssen. Weiterhin wurde festgestellt, dass die auf künstlicher Korund-Oberfläche erzielten Ergebnisse im Vergleich zu Messungen auf realen Texturen abweichende Resultate lieferten und eine Übertragbarkeit der Ergebnisse zu hinterfragen ist.

FISCHLEIN [118; 115] führte am Innentrommelprüfstand der *Universität Karlsruhe* Kraftschlussmessungen auf sechs unterschiedlichen Fahrbahnoberflächen durch und stellte fest, dass die Umfangskraftsteifigkeiten und die maximalen Kraftschlussbeiwerte abhängig von der jeweiligen Oberflächenbeschaffenheit der Fahrbahn sind. Zudem konnte beobachtet werden, dass Parametervariationen - wie die Reifenfülldruckadaption - auf feinen Safety-Walk-Belag größere Auswirkungen auf das Reibwertverhalten haben als auf gröberen Realfahrbahnen. Er stellte daher einerseits in Frage, ob sich Reifenmessungen auf Safety-Walk-Fahrbahnen für Reifenmessungen und die anschließende Parametrisierung von Reifenmodellen eignen. Andererseits führte er das unterschiedliche Kraftschlussverhalten ebenfalls darauf zurück, dass die Adhäsionsreibkraft direkt proportional zur Anzahl der molekularen Verbindungen zwischen Gummi und Fahrbahn ist. Folglich ist der resultierende Kraftschlussbeiwert auf trockenen Fahrbahnen abhängig von der effektiven Berührfläche, die insbesondere von der Fahrbahnoberflächenstruktur, dem Reifenprofil und der Laufstreifenmischung sowie der resultierenden Eindringtiefe der Gummioberfläche in die Rauhheitsspitzen bestimmt wird. Es wurden daher Kenngrößen zur Charakterisierung der Fahrbahn definiert und anhand dieser Korrekturfaktoren zur Umrechnung von Kraftschlusscharakteristiken auf verschiedenen Fahrbahntexturen vorgeschlagen. In Folgearbeiten sollte daher die Möglichkeit analysiert werden, das in dieser Forschungsarbeit entwickelte Umrechnungsverfahren zur Korrektur des Fahrbahnkrümmungseinflusses sowie die von FISCHLEIN vorgeschlagene Korrekturmethode zur Berücksichtigung der Fahrbahnbeschaffenheit zusammenzuführen.

5.7 Fazit

Die vorgestellten Messergebnisse zeigen erstmals den Einfluss großer Reifenfülldruckvariationen auf den charakteristischen Verlauf von Umfangskraftbeiwert-Schlupf-Kennlinien auf. Es wurden quantitative Aussagen getroffen, wie groß die zu erwartenden Auswirkungen auf markante Bereiche der Reifencharakteristiken in Abhängigkeit der analysierten Einflussgrößen sind. Die Messergebnisse, die mit dem Reifenmessanhänger auf den realen, ebenen Fahrbahnen sowie mit der mobilen und der stationären Prüfeinrichtung auf den Prüfstandstrommeln am *MaSTeR*-Prüffeld ermittelt wurden, sind detailliert diskutiert worden. Es kann festgestellt werden, dass insbesondere die Sensitivität des maximalen Kraftschlussbeiwerts in Abhängigkeit vom Reifenfülldruck maßgeblich vom Laufstreifengummi-Fahrbahn-Kontakt bestimmt wird. Die wesentlichen Erkenntnisse lassen sich folgendermaßen zusammenfassen:

- Die Umfangssteifigkeit wird in erster Linie durch die Laufflächenelastizität beeinflusst und nimmt mit abnehmendem Reifeninnendruck progressiv zu.
- Die Längsschlupfsteifigkeit wird insbesondere durch die resultierende Latschlänge beeinflusst und nimmt mit zunehmender Krümmung der Prüfstandstrommeln ab.
- Der Einfluss des Fülldrucks auf den maximalen Kraftschlussbeiwert ist auf trockener Asphaltfahrbahn vergleichsweise gering, jedoch nicht vernachlässigbar.
- Die Sensitivität des maximalen Umfangskraftbeiwerts in Abhängigkeit vom Reifeninnendruck ist auf nasser Niedrigreibwertfahrbahn deutlich ausgeprägt. Vorwiegend resultiert ein reduzierter Fülldruck in einem erhöhten Kraftübertragungspotenzial im Reifen-Fahrbahn-Kontakt.
- Das Kraftschlusspotenzial auf den Laborfahrbahnen ist nachweislich höher als auf der realen Asphaltfahrbahn.
- Die Sensitivität des Reibbeiwerts bei einer Reifenfülldruckadaption ist auf den untersuchten Laborfahrbahnen wesentlich größer ausgeprägt als auf der realen Asphaltfahrbahn.

Ein Vergleich der Resultate, die unter Real- und Laborbedingungen erzielt wurden, führt zu der Erkenntnis, dass die Kraftschlusseigenschaften maßgeblich durch die Fahrbahneigenschaften, insbesondere der Krümmung der Fahrbahnoberflächen, beeinflusst werden. Daher wurde eine Umrechnungsmethodik zur Berücksichtigung des Fahrbahnkrümmungseinflusses entwickelt, die die ermittelten Reibwertkennlinien anhand analysierter Kenngrößen der Reifenaufstandsfläche skaliert. Die aufgezeigten Resultate erlauben die Schlussfolgerung, dass die Umrechnung zwischen den auf verschiedenen Trommeldurchmessern bestimmten Reifenkennlinien zu zufriedenstellenden Ergebnissen führt. Eine allgemeingültige Anwendung des Umrechnungsverfahrens zur Überführung der unter Real- und Laborbedingungen erzielten Reifencharakteristiken war, nicht zuletzt aufgrund der sich deutlich unterscheidenden Oberflächenbeschaffenheit der Fahrbahnen, nicht zielführend. Die Charakterisierung der verwendeten Fahrbahnoberflächen sowie die Analyse der tatsächlichen Kontaktflächen führen zu der Erkenntnis, dass die effektive Berührfläche im Reifen-Fahrbahn-Kontakt das Kraftschlussverhalten maßgeblich bestimmt. Mit diesem Phänomen wird erklärt, weshalb die Sensitivität der Reifencharakteristiken in Abhängigkeit des Reifenfülldrucks auf den Laborfahrbahnen wesentlich größer ist als auf der groben Asphaltfahrbahn, die durch eine hohe Makrotextur der Fahrbahn charakterisiert wird. Folgerichtig ist anzuzweifeln, dass Messungen auf Laborrollen, die eine geringe Makrotextur aufweisen, für die Charakterisierung des Reifenfülldruckeinflusses auf realen Fahrbahnen und der anschließenden Parametrisierung von Reifenmodellen geeignet sind.

Zur Abbildung der charakterisierten Reifeneigenschaften müssen geeignete Reifensimulationsmodelle um den Einfluss großer Reifenfülldruckvariationen erweitert werden. Die erarbeiteten Modellgleichungen sowie die Parametrisierung der Modellkoeffizienten anhand der experimentell bestimmten Kraftschlusseigenschaften werden im folgenden Kapitel vorgestellt.

6 Erweiterung von Reifenmodellen für große Reifenfülldruckvariationen

Für realistische Simulationsergebnisse zur Beurteilung der Dynamik von Kraftfahrzeugen - nicht zuletzt auch zur Bewertung des Reifenfülldruckeinflusses auf die Fahrdynamik von Kraftfahrzeugen - ist ein geeignetes Reifenmodell unabdingbar. In Kap. 2.4 wurden bekannte Reifenmodelle vorgestellt. Für Fahrdynamiksimulationen besonders relevante Modelle sind das *HSRI*- sowie das *Deur*-Modell, die beide einen physikalischen Ursprung haben. Bei den bisher bekannten Formulierungen der Modellgleichungen blieb der Reifenfülldruckeinfluss jedoch unberücksichtigt. Das ebenfalls oftmals genutzte semi-empirische *Magic Formula* Reifenmodell berücksichtigt in der neusten Version den Einfluss geringer Reifeninnendruckvariationen. Es zeigte sich jedoch, dass die Abbildungsgüte für große Reifenfülldruckvariationen unbefriedigend ist. Im Folgenden wird zunächst die entwickelte Parametrisierungsmethode beschrieben, um die Koeffizienten der Reifenmodelle anhand der in Kap. 5 vorgestellten Messergebnisse zu identifizieren. Anschließend werden die herausgearbeiteten Erweiterungen der Reifensimulationsmodelle vorgestellt, die den Einfluss großer Reifenfülldruckvariationen berücksichtigen. Zusammenfassend werden die für große Reifenfülldruckvariationen erweiterten *Magic Formula*-, *HSRI*- und *Deur*-Reifensimulationsmodelle anhand ihrer erzielten Modellgüte miteinander verglichen.

6.1 Parametrisierung von Reifenmodellen

Ein Reifenmodell wird nur als praktikabel bewertet und Anwendung finden, wenn die Parametrisierung zufriedenstellende Ergebnisse liefert. Das *Magic Formula* Modell besteht aus einer Vielzahl von Modellparametern mit verschachtelten Schleifen, Wichtungsfunktionen und teilweise voneinander abhängigen Koeffizienten. Eine gute Parametrisierung hängt daher oft vom gewählten Optimierungsverfahren, von den Startwerten und von der Güte der Messdaten ab. [vgl. 36; 18] Eine geeignete Wahl des Optimierungsverfahrens sowie der Start- und Randbedingungen ist daher unabdingbar.

Van Ooosten & Bakker [377] präsentieren bereits im Jahr 1992 eine Software zur Parametrisierung des *Magic Formula* Reifenmodells, die am *TNO Road-Vehicles Research Institute* in *Fortran* entwickelt wurde. Um die Modellparameter anhand von Messdaten zu parametrisieren, wurde eine Regressionsmethode der kleinsten Fehlerquadrate angewendet. Schuring, Pelz & Pottinger [346] veröffentlichten ebenfalls ein automatisiertes Verfahren, um die Parameter des *Magic Formula* Modells zu ermitteln. Ortiz, Cabrera et al. [58; 274] präsentieren, aufbauend auf dem genetischen Algorithmus, einen neuartigen Optimierungsansatz als alternative Methode um *Magic Formula* Modellkoeffizienten zu identifizieren. Alagappan [12] et al. verglichen sechs verschiedene Algorithmen, um das *Magic Formula* Reifenmodell zu parametrisieren. Es wurden drei Methoden empfohlen, die sehr gute Ergebnisse für die von den Autoren durchgeführten Versuche liefern. Zudem wird vorgeschlagen, verschiedene Methoden miteinander zu vergleichen, bevor man sich für einen speziellen Algorithmus entscheidet. Daher werden im Folgenden verschiedene Parameteridentifikationsmethoden angewendet. Der geeignetste Algorithmus wird in Abhängigkeit des geringsten Approximationsfehlers ausgewählt.

Einer Parameteridentifikation liegt meist eine Methode zur Ermittlung der kleinsten Fehlerquadrate zugrunde. Bei der Parameterbestimmung wird durch ein iteratives Optimierungs- bzw. Schätzverfahren das Minimum einer Gütefunktion, unter Einhaltung von definierten Bedingungen, bestimmt. ECKEY et al. [98, Kap 9.2] beschreiben die Gütefunktion Q für den Minimierungsansatz nach Gleichung 6.1. Ziel ist es, die Regressionskoeffizienten a und b so zu bestimmen, dass die Funktion Q, die meist die Differenz zwischen gemessenen und approximierten Werten beschreibt, minimal ist. y_i bezeichnet dabei den i-ten Messwert, $\hat{y}_i$ beschreibt den i-ten approximierten Wert.

$$Q(a,b) = \sum_{i=1}^{n} (y_i - \hat{y}_i)^2 \rightarrow \min_{a,b} \tag{6.1}$$

Die „Optimization Toolbox“ von *MATLAB* [357] bietet zur Bestimmung der Modellparameter bereits implementierte Parameteridentifikationsverfahren an. Bevor ein Algorithmus angewendet werden kann, müssen jedoch eine geeignete Gütefunktion sowie zielführende Startparameter und Randbedingungen festgelegt werden. Dies ermöglicht eine gezielte Durchführung des Verfahrens. Zudem muss ein geeignetes Abbruchkriterium, d. h. die maximale Anzahl an Durchläufen sowie zulässige Toleranzgrenzen der Gütefunktion, definiert werden. Nach Erfüllung des Abbruchkriteriums wird der iterative Optimierungsalgorithmus beendet. Für die hier durchzuführende Parameteridentifikation der Reifenmodelle haben sich die folgenden fünf Verfahren als zielführend erwiesen [vgl. Vie15; Büc16; Büc17]:

- **Nichtlinearer Regressionsalgorithmus nach LEVENBERG & MARQUARDT**: Der nichtlineare Regressionsalgorithmus nutzt zur numerischen Berechnung der kleinsten Fehlerquadrate eine Methode, die auf LEVENBERG [229] & MARQUARDT [241] zurückgeht. Es werden Regressionskoeffizienten ermittelt, die bei vektorförmigen Messdaten mit einer nichtlinearen Modellgleichung angenähert werden können. Für das Optimierungsverfahren werden Startwerte benötigt. Zudem können Grenzwerte, zwischen denen die zu suchenden Regressionsparameter liegen dürfen, angegeben werden.

- **Trust-Region-Verfahren**: Das Verfahren zur numerischen Berechnung des Minimums ist eng verwandt mit dem Algorithmus, der auf LEVENBERG & MARQUARDT zurückgeht. Es werden ebenfalls Regressionskoeffizienten bestimmt, die bei vektorförmigen Messdaten mit einer nichtlinearen Modellgleichung angenähert werden können. Für das Optimierungsverfahren müssen Startwerte und Grenzwerte, zwischen denen die zu suchenden Regressionsparameter liegen dürfen, angegeben werden.

- **Downhill-Simplex-Verfahren nach Nelder & Mead**: Das von Nelder & Mead [265] veröffentlichte Downhill-Simplex-Verfahren ist eine Methode zur Optimierung nichtlinearer Funktionen und kommt dabei ohne Ableitungen der Funktion nach den Parametern aus. Anhand einer zu definierenden Gütefunktion wird das Minimum bestimmt. Neben den Messdaten in Vektorform, ist für das Verfahren ein Parametersatz mit den Startwerten anzugeben. Im Gegensatz zu den o.g. Algorithmen ist es nicht möglich Unter- und Obergrenzen für die zu ermittelnden Koeffizienten festzulegen.

- **Innere-Punkte-Verfahren**: Der Algorithmus nutzt ein nichtlineares Programm (NLP), um eine Zielfunktion mit einer oder mehreren Regressionsparametern zu optimieren. Neben den Messdaten in Vektorform und der Festlegung der Startwerte ist es möglich, Grenzen für die Regressionsparameter zu definieren.

- **Genetischer Algorithmus**: Genetische bzw. evolutionäre Algorithmen sind stochastische Optimierungsverfahren, welche der Funktionsweise der Evolution natürlicher Lebewesen nachempfunden wurden. Die Algorithmen wurden in den 1960er und 1970er Jahren von Holland erstmalig beschrieben und später weiterentwickelt. [175; 147] Die Parameter werden dabei stochastisch variiert bis die Abbruchbedingung erfüllt ist. Startwerte der Regressionsparameter können für das stochastische Verfahren nicht vorgegeben werden. Wie bei den bereits beschriebenen Optimierungsverfahren, werden auch hier die Messdaten als Vektor sowie die zu minimierende Gütefunktion benötigt. Die Funktion erlaubt die Definition von Grenzwerten, zwischen denen die zu ermittelnden Regressionsparameter liegen müssen.

Abb. 6.1 veranschaulicht den grundlegenden Programmablauf der im Rahmen der vorliegenden Forschungsarbeit entwickelten, umfangreichen *MATLAB*-Programmpakte zur automatisierten Parameteridentifikation der erweiterten *Magic Formula-*, *HSRI-* und *Deur*-Reifenmodelle. Anhand der ausgewerteten Reifenkennlinienmessungen werden zunächst die Startwerte zur Parametrisierung der Basisparameter errechnet. Die Basisparameter werden für das jeweilige Reifenmodell sowie für jede gemessene Radlast-Reifenfülldruck-Kombination mithilfe der beschriebenen Parameteridentifikationsverfahren identifiziert. Als zielführend hat sich eine zulässige Abweichung der zu identifizierenden Modellkoeffizienten vom Startwert erwiesen, die zwischen 10 % und 30 % liegt. Das Identifikationsverfahren, welches in den kleinsten Approximationsfehlern resultiert, wird ausgewählt. Anschließend werden die erweiterten Modellgleichungen, die die Radlast- und die Reifenfülldruckabhängigkeit beschreiben, parametrisiert. Es konnte festgestellt werden, dass das Trust-Region-Verfahren sehr gute Ergebnisse liefert. Ein Vergleich unterschiedlicher Identifikationsverfahren ist nicht notwendig. Schließlich werden die identifizierten Modellparameter, z. B. im standardisierten TYDEX-Format, abgespeichert. Die Erweiterung der *Magic Formula-*, *HSRI-* und *Deur*-Reifenmodelle für große Reifenfülldruckvariationen sowie die Parametrisierung der Modellgleichungen wird im Folgenden detailliert beschrieben.

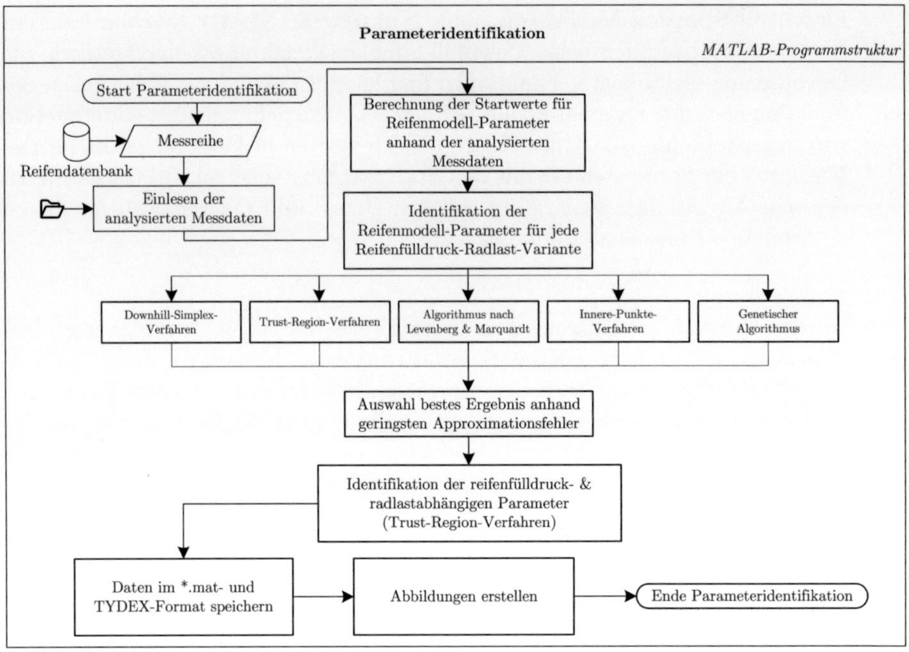

Abb. 6.1: Programmablauf zur automatisierten Identifikation der Reifenmodellparameter

6.2 Erweitung des *Magic Formula* Reifenmodells für große Reifenfülldruckvariationen

6.2.1 Modellierung des quasistationären Reifenmodells

Frühere Versionen des *Magic Formula* Reifenmodells (z. B. *MF-Tyre* Version 5.2) konnten den Einfluss des Reifeninnendrucks nicht berücksichtigen. Simulationen mit unterschiedlichen Fülldrücken waren nur möglich, indem verschiedene Parametersätze für unterschiedliche Innendrücke separat parametrisiert wurden. Für Simulationen mit unterschiedlichen Reifenfülldrücken musste der entsprechende Parametersatz geladen werden. Eine Simulation mit veränderlichen Fülldrücken während eines Fahrmanövers war nicht möglich. Hoogh, Schmeitz et al. [176; 317] erweiterten das *Magic Formula* Reifenmodell um den Einfluss des Reifeninnendrucks für kleine Reifenfülldruckänderungen. Die erweiterten Beziehungen wurden im aktuellen *Magic Formula* Reifenmodell, das hier als *Magic Formula* Modell v2012 bezeichnet wird und das Pacejka in [277, Kap. 4.3] vollständig beschreibt, sowie im kommerziellen Reifenmodell *MF-Tyre* Version 6.1 implementiert. Hoogh, Schmeitz et al. [176; 317] untersuchten die Reifenkennlinien von insgesamt fünf Reifen mit kleineren Dimensionen (155/70 R 13 bis 225/55 R 16) bei mehreren Radlasten und drei verschiedenen Reifenfülldrücken im Bereich von ±0,4 bar. Es wird angegeben, dass die Modellerweiterung für eine Reifendruckspreizung von 1,0 bar gültig ist. Anhand der Messungen wurde der längsdynamische Einfluss des Reifenfülldrucks auf die Umfangskraftsteifigkeit sowie den maximalen Umfangskraftbeiwert durch einen quadratischen Ansatz erweitert (vgl. Kap. 2.4.2). Es wird angenommen, dass der Fülldruck keinen Einfluss auf den

Formfaktor C_x oder den Biegefaktor E_x hat. Es ist daher nicht verwunderlich, dass die Parametrisierung und Anwendung des Modells für eine größere Reifenfülldruckspreizung keine ausreichend guten Approximationsergebnisse lieferte. Insbesondere bei geringen und großen Fülldrücken ist die Abbildungsgüte unbefriedigend. Daher zeigte sich die Notwendigkeit, das bisher bekannte Reifenmodell für große Reifenfülldruckvariationen zu erweitern und geeignete Ansatzfunktionen zu finden. Die Erweiterung des Reifenmodells, die vom Autor auch bereits in [HAB17b; HAB18] vorgestellt wurde, wird nachfolgend erläutert.

Mithilfe des beschriebenen Parameteridentifikationsverfahrens (vgl. Kap. 6.1) werden zunächst die Basisparameter des *Magic Formula* Reifenmodells für jede gemessene Radlast- sowie jede untersuchte Reifenfülldruckvariante identifiziert. Die berechneten Parameter werden anschließend genutzt, um die Radlast- und Reifenfülldruckabhängigkeit auf die verschiedenen Modellparameter (wie z. B. die Umfangssteifigkeit oder den maximalen Umfangskraftbeiwert) zu analysieren. Schließlich werden die Basisparameter für die Referenzradlast (meist die mittlere untersuchte Radlast) und den Referenzfülldruck (meist der mittlere untersuchte Fülldruck) genutzt. Der Fülldruck- und Radlasteinfluss auf die Modellparameter (z. B. die Umfangskraftsteifigkeit C_λ), respektive den Kennlinienverlauf, werden durch die weiteren Modellgleichungen beschrieben. Dies ermöglicht es, dass mit einem parametrisierten Reifenmodell die Reifencharakteristiken bei verschiedenen Radlasten und Reifenfülldrücken beschrieben werden und während der Simulation der Reifenfülldruck variiert werden kann. Es ist nicht nötig, einen anderen Parametersatz zu laden, der die Reifeneigenschaften (z. B. bei einem anderen Reifenfülldruck) beschreibt.

Es ist zu vermuten, dass der Einfluss verschiedener Parameter (wie Radlast, Reifenfülldruck oder Sturz) auf einen Modellkoeffizienten (wie z. B. die Umfangssteifigkeit) beim *Magic Formula* Modell v2012 teilweise unabhängig voneinander identifiziert wurde. Begründet wird die Annahme dadurch, dass die Modellgleichungen die Einflüsse separat beschreiben und die Beziehungen zur Beschreibung der verschiedenen Einflüsse mit verschiedenen Modellversionen ergänzt wurden. Für große Radlast- und Reifenfülldruckvariationen zeigte sich, dass die unabhängige Identifizierung des Radlasteinflusses beim Referenzfülldruck und die anschließende Parametrisierung des Fülldruckeinflusses bei der Referenzradlast nicht zielführend ist. Die Realisierung einer guten Abbildungsgüte erlaubt keine unabhängige Betrachtung voneinander. Daher wird ein ganzheitlicher Ansatz verfolgt und jeder reifenfülldruck- und radlastabhängige Reifenmodellparameter in Abhängigkeit von der Radlast und dem Fülldruck abgespeichert. Mithilfe eines Parameteridentifikationsverfahrens wird eine Modellgleichung zur Beschreibung des Radlast- und Fülldruckeinflusses parametrisiert. Übertragen auf die Darstellungen im Diagramm bedeutet dies, dass durch die Parameteridentifikation eine Ausgleichsfläche berechnet wird, die möglichst nah an den vorher bestimmten Basisparametern liegt.

Hoogh, Schmeitz et al. [176; 317] schlugen zur Berücksichtigung kleiner Reifenfülldruckänderungen vor, die Modellparameter Umfangskraftsteifigkeit K_λ und den maximalen Umfangskraftbeiwerts $\mu_{x,max}$ im Reifenmodell durch eine reifenfülldruckabhängige Modellgleichungen zu ergänzen. Im Rahmen dieser Forschungsarbeit zeigte sich, dass eine weitere Verbesserung der Modellgüte möglich ist, indem zusätzlich der Einfluss des Reifenfülldrucks auf den Formfaktor C_x oder Biegefaktor E_x berücksichtigt wird. Zudem wurde die Notwendigkeit festgestellt, für große Reifenfülldruckvariationen besser geeignete Ansatzfunktionen zur Modellierung der Umfangskraftsteifigkeit K_λ und des maximalen Umfangskraftbeiwert $\mu_{x,max}$ in Abhängigkeit von der Radlast und dem Fülldruck zu finden. Da die in Kap. 5 ausgewerteten Kennwerte zur Charakterisierung der gemessenen Umfangskraftbeiwert-Schlupf-Kennlinien bezogen auf den Reifeninnendruck überwiegend nichtlineare Verläufe zeigten, werden zur Beschreibung des Reifenfülldruckeinflusses auf die vier Modellparameter, die den Verlauf der Kennlinie des Reifenmodells maßgeblich beschreiben, verschiedene quadratische, kubische und exponentielle Ansatzfunktionen vorgeschlagen. Ähnlich der Parametrisierung der Basisparameter des *Magic Formula* Reifenmodells, werden anhand der Messergebnisse (die mithilfe des Corner-Modul-Prüfstands bzw. Reifenmessanhängers aufgezeichnet wurden) die Koeffizienten der Ansatzfunktionen bestimmt. Anhand des mittleren Approximationsfehlers wurden die verschiedenen Modellfunktionen miteinander verglichen und die Ansatzfunktion ausgewählt, die die Messergebnisse am besten approximiert. Es kann geschlussfolgert werden, dass sich der Einfluss des Reifenfülldrucks auf die Modellparameter am besten durch quadratische Beziehungen beschreiben lassen. [vgl. HAB17b; HAB18] Mitunter kann die Modellgenauigkeit leicht verbessert werden, wenn ein kubischer Ansatz gewählt wird. Da dies jedoch nicht bei allen untersuchten Reifen der Fall ist, und dies zudem die Anzahl der Modellparameter erhöht, wird dieser Ansatz nicht weiter verfolgt. Schließlich kann festgestellt werden, dass die folgenden Beziehungen (Gl. 6.4 bis Gl. 6.7) den Einfluss von Radlast und Reifenfülldruck auf die vier Modellparameter Umfangskraftsteifigkeit K_λ, maximaler Umfangskraftbeiwert $\mu_{x,max}$, Formfaktor C_x und Biegefaktor E_x geeignet beschreiben. In Anlehnung an das in Kap. 2.4.2 beschriebene *Magic Formula* v2012 Reifenmodell, wird die normalisierte Reifenfülldruckänderung dp_i nach Gl. 6.2 sowie die normalisierte Radlaständerung df_z nach Gl. 6.3 als variable Eingangsgröße für die Ansatzfunktionen genutzt.

$$dp_R = \frac{p_R - p_{R0}}{p_{R0}} \tag{6.2}$$

$$df_z = \frac{F_z - F_{z0}}{F_{z0}} \tag{6.3}$$

$$\boldsymbol{\mu_{x,max}} = \lambda_{\mu x} \cdot \left(p_{Dx1} + \underline{p_{DVx1}} + p_{DPx1} \cdot dp_R + p_{Dx2} \cdot df_z + p_{DPx2} \cdot dp_R^2 + \underline{p_{DPDx1}} \cdot dp_R \cdot df_z + \underline{p_{Dx4}} \cdot df_z^2\right) \tag{6.4}$$

$$\boldsymbol{K_\lambda} = F_z \cdot \lambda_{K\lambda} \cdot \left(p_{Kx1} + \underline{p_{KVx1}} + p_{KPx1} \cdot dp_R + p_{Kx2} \cdot df_z + p_{KPx2} \cdot dp_R^2 + \underline{p_{KPKx1}} \cdot dp_R \cdot df_z + \underline{p_{Dx3}} \cdot df_z^2\right) \tag{6.5}$$

$$\boldsymbol{C_x} = \lambda_{Cx} \cdot \left(p_{Cx1} + \underline{p_{CVx1}} + \underline{p_{CPx1}} \cdot dp_R + \underline{p_{Cx2}} \cdot df_z + \underline{p_{CPx2}} \cdot dp_R^2 + \underline{p_{CPCx1}} \cdot dp_R \cdot df_z + \underline{p_{Cx3}} \cdot df_z^2\right) \tag{6.6}$$

$$\boldsymbol{E_x} = \lambda_{Ex} \cdot \left(p_{Ex1} + \underline{p_{EVx1}} + \underline{p_{EPx1}} \cdot dp_R + p_{Ex2} \cdot df_z + \underline{p_{EPx2}} \cdot dp_R^2 + \underline{p_{EPEx1}} \cdot dp_R \cdot df_z + p_{Ex3} \cdot df_z^2\right) \tag{6.7}$$

Die im Rahmen des erweiterten Reifenmodells zur Abbildung großer Reifenfülldruckvariationen neu eingeführten Koeffizienten sind in den Gl. 6.4 bis Gl. 6.7 unterstrichen dargestellt. Die Bezeichnung der verwendeten Koeffizienten ist in Tabelle 6.1 beschrieben. Zudem sind beispielhaft die parametrisierten dimensionslosen Größen für den SUV-Reifen (gemessen mit dem CMP auf der 48"-Prüfstandstrommel) aufgeführt. Die Skalierungsfaktoren $\lambda_{\mu x}$, $\lambda_{K\lambda}$, λ_{Cx} und λ_{Ex} ermöglichen es einem Anwender, die Modellparameter eines parametrisierten Reifenmodells nachträglich zu modifizieren, um z. B. die Auswirkung einer Reibwertänderung auf die Reifenkennlinien zu untersuchen. Bei der Identifizierung der Modellkoeffizienten beträgt der Wert der Skalierungsfaktoren 1. Die Berücksichtigung des Sturzeinflusses auf den Maximalreibwert $\mu_{x,max}$ wird hier zunächst vernachlässigt. Im *Magic Formula* v2012 Reifenmodell kann der Einfluss durch den Einflussfaktor p_{Dx3} nach Gl. 6.8 betrachtet werden. Weiterhin schlägt PACEJKA vor, mithilfe des Terms $(p_{Ex4} \cdot sign(\kappa_x))$, den unterschiedlichen Einfluss von Antriebs- bzw. Bremsschlupf auf den Krümmungsfaktor E_x zu berücksichtigen. Da im Rahmen der hier vorliegenden Arbeit nur Umfangskraft-Bremsschlupf-Kennlinien aufgezeichnet wurden, wird der Koeffizient p_{Ex4} zunächst nicht parametrisiert.

$$\mu_{x,max,\gamma} = \mu_{x,max} \cdot (1 - p_{Dx3} \cdot \gamma^2) \tag{6.8}$$

Tab. 6.1: Bezeichnung der verwendeten Koeffizienten zur Erweiterung des *MF*-Reifenmodells

Koeffizient	**Bezeichnung**	**Beispiel [-]**
p_{Dx1}	maximaler Umfangskraftbeiwert $\mu_{x,max}$ bei p_{R0} und F_{z0}	+ 1,196
p_{Dx2}	linearer Einflussfaktor der Radlast auf $\mu_{x,max}$	- 0,144
p_{Dx4}	quadratischer Einflussfaktor der Radlast auf $\mu_{x,max}$	+ 0,009
p_{DPx1}	lin. Einflussfaktor des Reifenfülldrucks auf $\mu_{x,max}$	- 0,072
p_{DPx2}	quadratischer Einflussfaktor des Reifenfülldrucks auf $\mu_{x,max}$	- 0,144
p_{DPDx1}	linearer Kombinationsfaktor von F_z und p_R auf $\mu_{x,max}$	+ 0,129
p_{DVx1}	vertikaler Offset-Faktor auf $\mu_{x,max}$	+ 0,014
p_{Kx1}	Umfangskraftbeiwert K_λ bei p_{R0} und F_{z0}	+ 23,166
p_{Kx2}	linearer Einflussfaktor der Radlast auf K_λ	+ 4,323
p_{Kx3}	quadratischer Einflussfaktor der Radlast auf K_λ	+ 2,685
p_{KPx1}	linearer Einflussfaktor des Reifenfülldrucks auf K_λ	- 25,103
p_{KPx2}	quadratischer Einflussfaktor des Reifenfülldrucks auf K_λ	+ 27,617
p_{KPKx1}	linearer Kombinationsfaktor von F_z und p_R auf K_λ	- 10,775
p_{KVx1}	vertikaler Offset-Faktor auf K_λ	- 0,129
p_{Cx1}	längsdynamischer Formfaktor C_x bei p_{R0} und F_{z0}	+ 1,577
p_{Cx2}	linearer Einflussfaktor der Radlast auf C_x	- 0,099
p_{Cx3}	quadratischer Einflussfaktor der Radlast auf C_x	- 0,100
p_{CPx1}	linearer Einflussfaktor des Reifenfülldrucks auf C_x	+ 0,118
p_{CPx2}	quadratischer Einflussfaktor des Reifenfülldrucks auf C_x	- 0,139
p_{CPCx1}	linearer Kombinationsfaktor von F_z und p_R auf C_x	+ 0,0057
p_{CVx1}	vertikaler Offset-Faktor auf C_x	+ 0,001
p_{Ex1}	längsdynamischer Biegefaktor E_x bei p_{R0} und F_{z0}	+ 0,063
p_{Ex2}	linearer Einflussfaktor der Radlast auf E_x	+ 0,546
p_{Ex3}	quadratischer Einflussfaktor der Radlast auf E_x	- 0,920
p_{EPx1}	linearer Einflussfaktor des Reifenfülldrucks auf E_x	- 0,589
p_{EPx2}	quadratischer Einflussfaktor des Reifenfülldrucks auf E_x	- 0,084
p_{EPEx1}	linearer Kombinationsfaktor von F_z und p_R auf E_x	+ 0,406
p_{EVx1}	vertikaler Offset-Faktor auf E_x	- 0,046

Bei der Definition der geeigneten Ansatzfunktionen konnte festgestellt werden, dass - im Vergleich zu den Erweiterungen nach HOOGH, SCHMEITZ et al. - insbesondere die Einführung der linearen Kombinationsfaktoren (z. B. p_{DPDx1}) zur Beschreibung des kombinierten Einflusses von Radlast und Reifenfülldruck einen Beitrag zur Reduzierung des Approximationsfehlers zwischen Modell- und Messkennlinie leisten können.

Der Einfluss der Radlast auf den maximalen Kraftschluss $\mu_{x,max}$ bzw. die Umfangskraftsteifigkeit K_λ wird im *Magic Formula* Modell v2012 linear bzw. exponentiell berücksichtigt. Hier zeigte sich bei der Auswahl zielführender Ansatzfunktionen eine leichte Verbesserung der Approximationsgüte, indem der Einfluss durch zwei Koeffizienten beschrieben wird, die einen quadratischen Ansatz nachbilden. Es darf jedoch konstatiert werden, dass sich der Abbildungsfehler nur leicht erhöht, wenn der Radlasteinfluss linear angenommen wird.

Bei Betrachtung der bestimmten Krümmungs- bzw. Biegefaktoren E_x in Abhängigkeit von Radlast und Reifenfülldruck fällt auf, dass dieser Parameter insbesondere mit steigendem Fülldruck zunimmt. Daher wird vorgeschlagen, die Reifenfülldruckabhängigkeit auf den Biegefaktor E_x im erweiterten Modell zu berücksichtigen. Da sich der Krümmungsfaktor E_x und der Formfaktor C_x - insbesondere bei einer stärker abfallenden Reifenkennlinie nach dem Reibwertmaximum - gegenseitig beeinflussen, wird zudem eine Fülldruckabhängigkeit des Formfaktors C_x im hier vorgestellten erweiterten Reifenmodell implementiert. Dies verbessert die Modellgüte signifikant.

Um für alle untersuchten Radlast- und Reifenfülldruck-Varianten eine möglichst hohe Abbildungsgüte zu erreichen, wird empfohlen, einen sog. Ausgleichs- bzw. Offset-Faktor (z. B. p_{DVx1}) einzuführen. Die Implementierung des Ausgleichsfaktors ermöglicht es, dass die (anhand der Messwerte) berechneten Koeffizienten für alle untersuchten Betriebspunkte möglichst gut von der Modellgleichung beschrieben werden. Übertragen auf die Darstellungen in Abb. 6.2 bis Abb. 6.5 bedeutet dies, dass die durch die Parameteridentifikation bestimmte Ausgleichsfläche möglichst nah an den für jede Radlast- und Reifenfülldruck-Variante berechneten Basisparametern liegt, die hier durch blaue Markierungen abgebildet sind. Ohne die Implementierung eines Ausgleichsfaktor würde die Ausgleichsfläche den Referenzpunkt bei Normradlast F_{z0} und Normfülldruck p_{R0} exakt treffen. Die Abweichung für die anderen Betriebspunkte wäre jedoch größer.

Abb. 6.2 bis Abb. 6.5 veranschaulichen beispielhaft die Modellgleichungen (dargestellt durch eine Fläche) zur Beschreibung des Last- und Fülldruckeinflusses, die anhand der für jede Radlast-Reifenfülldruck-Variante identifizierten Basisparameter parametrisiert wurden. Die durch blaue Punkte veranschaulichten Basisparameter wurden durch die Parameteridentifikationsmethode (vgl. Kap. 6.1) anhand der analysierten Messwerte (die für den SUV-Reifen mit dem CMP auf der 48"-Prüfstandstrommel ermittelt wurden) bestimmt. Es ist zu beachten, dass in Abb. 6.4 die Umfangssteifigkeit C_λ dargestellt ist. Diese errechnet sich nach Gl. 6.9 aus der Umfangskraftsteifigkeit K_λ und der dazugehörigen Radlast F_z.

$$C_\lambda = \frac{K_\lambda}{F_z} \tag{6.9}$$

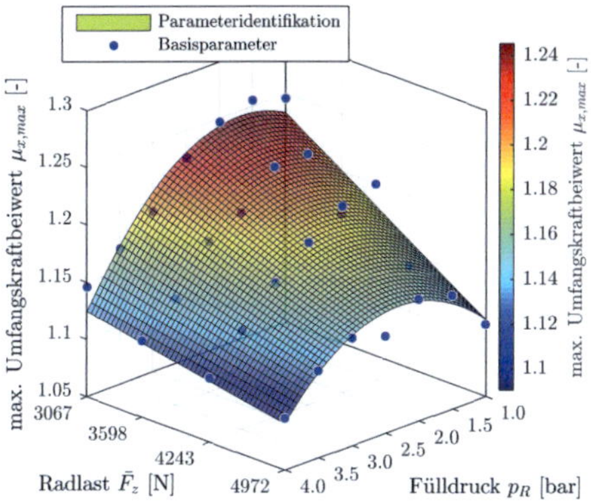

Abb. 6.2: Parameteridentifikation des maximalen Umfangskraftbeiwerts $\mu_{x,max}$ in Abhängigkeit von $\bar{F}_z$ und p_R

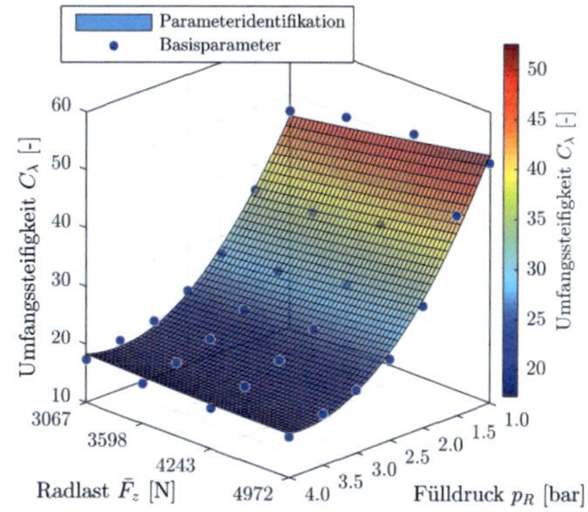

Abb. 6.4: Parameteridentifikation der Umfangsteifigkeit C_λ in Abhängigkeit von $\bar{F}_z$ und p_R

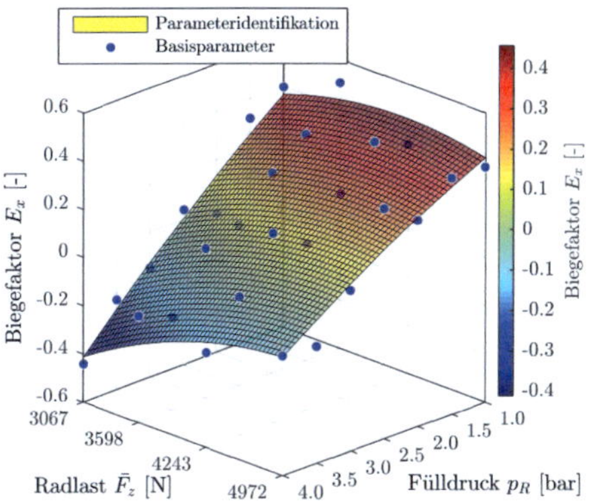

Abb. 6.3: Parameteridentifikation des Biegefaktors E_x in Abh. von $\bar{F}_z$ und p_R

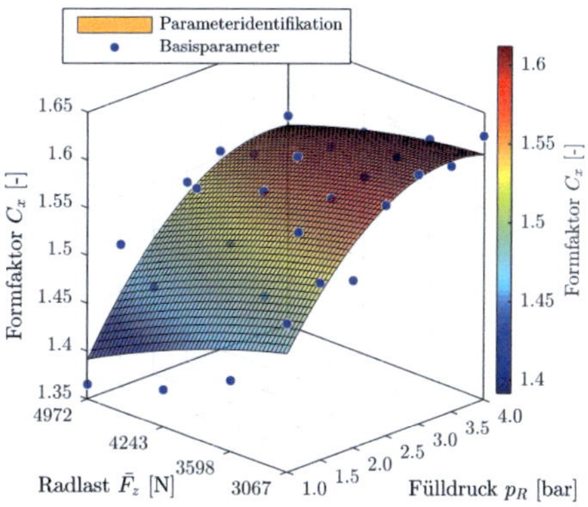

Abb. 6.5: Parameteridentifikation des Formfaktors C_x in Abh. von $\bar{F}_z$ und p_R

Abb. 6.6 und Abb. 6.7 veranschaulichen beispielhaft die mit dem RMA auf nasser Niedrigreibwertfahrbahn bei einer Radlast von ca. 4.600 N ermittelten Umfangskraftbeiwert-Schlupf-Kennlinien sowie die Modellkennlinien des *MF* v2012 bzw. des hier erweiterten *MF* Reifenmodells. Bei Betrachtung der Diagramme kann festgestellt werden, dass die Reifencharakteristiken mithilfe des erweiterten Modells für ein großes Reifenfülldruckspektrum deutlich besser abbildbar sind. Insbesondere bei der dargestellten Radlast, die nicht der Referenzradlast F_{z0} entspricht (bei der die Grundparameter des Reifenmodells identifiziert werden), sind beim *MF* v2012 deutliche Abweichungen zwischen Mess- und Modellkennlinien zu beobachten. Weiterhin kann geschlussfolgert werden, dass die spitze Ausprägung des Kraftschlussmaximums und der Reibwertabfall nach dem Reibwertmaximum der ermittelten Kennlinien mit dem erweiterten *MF* Modell sehr gut in Abhängigkeit des Reifenfülldrucks abbildbar ist. Folglich weichen insbesondere bei größeren Schlupfwerten - auch bei besonders niedrigen oder hohen Reifeninnendrücken - die gemessenen Reifencharakteristiken sowie die Modellkennlinien beim erweiterten *MF* Modell nachweislich geringer voneinander ab als beim *MF* v2012 Reifenmodell.

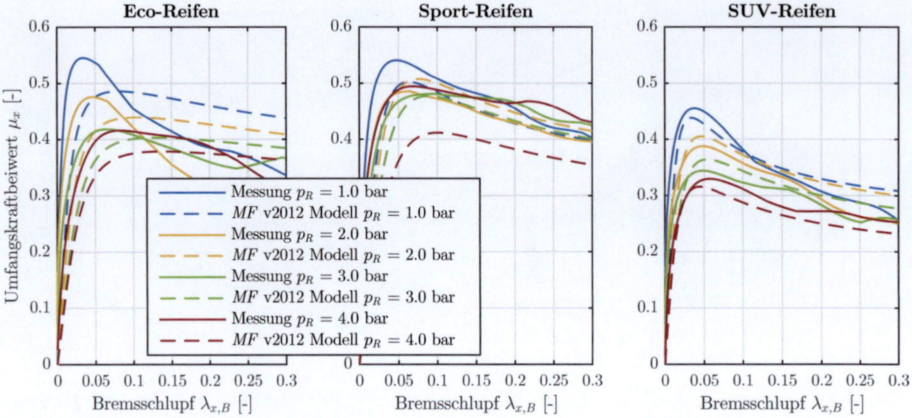

Abb. 6.6: Parametrisiertes *MF* v2012 Modell (RMA auf nasser Fahrbahn, $F_z \approx 4.600\,\mathrm{N}$)

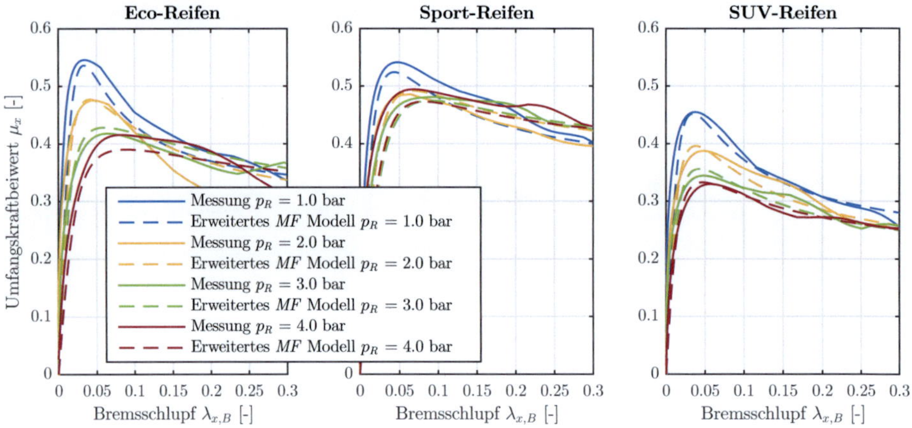

Abb. 6.7: Parametrisiertes erweitertes *MF* Modell (RMA auf nasser Fahrbahn, $F_z \approx 4.600\,\mathrm{N}$)

Ein Vergleich der Modellkennlinien des *MF* v2012 sowie des erweiterten Reifenmodells, die anhand der mit dem Corner-Modul-Prüfstand auf der 48"-Prüfstandstrommel ermittelten Umfangskraftbeiwert-Schlupf-Kennlinien parametrisiert wurden und in Kap. A.10 im Anhang dargestellt sind, führen zu der selben Erkenntnis. Während die gemessenen Reifen- und Modellkennlinien des *MF* v2012 Reifenmodells (insbesondere bei größeren Schlupfwerten) teilweise deutlich voneinander abweichen, bildet das für große Reifenfülldruckvariationen erweiterte *Magic Formula* Reifenmodell die gemessenen Umfangskraftbeiwert-Schlupf-Kennlinien wesentlich besser ab. Dies zeigt, dass einerseits die Modellgüte bei größeren Schlupfwerten deutlich verbessert werden kann. Andererseits ist eine gute Abbildungsgenauigkeit für große Reifenfülldruckvariationen nachweisbar, d. h. auch für besonders niedrige bzw. hohe Reifenfülldrücke ist eine hohe Abbildungsgüte gegeben. Ein detaillierter Vergleich des *MF* v2012 und des hier erweiterten *Magic Formula* Modells anhand der errechneten Approximationsfehler wird im Kap. 6.5 diskutiert.

6.2.2 Modellierung des dynamischen Radhalbmessers

Zur Ermittlung des Bremsschlupfs nach Gl. 2.3 (vgl. Kap. 2.1.3) wird, neben der Winkelgeschwindigkeit des Rads ω_{Rad} und der Fahrzeuggeschwindigkeit v_x, der dynamische Radhalbmesser benötigt. Generell wird in der Literatur zwischen dem unbelasteten Reifenradius r_0, dem Reifenradius unter Radlast, dem sog. statischen Radhalbmesser r_{stat}, sowie dem dynamischen Radhalbmesser r_{dyn} unterschieden. Dabei ist der dynamische Reifenradius r_{dyn} (der mitunter auch als effektiver Rollradius r_{eff} bezeichnet wird) der Radius eines gedachten Kreises, der durch den Abrollumfang U definiert ist. [vgl. 298; 336; 277] Abb. 6.8 veranschaulicht die Radien am Reifen.

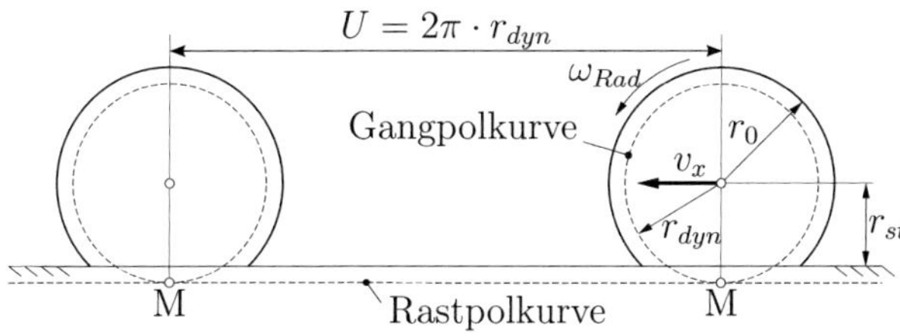

Abb. 6.8: Radien am rollenden Reifen [nach 336; Sch13b]

Zur Ermittlung des dynamischen Reifenradius r_{dyn} wird meist vorgeschlagen, diesen nach Gl. 6.10 am schlupffreien (d. h. frei rollenden) Rad zu bestimmen. [vgl. 298; 336; 277]

$$r_{dyn} = \frac{v_x}{\omega_{Rad}} \quad \text{(wenn } \lambda_x = 0\text{)} \tag{6.10}$$

Im *Magic Formula* Reifenmodell wird der dynamische Reifenradius nach Gl. 6.10 aus der Differenz des unbelasteten Reifenradius r_0 (der sich mit zunehmender Geschwindigkeit aufgrund der Zentrifugalkraft erhöht) und der Einfederung des Reifens berechnet. Diese ist abhängig von der Radlast. Die Koeffizienten D_{reff}, B_{reff} und F_{reff}, die den Radlasteinfluss beschreiben, werden empirisch ermittelt.

$$r_{dyn} = r_0 \left(q_{re0} + q_{v1} \left(\frac{\omega_{Rad}}{v_x} \right)^2 \right) - \frac{F_{z0}}{c_z} \left(D_{reff} \cdot arctan \left(B_{reff} \frac{F_z}{F_{z0}} \right) + F_{reff} \frac{F_z}{F_{z0}} \right) \tag{6.11}$$

BESSELINK et al. [50] schlagen im Rahmen ihrer Erweiterung des *Magic Formula* Reifenmodells vor, den Reifenfülldruckeinfluss auf den dynamischen Reifenradius r_{dyn} durch den Einfluss der vertikale Reifensteifigkeit c_z auf die Einfederung zu berücksichtigen. Die Vertikalsteifigkeit ist nach Gl. 6.12 linear abhängig vom Reifeninnendruck.

$$c_z = c_{z0}(1 + p_{Fz1} dp_R) \tag{6.12}$$

Abb. 6.9 verdeutlicht den Einfluss der Radlast auf den statischen und dynamischen Reifenradius für die von BESSELINK et al. [50] vorgeschlagenen Koeffizienten (D_{reff}=0,24, B_{reff}=8, F_{reff}=0,01). Bei geringen Radlasten bewirkt eine Erhöhung der Vertikalkraft eine Reduzierung des dynamischen Radhalbmessers, da sich insbesondere die Lauffläche des Reifens verformt. Bei höheren Radlasten wird der Reifen weiter verformt, jedoch ist der Einfluss der Radlast auf den effektiven Reifenradius marginal. Aufgrund der hohen Umfangssteifigkeit der Stahlgürtellagen bleibt der Umfang, und damit der dynamische Radhalbmesser, des Reifens nahezu konstant. VELD [379] zeigte, dass eine Reifenfülldruckänderung von 1 bar zu einer Änderung des dynamischen Reifenradius von ca. 2 mm führt. Dies entspricht einer Änderung von unter 1 %. Auch bei extremen Lastzuständen bleiben die Längsdehnungen des Stahlgürtels, und damit des Abrollumfangs bzw. des dynamischen Radhalbmessers, unter 1 %. [310; 336]

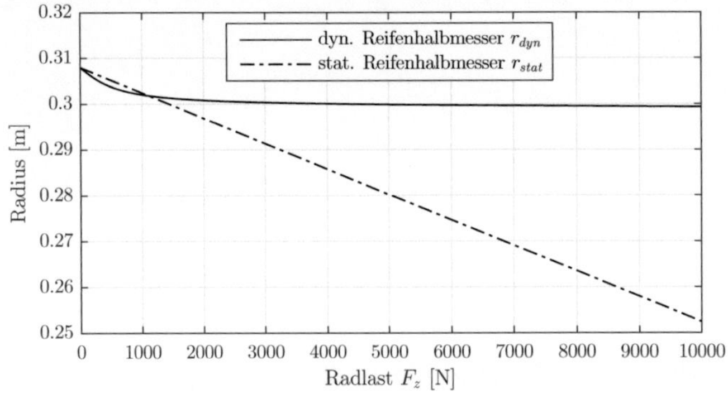

Abb. 6.9: Einfluss der Radlast auf den statischen und dynamischen Reifenradius

Im Rahmen der hier vorliegenden Arbeit wurden zur Bestimmung des dynamischen Reifenradius zu Beginn einer jeden Umfangskraft-Schlupf-Messung die Längsgeschwindigkeit v_x (aus der Fahrgeschwindigkeit des Reifenmessanhänger bzw. die Umfangsgeschwindigkeit der Laufrolle des Vier-Rollen-Püfstands) sowie die Winkelgeschwindigkeit des Rads ω_{Rad} am schlupffreien, ungebremsten Rad für mehrere Sekunden aufgezeichnet. Der dynamische Radhalbmesser r_{dyn} wird aus dem arithmetischen Mittelwert der ermittelten Quotienten nach Gl. 6.10 berechnet. Abb. 6.10 veranschaulicht die am Corner-Modul-Prüfstand (auf der 48"-Trommel) ermittelten dynamischen Reifenhalbmesser in Abhängigkeit von Radlast und Reifenfülldruck am Beispiel des Sport-Reifens. Auch die Ergebnisse der hier vorgestellten Untersuchungen weisen einen geringen, aber nicht zwingend vernachlässigbaren, Einfluss von Radlast und Reifenfülldruck auf den dynamischen Radhalbmesser auf. Die maximal über alle Radlast-Reifenfülldruck-Variationen ermittelte Differenz beträgt hier 8,9 mm. Weiterhin legen die Messergebnisse nahe, dass der Einfluss des Reifeninnendrucks größer ist als der Einfluss der Radlast. Zudem zeigt sich, dass die Änderung des Radius durch die beiden Parameter nicht als linear betrachtet werden kann. Daher wird vorgeschlagen, den Radlast- und Fülldruckeinfluss auf den dynamischen Radhalbmesser durch eine quadratische Regressionsfunktion zu approximieren. Bei der vorgeschlagenen Modellgleichung, Gl. 6.13, zur Abbildung des dynamischen Reifenradius in Abhängigkeit von der Radlast und dem Reifenfülldruck wird die Notation der in Kap. 6.2 empfohlenen Erweiterung des *Magic Formula* Modells verwendet und kann daher als eine weitere Verbesserung des Reifenmodells zur Berücksichtigung des Einflusses von großen Reifenfülldruckvariationen betrachtet werden. Dieser Ansatz bietet insbesondere die Möglichkeit, den Einfluss des Fülldrucks zu modellieren (z. B. für längs- und querdynamische Fahrdynamiksimulationen) ohne zwingend die Abhängigkeit von der Radlast und dem Fülldruck auf die Vertikalsteifigkeit des Reifens zu kennen.

$$r_{dyn} = \left(p_{Rx1} + p_{VRx1} + p_{RPx1} \cdot dp_R + p_{Rx2} \cdot df_z + p_{RPx2} \cdot dp_R^2 + p_{RPRx1} \cdot dp_R \cdot df_z + p_{Rx3} \cdot df_z^2\right) \quad (6.13)$$

Die Koeffizienten werden anhand der messtechnisch erfassten dynamischen Reifenhalbmesser mithilfe des Trust-Region-Parameteridentifikationsverfahrens bestimmt. Abb. 6.10 veranschaulicht, neben den messtechnisch erfassten dynamischen Reifenhalbmessern, die (als Ausgleichsfläche dargestellte) parametrisierte Modellgleichung. Es darf festgestellt werden, dass die Ansatzfunktion die Messwerte sehr gut approximiert. Der mittlere quadratische Fehler σ für das hier gezeigte Beispiel liegt unter 0,0001, das Bestimmtheitsmaß R^2 beträgt über 0,99.

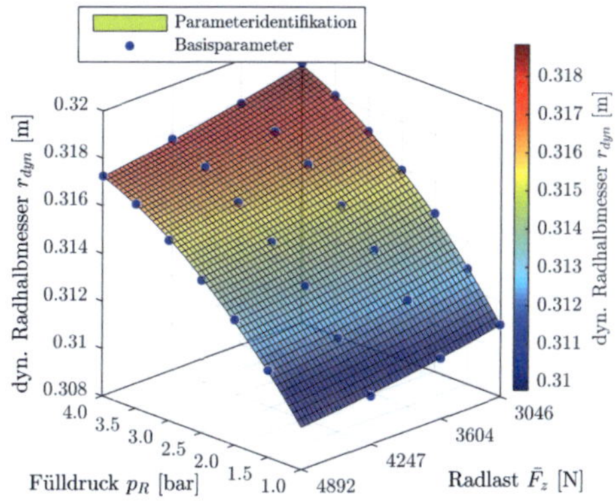

Abb. 6.10: Approximation des dyn. Reifenradius in Abhängigkeit von Radlast und Reifenfülldruck anhand der Messdaten (Sport-Reifen, CMP auf 48"-Prüfstandstrommel)

6.2.3 Modellierung des transienten Reifenverhaltens

Zur Abbildung des transienten Reifenverhaltens in Abhängigkeit vom Reifenfülldruck wird für das *Magic Formula* v2012 Modell vorgeschlagen, die initiale Einlauflänge σ_{x0} aus dem Quotienten der Umfangskraftsteifigkeit K_λ und der Längssteifigkeit c_x nach Gl. 2.59 (vgl. Kap. 2.4.5) zu berechnen. [vgl. 50] Im Rahmen des Forschungsprojekts *EVE* [vgl. Ber16] wurden an einem hydraulisch aktuierten Scherprüfstand an der *University of Pretoria (Südafrika)* für den hier untersuchten SUV-Reifen Längssteifigkeitsmessungen in Abhängigkeit von der Radlast und dem Reifenfülldruck durchgeführt. Die Resultate sind in Abb. 6.11 dargestellt.

Anhand der degressiven Messwertverläufe wird ersichtlich, dass die von Besselink et al. [50] vorgeschlagene Modellgleichung, Gl. 2.58, die den Einfluss des Fülldrucks p_R auf die Längssteifigkeit c_x linear abbildet, unzureichend ist (vgl. Kap. 2.4.5). In Anlehnung an die erarbeiteten, und in Kap. 6.2.1 vorgestellten, Modellgleichungen

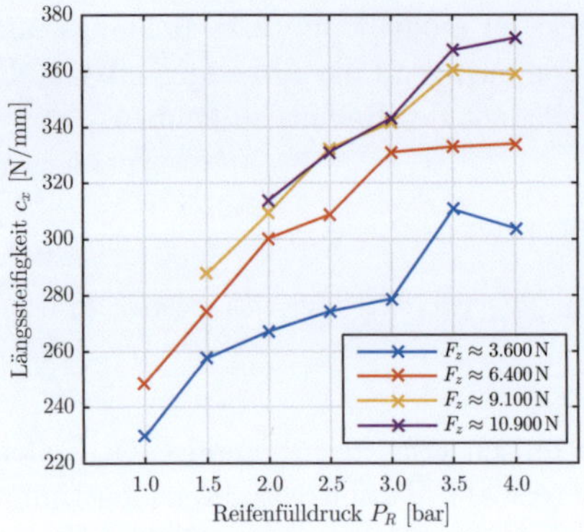

Abb. 6.11: Für den SUV-Reifen ermittelte Längssteifigkeit c_x in Abhängigkeit von F_z und p_R

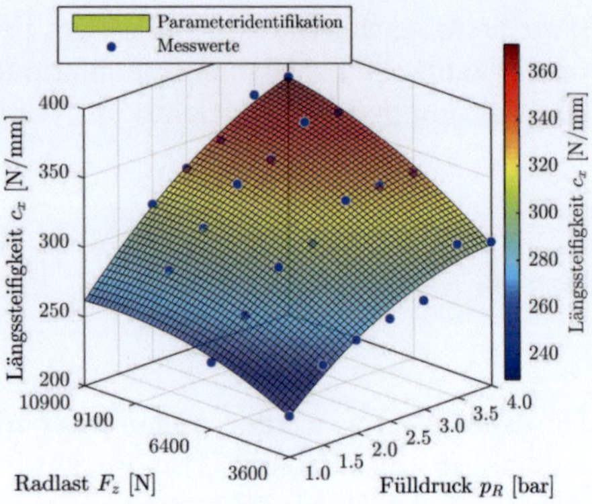

Abb. 6.12: Parameteridentifikation der Längssteifigkeit c_x in Abhängigkeit von F_z und p_R

Gl. 6.4 bis Gl. 6.7 zur Beschreibung des Reifenfülldruck- und Radlasteinflusses, kann für die Längssteifigkeit c_x ebenfalls eine Modellgleichung mit quadratischem Ansatz, vgl. Gl. 6.14, bestimmt werden. Die Messwerte sowie die anhand der Messungen identifizierte erweiterte Modellgleichung sind in Abb. 6.12 dargestellt. Es kann festgestellt werden, dass mit der quadratischen Ansatzfunktion im Vergleich zur ursprünglich von BESSELINK et al. vorgeschlagenen Modellgleichung die Approximationsgüte signifikant verbessert werden kann.

$$\boldsymbol{c_x} = \tag{6.14}$$
$$p_{Lx1} + p_{VLx1} + p_{LPx1} \cdot dp_R + p_{Lx2} \cdot df_z + p_{LPx2} \cdot dp_R^2 + p_{LPLx1} \cdot dp_R \cdot df_z + p_{Lx3} \cdot df_z^2$$

Folglich kann die initiale Einlauflänge σ_{x0} aus dem Quotienten der Umfangskraftsteifigkeit K_λ und der Längssteifigkeit c_x nach Gl. 2.59 (vgl. Kap. 2.4.5) abgeschätzt werden. Die mit dieser Methode für den SUV-Reifen ermittelten Relaxationslängen sind in Abb. 6.13 veranschaulicht. Dabei wurden die mithilfe des Corner-Modul-Prüfstands auf der 48"-Prüfstandsrolle ermittelten Umfangskraftsteifigkeiten $C_\lambda \cdot \bar{F}_z$ in Abhängigkeit vom Reifenfülldruck und der Radlast sowie die anhand der Messdaten parametrisierte Längssteifigkeit c_x herangezogen. Es kann geschlussfolgert werden, dass die initiale Einlauflänge σ_{x0} mit sinkendem Innendruck progressiv zunimmt. Für die am SUV-Reifen ermittelten Umfangskraftsteifigkeiten (auch für die Steifigkeiten, die mit dem CMP auf der 75"-Prüfstandstrommel oder mit dem RMA ermittelt wurden) errechnet sich folglich eine initiale Einlauflänge, die - je nach Radlast und Reifenfülldruck - stets zwischen 0,2 m und 1,1 m liegt. Schließlich ermöglicht die vorgestellte Modellerweiterung zur Berücksichtigung großer Reifenfülldruck- und Radlastvariationen eine gute Abbildung des dynamischen Reifenkraftaufbaus. Die Implementierung des transienten Ansatzes in das Gesamtfahrzeugmodell ist Voraussetzung, um mithilfe simulierter Fahrmanöver den Einfluss einer hochdynamischen Reifenfülldruckregelanlage auf die Fahrdynamik zu bewerten.

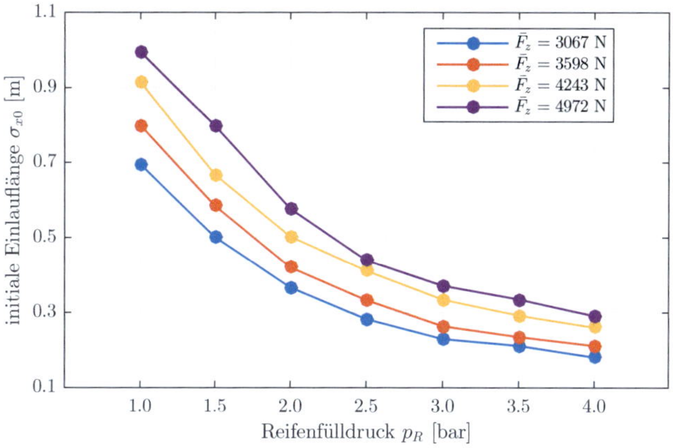

Abb. 6.13: Für den SUV-Reifen ermittelte Einlauflängen in Abhängigkeit von F_z und p_R

6.3 Erweitung des *HSRI* Reifenmodells für große Reifenfülldruckvariationen

Neben dem weitverbreiteten semi-empirischen *Magic Formula* Reifenmodell wird für Fahrdynamiksimulation häufig auch das physikalisch motivierte *HSRI* Reifenmodell genutzt. Die grundlegenden Modellgleichungen wurden in Kap. 2.4.3 vorgestellt. Aufgrund einer geringen Koeffizientenanzahl, ist der Parametrisierungs- und Rechenaufwand niedriger. Nachteilig am *HSRI*-Reifenmodell ist jedoch, dass die Approximationsgüte bei großem Längsschlupf unzureichend ist. Der degressive Verlauf der Kennlinie nach Erreichen des maximalen Kraftschlussbeiwerts kann mit dem Modell nicht abgebildet werden. BIAN et al. [37] erweiterten daher im Jahr 2014 das Reifenmodell, um eine adäquate Approximationsgüte wie beim *Magic Formula* Modell zu erreichen. Zur Berechnung der Längskraft F_x wird vorgeschlagen, den rechten Term der Gl. 2.38 mit dem eingeführten Korrekturfaktor G_λ, der nach Gl. 6.15 berechnet wird, zu multiplizieren.

$$G_\lambda = (1,15 - 0,75 \cdot \mu_{x,max} \cdot \lambda_x^2 - (1,63 - 0,75 \cdot \mu_{x,max}) \cdot \lambda_x + 1,27 \qquad (6.15)$$

Da diese Modifikation scheinbar nicht allgemeingültig für eine Vielzahl an Reifenvarianten angewendet werden kann, wird diese Erweiterung im Folgenden nicht weiter betrachtet. Einen vielversprechenden Ansatz, um den abfallenden Kraftschlussverlauf des Reifens oberhalb des kritischen Schlupfs besser abbilden zu können stellten DING & TAHERI [91] vor. Um den Einfluss von unterschiedlichen Kraftschlussbeiwerten im Haft- und Gleitbereich gerecht zu werden, wird ein schlupfabhängiger Kraftschlussbeiwert μ_{mod}, der nach Gl. 6.16 errechnet wird, in Anlehnung an das *UA* Reifenmodell (vgl. [132]) eingeführt.

$$\mu_{mod} = \mu_p - (\mu_p - \mu_s) \cdot \lambda_x \qquad (6.16)$$

Dabei beschreiben μ_p einen theoretisch angenommenen Haftkraftschlussbeiwert und μ_s den Gleitreibwert. $\mu_{x,max}$ in Gl. 2.39 wird dann durch μ_{mod} ersetzt. Diese Modifikation wird im Folgenden als *HSRI* Reifenmodell nach DING & TAHERI bezeichnet und dient in diesem Kapitel als Ausgangsbasis für die Erweiterung des Modells um den Reifenfülldruckeinfluss. Abb. 6.14 veranschaulicht beispielhaft die Modellkennlinien, die anhand der am Corner-Modul-Prüfstand (48"-Trommel) gemessenen und analysierten Kennlinien (p_R = 2,5 bar, $\bar{F}_z \approx$ 3.000 N) parametrisiert wurden. Es zeigt sich, dass mithilfe der von DING & TAHERI eingeführten Erweiterung die gemessenen quasistationären Reifenkennlinien wesentlich besser abgebildet werden können als mit dem ursprünglichen Berechnungsmodell. Insbesondere der abfallende Kraftschlussverlauf bei hohen Schlupfwerten kann durch die Modellerweiterung signifikant besser als mit dem Basismodell nachgebildet werden. Daher wird im weiteren Verlauf der Arbeit das von DING & TAHERI erweiterte *HSRI*-Modell genutzt.

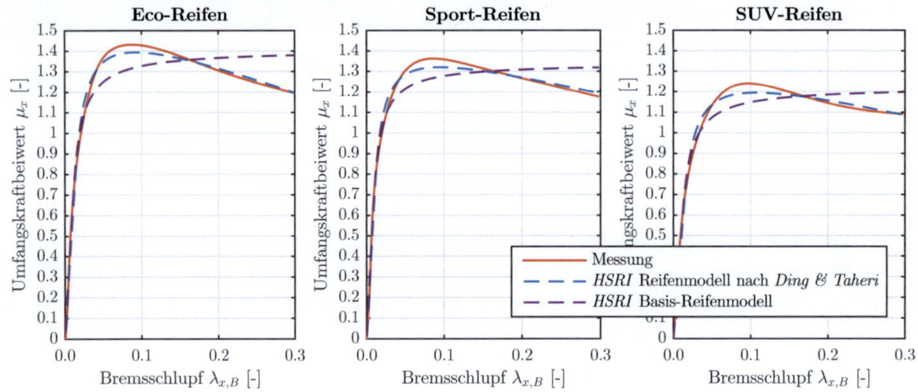

Abb. 6.14: Vergleich der Modellkennlinien *HSRI* Basis-Reifenmodell und erweitertes *HSRI* Reifenmodell nach DING & TAHERI (Messdaten: CMP, 48"-Trommel, p_R = 2,5 bar, $\bar{F}_z \approx$ 3000 N)

Das vorgestellte Reifensimulationsmodell, sowie bekannte Erweiterungen, berücksichtigen bisher nicht den Einfluss des Reifenfülldrucks auf die Kraftübertragung am Reifen. Daher wird eine Erweiterung des *HSRI*-Reifenmodells für große Reifenfülldruckvariationen vorgeschlagen, die vom Autor bereits in [HAB17a] vorgestellt wurde. Ähnlich wie bei der Erweiterung des *Magic Formula* Reifenmodells, werden zunächst mithilfe des beschriebenen Parameteridentifikationsverfahren (vgl. Kap. 6.1) für jede gemessene Reifenfülldruck-Radlast-Variante die Basisparameter des *HSRI* Reifenmodells nach DING & TAHERI identifiziert. Bei Betrachtung der Parameter fällt auf, dass der Reifenfülldruck und die Radlast einen signifikanten Einfluss auf die Umfangssteifigkeit C_λ sowie den maximalen Kraftschlussbeiwerte μ_p sowie den Gleireibbeiwert μ_s haben. Zur analytischen Beschreibung des Fülldruck- und Lasteinflusses auf die Modellparameter werden verschiedene quadratische, kubische und exponentielle Ansatzfunktionen vorgeschlagen, mithilfe des entwickelten *MATLAB*-Programms parametrisiert und anhand der berechneten Approximationsfehlers miteinander verglichen. Dabei zeigte sich die beste Abbildungsgüte, wenn der Einfluss des Reifeninnendrucks und der Radlast auf die Modellparameter durch eine quadratische Beziehungen beschrieben wird. Im Folgenden werden die hier vorgeschlagenen Ansatzfunktionen zur

Erweiterung des *HSRI* Reifenmodells für große Reifenfülldruckvariationen dargestellt. Gl. 6.17 beschreibt den Fülldruck- und Radlasteinfluss auf die Umfangssteifigkeit, Gl. 6.18 und Gl. 6.19 zeigen den Einfluss auf den theoretisch angenommenen Haftkraftschlussbeiwert μ_p bzw. den Gleitreibbeiwert μ_s. In Anlehnung an die Notation des erweiterte *Magic Formula* Reifenmodells, wird die normalisierte Reifenfülldruckänderung dp_R sowie die normalisierte Radlaständerung df_z als variable Eingangsgröße für die Ansatzfunktionen genutzt.

$$C_\lambda = C_{x1} + C_{Vx1} + C_{Px1} \cdot dp_R + C_{x2} \cdot df_z + C_{Px2} \cdot dp_R^2 + C_{PDx1} \cdot dp_R \cdot df_z + C_{x3} \cdot df_z^2 \tag{6.17}$$

$$\mu_p = \mu_{px1} + \mu_{pVx1} + \mu_{pPx1} \cdot dp_R + \mu_{px2} \cdot df_z + \mu_{pPx2} \cdot dp_R^2 + \mu_{pPDx1} \cdot dp_R \cdot df_z + \mu_{px3} \cdot df_z^2 \tag{6.18}$$

$$\mu_s = \mu_{sx1} + \mu_{sVx1} + \mu_{sPx1} \cdot dp_R + \mu_{sx2} \cdot df_z + \mu_{sPx2} \cdot dp_R^2 + \mu_{sPDx1} \cdot dp_R \cdot df_z + \mu_{sx3} \cdot df_z^2 \tag{6.19}$$

Der Einfluss der Radlast auf die Umfangssteifigkeit sowie die Kraftschlussbeiwerte wird hier durch zwei Koeffizienten beschrieben, die einen quadratischen Ansatz nachbilden. Wird der Radlasteinfluss als linear angenommen, erhöht sich der resultierende Approximationsfehler nur leicht. Eine Vernachlässigung der Koeffizienten μ_{px3}, μ_{sx3} und C_{x3} wäre daher zulässig.

Folglich ist es mithilfe der hier eingeführten und parametrisierten Ansatzfunktionen möglich, die resultierende Umfangskraft am Reifen, respektive den Umfangskraftbeiwert, nach dem *HSRI* Reifenmodell nach DING & TAHERI in Abhängigkeit des Reifeninnendrucks und der Radlast nach den Gl. 6.20 bis Gl. 6.23 zu berechnen[29].

$$\mu_{mod}(p_R, F_z) = \mu_p(p_R, F_z) - (\mu_p(p_R, F_z) - \mu_s(p_R, F_z)) \cdot \lambda_x \tag{6.20}$$

$$K_D(p_R, F_z) = \frac{\mu_{mod}(p_R, F_z) \cdot F_z \cdot (1 + \lambda_x)}{2 \cdot (C_\lambda(p_R, F_z) \cdot \lambda_x)} \tag{6.21}$$

$$f(K_D) = \begin{cases} K_D \cdot (2 - K_D) & , K_D < 1 \\ 1 & , K_D \geq 1 \end{cases} \tag{6.22}$$

$$\mu_x(p_R, F_z) = C_\lambda(p_R, F_z) \cdot \frac{\lambda_x}{1 + \lambda_x} \cdot f(K_D) \tag{6.23}$$

Um übermäßigen Reifenverschleiß bei den durchgeführten experimentellen Untersuchungen zur Ermittlung des Kraftschlussverhaltens verschiedener Reifen zu vermeiden, wurde der zu realisierende Bremsschlupf bei der entwickelten Prüfprozedur meist auf 30 % bis 50 % limitiert (vgl. Kap. 4.3). Eine direkte Parametrisierung des Gleitbeiwerts μ_s bei 100 % Schlupf ist daher nicht möglich. Um trotzdem das erweiterte *HSRI* Reifenmodell parametrisieren zu können, werden im Folgenden zwei Lösungsansätze vorgeschlagen, die im *MATLAB*-Programm zur Identifizierung der Modellkoeffizienten ausgewählt werden können. Der erste Ansatz führt als Zwischenschritt den normierten Schlupf λ_{norm} ein. Dieser wird anstatt des Radschlupfs λ_x verwendet. Demzufolge wird der Schlupfbereich zwischen 0 % und 100 % durch das entsprechende Schlupflimit

[29]Hier werden im Vergleich zu der Gl. 2.38 in Kap. 2.4.3 (anstatt der Umfangskraftsteifigkeit K_λ) die Umfangssteifigkeit C_λ, und folglich (anstatt der Umfangskraft F_x) der Umfangskraftbeiwert μ_x, verwendet.

$\lambda_{x,end}$ (z. B. 30 %) gemäß Gl. 6.24 dividiert. Um einen Einfluss auf die Umfangssteifigkeit C_λ zu vermeiden, muss Gl. 6.17 ebenfalls mit $\lambda_{x,end}$ multipliziert werden. Folglich kann der Gleitbeiwert μ_s anhand des normierten Schlupfbereichs parametrisiert werden. Es ist dann jedoch zu beachten, dass der Wert μ_s den Umfangskraftbeiwert des Reifens bei $\lambda_{x,end}$ (und nicht bei reinem Gleiten) beschreibt.

$$\lambda_{norm} = \frac{\lambda_x}{\lambda_{x,end}} \tag{6.24}$$

Die vorgeschlagene Parametrisierungsvariante berücksichtigt nur die Messwerte bis zum Schlupfwert $\lambda_{x,end}$ (z. B. 30 %). Insbesondere bei Reifenkennlinien mit einem stark abfallendem Reibwertverlauf nach dem Kraftschlussmaximum (wie sie beispielsweise auf nasser Fahrbahn charakterisiert wurden, vgl. Kap. 5.2) können daher mitunter Modellkennlinien resultieren, die bei einer Extrapolation für größere Schlupfwerte einen sehr geringen, oder teilweise negativen, Reibwert aufzeigen. [vgl. Büc18] Erwartungsgemäß führt dies bei einer Gesamtfahrzeugsimulation zu numerischen Instabilitäten. Deshalb wird vorgeschlagen, den abfallen Reibwertverlauf der Messdaten linear bis zu einem Schlupf von 100 % zu extrapolieren. Der minimal auftretende Kraftschlussbeiwert bei großen Schlupfwerten wird begrenzt.

Tab. 6.2 beschreibt zusammenfassend die verwendeten Koeffizienten, die für die Erweiterung des *HSRI*-Reifenmodells eingeführt wurden. Zudem ist beispielhaft ein parametrisierter Modellkoeffizientensatz aufgezeigt, der anhand des auf dem Corner-Modul-Prüfstand (48"-Trommel) untersuchten SUV-Reifens, identifiziert wurde.

Tab. 6.2: Bezeichnung der verwendeten Koeffizienten zur Erweiterung des *HSRI*-Reifenmodells

Koeffizient	Bezeichnung	Beispiel [-]
μ_{px1}	theor. ang. Haftkraftschlussbeiwert μ_p bei p_{R0} und F_{z0}	+ 1,695
μ_{px2}	linearer Einflussfaktor der Radlast auf μ_p	- 0,238
μ_{px3}	quadratischer Einflussfaktor der Radlast auf μ_p	- 0,071
μ_{pPx1}	linearer Einflussfaktor des Reifenfülldrucks auf μ_p	+ 0,345
μ_{pPx2}	quadratischer Einflussfaktor des Reifenfülldrucks auf μ_p	- 0,216
μ_{pDx1}	linearer Kombinationsfaktor von F_z und p_R auf μ_p	+ 0,064
μ_{pVx1}	vertikaler Offset-Faktor auf μ_p	- 0,008
μ_{sx1}	Gleitreibwert μ_s bei p_{R0} und F_{z0}	+ 1,153
μ_{sx2}	linearer Einflussfaktor der Radlast auf μ_s	+ 0,044
μ_{sx3}	quadratischer Einflussfaktor der Radlast auf μ_s	- 0,091
μ_{sPx1}	linearer Einflussfaktor des Reifenfülldrucks auf μ_s	- 0,109
μ_{sPx2}	quadratischer Einflussfaktor des Reifenfülldrucks auf μ_s	- 0,190
μ_{sPSx1}	linearer Kombinationsfaktor von F_z und p_R auf μ_s	+ 0,224
μ_{sVx1}	vertikaler Offset-Faktor auf μ_s	- 0,007
C_{x1}	Umfangssteifigkeit C_λ bei p_{R0} und F_{z0}	+ 22,113
C_{x2}	linearer Einflussfaktor der Radlast auf C_λ	- 0,567
C_{x3}	quadratischer Einflussfaktor der Radlast auf C_λ	+ 6,400
C_{Px1}	linearer Einflussfaktor des Reifenfülldrucks auf C_λ	- 23,908
C_{Px2}	quadratischer Einflussfaktor des Reifenfülldrucks auf C_λ	+ 33,153
C_{PCx1}	linearer Kombinationsfaktor von F_z und p_R auf C_λ	- 12,930
C_{Vx1}	vertikaler Offset-Faktor auf C_λ	- 0,837

Die beispielhaft für den SUV-Reifen (anhand der am CMP auf der 48"-Prüfstandstrommel ermittelten Reifencharakteristiken) parametrisierten Modellgleichungen - die hier durch Flächen veranschaulicht sind - beschreiben den Reifenfülldruck- und Radlasteinfluss auf die Umfangssteifigkeit C_λ (vgl. Gl. 6.17), den theoretisch angenommenen Haftreibbeiwert μ_p (vgl. Gl. 6.18) sowie den Gleitreibbeiwert μ_s (vgl. Gl. 6.19) und sind in Abb. 6.15, Abb. 6.16 bzw. Abb. 6.17 dargestellt.

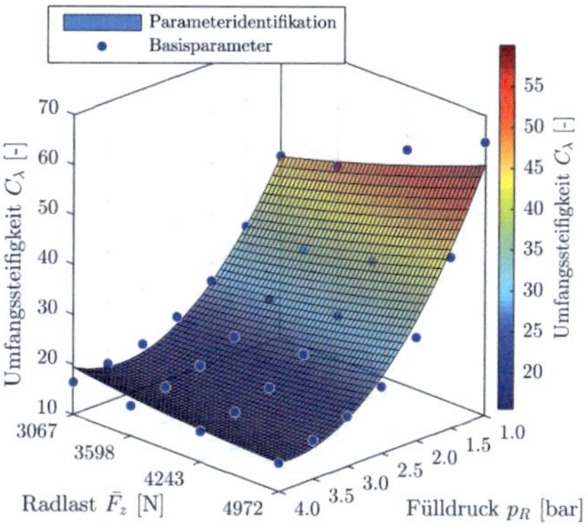

Abb. 6.15: Parameteridentifikation der Umfangsteifigkeit C_λ in Abhängigkeit von $\bar{F}_z$ und p_R

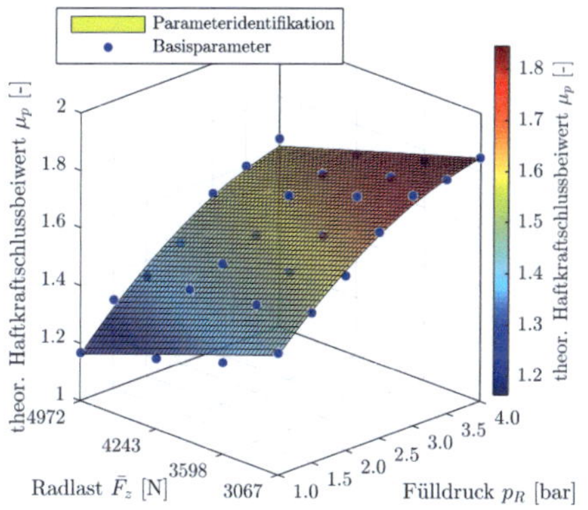

Abb. 6.16: Parameteridentifikation des theor. angenommenen Haftreibbeiwerts μ_p in Abhängigkeit von $\bar{F}_z$ und p_R

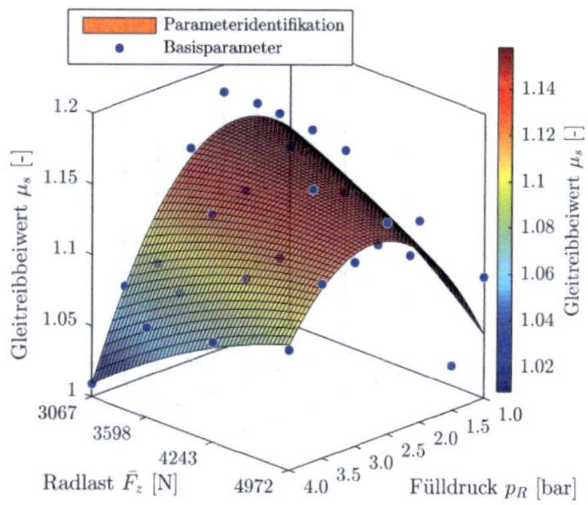

Abb. 6.17: Parameteridentifikation des Gleitreibbeiwerts μ_s in Abhängigkeit von $\bar{F}_z$ und p_R

Abb. 6.18 veranschaulicht hier beispielhaft die am Corner-Modul-Prüfstand auf der 75"-Prüfstandstrommel ermittelten Umfangskraftbeiwert-Schlupf-Kennlinien in Abhängigkeit des Reifenfülldrucks für die drei untersuchten Reifen (bei einer Radlast von ca. 4.900 N) sowie die Kennlinien des erweiterten *HSRI* Reifenmodells, welches anhand der Messdaten parametrisiert wurde. Es ist ersichtlich, dass die Modellkennlinien die gemessenen Umfangskraftbeiwert-Schlupf-Kennlinien zufriedenstellend abbilden. Es darf festgestellt werden, dass eine gute Abbildungsgenauigkeit sowohl für große Reifenfülldruckvariationen als auch bei großen Schlupfwerten gegeben ist. Insbesondere anhand der Reifenkennlinien des Eco-Reifens lässt sich jedoch auch ableiten, dass eine spitze Ausprägung des Kraftschlussmaximums mit der Ansatzfunktion des

HSRI-Modells nur bedingt abbildbar ist. Auf einen Vergleich der hier für große Reifenfülldruckvariationen erweiterten Reifenmodelle wird in Kap. 6.5 eingegangen.

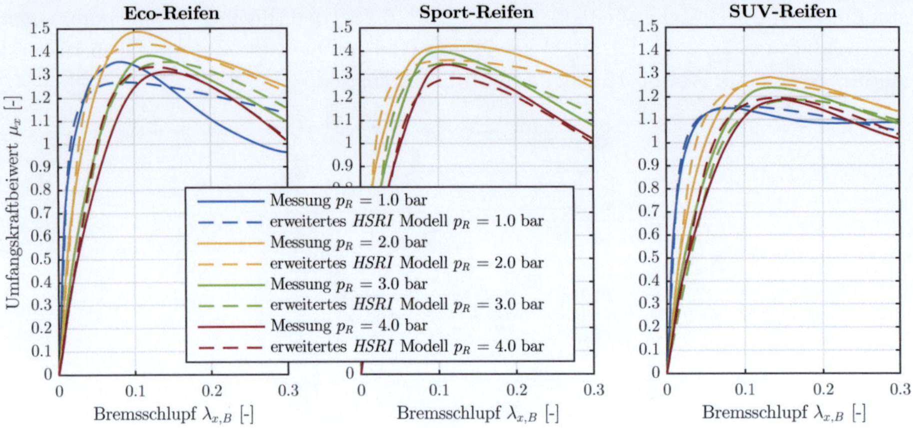

Abb. 6.18: Parametrisiertes erweitertes *HSRI* Modell (CMP auf 75"-Trommel, $F_z \approx 4.900$ N)

6.4 Erweitung des *Deur* Reifenmodells für große Reifenfülldruckvariationen

Wie in Kap. 2.4.4 vorgestellt, wird die Berechnung der Umfangskraft, respektive des Umfangskraftbeiwerts, des quasistationären *Deur* Reifenmodells durch die Modellgleichung nach Gl. 6.25 beschrieben. Die Bürstenauslenkung sowie das Reibverhalten nach STRIBECK kann durch die Gl. 6.26 bzw. Gl. 6.27 abgebildet werden.

$$\mu_x = \sigma_0 \cdot \tilde{z} + \sigma_2 \cdot v_r \tag{6.25}$$

$$\tilde{z} = \frac{v_r}{\left\{ \frac{\sigma_0 \cdot |v_r|}{g(v_r)} + \frac{\kappa_D}{L_L} \cdot r_{dyn} \cdot |\omega| \right\}} \tag{6.26}$$

$$g(v_r) = \theta \cdot \left\{ \mu_c + (\mu_{st} - \mu_c) \cdot e^{-\left|\frac{v_r}{v_s}\right|^{\delta}} \right\} \tag{6.27}$$

Für die Erweiterung des *Deur* Modells zur Berücksichtigung des Reifenfülldruckeinflusses wurde zunächst das Einflussverhalten der unterschiedlichen Parameter auf das Modellverhalten untersucht. Mögliche Modellkenngrößen, die die Radlast- und Reifenfülldruckabhängigkeit gut abbilden, wurden identifiziert. [vgl. Büc18] Wie in Kap. 5 diskutiert, beeinflussen die Radlast und der Fülldruck insbesondere den maximalen Kraftschlussbeiwert sowie den Reibwertabfall nach dem Maximum der Umfangskraftbeiwert-Schlupf-Kennlinie. Folglich ist es sinnvoll, den COULOMBschen Kraftschlussbeiwert μ_c und den statischen Kraftschlussbeiwert μ_{st} in Abhängigkeit von der Radlast und dem Reifeninnendruck zu beschreiben. Weiterhin muss die Abhängigkeit der Umfangssteifigkeit von der Aufstandskraft und dem Fülldruck modelliert werden. Geht man von einem konstanten Steifigkeitskoeffizienten σ_0 aus (der hauptsächlich durch die Gummimischung und den Reifenaufbau bestimmt wird), so wird die Schlupfsteifigkeit im Reifenmodell durch die Latschlänge L_L und den Anpassungsfaktor κ_D bestimmt. Da der viskose Reibungsanteil σ_2 einen geringen Einfluss auf das Modellverhalten hat und zudem der Kennlinienverlauf durch die Variation des Parameters μ_c in ähnlicher Weise beeinflusst werden kann, wird dieser Term (wie auch in [Büc18] und [79] vorgeschlagen) vernachlässigt. Als Fahrzeuggeschwindigkeit v_x wird die Geschwindigkeit gewählt, bei der die Reifenkennlinien aufgezeichnet wurden. Der Koeffizient θ stellt ein Maß für die Fahrbahnbeschaffenheit dar und wird bei trockener Fahrbahn mit 1 angenommen. Die STRIBECK-Geschwindigkeit v_s, der Dämpfungskoeffizient σ_1 sowie die Anpassungsfaktoren δ und κ_D werden empirisch ermittelt. Sehr gute Ergebnisse werden erzielt, wenn v_s mit 7 m/s, σ_1 mit 0,25 s/m, δ mit 1 und κ_D mit 1,2 angenommen wird. [Büc18; 79; 70]

Wie erläutert, werden zur analytischen Beschreibung des Fülldruck- und Lasteinflusses die Parameter μ_c, μ_{st} und L_L durch entsprechende Modellgleichungen erweitert. Zur Erreichung einer möglichst genauen Abbildungsgüte der Umfangssteifigkeit wird, neben der Latschlänge, auch der Anpassungsfaktor κ_D durch eine reifenfülldruck- und radlastabhängige Beziehung beschrieben. Ähnlich wie bei der Erweiterung der *Magic Formula* und *HSRI* Reifenmodelle, erfolgt die automatisierte Parameteridentifikation mithilfe eines entwickelten *MATLAB*-Programms. Anhand der analysierten Reifenkennlinienmessungen werden zunächst die Startwerte berechnet. Für die Initialwerte der Latschlängen werden die mithilfe des Druck-Foliensensors *Tekscan TVR 8404* bestimmten Reifenaufstandslängen herangezogen. Wie in Kap. 5.5.2 vorgestellt, wurden diese für die untersuchten Reifen bei mehreren Radlasten für die Reifenfülldrücke von 1,0 bar, 1,5 bar, 2,0 bar, 2,5 bar, 3,0 bar, 3,5 bar und 4,0 bar bestimmt. Da die ermittelten Kenngrößen teilweise bei anderen Radlasten aufgezeichnet wurden als die Reifenkennfelder, werden die Längen der Reifenaufstandsflächen zunächst mit einer Funktion beschrieben, die den Einfluss der Radlast und des Reifenfülldrucks mit quadratischen Ansätzen beschreibt. Die nach diesem Verfahren in Abhängigkeit des Fülldrucks und der Radlasten errechneten Latschlängen dienen als Startwerte für das Identifikationsverfahren. Anschließend erfolgt die Parametrisierung des erweiterten Reifenmodells. Anhand einer durchgeführten Variantenstudie wurden verschiedene Ansatzfunktionen vorgeschlagen, mithilfe des entwickelten *MATLAB*-Programms parametrisiert und anhand der berechneten Approximationsfehler miteinander verglichen. Dabei zeigte sich erneut die beste Abbildungsgüte, wenn der Einfluss des Reifeninnendrucks und der Radlast auf die Modellparameter durch eine quadratische Beziehungen beschrieben wird. Daher werden die folgenden Modellgleichungen eingeführt, um das *Deur* Reifenmodell für große Radlast- und Reifenfülldruckvariationen zu erweitern. Die normalisierte Reifenfülldruckänderung dp_R nach Gl. 6.2 sowie die normalisierte Radlaständerung dfz nach Gl. 6.3 werden weiterhin als variable Eingangsgröße für die Ansatzfunktionen genutzt.

$$\mu_x = \sigma_0 \cdot \tilde{z} \tag{6.28}$$

$$\tilde{z} = v_r \cdot \left\{ \frac{\sigma_0 \cdot |v_r|}{g(v_r, p_R, F_z)} + \frac{\kappa_D(p_R, F_z)}{L_L(p_R, F_z)} \cdot r_{dyn} \cdot |\omega| \right\}^{-1} \tag{6.29}$$

$$g(v_r, p_R, F_z) = \theta \cdot \left\{ \mu_c(p_R, F_z) + (\mu_{st}(p_R, F_z) - \mu_c(p_R, F_z)) \cdot e^{-\left|\frac{v_r}{v_s}\right|^{\delta}} \right\} \tag{6.30}$$

$$\boldsymbol{\mu_c} = \tag{6.31}$$
$$\mu_{c,ref} + \mu_{c,off} + \mu_{c,10} \cdot dp_R + \mu_{c,01} \cdot df_z + \mu_{c,11} \cdot dp_R \cdot df_z + \mu_{c,20} \cdot dp_R^2 + \mu_{c,02} \cdot df_z^2$$

$$\boldsymbol{\mu_{st}} = \tag{6.32}$$
$$\mu_{st,ref} + \mu_{st,off} + \mu_{st,10} \cdot dp_R + \mu_{st,01} \cdot df_z + \mu_{st,11} \cdot dp_R \cdot df_z + \mu_{st,20} \cdot dp_R^2 + \mu_{st,02} \cdot df_z^2$$

$$\boldsymbol{L_L} = \tag{6.33}$$
$$L_{L,ref} + L_{L,off} + L_{L,10} \cdot dp_R + L_{L,01} \cdot df_z + L_{L,11} \cdot dp_R \cdot df_z + L_{L,20} \cdot dp_R^2 + L_{L,02} \cdot df_z^2$$

$$\boldsymbol{\kappa_D} = \tag{6.34}$$
$$\kappa_{D,ref} + \kappa_{D,off} + \kappa_{D,10} \cdot dp_R + \kappa_{D,01} \cdot df_z + \kappa_{D,11} \cdot dp_R \cdot df_z + \kappa_{D,20} \cdot dp_R^2 + \kappa_{D,02} \cdot df_z^2$$

Wie bei den erweiterten Modellgleichungen des *MF*- sowie *HSRI*-Reifenmodells, wird der Einfluss der Radlast auf die Modellgleichungen hier durch zwei Koeffizienten beschrieben, die einen quadratischen Ansatz nachbilden. Da der Einfluss des quadratischen Terms gering ist, können die Parameter $\mu_{c,02}$, $\mu_{s,02}$, $L_{L,02}$ und κ_{02} vernachlässigt werden. Im entwickelten *MATLAB*-Programm zur Identifizierung der Modellparameter kann zwischen dem linearen und quadratischen Modellansatz gewählt werden. Die quadratische Beschreibung erhöht die Modellgüte leicht. Die linearen Modellgleichung verbessern die Möglichkeit der Extrapolationen und erlauben somit den Einsatz des Reifenmodells auch für nicht gemessene Radlastvariationen. Tab. 6.3 beschreibt zusammenfassend die verwendeten Koeffizienten, die für die Erweiterung des *Deur* Reifenmodells eingeführt wurden. Zudem ist beispielhaft ein parametrisierter Modellkoeffizientensatz aufgezeigt, der anhand des auf dem Corner-Modul-Prüfstand (48"-Trommel) untersuchten SUV-Reifens identifiziert wurde.

Abb. 6.19 bis Abb. 6.22 veranschaulichen beispielhaft die parametrisierten Modellgleichungen zur Beschreibung des Last- und Fülldruckeinflusses anhand der zuvor für jede ermittelte Radlast-Reifenfülldruck-Variante identifizierten Basisparameter für den SUV-Reifen (gemessen am CMP auf der 48" Prüfstandstrommel).

Tab. 6.3: Bezeichnung der verwendeten Koeffizienten zur Erweiterung des *Deur*-Reifenmodells

Koeffizient	Bezeichnung	Beispiel [-]
$\mu_{c,ref}$	COULOMBscher Kraftschlussbeiwert μ_c bei p_{R0} und F_{z0}	+ 0,132
$\mu_{c,01}$	linearer Einflussfaktor der Radlast auf μ_c	- 0,018
$\mu_{c,02}$	quadratischer Einflussfaktor der Radlast auf μ_c	+ 0,032
$\mu_{c,10}$	linearer Einflussfaktor des Reifenfülldrucks auf μ_c	+ 0,001
$\mu_{c,20}$	quadratischer Einflussfaktor des Reifenfülldrucks auf μ_c	- 0,014
$\mu_{c,11}$	linearer Kombinationsfaktor von F_z und p_R auf μ_c	- 0,001
$\mu_{c,off}$	vertikaler Offset-Faktor auf μ_c	- 0,003
$\mu_{st,ref}$	statischer Kraftschlussbeiwert bei p_{R0} und F_{z0}	+ 1,710
$\mu_{st,01}$	linearer Einflussfaktor der Radlast auf μ_{st}	- 0,220
$\mu_{st,02}$	quadratischer Einflussfaktor der Radlast auf μ_{st}	- 0,108
$\mu_{st,10}$	linearer Einflussfaktor des Reifenfülldrucks auf μ_{st}	- 0,006
$\mu_{st,20}$	quadratischer Einflussfaktor des Reifenfülldrucks auf μ_{st}	- 0,409
$\mu_{st,11}$	linearer Kombinationsfaktor von F_z und p_R auf μ_{st}	+ 0,294
$\mu_{st,off}$	vertikaler Offset-Faktor auf μ_{st}	+ 0,026
$L_{L,ref}$	Latschlänge L_L bei p_{R0} und F_{z0}	+ 0,072
$L_{L,01}$	linearer Einflussfaktor der Radlast auf L_L	+ 0,034
$L_{L,02}$	quadratischer Einflussfaktor der Radlast auf L_L	+ 0,015
$L_{L,10}$	linearer Einflussfaktor des Reifenfülldrucks auf L_L	- 0,065
$L_{L,20}$	quadratischer Einflussfaktor des Reifenfülldrucks auf L_L	+ 0,093
$L_{L,11}$	linearer Kombinationsfaktor von F_z und p_R auf L_L	- 0,055
$L_{L,off}$	vertikaler Offset-Faktor auf L_L	- 0,001
$\kappa_{D,ref}$	Anpassungsfaktor κ_D bei p_{R0} und F_{z0}	+ 0,961
$\kappa_{D,01}$	linearer Einflussfaktor der Radlast auf κ_D	+ 0,189
$\kappa_{D,02}$	quadratischer Einflussfaktor der Radlast auf κ_D	- 0,153
$\kappa_{D,10}$	linearer Einflussfaktor des Reifenfülldrucks auf κ_D	+ 0,114
$\kappa_{D,20}$	quadratischer Einflussfaktor des Reifenfülldrucks auf κ_D	- 0,153
$\kappa_{D,11}$	linearer Kombinationsfaktor von F_z und p_R auf κ_D	+ 0,129
$\kappa_{D,off}$	vertikaler Offset-Faktor auf κ_D	+ 0,018

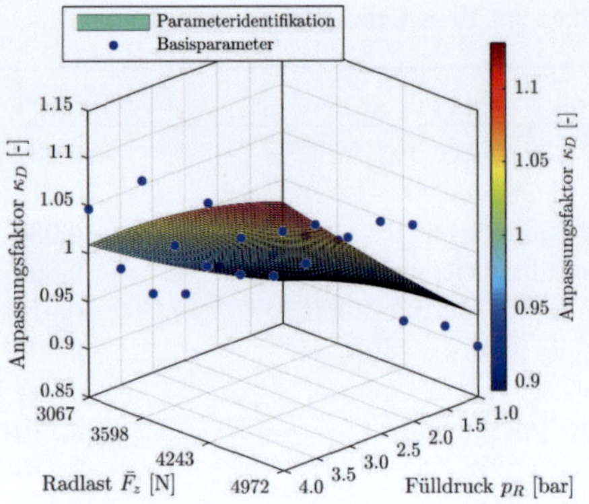

Abb. 6.19: Parameteridentifikation des Anpassungsfaktors κ_D in Abhängigkeit von $\bar{F}_z$ und p_R

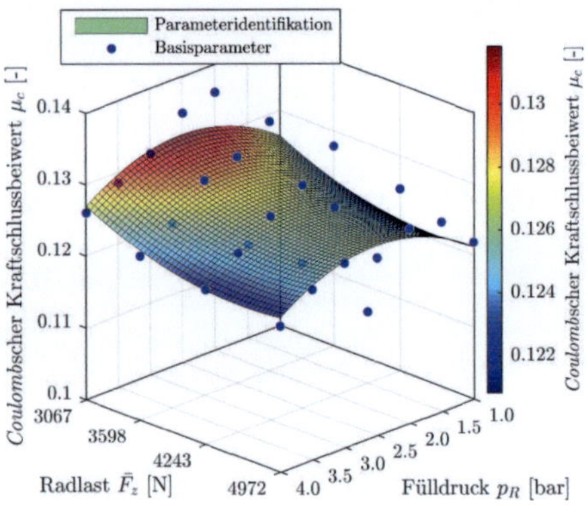

Abb. 6.20: Parameteridentifikation des COULOMBschen Kraftschlussbeiwerts μ_c in Abhängigkeit von $\bar{F}_z$ und p_R

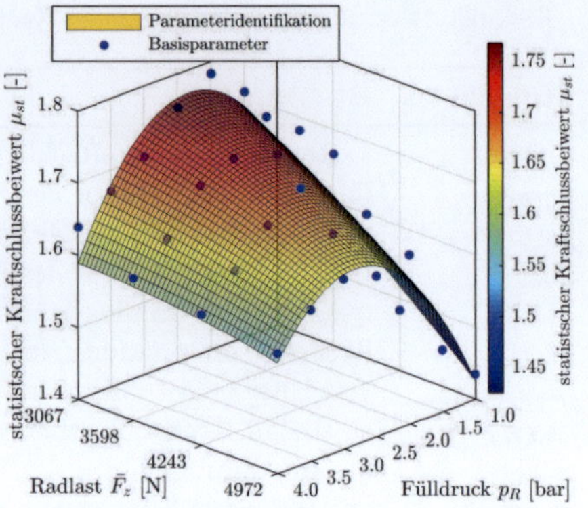

Abb. 6.21: Parameteridentifikation des statischen Kraftschlussbeiwerts μ_{st} in Abhängigkeit von $\bar{F}_z$ und p_R

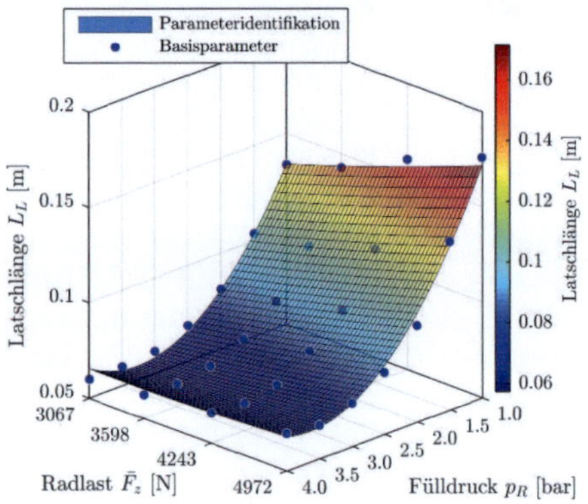

Abb. 6.22: Parameteridentifikation der Latschläne L_L in Abhängigkeit von $\bar{F}_z$ und p_R

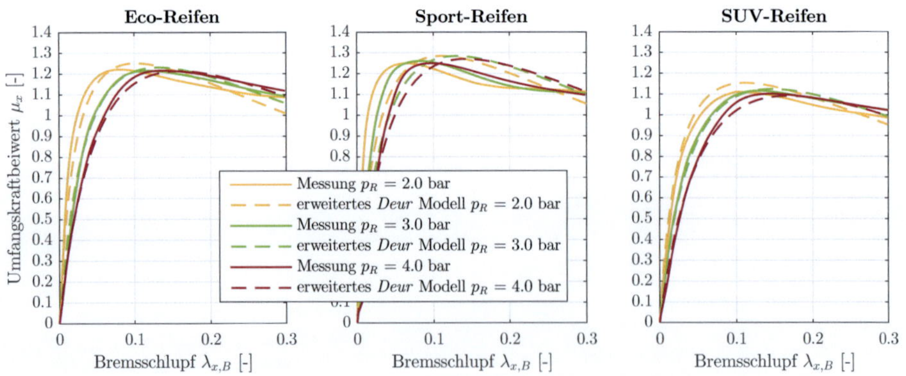

Abb. 6.23: Parametrisiertes erweitertes *Deur* Modell (RMA auf trockener Fahrbahn, $F_z \approx 6.400\,\text{N}$)

Abb. 6.23 verdeutlicht die am Reifenmessanhänger auf trockener Fahrbahn ermittelten Umfangskraftbeiwert-Schlupf-Kennlinien in Abhängigkeit des Reifenfülldrucks für die drei untersuchten Reifen (bei einer Radlast von ca. 6.400 N) sowie die Kennlinien des erweiterten *Deur* Reifenmodells, welches anhand der Messdaten parametrisiert wurde. Es ist ersichtlich, dass die Modellkennlinien die gemessenen Umfangskraftbeiwert-Schlupf-Kennlinien für ein großes Reifenfülldruckspektrum sehr gut abbilden. Die Erweiterung des *Deur* Modells erlaubt es erstmals, den Reifenfülldruck als Eingangsgröße des physikalisch basierten Reifenmodells zu berücksichtigen.

6.5 Vergleich der Reifenmodelle

Zusammenfassend darf festgestellt werden, dass die in diesem Kapitel vorgestellten, erweiterten und parametrisierten Reifensimulationsmodelle die gemessenen Reifenkennlinien sehr gut abbilden. Die für große Radlast- und Reifenfülldruckvariationen erweiterten Modellgleichungen des *Magic Formula* Reifenmodells zur Beschreibung des quasistationären Umfangskraftverhaltens benötigen insgesamt 28 Modellparameter. Das erweiterte *HSRI*- bzw. *Deur*-Simulationsmodell enthält 21 bzw. 34 Koeffizienten zur analytischen Beschreibung des Längskraftverhaltens. Es kann beobachtet werden, dass sowohl die Rechenzeit zur Parametrisierung der Reifenmodelle, als auch die Berechnungszeit zur Simulation eines Bremsmanövers mit dem Gesamtfahrzeugmodell (vgl. Kap. 7), ungefähr proportional zur Anzahl der Modellparameter ist. [vgl. Büc18] Da die Berechnungszeit zur Parametrisierung eines Reifenmodells sowie zur Durchführung einer Bremswegsimulation jeweils unter 5 Minuten betrug, wird auf eine weitere vergleichende Bewertung der Simulationsdauer verzichtet. Zum Vergleich der Reifenmodelle untereinander wird daher insbesondere der sog. Approximationsfehler betrachtet. Zur Bewertung der Modellgüte wird für jede Reifenkennlinie, d. h. für jede untersuchte Radlast-Reifenfülldruck-Variante, die Abweichung zwischen der gemessenen Umfangskraftbeiwert-Schlupf-Kennlinie und der jeweils errechneten Modellkennlinie berechnet. Wie in [317] vorgeschlagen, erfolgt die Bewertung anhand des nach Gl. 6.35 berechneten Approximationsfehlers ε. In der Berechnungsvorschrift symbolisiert i die einzelnen Mess- bzw. Berechnungspunkte und n die Anzahl der (Kennlinien-)Punkte.

$$\varepsilon = \sqrt{\frac{\sum_{i=1}^{n} \left(\mu_{x,Modell,i} - \mu_{x,Mess,i}\right)^2}{\sum_{i=1}^{n} \left(\mu_{x,Mess,i}\right)^2}} \tag{6.35}$$

Tab. 6.4 verdeutlicht zusammenfassend die Approximationsfehler, die für die verschiedenen parametrisierten Reifenmodellvarianten sowie die zugrundeliegenden Messwerte berechnet wurden. Jedes erweiterte Reifenmodell wurde sowohl mit einem linearen und einem quadratischen Modellansatzes zur Beschreibung des Radlasteinflusses parametrisiert und folglich die entsprechende Abweichung errechnet. Der mittlere Approximationsfehler $\bar{\varepsilon}$ beschreibt dabei den arithmetischen Mittelwert, der aus den einzelnen Abweichungsfehlern (d. h. für jede radlast- und reifenfülldruckabhängige Reifenkennlinie) gebildet wurde. Zudem ist für jede Reifenmodell- und Messvariante der maximal berechnete Approximationsfehler ε_{max} sowie der minimal erzielte Fehler ε_{min} angegeben.

Tab. 6.4: Für parametrisierte Reifenmodelle errechnete Approximationsfehler

Reifenmodell	Approximations-Fehler	*RMA (trocken)*			*RMA (nass)*			*CMP (48")*			*CMP (75")*		
		Eco-Reifen	Sport-Reifen	SUV-Reifen	Eco-Reifen	Sport-Reifen	SUV-Reifen	Eco-Reifen	Sport-Reifen	SUV-Reifen	Eco-Reifen	Sport-Reifen	SUV-Reifen
MF v2012	ε_{min}[%]	2,08	5,24	2,54	5,06	6,67	5,28	2,72	3,77	2,76	3,14	5,17	3,24
	ε_{max} [%]	8,82	26,33	14,73	33,51	29,54	24,68	8,67	12,81	7,05	21,91	11,31	8,02
	$\bar{\varepsilon}$ [%]	4,95	12,94	5,09	14,29	17,50	14,76	6,27	7,41	4,51	7,06	7,77	4,66
erw. *MF* (F_z quad.)	ε_{min}[%]	2,01	2,66	2,49	5,94	8,01	4,53	2,48	3,10	2,73	2,82	3,91	2,75
	ε_{max} [%]	7,43	18,51	10,89	19,03	22,35	23,00	8,73	6,42	6,40	18,31	8,87	7,52
	$\bar{\varepsilon}$ [%]	4,01	7,91	4,58	10,60	14,56	11,87	4,99	4,11	3,89	5,78	5,73	4,07
erw. *MF* (F_z linear)	ε_{min}[%]	2,00	2,15	2,39	5,95	8,03	4,31	2,46	2,94	2,67	2,96	3,93	2,84
	ε_{max} [%]	7,26	16,37	10,77	19,53	23,35	22,67	8,72	6,20	6,42	19,31	8,77	7,45
	$\bar{\varepsilon}$ [%]	4,18	8,03	4,60	11,17	14,67	12,04	4,96	4,16	3,89	5,81	5,73	4,11
erw. *HSRI* (F_z quad.)	ε_{min}[%]	1,99	3,93	3,04	6,20	7,76	4,22	4,20	4,08	3,58	4,03	5,61	3,63
	ε_{max} [%]	8,68	21,64	11,41	25,11	24,69	32,74	10,85	10,60	7,97	20,19	9,68	7,46
	$\bar{\varepsilon}$ [%]	5,02	9,08	6,20	11,49	14,78	15,50	6,02	6,13	5,04	6,69	7,21	5,13
erw. *HSRI* (F_z linear)	ε_{min}[%]	1,90	4,26	3,35	6,31	7,84	5,06	4,22	3,77	3,59	4,08	5,61	3,52
	ε_{max} [%]	7,94	21,30	11,43	24,32	24,81	32,48	11,01	11,19	7,98	20,58	9,71	7,19
	$\bar{\varepsilon}$ [%]	5,19	9,22	6,23	12,14	14,81	15,60	6,02	6,17	5,04	6,69	7,21	5,15
erw. *Deur* (F_z quad.)	ε_{min}[%]	1,71	6,47	1,48	3,01	3,86	4,06	2,03	6,93	1,59	2,66	3,42	1,78
	ε_{max} [%]	8,54	19,42	9,80	20,28	18,26	22,98	9,88	15,92	8,11	14,72	10,59	7,97
	$\bar{\varepsilon}$ [%]	3,94	11,72	3,73	7,90	10,99	9,99	5,68	9,74	4,24	5,64	7,56	3,81
erw. *Deur* (F_z linear)	ε_{min}[%]	1,21	7,13	1,42	2,55	4,83	4,48	1,95	7,23	1,71	2,65	4,08	1,80
	ε_{max} [%]	8,30	19,88	9,89	19,80	19,55	23,17	10,04	15,84	7,88	15,06	10,12	7,99
	$\bar{\varepsilon}$ [%]	3,96	12,10	3,61	8,89	11,43	10,15	5,68	9,66	4,24	5,62	7,58	3,80

Abb. 6.24 (oben) veranschaulicht die mittleren Approximationsfehler $\bar{\varepsilon}$ in Abhängigkeit der betrachteten Reifenmodelle sowie der zugrundeliegenden Messwertvariante in einem Balkendiagramm. Jeder Balken stellt dabei den arithmetischen Mittelwert der errechneten Approximationsfehler dar, die für die untersuchten Eco-, Sport- und SUV-Reifen ermittelt wurde. Darüber hinaus ist der über die unterschiedlichen Messwerterfassungsvarianten gemittelte Fehler angegeben. Abb. 6.24 (unten) verdeutlicht den maximalen Approximationsfehler ε_{max}, der für die untersuchten Reifen für das jeweilige Reifenmodell und Messvariante errechnet wurde. Darüber hinaus ist der über die Messmethoden gemittelte maximale Fehler angegeben. Bei Betrachtung der Abweichungen fällt auf, dass die für große Radlast- und Reifenfülldruckvariationen erweiterten Reifensimulationsmodelle eine sehr gute Modellgüte aufweisen. Im Vergleich zum *Magic Formula* v2012 Reifenmodell, welches kleine Reifenfülldruckänderungen berücksichtigt, kann der mittlere Approximationsfehler $\bar{\varepsilon}$ bei jedem erweiterten Reifenmodell nachweislich reduziert werden. Besonders deutlich wird die Verringerung der Abweichung zwischen den Mess- und Modellkennlinien bei Betrachtung der maximalen Approximationsfehler ε_{max}. Dieser beschreibt insbesondere die Modellabweichungen bei sehr geringen oder sehr hohen Reifenfülldrücken. Hier ist eine signifikante Verbesserung der Modellgüte durch Einführung der erweiterten Modellgleichungen feststellbar.

Anhand der errechneten Approximationsfehler lässt sich weiterhin ableiten, dass die Modellgüte der Reifenmodelle auch von den zugrundeliegenden Messwerten abhängt. Einerseits beeinflusst der konkrete Verlauf der gemessenen Reifencharakteristiken der unterschiedlichen Reifenvarianten die bestimmten Modellabweichungen, andererseits hat die genutzte Messmethode einen Einfluss auf den Kennlinienverlauf. Aufgrund des deutlich ausgeprägten Kraftschlussmaximums sowie auftretenden Schwingungen nach Erreichen des Maximums im Verlauf der mit dem Reifenmessanhänger gemessenen Reifenkennlinien auf nasser Fahrbahn sind die errechneten Approximationsfehler deutlich höher als die Modellabweichungen, die anhand der Messungen auf trockener Fahrbahn berechnet wurden. Bedingt durch die sehr gleichmäßigen Kennlinienverläufe, die unter Laborbedingungen erzielt werden, ist die Modellgüte der Reifensimulationsmodelle, die anhand der am Corner-Modul-Prüfstand aufgezeichneten Reifencharakteristiken parametrisiert wurden, besser. Der durchschnittlich auftretende Approximationsfehler für das erweitere *MF*-Modell (F_z quadratisch) beträgt beispielsweise 6,8 %. Parametrisiert man das selbe Reifenmodell mithilfe der Messgrößen, die für den SUV-Reifen mit dem CMP auf der 48"-Trommel aufgezeichnet wurden, ergibt sich ein mittlerer Approximationsfehler von nur 3,9 %.

Schließlich darf konstatiert werden, dass sich die Modellgüte bei Verwendung eines linearen Modellansatzes, anstatt einer quadratischen Modellgleichung, zur Beschreibung des Radlasteinflusses nur marginal verschlechtert. Um eine Extrapolation der Reifensimulationsmodelle über die gemessenen Radlasten hinaus zu erlauben, wird für die in Kap. 7 vorgestellte Gesamtfahrzeugsimulation folglich der lineare Ansatz zur Berücksichtigung des Radlasteinflusses gewählt.

Bei Betrachtung der einzelnen und mittleren errechneten Approximationsfehler, die in Tab. 6.4 sowie Abb. 6.24 verdeutlicht sind, fällt auf, dass die höchsten Modellgüten mit dem erweiterten *Magic Formula* Modell erreicht werden. Im Vergleich dazu resultiert das modifizierte *HSRI* Modell in einer schlechteren Abbildungsgüte, da die Kennlini-

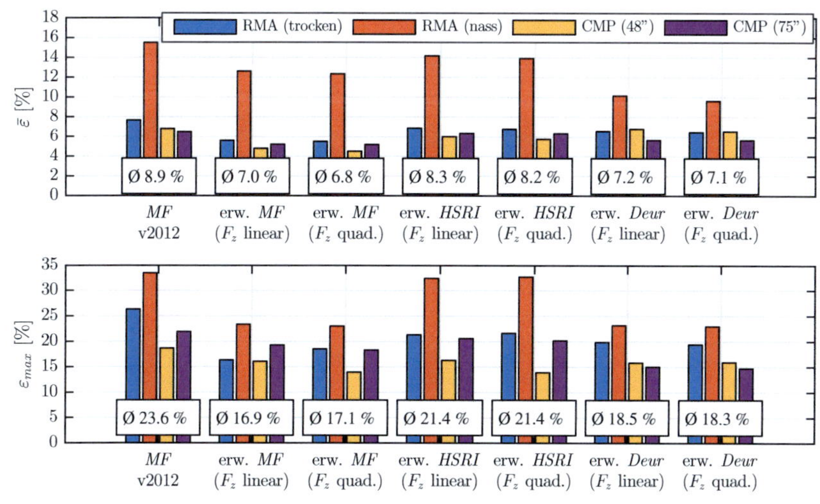

Abb. 6.24: Für parametrisierte Reifenmodelle errechnete mittlere und max. Approximationsfehler

enform zur Beschreibung der Ausprägung des Kraftschlussmaximums sowie die Kennlinienkrümmung nach Erreichen des kritischen Schlupfs nicht explizit mit Modellparametern beschrieben werden können. Zudem muss konstatiert werden, dass das erweiterte *HSRI* Reifenmodell aus 21 Parametern besteht und folglich der in Kap. 2.4.3 beschriebene Nutzen, dass das Modell insbesondere aufgrund seiner geringen Parameteranzahl verwendet wird, abgenommen hat. Das für große Reifenfülldruckvariationen erweiterte *Deur* Modell verspricht, aufgrund seines physikalisch basierten Modellansatzes sowie der Möglichkeit den Geschwindigkeitseinfluss zu parametrisieren, großes Potenzial zur korrekten Abbildung der Reifencharakteristiken. Insbesondere auf nasser Fahrbahn resultiert das Modell in besonders niedrigen Approximationsfehlern. Trotzdem ist auch beim *Deur* Modell feststellbar, dass die Kennlinienkrümmung nicht explizit durch die Modellkoeffizienten beschrieben werden kann. Folglich reduziert sich bei besonders spitz ausgeprägten Bereichen um das Kraftschlussmaximum, wie sie teilweise bei niedrigen Reifenfülldrücken auf nasser Fahrbahn zu beobachten sind, die Modellgüte (vgl. Abb. 6.25). Daher muss festgestellt werden, dass das erweiterte *Magic Formula* Modell über weite Bereiche von Radlast und Reifenfülldruck die geringsten Approximationsfehler aufweist. Die Auswahl des geeigneten Reifenmodells wird jedoch nicht zuletzt von der untersuchten Reifenvariante, der analysierte Fahrbahn sowie der Messmethode bestimmt. Zusammenfassend darf festgehalten werden, dass sich die für die unterschiedlichen Reifenmodelle errechneten Approximationsfehler teilweise nur geringfügig voneinander unterscheiden. Im Vergleich zum *Magic Formula* v2012 Modell konnte die Modellgüte bei allen im Rahmen dieser Forschungsarbeit erweiterten Reifenmodelle signifikant verbessert werden.

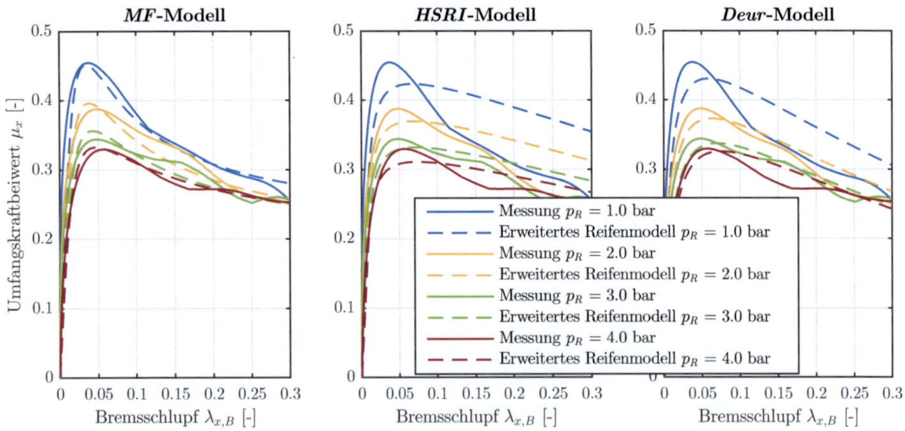

Abb. 6.25: Vergleich Mess- und Modellkennlinien für *MF*-, *HSRI*- und *Deur*-Reifenmodelle (Messung: RMA auf nasser Niedrigreibwertfahrbahn, $F_z \approx 4.600$ N, SUV-Reifen)

6.6 Fazit

Die häufig für Fahrdynamiksimulationen von Kraftfahrzeugen verwendeten *HSRI*- bzw. *Deur*-Reifensimulationsmodelle berücksichtigten bisher den Reifeninnendruck nicht als Einflussgröße. Die aktuelle Version des weitverbreiteten semi-empirischen *Magic Formula* Modells ermöglicht es, limitierte Fülldruckvariationen zur Berechnung des Reifenverhaltens zu betrachten. Der Modellansatz ist jedoch nur für geringe

Reifenfülldruckänderungen gültig. Im hier vorgestellten Kapitel wurden anhand einer Variantenanalyse verschiedene Modellansätze zur Beschreibung des Reifenfülldruckeinflusses auf das Kraftschlussverhalten von Reifen untersucht. Die herausgearbeiteten Modellgleichungen zur Berücksichtigung großer Reifenfülldruckvariationen wurden vorgestellt. Eine entwickelte Parametrisierungsmethode erlaubt es, die Koeffizienten der erweiterten Reifenmodelle anhand der Messdaten zu identifizieren. Anhand der errechneten Approximationsfehler konnte nachgewiesen werden, dass die drei Modelle die experimentell bestimmten Reifencharakteristiken mit hoher Modellgüte abbilden. Nicht zuletzt aufgrund der Parametrisierungsmöglichkeit der Kennlinienform durch den sog. Form- oder Biegefaktor, wurde die beste Abbildungsgenauigkeit häufig mit dem erweiterten *Magic Formula* erreicht. Zusammenfassend darf festgehalten werden, dass mit den hier eingeführten Modellerweiterungen erstmals die Möglichkeit geschaffen wurde, große Reifenfülldruckvariationen mit dem *Magic Formula*-, dem *HSRI*- sowie dem *Deur*-Reifenmodell zu berücksichtigen. Die Integration der entwickelten Reifenmodelle in eine Gesamtfahrzeugsimulationsumgebung zur numerischen Analyse einer Reifenfülldruckadaption auf die Fahrdynamik von Kraftfahrzeugen wird im folgenden Kapitel vorgestellt.

7 Gesamtfahrzeug-Co-Simulation zur Potenzialbewertung einer hochdynamischen Reifenfülldruckregelanlage

Zur numerischen Bewertung einer hochdynamischen Reifenfülldruckänderung auf das Fahrdynamikverhalten von Kraftfahrzeugen wurde ein umfängliches Gesamtfahrzeug-Co-Simulationsmodell entwickelt. Neben der Abbildung des Fahrzeugs als Mehr-Körper-System wird im folgenden Kapitel die Implementierung der erweiterten Reifenmodellgleichungen erläutert. Zudem wird die Einbindung der modellierten Reifenfülldruckregelanlage als Komponentenmodell beschrieben. Anschließend wird die Integration eines parametrisierten Radschlupfregelsystem sowie einer erarbeiteten Regelstrategie zur Adaption des Reifeninnendrucks als MIL-Modelle vorgestellt. Mit dem entwickelten Gesamtfahrzeug-Co-Simulationsmodell wird ein interdisziplinärer und ganzheitliche Ansatz zur Analyse des Potenzials einer radselektiven, hochdynamischen Reifenfülldruckadaption auf die Fahrdynamik von Kraftfahrzeugen geschaffen. Zur Abschätzung des Einflusses einzelner Kenngrößen, die durch den Reifenfülldruck beeinflusst werden, auf den numerisch errechneten Bremsweg wird zunächst eine Sensitivitätsanalyse mithilfe synthetischer Reifenkennlinien analysiert. Anschließend wird der Einfluss einer umfänglichen Parametervariation auf die Simulationsergebnisse, die mithilfe der erweiterten Reifensimulationsmodelle erzielt wurden, diskutiert. Nicht zuletzt wird die Analyse unterschiedlicher Regelphilosophien auf das im Fokus der Forschung stehende Bremswegverkürzungspotenzial bewertet.

7.1 Aufbau des Gesamtfahrzeug-Co-Simulationsmodells

Zur numerischen Fahrdynamiksimulation wird die weitverbreitete Simulationsumgebung *IPG CarMaker* genutzt. Insbesondere aufgrund der einfachen Überführung des Simulationsmodells aus der sog. Office-Simulationsumgebung in die Hardware-in-the-Loop-Simulationsumgebung, bei der ausgewählte Komponenten-Modelle durch reale Systeme an einem HIL-Prüfstand ersetzt werden, wird *IPG CarMaker* für den Entwicklungsprozess für von neuen Fahrzeug- und Fahrerassistenzsystemen häufig verwendet. Die offene Architektur bietet zudem die Möglichkeit, eigene System- und Regelmodelle als Model-in-the-Loop (MIL)-Modelle zu implementieren. Diese können beispielsweise mit *MATLAB Simulink* oder als C-Code realisiert werden. Das Simulationsprogramm bildet das Fahrzeug als echtzeitfähiges, nicht-lineares Mehr-Körper-System ab, welches bis in den fahrdynamischen Grenzbereich gültig ist. Einzelne Komponenten des Fahrzeugs, wie die Radaufhängung, die Lenkung oder der Antrieb, können ergänzend zum Kernmodell mit unterschiedlichen Komplexitätsgraden abgebildet und integriert werden oder durch eigene Modelle ausgetauscht werden. Das Fahrzeugmodell wird durch einen parametrierten virtuellen Fahrer (*IPG Driver*) gesteuert, welcher die Aktionen eines realen Fahrers realitätsnah nachbildet. Mithilfe des Fahrbahnmodells kann der Streckenverlauf sowie die lokalen Fahrbahneigenschaften (z. B. Reibwert, Spurrillen, Bodenwellen) charakterisiert werden. Die sog. *CarMaker Interface Toolbox* erlaubt dem Anwender die Parametrisierung, Speicherung, Analyse und Visualisierung des virtuellen Fahrversuchs. [vgl. 318; 188]

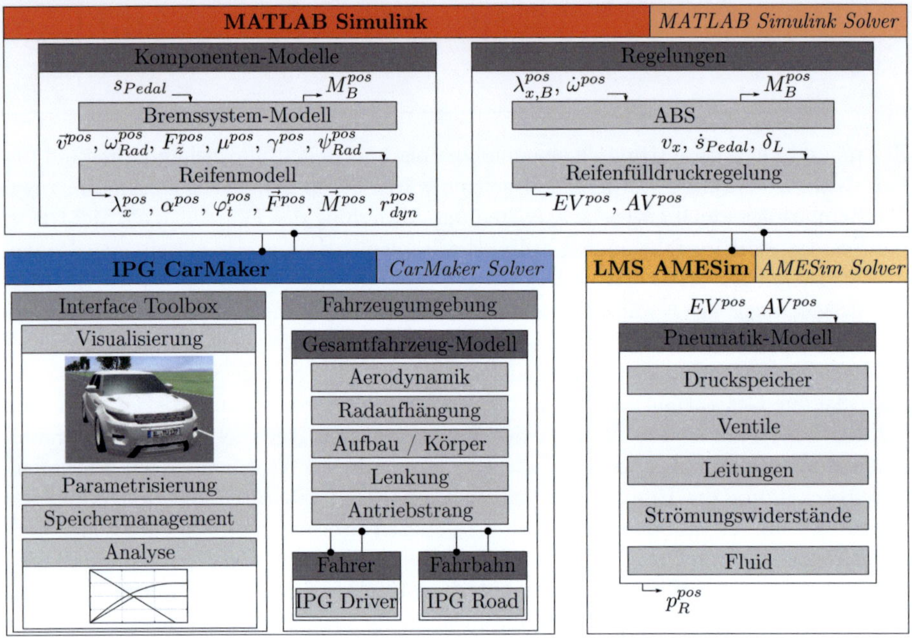

Abb. 7.1: Schema Gesamtfahrzeug-Co-Simulationsmodell

Zur Untersuchung des Potenzials einer hochdynamischen Reifenfülldruckregelanlage auf die Fahrdynamik von Kraftfahrzeugen wurde im Rahmen der hier vorliegenden Forschungsarbeit ein ganzheitliches Gesamtfahrzeug-Co-Simulationsmodell aufgebaut. Grundlage ist die *CarMaker for Simulink* Umgebung, welche *IPG CarMaker* und *MATLAB Simulink* in einer robusten Co-Simulation miteinander verbindet. Dies erlaubt es, entwickelte Regel- und Komponentenmodelle als *Simulink* Blöcke einzubinden. Die Parametrisierung des Fahrzeugmodells, des Fahrers, der Fahrbahn sowie des Fahrmanövers erfolgt weiterhin in der *CarMaker* Bedienoberfläche. Der Start der Simulation, die Ergebnisabspeicherung sowie die Visualisierung der Fahrdynamiksimulation finden ebenfalls in der *CarMaker* Umgebung statt.

Die Basis des Gesamtfahrzeugsimulationsmodells bildet das Fahrzeugmodell eines *Range Rover Evoque*. Das SUV-Fahrzeugmodell wurde u. a. gemeinsam mit dem Fahrzeughersteller im Rahmen der Forschungsprojekte *E-VECTOORC* [vgl. 314; Nov+12] sowie *EVE* [vgl. 189] erstellt und validiert. Insbesondere die Charakterisierung der Fahrwiderstände, des Antriebsstrangs, die Kinematik der Radaufhängungen sowie die Massenträgheitsmomente der Radkomponenten und des Aufbaus bilden die Grundlage für das validierte Fahrzeugmodell. Neben der realitätsgetreuen Abbildung, verspricht das Simulationsmodell eine sehr gute Vergleichbarkeit mit den Fahrversuchen, die in in Kap. 9 vorgestellt werden, da die experimentellen Untersuchungen ebenfalls mit einem *Range Rover Evoque* als Demonstratorfahrzeug durchgeführt wurden. Nicht zuletzt gewährleisten die am Versuchsfahrzeug montierten SUV-Reifen, dessen Reifeneigenschaften in Kap. 5 charakterisiert wurden, eine gute Vergleichbarkeit der Simulations- und Messergebnisse.

Die für große Reifenfülldruckvariationen erweiterten und parametrisierten Reifenmodelle sowie das Komponentenmodell des Bremssystems wurden mithilfe von *MATLAB Simulink* realisiert und als MIL-Modelle in das Gesamtfahrzeug-Co-Simulationsmodell integriert. Weiterhin sind ein entwickelter ABS-Regelalgorithmus sowie die erarbeitete Regelstrategie zur automatischen Reifeninnendruckadaption (vgl. Kap. 8.3) als Teilmodelle in *MATLAB Simulink* implementiert. Nicht zuletzt wurde das entwickelte und validierte Pneumatikmodell einer hochdynamischen Reifenfülldruckregelanlage, welches im Kap. 8 detailliert beschrieben wird, als Teilmodell in die virtuelle Fahrzeugumgebung implementiert. Die dafür genutzte Simulationsumgebung *LMS AMESim* bietet ebenfalls die Möglichkeit einer Co-Simulation, indem das entwickelte Modell der Reifenfülldruckverstellanlage als *MATLAB Simulink* Block in das Gesamtmodell eingebunden wird. Für eine erleichterte Bedienung können die parametrisierbaren Kenngrößen ebenfalls in der *Simulink*-Oberfläche variiert werden. Die für die jeweiligen Solver relevanten Ein- und Ausgangsgrößen werden bei jedem Simulationsschritt ausgetauscht. Das umfängliche Gesamtfahrzeugmodell ermöglicht es folglich, die Einflüsse einer Vielzahl an Regel- und Modellparametern, insbesondere auf die Fahrdynamik des abgebildeten Kraftfahrzeugs, ganzheitlich zu analysieren. Abb. 7.1 veranschaulicht schematisch das entwickelte Gesamtfahrzeug-Co-Simulationsmodell. Die erarbeiteten und als MIL-Modelle implementierten Komponenten und Regelmodelle werden im Folgenden erläutert.

7.1.1 Komponentenmodell des Bremssystems

Im Versuchsfahrzeug ist eine entkoppelte Bremsanlage[30] verbaut. Für die Vergleichbarkeit zwischen dem Fahrzeugsimulationsmodell und dem realen Versuchsfahrzeug wurde dieses Brake-by-Wire-System mithilfe von *MATLAB Simulink* nachgebildet und als MIL-Modell in das Gesamtmodell implementiert. Das Modell des Bremssystems ist in der Simulationsumgebung als einfaches Übersetzungsmodell hinterlegt, d. h. der Bremsdruck im Hauptbremszylinder wird anhand der simulierten Betätigungskraft errechnet. Das Radbremsmoment-Bremsdruckverhältnis beträgt an der Vorderachse 31,55 Nm/bar, respektive an der Hinterachse 20 Nm/bar. Dies entspricht einer Bremskraftverteilung von ca. 61/39 (VA/HA). Um die Dämpfungs- und Hystereseeigenschaften beim Bremsdruckaufbau zu berücksichtigen, wurde das Übertragungsverhalten durch experimentelle Untersuchungen an einem HIL-Prüfstand bestimmt. [vgl. 224] Es konnte festgestellt werden, dass sich die ermittelten Bremsdruckverläufe sehr gut mit einem PT_1-Glied (mit einer Zeitkonstante von 40 ms) sowie einem Laufzeitglied (mit einer Ansprechzeit von 25 ms) nachgebildet werden können.

[30] *TRW Slip Control Boost (SCB)*

7.1.2 ABS-Regelalgorithmus

Um den Bremsweg zu verkürzen sowie die Lenkbarkeit des Fahrzeugs zu gewährleisten muss das Blockieren eines oder mehrerer Räder vermieden werden. In Abhängigkeit einer detektierten Blockierneigung wird der Bremsdruck durch das ABS radselektiv angepasst. Zur Ausnutzung des maximalen Kraftschlussbeiwertes in Längsrichtung $\mu_{x,max}$ sowie zur Vermeidung geringer Seitenführungskräfte ist daher eine Regelung um den kritischen Schlupf λ_{krit} anzustreben. Abb. 7.2 (links) veranschaulicht für verschiedene Fahrbahnzustände die Schlupfregelbereiche und das damit verbundene Potenzial zur Verkürzung des Bremswegs. In den markierten Regelbereichen ist der Kraftschlussbeiwert teilweise deutlich höher als bei blockierenden Rädern. Bei Schnee hingegen kann der resultierende Reibwert beim Blockieren größer sein, da ein Schneekeil die Bremswirkung steigert. Die Seitenführungskraft nimmt jedoch deutlich ab und die Lenkfähigkeit wäre nicht mehr gegeben. Daher wird oftmals ein geringerer Schlupf, z. B. bei 20 %, eingeregelt. Abb. 7.2 (rechts) verdeutlicht den Längs- und Seitenkraftbeiwert in Abhängigkeit vom Bremsschlupf und dem Schräglaufwinkel. Es wird deutlich, dass der ABS-Regelbereich bei hohen Schräglaufwinkeln in der Kurve (welcher meist über einen Querbeschleunigungssensor detektiert wird) erweitert werden muss, um eine möglichst hohe Verzögerung zu erzielen. [308]

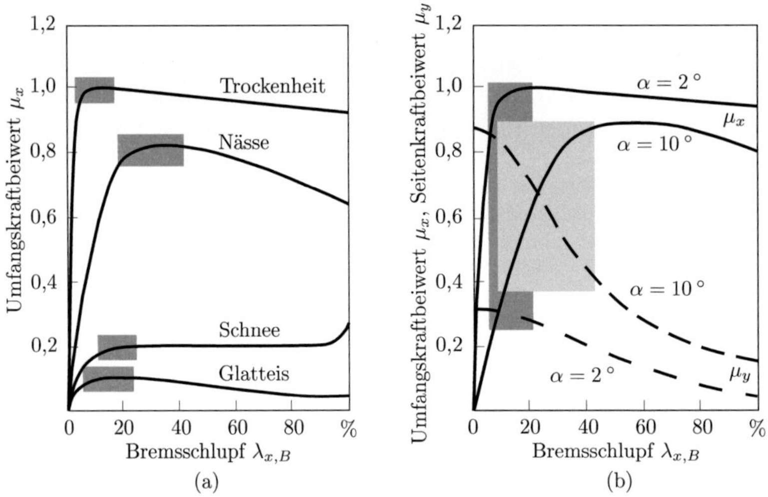

Abb. 7.2: ABS-Regelbereiche in Abhängigkeit des Fahrbahnzustands und des Schräglaufwinkels [nach Sch13b; 308]

Moderne ABS-Regelsysteme müssen robust und zuverlässig arbeiten. Insbesondere muss das System Reibwertunterschiede zwischen den Fahrspuren (μ-Split), Aquaplaning, Reibwertsprünge und Niedrigreibwerte schnell und verlässlich erkennen und angemessen reagieren. Moderne Antiblockiersysteme passen ihre Regelstrategie in Abhängigkeit des Fahrbahnzustands (griffige Straße, glatte Straße) und in Abhängigkeit des Einkuppelzustands (angetriebenes Rad, nicht angetriebenes Rad) an. Insbesondere die Abschätzung des Schlupfzustands am Reifen sowie die Bestimmung des kritischen Schlupfs am realen Fahrzeug ist sehr komplex. Der optimale Schlupf, respektive die sog. Referenzgeschwindigkeit, wird meist während des ersten ABS-Regelzyklus bestimmt und während des Regelvorgangs weiter adaptiert. Es existiert eine Vielzahl verschiedener Methoden. Zudem werden die ABS-Systeme auf einen konkreten Fahrzeugtyp angepasst. TURNER et al. [365] untersuchten beispielsweise experimentell den Bremsdruckverlauf von sechs verschiedenen Fahrzeugen mit Radschlupfregelsytemen unterschiedlicher Hersteller und stellten fest, dass sich die Regelphilosophien signifikant voneinander unterscheiden. Die Bremsdruck-Regelfrequenzen der untersuchten Systeme wurden zwischen 7 Hz und 13 Hz charakterisiert. Die konkrete Applikation moderner ABS-Regelalgorithmen sowie die Anpassung an ein Fahrzeugmodell oder sich ändernde Bedingungen am Reifen beruhen meist auf vertraulichem Wissen der Hersteller und sind daher nicht öffentlich zugänglich. [44; 348; 13]

Grundlage für die ABS-Regelung sind die Signale der Raddrehzahlsensoren, aus denen Radumfangsverzögerung und -beschleunigung sowie der Radschlupf ermittelt werden. BURCKHARDT [44] zeigte, dass die Parameter für sich allein als Regelgrößen nicht geeignet sind. Durch eine kombinierte Beschleunigungs- und Schlupfregelung lassen sich jedoch sehr gute Ergebnisse erzielen. Ein typischer Regelzyklus, bei dem Radumfangsbeschleunigung und Schlupf getrennten Schwellenwertschaltern zugeschrieben werden, wird u. a. in [302], [299] und [308] beschrieben und im folgenden vorgestellt. In Abb. 7.3 ist der Verlauf der Fahrzeuggeschwindigkeit v_x, der Radumfangsgeschwindigkeit v_{Rad}, der Radbeschleunigung a_{Rad} und der (Radzylinder-)Bremsdruck p_B für den Beginn einer ABS-Bremsung dargestellt. Zu Beginn der Bremsung erhöht sich mit steigendem Bremsdruck die Verzögerung des Rades. Folglich nimmt die Radumfangsgeschwindigkeit v_{Rad} ab, der Bremsschlupf erhöht sich. Dies ist in Abb. 7.3 als Phase 1 gekennzeichnet. Wird die definierte Verzögerungsgrenze $-a$ beim Übergang zu Phase 2 unterschritten, schließt das Einlassventil, der Zustand „Druckhalten“ ist aktiv. Ist der konstante Bremsdruck weiterhin zu hoch und der Schlupf überschreitet die Schlupfgrenze $\lambda_{x,1}$, öffnet sich das Auslassventil und der Druck im Radzylinder wird abgebaut. Dieser Zustand „Druckabbau“ ist solange aktiv bis die Verzögerungsgrenze $-a$ wieder überschritten wird. Ist dies erfolgt, schließt das Auslassventil und der Druck wird gehalten. Das lässt die Radumfangsbeschleunigung in Phase 4 schnell ansteigen. Wird die Beschleunigungsgrenze $+A$ überschritten, öffnet sich das Einlassventil wieder und der Zustand „Druckaufbau“ ist aktiv. Wird die Regelschwelle $+A$ wieder unterschritten, wird der Bremsdruck gehalten bis der Grenzwert $+a$ durchlaufen wird (Phase 6). Darauf folgend wird in Phase 7 der Bremsdruck stufenförmig erhöht bis die Radumfangsverzögerung die Schwelle $-a$ passiert. Mit dem anschließenden Abbau des Bremsdrucks (Phase 8) beginnt der Regelzyklus von vorn (der Zustand des Druckhaltens zu Beginn der Regelung in Phase 2 wird übersprungen). Eine ausführlichere Erläuterung der Regelstrategie wird u. a. von BURCKHARDT in [44] beschrieben.

Alternativ zu der Methode, bei der Radumfangsbeschleunigung und Schlupf getrennten Schwellenwertschaltern zugeschrieben werden, schlägt BURCKHARDT [44] vor, die Radumfangsabbremsung z_{Rad} und den Schlupf λ_x gemeinsam über das sog. Schaltkriterium S_K zu betrachten. Mit den Gewichtungsfaktoren $K_{ABS,Z}$ für die Abbremsung und $K_{ABS,\lambda}$ für den Schlupf errechnet sich das Schaltkriterium nach Gl. 7.1.

$$S_K = K_{ABS,Z} \cdot z_{Rad} + K_{ABS,\lambda} \cdot \lambda_x \tag{7.1}$$

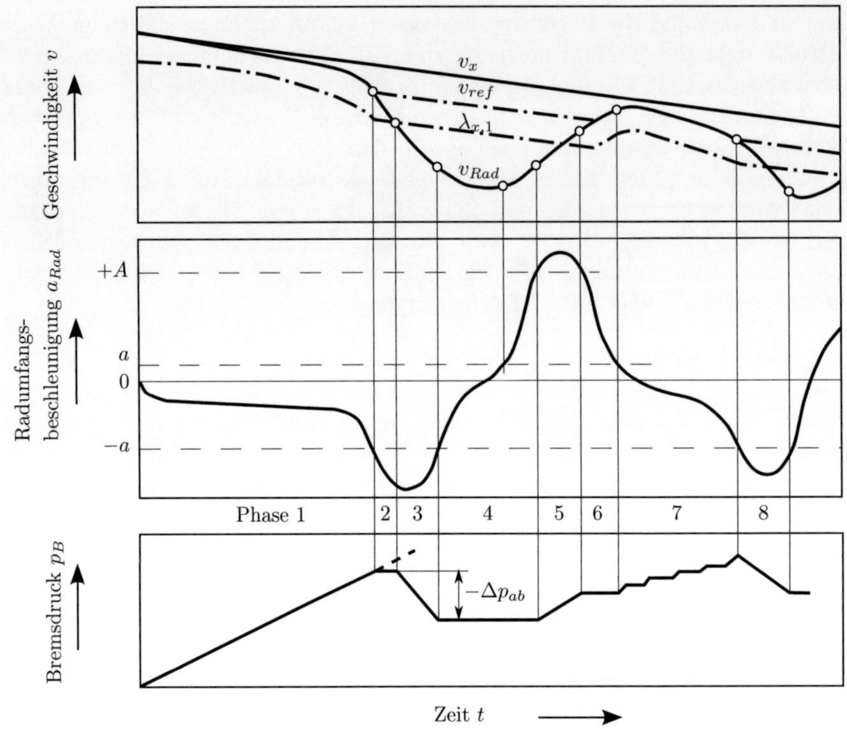

Abb. 7.3: ABS-Regelzyklus [nach Sch13b; 308]

MUNZERT [Mun17b] vergleicht in seiner Arbeit die von BURCKHARDT [44] vorgeschlagenen Verfahren miteinander. Dabei konnte eine etwas bessere Regelgüte bei der Methode festgestellt werden, bei der Radumfangsbeschleunigung und Schlupf getrennten Schwellenwertschaltern zugeschrieben werden. Zudem bietet diese ABS-Regelmethode die Möglichkeit, die Schlupfgrenzen direkt in Abhängigkeit des Reifenfülldrucks zu adaptieren. Daher wird dieser Regelalgorithmus als *MATLAB Simulink* Modell realisiert sowie als MIL-Modell in die Gesamtfahrzeug-Co-Simulationsumgebung implementiert. Durch die umfangreiche und gezielte Variation der Regelschwellen für verschiedene simulierte Bremsvorgänge wurden empirisch geeignete Regelparameter zur Anpassung des ABS an das jeweilige Fahrzeugmodell ermittelt. [vgl. Mun17b; Büc18] Neben der Möglichkeit feste Schwellwerte für die Radschlupf-Regelung zu nutzen, besteht die Option, die Regelschwellen adaptiv an den kritischen Schlupf anzupassen. Zur Untersuchung des Einflusses der ABS-Regelstrategie auf den Bremsweg wurden drei Varianten zur Bestimmung der Radschlupf-Regelschwellen herausgearbeitet. Die Regelung mit *festen Schlupf-Regelschwellen* sieht auf trockener Fahrbahn vor, feste Grenzwerte zwischen 5 % und 15 % Bremsschlupf zur Bestimmung des ABS-Arbeitsbereiches zu nutzen. Die Parametrisierung des Radschlupfregelsystems mit *additiv adaptiven Schlupf-Regelschwellen* bestimmt die Schlupfgrenzen durch Addition eines Korridors von ±3 % vom kritischen Schlupfwert. Die ABS-Regelung mit *multiplikativ adaptiven Schlupf-Regelschwellen* errechnet den oberen Grenzwert λ_{ob} und den unteren Grenzwert λ_{un} des ABS-Regelbereichs durch Multiplikation der definierten Schwellwerte mit dem optimalen Schlupfwert. Die Anpassung der Regelschwellen an den optimalen Schlupfwert, der insbesondere von der Radlast und dem Reifenfülldruck abhängt, ist im Simulationsmodell u. a. durch die Implementierung eines Kennfeldes möglich. Die Abschätzung des kritischen Schlupfwerts im realen Fahrzeug geschieht durch geeignete Beobachter. Dafür existieren verschiedene Methoden, die meist auf vertraulichem Wissen der Hersteller beruhen. Im einfachsten Fall wird die Referenzgeschwindigkeit (als Vergleichsgröße für den optimalen Schlupf) im ersten ABS-Regelzyklus anhand der Radgeschwindigkeiten bei Erreichen der Beschleunigungsschwelle $-a$ bestimmt, vgl. Abb. 7.3. [332]

7.1.3 Reifenmodell

Die Erweiterung verschiedener semi-empirischer und physikalischer Reifenmodelle für große Reifenfülldruckvariationen wurde in Kap. 6 vorgestellt. Die Simulationsumgebung *IPG CarMaker* erlaubt standardmäßig die Implementierung des *Magic Formula* v2012 Reifenmodells. Eine Reifenfülldruckänderung während des Simulationsmanövers ist jedoch nicht vorgesehen. Folglich werden die im Rahmen dieser Forschungsarbeit entwickelten Reifenmodelle als MIL-Modelle in das Gesamtfahrzeug-Co-Simulationsmodell integriert. Die für das jeweilige Reifenmodell identifizierten Koeffizienten können über eine Parameterdatei eingelesen werden. Neben der quasistationären Beschreibung der Reifencharakteristiken wird weiterhin das transiente Reifenverhalten im Modell berücksichtigt. Beim physikalisch basierten *Deur*-Modell wird das dynamische Verhalten durch eine Differentialgleichung abgebildet, die die zeitliche Änderung der Bürstenauslenkung beschreibt (vgl. Kap. 2.4.4). Beim *HSRI*- sowie *MF*-Reifenmodell wird das nicht-lineare Kontaktpunktmodell verwendet. Verschiedene Forschungsarbeiten zeigten, dass sich diese Abbildungsform des transienten Reifenkraftaufbaus insbesondere für die Simulation von ABS-Bremsungen gut eignet (vgl. Kap. 2.4.5). Folglich wurde die Differentialgleichung 1. Ordnung zur Beschreibung der Längsdeformation der Karkasse nach Gl. 7.2 in das MIL-Modell implementiert. [vgl. 277, Kap. 8.6]

$$\frac{du}{dt} + \frac{1}{\sigma_x^*} \cdot |v_x| \cdot u = |v_x| \cdot \kappa = -v_{sx} \tag{7.2}$$

Der transiente Schlupf κ' wird nach Gl. 7.3 berechnet.

$$\kappa' = \frac{u}{\sigma_x^*} \tag{7.3}$$

Zur Vermeidung einer Singularität bei einem Schlupf von 0 % schlägt Pacejka eine Modifikation zur Berechnung der Einlauflänge σ_x^* nach Gl. 2.56 (vgl. Kap. 2.4.5) vor, indem ein kleiner Wert ε_F (z. B. $\varepsilon_F = 0{,}01$) nach Gl. 7.4 addiert wird. [277, Kap. 8.6]

$$\sigma_x^* = \frac{1}{c_x} \cdot \frac{\partial F_x}{\partial \kappa'} = \frac{\sigma_{x0}}{K_\lambda} \cdot \frac{F_x}{\kappa'} \approx \frac{\sigma_{x0}}{K_\lambda} \cdot \frac{|F_x| + K_\lambda \varepsilon_F}{|\kappa'| + \varepsilon_F} \tag{7.4}$$

Zur weiteren Verbesserung der numerischen Stabilität wird zudem empfohlen, die Einlauflänge nach Gl. 7.5 auf einen Wert σ_{min} zu begrenzen. Bei der Verwendung dieses Ansatzes für das hier verwendete Reifenmodell wird σ_{min} mit 0,02 m angenommen.

$$\sigma_x^* = max\left(\frac{\sigma_{x0}}{K_\lambda} \cdot \frac{|F_x| + K_\lambda \varepsilon_F}{|\kappa'| + \varepsilon_F}, \sigma_{min}\right) \tag{7.5}$$

Zur Vermeidung von ungedämpften Schwingungen bei sehr niedrigen Geschwindigkeiten wird zudem die von PACEJKA [277, Kap. 8.6] vorgeschlagene Modifikation implementiert. Dafür wird für sehr geringe Geschwindigkeiten ein künstlicher Dämpfungsterm eingeführt, der sich nach Gl. 7.7 berechnet, und der transiente Schlupf κ' wird durch den folgenden Term ersetzt.

$$\kappa' - \frac{k_{v,low}}{K_\lambda} v_{sx} \tag{7.6}$$

$$k_{v,low} = \begin{cases} \frac{1}{2} \cdot k_{v,low0} \cdot \left\{1 + cos\left(\pi \frac{|v_x|}{v_{low}}\right)\right\} & \text{für } |v_x| \leq v_{low} \\ 0 & \text{für } |v_x| > v_{low} \end{cases} \tag{7.7}$$

Es konnte festgestellt werden, dass mit einer Dämpfung $k_{v,low0}$ von 5000 Ns/m sowie einer Geschwindigkeitsschwelle v_{low} von 5 m/s gute Ergebnisse erzielt werden können. Zudem werden die modellierten Reifencharakteristiken bei niedrigen Fahrzeuggeschwindigkeiten durch diese Modifikation nur marginal beeinflusst. [vgl. Mun17a]

Der Radschlupf berechnet sich nach Gl. 2.4 (vgl. Kap. 2.1.3) anhand der Fahrzeuggeschwindigkeit v_x, der Winkelgeschwindigkeit des Rads ω_{Rad} sowie dem dynamischen Radhalbmesser r_{dyn}. Dieser wird für alle verwendeten Reifenmodelle nach der in Kap. 6.2.2 spezifizierten Modellierungsmethode berechnet. Die anhand der Messgrößen identifizierten Koeffizienten werden mit der beschreibenden Parameterdatei des Reifenmodells geladen.

7.1.4 Modell der Reifenfülldruckregelung (RDR)

Erste Untersuchungen zeigten, dass eine einfache Modellierung des Pneumatiksystems einer hochdynamischen Reifenfülldruckregelanlage, z. B. durch die Anwendung der thermischen Zustandsgleichung idealer Gase, unzureichende Ergebnisse lieferte. Zur Berechnung des Zeitverhaltens einer hochdynamischen Reifenfülldruckänderung am Reifen in Abhängigkeit verschiedenster Einflussgrößen, wird daher die Simulationsumgebung *LMS AMESim* verwendet. Die verfügbare Pneumatik-Bibliothek ermöglicht eine sehr gute physikalische Modellierung der dynamischen Zustandsänderung kompressibler Gase zur Abbildung einer hochdynamischen RDRA. Der detaillierte Aufbau des entwickelten Simulationsmodells sowie die Auslegung einzelner Komponenten wird im Kap. 8 vorgestellt. Weiterhin bietet *LMS AMESim* die Möglichkeit, das Pneumatikmodell als *MATLAB Simulink* Block in die ganzheitliche Co-Simulation einzubinden. Dies erlaubt dem Anwender, konstruktive Parameter (wie z. B. Leitungsquerschnitte, Drucktankvolumen oder Ventilkennzahlen) zu modifizieren und den Einfluss auf die Fahrdynamiksimulation zu bewerten.

Zur intelligenten, radselektiven Regelung des Reifeninnendrucks in Abhängigkeit der Fahrsituation können zudem verschiedene Regelalgorithmen als MIL-Modell implementiert werden. Die Realisierung der regelbasierten Algorithmen zur Bestimmung des Sollwerts sowie zur Ansteuerung der Ventile wird ebenfalls in Kap. 8 erläutert. Für die im Fokus stehenden simulativen Bremsweguntersuchungen, die im Folgenden vorgestellt werden, werden zwei einfache Regelphilosophien herangezogen. Ausgehend von einem rollwiderstandsreduzierenden Fülldruck von 4,0 bar (in allen Reifen) wird bei Erkennung einer Notbremssituation der Solldruck in den Reifen angepasst. Einerseits wird das Potenzial einer einfachen Regelstrategie untersucht, die den Zieldruck an allen Rädern anhand applizierter Sollgrößen in Abhängigkeit der Verzögerung, respektive des Kraftschlusspotenzials der Fahrbahn, anpasst. Alternativ wird eine radselektive Regelmethode implementiert, die den Fülldruck zusätzlich in Abhängigkeit der jeweiligen Radlast, die über einen einfachen Beobachter abgeschätzt wird, adaptiert.

7.1.5 Fahrmanöver

Die Führung des Gesamtfahrzeugmodells während des simulierten Fahrmanövers erfolgt durch den standardmäßig parametrisierten virtuellen Fahrer *IPG Driver*. Der zwischen Reifen und Fahrbahn resultierende Kraftschluss wird durch das ausgewählte und parametrisierte Reifenmodell berechnet. Der für das Fahrbahnmodell variierbare Reibwert beträgt 1,0. Das Fahrermodell beschleunigt das virtuelle Fahrzeug zunächst bis zu einer konstanten Geschwindigkeit. Für die im Fokus dieser Arbeit stehenden Bremsweganalysen werden nach Erreichen des stationären Zustands die Kupplungs- und Bremspedal-Sollwerte innerhalb von 0,1 s auf 1 gesetzt. Für eine Vergleichbarkeit der simulativen Untersuchungen mit den experimentellen Analysen (die in Kap. 9 vorgestellt werden) sieht das Simulationsmanöver vor, das Fahrzeug auf trockener Fahrbahn aus einer Fahrgeschwindigkeit von 100 km/h, respektive auf nassem Untergrund aus einer Geschwindigkeit von 60 km/h, abzubremsen. Anhand der analysierten Fenster-Bremswege (auf trockener Fahrbahn zwischen 90 km/h und 5 km/h, auf nassem Untergrund zwischen 50 km/h und 10 km/h) wird der normierte Bremsweg $s_{B,norm}$ (vgl. Kap. 3.1) errechnet.

7.2 Diskussion der Simulationsergebnisse

7.2.1 Sensitivitätsanalyse bremswegrelevanter Einflussgrößen

In den bisherigen Untersuchungen konnte nachgewiesen werden, dass der Reifenfülldruck die Ausprägung der Reifenkennlinien, und folglich den Anhalteweg, signifikant beeinflusst. Zur Bewertung, wie empfindlich der numerisch errechnete Bremsweg auf selektive Änderungen einzelner Reifenmodell- und ABS-Parameter reagiert, werden im Folgenden die Ergebnisse einer Sensitivitätsanalyse vorgestellt. Gestützt auf synthetischen *Magic Formula* Reifenkennlinien, die als MIL-Reifenmodell in das Gesamtfahrzeug-Co-Simulationsmodell implementiert werden, wird der Einfluss einzelner Modellgrößen auf den simulierten Bremsweg analysiert. Basierend auf der Grundform des *Magic Formula* Reifenmodells (vgl. Gl. 2.24 in Kap. 2.4.2) werden gezielt die Umfangssteigung C_λ sowie der maximale Umfangskraftbeiwert D_x variiert. Zudem werden der

Formfaktor C_x und der Biegefaktor E_x modifiziert, um den Einfluss der Kennlinienform, respektive des Reibwertabfalls nach dem Kraftschlussmaximum, zu analysieren. Abb. 7.4 veranschaulicht die Einflussgrößen, die ausgehend von den Referenzwerten ($C_\lambda = 30$, $D_x = 1{,}1$, $C_x = 1{,}5$, $E_x = 0{,}2$) selektiv variiert wurden. Der im Simulationsmodell integrierte Ansatz zur Abbildung des transienten Reifenverhaltens erlaubt darüber hinaus die Bewertung des Einflusses der initialen Einlauflänge σ_{x0} auf den Anhalteweg. Diese wird in einem großen Variationsspektrum zwischen 0,2 m und 1,0 m variiert (vgl. Kap. 6.2.3). Um den Einfluss der ABS-Parametrisierung zu analysieren, wurde die Sensitivitätsanalyse sowohl mit einem festen ABS-Arbeitsbereich als auch mit adaptiven Schlupf-Regelschwellen durchgeführt.

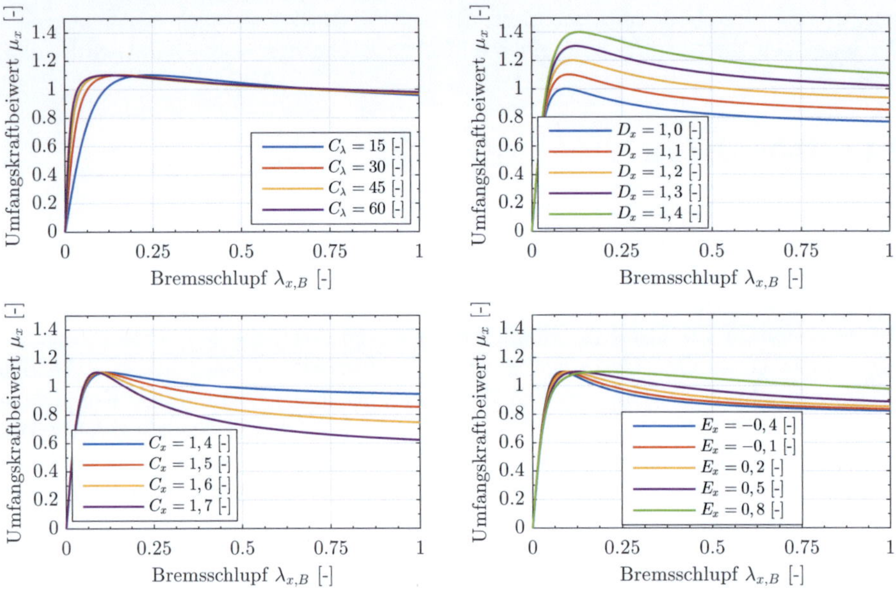

Abb. 7.4: Synthetische *Magic Formula* Reifenkennlinien

Abb. 7.5 verdeutlicht die Simulationsergebnisse der Empfindlichkeitsanalyse. Anhand der Resultate lässt sich ableiten, dass die Variation der Umfangssteigung C_λ - bei adaptiven Schlupf-Regelschwellen[31] der ABS-Parametrisierung - den erzielten Bremsweg nur marginal beeinflusst. Wie zu erwarten, beeinflusst die Verwendung einer einfachen ABS-Regelstrategie mit fest definierten Radschlupf-Regelschwellen (zwischen 5 % und 15 % Bremsschlupf) den resultierenden Bremsweg hingegen nachweislich. Eine Variation der Umfangssteigung bedingt eine Änderung des kritischen Schlupfs. Liegt der Arbeitsbereich der ABS-Regelung oberhalb des optimalen Schlupfs, tendiert das Rad zum Blockieren. Folglich nimmt die Regelgüte des ABS ab und der Bremsweg nimmt zu. Wird der ABS-Arbeitsbereich adaptiv an den optimalen Schlupf angepasst, ist der Einfluss der Steigung auf den resultierenden Anhalteweg gering. Den Erwartungen entsprechend, hat die Modifikation des maximalen Kraftschlussbeiwerts D_x den größten

[31]Hier wurde der ABS-Arbeitsbereich mit *multiplikativ adaptiven Schlupf-Regelschwellen* parametrisiert. Der untere Grenzwert λ_{un} beträgt $0{,}6 \cdot \lambda_{krit}$, der obere Grenzwert λ_{ob} errechnet sich mit $1{,}3 \cdot \lambda_{krit}$ (vgl. Kap. 7.1.2).

Einfluss auf den berechneten Bremsweg. Weiterhin kann geschlussfolgert werden, dass sich der analysierte Variationsbereich des Biegefaktors E_x nicht signifikant auf den Bremsweg auswirkt. Die Adaption des Formfaktors C_x verdeutlicht hingegen, dass der simulierte Anhalteweg deutlich durch die Kennlinienform bedingt wird. Die Ausprägung des Kraftschlussmaximums beeinflusst die Leistungsfähigkeit des ABS nachweislich. Ein stärkerer Reibwertabfall der Kennlinie nach Erreichen des Maximums resultiert während des Regeleingriffs oftmals in einem Überschreiten des kritischen Schlupfs. Folglich reduziert das Radschlupfregelsystem den Bremsdruck deutlich, bevor dieser im nächsten Regelzyklus wieder kontinuierlich erhöht wird. Dies führt zu einer Verlängerung des Bremswegs. Schließlich erlaubt die Analyse der bremswegrelevanten Einflussgrößen, dass die initiale Einlauflänge σ_{x0} einen marginalen Effekt auf den errechneten Anhalteweg hat.

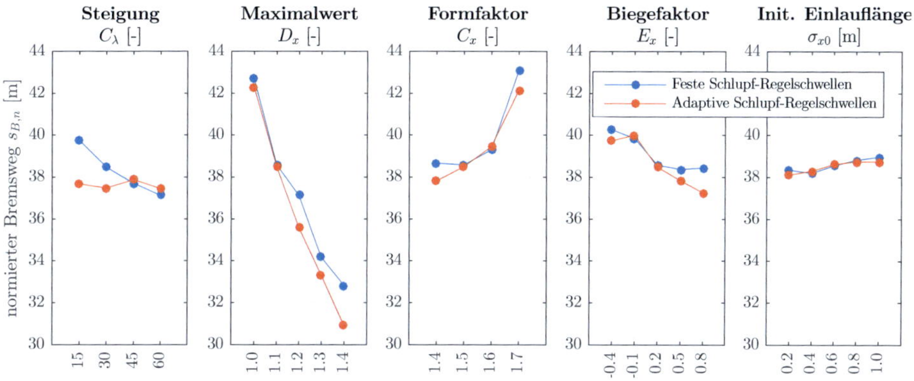

Abb. 7.5: Einfluss der *Magic Formula*-Parameter auf Bremsweg und ABS-Regelgüte

Die Ergebnisse der Sensitivitätsanalyse korrelieren mit Erkenntnissen anderer Forschungsarbeiten, bei denen u. a. der Einfluss der ABS-Parametrisierung durch die Verwendung eines realen Systems eliminiert wurde. Arrigoni et al. [13; 14] führten beispielsweise Untersuchungen an einem HIL-Prüfstand mit einem modernen ABS-Regelsystem durch. Sie stellten ebenfalls fest, dass der maximale Kraftschlussbeiwert den größten Einfluss auf die Leistungsfähigkeit des ABS, respektive auf den Bremsweg, hat. Die Umfangssteifigkeit sowie die Einlauflänge haben nur einen geringen Einfluss auf den errechneten Anhalteweg, da diese hauptsächlich die erste Phase des Bremsmanövers beeinflussen. Anderson et al. [8] implementierten ein einfaches Starrgürtelmodell an einem ABS-HIL-Prüfstand und stellten fest, dass die Regelgüte des Radschlupfregelsystems sehr robust war und der ermittelte Bremsweg auch bei sehr großen Variationen der Torsionssteifigkeit, die die Einlauflänge direkt beeinflusst (vgl. Kap. 2.4.5), kaum beeinflusst wird. Eine Auswirkung konnte nur bei besonders niedrigen und unrealistischen Torsionssteifigkeiten festgestellt werden. Auch Turner et al. [365] führten Bremswegsimulationen durch und schlussfolgerten, dass der Einfluss der Relaxationslänge σ_x auf den Bremsweg gering ist. Erst bei sehr großen Einlauflängen wird der errechnete Anhalteweg nachweislich beeinflusst. In einer theoretischen Betrachtung wird postuliert, dass das ABS vom transienten Reifenverhalten beeinflusst wird, wenn die Zeit zum Kraftaufbau $3\sigma_x/v_x$ größer ist als die Periodendauer der ABS-Regelung $1/f_{ABS}$. Ob eine Variation der Einlauflänge in einen kürzeren oder längeren

Bremsweg resultiert, ist stark vom verwendeten ABS-Regler abhängig. Weiterhin untersuchten die Autoren experimentell den Bremsdruckverlauf von sechs verschiedenen Fahrzeuge mit Radschlupfregelsystemen unterschiedlicher Hersteller und stellten fest, dass die Bremsdruck-Regelfrequenzen der untersuchten Systeme zwischen 7 Hz und 13 Hz beträgt. Schließlich wird geschlussfolgert, dass bei diesen typischen Regelfrequenzen konventioneller Systeme kein Einfluss des dynamischen Reifenverhaltens auf den Bremsweg zu erwarten ist.

Schließlich kann anhand der analysierten Sensitivitätsanalyse abgeleitet werden, dass die Resultate der Bremswegsimulationen insbesondere durch den maximalen Kraftschlussbeiwert sowie der Kennlinienform, die beide signifikant vom Reifenfülldruck abhängen, beeinflusst werden. Der Einfluss der Umfangssteifigkeit sowie der Einlauflänge, die ebenfalls abhängig vom Reifeninnendruck sind, auf den Anhalteweg ist deutlich geringer ausgeprägt. Zudem zeigt die Empfindlichkeitsanalyse auf, dass bei Verwendung eines Standard-ABS-Algorithmus eine ungeeignete Parametrisierung zu einer verschlechterten Regelgüte, und folglich zu einer Erhöhung des Bremswegs, führen kann.

7.2.2 Bremswegsimulationen mit reifenfülldruckabhängigen Reifenmodellen

Das entwickelte Gesamtfahrzeug-Co-Simulationsmodell ermöglicht es, die Auswirkung einer Vielzahl an Modellgrößen auf die Fahrdynamik des Fahrzeugmodells zu analysieren. Im Fokus der vorliegenden Arbeit steht dabei die Untersuchung der Einflussgrößen auf den Bremsweg. Zur Bewertung des Fülldruckeinflusses können die in Kap. 6 vorgestellten und für große Reifenfülldruckvariationen erweiterten Reifenmodelle in die Simulationsumgebung implementiert werden. Zudem ist es möglich, die numerischen Bremsweguntersuchungen mit konstanten Reifeninnendrücken sowie mit aktiver Reifenfülldruckregelanlage durchzuführen. Ein entwickeltes *MATLAB*-Programm erlaubt es, eine Vielzahl an Modellgrößen gezielt zu variieren und die Berechnungsergebnisse automatisiert auszuwerten. Der Einfluss der unterschiedlichen Reifenmodelle und Modellparametrisierungen, der ABS-Regelparameter sowie der Modellkoeffizienten der Reifenfülldruckregelanlage auf die Resultate der Bremswegsimulationen werden im Folgenden vorgestellt.

Variation der Reifenmodelle

Das entwickelte Gesamtfahrzeug-Co-Simulationsmodell erlaubt es, die für große Reifenfülldruckvariationen erweiterten Reifenmodelle als MIL-Modelle zu implementieren. Abb. 7.6 veranschaulicht die normierten Bremswege, die auf trockener Asphalt-Fahrbahn (mit multiplikativ adaptiven Schlupf-Regelschwellen des ABS) numerisch errechnet wurden. Das heißt die Simulationsergebnisse basieren auf den Reifenmodellen, die anhand der mit dem Reifenmessanhänger auf trockenem Untergrund durchgeführten Messungen parametrisiert wurden. Neben ausgewählten Simulationsergebnissen, die mit statischen Fülldrücken in allen Reifen berechnet wurden, sind die Resultate der einfachen sowie radselektiven Reifenfülldruckregelung dargestellt. Die einfachere Regelstrategie reduziert bei Erkennung einer Notbremssituation den Reifeninnendruck, ausgehend von einem rollwiderstandsreduzierten Fülldruck von 4,0 bar, auf 3,0 bar in allen Reifen. Alternativ wird eine radselektive Regelmethode implementiert, die den optimalen Fülldruck anhand eines hinterlegten Kennfeldes in Abhängigkeit der Radlast, die über einen einfachen Beobachter abgeschätzt werden kann, berechnet. Das Kennfeld zur Bestimmung des optimalen Reifenfülldrucks, der in einem maximalen Kraftschlussbeiwert resultiert, wird anhand der parametrisierten Reifenmodelle errechnet. Die vom Regelalgorithmus errechneten Zieldrücke betragen für den Eco-Reifen 2,5 bar / 3,0 bar (VA/HA), für den Sport-Reifen 1,7 bar / 4,0 bar (VA/HA) und für den SUV-Reifen 3,5 bar / 1,5 bar (VA/HA)[32].

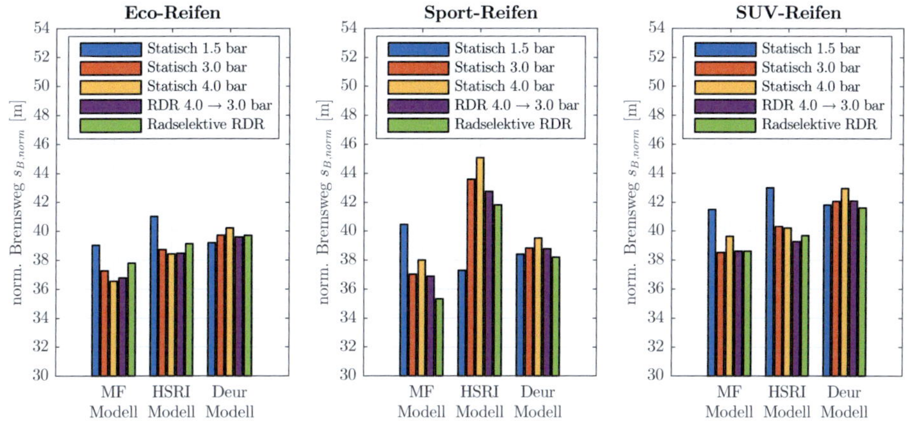

Abb. 7.6: Simulierte Bremswege auf trockener Asphalt-Fahrbahn in Abhängigkeit des Reifenmodells

Wie anhand der in Kap. 5.1 vorgestellten Reifencharakteristiken zu erwarten war, sind die berechneten Bremswege bei den untersuchten Sommerreifen (Eco- und Sport-Reifen) im Allgemeinen kürzer als beim analysierten Allwetterreifen. Weiterhin darf erwartungsgemäß konstatiert werden, dass die Bremswegunterschiede, die bei verschiedenen Reifeninnendrücken auf trockener Fahrbahn simuliert wurden, nicht überdurchschnittlich hoch - jedoch nicht vernachlässigbar - sind. Betrachtet man beispielsweise die für den SUV-Reifen mit dem erweiterten *MF*-Modell errechneten Anhaltewege, lässt sich ableiten, dass durch eine einfache Regelung des Reifenfülldrucks von 4,0 bar auf 3,0 bar (in allen Reifen) der Bremsweg um 1,02 m, respektive um 2,6 %, verkürzt werden kann. Beim Sport-Reifen beträgt das Bremswegverkürzungspotenzial 1,12 m, respektive 2,9 %. Wie anhand der Reifenkennlinienuntersuchungen (vgl. Kap. 5.1) zu erwarten, führt eine Reduzierung des Fülldrucks beim Eco-Reifen nicht zwingend zu einer Bremswegverringerung. Auffällig ist, dass die Implementierung der radselektiven Regelung, im Vergleich zur einfachen Regelstrategie, beim SUV-Reifen keine weitere Verringerung des Anhaltewegs bewirkt. Beim analysierten Sport-Reifen ist hingegen eine weitere Bremswegverkürzung um 1,55 m zu beobachten.

[32]Da sich bei Geradeausfahrt die Radlasten der linken und rechten Räder nur marginal voneinander unterscheiden, und folglich die Sollwerte nicht seitenabhängig sind, sind die Kenngrößen achsweise angegeben. Weiterhin sind hier die vom Regelalgorithmus anhand des erweiterten *Magic Formula* Reifenmodells berechneten Zieldrücke angegeben. Diese können - je nach Parametrisierung des Kennfelds - bei der Verwendung einer anderen Reifenmodellvariante mitunter abweichen.

Ein Vergleich der Berechnungsergebnisse, die mit den unterschiedlichen Reifenmodellen erzielt wurden, zeigt auf, dass diese teilweise signifikant voneinander abweichen. Dies unterstreicht nochmals, dass eine hohe Modellgüte der parametrisierten Reifenmodelle unabdingbar ist. Wie in Kap. 6.5 aufgezeigt, fällt bei Betrachtung der Umfangskraftbeiwert-Schlupf-Kennlinien auf, dass der Reibwertabfall nach Erreichen des Kraftschlussmaximums in einigen Fällen vom *HSRI*- sowie *Deur*-Modell nicht korrekt abgebildet wird. Dies ist insbesondere darauf zurückzuführen, dass die Modelle keine Möglichkeit bieten, die Kennlinienform explizit durch entsprechende Koeffizienten zu beschreiben. Anhand einer detaillierter Analyse der einzelnen Simulationsgrößen lässt sich feststellen, dass ein stark abnehmender Kraftschlussbeiwert bei hohen Schlupfwerten während der Radschlupfregelung in einer häufigen Reduzierung des berechneten Bremsdrucks, und folglich in einer Verlängerung des Bremswegs, resultiert. Zur Parametrisierung des physikalisch basierten *Deur*-Modells muss zudem zwingend der Geschwindigkeitseinfluss beschrieben werden. Dieser wurde anhand von Literaturquellen charakterisiert (vgl. Kap. 6.4). Eine Validierung der korrekten Parametrisierung anhand empirischer Analysen steht jedoch noch aus. Folgerichtig muss konstatiert werden, dass das für große Reifenfülldruckvariationen erweiterte *Magic Formula* Reifenmodell die gemessenen Reifencharakteristiken auf trockener Fahrbahn am besten abbildet. Ein Vergleich der Simulationsergebnisse mit experimentell im praktischen Fahrversuch ermittelten Resultaten, der in Kap. 9.5 beschrieben wird, unterstreicht diese Schlussfolgerung nochmals. Folglich wird auch für die in den folgenden Unterkapiteln vorgestellten Simulationsanalysen das *MF*-Modell verwendet.

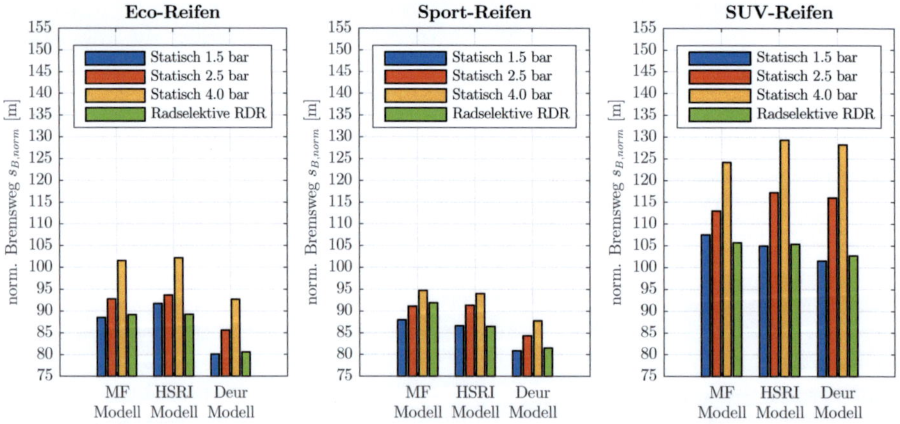

Abb. 7.7: Simulierte Bremswege auf nasser Fahrbahn in Abhängigkeit des Reifenmodells

Abb. 7.7 verdeutlicht die auf nasser Niedrigreibwertfahrbahn numerisch berechneten Bremswege. Das Reifenverhalten wird hier durch die parametrisierten Modelle beschrieben, die anhand der mit dem RMA auf nasser Fahrbahn analysierten Messungen identifiziert wurden. Wie anhand der auf nasser Fahrbahn ermittelten maximalen Kraftschlussbeiwerte (vgl. Kap. 5.2) zu erwarten, kann auch bei den hier vorgestellten Simulationsergebnissen festgestellt werden, dass mit dem SUV-Reifen höhere Bremswege berechnet werden als mit den analysierten Sommerreifen. Zudem kann nachgewiesen werden, dass der Reifenfülldruck einen signifikanten Einfluss auf den errechneten Anhalteweg hat. Die in Kap. 5.2 analysierten Reifencharakteristiken zeigten auf, dass der maximale Kraftschlussbeiwert maßgeblich vom Reifenfülldruck beeinflusst wird. Es konnte festgestellt werden, dass der maximale Umfangskraftbeiwert mit abnehmendem Fülldruck zunimmt und - im Wesentlichen unabhängig von der Radlast - bei einem Reifeninnendruck von 1,5 bar am größten ist. Folglich gibt die radselektive Regelstrategie (unabhängig von der Reifen- bzw. Reifenmodellvariante) bei Erkennung einer Notbremssituation einen Zieldruck von 1,5 bar in allen Reifen vor. Betrachtet man die Differenz der normierten Bremswege, die mit dem *MF*-Modell bei einem Fülldruck von 4,0 bar sowie mit aktiver Reifenfülldruckregelung errechnet wurden, so ergibt sich ein Bremswegverkürzungspotenzial von 12,43 m (Eco-Reifen), 2,82 m (Sport-Reifen) bzw. 18,5 m (SUV-Reifen).

Ein Vergleich der numerisch errechneten Anhaltewege, die mit den unterschiedlichen Reifenmodellvarianten bestimmt wurden, führt zu der Erkenntnis, dass die verschiedenen Modellvarianten in ähnlichen Bremswegen resultieren. Dies ist nicht zuletzt darauf zurückzuführen, dass der gemessene starke Reibwertabfall der Reifenkennlinien nach Erreichen des Kraftschlussmaximums auch durch das *HSRI*- bzw. *Deur*-Modell gut nachgebildet werden können. Trotzdem zeigt der in Kap. 6.5 vorgestellte Vergleich auf, dass bei besonders spitz ausgeprägten Bereichen um das Kraftschlussmaximum, wie sie auf nasser Fahrbahn insbesondere bei sehr niedrigen Reifenfülldrücken zu beobachten sind, die Modellgüte des *HSRI*- und *Deur*-Modells abnimmt. Anhand der Simulationsergebnisse kann der Einfluss der Abbildungsgüte des Reifenmodells auf den errechneten Bremsweg quantifiziert werden. Wird die starke Kraftschlussabnahme bei hohen Schlupfwerten zu schwach abgebildet, führt dies zu einer hohen ABS-Regelgüte, d. h. zu einer seltenen Reduzierung des Bremsdrucks, und folglich zu einer Verkürzung des Bremswegs. Dieses Phänomen ist beispielsweise beim SUV-Reifen bei einem Fülldruck von 1,5 bar zu beobachten. Die mit dem *HSRI*- bzw. *Deur*-Reifenmodell ermittelten Bremswege sind im Vergleich zu dem Anhalteweg, der mit dem *MF*-Modell errechnet wurde, um 2,3 % bzw. 5,6 % geringer. Weiterhin ist zu beobachten, dass die Bremswegsimulation mit aktiver radselektiver Regelung mitunter zu kürzeren Bremswegen führen als mit einem Reifenfülldruck von 1,5 bar berechnet. Dieser Effekt ist ebenfalls auf die Modellierung des abfallenden Astes der quasistationären Reifenkennlinie, und der damit verbundenen Auswirkung auf die Regelgüte des ABS, zurückzuführen.

Aufgrund des großen untersuchten Reifenfülldruckspektrums sowie der Analyse mehrerer Reifenvarianten sind bei einigen analysierten Simulationsmanövern numerische Instabilitäten, die sich durch Schwingungen im Kraftverlauf äußern, zu beobachten. Das bei ungünstiger Konstellation ausgewählter Parameter auftretende Phänomen wird in der Literatur häufig dem hier verwendeten nicht-linearen Kontaktpunktmodell zur Beschreibung des transienten Reifenverhaltens zugeschrieben. Dieses Phänomen tritt beispielsweise während des Simulationsmanövers mit dem Sport-Reifen (*MF*-Modell) bei radselektiver RDR auf. Die kurzzeitig auftretenden Kraftschwingungen resultieren in einem vergleichsweise hohen Bremsweg. Zur Gewährleistung der Vergleichbarkeit, wurde auf eine selektive Anpassung der Parametrisierung verzichtet. Zur Lösung des Problems wird in der Literatur oftmals die Verwendung des Kontaktmassemodells zur Beschreibung des dynamischen Reifenverhaltens vorgeschlagen.

Dieses müsste jedoch durch geeignete, aufwendige Untersuchungen parametrisiert werden. [vgl. 277; 283; 190; 49; 14]

Schließlich erlauben die dargestellten Simulationsergebnisse den Rückschluss, dass die Implementierung einer hochdynamischen Reifenfülldruckregelanlage auf nasser Fahrbahn ein erhebliches Potenzial zur Reduzierung des Bremswegs verspricht.

Variation der ABS-Regelparameter

Zur Verdeutlichung des Einflusses der ABS-Regelstrategie wurde der als MIL-Modell implementierte Regelalgorithmus nach BURCKHARDT beispielhaft mit drei unterschiedlichen Radschlupf-Regelschwellen-Varianten parametrisiert (vgl. Kap. 7.1.2) und in das Gesamtfahrzeug-Co-Simulationsmodell implementiert. Die in Abb. 7.8 veranschaulichten Simulationsergebnisse erlauben die Schlussfolgerung, dass die Parametrisierung des ABS einen signifikanten Einfluss auf den Bremsweg hat. Die Ergebnisse, die mit *festen Schlupf-Regelschwellen* erzielt wurden, zeigen auf, dass sich der errechnete Anhalteweg nachweislich erhöht, wenn der ABS-Arbeitsbereich und der optimale Schlupfs voneinander abweichen. Insbesondere die Resultate, die auf nasser Fahrbahn errechnet wurden, verdeutlichen den Effekt. Obwohl der maximale Kraftschlussbeiwert mit abnehmendem Reifenfülldruck ansteigt, nimmt der bestimmte Anhalteweg nur marginal ab. Wird eine Regelstrategie genutzt, die die Regelschwellen adaptiv an den optimalen Schlupf anpasst, verringert sich offensichtlich der numerisch errechnete Bremsweg. Die mit *additiv adaptiven Schlupf-Regelschwellen* berechneten Bremswege verdeutlichen, dass insbesondere bei geringen Reifenfülldrücken, respektive niedrigen kritischen Schlupfwerten, die definierten Regelgrößen zu einer Abnahme der Leistungsfähigkeit des ABS führen. Auf trockener Fahrbahn wird dies insbesondere bei einem Reifeninnendruck von 1,5 bar ersichtlich. Dies kann darauf zurück geführt werden, dass der untere Grenzwert λ_{un} bei einem geringen kritischen Schlupf ebenfalls niedrig ist. Folgerichtig darf geschlussfolgert werden, dass sich die ABS-Regelstrategie mit *multiplikativ adaptiven Schlupf-Regelschwellen* als robust und zielführend erwiesen hat, um unabhängig vom Reifenfülldruck eine gute Regelgüte zu ermöglichen. Weiterhin werden bei Verwendung der adaptiven Regelschwellen die Grenzwerte an den aktuellen Reifeninnendruck während einer Reifenfülldruckregelung angepasst. Dies begünstigt zusätzlich das Bremswegverkürzungspotenzial. Ein Vergleich der mit aktiver, radselektiver RDR simulierten Bremswege führt zu der Erkenntnis, dass der Anhalteweg auf trockener Fahrbahn um 0,7 m und auf nasser Niedrigreibwertfahrbahn um 23,4 m verringert werden kann, wenn *multiplikativ adaptive Schlupf-Regelschwellen* (anstatt einer Parametrisierung mit *festen Schlupf-Regelschwellen*) genutzt werden. Folglich werden auch für die anderen in diesem Kapitel vorgestellten Simulationsanalysen die *multiplikativ adaptive Schlupf-Regelschwellen* zur Parametrisierung des ABS genutzt.

Anhand der Resultate kann abgeleitet werden, dass die ABS-Regelstrategie einen nachweislichen Einfluss auf den Bremsweg hat. Zudem unterstreichen die Simulationsergebnisse die in Kap. 7.2.1 gewonnenen Erkenntnisse, dass die Regelgüte des ABS auch von der Ausprägung der Reifencharakteristiken abhängt. Eine Adaption der Regelschwellen an die Reifeneigenschaften - insbesondere an den Reifenfülldruck - erlaubt es, die Leistungsfähigkeit, und folglich das Bremswegverkürzungspotenzial, weiter zu erhöhen.

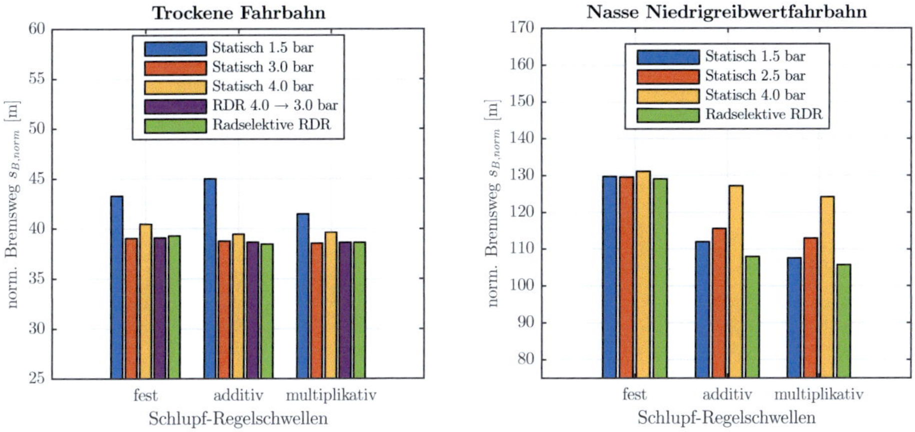

Abb. 7.8: Simulierte Bremswege in Abhängigkeit der ABS-Parametrisierung

Die vorgestellten Resultate korrelieren mit den Ergebnissen, die z. B. von TURNER et al. [365] vorgestellt wurden. Sie untersuchten experimentell den Bremsweg von sechs verschiedenen Fahrzeugen mit Radschlupfregelsystemen unterschiedlicher Hersteller und zeigten auf, dass sich die ABS-Regelphilosophien deutlich voneinander unterscheiden. Sie wiesen nach, dass die resultierenden Anhaltewege signifikant vom jeweiligen Regelalgorithmus abhängen. Weitere Untersuchungen, u. a. von SIVARAMAKRISHNAN et al. [348], verdeutlichen anhand experimenteller Bremsweganalysen jedoch auch, dass die Regelmethoden moderner Radschlupfregelsysteme auch bei Variation verschiedener Reifenparameter wie z. B. dem Reifeninnendruck sehr robust sind und den Bremsweg nur bedingt beeinflussen. Daher darf geschlussfolgert werden, dass moderne ABS-Regler den optimalen Radschlupf durch geeignete Beobachter abschätzen und die Regelschwellen entsprechend anpassen, vgl. [401; 332]. Folglich stellt die hier implementierte ABS-Regelung mit *multiplikativ adaptiven Schlupf-Regelschwellen* eine realistische Parametrisierungsvariante dar und wird für die folgenden numerischen Untersuchungen weiter verwendet.

Variation der Reifenkennlinienmessung zur Modellparametrisierung

Wie in Kap. 5 diskutiert, unterscheiden sich die analysierten Reifencharakteristiken - und folglich die parametrisierten Reifenmodelle - je nach verwendetem Prüfaufbau. Die Untersuchungen, die mithilfe des Corner-Modul-Prüfstands unter Laborbedingungen durchgeführt wurden, resultieren mitunter in höheren Kraftschlussbeiwerten, einem stärkeren Reibwertabfall nach Erreichen des Kraftschlussmaximums sowie einem ausgeprägteren Einfluss des Reifenfülldrucks auf den Umfangskraftbeiwert als bei den Messungen, die mit dem Reifenmessanhänger auf Asphalt-Fahrbahn aufgezeichnet wurden. Abb. 7.9 veranschaulicht den Einfluss der unterschiedlichen Reifenmodellparametrisierungen auf die Bremswege, die mit den jeweiligen identifizierten *Magic Formula* Modellkoeffizienten berechnet wurden. Neben den Resultaten, die mit statischen Reifeninnendrücken errechnet wurden, sind die Simulationsergebnisse dargestellt, die mit radselektiver Reifenfülldruckregelung numerisch berechnet wurden. Die vom Regelalgorithmus bestimmten Zieldrücke sind in Abb. 7.9 für jede Modellparametrisierung achsweise angegeben. Da sich die ermittelten Modellkoeffizienten - je nach Reifen- und Parametrisierungsvariante - voneinander unterscheiden, differieren auch die berechneten Solldrücke, bei denen die höchsten Kraftschlussbeiwerte erzielt werden.

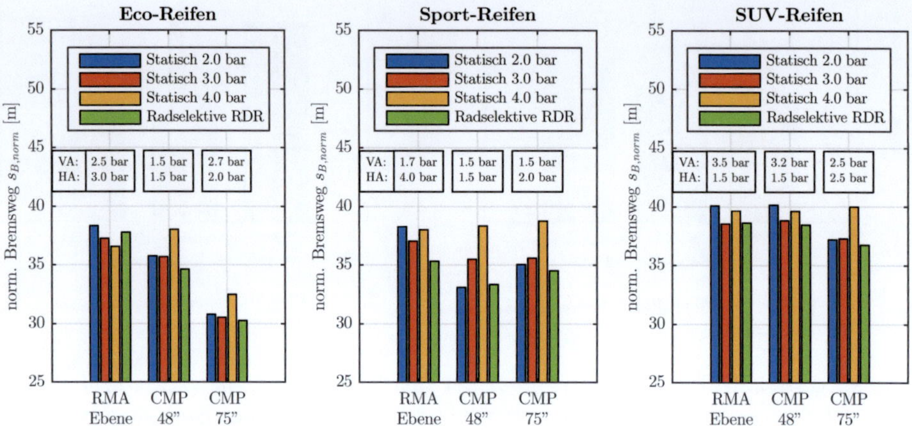

Abb. 7.9: Simulierte Bremswege in Abhängigkeit der Reifenmodellparametrisierung

Erwartungsgemäß kann ein deutlicher Einfluss der Modellparametrisierung auf die Simulationsergebnisse festgestellt werden. Anhand der Resultate lässt sich ableiten, dass die Verwendung des Reifenmodells basierend auf den Corner-Modul-Prüfstands-Messungen auf der 75"-Prüfstandstrommel beim Eco- und SUV-Reifen zu signifikant kürzeren Bremswegen führt. Dies ist erwartungskonform durch die Tatsache begründbar, dass auf der 75"-Rolle größere Umfangskraftbeiwerte ermittelt wurden als auf der 48"-Rolle oder der realen Fahrbahn (vgl. Kap. 5.4). Zudem ist bei den Resultaten, die auf den Corner-Modul-Prüfstands-Messungen basieren, teilweise ein stark ausgeprägter Einfluss des Reifeninnendrucks feststellbar. Bei Betrachtung der Ergebnisse des SUV-Reifens fällt auf, dass die Implementierung des Reifenmodells basierend auf den CMP-Messungen auf der 48"-Prüfstandstrommel bzw. die Nutzung des Reifensimulationsmodells basierend auf den RMA-Messungen in ähnlichen Bremswegen resultieren. Prinzipiell wirken hier zwei gegenläufige Effekte. Einerseits resultieren die am Corner-Modul-Prüfstand ermittelten Umfangskraftbeiwert-Schlupf-Kennlinien in größeren maximalen Kraftschlussbeiwerten als bei den auf realer Fahrbahn bestimmten Reifencharakteristiken. Andererseits nimmt der Reibbeiwert nach Erreichen des Maximums aufgrund der geringen Makrotextur des Laborfahrbahn deutlich stärker ab als auf der Asphalt-Fahrbahn. Dies bewirkt eine Verringerung der Leistungsfähigkeit des Radschlupfregelsystems. Es könnte daher vermutet werden, dass auch die anhand von Labormessungen parametrisierten Reifenmodelle zu vergleichbaren Simulationsergebnissen führen wie Reifenmodelle, die unter Realbedingungen parametrisiert wurden. Die Resultate des Eco- bzw. Sport-Reifens veranschaulichen jedoch, dass sich die Simulationsergebnisse basierend auf den unterschiedlichen Modellparametrisierungen nachweislich voneinander unterscheiden. Wie in Kap. 5.5.2 herausgearbeitet, wird auch hier festgestellt, dass eine Anwendbarkeit der unter Laborbedingungen ermittelten Reifeneigenschaften für realitätsnahe Simulationsuntersuchungen hinterfragt werden muss. Auch ein Vergleich mit experimentellen Bremsweguntersuchungen, der in Kap. 9.5 vorgestellt wird, erlaubt den Rückschluss, dass die Nutzung von Kraftschlussmessungen auf künstlichen Laborfahrbahnen für realistische Bremswegsimulationen angezweifelt werden muss.

Variation der Reifenfülldruckregelanlage

Im Folgenden werden die Auswirkungen unterschiedlicher Parametrisierungen des MIL-Modells zur Abbildung der hochdynamischen Reifenfülldruckregelanlage auf die kalkulierten Bremswege der Fahrdynamiksimulation vorgestellt. Abb. 7.10 stellt beispielhaft den Einfluss unterschiedlicher Auslassventilvarianten auf den numerisch errechneten Anhalteweg dar. Wie in Kap. 8.1.2 gezeigt wird, wird die Dynamik der Fülldruckverstellanlage insbesondere durch die Strömungsverluste der Ventile beeinflusst. Die Durchflusseigenschaften der Ventile wurden entsprechend erwerbbarer Ventile des Pneumatiksystemherstellers *SMC* adaptiert. Beim kleinsten Ventil (mit einem Innendurchmesser von 10 mm) werden die Durchflusseigenschaften durch den Leitwert C_V von 9,2 l/(s · bar) und einem kritischen Druckverhältnis b_V von 0,35 beschrieben. Beim größten Ventil (mit einem Innendurchmesser von 20 mm), welches auch für die anderen in diesem Kapitel vorgestellten Simulationsanalysen genutzt wurde, beträgt der Leitwert C_V 38 l/(s · bar) sowie der Parameter b_V 0,3 (vgl. Kap. 8.1.1). Prinzipiell können kleinere Ventile den Vorteil eines geringeren Gewichts, kürzerer Schaltzeit und einer besseren Regelbarkeit aufweisen. Allerdings resultiert der erhöhte Strömungswiderstand in einer geringeren Verstelldynamik. Die für jede Ventilvariante errechneten Auslasszeiten t_A zum Erreichen des Zieldrucks sind im Diagramm dargestellt. Um den Effekt der hochdynamischen Reifenfülldruckregelung bei der Auswertung des Bremswegs mit zu betrachten, wird hier ausnahmsweise nicht der normierte Bremsweg zur Auswertung herangezogen. Der in Abb. 7.10 veranschaulichte Bremsweg s_B beschreibt die Strecke, die zwischen Betätigung des Bremspedals (bei einer Fahrgeschwindigkeit von 100 km/h) und einer Fahrzeuggeschwindigkeit von 10 km/h berechnet wird.

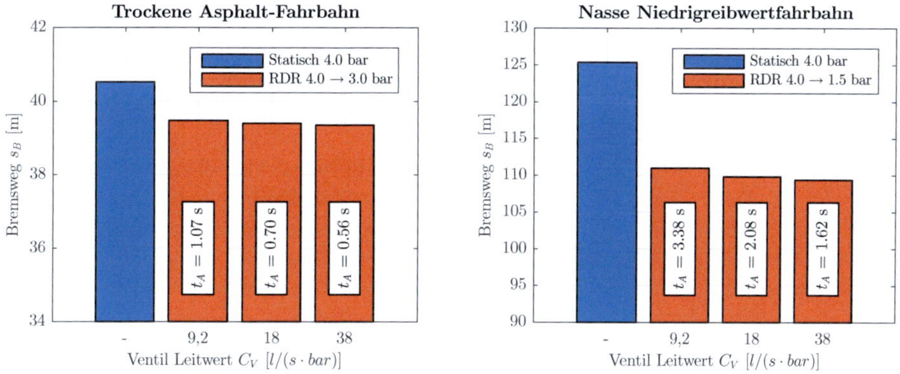

Abb. 7.10: Simulierte Bremswege in Abhängigkeit der RDRA-Parametrisierung

Die veranschaulichten Resultate zeigen einerseits, dass ein größeres Auslassventil aufgrund einer schnelleren Fülldruckanpassung in einem kürzeren Bremsweg resultiert. Andererseits verdeutlichen die Ergebnisse, dass der Einfluss der Ventilgröße auf den

Anhalteweg gering ist. Die Reifenfülldruckadaption geschieht zu Beginn des Bremsmanövers und nimmt nur einen kurzen Zeitanteil der eigentlichen Bremszeit ein, die auf trockener Fahrbahn im Mittel 2,7 s, respektive auf nasser Fahrbahn 7,1 s, dauert. Der Beginn des Bremsmanövers ist aufgrund der dynamischen Radlastverlagerung durch Vertikalkraftschwankungen geprägt. Weiterhin nimmt in der ersten Regelphase des ABS die Raddrehzahl stark ab, bevor diese wieder ansteigt. Erst im Anschluss sind vergleichsmäßig hohe und konstante Bremskräfte und damit eine große Fahrzeugverzögerung nachweisbar. Folglich ist der Einfluss der Auslasszeit, respektive der Ventilgröße, gering. Trotzdem ist nachweisbar, dass sich nur durch Änderung der Ventilparameter der Anhalteweg weiter reduzieren lässt. Vergleicht man die Bremswege, die mit einem Leitwert C_V der Auslassventile von 9,2 l/(s · bar) und von 38 l/(s · bar) errechnet wurden, kann auf trockener Fahrbahn eine Bremswegverkürzung von 0,12 m festgestellt werden. Auf nasser Fahrbahn beträgt die Bremswegdifferenz 1,6 m.

7.3 Fazit

Das erarbeitete Gesamtfahrzeug-Co-Simulationsmodell erlaubt, neben der Parametrisierung des Fahrzeugmodells, die Implementierung und Bedatung der erweiterten reifenfülldruckabhängigen Reifenmodelle, des parametrisierten ABS sowie des Modells der Reifenfülldruckregelanlage als MIL-Modelle. Mit dem vorgestellten Gesamtfahrzeug-Co-Simulationsmodell wurde erstmals ein interdisziplinärer und ganzheitliche Ansatz zur Bewertung einer radselektiven, hochdynamischen Reifenfülldruckadaption auf die Fahrdynamik von Kraftfahrzeugen geschaffen. Weiterhin kann durch die Integration verschiedener Regelalgorithmen zur Ansteuerung der Fülldruckverstellanlage und des Radschlupfregelsystems der Einfluss der Regelphilosophien analysiert werden.

Eine zunächst mithilfe synthetischer Reifenkennlinien durchgeführte Sensitivitätsanalyse zeigt auf, welche (reifenfülldruckabhängigen) Einflussgrößen die numerische Berechnungen besonders beeinflussen. Die Resultate der Bremswegsimulation führen zu der Erkenntnis, dass der maximale Kraftschlussbeiwert, die Kennlinienform sowie die geeignete Parametrisierung des ABS eine signifikante Auswirkung auf den errechneten Anhalteweg haben. Der Einfluss der Umfangssteifigkeit sowie der Einlauflänge ist deutlich geringer ausgeprägt.

Die Integration der für große Reifenfülldruckvariationen erweiterten Reifensimulationsmodelle und die Variation verschiedener Einflussparameter auf das im Fokus der Forschung stehende Bremswegverkürzungspotenzial zeigt auf, dass die Parametrisierung der Reifenmodelle, des ABS, der Reifenfülldruckregelanlage und der RDR-Regelalgorithmen den numerisch errechneten Bremsweg maßgeblich beeinflussen und geeignet gewählt werden muss. Der Einfluss der jeweiligen Kenngrößen ist anhand der Untersuchungsergebnisse quantifiziert worden. Schließlich erlauben die diskutierten Simulationsergebnisse die Schlussfolgerung, dass mithilfe einer gezielten Reifenfülldruckadaption der Bremsweg von Kraftfahrzeugen nachweislich verringert werden kann. Insbesondere auf nasser Fahrbahn ist das Potenzial eines reifenfülldruckbasierten Fahrerassistenzsystems zur Reduzierung des Anhaltewegs signifikant. Zur Validierung des Simulationsmodells sowie zur Verifizierung der mithilfe der Simulationsrechnungen gewonnenen Erkenntnisse wurden experimentellen Analysen mit einem

Versuchsfahrzeug durchgeführt. Der Aufbau des Demonstrators wird im folgenden Kapitel, Kap. 8, beschrieben. Die Diskussion der experimentellen Bremsweguntersuchungen zur Potenzialbewertung einer hochdynamischen Reifenfülldruckregelanlage wird in Kap. 9 vorgestellt.

8 Entwicklung einer hochdynamischen Reifenfülldruckregelanlage

Im folgenden Kapitel wird zunächst das entwickelte Simulationsmodell zur physikalischen Abbildung einer hochdynamischen Reifenfülldruckregelanlage vorgestellt. Das Modell der Reifendruckverstellanlage ermöglicht es einerseits das Zeitverhalten einer dynamischen Fülldruckadaption präzise zu beschreiben und als MIL-Modell in die ganzheitliche Fahrzeug-Gesamtsimulation zu implementieren. Andererseits erlaubt das Simulationsmodell, den Einfluss konstruktiver Parameter zu analysieren und folglich die Komponenten des Systems zu dimensionieren. Zum Nachweis des Wirkprinzips einer hochdynamischen Reifenfülldruckregelanlage im praktischen Fahrversuch sowie zur Validierung des Simulationsmodells wird eine Reifeninnendruck-Verstellanlage ausgelegt und aufgebaut. Das System wird in einem Versuchsfahrzeug, ein *Range Rover Evoque*, implementiert. Schließlich wird der Funktionsnachweis sowie die Validierung des Pneumatikmodells vorgestellt.

8.1 Auslegung einer Reifenfülldruckregelanlage

8.1.1 Modellierung einer Reifenfülldruckregelanlage

Zur hochdynamischen Regelung des Reifenfülldrucks im Realfahrzeug wird ein einfaches Pneumatiksystem - bestehend aus Kompressor, Druckspeicher, Leitungen, Drehdurchführung sowie einem Ein- und Auslassventil pro Reifen - vorgeschlagen. Analog zu bekannten nicht dynamischen Reifendruckregelanlagen (vgl. Kap. 2.5) ermöglicht das Öffnen der Ein- und Auslassventile die Anpassung des Reifeninnendrucks. Ein Druckspeicher erlaubt eine dynamische Fülldruckadaption. Optional ist es möglich, dass ein mechanisch oder elektrisch betriebener Kompressor den Druckspeicher nach einem Regelvorgang befüllt. Abb. 8.1 verdeutlicht die schematische Darstellung des vorgeschlagenen Pneumatikschaltplans.

Voruntersuchungen zeigten auf, dass eine einfache Modellierung des Pneumatiksystems einer Reifendruckverstellanlage, z. B. durch die Anwendung der thermischen Zustandsgleichung idealer Gase, unzureichende Ergebnisse lieferte. Zur physikalischen Abbildung der hochdynamischen Reifenfülldruckregelanlage, die es ermöglicht das Zeitverhalten einer Fülldruckadaption präzise in Abhängigkeit verschiedener Einflussgrößen zu berechnen sowie einzelne Komponenten zu dimensionieren, wurde daher ein Modell mithilfe des Simulationsprogramms *LMS AMESim* erarbeitet. Die Simulationsumgebung eignet sich insbesondere durch die integrierte Pneumatik-Bibliothek sowie der Möglichkeit zur Co-Simulation mit *MATLAB Simulink* gut zur numerischen Auslegung von Pneumatiksystemen. Mit dem Simulationsmodell können transiente Zustandsänderungen kompressibler Gase, und damit das Zeitverhalten dynamischer Druckanpassungen der Regelanlage, sehr genau abgebildet werden. Weiterhin ist es

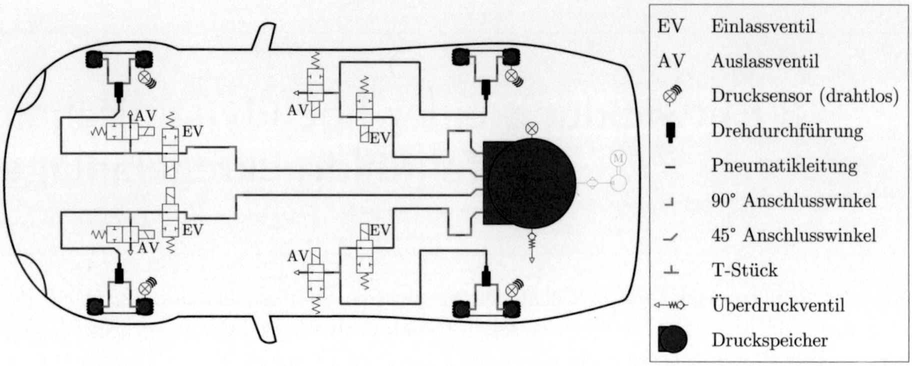

Abb. 8.1: Pneumatikschaltplan der hochdynamischen Reifenfülldruckregelanlage

möglich, den Einfluss von konstruktiven Änderungen zu simulieren und eine hochdynamische Reifenfülldruckregelanlage auszulegen. Zudem erlaubt die Implementierung des Pneumatikmodells als MIL-Modell in die ganzheitliche Fahrzeug-Gesamtsimulation die transienten Reifenfülldruckänderungen realistisch und mit hoher Abbildungsgüte zu simulieren. Die Modifizierung konstruktiver Parameter der modellierten Reifenfülldruckregelanlage in der Gesamtfahrzeugsimulation sowie die Analyse des Einflusses auf die Fahrdynamik von Kraftfahrzeugen wird damit erstmals ermöglicht. Im Folgenden wird der grundlegende Modellierungsansatz des Pneumatiksystems und dessen Komponenten beschrieben.

Modellierung des Fluids

Zur Modellierung von Druckänderungen wird der Modellansatz des allgemeinen Gasgesetzes herangezogen. Unter der Annahme, ein Gas als ideal inkompressibel zu betrachten, gilt für die Zustandsgrößen Druck p, Temperatur T, Volumen V und Masse m die folgende Beziehung:

$$p \cdot V = m \cdot R_S \cdot T \tag{8.1}$$

Dabei beschreibt die Größe R_S die spezifische Gaskonstante. Für reale kompressible Gase wird die Gl. 8.1 um den Kompressibilitätsfaktor Z erweitert.

$$p \cdot V = Z \cdot m \cdot R_S \cdot T \tag{8.2}$$

Zur Bestimmung von Reibungsverlusten oder Wärmeausgleich werden, neben der spezifischen Gaskonstante R_S und dem Kompressibilitätsfaktor Z, Parameter wie die Dichte ρ_{Fluid}, die Viskosität ν_{Kin}, die Wärmekapazitäten c_p und c_v oder die Wärmeleitfähigkeit λ_P des Fluids benötigt. Zudem muss die Temperaturabhängigkeit der Größen berücksichtigt werden. Für die Betrachtung von trockener Luft als reales Gas bietet *LMS AMESim* bereits einen vollständig parametrisierten Datensatz an, der vom Anwender genutzt werden kann. [233]

Modellierung der Leitungen

Die Eigenschaften der Druckluft werden beim transienten Durchströmen von Leitungen beeinflusst. Zur Modellierung der Eigenschaften müssen prinzipiell die Differentialgleichungen zur Masse-, Impuls- und Energieerhaltung betrachtet werden. Je nach Fluid und Länge der Leitungen dominieren verschiedene Effekte. In *AMESim* besteht daher die Möglichkeit zwischen verschiedenen Leitungsmodellen zu wählen. [233] Es hat sich gezeigt, dass die Submodelle *PNL0001/PNL0003* einen guten Kompromiss zwischen Rechenzeit und Modellgüte ermöglichen. Komplexere Modelle, die z. B. Druckausbreitungswellen abbilden, zeigten keinen signifikanten Unterschied bei der Berechnung der Ein- und Auslasszeiten am Reifen. Die ausgewählte Modellklasse ermöglicht es, die Kompressibilität des Fluids, den Wärmeaustausch mit der Umgebung sowie die Reibung zu modellieren. Dabei errechnet sich der Druckverlust Δp nach der Beziehung nach Darcy & Weisbach [361]:

$$\Delta p = \xi_R \cdot \frac{\rho_{Fluid} \cdot Q^2}{2 \cdot A_{Q,min}^2} \tag{8.3}$$

$$\xi_R = \lambda_R \cdot \frac{l_R}{D_R} \tag{8.4}$$

ξ_R bezeichnet den dimensionslosen Rohreibungsverlustwert, die Rohreibungszahl ist mit λ_R symbolisiert. Der Rohrreibungsverlustwert ist demnach umso größer, je kleiner der Leitungsdurchmesser D_R bzw. je größer die Leitungslänge l_R ist. Die Beziehung ist für laminare sowie turbulente Strömungen gültig. Daher ist λ_R abhängig von der Reyoldszahl Re, die sich aus der mittleren Strömungsgeschwindigkeit $\bar{u}_s$, dem Leitungsdurchmesser D_R und der kinematischen Viskosität ν_{kin} berechnet. Zudem beeinflusst die Rauigkeit der Leitung die Rohreibungszahl λ_R. Dies wird durch die dimensionslose Größe der relativen Rauigkeit rr, dem Verhältnis von absoluter Rauigkeit k_A und dem Leitungsdurchmesser D_R, berücksichtigt. Die absolute Rauigkeit k_A bezeichnet dabei die mittlere Höhe der Asperiten. [233]

$$\lambda_R = \lambda_R(Re, rr) \tag{8.5}$$

$$Re = \frac{\bar{u}_s \cdot D_R}{\nu_{kin}} \tag{8.6}$$

$$rr = \frac{k_A}{D_R} \tag{8.7}$$

Für Plastik- oder Kupferleitungen kann die absolute Rauigkeit k_A mit $1{,}5\,\mu$m angenommen werden. [193]

Modellierung der Reifen und des Druckspeichers

Der Druckspeicher sowie die vier Reifen werden als Druckkammern modelliert. Die Zustandsänderung der Druckluft werden im abgeschlossenen Kontrollvolumen durch den Masseerhaltungssatz des zu- bzw. abströmenden Fluids sowie dem 1. Hauptsatz der Thermodynamik bestimmt.

Der Speicher dient, neben einer Beruhigung der vom Kompressor einströmenden Luft, insbesondere als Vorrat der Druckluft. Dieser ist notwendig, um bei einer hochdynamischen Befüllung der Reifen einen großen Druckunterschied in kurzer Zeit zu gewährleisten. Zur Modellierung der Druckkammern ist das Volumen sowie die Oberfläche und die Wärmeleitfähigkeit des Speichers notwendig. Das Reifenvolumen V_R kann in Abhängigkeit der Reifendimension nach Gl. 8.8 überschläglich errechnet werden. [vgl. 223; Höp+16] Die Oberfläche des Reifens A_R kann nach Gl. 8.9 abgeschätzt werden.

$$V_R = \frac{\pi \cdot b_R \cdot (d_{R,a} - d_{R,i})^2}{4} \tag{8.8}$$

$$A_R = \frac{\pi \cdot \left(d_{R,a}^2 - d_{R,i}^2\right)}{2} + \pi \cdot b_R \cdot (d_{R,a} + d_{R,i}) \tag{8.9}$$

Durch die schnelle Druckänderung im Reifen ändert sich die Temperatur der Luft im Reifen. Folglich kommt es durch Wärmeübertragung zu einem Temperaturausgleich. Diese werden im Simulationsmodell durch einen konstanten Wärmeübergangkoeffizienten berücksichtigt. Korrekterweise müsste die Wärmeübertragung durch die einzelnen Wärmedurchgangswiderstände beschrieben werden. Beim Reifen ergeben sich diese durch die freie Konvektion an den Grenzflächen der Luft zum Reifen und zur Felge, die anschließende Wärmeleitung durch den Reifen (abhängig von Wanddicke, Oberfläche und Wärmeleitfähigkeit der verschiedenen Komponenten des Reifens) und der Wärmeleitung durch die Felge sowie die erzwungene Konvektion an der Außenseite des Reifens (in Abhängigkeit der Anströmgeschwindigkeit). Darüber hinaus könnte eine mögliche Wärmestrahlung an der Außenseite des Reifens sowie die Wärmeleitung in der Aufstandsfläche zur Fahrbahn betrachtet werden. Einige Ansätze werden dazu in der Literatur, z. B. in [223; 66; 56; 406], beschrieben. Der Aufwand scheint hier jedoch nicht angemessen. Daher werden die Wärmeübergangskoeffizient für den Reifen, den Druckspeicher sowie die Leitungen als konstant angekommen. Durch eine Validierung des Simulationsmodells (vgl. Kap. 8.2.2) wurden die (zunächst aus der Literatur abgeleiteten) Kennwerte empirisch ermittelt und für den Reifen mit 7,5 W/(m^{2}K), für den Drucktank mit 20 W/(m^{2}K) sowie die Kunststoffleitungen mit 12,5 W/(m^{2}K) abgeschätzt.

Modellierung der Ventile

Es gibt verschiedene Varianten, die Ventile als Modell abzubilden. Da in den Datenblättern der Hersteller häufig die Parameter des kritischen Druckverhältnis b_V und der Leitwert C_V nach der Norm ISO 6358-3 [186] zu finden sind, wird hier die Modellierung nach dem genannten Standard gewählt. Demnach berechnet sich der Massenstrom q_m nach Gl. 8.10.

$$q_m = \begin{cases} C_V \cdot p_1 \cdot \rho_{Fluid,0} \cdot \sqrt{\frac{T_0}{T_1}} \cdot \sqrt{1 - \left(\frac{\frac{p_2}{p_1} - b_V}{1 - b_V}\right)^2} & , \frac{p_2}{p_1} > b_V \text{ (Unterschall)} \\ C_V \cdot p_1 \cdot \rho_{Fluid,0} \cdot \sqrt{\frac{T_0}{T_1}} & , \frac{p_2}{p_1} \leq b_V \text{ (Überschall)} \end{cases} \tag{8.10}$$

Die Größe p_1 beschreibt den Druck vor dem Ventil, der Parameter p_2 symbolisiert den Druck nach dem Ventil. Der Koeffizient $\rho_{Fluid,0}$ gibt die Dichte des Fluids bei einer Referenztemperatur T_0 von 293,15 K an.

Modellierung der Druckluftbereitstellung

Da zur Bereitstellung der Druckluft im Fahrzeug verschiedene Ansätze denkbar sind, kann die Modellierung sehr unterschiedlich sein. Einerseits könnte ein nachfüllbarer Hochdruckspeicher im Fahrzeug verbaut werden. Dieser lässt sich als einfache Druckkammer modellieren. Andererseits ist die Drucklufterzeugung mithilfe eines Kompressors möglich. Neben der Nutzung bereits serienmäßig vorhandener Kompressoren[33], ist die Integration eines oder mehrerer zusätzlicher Druckluftkompressoren denkbar. Weiterhin wären auch visionäre Ideen, wie z. B. die Komprimierung der Druckluft im Verbrennungsmotor bei Zylinderabschaltung oder der Verwendung eines Druckluft-Hybridfahrzeugs[34], vorstellbar. Im ersten Schritt wurde hier ein elektrisch betriebener Kompressor modelliert. Der Massenstrom des Kompressors $q_{m,K}$ berechnet sich aus der (druck- und temperaturabhängigen) Dichte des Fluids ρ_{Fluid} am Eingang, der Winkelgeschwindigkeit ω_{EM} des elektrischen Antriebs sowie dem Hub $s_{Hub,K}$.

$$q_{m,K} = \rho_{Fluid} \cdot \omega_{EM} \cdot s_{Hub,K} \tag{8.11}$$

Die Temperatur T_2 der Luft nach Verdichtung des Fluids wird über die adiabatische Zustandsänderung (mit dem Polytropenexponent κ_P) berechnet.

$$T_2 = T_1 \cdot \left(\frac{p_2}{p_1}\right)^{\left(\frac{\kappa_P - 1}{\kappa_P}\right)} \tag{8.12}$$

8.1.2 Analyse der Parametervariation

Das entwickelte Simulationsmodell ermöglicht es, die Kenngrößen der jeweiligen Komponenten zu modifizieren und den Einfluss auf die Dynamik des Pneumatiksystems zu analysieren. Wie vom Autor u. a. in [HA14; Höp+16] vorgestellt, kann sich die Auslegung der Bauteile je nach Anforderung und Fahrzeugspezifikation - z. B. in Abhängigkeit der Reifendimension, der gewünschten Reifenfülldruckspreizung sowie der zu erzielenden Dynamik - unterscheiden. Im Folgenden wird eine analysierte Parameterstudie für das Demonstratorfahrzeug vorgestellt. Für das Versuchsfahrzeug wird, ausgehend von dem in Kap. 8.1.1 vorgeschlagenen und in Abb. 8.1 veranschaulichten Pneumatikschaltplan, die Annahme getroffen, dass der Druckspeicher in der Reserveradmulde im Kofferraum verbaut wird. Die notwendigen Leitungslängen können anhand der Fahrzeugabmessungen abgeschätzt werden. Die Berechnung des Reifenvolumens des SUV-Fahrzeugs mit der Reifendimensionen von 235/55 R 19 nach Gl. 8.8

[33]Nkws sind häufig mit einer pneumatischen Bremsanlage ausgestattet. Die Drucklufterzeugung erfolgt meist durch Kompressoren, die mechanisch mit dem Verbrennungsmotor verbunden sind. Moderne Pkws verfügen teilweise über eine Luftfederung. Der oftmals elektrisch betriebene Kompressor ist am Fahrwerk verbaut.

[34]Pneumatisch betriebene Hybridfahrzeuge nutzen Kompressoren anstatt elektrischen Maschinen als Arbeitsmaschine. [vgl. 38]

ergibt ein vergleichsweise großes Luftvolumen von ca. 55 l. Die Ansteuerung der Ventile erfolgt in der Simulationsumgebung zunächst über einen implementierten Zweipunktregler, der das Einlass- und Auslassventil in Abhängigkeit der Regeldifferenz aktuiert.

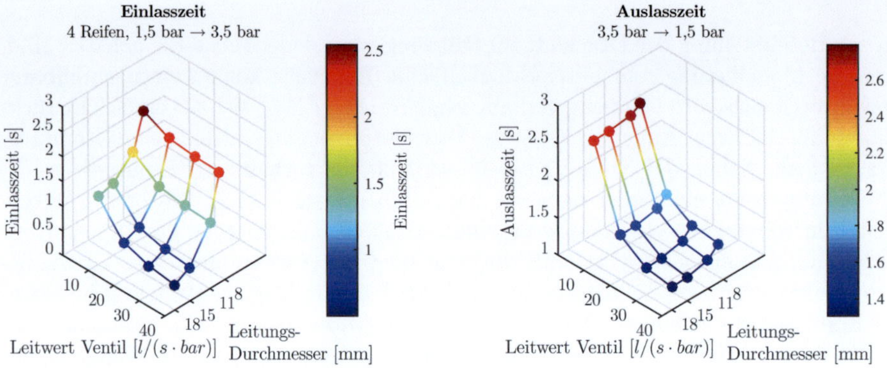

Abb. 8.2: Simulierte Ein- und Auslasszeiten in Abhängigkeit von der Ventilgröße und dem Leitungsdurchmesser (V_T = 100 l, $p_{T,Anf}$ = 8,5 bar, b_V = 0,3)

Zur Auslegung einer hochdynamischen Reifenfülldruckregelanlage wurden zahlreiche Parametervariationen berechnet, um die Sensitivität der Ein- und Auslasszeiten zur dynamischen Anpassung des Reifeninnendrucks zu analysieren. [vgl. Kor16] Ausgewählte Ergebnisse werden im Folgenden vorgestellt. In Abb. 8.2 (links) ist der Einfluss der Leitungsinnendurchmesser sowie der Ventilparameter auf die Befüllzeit der Reifen dargestellt. Bei der Berechnung wurde die Annahme getroffen, dass alle 4 Reifen gleichzeitig von 1,5 bar auf 3,5 bar[35] befüllt werden. Es wird davon ausgegangen, dass der Kompressor während des Befüllvorgangs nicht aktiv ist. Als Druckspeichergröße wird zunächst ein Volumen von 100 l angenommen. Als Anfangsdruck im Speicher $p_{T,Anf}$ wird ein mittlerer Relativdruck von 8,5 bar angesetzt. Das kritische Druckverhältnis b_V des Einlassventils beträgt 0,3, der Leitwert C_V wird variiert. Die Simulationsergebnisse zeigen, dass sowohl der Leitwert, der ein Maß für den Strömungswiderstand im Ventil ist, als auch der Leitungsdurchmesser einen signifikanten Einfluss auf die Befüllzeit der Reifenfülldruckregelanlage haben. Abb. 8.2 (rechts) verdeutlicht die errechnete Auslasszeit zur dynamischen Anpassung des Fülldrucks in Abhängigkeit der Ventilkenngröße und dem Durchmesser der Leitungen. Die Simulationsergebnisse führen zu der Erkenntnis, dass insbesondere der Strömungswiderstand des Auslassventils die Dynamik der Fülldruckadaption bestimmt. Schließlich kann geschlussfolgert werden, dass die Leitungslängen sowie die Verluste durch Biegungen und Winkel eine untergeordnete Rolle für das Zeitverhalten spielen. Ist, z. B. bedingt durch den Bauraum am Fahrzeug, eine Verlängerung der Leitungslängen notwendig, ist kein großer Nachteil zu erwarten. Zur Realisierung einer hochdynamischen Fülldruckän-

[35] In der Literatur wird häufig zwischen dem Absolutdruck und dem Relativdruck unterschieden. Dabei wird der Absolutdruck auf den absoluten Nullpunkt, also Vakuum, bezogen. Der Relativdruck bezieht sich auf den Umgebungsdruck. Dies ist für die Wahl des Messprinzips für Druckmessumformer sowie die Analyse der Simulationsergebnisse relevant. Wie in der Kraftfahrzeugtechnik üblich, werden in dieser Arbeit die Druck-Kenngrößen als Relativdrücke, die sich auf den standardisierten Atmosphärendruck auf Meereshöhe von 1013,25 mbar beziehen, angegeben.

derung sollten hingegen große Leitungsdurchmesser sowie große Ventilquerschnitte angestrebt werden.

In Abb. 8.3 ist der Einfluss der Druckspeichergröße auf die Einlasszeit veranschaulicht, wobei für das modellierte Einlassventil ein Leitwert C_V von 20 l/(s · bar) und ein kritisches Druckverhältnis b_V von 0,35 angenommen wurde. Es kann festgestellt werden, dass die Einlasszeit einerseits von der Anzahl der zu befüllenden Reifen abhängig ist. Andererseits konnte nachgewiesen werden, dass das Volumen des Druckspeichers einen signifikanten Einfluss auf die Dynamik der Fülldruckverstellsystems hat. Für die veranschaulichten Simulationen wurde ein Initialdruck im Druckspeicher $p_{T,Anf}$ von 8,5 bar als eine Art Worstcase angenommen. Hier nicht dargestellte Berechnungen zeigen, dass sich die Einlasszeiten weiter verkürzen, wenn der Initialdruck im Speicher zu Beginn der Simulation höher angenommen wird. Dieser wird jedoch durch die maximal zulässigen Betriebsdrücke der jeweiligen Komponenten begrenzt. Üblicherweise haben größere Druckluftbehälter, die für den Einsatz in Kraftfahrzeugen bestimmt sind, einen maximal zulässigen Betriebsdruck zwischen 12,5 bar und 15,5 bar. [vgl. 386] Bei Schaltventilen für Druckluft beträgt die maximale Betriebsdruckdifferenz meist nicht mehr als 10 bar. [vgl. 342] Für mechanische oder elektrische Kompressoren, die für fahrzeugtechnische Anwendungen konzipiert sind, wird häufig ein maximaler Betriebsdruck angegeben, der zwischen 10 bar und 18 bar liegen kann. [vgl. 11; 385]

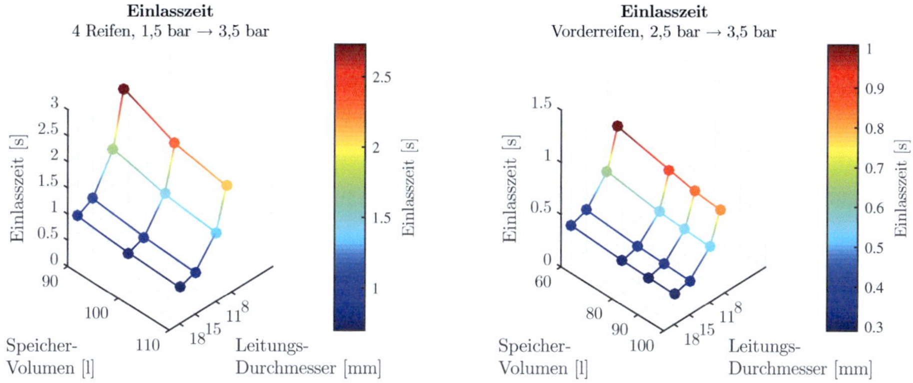

Abb. 8.3: Simulierte Einlasszeiten in Abhängigkeit vom Speichervolumen und dem Leitungsdurchmesser ($p_{T,Anf}$ = 8,5 bar, C_V = 20 l/(s · bar), b_V = 0,3)

Der zeitliche Verlauf des Reifenfülldrucks und des Luftdrucks im Druckspeicher bei einer Druckerhöhung in allen vier Reifen von 1,5 bar auf 3,5 bar in Abhängigkeit vom Speichervolumen und vom Initialdruck ist in Abb. 8.4 dargestellt. Auch hier wurde das modellierte Einlassventil mit den charakteristischen Größen des Elektromagnetventils *SMC VXED2140-04* parametrisiert. Der angesetzte Innendurchmesser der Leitungen beträgt 18 mm. Der elektrische Kompressor ist während des Druckänderungsvorgangs nicht eingeschaltet. Es zeigt sich, dass insbesondere bei einem geringeren Initialdruck das Speichervolumen einen Einfluss auf die Befüllzeit hat, da mit abnehmenden Speicherdruck die für die Strömungsgeschwindigkeit verantwortliche Druckdifferenz zwischen Luftbehälter und Reifen geringer wird. Weiterhin kann festgestellt werden, dass zur gleichzeitigen Befüllung von vier Reifen von 1,5 bar auf 3,5 bar bei einem Anfangsdruck im Druckspeicher von 8,5 bar ein minimales Speichervolumen von 84 l notwendig ist. Bei einem Speichervolumen von 80 l kann der geforderte Reifenfülldruck von 3,5 bar nicht erreicht werden. Reifen und Druckspeicher erreichen nach ca. 1,5 s einen ausgeglichenen Druckzustand von ca. 3,42 bar.

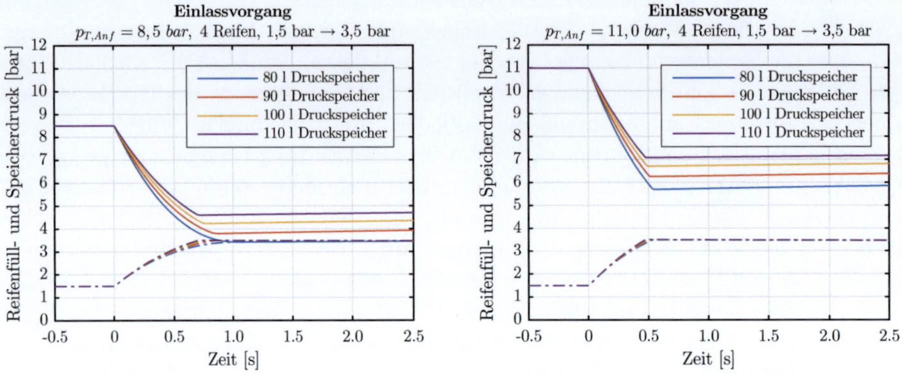

Abb. 8.4: Reifenfülldruck- und Speicherdruckverlauf in Abhängigkeit vom Speichervolumen (D_R = 18 mm, C_V = 20 l/(s · bar), b_V = 0,3)

8.2 Aufbau des Demonstrators

8.2.1 Auswahl der Pneumatik-Komponenten

Die in Kap. 7 diskutierten Ergebnisse der Gesamtfahrzeug-Co-Simulation zeigten, dass das Bremswegeinsparpotenzial nachweislich von der Dynamik der Reifenfülldruckregelanlage beeinflusst wird. Insbesondere auf trockenen Fahrbahnen dauert ein (Not-)Bremsvorgang nur wenige Sekunden. Zudem konnte geschlussfolgert werden, dass der höchste Kraftschlussbeiwert mitunter bei niedrigen Reifenfülldrücken, z. B. 1,0 bar, erreicht wird. Die zu realisierende Fülldruckspreizung sollte deshalb mindestens den Druckbereich zwischen 1,0 bar und 4,0 bar abdecken. Folglich muss mit dem Fülldruckverstellsystem eine große Druckdifferenz in möglichst kurzer Zeit realisiert werden können. Es konnte jedoch auch festgestellt werden, dass eine besonders schnelle Anpassung des Reifeninnendrucks keine weitere signifikante Bremswegverkürzung hervorbrachte. Schließlich muss konstatiert werden, dass die geforderte Dynamik zur Anpassung des Reifeninnendrucks von der Fahrzeug- und Reifenvariante sowie dem betrachteten Fahrmanöver beeinflusst wird. Die analysierte Parameterstudie erlaubt die Schlussfolgerung, dass sich ein sehr guter Kompromiss zwischen geforderter Verstelldynamik und Baugröße der auszuwählenden Komponenten ergibt, wenn eine Regelgeschwindigkeit von 2 bar/s für die Auslegung des Systems gefordert wird.

Bei der Auswahl der Komponenten der RDRA für das Demonstratorfahrzeug musste ein Kompromiss zwischen der Verstelldynamik und dem Bauraum bzw. dem Gewicht der Bauteile gefunden werden. Darüber hinaus war es notwendig, geeignete Kaufteile zu recherchieren, die die gestellten Anforderungen erfüllen. Die Simulationsergebnisse erlauben beispielsweise den Rückschluss, dass eine Reifenfüllerhöhung von 1,5 bar auf 3,5 bar an vier Reifen innerhalb einer Sekunde realisierbar ist, wenn der Leitungsdurchmesser 18 mm und die Leitfähigkeit C_V des Schaltventils mindestens

20 l/(s · bar) beträgt. Für das Auslassventil ist ein höherer Leitfähigkeitswert zielführend. Anhand der berechneten Dynamiken für die Regelung des Reifenfülldrucks wurde als Einlassventil das 2/2-Wege-Elektromagnetventil *SMC VXED2140-04* mit einem Leitwert C_V von 20 l/(s · bar) (kritisches Druckverhältnis $b_V = 0{,}35$) ausgewählt. Für die Realisierung der dynamischen Fülldruckreduzierung erwies sich das Magnetventil *SMC VXED2150-06* mit einem Leitwert C_V von 38 l/(s · bar) (kritisches Druckverhältnis $b_V = 0{,}30$) als geeignet. Bei der Auswahl des Druckspeichers zeigte ein Radmuldentank mit einem Volumen von 93 l einen sehr guten Kompromiss zwischen hoher Speicherkapazität und Bauraumgröße. Die Drehdurchführung *Haag + Zeissler Rotarion 7500* mit einem Innendurchmesser von 12,7 mm erlaubt auch bei besonders hohen Raddrehzahlen die Druckluftübertragung am drehenden Rad. Aus konstruktiven Gründen wurden zwischen der Drehdurchführung und der Felge zwei biegsame Leitungen mit einem Innendurchmesser von 11 mm verwendet.

Abb. 8.5 veranschaulicht den konstruktiven Verbau des Drucktanks, der Leitungen und der Ventile am Fahrzeug. Abb. 8.6 zeigt das Versuchsfahrzeug auf dem Testgelände.

Abb. 8.5: Schema Verbau der Pneumatikkompontenten am Versuchsfahrzeug [Kor16]

Abb. 8.6: Versuchsfahrzeug *Range Rover Evoque* auf dem Testgelände

Als echtzeitfähiges Mess- und Regelsystem wird eine *dSpace Autobox* eingesetzt. Diese ermöglicht es, bereits mithilfe von *MATLAB Simulink* entwickelte Regelalgorithmen zu implementieren. Die kompilierte und auf das Echtzeitsystem überspielte Regelung erlaubt eine Ansteuerung der Komponenten und Messwerterfassung mit einer Abtastrate von 1 kHz. Abb. 8.7 veranschaulicht schematisch die Mess- und Regelarchitektur am Versuchsfahrzeug *Range Rover Evoque*. Neben Kenngrößen vom Fahrzeug CAN-Bus (wie z. B. Raddrehzahlen, Querbeschleunigung oder Bremspedalstellung) wird mithilfe des GPS-Messsystems *Racelogic VBox 3iSL* die Fahrzeuggeschwindigkeit sowie der Schwimmwinkel des Versuchsfahrzeug aufgezeichnet. Im Rahmen des Forschungsprojekts wurde vom Projektpartner, der *senTec Elektronik GmbH*, die Drucksensorik *PETRA* entwickelt, die es ermöglicht, den Reifenfülldruck an vier Rädern dynamisch zu erfassen. Dazu werden Drucksensoren, die in einem kleinen Gehäuse wasserdicht verbaut sind, auf die Ventile der Räder geschraubt. Die Messwerte werden über Funk an einem Empfänger übertragen, der es ermöglicht, die Messdaten über den CAN-Bus auszulesen. Die Übertragungsrate kann bis zu 100 Hz betragen. Zur Verlängerung der Batterielebensdauer ist die Übertragungsrate standardmäßig

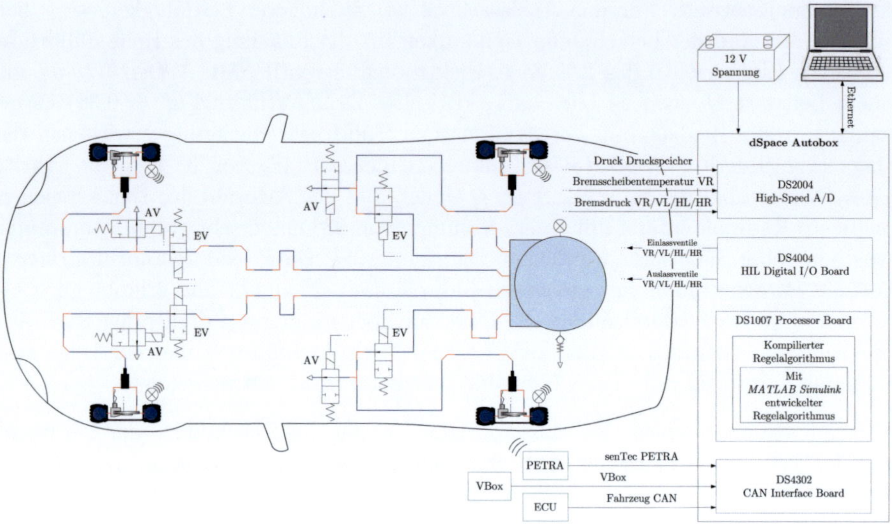

Abb. 8.7: Schema Mess- und Regeltechnik am Versuchsfahrzeug *Range Rover Evoque*

auf 20 Hz eingestellt. [vgl. 334] Die Bremsdrucksensoren überwachen die Radzylinderdrücke am jeweiligen Rad. Ein schleifendes Thermoelement Typ K ermöglicht die Überwachung der Bremsscheibentemperatur am vorderen rechten Rad. Die Relais zur Ansteuerung der Ein- und Auslassventile zur Regelung des Reifenfülldrucks werden über die digitalen Ausgänge der *dSpace Autobox* geschaltet.

8.2.2 Validierung des RDRA-Simulationsmodells

Anhand der simulativen Dimensionierung der Komponenten wurde ein Versuchsfahrzeug als Demonstrator mit hochdynamischer Reifenfülldruckregelanlage konzipiert und aufgebaut. Eine implementierte Regelung zur Ansteuerung des Fülldruckregelsystems (vgl. Kap. 8.3) ermöglichte anschließend experimentelle Analysen zur Charakterisierung der Dynamik des Reifeninnendruck-Verstellsystems. Dies erlaubte die Überprüfung des Simulationsmodells, welches entsprechend der gewählten Komponenten parametrisiert wurde. Anhand der Analysen ließ sich ableiten, dass die berechneten Ein- und Auslasszeiten leicht kürzer waren als die gemessenen Dynamiken. Dies ist insbesondere darauf zurückzuführen, dass die Leitungslängen am realen Versuchsfahrzeug länger sind als im Simulationsmodell. Zudem mussten mehrere Winkelstücke verbaut werden, die einen Strömungswiderstand darstellen. Weiterhin konnte an den Ein- und Auslassventilen eine Verzugszeit (zwischen Ventilschaltung und Druckänderung) von ca. 130 ms ermittelt werden. Um mit dem entwickelten RDRA-Simulationsmodell das reale Reifenfülldruckregelsystem am Versuchsfahrzeug möglichst genau abzubilden, wurde das bisher verwendete überschlägliche Modell (UM) erweitert. Dazu wurden die modellierten Leitungslängen an die im Fahrzeug verbauten Teilleitungen angepasst, die am Demonstrator montierten Winkel wurden als Strömungswiderstände abgebildet. Die Schaltzeiten der Ein- und Auslassventile werden als Verzugsglied modelliert. In Tab. 8.1 ist zusammenfassend ein Vergleich des überschläglichen Modells (UM) sowie dem erweiterten, validierten Pneumatik-Modell (EM) dargestellt.

Tab. 8.1: Vergleich der Simulationsmodelle

überschlägliches Pneumatik-Modell	**validiertes Pneumatik-Modell**
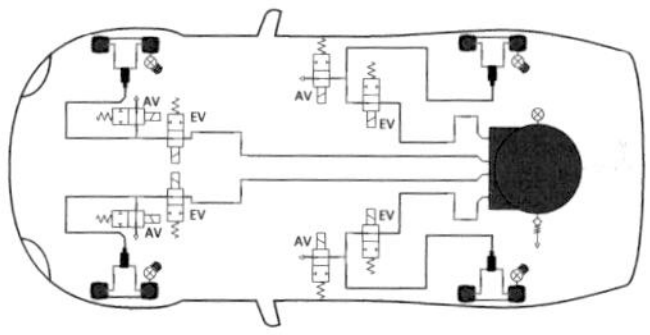	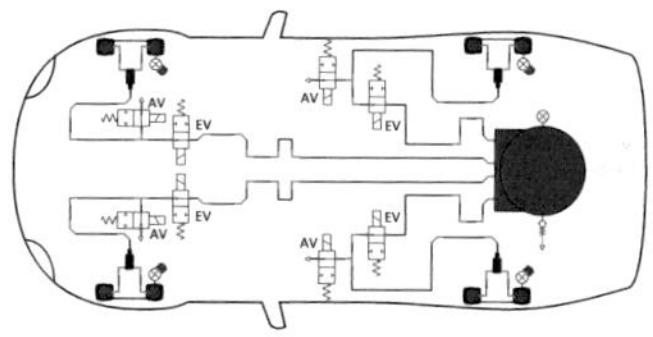
Leitungslängen *VL: 3,7 m VR: 3,7 m* *HL: 2,8 m HR: 2,8 m*	**Leitungslängen** *VL: 4,7 m VR: 3,8 m* *HL: 2,6 m HR: 3,1 m*
Leitungsinnendurchmesser *18 mm*	**Leitungsinnendurchmesser** *Hauptleitungen: 18 mm* *Leitung zw. Rad. und DDF: 11 mm*
Winkel *VL: 9 Stück VR: 6 Stück* *HL: 6 Stück HR: 6 Stück*	**Winkel** *VL: 12 Stück VR: 12 Stück* *HL: 5 Stück HR: 9 Stück*
Druckluftspeicher *Volumen: 93 l*	**Druckluftspeicher** *Volumen: 93 l*
Ventile *Einlass: SMC VXED2140-04* C_V = *20 l/(s · bar)*, b_V = *0,35*, D_R = *15 mm* *Auslass: SMC VXED2150-06* C_V = *38 l/(s · bar)*, b_V = *0,30*, D_R = *20 mm* *Verzugszeit: -*	**Ventile** *Einlass: SMC VXED2140-04* C_V = *20 l/(s · bar)*, b_V = *0,35*, D_R = *15 mm* *Auslass: SMC VXED2150-06* C_V = *38 l/(s · bar)*, b_V = *0,30*, D_R = *20 mm* Verzugszeit: 130 ms

Abb. 8.8 veranschaulicht beispielhaft den Vergleich der simulierten und gemessenen Druckänderungsdynamik des vorderen rechten Reifens $p_{R,VR}$ für einen Auslassvorgang von einem Reifeninnendruck von 3,5 bar auf 1,5 bar sowie einen Einlassvorgang (bei gleichzeitiger Reifendruckänderung an allen vier Reifen) im selben Druckbereich. Um die Vergleichbarkeit zwischen simulierten und gemessenen Ergebnissen zu verbessern, wird im erweiterten Pneumatik-Modell (EM) ein Initialdruck $p_{T,Anf}$ im Druckspeicher von 8,15 bar angenommen. Es zeigt sich, dass der Verlauf der simulierten und der am Versuchsfahrzeug aufgezeichneten Kennlinien sehr gut vergleichbar sind. Die Abweichungen zwischen den Öffnungszeiten der Ein- und Auslassventile sind minimal. Eine geringe Abweichung kann beim Einlassvorgang beobachtet werden. Der real ermittelte Reifenfülldruck zeigt hier ein geringes Überschwingverhalten auf ca. 3,7 bar. Dies kann damit erklärt werden, dass die Drucksensorik eine beschränkte Abtastrate hat und es daher zur einer gewissen Regelzeit kommt, bevor das Einlassventil geschlossen wird. Weiterhin kann nach dem Regelvorgang eine Druckdifferenz zwischen den simulierten und gemessenen Speicherdruck p_S von ca. 0,3 bar festgestellt werden. Hier wird vermutet, dass das Speichervolumen des eingebauten Luftbehälters (der nach Datenblatt ein Volumen von 93 l aufweist) herstellungsbedingt etwas größer ausfällt.

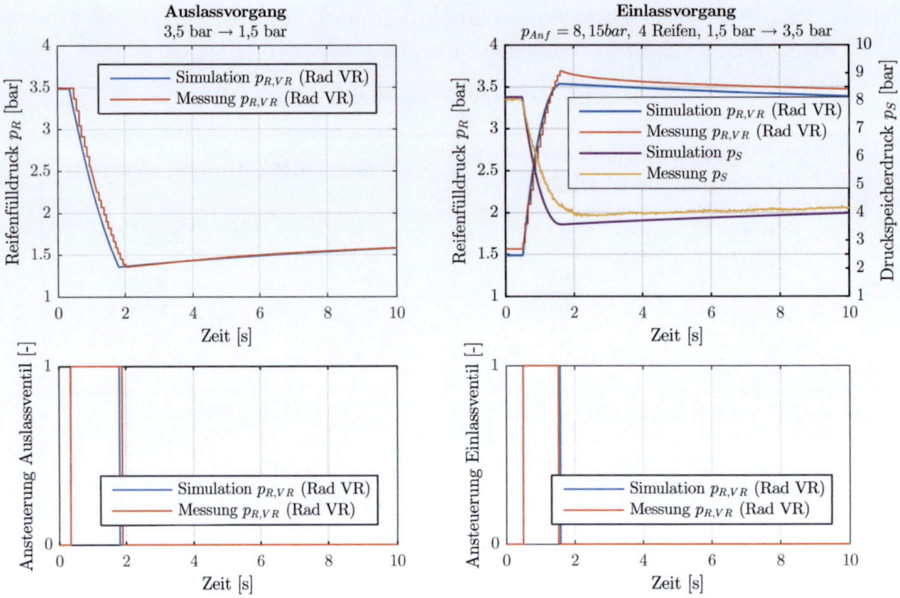

Abb. 8.8: Vergleich der simulierten und gemessenen Reifenfülldruckänderung

Abb. 8.9 veranschaulicht die berechneten Ein- und Auslasszeiten, die mit dem überschläglichen Modell (UM) und dem erweiterten Modell (EM) durchgeführt wurden, mit Messungen am Demonstrator (ME). Da sich, aufgrund unterschiedlicher Leitungslängen (und der Anzahl der verwendeten Winkel), die Fülldruckdynamiken zwischen den betrachteten Reifen leicht unterscheiden, wird hier der vordere linken Reifen mit der längsten Leitungslänge als Worstcase-Fall betrachtet. Es kann festgestellt werden, dass die maximale Abweichung zwischen der gemessenen und der mit dem erweiterten Modell berechneten Einlasszeit beim Einlassvorgang von 1,5 bar auf 3,5 bar (an allen vier Reifen, $p_{T,Anf} = 8{,}15\,\text{bar}$) bei ca. 57 ms liegt. Beim Auslassvorgang beträgt die maximale Differenz ca. 20 ms. Dabei muss jedoch beachtet werden, dass die mittleren

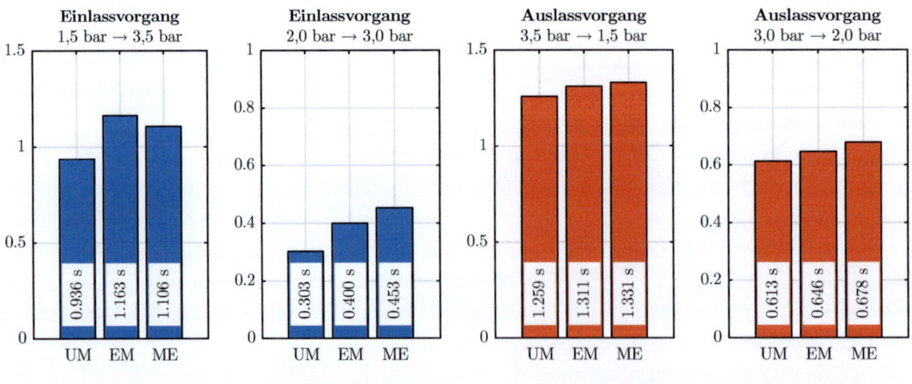

Abb. 8.9: Vergleich der simulierten und gemessenen Ein- und Auslasszeiten am Versuchsfahrzeug

Reifendruckänderungszeiten am Demonstrator aus 3 Messungen gemittelt wurde. Aufgrund der begrenzten Abtastrate der Drucksensorik sowie minimalen Abweichungen beim Initialdruck können geringe Abweichungen zwischen den gemessenen Ein- und Auslasszeiten beobachtet werden, die mitunter die Differenz zwischen den simulierten und gemessenen Reifenfülldruckänderungszeiten überschreiten. Zudem zeigte sich, dass aufgrund der nicht einheitlichen Leitungslängen und Winkelanzahl unterschiedliche Druckänderungszeiten berechnet werden. Zwischen dem hinteren linken Reifen (mit kürzerer Leitungslänge und folglich kürzerer Befüllzeit) und dem vorderen linken Reifen (mit längerer Leitungslänge und folglich längerer Befüllzeit) kann bei einem Einlassvorgang von 2,0 bar auf 3,0 bar eine Differenz von ca. 25 ms festgestellt werden. Schließlich erlaubt der aufgezeigte Vergleich den Rückschluss, dass das erweiterte, validierte Pneumatik-Modell (EM) das Druckänderungs-Verhalten der hochdynamischen Reifenfülldruckregelanlage des Forschungsfahrzeugs sehr gut abbildet.

8.3 Entwicklung einer Regelstrategie zur hochdynamischen Fülldruckanpassung

8.3.1 Regelalgorithmus zur automatischen Reifeninnendruckadaption

Der aufgebaute Demonstrator sowie das in Kap. 7 vorgestellte Gesamtfahrzeug-Co-Simulationsmodell erlauben es, verschiedene Regelstrategien zur automatischen Adaption des Reifenfülldrucks an die Fahrbedingungen zu implementieren. Erarbeite Regelalgorithmen können u. a. mithilfe von *MATLAB Simulink* realisiert, anschließend als MIL-Modell in die Simulationsumgebung implementiert und als kompilierter Programmcode in das Echtzeit-Regelsystem des Versuchsfahrzeugs integriert werden. Verschiedene Regelansätze sind vom Autor sowie im Rahmen betreuter studentischer Arbeiten untersucht worden. Während für die Optimierung der Fahrzeugquerdynamik durch eine Reifeninnendruckadaption mitunter komplexere Reglerstrukturen - wie z. B. die Nutzung eines vorausschauenden Fuzzy-Reglers [vgl. 161] oder die Implementierung eines voll-integrativen Regelansatzes zur optimalen Ansteuerung mehrerer Subsysteme [vgl. Shy+13; Shy+15] - erfolgversprechend waren (vgl. Kap. 10.2), hat sich für die Umsetzung einer Regelstrategie zur Optimierung der Längsdynamik ein logikbasierter Regler als zielführend erwiesen. Eine einfache Möglichkeit den Zielkonflikt zwischen Fahrzeugkomfort und Minimierung des Rollwiderstands, respektive der CO_2-Emissionen, zu reduzieren, bietet eine Regelung des Innendrucks in Abhängigkeit der Geschwindigkeit. Je höher die erreichte Fahrgeschwindigkeit ist, desto größer werden die einzuregelnden Fülldrücke. Es musste jedoch festgestellt werden, dass die Regelstrategie bei häufigen Geschwindigkeitswechsel zu einem erhöhten Druckluftbedarf führt und folglich das mögliche Einsparpotenzial verringert wird. Pasold [Pas13a] entwickelte im Rahmen seiner Masterarbeit daher einen prädiktiven Algorithmus. *IPG CarMaker* bietet hierfür z. B. die Möglichkeit modellierte Umfelderkennungssensoren zu nutzen. Eine Übertragbarkeit der Regelstrategie für das Forschungsfahrzeug war aufgrund fehlender Sensorik jedoch nicht möglich.

Der Fokus dieser Forschungsarbeit liegt auf der Bewertung des Bremswegverkürzungspotenzials einer hochdynamischen Reifenfülldruckregelanlage. Es wird daher vorgeschlagen, den regelbasierten Regelalgorithmus zur Optimierung der Längsdynamik zu erweitern und die optimalen Reifeninnendrücke radselektiv anzupassen, sobald eine Gefahrenbremsung erkannt wird. Die wesentliche Größe für die Erkennung einer Notbremssituation ist die Geschwindigkeit, mit der das Bremspedal vom Fahrer betätigt wird. Bremsassistenten moderner Fahrzeuge nutzen beispielsweise diese Erkennung des Fahrerwunsches und erhöhen automatisch den Bremsdruck. Die Aktivierung des Assistenten erfolgt daher hauptsächlich nach der Bremspedalbetätigungsgeschwindigkeit, respektive nach dem Bremsdruckgradienten, in Abhängigkeit vom Bremspedalweg und der Fahrgeschwindigkeit. [206; 46; 398] Die Auslöseschwelle errechnet sich nach Gl. 8.13, wobei GS die sog. Grundschwelle ist. [46] Diese ist abhängig vom Bremssystem sowie vom Fahrzeugtyp. K_S ist ein Faktor, der abhängig vom Bremspedalweg ist und K_V beschreibt die Abhängigkeit von der Fahrzeuggeschwindigkeit. K_L ist ein Lernfaktor, der den Zustand der Bremsanlage berücksichtigt. Bei geringen Fahrzeuggeschwindigkeiten ist die Auslöseschwelle hoch, da die Funktion des Bremsassistenten beim Parkieren nicht sinnvoll ist.

$$BA_{Schwelle} = GS \cdot K_S \cdot K_V \cdot K_L \tag{8.13}$$

Eigene am *Fachgebiet Kraftfahrzeugtechnik* analysierte Notbremsungen mit einem Sportwagen, einem Oberklassefahrzeug sowie zwei SUVs mit jeweils 10 Probanden zeigten, dass bei ungeübten Fahrern der Durchschnitt für die maximale Bremspedal-Betätigungsgeschwindigkeit bei 1021 mm/s liegt. Der arithmetische Mittelwert für die mittlere Bremspedal-Betätigungsgeschwindigkeit zwischen einem Pedalweg von 5 % und 90 % liegt bei 538 mm/s.

Abb. 8.10 veranschaulicht beispielhaft die Zuschaltschwelle des pneumatischen Notbremsassistenten von *Mercedes-Benz* als Funktion der Fahrgeschwindigkeit und des Membranweg des Bremskraftverstärkers, der ein Maß für den Bremspedalweg ist. [206]

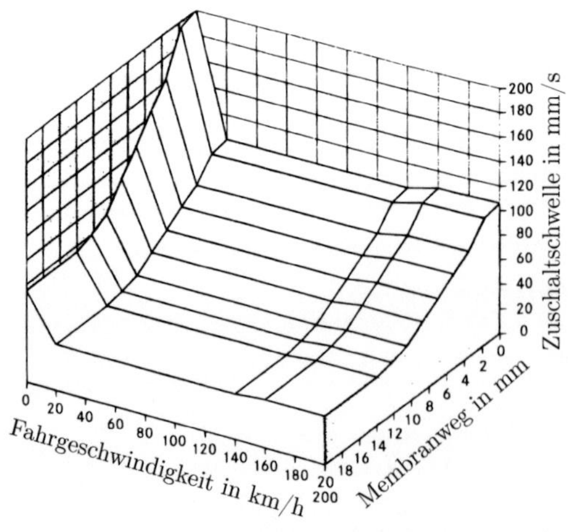

Abb. 8.10: Zuschaltschwelle des Notbremsassistenten [206]

Eine ähnlicher Ansatz wird für die radselektive Reifenfülldruckadaption angewendet. Wird durch Überschreiten einer Bremspedal-Betätigungsgeschwindigkeits-Schwelle eine Notbremssituation erkannt, wird der hinsichtlich des maximalen Umfangskraftübertragungspotenzials optimale Reifenfülldruck als Solldruckvorgabe gewählt. Da das Bremswegverkürzungspotenzial bei geringen Fahrgeschwindigkeiten kleiner ist, ist die Regelung nur bei Überschreiten einer Grenzgeschwindigkeit aktiv. Da der Einfluss des Reifeninnendrucks auf das Seitenkraftverhalten bisher nicht umfänglich untersucht wurde, ist es weiterhin möglich, die Regelung nur bei geringen Querbeschleunigungen bzw. kleinen Lenkradwinkeln zu aktivieren. Zur grundlegenden Potenzialanalyse werden zunächst einfache Regelstrategien untersucht, die den Zieldruck der jeweiligen Reifen anhand applizierter Sollgrößen anpasst. Ausgehend von einem erhöhten Fülldruck zur Reduzierung des Rollwiderstands, kann bei Erkennung einer Notbremssituation beispielsweise der vom Hersteller vorgeschriebene Reifeninnendruck eingeregelt werden. Alternativ wird eine radselektive Regelmethode implementiert, die den Fülldruck zusätzlich in Abhängigkeit der jeweiligen Radlast adaptiert. Die optimalen Reifenfülldrücke, die insbesondere von der Reifenvariante, der Fahrbahn sowie der Radlast abhängen, werden als Kennfelder abgespeichert und in die Reglerstruktur eingebettet. Die Radlast kann über einen einfachen Beobachter abgeschätzt werden. Für die auf dem Testgelände mit dem Demonstrator durchgeführten Fahrversuche wird die Fahrbahnoberfläche als bekannt vorausgesetzt. Dies ist für die ersten Funktionsnachweise zulässig, da die Parametrisierung der Regelschwellen anhand der analysierten Reifenkennfelder sowie die Fahrdynamikversuche auf den selben Fahrbahnoberflächen durchgeführt wurden. Die entwickelten und parametrisierten regelbasierte Regelalgorithmen wurden mithilfe von *MATLAB Stateflow* realisiert und können sowohl als MIL-Modell in das Gesamtfahrzeug-Co-Simulationsmodell als auch am Demonstrator implementiert werden.

8.3.2 Entwicklung einer Ventilregelung

Die Simulationsergebnisse sowie die am Demonstrator durchgeführten experimentelle Analysen erlaubten den Rückschluss, dass es im Reifen aufgrund der hochdynamischen Druckänderung zu einer adiabatischen Zustandsänderung kommt und folglich der Reifeninnendruck nach einem schnellen Befüllvorgang wieder abnimmt, respektive der Fülldruck nach einem dynamischen Ablassvorgang wieder steigt. Zudem konnte bei Anwendung eines einfachen Zweipunktreglers zur Ansteuerung der Ein- und Auslassventile in Abhängigkeit des Regelfehlers ein Überschwingverhalten beobachtet werden. Dieses ist insbesondere auf die begrenzte Abtastrate der Drucksensoren sowie der Verzugszeit der Ventile zurückzuführen. Zur möglichst schnellen und trotzdem gezielten Einregelung des optimalen Solldrucks wird daher die Entwicklung einer geeigneten Regellogik vorgeschlagen. Diese ist in Abb. 8.11 schematisch veranschaulicht. Die Logik sieht bei einer entsprechend großen Regelabweichung zwischen Soll- und Ist-Reifenfülldruck vor -je nach Vorzeichen der Regelabweichung - das Ein- bzw. Auslassventil dauerhaft zu öffnen. Ist die Regeldifferenz kleiner als ein bestimmter Schwellwert $\Delta p_{Puls,Grenz}$ (z. B. 0,6 bar), wird das jeweilige Ventil gepulst geöffnet. Der Volumenstrom, und folglich die mit einer Pulsung erzielende Druckänderung, ist von der Druckdifferenz (z. B. beim Einlass zwischen Tank und Reifen) abhängig. Daher wird die Öffnungsdauer des Ein- bzw. Auslassventils in Abhängigkeit von der Druckdifferenz bestimmt. Dies ist hier über ein empirisch parametrisiertes Kennfeld umgesetzt. Zur Realisierung einer Druckdifferenz von 0,1 bar pro Pulsung beträgt die typische Öffnungsdauer zwischen 15 ms und 50 ms. [vgl. Hof15] Begrenzt wird die kleinstmögliche Öffnungsdauer für eine Pulsung von der Schaltverzugszeit des Magnetventils. Diese ist bei größeren Ventilen höher. Nach einer Pulsung bleibt das Ventil solange geschlossen, bis ein neuer Wert vom Reifenfülldrucksensor an den Regler übermittelt wurde. Bei einer Abtastrate von 20 Hz der Sensoren kann dies bis zu 50 ms dauern. Ist die Regelabweichung kleiner als eine definierte Toleranz Δp_{min} (z. B. 0,05 bar), wird keine weitere Aktuierung der Ventile gefordert. Zudem überprüft die Logik die Plausibilität der Drucksignale. Fällt ein Sensor aus bzw. über- oder unterschreitet der Reifenfülldruck einen Maximal- bzw. Minimalwert, werden die Ventile nicht weiter aktuiert. Es konnte festgestellt werden, dass die besten Ergebnisse erzielt werden, wenn die Parametrisierung der Regellogik an das jeweilige Reifenfülldruckregelsystem angepasst wird. Insbesondere bei Ventilen mit großen Durchmessern resultiert auch eine eine sehr kurze Öffnung der Ventile in einer größeren Druckdifferenz. [vgl. Kor16] Für die Umsetzung am Versuchsfahrzeug wurde die Regellogik mithilfe von *MATLAB Stateflow* realisiert.

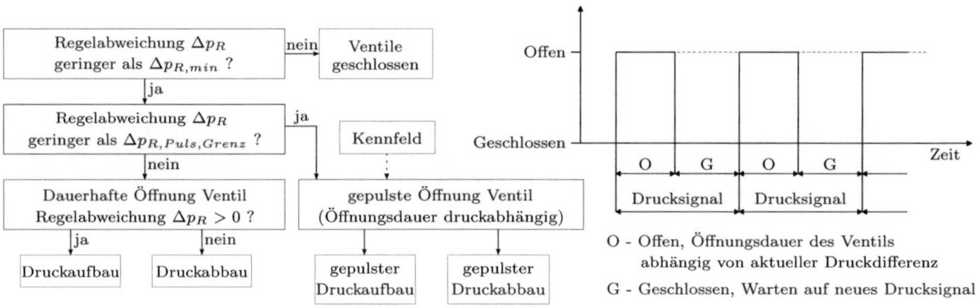

Abb. 8.11: Schematische Darstellung der Ventillogik

8.4 Fazit

Das erarbeitete Simulationsmodell zur physikalischen Abbildung einer hochdynamischen Reifenfülldruckregelanlage erlaubt es, das Zeitverhalten einer dynamischen Fülldruckadaption präzise zu beschreiben und als MIL-Modell in die ganzheitliche Fahrzeug-Gesamtsimulation zu implementieren. Dies ermöglicht es erstmals, konstruktive Parameter der modellierten Reifenfülldruckregelanlage in der Gesamtfahrzeugsimulation zu modifizieren und den Einflusses auf die Fahrdynamik von Kraftfahrzeugen simulativ zu bewerten. Darüber hinaus konnten mithilfe des Pneumatikmodells die Komponenten der Reifeninnendruck-Verstellanlage dimensioniert werden. Die Simulationsergebnisse führen zu der Erkenntnis, dass insbesondere der Strömungswiderstand der Ventile sowie der Leitungsquerschnitt die Dynamik der Fülldruckadaption bestimmen. Die Leitungslängen sowie die Strömungsverluste, die durch Biegungen und Winkel hervorgerufen werden, beeinträchtigen das Zeitverhalten nur bedingt. Die Auslegung des Systems, die Implementierung in einem Versuchsfahrzeug sowie die entwickelte Regelstrategie zur Ansteuerung der Fülldruckverstellanlage werden vorgestellt. Durchgeführte experimentelle Untersuchungen erlauben es, das das Zeitverhaltens einer Reifenfülldruckänderung in Abhängigkeit verschiedener Einflussparameter zu bewerten. Die Messergebnisse zeigen einerseits auf, dass die ausgewählten Komponenten des Pneumatiksystems eine hochdynamische Adaption des Reifeninnendrucks mit einem Gradienten von ca. 2 bar/s (abhängig von verschiedenen Einflussgrößen wie z. B. der Reifendimension oder dem Ausgangsdruck des Druckspeichers) ermöglichen. Andererseits führt der Vergleich der simulierten und gemessenen zeitlichen Druckverläufe zu der Schlussfolgerung, dass das Simulationsmodell das physikalische Verhalten der Reifendruckverstellanlage des Versuchsfahrzeugs korrekt abbildet. Der experimentelle Funktionsnachweis des Wirkprinzips einer hochdynamischen Reifenfülldruckregelanlage wird im folgenden Kapitel vorgestellt. Außerdem wird dort der Effekts des intelligent geregelten Fülldruckverstellsystems auf das Kraftübertragungsverhalten im Reifen-Fahrbahn-Kontakt, insbesondere zur Verkürzung des Bremswegs, durch umfangreiche Fahrversuche auf einem Testgelände analysiert.

9 Experimentelle Bremsweguntersuchungen zur Potenzialbewertung einer hochdynamischen Reifenfülldruckregelanlage

Die in Kap. 3 vorgestellten Messergebnisse zeigen auf, dass der Reifenfülldruck einen signifikanten Einfluss auf den Bremsweg von Kraftfahrzeugen hat. Weiterhin wurde in Kap. 7 simulativ nachgewiesen, dass die Integration einer Reifenfülldruckregelanlage (RDRA) als neuartiges Fahrerassistenzsystem großes Potenzial zur Verkürzung des Bremswegs von Kraftfahrzeugen verspricht. Zur Validierung der Simulationsergebnisse sowie zum Nachweis des Wirkprinzips einer hochdynamischen RDRA im praktischen Fahrversuch werden im Folgenden die Resultate experimentell analysierter Bremsweguntersuchungen, die zur Gewährleistung der statistischen Sicherheit ebenfalls nach dem Open-Loop-Messverfahren nach ISO 21994 (vgl. Kap. 3.1) durchgeführt wurden, vorgestellt.

9.1 Versuchsfahrzeug, Messwerterfassung und Versuchsdurchführung

Im Rahmen der hier vorliegenden Forschungsarbeit wurde ein *Range Rover Evoque*[36] als Versuchsfahrzeug mit einer Reifenfülldruckregelanlage ausgestattet (vgl. Kap. 8.2). Diese ermöglicht es, den Reifenfülldruck automatisch, hochdynamisch und radselektiv in Abhängigkeit des Fahrzustands zu regeln. Die am Fahrzeug montierten Reifen entsprechen dem analysierten SUV-Reifen (vgl. Kap. 4.6). Zur experimentellen Untersuchung des Potenzials einer hochdynamischen Reifenfülldruckregelanlage sowie zur Validierung der in Kap. 7 vorgestellten Fahrdynamiksimulationsergebnisse wurden auf dem Testgelände Flugplatz *Arnstadt-Alkersleben* Bremswegmessungen auf trockener Asphalt-Fahrbahn aus einer Fahrzeuggeschwindigkeit von 100 km/h und auf nasser Niedrigreibwertfahrbahn aus einer Fahrzeuggeschwindigkeit von 60 km/h durchgeführt. Die Radbremsen des Versuchsfahrzeugs werden über eine implementierte Brake-By-Wire-Bremsanlage (vgl. Kap. 7.1.1) aktuiert. Für die experimentellen Bremsweganalysen wurde der vom Hersteller des Bremssystems implementierte regelbasierte ABS-Algorithmus verwendet. Zur Erfassung der Radkräfte und -momente wurde der 6-Komponenten-Radkraftsensor *Kistler RoaDyn S635* (vgl. Kap. 4.1.2) am rechten Vorderrad montiert. Die Adaption der Messfelge sowie die Entwicklung eines speziellen Adapters erlaubte es, die Komponenten der Reifenfülldruckregelanlage

[36] Range Rover Evoque eD4 Pure (Baujahr: 2014, Motor: 2,2 l-Diesel (P_{Max}: 110 kW), Antriebskonzept: Vorderradantrieb)

auch am Messrad zu montieren und somit die Radkräfte während der hochdynamischen Reifeninnendruckadaption zu erfassen. Zunächst wurden die Bremsweguntersuchungen nach der in Kap. 3.1 beschriebenen Versuchsdurchführung mit konstanten Reifenfülldrücken aufgezeichnet. Anschließend wurden die Messungen mit aktiver Reifenfülldruckregelung durchgeführt. Dabei wird die Notbremssituation anhand der Bremspedalbetätigung sensiert und der Reifenfülldruck durch die implementierte Regelstrategie angepasst. Für eine grundlegende Analyse wurde sowohl der Ausgangsdruck als auch der einzuregelnde Ziel-Fülldruck variiert.

9.2 Bremswegversuche auf trockener Asphalt-Fahrbahn

Abb. 9.1 (links) veranschaulicht für die Untersuchungen auf trockener Asphalt-Fahrbahn die Anhaltewege, die zunächst mit konstanten Fülldrücken in allen Reifen ohne aktive Reifenfülldruckregelung ermittelt wurden. Zur Beurteilung der Reproduzierbarkeit sind zudem zwei Messreihen im Abstand von acht Monaten bei ähnlichen Umgebungsbedingungen[37] durchgeführt worden. Neben den normierten Bremswegen (welche nach Gl. 3.2 in Kap. 3.1 anhand der ermittelten mittleren Fenster-Bremswege - d. h. die Auswertung erfolgte zwischen den Fahrzeuggeschwindigkeiten 90 km/h und 5 km/h - berechnet wurden), sind zudem die Standardabweichungen (welche für jede Messreihe anhand der zehn Einzelmessungen nach Gl. 3.3 errechnet wurden) dargestellt. Erwartungsgemäß sind zwischen den beiden Versuchsreihen Differenzen festzustellen, die u. a. den unterschiedlichen Vorbelastungs- und Verschleißzuständen der Reifen, der Fahrbahn und des Bremssystems zugeschrieben werden können. Trotzdem kann eine hohe Reproduzierbarkeit der Messergebnisse konstatiert werden. Die mittlere Abweichung der Messwerte beträgt 1,26 %, die maximale Abweichung (bei einem Reifeninnendruck von 4,0 bar) beträgt 2,94 %. Die Resultate erlauben den Rückschluss, dass der kürzeste mittlere Bremsweg bei einem Reifenfülldruck von 2,5 bar bzw. 3,0 bar (in allen vier Reifen) erzielt werden kann. Eine Verringerung des Fülldrucks auf 1,5 bar verlängert den Anhalteweg - je nach Messreihe - zwischen 0,78 m und 1,46 m. Eine Erhöhung des Innendrucks auf 4,0 bar vergrößert den Bremsweg zwischen 0,95 m und 1,65 m.

Weiterhin sind in Abb. 9.1 (rechts) die Messergebnisse dargestellt, die mit aktiver Reifenfülldruckregelung am selben Versuchstag wie „Messung 2“ ausgehend von einem initialen Fülldruck von 4,0 bar (an allen Reifen) erzielt wurden. Dabei kann festgestellt werden, dass sich der Anhalteweg für verschiedene Zieldrücke, die zwischen Vorder- und Hinterachse auch abweichen können, verringert. Dass die Versuche, die mit aktiver Reifenfülldruckregelung durchgeführt wurden, teilweise kürzere Bremswege aufweisen als die mit statischen Reifenfülldrücken bestimmten Anhaltewege, muss hier mit entsprechenden Messunsicherheiten erklärt werden. Obwohl das Fahrzeug gemäß der beschriebenen Versuchsdurchführung eingefahren wurde und die Versuchsbedingungen (z. B. Umgebungstemperatur, Laufflächentemperatur am Reifen, Bremsscheibentemperatur) während der Messzeit wenig schwankten, ist ein zeitlicher Einfluss, der die tribologischen Eigenschaften am Reifen oder dem Bremssystem während der achtstündigen Messdauer verändert, vorstellbar. Trotz möglicher Einflüsse durch

[37] $T_U = 20\,°C$ bis $25\,°C$, $T_{FB} = 30\,°C$ bis $34\,°C$, $T_R = 29\,°C$ bis $38\,°C$

die Umgebungsbedingungen, darf konstatiert werden, dass die Reproduzierbarkeit der Anhaltewege sehr gut ist. Die für die Fenster-Bremswege der „Messung 2“ ermittelten Standardabweichungen liegen zwischen 0,14 m und 0,45 m.

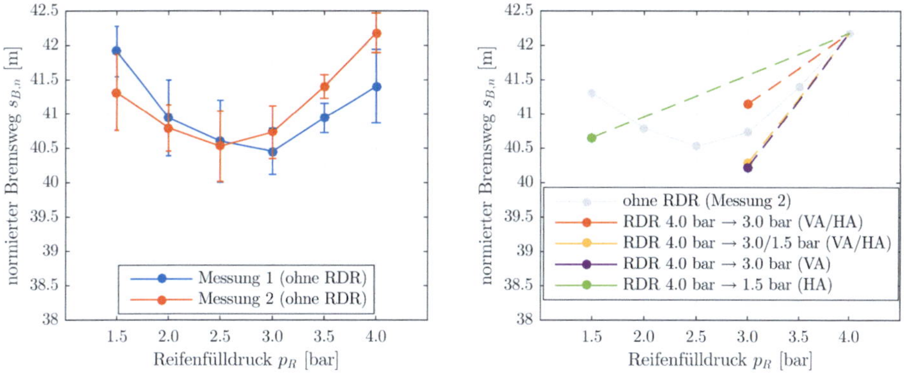

Abb. 9.1: Experimentell mit dem Versuchsfahrzeug auf trockener Asphalt-Fahrbahn ermittelte Bremswege

Abb. 9.2 verdeutlicht die mit dem Radkraftsensor am rechten Vorderrad aufgezeichneten Umfangskraftbeiwert-Schlupf-Verläufe ausgewählter Bremswegmessungen in Abhängigkeit der Fahrzeuggeschwindigkeit während der Bremsung für die statischen Reifenfülldrücke 1,5 bar, 2,5 bar und 4,0 bar. Zur besseren Nachvollziehbarkeit ist die Abbildung in dreidimensionaler Form nochmals in Kap. A.13 im Anhang dargestellt. Da ein ABS bei geringen Geschwindigkeiten meist höhere Schlupfwerte zulässt, sind hier, zur Verbesserung der Übersichtlichkeit, die Messpunkte zwischen den Fahrgeschwindigkeiten von 100 km/h bis 20 km/h dargestellt. Die Ergebnisse zeigen, dass bei einem Reifenfülldruck von 2,5 bar höhere Kraftschlussbeiwerte erreicht werden als bei Reifeninnendrücken von 1,5 bar bzw. 4,0 bar. Dies korreliert mit den Messergebnissen, die mit dem Reifenmessanhänger auf trockener Fahrbahn aufgezeichnet wurden

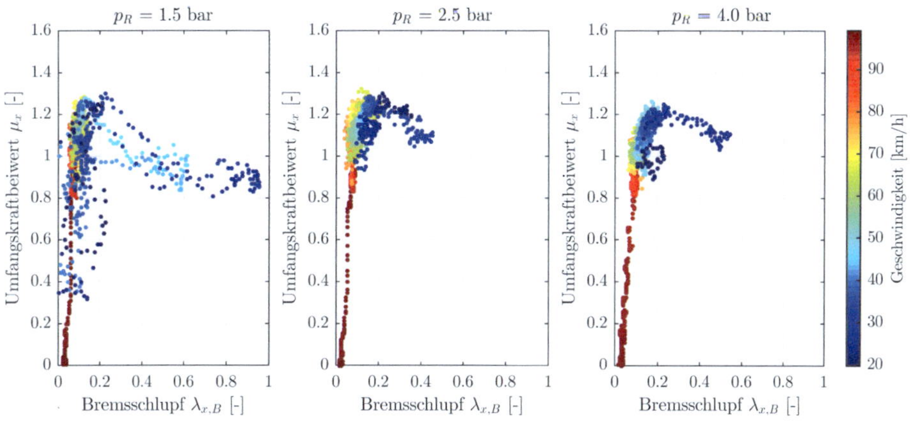

Abb. 9.2: Umfangskraftbeiwert-Schlupf-Verläufe während der Bremsung auf trockener Asphalt-Fahrbahn in Abhängigkeit vom Reifenfülldruck p_R (gemessen am rechten Vorderrad)

(vgl. Kap. 5.1). Demnach wird (am SUV-Reifen bei höchster untersuchter Radlast) bei einem Reifenfülldruck von 2,5 bar der höchste Umfangskraftbeiwert erzielt. Der Umfangskraftbeiwert-Schlupf-Verlauf bei einem Fülldruck von 4,0 bar zeigt, dass der maximal erreichte Reibwert geringer ist. Weiterhin ist feststellbar, dass der maximale Umfangskraftbeiwert bei höheren Schlupfwerten erreicht wird. Da ein Großteil der Messpunkte in einem engen Schlupfbereich liegt, kann geschlussfolgert werden, dass die Regelgüte des ABS zufriedenstellend ist. Die Messergebnisse, die bei einem Reifenfülldruck von 1,5 bar aufgezeichnet wurden, erlauben hingegen die Feststellung, dass es zu Schwingungen im Schlupfverlauf während der Bremsung kommt. Die theoretischen Betrachtungen zur Bewertung der Einflussgrößen auf die Effizienz eines Radschlupfregelsystems, die in Kap. 7 vorgestellt werden, erlauben den Rückschluss, dass die Regelgüte des ABS hier durch eine starke Krümmung im Kraftschlussmaximum (und ein stärkerer Abfall nach Erreichen des kritischen Schlupfs), die auch in Abb. 5.1 in Kap. 5.1 erkennbar ist, negativ beeinflusst wird.

Abb. 9.3 veranschaulicht relevante Messgrößen, die bei ausgewählten Bremsungen von der Messwerterfassung aufgezeichnet wurden. Zur besseren Übersichtlichkeit ist die Umfangskraft $F_{x,VR}$ und der errechnete Bremsschlupf $\lambda_{x,B,VR}$ leicht geglättet dargestellt. Bei Betrachtung der am Radkraftsensor übertragenen Umfangskraft $F_{x,VR}$ zeigt sich ebenfalls, dass diese bei einem mittleren Reifenfülldruck durchschnittlich höher ist als bei einem reduzierten oder erhöhten Reifeninnendruck, vgl. Abb. 9.3 (oben rechts). Aufgrund des hohen maximalen Kraftschlussbeiwerts kann vom ABS ein hoher Bremsdruck zugelassen werden. Der am vorderen, rechten Bremssattel aufgezeichnete Bremsdruck $p_{B,VR}$ ist in Abb. 9.3 (oben mitte) abgebildet. Betrachtet man

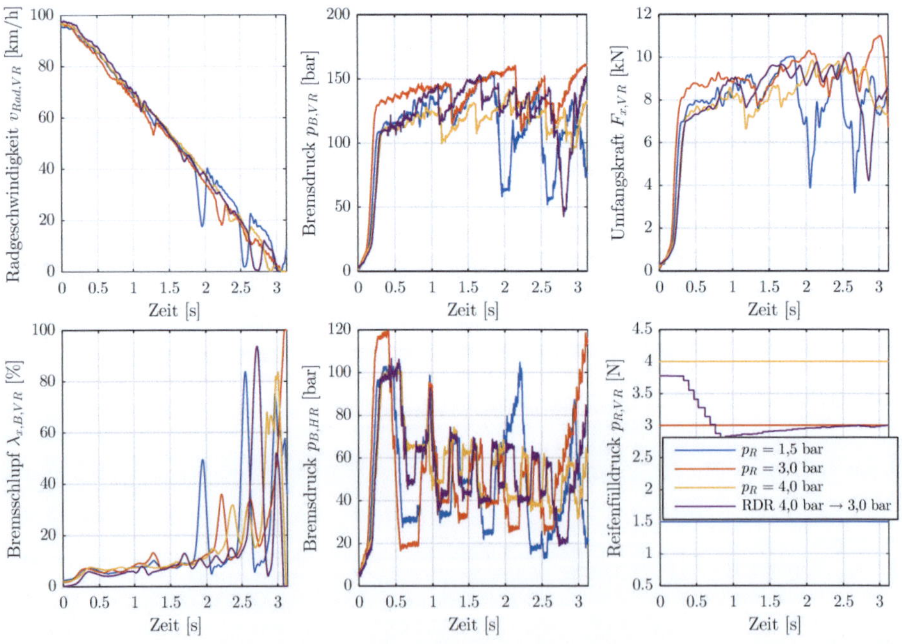

Abb. 9.3: Experimentell mit dem Versuchsfahrzeug auf trockener Fahrbahn erm. Messwertverläufe

die Radumfangsgeschwindigkeit des rechten Vorderrads $v_{Rad,VR}$, vgl. Abb. 9.3 (oben links) bzw. den am Messrad ermittelten Radschlupf, vgl. Abb. 9.3 (unten links), kann festgestellt werden, dass während der Bremsung mit einem Reifenfülldruck von 1,5 bar teilweise sehr hohe Schlupfwerte erreicht werden. Folglich wird der Bremsdruck durch das Radschlupfregelsystem reduziert. Dies resultiert in einer geringeren übertragbaren Umfangskraft und schließlich in einem höheren Bremsweg. Zudem ist anhand der Verläufe des Radschlupfs feststellbar, dass bei den mit unterschiedlichen Reifenfülldrücken durchgeführten Analysen ähnliche Bremsschlupfwerte zwischen 8 % und 12 % eingeregelt werden. Eine Adaption der Regelgröße an den optimalen Schlupf in Abhängigkeit des Reifenfülldrucks scheint hier nicht zu geschehen. Nicht zuletzt kann festgestellt werden, dass der implementierte ABS-Algorithmus die Blockierneigung der Räder auf trockener Fahrbahn zu Beginn des Bremsvorgangs erkennt. Der Bremsdruck wird entsprechend anpasst. Ein Einbrechen der Raddrehzahl während des Regelzyklus ist erst bei niedrigen Fahrzeuggeschwindigkeiten und insbesondere bei den Versuchen, die bei niedrigen Reifenfülldrücken durchgeführt wurden, zu beobachten.

In Abb. 9.3 ist weiterhin ein ausgewählter Messwertverlauf (violette Kennlinie) dargestellt, der während eines Bremsmanövers mit aktiver Reifenfülldruckregelung auf trockener Asphalt-Fahrbahn erfasst wurden. Für das hier veranschaulichte Versuchsmanöver wurde der Fülldruck - nach Erkennung der Notbremssituation - von 4,0 bar auf 3,0 bar[38] an allen vier Reifen reduziert. Es kann festgestellt werden, dass die Kennlinien des Bremsdruck- und Umfangskraft-Verlaufs, die bei einem konstanten Reifenfülldruck von 4,0 bar sowie mit aktiver RDR aufgezeichnet wurden, zu Beginn des Bremsmanövers einen ähnlichen Verlauf haben, da die Fülldrücke in den Reifen gleich sind. Nach Abschluss des Regelvorgangs ist erkennbar, dass das ABS höhere Bremsdrücke zulässt und sich ein ähnlicher Bremsdruckverlauf wie bei einem Reifeninnendruck von 3,0 bar ergibt. Demzufolge erhöht sich nach Anpassung des Reifendrucks auch die in Abb. 9.3 (oben rechts) dargestellte übertragbare Umfangskraft, die schließlich den resultierenden Bremsweg beeinflusst. Auffällige Effekte, wie z. B. Schwingungen im aufgezeichneten Kraftverlauf am Messrad, sind während des Regelvorgangs nicht erkennbar.

Abb. 9.4 veranschaulicht die Häufigkeitsverteilung der messtechnisch mithilfe der Bremsdrucksensoren an der vorderen rechten sowie der hinteren rechten Radbremse gemessenen Bremsdrücke, die während der Bremsmanöver (für alle Messungen einer Versuchsreihe) zwischen der Initialgeschwindigkeit und einer Fahrzeuggeschwindigkeit von 10 km/h aufgezeichnet wurden. Bei Betrachtung der Histogramme fällt auf, dass bei einem Reifenfülldruck von 3,0 bar höhere mittlere Bremsdrücke an den vorderen und hinteren Bremssätteln erfasst wurden. Dies resultiert folglich in höheren Umfangskräften am Reifen. Wie aufgrund der dynamischen Radlastverteilung zu erwarten war, sind die Bremsdrücke an der Vorderachse wesentlich höher als an der

[38]Bei der Parametrisierung des Regelsystems für die experimentellen Untersuchungen wurde der Fokus auf die Dynamik des Systems gelegt. Pulsungen der Ventile sowie eine häufige Nachregelung zur Minimierung der Regelabweichung sollten unterbunden werden. Folglich wurden die Toleranzschwellen der zulässigen Regelabweichung erhöht. Daher beträgt der Reifenfülldruck $p_{R,VR}$ bei der aufgezeigten Messung zu Beginn des Bremsmanövers nur 3,8 bar. Die Reduzierung des Reifeninnendrucks um 1,0 bar erfolgt innerhalb von 0,5 s. Der stufenförmige Verlauf des dargestellten Fülldrucks begründet sich in der vergleichsweise geringen Abtastrate von 10 Hz des Reifendrucksensorsystems.

Hinterachse. Weiterhin kann anhand der Verteilung sowie den errechneten Standardabweichungen, als Maß für die Variation des Bremsdrucks, festgestellt werden, dass die Bremsdruckschwankungen mit zunehmendem Fülldruck leicht abnehmen. Der Effekt ist im Vergleich zu den Messungen auf nasser Fahrbahn, die im Folgenden vorgestellt werden, jedoch gering ausgeprägt. Schließlich ist festzustellen, dass durch die aktive hochdynamische Reifenfülldruckregelung ähnlich hohe Bremsdrücke wie bei den Messungen mit einem Reifeninnendruck von 3,0 bar erzielt werden können.

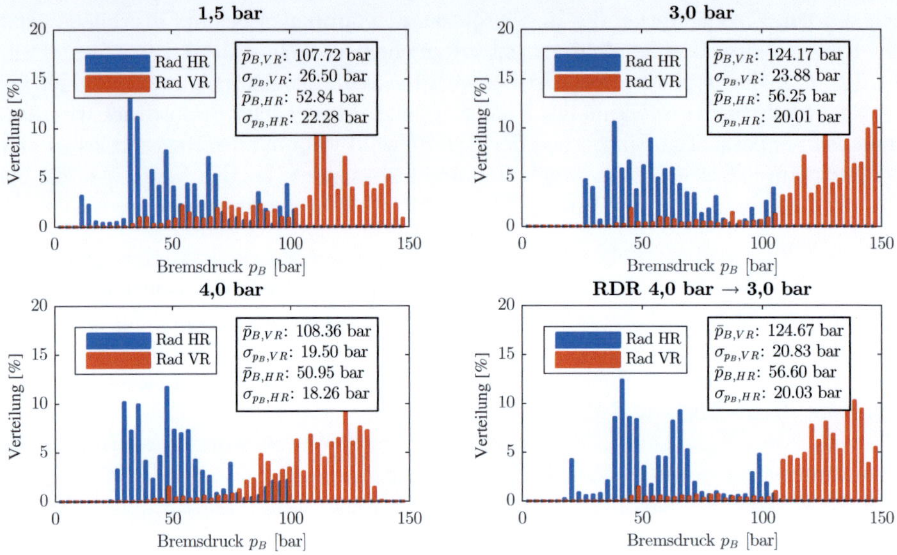

Abb. 9.4: Häufigkeitsverteilung der erfassten Bremsdrücke während der Bremsung auf trockener Asphalt-Fahrbahn

9.3 Bremswegversuche auf nasser Niedrigreibwertfahrbahn

Abb. 9.5 verdeutlicht die mit dem Versuchsfahrzeug auf nasser Niedrigreibwertfahrbahn ermittelten normierten Bremswege, welche nach Gl. 3.2 anhand der ermittelten mittleren Fenster-Bremswege (d. h. die Auswertung erfolgte zwischen der Fahrzeuggeschwindigkeit 50 km/h und 10 km/h) berechnet wurden. Weiterhin ist die errechnete Standardabweichung dargestellt. Die Ergebnisse erlauben die Schlussfolgerung, dass der ermittelte Bremsweg sich tendenziell mit abnehmenden Reifenfülldruck verkürzt. Eine Verringerung der Fülldrücke (in allen vier Reifen) von 4,0 bar auf 1,5 bar reduziert den Anhalteweg um 4,1 m. Es muss jedoch ebenfalls festgestellt werden, dass die Abweichungen zwischen den bei einer Messreihe ermittelten Bremswegen, respektive die Standardabweichung, signifikant höher sind als bei den Untersuchungen auf trockener Fahrbahn. Einerseits kann nicht ausgeschlossen werden, dass die spezielle Fahrbahnlackierung sowie die Verteilung der Wasserhöhe teilweise inhomogen ist und es folglich zu Reibwertschwankungen kommt. Andererseits reagiert ein ABS bei sehr niedrigen Kraftschlussbeiwerten sehr sensitiv und möglicherweise unterschiedlich bei verschiedenen Bremsmanövern. Prinzipiell bestätigen die ermittelten Bremswege die Versuchsergebnisse, die mit dem Reifenmessanhänger auf der selben Fahrbahn analysiert und in Kap. 5.2 vorgestellt wurden. Aufgrund der geringen Wasserhöhe führt ein geringerer Reifenfülldruck zu einem größeren Kraftschlusspotenzial, da sich sich die Kontaktzone im hinteren Teil des Reifenlatschs (vgl. 3-Zonen-Modell in Kap. 2.1.4) erhöht und folglich zu einer Erhöhung der Adhäsionsreibung führt. Der Effekt, dass ein erhöhter Reifenfülldruck (aufgrund einer höheren Flächenpressung im Reifenlatsch) die Durchdringung des Wasserfilms begünstigt und daher zu einer Erhöhung des Kraftschlusspotenzials führt, kann hier nicht nachgewiesen werden. Es kann davon ausgegangen werden, dass dieses Phänomen erst bei größeren Wasserhöhen zum Tragen kommt. Neben den ermittelten Bremswegen, die mit statischen Reifenfülldrücken bestimmt wurden, sind Anhaltewege dargestellt, die mit aktiver Reifenfülldruckregelung aufgezeichnet wurden. Bei den beispielhaft dargestellten Bremswegen wurde der Reifenfülldruck projektbedingt von einem Initialfülldruck von 2,5 bar einerseits in allen Reifen auf 4,0 bar erhöht, andererseits auf 1,5 bar reduziert. Die Resultate erlauben zunächst den Rückschluss, dass eine Bremswegverkürzung auf der nassen Niedrigreibwertfahrbahn durch eine Reifendruckverstellanlage nicht nachweisbar ist. Dieses Phänomen wird im Folgenden diskutiert.

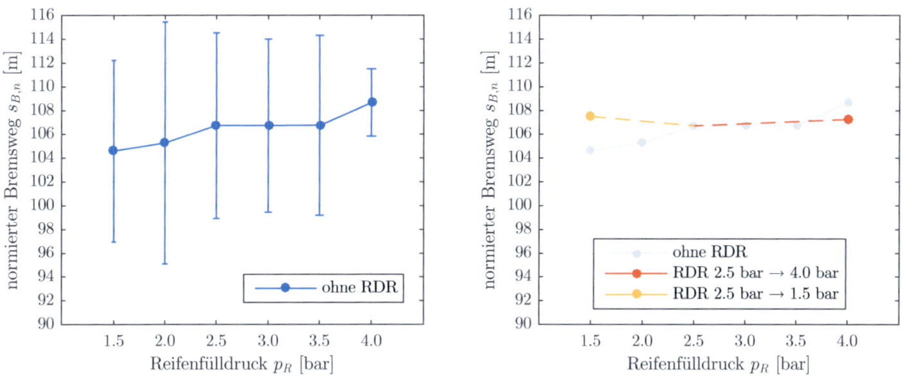

Abb. 9.5: Experimentell mit dem Versuchsfahrzeug auf nasser Niedrigreibwertfahrbahn ermittelte Bremswege

Abb. 9.6 veranschaulicht die mit dem Radkraftsensor am rechten Vorderrad aufgezeichneten Umfangskraftbeiwert-Schlupf-Verläufe, die während ausgewählter Bremswegmessungen bei den statischen Reifenfülldrücken 1,5 bar, 2,5 bar und 4,0 bar auf nasser Fahrbahn in Abhängigkeit der Fahrzeuggeschwindigkeit (zwischen 60 km/h und 20 km/h) aufgezeichnet wurden. Zur Vollständigkeit ist die Abbildung in dreidimensionaler Form ebenfalls nochmals in Kap. A.13 im Anhang dargestellt. Es ist ersichtlich, dass die maximal erzielten Umfangskraftbeiwerte mit abnehmendem Fülldruck zunehmen. Weiterhin ist feststellbar, dass die Regelung des ABS bei einem Reifeninnendruck von 4,0 bar gut funktioniert, da sich die aufgezeichneten Messpunkte hauptsächlich in der Nähe des maximalen Kraftschlussbeiwerts befinden. Es kann davon ausgegangen werden, dass die niedrige Umfangssteifigkeit sowie die geringere Krümmung im Bereich des Reibwertmaximums die Regelgüte des Radschlupfregelsystems begünstigen. Bei einem Reifenfülldruck von 1,5 bar zeigt sich, dass die spitzere Ausprägung des Kraftschlussmaximums der Reifenkennlinie die Leistungsfähigkeit des ABS beeinflusst und der Bremsschlupf häufiger höhere Werte annimmt.

Zudem lassen die Messungen erkennen, dass der erzielte Umfangskraftbeiwert abhängig von der Fahrzeuggeschwindigkeit ist. Je geringer die Geschwindigkeit ist, desto größer ist der am Radkraftsensor ermittelte Reibwert. Eine geringere Geschwindigkeit begünstigt die Wasserverdrängung durch die Strömungsquerschnitte des Laufflächenprofils des Reifens. Folglich erhöht sich die Kontaktzone im hinteren Teil des Reifenlatschs und damit das Kraftübertragungspotenzial. Daher stehen die bei niedrigen Fahrzeuggeschwindigkeiten vergleichsweise hohen ermittelten Reibwerte auch nicht im Widerspruch zu den Kraftschlussbeiwerten, die mit dem Reifenmessanhänger bei einer Geschwindigkeit von 50 km/h aufgezeichnet wurden (vgl. Kap. 5.2). Es darf jedoch konstatiert werden, dass für eine weitere Verbesserung der Modellgüte der im Rahmen dieser Forschungsarbeit parametrisierten Reifenmodelle die Abhängigkeit der Umfangskraftbeiwert-Schlupf-Kennlinien von der Geschwindigkeit weiter untersucht werden sollte.

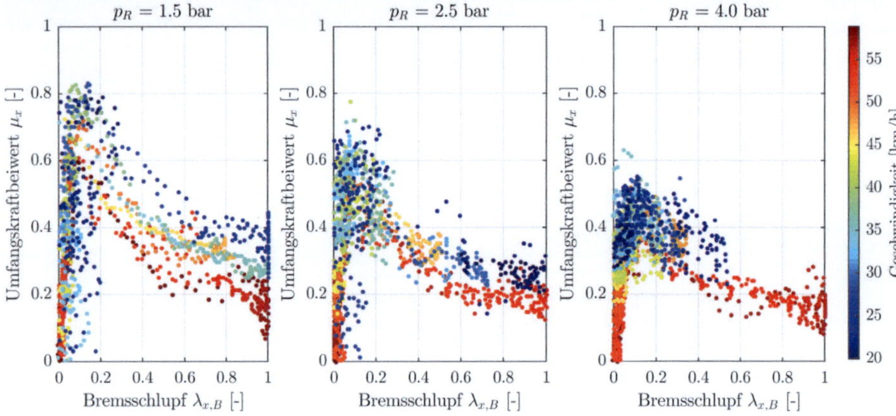

Abb. 9.6: Umfangskraftbeiwert-Schlupf-Verläufe während der Bremsung auf nasser Niedrigreibwertfahrbahn in Abhängigkeit vom Reifenfülldruck p_R (gemessen am rechten Vorderrad)

Die während der Bremsmanöver mit dem Radkraftsensor aufgezeichneten Umfangskraftverläufe zeigen nochmals auf, dass bei einem Reifenfülldruck von 1,5 bar eine höhere Kraft am Reifen übertragen werden kann, vgl. Abb. 9.7 (oben rechts). Weiterhin ist ersichtlich, dass die maximal ermittelte Umfangskraft sich nach der beispielhaft dargestellten Fülldruckregelung von 2,5 bar auf 1,5 bar ebenfalls erhöht. Gleichzeitig führen die ermittelten Bremsschlupfverläufe, die in Abb. 9.7 (unten links) dargestellt sind, sowie die zeitlichen Verläufe der Radgeschwindigkeiten zu der Erkenntnis, dass die Regelgüte des ABS durch den Reifeninnendruck maßgeblich beeinflusst wird. Bei geringen Fülldrücken nimmt der Bremsschlupf häufig hohe Werte an und das Rad blockiert teilweise vollständig. Dieses Phänomen ist bei hohen Reifenfülldrücken nicht zu beobachten. Schließlich darf geschlussfolgert werden, dass eine Verringerung des Reifenfülldrucks zu einer Erhöhung des Kraftschlussmaximums der Umfangskraftbeiwert-Schlupf-Kennlinie führt. Gleichzeitig bewirkt ein geringerer kritischer Schlupf, eine größere Umfangssteifigkeit sowie ein spitz ausgeprägter Bereich um das Reibwertmaximum ein häufiges Überschreiten des kritschen Radschlupfs. Folglich reduziert das Radschlupfregelsystem den Bremsdruck deutlich. Ein Einbruch der Umfangskraft ist die Folge. Erst im sich anschließenden Regelzyklus wird der Druck kontinuierlich wieder erhöht. Obwohl mit einem reduzierten Reifenfülldruck signifikant höhere Kraftschlussbeiwerte erreicht werden können, unterscheiden sich die ermittelten Anhaltewege nur marginal voneinander. Auch bei Betrachtung der Häufigkeitsverteilung der erfassten Bremsdrücke, die in Abb. 9.8 dargestellt ist, ist (neben einer anderen Bremsdruckverteilung als auf trockener Asphaltfahrbahn[39]) der beschriebene Effekt zu beobachten. Während bei einem hohen Reifenfülldruck von 4,0 bar eine konzentrierte Häufigkeit um den mittleren Bremsdruck festgestellt werden kann, ist bei geringeren Fülldrücken eine wesentlich größere Streuung, respektive eine höhere errechnete Standardabweichungen, zu erkennen. Obwohl mit einem reduzierten Reifeninnendruck ein höheres Kraftübertragungspotenzial einhergeht, ist keine nachweisliche Erhöhung der mittleren Bremsdrücke messbar.

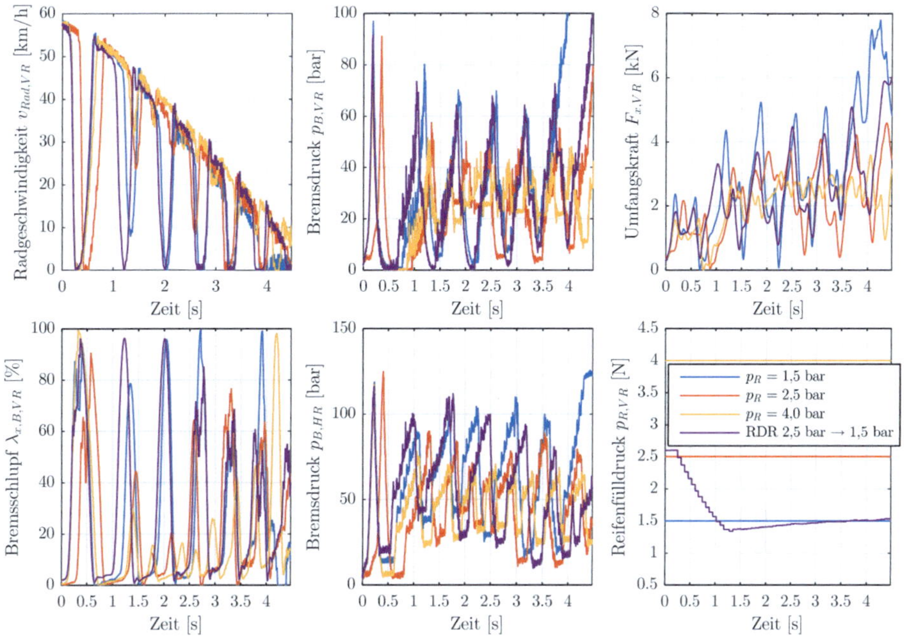

Abb. 9.7: Experimentell mit dem Versuchsfahrzeug auf nasser Fahrbahn ermittelte Messwertverläufe

Wie bereits in Kap. 2.2.2 beschrieben, wird die Sensitivität variierender Reifeneigenschaften auf den Bremsweg durch die Leistungsfähigkeit des Radschlupfregelsystem mitbestimmt. Die experimentellen Analysen mit der speziellen ABS-Funktionalität des Versuchsfahrzeugs verdeutlichen nochmals, dass das Potenzial einer hochdynamischen Reifenfülldruckregelanlage zur Bremswegverkürzung maßgeblich durch die Regelgüte des ABS beeinflusst wird. Wie anhand der in Kap. 7.2 vorgestellten simu-

[39] Aufgrund der geringeren Fahrzeugverzögerung auf der nassen Niedrigreibwertfahrbahn ist die dynamische Radlastverschiebung, respektive die an der Vorderachse wirkende Vertikalkraft, geringer ausgeprägt als auf der trockenen Asphaltfahrbahn. Folglich neigten die Vorderräder eher zum Blockieren. Daher werden an der Vorderachse geringere Bremsdrücke appliziert als an der Hinterachse. Da die Bremsanlage an der Hinterachse deutlich kleiner dimensioniert ist, ist das resultierende Bremsmoment jedoch nicht höher als an den vorderen Rädern. Eine fahrdynamische Instabilität war während der Messungen nicht zu beobachten.

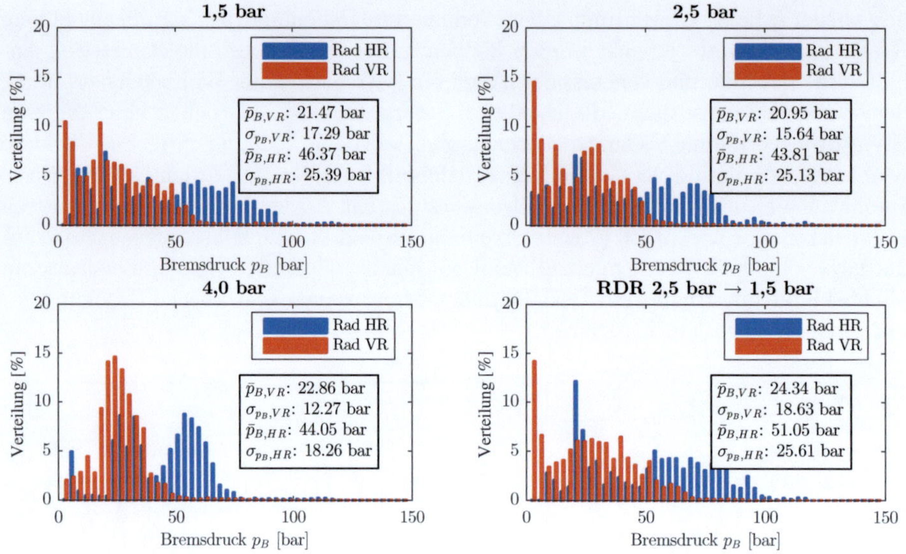

Abb. 9.8: Häufigkeitsverteilung der erfassten Bremsdrücke während der Bremsung auf nasser Niedrigreibwertfahrbahn

lativen Untersuchungen erläutert, ist davon auszugehen, dass eine Optimierung der ABS-Regelstrategie das Bremswegverkürzungspotenzial durch eine gezielte Reifeninnendruckadaption erheblich verbessern würde. So zeigen die in Kap. 3.2 beschriebenen Bremsweguntersuchungen, die mit dem Versuchsfahrzeug *DYNA* auf nasser Niedrigreibwertfahrbahn durchgeführt wurden, beispielsweise auf, dass sich das in dem Kompaktfahrzeug integrierte Radschlupfregelsystem deutlich besser an die veränderten Reifencharakteristiken anpasst als das ABS-Regelsystem des *Range Rover Evoque*. Ein häufiges Einbrechen der Raddrehzahlen während des Regelvorgangs ist auch bei niedrigen Reifenfülldrücken nicht zu beobachten. Folglich darf konstatiert werden, dass eine Reduzierung des Fülldrucks das Kraftschlusspotenzial im Reifen-Fahrbahn-Kontakt signifikant erhöht. Die resultierende Verringerung des Bremswegs wird jedoch durch die Regelgüte des ABS mitbestimmt.

9.4 Analyse des zeitlichen Radkraftverlaufs während der Reifenfülldruckregelung

Mithilfe des speziellen Messaufbaus konnte nachgewiesen werden, dass durch eine dynamische Anpassung des Reifenfülldrucks das Kraftschlusspotenzial am Reifen während eines Bremsvorgangs erhöht werden kann. Zur Beurteilung des zeitlichen Verlaufs der Radkräfte während einer hochdynamischen Reifenfülldruckadaption wurden weitere Grundlagenversuche durchgeführt. Zunächst wurde der Reifeninnendruck hochdynamisch angepasst, während das Forschungsfahrzeug mit einer konstanten Fahrgeschwindigkeit von 50 km/h fuhr. Dabei konnte festgestellt werden, dass der zeitliche Verlauf der Vertikalkraft während der Fülldruckanpassung kaum beeinflusst wird. Mögliche Schwingungseinprägungen durch die Änderung des Reifenfülldrucks konnten nicht nachgewiesen werden. Darüber hinaus zeigte sich, dass die gemessene Längskraft bei Verringerung des Fülldrucks, aufgrund des sich erhöhenden Rollwiderstands, leicht zunimmt. Wird der Fülldruck nur an den Vorderrädern von 3,5 bar auf 1,5 bar reduziert, ist ein geringes Einnicken des Fahrzeugs zu beobachten. Die Abnahme des erfassten Nickwinkels beträgt ca. 0,4 °.

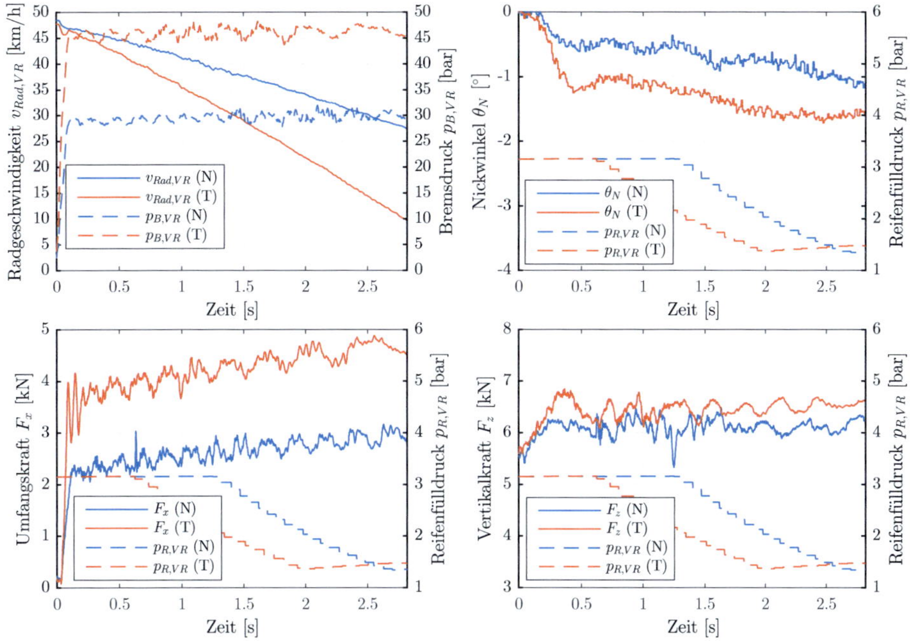

Abb. 9.9: Experimentell mit dem Versuchsfahrzeug ermittelte Messwertverläufe mit aktiver RDR bei Teilbremsung auf nasser Niedrigreibwertfahrbahn (N) und trockener Asphaltfahrbahn (T)

Zur Bewertung des Einflusses einer hochdynamischen Reifenfülldruckregelung auf das Kraftübertragungspotenzial am Reifen am gebremsten Rad wurden Fahrversuche mit dem Forschungsfahrzeug durchgeführt, bei denen ein konstanter Bremsdruck an den vorderen Radbremsen appliziert wurde. Dadurch können Regeleffekte des ABS ausgeschlossen werden. Die spezielle Konstruktion der Brake-by-Wire-Bremsanlage des Versuchsfahrzeugs ermöglicht es, gezielt den Bremsdruck an der jeweilige Radbremse zu regeln. Die Versuche auf trockener und nasser Fahrbahn wurden bei einer Fahrgeschwindigkeit von 50 km/h durchgeführt. Um ein Blockieren der Räder zu verhindern, hat sich auf nasser Niedrigreibwertfahrbahn ein Bremsdruck von 30 bar, respektive auf trockenem Asphalt-Belag von 45 bar, als zweckmäßig herausgestellt. Die Reifenfülldruckregelung wurde bei den Grundlagenversuchen manuell ausgelöst. Die blauen Kennlinien in Abb. 9.9 veranschaulichen die Messergebnisse, die bei einer Fülldruckverringerung von ca. 3,5 bar auf 1,5 bar (jeweils an allen Reifen) auf nasser Fahrbahn aufgezeichnet wurden. Die roten Kennlinien im Diagramm verdeutlichen die Resultate für eine Reifenfülldruckadaption im selben Druckbereich auf trockenem Belag. Erwartungsgemäß ist zu beobachten, dass die erfasste Nickwinkel-Differenz auf trockener Fahrbahn (aufgrund des größeren Bremsdrucks) höher ist als auf nassem Untergrund. Weiterhin ist ersichtlich, dass die Umfangskraft mit abnehmender Fahrzeuggeschwindigkeit zunimmt. Ein Einfluss der hochdynamischen Reifeninnendruckänderung auf den zeitlichen Kraftverlauf ist nicht nachweisbar. Eine mögliche Einprägung von Vertikalkraftschwingungen aufgrund einer veränderten Reifensteifigkeit ist nicht zu erkennen. Erwartungskonform ist ebenfalls kein Einfluss auf den Kraftaufbau festzustellen. Das transiente Reifenverhalten, z. B. der verzögerte Kraftaufbau bei Vorgabe eines Schlupfsprungs, kann durch eine Exponentialfunktion beschrieben werden, vgl. Kap. 2.4.5. Die Einlauflänge σ_x beschreibt dabei den Weg, den das Rad zurücklegen muss, um 2/3 der stationären Längskraft aufzubauen. Da sich die Einlaufzeit $\tau_{\sigma,x}$ aus dem Quotienten der Einlauflänge σ_x und der Fahrzeuggeschwindigkeit v_x berechnet, kann die Zeit für den Kraftaufbau nach Gl. 9.1 abgeschätzt werden.

$$\tau_{\sigma,x} = \frac{\sigma_x}{v_x} \tag{9.1}$$

Für eine Fahrzeuggeschwindigkeit von 50 km/h und einer Einlauflängen von 0,18 m (wie sie nach [365] maximal im ABS-Betriebsbereich ermittelt wurde) berechnet sich die Einlaufzeit $\tau_{\sigma,x}$ mit ca. 13 ms. Auch für die in dieser Arbeit bei sehr geringen Reifenfülldrücken abgeschätzten initialen Einlauflängen, vgl. Kap. 6.2, von bis zu 1,0 m (die bei höheren Schlupfwerten deutlich abnehmen), würde sich eine Einlaufzeit von ca. 72 ms ergeben. Die Anpassung des Reifenfülldrucks erfolgt - je nach Druckbereich - zwischen ca. 0,5 s und 2 s. Folglich ist bei einer Reifenfülldruckänderung kein messbarer verzögerter Kraftaufbau zu erwarten.

9.5 Vergleich der Simulations- und Fahrversuchsergebnisse

In Kap. 8.2.2 wurde validiert, dass das Pneumatikmodell der hochdynamischen Reifenfülldruckregelanlage, welches in der Gesamtfahrzeug-Co-Simulation als MIL-Modell implementiert ist, das Zeitverhalten der Fülldruckadaption korrekt abbildet. Weiterhin wurde in Kap. 6.5 nachgewiesen, dass die für große Reifenfülldruckvariationen erweiterten Reifenmodelle die gemessenen Reifencharakteristiken mit hoher Modellgüte wiedergeben. Zur Beurteilung der Abbildungsgüte des entwickelten Gesamtfahrzeug-Co-Simulationmodells wird im Folgenden der Vergleich zwischen den simulativ sowie experimentell analysierten Bremswegmanövern diskutiert.

Abb. 9.10 veranschaulicht die mithilfe des Gesamtfahrzeug-Co-Simulationsmodells auf trockener Fahrbahn errechneten Bremswege, die mit den für große Reifenfülldrücke erweiterten *MF*-, *HSRI*- und *Deur*-Reifenmodellen simuliert wurden. Parametrisiert wurden die Modelle des SUV-Reifens anhand der mit dem Reifenmessanhänger auf trockenem Untergrund durchgeführten Messungen. Weiterhin sind die im Fahrversuch auf trockener Asphalt-Fahrbahn ermittelten Anhaltewege dargestellt, welche in Kap. 9.2 diskutiert wurden. Die Ergebnisse erlauben den Rückschluss, dass die unterschiedlichen Reifenmodelle in abweichenden numerisch errechneten Bremswegen resultieren. Wie in Kap. 6.5 dargestellt, bildet das erweiterte *Magic Formula* Reifenmodell die Kennlinienform, insbesondere durch die explizite Modellierung des Reibwertabfall nach Erreichen des Kraftschlussmaximums durch die sog. Form- und Biegefaktoren, am besten ab. Bei hohen Schlupfwerten nimmt die Abbildungsgüte des *HSRI*- bzw. des *Deur*-Modells mitunter ab. Bilden die Reifenmodelle den tatsächlichen Kraftschlussbeiwert signifikant zu niedrig ab, kann dies bei ungeeigneter ABS-Parametrisierung zur schnellen Blockierneigung des Reifens führen. Ein häufiger Regeleingriff zur Reduzierung des Bremsdrucks, respektive eine Verlängerung des Bremswegs, ist die Folge. Dieses Phänomen ist bei Anwendung des *HSRI*- und des *Deur*-Modells bei ausgewählten Fülldrücken zu beobachten. Die simulierten Anhaltewege weichen teilweise deutlich von den im praktischen Fahrversuch ermittelten Kenngrößen ab. Folglich stützt der Vergleich die bereits in Kap. 7.2.2 und Kap. 6.5 gewonnenen Erkenntnisse, dass das *Magic Formula* Reifenmodell den qualitativen Verlauf der gemessenen Reifencharakteristiken am besten abbildet.

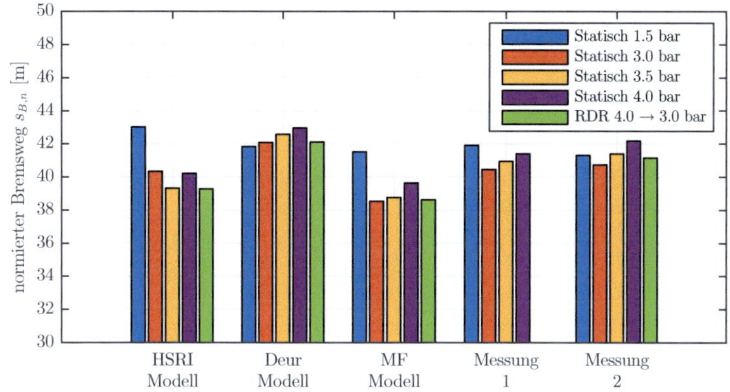

Abb. 9.10: Vergleich der numerisch und experimentell bestimmten Bremswege in Abhängigkeit der Reifenmodelle (trockene Fahrbahn)

Die Analyse der Umfangskraftbeiwert-Bremsschlupf-Betriebspunkte, die während der simulativen bzw. experimentellen Untersuchungen am rechten Vorderrad bestimmt wurden, führt ebenfalls zu der Erkenntnis, dass das *MF* Reifensimulationsmodell den qualitativen Verlauf der gemessenen Reifencharakteristiken sehr gut abbildet. In Abb. 9.11 sind beispielhaft die Kraftschlussverläufe dargestellt, die bei einem Fülldruck von 2,5 bar erfasst wurden. Weiterhin wird anhand der Abbildung ersichtlich, dass das Bürstenmodell, das von Deur für die Simulation des Reifenverhaltens angewendet und im Rahmen der hier vorliegenden Arbeit um den Fülldruckeinfluss erweitert wurde, einen Geschwindigkeitseinfluss berücksichtigt. Dieser wurde anhand von Literaturangaben parametrisiert (vgl. Kap. 6.4). Die dargestellten Simulationsgrößen führen zu der Erkenntnis, dass das erweiterte und parametrisierte *Deur*-Modell wesentlich sensibler auf die Änderung der Fahrzeuggeschwindigkeit reagiert als im praktischen Fahrversuch gemessen. Folglich muss geschlussfolgert werden, dass das hier parametrisierte *Deur*-Reifenmodell den gemessenen Kraftschlussverlauf nicht mit hoher Modellgüte abbilden kann. Daher sollte im Rahmen zukünftiger Forschungsarbeiten eine Adaption der Koeffizienten zur Beschreibung des Geschwindigkeitseinflusses anhand durchzuführender Reifencharakterisierungen erfolgen.

Die in Abb. 9.10 verdeutlichten Bremswege zeigen, dass die Simulationsergebnisse, die mit dem *Magic Formula*-Reifenmodell berechnet wurden, den qualitativen Verlauf der experimentell ermittelten Anhaltewege sehr gut abbilden. Trotzdem betragen die absoluten Abweichungen der simulativ und experimentell ermittelten Resultate zwischen 0,2 m und 2,2 m. Zudem zeigen die in Abb. 9.11 dargestellten Verläufe der Kraft-

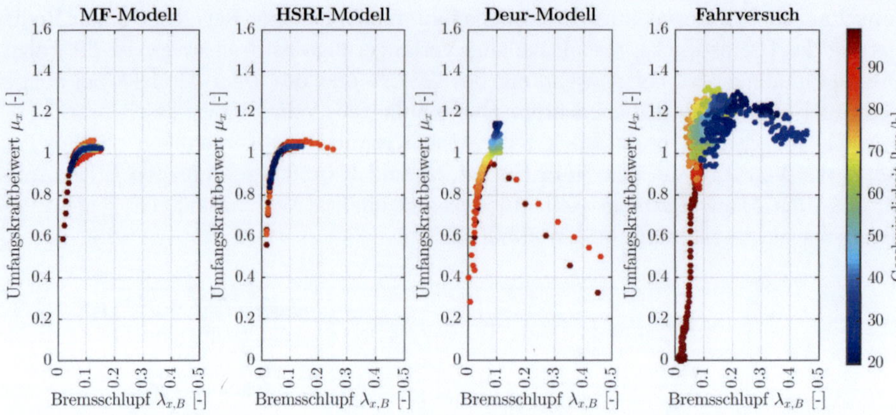

Abb. 9.11: Vergleich simulierter und gemessener Umfangskraftbeiwert-Schlupf-Verlauf während der Bremsung auf trockener Fahrbahn ($p_R = 2{,}5$ bar)

schlussbeiwert-Bremsschlupf-Betriebspunkte, dass die simulierten Kraftschlussbeiwerte geringer sind als die experimentell ermittelten Reibbeiwerte. Die Unterschiede zwischen den Simulations- und Messergebnissen können auf eine Vielzahl an Einflussparametern zurückgeführt werden. Einerseits war die Umgebungstemperatur während der Versuchsdurchführung mit dem Demonstrator und während der Reifenkennlinienmessungen, die dem Reifenmodell zugrunde liegen, unterschiedlich. Weiterhin können die Eigenschaften der Reifen, die bei den Kennlinienuntersuchungen und den Fahrversuchen genutzt wurden, durch verschiedene Chargen oder Vorbelastungen leicht voneinander abweichen. Insbesondere muss jedoch festgestellt werden, dass die konkrete Auslegung des ABS einen signifikanten Einfluss auf den numerisch berechneten Bremsweg hat (vgl. Kap. 7.2.2). Da der im Simulationsmodell implementierte ABS-Regelalgorithmus und die im Demonstrator integrierte Regelstrategie voneinander abweichen, ist eine Bremswegdifferenz zu erwarten. Die konkrete Regelphilosophie im Versuchsfahrzeug beruht auf vertraulichem Wissen des Bremssystemherstellers und ist nicht öffentlich zugänglich. Da der modellierte ABS-Regler mit adaptiven Regelschwellen den Arbeitsbereich des ABS in Abhängigkeit des kritischen Schlupfs anpasst und eine vergleichsweise hohe Regelfrequenz von 20 Hz aufweist, ist der berechnete Anhalteweg (trotz eines niedrigeren simulierten maximalen Kraftschlussbeiwerts als experimentell ermittelt) kürzer als im praktischen Fahrversuch gemessen. Es darf daher vermutet werden, dass eine Optimierung der ABS-Regelstrategie im Demonstratorfahrzeug eine Verbesserung des experimentell erzielbaren Bremswegs ermöglichen würde.

Abb. 9.12 verdeutlicht (neben den experimentell ermittelten Bremswegen) die Simulationsergebnisse, die mithilfe des *MF*-Reifenmodells berechnet wurden, welches anhand der RMA- sowie CMP-Messungen parametrisiert wurde. Die Resultate bestätigen die in Kap. 7.2.2 zusammengefassten Schlussfolgerungen. Der experimentell im praktischen Fahrversuch ermittelte Reifenfülldruckeinfluss auf den Bremsweg korreliert sehr gut mit den Simulationsergebnissen, die mit dem anhand der RMA-Messungen parametrierten Reifenmodell erzielt wurden. Weiterhin kann festgestellt werden, dass die Verwendung des Reifenmodells, welches anhand der Corner-Modul-Prüfstands-

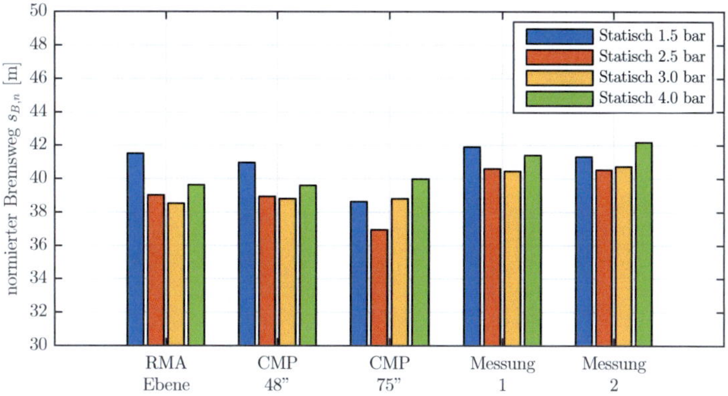

Abb. 9.12: Vergleich der numerisch und experimentell bestimmten Bremswege in Abhängigkeit der Modellparametrisierung (trockene Fahrbahn)

Messungen auf der 75"-Prüfstandstrommel parametrisiert wurde, zu deutlich kürzeren Anhaltewegen führt als im realen Fahrversuch ermittelt. Zudem zeigt sich ein wesentlich sensitiverer Einfluss des Reifeninnendrucks als experimentell erfasst. Es ist erkennbar, dass die Implementierung des Reifenmodells basierend auf den CMP-Messungen auf der 48"-Prüfstandstrommel bzw. die Nutzung des Reifenmodells basierend auf den RMA-Messungen auf trockener Fahrbahn in ähnlichen Bremswegen resultieren. Es könnte daher vermutet werden, dass auch die anhand von Labormessungen parametrisierten Reifenmodelle zu realitätsnahen Simulationsergebnissen führen. Die in Abb. 7.9 in Kap. 7.2.2 veranschaulichten Resultate verdeutlichen für den untersuchten Eco- und Sport-Reifen jedoch, dass sich die Simulationsergebnisse basierend auf den unterschiedlichen Modellparametrisierungen (Realfahrbahn, 48"- und 75"-Laborfahrbahn) deutlich voneinander unterscheiden. Es muss daher nochmals konstatiert werden, dass die Krümmung der Prüfstandstrommeln sowie die geringe Makro- und große Mikrotextur der Labor-Fahrbahn die Ausprägung des Reifen-Fahrbahn-Kontakts, und folglich die Kraftschlusseigenschaften, beeinflussen. Die direkte Anwendbarkeit der unter Laborbedingungen ermittelten Reifeneigenschaften für realitätsnahe Simulationsuntersuchungen muss daher hinterfragt werden.

Abb. 9.13 veranschaulicht die mithilfe der numerischen Simulation auf nasser Niedrigreibwertfahrbahn errechneten Bremswege, die mit dem erweiterten *MF*-Modell bestimmt wurden. Die Resultate zeigen nochmals auf, dass die implementierten Regelschwellen des ABS einen signifikanten Einfluss auf die Bremswegberechnung haben. Zusätzlich sind die im praktischen Fahrversuch auf bewässerter Fahrbahn bestimmten Anhaltewege dargestellt. In Kap. 9.3 konnte nachgewiesen werden, dass der geringe Einfluss des Reifeninnendrucks auf die experimentell ermittelten Bremswege auf die eingeschränkte Leistungsfähigkeit des Radschlupfregelsystems zurückzuführen ist. Die Resultate der Bremswegsimulation mit fest definierten Schlupf-Regelschwellen des ABS weisen ein ähnliches Verhalten auf. Obwohl das Kraftübertragungspotenzial im Reifen-Fahrbahn-Kontakt mit abnehmenden Reifenfülldruck nachweislich zunimmt, wird der Anhalteweg aufgrund einer ungeeigneten Parametrisierung des Antiblockiersystems nur marginal durch den Reifeninnendruck beeinflusst. Dies erlaubt die Vermutung, dass die in der Bremsanlage integrierte Regelphilosophie ebenfalls mit festen

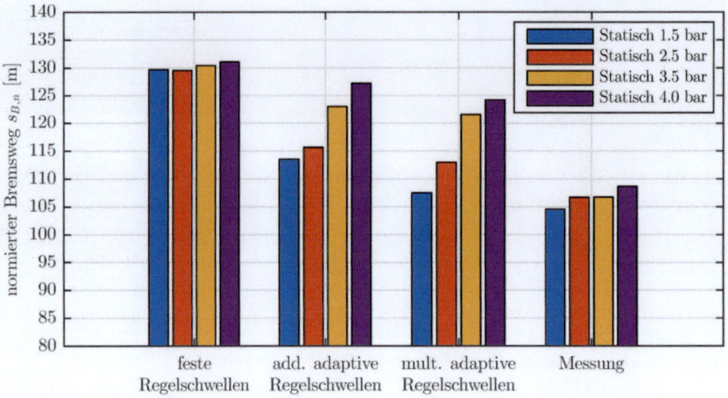

Abb. 9.13: Vergleich der numerisch und experimentell bestimmten Bremswege in Abhängigkeit der ABS-Parametrisierung (nasse Niedrigreibwertfahrbahn)

Regelschwellen zur Schlupf-Regelung betrieben wird. Bei Betrachtung der Resultate der numerischen Berechnungen mit adaptiven ABS-Regelgrößen fällt auf, dass der Bremsweg mit abnehmendem Fülldruck signifikant abnimmt. Dies ist einerseits anhand der ermittelten Reifencharakteristiken (vgl. Kap. 5.2) zu erwarten. Andererseits zeigen die in Kap. 3.2 vorgestellten Bremswegmessungen mit einem Sport- bzw. Kompaktfahrzeug, die über moderne Radschlupfregelsysteme verfügten, einen sehr ähnlichen qualitativen Verlauf. Bei einer Fülldruckreduktion von 3,5 bar auf 1,5 bar (in allen Reifen) war eine Bremswegverkürzung von ca. 20 % nachweisbar. Ähnliche Verringerungspotenziale zeigen die Simulationsergebnisse auf. Dies ermöglicht den Rückschluss, dass das erweiterte *MF*-Reifensimulationsmodelle geeignet ist, um realistische Ergebnisse zur Bewertung des Fülldruckeinflusses auf den Bremsweg zu erzielen.

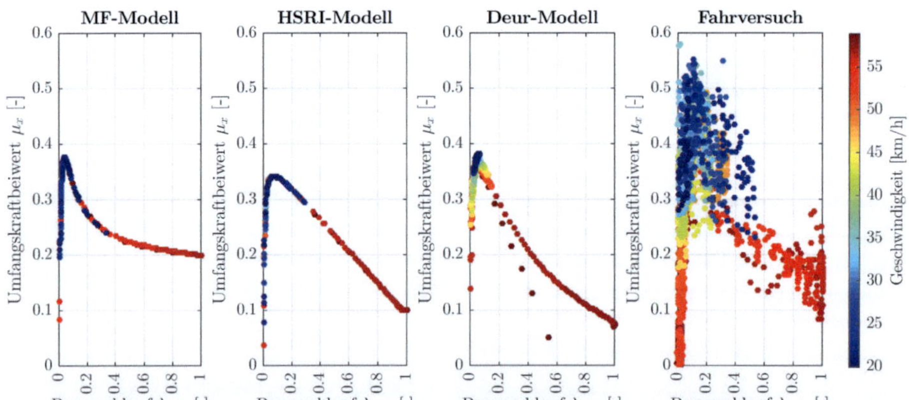

Abb. 9.14: Vergleich simulierter und gemessener Umfangskraftbeiwert-Schlupf-Verlauf während der Bremsung auf nasser Niedrigreibwertfahrbahn ($p_R = 2{,}5$ bar)

Abb. 9.14 veranschaulicht beispielhaft die Verläufe der Kraftschlussbeiwert-Bremsschlupf-Betriebspunkte, die während der simulativen bzw. experimentellen Untersuchungen bei einem Fülldruck von 2,5 bar am rechten Vorderrad bestimmt wurden. Die

Ergebnisse zeigen auf, dass die sich ergebenden Kennlinien einen ähnlichen Verlauf haben. Folglich sind auch die Abweichungen der mit unterschiedlichen Reifenmodellen errechneten Bremswege gering ausgeprägt (vgl. Abb. 7.7 in Kap. 7.2.2). Es könnte daher vermutet werden, dass alle betrachteten Reifenmodelle für die Simulation des Reifenfülldruckeinflusses auf den Bremsweg geeignet sind. Wie bereits in Kap. 6.5 zusammengefasst, führt jedoch insbesondere bei einem spitz ausgeprägten Kraftschlussmaximum, was vor allem bei besonderes niedrigen Fülldrücken zu beobachten ist, weiterhin das *MF*-Reifenmodell zur besten Abbildungsgüte.

Die aufgezeigten Vergleiche verdeutlichen, dass die im praktischen Fahrversuch ermittelten maximalen Kraftschlussbeiwerte höher sind als die numerisch errechneten maximalen Umfangskraftbeiwerte. Folglich sind die auf nasser Niedrigreibwertfahrbahn experimentell bestimmten Anhaltewege geringer sind als die numerisch errechneten Bremswege, vgl. Abb. 9.13. Dies ist u. a. darauf zurückzuführen, dass die Wasserhöhe, respektive das Kraftschlusspotenzial, auf der Niedrigreibwertfahrbahn des Testgeländes von den Umgebungsbedingungen beeinflusst wird. Dies erschwert einen belastbaren Vergleich zwischen den Simulations- und Messergebnissen zur Validierung des Gesamtfahrzeug-Co-Simulationsmodells. Auch die Vergleiche auf trockener Fahrbahn zeigen auf, dass die im praktischen Fahrversuch ermittelten Kraftschlussbeiwerte höher sind als die numerisch errechneten Reibwerte[40]. Dies muss ebenfalls mit der Tatsache begründet werden, dass das Kraftschlusspotenzial durch die Betriebs- und Umweltbedingungen beeinflusst wird. Diese können sich bei der Versuchsdurchführung mit dem Demonstratorfahrzeug sowie den Reifencharakterisierungen, auf denen die parametrisierten Reifenmodelle basieren, unterscheiden. Um den Einfluss der Reifenkennlinienmessungen zu reduzieren, wurde für einen weiteren, abschätzenden Vergleich das erweiterte *Magic Formula*-Reifenmodell anhand der am Versuchsfahrzeug ermittelten Umfangskraftbeiwert-Schlupf-Kenngrößen parametrisiert[41]. Die Koeffizienten zur Beschreibung des dynamischen Radhalbmessers, des Radlasteinflusses sowie des transienten Reifenverhaltens wurden vom bekannten SUV-Reifenmodell, welches anhand der RMA-Messungen parametrisiert wurde, übernommen. Der Reifenfülldruckeinfluss wurde anhand der Kraftschlusskenngrößen charakterisiert, die mit dem am Fahrzeug montierten Radkraftsensor aufgezeichnet wurden. Abb. 9.15 veranschaulicht beispielhaft die Umfangskraftbeiwert-Schlupf-Betriebspunkte, die während einer Bremsung mit dem Versuchsfahrzeug auf trockener bzw. nasser Fahrbahn bei einem Reifeninnendruck von 2,5 bar am rechten Vorderrad aufgezeichnet wurden. Weiterhin ist die mithilfe des Parametrisierungsverfahrens bestimmte Reifenkennlinie des erweiterten *MF*-Modells dargestellt.

Abb. 9.16 veranschaulicht (neben den experimentell ermittelten Bremswegen) die Resultate der Bremswegsimulationen, die auf dem Reifenmodell basieren, welches anhand der am Versuchsfahrzeug gemessenen Kraftverläufe parametrisiert wurde. Zudem wurden die Berechnungen mit festen Schlupf-Regelschwellen sowie mit (multiplikativ) adaptiven Regelgrenzen des ABS durchgeführt. Die Resultate, die mit festen

[40] Dass die numerisch berechneten Bremswege trotzdem kürzer sind als die experimentell ermittelten Anhaltewege, kann damit begründet werden, dass die Regelgüte des modellierten ABS besser ist als im Demonstratorfahrzeug.

[41] Die Methode ist aufgrund dynamisch veränderlicher Radlast- und Radstellungskenngrößen nicht ohne weiteres geeignet um allgemeingültig quasistationäre Reifenkennfelder zu charakterisieren. [vgl. 263; 268] Das parametrisierte Reifenmodell dient hier einer vergleichenden Abschätzung.

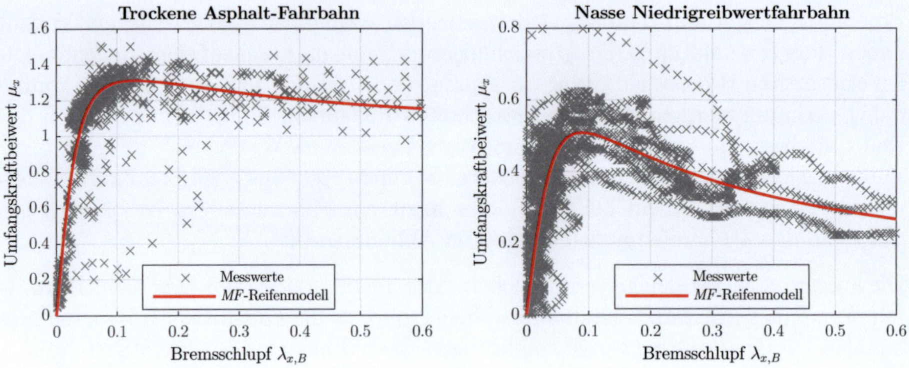

Abb. 9.15: Parametrisierung des *MF*-Reifenmodells anhand des ermittelten Umfangskraftbeiwert-Schlupf-Verlaufs während der Bremsung mit dem Versuchsfahrzeug *Range Rover Evoque* (p_R = 2,5 bar)

Regelschwellen erzielt wurden, führen zu der Erkenntnis, dass die Simulationsergebnisse den Verlauf der experimentell bestimmten Bremswege qualitativ und quantitativ sehr gut nachbilden. Die Abweichungen zwischen den Mess- und Simulationsergebnissen sind gering. Zudem liegen die numerisch errechneten Anhaltewege oftmals im Vertrauensbereich der experimentell ermittelten Bremswegmesswerte. Das erarbeitete Gesamtfahrzeug-Co-Simulationsmodell darf daher als validiert bezeichnet werden. Weiterhin zeigen die dargestellten Ergebnisse nochmals auf, dass die implementierten Regelschwellen des ABS einen signifikanten Einfluss auf die Bremswegberechnung haben. Die mit adaptiven Schlupf-Regelschwellen numerisch errechneten Anhaltewege weisen gegenüber den Simulationsergebnissen mit festen Grenzwerten einen deutlich geringeren Bremsweg auf. Darüber hinaus ist ein signifikanter Einfluss des Reifenfülldrucks nachweisbar. Folgerichtig muss festgestellt werden, dass im Bremssystem des Demonstratorfahrzeugs ein nicht-adaptiver ABS-Regelalgorithmus implementiert ist. Zudem darf konstatiert werden, dass eine implementierte adaptive Regelphiloso-

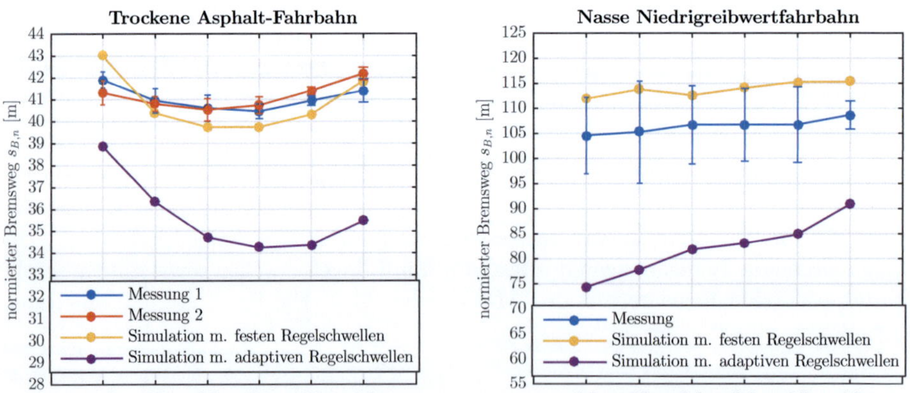

Abb. 9.16: Vergleich simulierte und experimentell mit dem Versuchsfahrzeug ermittelte Bremswege

phie die erzielbaren Anhaltewege des Versuchsfahrzeugs einerseits deutlich verkürzen würde. Andererseits ist ein signifikanter Einfluss des Reifenfülldrucks nachweisbar. Folglich kann mithilfe einer hochdynamischen Reifenfülldruckregelanlage der Bremsweg signifikant reduziert werden.

9.6 Fazit

Mithilfe des aufgebauten Forschungsfahrzeugs als Demonstrator konnte erstmals ein experimenteller Funktionsnachweis für das Wirkprinzip einer hochdynamischen Reifenfülldruckregelanlage erbracht werden. Durchgeführte Fahrversuche auf dem Testgelände zeigen, dass die entwickelte Reifenfülldruckverstellanlage den Reifeninnendruck automatisch, hochdynamisch und radselektiv an die Fahrsituation anpasst. Das instrumentalisierte Versuchsfahrzeuge sowie die Adaption des Radkraftsensors erlauben es erstmals, den Einfluss einer hochdynamischen Reifenfülldruckregelung auf den zeitlichen Verlauf des Kraftübertragungsverhaltens am Reifen während einer ABS-Bremsungen detailliert zu untersuchen. Die Durchführung von reproduzierbaren Bremswegmessungen nach einem standardisierten Open-Loop-Messverfahren auf einer trockenen Asphalt- und einer nassen Niedrigreibwertfahrbahn sowie die Analyse großer Reifenfülldruckvariationen ermöglicht eine umfassende Beurteilung des Fülldruckeinflusses auf das im Fokus der Forschung stehende Bremswegverkürzungspotenzial.

Die analysierten Messergebnisse lassen die Schlussfolgerung zu, dass der Einfluss des Reifeninnendrucks auf das Kraftübertragungsverhalten u. a. von der genutzten Fahrbahnoberfläche des Versuchsgeländes abhängig ist. Während auf trockener Asphalt-Fahrbahn eine Erhöhung des Kraftschlusspotenzials bei mittleren Reifenfülldrücken nachgewiesen werden konnte, sind auf nasser Niedrigreibwertfahrbahn niedrige Fülldrücke zielführend, um den resultierenden Anhalteweg zu verkürzen. Weiterhin wurde festgestellt, dass die Sensitivität des Kraftschlussverhaltens in Abhängigkeit des Reifeninnendrucks auf dem nassem Untergrund deutlich ausgeprägter ist als auf der trockenen Fahrbahn. Zudem konnte die Erkenntnis gewonnen werden, dass die Regelgüte des ABS den resultierenden Bremsweg maßgeblich beeinflusst. Insbesondere auf nasser Niedrigreibwertfahrbahn bewirkt eine Verringerung des Reifenfülldrucks eine Erhöhung der übertragbaren Umfangskraft. Gleichzeitig resultiert die Reduzierung des Reifeninnendrucks in einem spitz ausgeprägten Bereich um das Kraftschlussmaximum sowie einem geringeren kritischen Schlupfwert der Umfangskraftbeiwert-Schlupf-Kennlinie. Ein häufiges Überschreiten des kritischen Schlupfs während des ABS-Regelzyklus sowie eine anschließende Reduzierung des Bremsdrucks durch das Radschlupfregelsystem ist die Folge. Obwohl sich das übertragbare Kraftschlusspotenzial mit abnehmenden Reifeninnendruck auf nasser Fahrbahn erheblich erhöht, ist der Einfluss des Reifenfülldrucks auf den Bremsweg, aufgrund der häufigen Regeleingriffe, marginal. Dies erlaubt den Rückschluss, dass das Potenzial einer hochdynamischen Reifenfülldruckregelanlage durch die Leistungsfähigkeit des ABS mitbestimmt wird.

Die Analyse der zeitlichen Radkraftverläufe bestätigt, dass eine gezielte Anpassung des Reifeninnendrucks die übertragbare Umfangskraft am Reifen maßgeblich erhöht. Zudem wurde aufgezeigt, dass durch die hochdynamische Fülldruckadaption keine Längs-, Quer oder Vertikalkraftschwingungen in das Fahrwerk eingeprägt werden, die die Kraftübertragung am Reifen, respektive den Bremsweg, negativ beeinflussen.

Die umfassende Analyse der Fahrversuche ermöglichte eine Validierung des entwickelten Gesamtfahrzeug-Co-Simulationsmodells. Der Vergleich der numerisch berechneten und im praktischen Fahrversuch ermittelten Bremswege führt zu der Erkenntnis, dass die mit dem *Magic Formula* Reifenmodell simulierten Anhaltewege sehr gut mit den experimentell bestimmten Bremswegen korrelieren. Das erweiterte *HSRI*- bzw. *Deur*-Modell bilden den Reibwertabfall nach Erreichen des Kraftschlussmaximums bei großen Schlupfwerten mitunter nicht korrekt ab. Dies ist insbesondere auf die fehlende Parametrisierungsmöglichkeit zur Modellierung der Kennlinienform, z. B. durch Form- oder Biegefaktoren, zurückzuführen, was bei bestimmten Betriebspunkten zu größeren Abweichungen zwischen simulativen und experimentell ermittelten Bremswegen führt. Das physikalisch basierte *Deur*-Modell weist ein großes Potenzial zur Abbildung der Reifenkennlinien auf. Die Koeffizienten zur Beschreibung des Geschwindigkeitseinflusses sowie zur Darstellung des transienten Ansatzes sollten jedoch in zukünftigen Forschungsarbeiten durch geeignete Reifencharakterisierungen angepasst werden. Anhand der vergleichenden Analysen darf geschlussfolgert werden, dass sich das für große Reifenfülldruckvariationen erweiterte *Magic Formula* Reifenmodell als besonders geeignet für die numerische Simulation des Bremswegverkürzungspotenzials von Kraftfahrzeugen mit hochdynamischer Reifenfülldruckregelanlage erwiesen hat.

Es wurde aufgezeigt, dass die numerisch errechneten Bremswege, die mit den Reifensimulationsmodellen basierend auf den Reifenmessanhänger-Messungen erzielt wurden, wesentlich besser mit den im praktischen Fahrversuch ermittelten Anhaltewegen korrelieren als die Simulationsergebnisse, die mit den Reifenmodellen basierend auf den Corner-Modul-Prüfstand-Messungen durchgeführt wurden. Es muss daher geschlussfolgert werden, dass die Krümmung sowie die Fahrbahneigenschaften der Prüfstandstrommeln die Ausprägung des Reifen-Fahrbahn-Kontakts, und folglich die Kraftschlusseigenschaften, beeinflussen. Eine direkte Anwendbarkeit der unter Laborbedingungen ermittelten Reifeneigenschaften für realitätsnahe Simulationsuntersuchungen ist daher zu hinterfragen.

Der Vergleich der Mess- und Simulationsergebnisse zeigt auf, dass die numerisch mit dem *MF*-Modell berechneten Anhaltewege sehr gut mit den experimentell ermittelten Bremswegen in Abhängigkeit des Reifenfülldrucks korrelieren. Verschiedene Einflüsse, die die Reifencharakterisierung - und folglich die Reifenmodellparametrisierung - beeinflussen, resultieren trotzdem in leichten Differenzen. Zur Reduzierung des Einflusses wurde für einen abschätzenden Vergleich das erweiterte *MF*-Reifenmodell anhand der am Versuchsfahrzeug ermittelten Umfangskraftbeiwert-Schlupf-Kenngrößen parametrisiert. Die Abweichungen zwischen den Resultaten der Bremswegsimulationen, die auf diesem Reifenmodell basieren, und der Messergebnisse können als sehr gering bezeichnet werden. Darüber hinaus konnte anhand der Simulationsanalysen festgestellt werden, dass die verwendete ABS-Regelphilosophie einen signifikanten Einfluss auf den erzielbaren Bremsweg hat. Es lässt sich ableiten, dass im Bremssystem des Demonstratorfahrzeugs ein nicht-adaptiver ABS-Regelalgorithmus implementiert ist. Es kann aufgezeigt werden, dass die Optimierung der ABS-Parametrisierung den Anhalteweg des Versuchsfahrzeugs, insbesondere bei niedrigen Reifeninnendrücken, deutlich verkürzen würde. Daher darf geschlussfolgert werden, dass durch eine adaptive ABS-

Regelphilosophie sowie die Integration einer hochdynamischen Reifenfülldruckregelanlage der Bremsweg von Kraftfahrzeugen signifikant reduziert werden kann.

10 Zusammenfassung und Ausblick

10.1 Zusammenfassung

Die Entwicklung eines Reifenmessanhängers sowie eines Corner-Modul-Prüfstands als mobile bzw. stationäre Prüfeinrichtung zur Charakterisierung von Reifeneigenschaften unter Real- bzw. Laborbedingungen und die Erarbeitung einer Mess- und Auswertemethode erlauben die Analyse des Kraftschlussverhaltens von Reifen in Abhängigkeit des Reifenfülldrucks.

Die entsprechend des erarbeiteten Versuchsprogramms durchgeführten Messungen und deren detaillierte Analyse quantifizieren erstmals den Einfluss großer Reifenfülldruckvariationen auf das im Fokus der Forschung stehende Umfangskraftverhalten von Pkw-Reifen. Die vorgestellten Resultate erlauben die Schlussfolgerung, dass der Reifeninnendruck einen signifikanten Einfluss auf die Ausprägung der Umfangskraftbeiwert-Bremsschlupf-Kennlinien der analysierten Reifen hat. Anders als beim Seitenkraftverhalten von Luftreifen zeigte sich beispielsweise, dass die Umfangssteifigkeit insbesondere durch die Laufflächenelastizität bestimmt wird und mit abnehmendem Reifeninnendruck exponentiell zunimmt. Während auf trockener Asphalt-Fahrbahn die Auswirkung des Fülldrucks auf den maximalen Umfangskraftbeiwert moderat - jedoch nicht vernachlässigbar - ist, konnte insbesondere auf nasser Niedrigreibwertfahrbahn ein deutlicher Einfluss des Reifenfülldrucks auf den maximalen Kraftschlussbeiwert nachgewiesen werden. Prinzipiell resultiert bei diesen Analysen ein reduzierter Fülldruck in einem erhöhten Kraftübertragungspotenzial im Reifen-Fahrbahn-Kontakt.

Weiterhin konnte festgestellt werden, dass die mit dem Corner-Modul-Prüfstand unter Laborbedingungen auf unterschiedlich gekrümmten Prüfstandstrommeln erzielten Ergebnisse sowie die mithilfe des Reifenmessanhängers auf realer Asphalt-Fahrbahn bestimmten Messergebnisse abweichende Resultate liefern. Grundsätzlich darf konstatiert werden, dass der maximale Umfangskraftbeiwert mit abnehmender Trommelkrümmung zunimmt. Zudem zeigte sich, dass die Sensitivität des Reibbeiwerts bei einer Reifenfülldruckadaption auf den untersuchten Laborfahrbahnen wesentlich größer ausgeprägt ist als auf der realen Asphalt-Fahrbahn.

Für die Berücksichtigung des Krümmungseinflusses auf das Kraftübertragungsverhalten im Reifen-Fahrbahn-Kontakt wurde daher eine Umrechnungsmethode erarbeitet, die es erlaubt, anhand von Reifenlatschmessungen die bestimmten Umfangskraftbeiwert-Schlupf-Kennlinien in Abhängigkeit der Fahrbahnkrümmung zu skalieren. Die Applikation des Verfahrens zur Umrechnung der auf unterschiedlich gekrümmten Prüfstandstrommeln bestimmten Reifenkennlinien führte zu zufriedenstellenden Resultaten. Eine Anwendung der Umrechnungsmethode zur Überführung der unter Real- und Laborbedingungen erzielten Reifencharakteristiken war, nicht zuletzt aufgrund der sich deutlich unterscheidenden Mikro- und Makrotextur der Fahrbahnen, allerdings nicht zielführend. Die Charakterisierung der Fahrbahnoberflächentexturen sowie die Analyse der fülldruckabhängigen tatsächlichen Kontaktflächen im Reifen-Fahrbahn-Kontakt führen zu der Erkenntnis, dass die effektive Berührfläche zwischen dem Laufstreifengummi und der Fahrbahn das Kraftschlussverhalten maßgeblich bestimmt. Mit diesem Phänomen kann erklärt werden, weshalb die Sensitivität der Reifencharakteristiken in Abhängigkeit des Reifenfülldrucks auf den Prüfstandstrommeln wesentlich größer ist als auf der groben Asphaltfahrbahn. Schließlich muss folgerichtig angezweifelt werden, dass Messungen auf Laborrollen, die eine geringe Makrotextur aufweisen, für die Charakterisierung des Reifenfülldruckeinflusses auf realen Fahrbahnen und der anschließenden Parametrisierung von Reifenmodellen geeignet sind.

Für realitätsnahe numerische Analysen ist eine gute Abbildungsgüte der verwendeten Reifensimulationsmodelle unabdingbar. Die häufig für Fahrdynamiksimulationen von Kraftfahrzeugen verwendeten *Magic Formula*-, *HSRI*- bzw. *Deur*-Modelle berücksichtigten bisher den Reifeninnendruck nicht als Einflussgröße oder sind auf geringe Fülldruckvariationen beschränkt. Zur Abbildung des Reifenfülldruckeinflusses auf das Kraftschlussverhalten wurden daher diese Reifensimulationsmodelle für große Reifenfülldruckvariationen erweitert. Mit den im Rahmen der hier vorliegenden Forschungsarbeit eingeführten Modellerweiterungen ist erstmals die Möglichkeit geschaffen worden, große Reifenfülldruckvariationen zu berücksichtigen. Anhand der errechneten Approximationsfehler konnte nachgewiesen werden, dass die drei Modelle die experimentell bestimmten Reifencharakteristiken mit hoher Modellgüte abbilden. Die beste Abbildungsgenauigkeit wurde meist, nicht zuletzt aufgrund der Modellierung der Kennlinienform durch die sog. Form- und Biegefaktoren, mit dem erweiterten *Magic Formula* Modell erzielt.

Ein entwickeltes Gesamtfahrzeug-Co-Simulationsmodell zur numerischen Berechnung des Fahrdynamikverhaltens von Kraftfahrzeugen erlaubt u. a. die Implementierung der erweiterten Reifenmodellgleichungen, des parametrisierten Radschlupfregelsystem sowie der erarbeiteten Reifenfülldruckregelanlage als MIL-Modelle. Der interdisziplinäre und ganzheitliche Simulationsansatz sowie die erweiterten reifenfülldruckabhängigen Reifenmodelle bieten erstmals die Möglichkeit, den Einfluss einer radselektiven, hochdynamischen Reifenfülldruckadaption auf die Fahrdynamik zu bewerten und verschiedene integrierbare Regelphilosophien zu analysieren. Der Einfluss verschiedener Parametervariationen auf das im Fokus der Forschung stehende Bremswegverkürzungspotenzial wurde dargestellt. Die Resultate erlauben die Schlussfolgerung, dass mithilfe einer gezielten Reifenfülldruckadaption der Bremsweg, insbesondere auf nasser Fahrbahn, signifikant verringert werden kann.

Schließlich wurden die Komponenten einer Reifenfülldruckregelanlage simulativ ausgelegt und zusammen mit einer entwickelten Regelstrategie zur Ansteuerung der Fülldruckverstellanlage in ein Versuchsfahrzeug als Demonstrator implementiert. Damit wurde erstmals eine hochdynamische Reifenfülldruckregelanlage in einem Versuchsfahrzeug realisiert. Durch umfangreiche Fahrversuche auf einem Testgelände konnte das Gesamtfahrzeug-Co-Simulationsmodell validiert werden. Eine Überprüfung des Zeitverhaltens zur Adaption des Reifenfülldrucks mit den Simulationsergebnissen zeigte auf, dass das Simulationsmodell die Reifendruckverstellanlage korrekt abbildet. Die Auswertung von Bremswegmessungen, die nach einem Open-Loop-Messverfahren durchgeführt wurden, der Vergleich mit den Simulationsergebnissen und nicht zuletzt die Analyse des Kraftübertragungsverhaltens im Reifen-Fahrbahn-Kontakt mithilfe eines Radkraftsensors führen zu der Erkenntnis, dass das im Rahmen dieser Forschungsarbeit für große Reifenfülldruckvariationen erweiterte *Magic Formula* besonders geeignet ist, um das Bremswegverkürzungspotenzial durch eine Reifeninnendruckadaption zu bewerten. Weiterhin lässt sich anhand der Analysen ableiten, dass eine Adaption des Reifeninnendrucks die übertragbare Umfangskraft, insbesondere auf nasser Fahrbahn, signifikant erhöht. Gleichzeitig kann geschlussfolgert werden, dass der resultierende Bremsweg von der Regelgüte des ABS mitbestimmt wird. Schließlich konnte mithilfe der praktischen Fahrversuche das Wirkprinzip eines reifenfülldruckbasierten Fahrerassistenzsystems, insbesondere zur Verkürzung des Bremswegs von Kraftfahrzeugen, nachgewiesen werden.

Abschließend lässt sich festhalten, dass mit der vorliegenden Forschungsarbeit ein Beitrag zur Realisierung sowie zur simulativen und experimentellen Bewertung der Leistungsfähigkeit eines reifenfülldruckbasierten Fahrerassistenzsystems geleistet wurde. Die entwickelte Methodik erlaubt es, die Auswirkung einer Vielzahl an Einflussgrößen auf die Fahrdynamik von Kraftfahrzeugen mit einer hochdynamischen Reifenfülldruckregelanlage durch eine ganzheitliche Simulationsrechnung zu analysieren. Zudem wurde erstmals eine Fülldruckverstellanlage, die den Reifeninnendruck adaptiv an die Fahrsituation anpasst, in einem Versuchsfahrzeug realisiert. Damit wurde die Möglichkeit geschaffen, das Potenzial einer intelligent geregelten, hochdynamischen Reifenfülldruckregelanlage als Fahrerassistenzsystem experimentell zu bewerten.

10.2 Ausblick

Zur Berücksichtigung großer Reifenfülldruckvariationen wurden im Rahmen dieser Forschungsarbeit das *Magic Formula*-, das *HSRI*- sowie das *Deur*-Reifenmodell für die Abbildung des Umfangskraftverhaltens von Reifen erweitert. Bisher bekannte Erweiterungen der Reifensimulationsmodelle zeigten, dass die entwickelten Modellgleichungen in ähnlicher Form auch auf das Querkraftverhalten des Reifens übertragbar sind. [vgl. 176; 317; 379; 50; 91; 37] Es ist daher davon auszugehen, dass der in dieser Arbeit beschriebene und umgesetzte Lösungsansatz in vergleichsweiser Formulierung, z. B. zur Beschreibung des Radlast- und Reifenfülldruckeinflusses auf den maximalen Querkraftbeiwert $\mu_{y,max}$ oder die Anfangssteigung C_α, ebenfalls zur Berechnung des Seitenkraft- und Rückstellmomentverhaltens angewendet werden können. Dies ist in zukünftigen Forschungsarbeiten durch experimentelle Untersuchungen sowie eine sich anschließende Parametrisierung der verschiedenen Modellgleichungen zu überprüfen.

Es konnte nachgewiesen werden, dass das für große Reifenfülldruckvariationen erweiterte *MF*-Reifenmodell am besten geeignet ist, um das Potenzial eines reifenfülldruckbasierten Fahrerassistenzsystems zu analysieren. Trotzdem ist das *Deur*-Modell aufgrund seiner vielfältigen physikalischen Abbildungsmöglichkeiten vielversprechend. Daher es es zielführend, die durch Literaturangaben angegebenen Koeffizienten mit durchzuführenden Messungen zu verifizieren. Insbesondere die Charakterisierung des Geschwindigkeitseinflusses auf das Kraftschlussverhalten von Reifen sollte im Rahmen zukünftiger Arbeiten quantifiziert werden.

Die vorgestellten Messergebnisse zur Charakterisierung des Reifeninnendruckeinflusses auf die Kraftschlusseigenschaften von Reifen wurden anhand eines breiten Spektrums unterschiedlicher Serienreifen ermittelt, die sich u. a. in der Dimension, des Geschwindigkeitsindex, der Anzahl der Karkassenlagen, der Tragfähigkeit, der Gummimischung und der Profilgestaltung voneinander unterscheiden. Zur gezielten Analyse der Sensitivität des Reifenfülldruckeinflusses auf das Kraftschlusspotenzial verschiedener Reifenvarianten, ist eine systematische Untersuchung mit speziellen Versuchsreifen unabdingbar. Um die unterschiedliche Empfindlichkeit verschiedener Reifen auf eine Fülldruckadaption konstruktiven Eigenschaften, der Gummimischung oder der Profilgestaltung des Reifens zuordnen zu können, müssen Testreifen analysiert werden, die sich nur in definierten Parametern unterscheiden.

Zudem ist es vorstellbar, spezielle (fülldrucksensitive) Konzeptreifen zu entwickeln und zu charakterisieren, bei denen in Abhängigkeit des Reifeninnendrucks verschiedene Laufstreifenmischungen in den Reifen-Fahrbahn-Kontakt eintreten. MÄCKLE & SCHIRLE [259] entwickelten beispielsweise für das Konzeptfahrzeug *F400 Carving* einen neuartigen Reifen mit asymetrischem Gürtelquerschnitt und verschiedenen Laufflächenteilen. Erkennt das Fahrzeug eine Notbremssituation, tritt durch eine Sturzverstellung eine Hochreibwert-Gummimischung in den Rad-Boden-Kontakt ein. Folglich wäre auch die Entwicklung und Erprobung neuartiger Reifenkonstruktionen denkbar, die im Zusammenwirken mit einer Reifenfülldruckregelanlage ein großes Feld zwischen einem sehr niedrigen Rollwiderstand und einem besonders hohen Kraftschlusspotenzial abdecken.

Die experimentellen Analysen des Umfangskraftverhaltens in Abhängigkeit großer Reifenfülldruckvariationen am MaSTeR-Prüffeld unter Laborbedingungen erfolgten sowohl mit dem Reifenmessanhänger als auch mit dem Corner-Modul-Prüfstand. Die vergleichende Diskussion der Resultate erlaubten die Schlussfolgerung, dass mithilfe der entwickelten Messeinrichtungen sehr reproduzierbare Messergebnisse erzielt werden können. Gleichzeitig zeigte die Analyse der systemimmanenten Eigenschaften der Prüfaufbauten auf, dass sich die Radstellungsgrößen bei großen Reaktionskräften geringfügig ändern können. Der Einfluss auf das charakterisierte Kraftschlussverhalten der Reifen wird jedoch als sehr gering eingeschätzt (vgl. Kap. 4.5 und Kap. A.9). Zum besseren Verständnis des Positionierungseinflusses des Reifens auf die Messergebnisse, insbesondere die Positioniergenauigkeit des Messrads auf dem Zenit der Laufrolle, werden weitere Untersuchungen empfohlen.

Im Rahmen der vorliegenden Forschungsarbeit wurde eine Umrechnungsmethodik zur Korrektur des Fahrbahnkrümmungseinflusses entwickelt, die es ermöglicht, experimentell ermittelte Reibwertkennlinien anhand analysierter Kenngrößen der Reifenaufstandsfläche zu skalieren. Wie bereits in Kap. 5 diskutiert, muss für eine allgemeingültige Anwendung der Einfluss der Fahrbahneigenschaften, insbesondere der Oberflächentextur, mitbetrachtet werden. Zukünftige Forschungsarbeiten zur weiteren Entwicklung der vorgestellten Korrekturmethode, die es erlaubt, das auf gekrümmten Laborfahrbahnen bestimmte Kraftschlussverhalten auf Realfahrbahnen umzurechnen, sollten die charakterisierenden Parameter der Fahrbahntextur mit berücksichtigen.

Um die hier vorgestellten Erkenntnisse statistisch weiter abzusichern, wäre es zusätzlich wünschenswert, weitere Fahrbahnbeläge (wie z. B. Beton) und weitere Reifenvarianten (wie z. B. Runflat-Reifen) zu analysieren. Zudem sind zusätzliche Einflussfaktoren auf die Reifencharakteristiken bisher nicht untersucht worden und folglich nicht als Eingangsgrößen in den vorgestellten Reifenmodellen berücksichtigt. Dazu zählt u. a. die Profiltiefe der Lauffläche, die Fahrgeschwindigkeit und die Reifen- bzw. Fahrbahntemperatur. Erste experimentelle Kraftschlussanalysen, die mit dem Sport-Reifen am Corner-Modul-Prüfstand bei einer Geschwindigkeit von 50 km/h sowie 100 km/h durchgeführt wurden, zeigen geringe, jedoch nachweisbare Unterschiede im Kennlinienverlauf auf. Um weitere Erkenntnisse über den Reifenfülldruckeinfluss bei unterschiedlichen Betriebsbedingungen zu erlangen, ist eine Analyse dieser Einflussgrößen anzustreben.

Die Umgebungstemperatur wirkt sich auf die Temperaturverteilung am Reifen sowie der Fahrbahn aus und beeinflusst damit die Gummieigenschaften und folglich das Kraftübertragungsverhalten am Reifen (vgl. Kap. 2.1.4). Für die in dieser Arbeit untersuchten Reifen sind erste Kraftschlussmessungen mit dem CMP am klimatisierten *MaSTeR*-Prüffeld analysiert worden, die es ermöglichen, den Einfluss der Umgebungstemperatur auf Reibwert-Schlupf-Kennlinien in Abhängigkeit des Reifenfülldrucks abzuschätzen. Abb. 10.1 verdeutlicht die Umfangskraftbeiwert-Schlupf-Kennlinien, die beispielhaft für den Sport-Reifen bei -20 °C, +20 °C und +40 °C auf der 48"-Prüfstandstrommel aufgezeichnet wurden. Anhand der Messergebnisse lässt sich ableiten, dass die ermittelten Umfangssteifigkeiten mit zunehmender Umgebungstemperatur abnehmen. Die höhere Außentemperatur resultiert in einer höheren Temperatur der Lauffläche des Reifens und demzufolge in einer geringeren Steifigkeit des Laufstreifens. Weiterhin ist festzustellen, dass der Einfluss des Reifenfülldrucks auf die Umfangssteifigkeit bei geringer Umgebungstemperatur kleiner ist. Dies kann damit begründet werden, dass der Kraftschluss zwischen Reifen und Fahrbahn bei geringerer Temperatur kleiner wird. Die Profilelemente des Reifens beginnen eher zu gleiten. Folglich sinkt die Laufstreifensteifigkeit. Bei Betrachtung des maximalen Kraftschlussbeiwerts fällt auf, dass die Abweichung zwischen den Messungen, die bei +20 °C und +40 °C Umgebungstemperatur ermittelt wurden, marginal sind. Dies ist darauf zurückzuführen, dass die Unterschiede der sich einstellenden stationären Laufstreifentemperatur[42] gering sind. Wie für eine Gummimischung eines Sommerreifens zu erwarten, verdeutlichen die bei -20 °C ermittelten maximalen Umfangskraftbeiwerte, dass der Kraftschluss bei tiefen Temperaturen signifikant abnimmt. Darüber hinaus kann festgestellt werden, dass auch bei niedriger Umgebungstemperatur mit abnehmenden Reifenfülldruck das Kraftschlusspotenzial des Sport-Reifens tendenziell steigt. Weiterhin darf konstatiert werden, dass die bei den Kaltversuchen bestimmten kritischen Schlupfwerte, die insbesondere durch die kleinere Umfangssteifigkeit sowie dem verringerten Kraftübertragungspotenzial beeinflusst werden, nachweislich geringer sind als bei den Warmversuchen. Die beschriebenen Temperatureinflüsse werden bei den im Rahmen dieser Forschungsarbeit erweiterten Simulationsmodellen bisher nicht berücksichtigt. Durch weitere experimentelle Untersuchungen sollte der quantitative Einfluss umfas-

[42] Die Analyse der Laufflächentemperatur des Reifens, die mit einem Infrarot-Pyrometer abgeschätzt wurde, zeigt auf, dass sich nach der Warmlaufprozedur (vgl. Kap. 4.3) eine stationäre Oberflächentemperatur eingestellt hat. Diese ist während der gesamten Messprozedur relativ konstant. Bei den Untersuchungen bei einer Umgebungstemperatur von -20 °C betrug die Temperatur der Lauffläche ca. 0 °C. Bei den experimentellen Analysen bei einer Umgebungstemperatur von 20 °C bzw. 40 °C betrug die stationäre Laufflächentemperatur ca. 30 °C bzw. ca. 45 °C.

send analysiert werden. Anschließend sind Modellgleichungen zu erarbeiten, die den Temperatureinfluss mit hoher Modellgüte abbilden. Erste Ansätze zur Erweiterung des *Magic Formula* Reifenmodells werden u. a. von MIZUNO et al. [253; 252], GUTJAHR et al. [153] sowie CALABRESE et al. [59] empfohlen. Die Autoren schlagen unabhängig voneinander vor, das Modell um den Temperatureffekt zu erweitern. GUTJAHR et al. [153] empfehlen in einem ersten Schritt die Skalierungsfaktoren (λ-Faktoren) des *Magic Formula* Modells zu nutzen, um den Einfluss der Reifentemperatur zu modellieren. Eine Übertragbarkeit auf die im Rahmen dieser Forschungsarbeit erweiterten Reifenmodelle ist zu überprüfen.

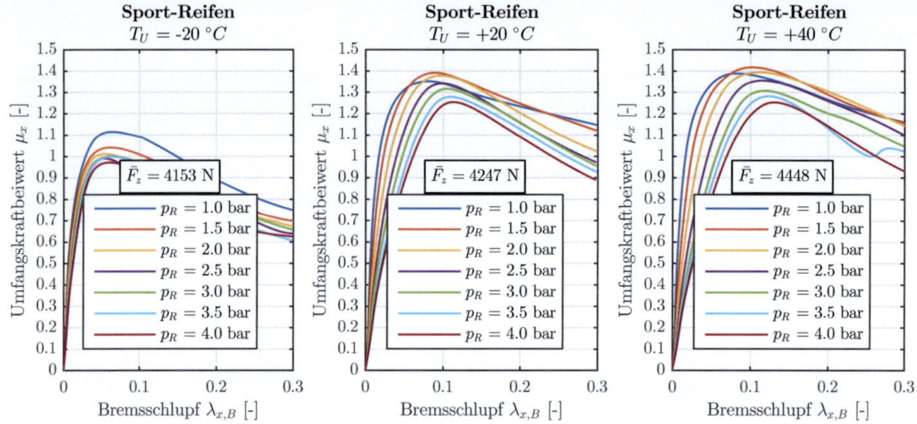

Abb. 10.1: Für den Sport-Reifen unter klimatisierten Bedingungen ermittelte Reifenkennlinien (CMP auf 48"-Trommel)

Das Verschleißverhalten des Reifens in Abhängigkeit des Fülldrucks wurde in dieser Arbeit nicht betrachtet. Allgemein bekannt ist, dass ein dauerhaft zu niedrig bzw. zu hoch eingestellter Innendruck die Lebensdauer des Reifens reduzieren kann. [vgl. 35; 227] Die dezidierte experimentelle Analyse des Reifenfülldruckeinflusses auf das Abriebverhalten von Reifen, insbesondere die Charakterisierung des Fülldruckeinflusses auf die Anzahl sowie die Größenverteilung entstehender (Feinstaub-)Partikel, wird mithilfe der im Rahmen dieser Forschungsarbeit entwickelten Prüfeinrichtungen in nachfolgenden Forschungsprojekten des *Fachgebiets Kraftfahrzeugtechnik* untersucht.

Mithilfe der vorgestellten simulativen und experimentellen Analysen konnte nachgewiesen werden, dass die Applikation einer hochdynamischen Reifenfülldruckregelanlage einen großen Beitrag zur Reduzierung des Bremswegs von Kraftfahrzeugen bietet. Mit der entwickelten Methode ist es weiterhin möglich, das Potenzial eines reifenfülldruckbasierenden Fahrerassistenzsystems zur Optimierung der Querdynamik zu bewerten. Durch eine im Rahmen des Forschungsprojekts *ADTYRE* [16] entwickelte Kopplung der hochdynamischen RDRA des Forschungsfahrzeugs *Mercedes Sprinter* mit einem HIL-Prüfstand konnte die Fülldruckverstellanlage mit der Fahrdynamiksimulationsumgebung *IPG CarMaker* verbunden werden. Die Methodik erlaubte es, Regelalgorithmen zur Optimierung der Querdynamik zu erproben, ohne aufwändige und riskante Fahrversuche auf einem Testgelände durchführen zu müssen. [vgl. Sch14]

Hasel [161] entwickelte beispielsweise in seiner Masterarbeit einen Fuzzy-Regler zur prädiktiven Anpassung des Reifeninnendrucks an die Fahrbedingungen zur der Erhöhung der Kurvengeschwindigkeit, respektive der übertragbaren Querkräfte am Kraftfahrzeug, sowie zur Reduzierung des Schwimmwinkels und erprobte die Regelstrategie am HIL-Prüffeld. Ebenfalls erprobt wurde ein voll-integrativer Regelansatz zur optimalen Ansteuerung mehrerer Subsysteme. [vgl. Shy+13; Shy+15] Dabei wurde der Reifenfülldruckeinfluss durch einen einfachen Ansatz abgebildet. Für eine umfassende Bewertung einer hochdynamischen RDRA zur Optimierung der Querdynamik von Kraftfahrzeugen muss die Übertragbarkeit der in dieser Forschungsarbeit erweiterten Reifenmodelle zur Berechnung des Seitenkraftverhaltens verifiziert werden. Dies kann als Zielstellung zukünftiger Forschungsarbeiten durch Reifenkennlinienmessungen und deren anschließende Parametrisierung definiert werden.

Die im Rahmen dieser Arbeit vorgestellte Methode zur Analyse der Leistungsfähigkeit einer hochdynamischen Reifenfülldruckregelanlage bietet darüber hinaus die Möglichkeit, das Potenzial eines reifenfülldruckbasierenden Fahrerassistenzsystems zur Reduzierung der CO_2-Emission von Kraftfahrzeugen zu bewerten. Durch die Parametrisierung geeigneter Rollwiderstandsmodelle (vgl. Kap. 2.2.3) sowie die Optimierung der prädiktiven Regelstrategie, die vom Autor im ersten Ansatz im Rahmen des *ADTYRE*-Forschungsprojekts (vgl. Kap. 2.5) entwickelt wurde, kann das Einsparpotenzial quantifiziert werden. Insbesondere die Implementierung von vorausschauenden Regelalgorithmen sowie einer geeigneten Umfeldsensorik in das Versuchsfahrzeug versprechen ein großes Potenzial, um die Reduktion schädlicher Emissionen im praktischen Fahrversuch nachzuweisen. Darüber hinaus sind intelligente Regelstrategien zur Ansteuerung eines mit dem Verbrennungsmotor gekoppelten Druckluftkompressors - wie z. B. durch die Ausnutzung des Schleppbetriebs des Motors oder der Verringerung des spezifischen Kraftstoffverbrauchs durch eine gezielte Lastpunktverschiebung - sowie neuartige Prinzipien zur Drucklufterzeugung, z. B. durch eine Komprimierung der Druckluft im Verbrennungsmotor bei Zylinderabschaltung oder der Verwendung eines Druckluft-Hybridfahrzeugs [vgl. 38], vielversprechend und sollten im Rahmen einer Potenzialanalyse bewertet werden.

Das entwickelte ganzheitliche Gesamtfahrzeug-Co-Simulationsmodell bietet die Möglichkeit, einzelne MIL-Modelle durch einen realen Aufbau an einem HIL-Prüfstand zu ersetzen. Durch die Einbindung des Reifenmessanhängers im MaSTeR-Prüffeld und die Ansteuerung der implementierten Reifenfülldruckregelanlage über die Simulationsumgebung konnte ein erster Funktionsnachweis erbracht werden. Die Integration eines Bremsenprüfstands, der über ein modernes ABS-Steuergerät verfügt, verspricht Erkenntnisse für die Bewertung des Einflusses neuartiger Regelstrategien auf hochdynamische und große Reifenfülldruckvariationen für zukünftige Untersuchungen.

Die in Kap. 7 vorgestellten Resultate der Gesamtfahrzeug-Co-Simulation erlauben die Schlussfolgerung, dass eine integrierte Regelung zur Ansteuerung des Fülldruckverstellsystems, wie auch die Adaption der ABS-Regelschwellen, die berechneten Bremswege weiter verkürzt. Eine Anwendung des Regelansatzes im Realfahrzeug wurde im Rahmen dieser Forschungsarbeit nicht detailliert untersucht, da eine Übertragung des angewendeten regelbasierten ABS-Regelalgorithmus in das Realfahrzeug nicht ohne Weiteres umsetzbar war. Für die Abschätzung der Fahrzeuggeschwindigkeit, der Radverzögerung sowie des Bremsschlupfs an den jeweiligen Rädern müssen geeignete

Beobachter entwickelt und parametrisiert werden. Erste Ansätze zur Erarbeitung zielführender Schätzer sowie die Applikation im Versuchsfahrzeug werden von SAVITSKI et al. u. a. in [312; 313] beschrieben. Darüber hinaus wird von den Autoren die Integration eines Brake-by-Wire-Bremssystems am Forschungsfahrzeug vorgestellt. Durch die Entwicklung neuartiger ABS-Regelstrategien (sog. integrale Sliding-Mode-Regler) zur kontinuierlichen Bremsschlupfregelung konnte ein weiteres Bremswegeinsparpotenzial nachgewiesen werden. Neben der hochdynamischen RDRA und dem Brake-by-Wire-Bremssystem wurde im Rahmen des Forschungsprojekts *EVE* ein semi-aktives Fahrwerk am Demonstrator verbaut. Die Entwicklung eines voll-integrativen Regelansatzes zur optimalen Ansteuerung der drei Subsysteme verspricht eine weitere Möglichkeit zur Bremswegverkürzung. Die Entwicklung und Parametrisierung geeigneter Regelstrategien sowie ein Funktionsnachweis am HIL-Prüfstand sowie im praktischen Fahrversuch ist das Ziel künftiger Untersuchungen.

Das im Rahmen der Forschungsarbeit aufgebaute Versuchsfahrzeug erlaubt es, den Einsatz einer intelligent geregelten, hochdynamischen Reifenfülldruckregelanlage als Fahrerassistenzsystem experimentell zu bewerten. Neben der aufgezeigten Analyse des Bremswegverkürzungspotenzials, ermöglicht es der Demonstrator, prädiktive Regelstrategien zur Optimierung der Querdynamik sowie zur Reduzierung des Rollwiderstands, respektive der resultierenden Schadstoffemissionen, des Kraftfahrzeugs zu implementieren. In Folgearbeiten sind die Regelalgorithmen weiterzuentwickeln sowie geeignete Fahrversuche zur Bewertung der Leistungsfähigkeit des neuartigen Assistenzsystems zu definieren und zu analysieren.

Die im Versuchsfahrzeug implementierten Regelschwellen des Echtzeit-Regelsystems zur radselektiven Reifenfülldruckadaption wurden als Kennfelder hinterlegt, die insbesondere von der Reifenvariante und der Radlast abhängen. Die Messergebnisse in Kap. 5 haben gezeigt, dass der optimale Reifeninnendruck zur Maximierung der Kraftübertragung auch von den Fahrbahneigenschaften abhängig ist. Um eine allgemeine Übertragbarkeit der entwickelten Regelstrategie für eine mögliche Serienanwendung zur gewährleisten, müssten die Fahrbahnbedingungen durch eine geeignete Umfeldsensorik (vgl. Kap. 2.1.4) charakterisiert und zur Berechnung der Regler-Sollwerte einbezogen werden. Aufgrund der stetigen Weiterentwicklung von Fahrdynamik- und Fahrerassistenzsystemen wird die Rechenleistung der Steuergeräte in nächster Zeit weiterhin steigen. Auch der Vernetzungsgrad der Fahrzeuge wird zukünftig weiter zunehmen, nicht zuletzt aufgrund leistungsstarker Funknetze für die großflächige Car-to-X-Kommunikation. Da die zuverlässige Beschreibung des Fahrbahnzustands für Systeme des hochautomatisierten Fahrens eine zwingende Voraussetzung ist [vgl. 156], darf vermutetet werden, dass zukünftig entsprechende Systeme im Fahrzeug Verwendung finden. Um eine allgemeine Anwendbarkeit der entwickelten Regelstrategie zur Verringerung des Bremswegs von Kraftfahrzeugen mit einer hochdynamischen Reifenfülldruckregelanlage für zukünftige Serienanwendungen zu gewährleisten, müssten die Fahrbahnbedingungen durch ein geeignetes Sensorsystem charakterisiert werden. Die Integration in die Reglerstruktur zur Berechnung der optimalen, radselektiven Reifeninnendrücke ist Aufgabe zukünftiger Forschungsarbeiten.

Insbesondere vor dem Hintergrund der fortschreitenden Fahrzeugautomatisierung bis hin zum autonomen Fahren rückt die Analyse des Reifenfülldruckeinflusses auf die

Fahrdynamik von Kraftfahrzeugen immer weiter in den Fokus der Forschung. Der entwickelte Demonstrator als mobiles Prüflabor ermöglicht es, neuartige Prüfverfahren experimentell zu erproben. Aufgrund der Möglichkeit, den Reifeninnendruck hochdynamisch und radselektiv zu reduzieren, können sog. Blowout-Versuche reproduzierbar durchgeführt werden. Einerseits kann damit ein experimentelles Verfahren zur Bewertung des Fahrereingriffs während eines auftretenden Druckverlusts am Reifen im autonomen Fahrbetrieb entwickelt werden, andererseits erlauben es die Brake-by-Wire-Bremsanlage sowie das Mess- und Regelsystem des Forschungsfahrzeugs, innovative Regelstrategien zur Fahrzeugstabilisierung bei einem reduzierten Reifenfülldruck, respektive einem Fülldruckverlust, zu erproben.

Literaturverzeichnis

Literatur

[1] Adams, B. T. & Reid, J. F. & Hummel, J. W. & Zhang, Q. & Hoeft, R. G. "Effects of central tire inflation systems on ride quality of agricultural vehicles". In: *Journal of Terramechanics* 41.4 (2004), S. 199–207. ISSN: 0022-4898. DOI: 10.1016/j.jterra.2004.02.011.

[2] Adamski, D. *Simulation in der Fahrwerktechnik: Einführung in die Erstellung von Komponenten- und Gesamtfahrzeugmodellen.* ATZ/MTZ-Fachbuch. Wiesbaden: Springer, 2014. ISBN: 9783658065362.

[3] Adcox, J. & Ayalew, B. & Rhyne, T. & Cron, S. & Knauff, M. "Interaction of Anti-lock Braking Systems with Tire Torsional Dynamics". In: *Tire Science and Technology* 40.3 (2012), S. 171–185. ISSN: 0090-8657.

[4] Ammon, D. & Gnadler, R. & Mäckle, G. & Unrau, H.-J. "Ermittlung der Reibwerte von Gummistollen zur genauen Parametrierung von Reifenmodellen". In: *ATZ - Automobiltechnische Zeitschrift* 106.7-8 (2004), S. 694–701. ISSN: 0001-2785. DOI: 10.1007/BF03221647.

[5] Ammon, D. & Gipser, M. & Rauh, J. & Wimmer, J. "Effiziente Simulation der Gesamtsystemdynamik Reifen-Achse-Fahrwerk". In: *Reifen, Fahrwerk, Fahrbahn.* Hrsg. von Verein Deutscher Ingenieure. VDI Verlag, 1995.

[6] Ammon, D. "Vehicle dynamics analysis tasks and related tyre simulation challenges". In: *Vehicle System Dynamics* 43.sup1 (2005), S. 30–47. ISSN: 0042-3114. DOI: 10.1080/00423110500141003.

[7] Ammon, D. *Modellbildung und Systementwicklung in der Fahrzeugdynamik: Univ., Habil.-Schr.–Karlsruhe, 1996.* Bd. 73. Leitfäden der angewandten Mathematik und Mechanik. Stuttgart: Teubner, 1997. ISBN: 3519023784.

[8] Anderson, J. R. & Adcox, J. & Ayalew, B. & Knauff, M. & Rhyne, T. & Cron, S. "Interaction of a Slip-Based Antilock Braking System with Tire Torsional Dynamics". In: *Tire Science and Technology* 43.3 (2015), S. 182–194. ISSN: 0090-8657.

[9] Anschütz, F. & Fritsch, M. & Höhne, G. & Langbein, P. & Mehlberg, H. & Otte, V. "Beiträge zum konstruktiven Entwicklungsprozeß: Grundlegende Bemerkungen zum konstruktiven Entwicklungsprozeß". Gemeinschaftsdissertation. Ilmenau: Technische Universität Ilmenau, 1969.

[10] ALBRECHT, A. & PRETTEREBNER, J. "Verfahren zur Reifendruckregelung bei einem Kraftfahrzeug". Deutsche Patentanmeldung DE102006039011A1, Anmelder: Daimler AG. 19.08.2006.

[11] ARB CORPORATION LIMITED. *Maximum Performance On-Board Air Supply: Product Release: CKMTA12 / 24.* 2011.

[12] ALAGAPPAN, A. V. & RAO, K. N. & KUMAR, R. K. "A comparison of various algorithms to extract Magic Formula tyre model coefficients for vehicle dynamics simulations". In: *Vehicle System Dynamics* 53.2 (2015), S. 154–178. ISSN: 0042-3114. DOI: 10.1080/00423114.2014.984727.

[13] ARRIGONI, S. & CHELI, F. & SABBIONI, E. & GAVARDI, P. "Influence of tyre characteristics on ABS performance". In: *Proceedings of the 4th International Tyre Colloquium.* Hrsg. von GRUBER, P. & SHARP, R. S. Surrey: University of Surrey, 2015, S. 85–91. ISBN: 978-1-84469-032-9.

[14] ARRIGONI, S. & CHELI, F. & GAVARDI, P. & SABBIONI, E. "Influence of Tire Parameters on ABS Performance". In: *Tire Science and Technology* 45.2 (2017), S. 121–143. ISSN: 0090-8657. DOI: 10.2346/tire.17.450203.

[15] AUGUSTIN, M. & UNRAU, H.-J. *EC Research Project TIME: Final Report of Workpackage 2: unveröffentlichter Forschungsbericht.* Hrsg. von UNIVERSITÄT KARLSRUHE. Karlsruhe, 1997.

[16] AUGSBURG, K. & HÖPPING, K. & KRUCHKOVA, K. & BINHACK, M. *ADTYRE - Intelligentes, dynamisches Reifenkontrollsystem zur Nutzung von Synergieeffekten für nachhaltige Mobilität (TNA V-1/2011): unveröffentlichter Abschlussbericht.* Ilmenau, 2014.

[17] AUGSBURG, K. & BRUNNER, H. & JESCHOR, M. & SCHMALER, J. "Neues Prüffeld Reifen- und Fahrwerkstechnik am IVK der TU Dresden". In: *ATZ - Automobiltechnische Zeitschrift* 101.10 (1999), S. 774–779. ISSN: 2192-8800. DOI: 10.1007/BF03221520.

[18] AUGUSTIN, M. *Entwicklung einer Mess-, Steuer- und Regel-Einrichtung für einen Reifenprüfstand zur Durchführung realer Messprozeduren in Echtzeit: Univ., Diss.–Karlsruhe, 2001.* Berichte aus der Fahrzeugtechnik. Aachen: Shaker, 2002. ISBN: 3826599020.

[19] BACHMANN, T. *Literaturrecherche zum Reibwert zwischen Reifen und Fahrbahn.* Als Ms. gedr. Bd. 286. Fortschritt-Berichte VDI Reihe 12, Verkehrstechnik, Fahrzeugtechnik. Düsseldorf: VDI Verlag, 1996. ISBN: 3183286122.

[20] BACHMANN, T. *Wechselwirkungen im Prozeß der Reibung zwischen Reifen und Fahrbahn.* Als Ms. gedr. Bd. 360. Fortschritt-Berichte VDI Reihe 12, Verkehrstechnik, Fahrzeugtechnik. Düsseldorf: VDI Verlag, 1998. ISBN: 3183360128.

[21] BACHMANN, T. "Wechselwirkungen im Reibungsprozess zwischen Reifen und Fahrbahn". In: *Fahrwerk, Reifen, Fahrbahn. VDI Berichte Nr. 1494* (1999).

[22] BAECKER, M. & GALLREIN, A. & HACK, M. & TOSO, A. "A Method to Combine a Tire Model with a Flexible Rim Model in a Hybrid MBS/FEM Simulation Setup". In: *SAE 2011 World Congress & Exhibition.* SAE Technical Paper Series. Warrendale, USA: SAE International, 2011. DOI: 10.4271/2011-01-0186.

[23] Bösch, P. & Ammon, D. & Klempau, F. "Reifenmodelle - Wunsch und Wirklichkeit aus der Sicht der Fahrzeugentwicklung". In: *4. Darmstädter Reifenkolloquium, Fortschritt-Berichte VDI Reihe 12, Nr. 511* (2002), S. 87–101.

[24] Bartels, O. "System zur Ermittlung des optimalen Reifendrucks". Deutsche Patentanmeldung DE10007558A1, Anmelder: IQ Mobil Electronics GmbH. 18.02.2000.

[25] Bode, O. & Bode, M. *Untersuchung des Rollwiderstands von Nutzfahrzeugreifen auf echten Fahrbahnen.* Bd. Nr. 255. FAT-Schriftenreihe. Frankfurt/M.: Forschungsvereinigung Automobiltechnik e.V. (FAT), 2013.

[26] Bachmann, T. & Breuer, B. "Reibwertforschung an der Schnittstelle Reifen/Fahrbahn". In: *1. Darmstädter Reifenkolloquium, Fortschritt-Berichte VDI Reihe 12, Nr. 285* (1996), S. 1–11.

[27] Beauregard, C. F. "Peak wet braking coefficient measurement". In: *Tire Science and Technology* 4.1 (1976), S. 49–55. ISSN: 0090-8657. DOI: 10.2346/1.2167214.

[28] Beissbarth GmbH. *Product Information Guide microline easy.* München, 2004.

[29] Benz, R. *Fahrzeugsimulation zur Zuverlässigkeitsabsicherung von karosseriefesten Kfz-Komponenten.* Bd. 6. Schriftenreihe des Instituts für Technische Mechanik, Universität Karlsruhe (TH). Karlsruhe: Universitätsverlag, 2008. ISBN: 3866441975.

[30] Benedict, R. *A System for Automatically Maintaining Pressure in a Commercial Truck Tire: Vortrag 2012 DOE Vehicle Technologies Annual Merit Review.* Arlington, USA, 18.05.2012.

[31] Benedict, R. "Self-inflating tire". US Patent US8113254B2, Anmelder: The Goodyear Tire & Rubber Company. 2012.

[32] Benedict, R., Losey, R. "Self-inflating tire assembly". Europäisches Patent EP2338703B1, Anmelder: The Goodyear Tire & Rubber Company. 2016.

[33] Bayle, P. & Forissier, J. F. & Lafon, S. "A new tyre model for vehicle dynamics simulation". In: *Automotive Technology International* (1993), S. 193–198.

[34] Baecker, M. & Gallrein, A. & Haga, H. "Simulating Very Large Tire Deformations with CDTire". In: *SAE International Journal of Passenger Cars - Mechanical Systems* 2.1 (2009), S. 765–771. ISSN: 1946-4002. DOI: 10.4271/2009-01-0577.

[35] Backfisch, K. P. & Heinz, D. S. *Das neue Reifenbuch: Umrüstung, Reifentechnik, Fahrpraxis, Kaufberatung.* 1. Aufl. Stuttgart: Motorbuch Verl., 2000. ISBN: 3613020254.

[36] Blundell, M. & Harty, D. *The multibody systems approach to vehicle dynamics.* Second edition. Oxford, UK: Butterworth-Heinemann, 2015. ISBN: 9780080994253.

[37] BIAN, M. & CHEN, L. & LUO, Y. & LI, K. "A Dynamic Model for Tire/Road Friction Estimation under Combined Longitudinal/Lateral Slip Situation". In: *SAE 2014 World Congress & Exhibition.* SAE Technical Paper Series. Warrendale, USA: SAE International, 2014. DOI: 10.4271/2014-01-0123.

[38] BIRCH, S. *PSA springs radical new hybrid-air powertrain and modular platform.* 04.02.2013. URL: http://articles.sae.org/11778/.

[39] BAKKER, E. & NYBORG, L. & PACEJKA, H. B. "Tyre Modelling for Use in Vehicle Dynamics Studies". In: *SAE International Congress and Exposition.* SAE Technical Paper Series. Warrendale, USA: SAE International, 1987. DOI: 10.4271/870421.

[40] BÖHM, F. "Zur Mechanik des Luftreifens, Habilitationsschrift". Habilitationsschrift. Technische Universität Stuttgart, Institut für Technische Mechanik, 1966.

[41] BÖHM, F. "Reifenmodell für hochfrequente Rollvorgänge auf kurzwelligen Fahrbahnen". In: *Fahrwerk, Reifen, Fahrbahn. VDI Berichte Nr. 1088* (1993).

[42] BOLZ, G. *Entwicklung eines Prüfverfahrens für Reifenmessungen auf Schnee im Labor: Univ., Diss.–Karlsruhe, 2006.* Berichte aus der Fahrzeugtechnik. Aachen: Shaker, 2006. ISBN: 3832252533.

[43] BAKKER, E. & PACEJKA, H. B. & LIDNER, L. "A New Tire Model with an Application in Vehicle Dynamics Studies". In: *Autotechnologies Conference and Exposition.* SAE Technical Paper Series. Warrendale, USA: SAE International, 1989. DOI: 10.4271/890087.

[44] BURCKHARDT, M. & REIMPELL, J., Hrsg. *Fahrwerktechnik: Radschlupf-Regelsysteme.* 1. Aufl. Vogel-Fachbuch Kraftfahrzeugtechnik. Würzburg: Vogel, 1993. ISBN: 3802304772.

[45] BRÄUNIG, J. & SÜNDER, R. & BAHNERT, T. & PROKOP, G. "Erfassung von 3-D-Schwingungen an Pkw-Reifen". In: *ATZ - Automobiltechnische Zeitschrift* 116.1 (2014), S. 62–67. ISSN: 2192-8800. DOI: 10.1007/s35148-014-0016-z.

[46] BREUER, B., Hrsg. *Bremsenhandbuch: Grundlagen, Komponenten, Systeme, Fahrdynamik ; mit 53 Tabellen.* 4., überarb. und erw. Aufl. Praxis. Wiesbaden: Springer Vieweg, 2013. ISBN: 978-3-8348-2225-3.

[47] BROKMEIER, H. & JACKE, H. & HAAG, C. & WITTE, M. *Abschlussbericht CTI-Systeme beim Rohholztransport in Deutschland: Analyse der Anforderungen, Adaption der Technologie und Untersuchungen möglicher Einsparpotentiale (FKZ 0330867).* Hrsg. von UMWELTBUNDESAMT. Dessau-Roßlau, 2012.

[48] BRÜGMANN, C., BRÜGMANN, CH., STROTHMANN, E. "Vorrichtung zur Beeinflussung von Reifeneigenschaften und Fahrzeugluftreifen". Europäische Patentanmeldung EP1029711A2, Anmelder: Continental AG. 16.02.2000.

[49] BRAGHIN, F. & SABBIONI, E. "A Dynamic Tire Model for ABS Maneuver Simulations". In: *Tire Science and Technology* 38.2 (2010), S. 137–154. ISSN: 0090-8657. DOI: 10.2346/1.3428971.

[50] Besselink, I. J. & Schmeitz, A. J. & Pacejka, H. B. “An improved Magic Formula/Swift tyre model that can handle inflation pressure changes”. In: *Vehicle System Dynamics* 48.sup1 (2010), S. 337–352. issn: 0042-3114. doi: 10.1080/00423111003748088.

[51] Bhoopalam, A. K. & Sandu, C. & Taheri, S. “Development of a Tire-Ice Model (TIM)”. In: *Proceedings of the 13th European Conference of the ISTVS, Rom, Italien* (2015).

[52] Bernard, J. E. & Segel, L. & Wild, R. E. “Tire Shear Force Generation During Combined Steering and Braking Maneuvers”. In: *Passenger Car Meeting & Exposition.* SAE Technical Paper Series. Warrendale, USA: SAE International, 1977. doi: 10.4271/770852.

[53] Bowden, F. P. & Tabor. D. *The Friction and Lubrication of Solids.* Oxford: Oxford University Press, 1950.

[54] Burger, M. & Bäcker & M. Gallrein & A., Kleer, M. “Integration eines detaillierten, flexiblen Reifenmodells in den Fraunhofer Fahrsimulator”. In: *Fahrwerk, Reifen, Fahrbahn. VDI Berichte Nr. 2211* (2013), S. 167–184.

[55] Burckhardt, M. *Fahrwerktechnik: Bremsdynamik und Pkw-Bremsanlagen.* 1. Aufl. Vogel-Fachbuch Kraftfahrzeugtechnik. Würzburg: Vogel, 1991. isbn: 3802301846.

[56] Browne, A. L. & Wickliffe, L. E. “Parametric Study of Convective Heat Transfer Coefficients at the Tire Surface”. In: *Tire Science and Technology* 8.3 (1980), S. 37–67. issn: 0090-8657. doi: 10.2346/1.2151020.

[57] Cabrera, J. A. & Ortiz, A. & Simon, A. & Garcia, F. & La Blanca, A. P. “A Versatile Flat Track Tire Testing Machine”. In: *Vehicle System Dynamics* 40.4 (2003), S. 271–284. issn: 0042-3114. doi: 10.1076/vesd.40.2.271.16542.

[58] Cabrera, J. A. & Ortiz, A. & Carabias, E. & Simon, A. “An Alternative Method to Determine the Magic Tyre Model Parameters Using Genetic Algorithms”. In: *Vehicle System Dynamics* 41.2 (2004), S. 109–127. issn: 0042-3114. doi: 10.1076/vesd.41.2.109.26496.

[59] Calabrese, F. & Ludwig, C. & Bäcker, M. & Gallrein, A. “A Study of Parameter Identification for a Thermal-Mechanical Tire Model based on Flat Track Measurements”. In: *Reifen-Fahrwerk-Fahrbahn 2017.* Bd. 2296. VDI-Berichte. Düsseldorf: VDI-Verlag, 2017, S. 57–76. isbn: 978-3-18-092296-6.

[60] Canudas de Wit, C. & Tsiotras, P. & Velenis, E. & Basset, M. & Gissinger, G. “Dynamic Friction Models for Road/Tire Longitudinal Interaction”. In: *Vehicle System Dynamics* 39.3 (2003), S. 189–226. issn: 0042-3114. doi: 10.1076/vesd.39.3.189.14152.

[61] Canudas de Wit, C. & Olsson, H. & Astrom, K. J. & Lischinsky, P. “A new model for control of systems with friction”. In: *IEEE Transactions on Automatic Control* 40.3 (1995), S. 419–425. issn: 00189286. doi: 10.1109/9.376053.

[62] CLOVER, C. L. & BERNARD, J. "Longitudinal Tire Dynamics". In: *Vehicle System Dynamics* 29.4 (1998), S. 231–260. ISSN: 0042-3114. DOI: 10.1080/00423119808969374.

[63] CLARK, S. K. & DODGE, R. N. *A Handbook for the Rolling Resistance of Pneumatic Tires.* Hrsg. von UNIVERSITY OF MICHIGAN. University of Michigan, Ann Arbor, USA, 1979.

[64] CARLSON, C. R. & GERDES, J. C. "Identifying Tire Pressure Variation by Nonlinear Estimation of Longitudinal Stiffness and Effective Radius". In: *Proceedings of AVEC '02, 6th International Symposium on Advanced Vehicle Control, 9.-13. September 2002, Hiroshima, Japan* (2002).

[65] CLARK, S. K. *Rolling Resistance Forces in Pneumatic Tires: Prepared for U.S. Department of Transportation, Interim Report DOT-TST-76-74.* Hrsg. von UNIVERSITY OF MICHIGAN. University of Michigan, Ann Arbor, USA, 1976.

[66] CLARK, S. K. "Temperature Rise Times in Pneumatic Tires". In: *Tire Science and Technology* 4.3 (1976), S. 181–189. ISSN: 0090-8657. DOI: 10.2346/1.2167221.

[67] CLEVELAND, W. S. "Robust Locally Weighted Regression and Smoothing Scatterplots". In: *Journal of the American Statistical Association* 74.368 (1979), S. 829–836. DOI: 10.1080/01621459.1979.10481038.

[68] CONTINENTAL AG. *Continental-Konzern-Reifen-Rollwiderstand.* Hannover, 24.01.2017. URL: http://www.continental-corporation.com/www/csr_com_de/themen/umwelt/produktverantwortung/rollwiderstand.html.

[69] COSIN SCIENTIFIC SOFTWARE. *FTire Parameterization: Proposed Measurement and Data Processing Procedures for Use with FTire/fit.* München, 2017.

[70] CANUDAS DE WIT, C. & TSIOTRAS, P. "Dynamic tire friction models for vehicle traction control". In: *1999 Conference on Decision and Control.* 7-10 Dec. 1999, S. 3746–3751. DOI: 10.1109/CDC.1999.827937.

[71] CANUDAS DE WIT, C. & TSIOTRAS, P. & VELENIS, E. "Dynamic Friction Models for Longitudinal Road/Tire Interaction: Experimental Results". In: *Proceedings 21st IASTED Conference on Modelling, Identification and Control (MIC 2002), Innsbruck, Österreich* (2002).

[72] CANUDAS DE WIT, C. & TSIOTRAS, P. & VELENIS, E. "Dynamic Friction Models for Longitudinal Road/Tire Interaction: Theoretical Advances". In: *Proceedings 21st IASTED Conference on Modelling, Identification and Control (MIC 2002), Innsbruck, Österreich* (2002), S. 48–53.

[73] COLLIER, B. L. & WARCHOL, J. T. "The Effect of Inflation Pressure on Bias, Bias-Belted and Radial Tire Performance". In: *Automotive Engineering Congress, SAE Technical Paper 800087* (1980). DOI: 10.4271/800087.

[74] DEUR, J. & ASGARI, J. & HROVAT, D. "A 3D Brush-type Dynamic Tire Friction Model". In: *Vehicle System Dynamics* 42.3 (2004), S. 133–173. ISSN: 0042-3114. DOI: 10.1080/00423110412331282887.

[75] DAHL, P. R. *A solid friction model: Technical Report TOR-0158(3107-18)-1.* El Segundo, USA, 1968.

[76] DAIMLER AG, MERCEDES-BENZ SPECIAL TRUCKS. *Ready for Future Operations: Mercedes-Benz Defense Vehicles.* Wörth, 2014.

[77] DEKRA AUTOMOBIL GMBH. *DEKRA Verkehrssicherheitsreport 2014 Urbane Mobilität.* Stuttgart, 2014.

[78] DEKRA AUTOMOBIL GMBH. *DEKRA Verkehrssicherheitsreport 2017 – Best Practice.* Stuttgart, 2017.

[79] DEUR, J. "Modeling and Analysis of Longitudinal Tire Dynamics based on the LuGre Friction Model". In: *Advances in Automotive Control 2001. Proceedings of the 3rd IFAC Workshop* (2001), S. 91–96.

[80] DEUTSCHES INSTITUT FÜR NORMUNG E.V. *DIN 70028: Personenkraftwagenreifen, Messung des Bremsweges bei ABSremsungen geradeaus.* Hrsg. von BEUTH VERLAG. Berlin, 2004.

[81] DEUTSCHES INSTITUT FÜR NORMUNG E.V. *DIN EN ISO 4287: Geometrische Produktspezifikation (GPS) - Oberflächenbeschaffenheit: Tastschnittverfahren - Benennungen, Definitionen und Kenngrößen der Oberflächenbeschaffenheit.* Hrsg. von BEUTH VERLAG. Berlin, 2010.

[82] DEUTSCHER VERKEHRSSICHERHEITSRAT. *Vision Zero: Schriftenreihe Verkehrssicherheit 16: Grundlagen & Strategien.* Bonn, 2012.

[83] DEUTSCHES INSTITUT FÜR NORMUNG E.V. *DIN ISO 8767: Personenkraftwagenreifen, Verfahren zur Messung des Rollwiderstandes.* Hrsg. von BEUTH VERLAG. Berlin, 1995.

[84] DUGOFF, H. & FANCHER, P. S. & SEGEL, L. "Tire Performance Characteristics Affecting Vehicle Response to Steering and Braking Control Inputs". Final Report. Ann Arbor, Michigan, USA: Highway Safety Research Institute, The University of Michigan, 1969.

[85] DHERBOMEZ, G. & MONGLON, T. & CRUBILLE, P. & WANG, B. & VICTORINO, A. C. "DYNA, véhicule expérimental pour la Dynamique du Véhicule". In: *4èmes Journées Démonstrateurs 2013, Jun 2013, France* (2013).

[86] DÖRR, E. "Zweierlei Luftdruck - warum und wie?" In: *Allgemeine Automobilzeitung* 34 (1941), S. 659–664.

[87] DOUMIATI, M. & CHARARA, A. & VICTORINO, A. & LECHNER, D. *Vehicle dynamics estimation using Kalman filtering: Experimental validation.* Automation-control and industrial engineering series. London: Iste, 2012. ISBN: 1118579003.

[88] DR. ING. H.C. F. PORSCHE AG. *911 Carrera: Betriebsanleitung.* Stuttgart, 2012.

[89] DR. ING. H.C. F. PORSCHE AG. *Porsche Räder & Reifen - Porsche Deutschland.* Stuttgart, 21.01.2017. URL: `http://www.porsche.com/germany/accessoriesandservices/porscheservice/serviceandorgininalparts/wheelsandtires/`.

[90] DENKER, S. & ROSE, S. & VOLK, L. "Reifen und Dieseleffizienz: Bodenschädigenden und dieselzährenden Schlupf vermeiden". In: *Neue Landwirtschaft* 20.6 (2009), S. 44–46.

[91] DING, N. & TAHERI, S. "A Modified Dugoff Tire Model for Combined-slip Forces". In: *Tire Science and Technology* 38.3 (2010), S. 228–244. ISSN: 0090-8657. DOI: 10.2346/1.3481696.

[92] EINSLE, S. & BEITELSCHMIDT, M. & LUGNER, P. "Charakterisierung des Reifenseitenkraftverhaltens für Transiente Fahrmanöver". In: *ATZ - Automobiltechnische Zeitschrift* 114.6 (2012), S. 492–496. ISSN: 0001-2785. DOI: 10.1007/s35148-012-0363-6.

[93] ESSERS, U. & HAKEN, K.-L. & WOLF, A. "Einfluß der Straßenoberfläche auf die Fahrsicherheit bei Nässe". In: *Fahrwerk, Reifen, Fahrbahn. VDI Berichte Nr. 650* (1987), S. 29–61.

[94] EICHHORN, U. *Reibwert zwischen Reifen und Fahrbahn - Einflußgrößen und Erkennung: Techn. Hochsch., Diss–Darmstadt.* Als Ms. gedr. Bd. 222. Berichte aus dem Fachgebiet Fahrzeugtechnik der TH Darmstadt. Düsseldorf: VDI Verlag, 1994. ISBN: 3183222124.

[95] EICHLER, M. "A Ride Comfort Tyre Model for Vibration Analysis in full Vehicle Simulations". In: *Vehicle System Dynamics* 27.sup001 (1997), S. 109–122. ISSN: 0042-3114. DOI: 10.1080/00423119708969648.

[96] EILETZ, R. & BLOCK, E. & WARKOTSCH, C. & POST, K. "Gestaltung eines alltagstauglichen Hocheffizienz-Konzeptfahrzeugs". In: *Entwerfen Entwickeln Erleben 2016 - Beiträge zur virtuellen Produktentwicklung und Konstruktionstechnik.* Hrsg. von STELZER, R. Dresden: TUDpress, 2016, S. 73–89. ISBN: 9783959080620.

[97] EINSLE, S. "Analyse und Modellierung des Reifenübertragungsverhaltens bei transienten und extremen Fahrmanövern". Dissertation. Technische Universität Dresden, 2010.

[98] ECKEY, H.-F. & KOSFELD, R. & TÜRCK, M. *Deskriptive Statistik: Grundlagen - Methoden - Beispiele.* 5., überarbeitete Auflage. Wiesbaden: Gabler Verlag / Springer Fachmedien Wiesbaden GmbH Wiesbaden, 2008. ISBN: 978-3834908599.

[99] ENGELHART, K. *Continental zeigt zwei neue Reifen-Technologie-Konzepte für noch mehr Sicherheit und Komfort.* Hannover, 12.09.2017.

[100] EICHHORN, U. & ROTH, J. "Kraftschluß zwischen Reifen und Fahrbahn-Einflußgrößen und Erkennung". In: *Fahrwerk, Reifen, Fahrbahn. VDI Berichte Nr. 916* (1991), S. 169–183.

[101] ERVIN, R. D. "State of knowledge relating tire design to those traction properties which may influence vehicle safety". Final Report No. UM-HSRI-78-31. The University of Michigan, 1978.

[102] EUROPÄISCHES PARLAMENT, RAT DER EUROPÄISCHEN UNION. *Über die Typgenehmigung von Kraftfahrzeugen, Kraftfahrzeuganhängern und von Systemen, Bauteilen und selbständig technischen Einheiten für diese Fahrzeuge hinsichtlich ihrer allgemeinen Sicherheit: 661/2009/EG.* 2009.

[103] Europäische Kommission. *Pressemitteilung IP/17/4242: Energieunion: Kommission ergreift Maßnahmen zur Stärkung der weltweiten Führungsposition der EU bei sauberen Fahrzeugen.* Brüssel, 08.11.2017.

[104] Europäische Kommission. *Vorschlag für eine Verordnung des Europäischen Parlaments und des Rates zur Festsetzung von Emissionsnormen für neue Personenkraftwagen und für neue leichte Nutzfahrzeuge im Rahmen des Gesamtkonzepts der Union zur Verringerung der CO2-Emissionen von Personenkraftwagen und leichten Nutzfahrzeugen und zur Änderung der Verordnung (EG) Nr. 715/2007 (Neufassung): COM(2017) 676 final.* 08.11.2017.

[105] Essers, U. & Wohanka, U. "Einflüsse von Profiltiefe und Nässe auf das Reifenkennfeld". In: *1. Darmstädter Reifenkolloquium, Fortschritt-Berichte VDI Reihe 12, Nr. 285* (1996), S. 12–23.

[106] Fach, M. *Lokale Effekte der Reibung zwischen Pkw-Reifen und Fahrbahn: Techn. Univ., Diss.–Darmstadt, 1999.* Als Ms. gedr. Bd. 411. Berichte aus dem Fachgebiet Fahrzeugtechnik der TU Darmstadt. Düsseldorf: VDI Verlag, 2000. ISBN: 3183411121.

[107] Fach, M. *Einflußgrößen auf den Kraftschluß bei Nässe: Untersuchungen zum Einfluß der Profiltiefe unterschiedlich breiter Reifen auf den Kraftschluß bei Nässe.* Bd. Fahrzeugtechnik Heft F 21. Berichte der Bundesanstalt für Straßenwesen. Bremerhaven: Wirtschaftsverl. NW Verl. für Neue Wissenschaft, 1996. ISBN: 3894298049.

[108] Fancher, P. S. & Bernard, J. & Clover, C. & Winkler, C. "Representing Truck Tire Characteristics in Simulations of Braking and Braking-in-a-Turn Maneuvers". In: *Vehicle System Dynamics* 27.sup001 (1997), S. 207–220. ISSN: 0042-3114. DOI: 10.1080/00423119708969655.

[109] Faro Europe GmbH & Co. KG. *FaroArm Handbuch.* Korntal-Münchingen, 2012.

[110] Ferhadbegović, B. *Entwicklung und Applikation eines instationären Reifenmodells zur Fahrdynamiksimulation von Ackerschleppern: Zugl.: Stuttgart, Univ., Diss., 2008.* Bd. 475. Forschungsbericht Agrartechnik des Arbeitskreises Forschung und Lehre der Max-Eyth-Gesellschaft Agrartechnik im VDI. Aachen: Shaker, 2009. ISBN: 978-3-8322-7937-0.

[111] Fessler, M. "Mechanische und hydraulische Konzeption und Konstruktion eines elektrohydraulischen Linearaktuators zur automatisierten Pedalbetätigung in Kraftfahrzeugen". Projektseminar. Technische Universität Ilmenau, 2012.

[112] Février, P. & Hague, O. B. & Schick, B. & Miquet, C. "Vorteile eines Thermomechanischen Reifenmodells für die Fahrdynamik". In: *ATZ - Automobiltechnische Zeitschrift* 112.7 (2010), S. 524–529. ISSN: 2192-8800. DOI: 10.1007/BF03222188.

[113] Février, P. & Fandard, G. "Thermische und mechanische Reifenmodellierung zur Simulation des Fahrverhaltens". In: *ATZ - Automobiltechnische Zeitschrift* 110.5 (2008), S. 422–431. ISSN: 2192-8800. DOI: 10.1007/BF03221979.

[114] FELDHUSEN, J. & GROTE, K.-H., Hrsg. *Pahl/Beitz Konstruktionslehre: Methoden und Anwendung erfolgreicher Produktentwicklung.* 8., vollst. überarb. Aufl. 2013. Berlin, Heidelberg: Springer, 2013. ISBN: 978-3-642-29569-0.

[115] FISCHLEIN, H. & GNADLER, R. & UNRAU, H.-J. "Der Einfluss der Fahrbahnoberflächenstruktur auf das Kraftschlussverhalten von Pkw-Reifen bei trockener und nasser Fahrbahn". In: *ATZ - Automobiltechnische Zeitschrift* 103.10 (2001), S. 950–962. ISSN: 2192-8800. DOI: 10.1007/BF03223454.

[116] FIALA, E. "Seitenkräfte am rollenden Luftreifen". In: *VDI Zeitschrift* 96.29 (1954), S. 973–979.

[117] FINK, J. "Beitrag zur Untersuchung des Kraftschlusses von Gummi auf vereisten Oberflächen". Dissertation. Technische Universität München, 1982.

[118] FISCHLEIN, H. *Untersuchung des Fahrbahnoberflächeneinflusses auf das Kraftschlußverhalten von Pkw-Reifen: Dissertation.* Als Ms. gedr. Bd. 414. Fortschritt-Berichte / VDI Reihe 12, Verkehrstechnik, Fahrzeugtechnik. VDI Verlag. ISBN: 3183414120.

[119] GALLREIN, A. & BÄCKER, M. "CDTire: A tire model for comfort and durability applications". In: *Vehicle System Dynamics* 45.sup1 (2007), S. 69–77. ISSN: 0042-3114. DOI: 10.1080/00423110801931771.

[120] GROVER, P. S. & BORDELON, S. H. "New Parameters for Comparing Tire Rolling Resistance". In: *International Congress & Exposition.* SAE Technical Paper Series. Warrendale, USA: SAE International, 1999. DOI: 10.4271/1999-01-0787.

[121] GALLREIN, A. & BÄCKER, M. & CALABRESE, F. "Influence of the inflation gas dynamics of a tire on operational conditions". In: *Reifen-Fahrwerk-Fahrbahn 2017.* Bd. 2296. VDI-Berichte. Düsseldorf: VDI-Verlag, 2017, S. 212–232. ISBN: 978-3-18-092296-6.

[122] GALLREIN, A. & BAECKER, M. & GIZATULLIN, A. "Structural MBD Tire Models: Closing the Gap to Structural Analysis - History and Future of Parameter Identification". In: *SAE 2013 World Congress & Exhibition.* SAE Technical Paper Series. Warrendale, USA: SAE International, 2013. DOI: 10.4271/2013-01-0630.

[123] GROB, M. & BLANCO-HAGUE, O. & SPETLER, F. "Tametire's testing procedure outside Michelin". In: *Proceedings of the 4th International Tyre Colloquium.* Hrsg. von GRUBER, P. & SHARP, R. S. Surrey: University of Surrey, 2015, S. 31–40. ISBN: 978-1-84469-032-9.

[124] GENGENBACH, W. "Experimentelle Untersuchung von Reifen auf nasser Fahrbahn". In: *ATZ - Automobiltechnische Zeitschrift* 70.3, 8, 9 (1968), S. 83–89, 288–293, 310–316. ISSN: 2192-8800.

[125] GEYER, W. "Beitrag zur Gummireibung auf trockenen und insbesondere auf nassen Oberflächen". Dissertation. Technische Universität München, 1971.

[126] GLAESER, K.-P. & FACH, M. "Kraftschlussmessungen bei Nässe im Innentrommelprüfstand der BASt". In: *1. Darmstädter Reifenkolloquium, Fortschritt-Berichte VDI Reihe 12, Nr. 285* (1996), S. 24–39.

[127] Gnadler, R. & Frey, M. & Unrau, H.-J. “Kraftschluss- und Verformungsverhalten von Fahrzeugreifen: bei extremen Fahrmanövern”. In: *ATZ - Automobiltechnische Zeitschrift* 108.10 (2006), S. 854–862. ISSN: 2192-8800. DOI: 10.1007/BF03221826.

[128] Georgi, W. & Hohl, P. *Einführung in LabVIEW: Mit 163 Aufgaben.* 6., erw. Aufl. München: Fachbuchverl. Leipzig im Carl-Hanser-Verl., 2015. ISBN: 978-3-446-44272-6.

[129] Gipser, M. & Hofer, R. Lugner, P. “Dynamical Tyre Forces Response to Road Unevennesses”. In: *Vehicle System Dynamics* 27.sup001 (1997), S. 94–108. ISSN: 0042-3114. DOI: 10.1080/00423119708969647.

[130] Giessler, M. *Mechanismen der Kraftübertragung des Reifens auf Schnee und Eis: KIT, Diss.–Karlsruhe, 2011.* Bd. 11. Karlsruher Schriftenreihe Fahrzeugsystemtechnik. Karlsruhe: KIT Scientific Publishing, 2012. ISBN: 978-3-86644-806-3.

[131] Gillespie, T. D. *Fundamentals of vehicle dynamics.* 4. printing. Warrendale, USA: Society of Automotive Engineers (SAE), 1992. ISBN: 1560911999.

[132] Gim, G. “Vehicle dynamic simulation with a comprehensive model for pneumatic tires”. Dissertation. The University of Arizona, USA, 1988.

[133] Gipser, M. “Reifenmodelle in der Fahrzeugdynamik: eine einfache Formel genügt nicht mehr, auch wenn sie magisch ist”. In: *Proceedings MKS-Simulation in der Automobilindustrie, Graz, Österreich* (2001).

[134] Gipser, M. “Ftire: Ein physikalisch basiertes, anwendungsorientiertes Reifenmodell für alle wichtigen fahrzeugdynamischen Fragestellungen”. In: *4. Darmstädter Reifenkolloquium, Fortschritt-Berichte VDI Reihe 12, Nr. 511* (2002), S. 42–68.

[135] Gipser, M. “Reifensimulation mit FTire: Stand und Ausblick”. In: *Proceedings 15. Aachener Kolloquium Fahrzeug- und Motorentechnik 2006, Aachen* (2006).

[136] Gipser, M. “FTire: 10 Years of Development and Application”. In: *Vehicle System Dynamics* 45 (2008). ISSN: 0042-3114.

[137] Gipser, M. “Pneumatic Tire Models: The Detailed Mechanical Approach”. In: *Road and off-road vehicle system dynamics handbook.* Hrsg. von Mastinu, G. & Plöchl, M. Boca Raton, USA: CRC Press, 2014, S. 625–655. ISBN: 1420004905.

[138] Gipser, M. “DNS-Tire - ein dynamisches, räumliches, nichtlineares Reifenmodell”. In: *Fahrwerk, Reifen, Fahrbahn. VDI Berichte Nr. 650* (1987).

[139] Gipser, M. “DNS-Tire 3.0: die Weiterentwicklung eines bewährten strukturmechanischen Reifenmodells”. In: *1. Darmstädter Reifenkolloquium, Fortschritt-Berichte VDI Reihe 12, Nr. 285* (1996), S. 52–61.

[140] Gipser, M. “Reifenmodelle für Komfort- und Schlechtwegsimulationen”. In: *Proceedings 7. Aachener Kolloquium Fahrzeug- und Motorentechnik, RWTH Aachen* (1998).

[141] Gipser, M. “FTire, a New Fast Tire Model for Ride Comfort Simulations”. In: *Proceedings of the International ADAMS Users Conference, Berlin* (1999).

[142] GIM, G. & KANG, N. "Requirements of a Tire Model for Practical Cornering Simulations of Vehicles". In: *International Congress & Exposition.* SAE Technical Paper Series. Warrendale, USA: SAE International, 1996. DOI: 10.4271/960179.

[143] GÄBEL, G. & MOLDENHAUER, P. & KRÖGER, M. "Lokale Effekte zwischen Reifen und Fahrbahn". In: *ATZ - Automobiltechnische Zeitschrift* 110.6 (2008), S. 562–567. ISSN: 2192-8800. DOI: 10.1007/BF03221989.

[144] GNADLER, R. & HUININK, H. & FREY, M. & MUNDL, R. & SOMMER, J. & UNRAU, H.-J. & WIES, B. "Kraftschluss messungen auf Schnee mit dem Reifen-Innentrommel-Prüfstand". In: *ATZ - Automobiltechnische Zeitschrift* 107.3 (2005), S. 198–207. ISSN: 2192-8800. DOI: 10.1007/BF03221700.

[145] GNADLER, R. & UNRAU, H.-J. & FISCHLEIN, H. & FREY, M. "Umfangskraftverhalten von Pkw-Reifen bei unterschiedlichen Fahrbahnzuständen". In: *ATZ - Automobiltechnische Zeitschrift* 98.9 (1996), S. 458–466. ISSN: 2192-8800.

[146] GNADLER, R. *Ermittlung von μ-Schlupf-Kurven an Pkw-Reifen.* Bd. Nr. 119. FAT-Schriftenreihe. Frankfurt/M.: Forschungsvereinigung Automobiltechnik e.V. (FAT), 1995.

[147] GOLDBERG, D. E. *Genetic algorithms in search, optimization, and machine learning.* Boston: Addison-Wesley, 1989. ISBN: 978-0201157673.

[148] GROSCH, K. A. "Rubber Friction and Tire Traction". In: *The Pneumatic Tire.* Hrsg. von GENT, A. & WALTER, D. Washington, USA: U.S. Department of Transportation (DOT), National Highway Traffic Safety Administration (NHTSA), 2006.

[149] GROVER, P. S. "Modeling of Rolling Resistance Test Data". In: *International Congress & Exposition.* SAE Technical Paper Series. Warrendale, USA: SAE International, 1998. DOI: 10.4271/980251.

[150] GNADLER, R. & UNRAU, H.-J. "EC-Research Project TIME - Tire Measurements Forces and Moments: Analysis of parameters influence on tyre F&M testing". In: *Recitation Additional Colloquium to the EAEC Congress, Barcelona, Spanien* (1999).

[151] GÜLTLINGER, J. *Kraftübertragung und Fahrbahnverschleiß durch Spikereifen: KIT, Diss.–Karlsruhe, 2015.* Bd. 34. Karlsruher Schriftenreihe Fahrzeugsystemtechnik. Karlsruhe: KIT Scientific Publishing, 2015. ISBN: 978-3-7315-0358-3.

[152] GUTJAHR, D. *Objektive Bewertung querdynamischer Reifeneigenschaften im Gesamtfahrzeugversuch.* Bd. 20. Karlsruher Schriftenreihe Fahrzeugsystemtechnik. Karlsruhe und Karlsruher Institut für Technologie: KIT Scientific Publishing. ISBN: 9783731501534.

[153] GUTJAHR, D. & NIEDERMEIER, F. & BISCHOFF, T. & GAUTERIN, F. "Anwendung eines Modells zur temperaturabhängigen Anpassung der Reifeneigenschaften in der Gesamtfahrzeugsimulation". In: *Reifen - Fahrwerk - Fahrbahn.* Bd. 2137. VDI-Berichte. Düsseldorf: VDI-Verlag, 2011, S. 47–62. ISBN: 3180921374.

[154] Gent, A. & Walter, D., Hrsg. *The Pneumatic Tire*. Washington, USA: U.S. Department of Transportation (DOT), National Highway Traffic Safety Administration (NHTSA), 2006.

[155] Glaeser, K.-P. & Zöller, M. "Der Rollwiderstand von Reifen auf Fahrbahnen". In: *3. Symposium "Reifen und Fahrwerk" 26. September 2005*. Hrsg. von Geringer, B. Bd. 603. Bericht des Instituts für Verbrennungskraftmaschinen und Kraftfahrzeugbau der Technischen Universität Wien (IVK). Düsseldorf: VDI-Verl., 2005, S. 116–146. ISBN: 3183603128.

[156] Hartmann, B. & Amthor, M. & Jarisa, W. "Fahrbahnzustandserkennung als grundlegender Baustein für das Umfeldmodell". In: *Reifen-Fahrwerk-Fahrbahn 2015*. Bd. 2241. VDI-Berichte. Düsseldorf: VDI-Verlag, 2015, S. 339–354. ISBN: 978-3-18-092241-6.

[157] Haken, K.-L. *Grundlagen der Kraftfahrzeugtechnik*. 3., aktual. Aufl. München: Hanser, 2013. ISBN: 9783446435278.

[158] Hansen, F. *Konstruktionssystematik: Eine Arbeitsweise für fortschrittliche Konstrukteure*. Berlin: Verlag Technik, 1955.

[159] Hansen, F. *Konstruktionssystematik: Grundlagen für eine allgemeine Konstruktionslehre*. Berlin: Verlag Technik, 1968.

[160] Hansen, F. *Konstruktionswissenschaft: Grundlagen und Methoden*. Berlin: Verlag Technik, 1976.

[161] Hasel, M. "Entwicklung eines Regelalgorithmus für eine Reifenfülldruckregelanlage zur Anpassung des Reifendrucks in Abhängigkeit des Fahrzustands". Masterarbeit. Technische Universität Ilmenau, 2012.

[162] Henrichmöller, D. & Benner, M. & Eckstein, L. "Semi-physikalisches Reifenmodell zur echtzeitfähigen Analyse". In: *ATZ - Automobiltechnische Zeitschrift* 116.6 (2014), S. 20–25. ISSN: 2192-8800. DOI: `10.1007/s35148-014-0421-3`.

[163] He, R. & Jimenez, E. & Savitski, D. & Sandu, C. & Ivanov, V. "Investigating the Parameterization of Dugoff Tire Model Using Experimental Tire-Ice Data". In: *SAE International Journal of Passenger Cars - Mechanical Systems* 10.1 (2017). ISSN: 1946-4002. DOI: `10.4271/2016-01-8039`.

[164] Haken, K.-L. & Essers, U. "Measurements of Force and Moment Characteristics of Modern Tyres and a Tyre Model Based on These Results". In: *Automobile in harmony with human society, Technical papers, XXV. FISITA Congress*. Beijing: International Acad. Publ, 1994. ISBN: 9787800033094.

[165] Heissing, B. & Ersoy, M. & Gies, S. *Fahrwerkhandbuch: Grundlagen · Fahrdynamik · Komponenten · Systeme · Mechatronik · Perspektiven*. 4., überarb. u. erg. Aufl. 2013. ATZ / MTZ-Fachbuch. Wiesbaden und s.l.: Springer Fachmedien Wiesbaden, 2013. ISBN: 978-3-658-01992-1.

[166] Heinrich, G. & Schramm, J. & Klüppel, M. & Müller, A. & Kendziorra, N. & Kelbch, S. "Zum Einfluss der Straßenoberflächen auf das Bremsverhalten von Pkw-Reifen". In: *Fahrwerk, Reifen, Fahrbahn. VDI Berichte Nr. 1791* (2003).

[167] HEINEMANN, C. & KESSEL, T. M. & WIESE, K. & WIES, B. "Advanced brush model: Creating a virtual model for sliding distances during snow cornering". In: *Tire Technology International 2013: Annual Review* (2013), S. 16–20.

[168] HAKEN, K.-L. & ESSERS, U. & WOHANKA, U. "Neue Erkenntnisse zum Einfluss der Reifenbreite und -querschnittsform auf die Reifeneigenschaften und ihre Berücksichtigung bei der Fahrwerksauslegung". In: *Reifen, Fahrwerk, Fahrbahn, VDI Berichte Nr. 1088* (1993), S. 253–280.

[169] HALFMANN, C. & HOLZMANN, H. *Adaptive Modelle für die Kraftfahrzeugdynamik*. VDI-Buch. Berlin und Heidelberg: Springer, 2003. ISBN: 3642182151.

[170] HIGUCHI, A. *Transient response of tyres at large wheel slip and camber: Delft, Techn. Univ., Diss., 1997*. Delft: Delft Univ. Press, 1997. ISBN: 9040715637.

[171] HINQUE, D. P. L. M. "Self-inflating tire and pressure regulator". US Patent US8573270B2, Anmelder: The Goodyear Tire & Rubber Company. 2015.

[172] HIRSCHBERG, W. & PALACEK, F. & RILL, G. & SOTNIK, J. "Reliable Vehicle Dynamics Simulation in Spite of Uncertain Input Data". In: *12th EAEC European Automotive Congress, Bratislava* (2009).

[173] HIRSCHBERG, W. "Tyre Force Computation Module DTIRE". In: *Vehicle System Dynamics* 21.sup001 (1992), S. 167–174. ISSN: 0042-3114. DOI: 10.1080/00423119208970007.

[174] HOLTSCHULZE, J. *Analyse der Reifenverformungen für eine Identifikation des Reibwerts und weiterer Betriebsgrößen zur Unterstützung von Fahrdynamikregelsystemen: Zugl.: Aachen, Techn. Hochsch., Diss., 2006*. Bd. 79. Schriftenreihe Automobiltechnik. Aachen: Forschungsges. Kraftfahrwesen (fka), 2006. ISBN: 978-3-925194-79-5.

[175] HOLLAND, J. H. *Adaptation in natural and artificial systems: An introductory analysis with applications to biology, control, and artificial intelligence*. Complex adaptive systems. Cambridge: MIT Press, 1992. ISBN: 978-0262082136.

[176] HOOGH, J. de. "Implementing inflation pressure and velocity effects into the Magic Formula tyre model". Masterarbeit, DCT Rep. 2005.46. Technische Universität Eindhoven, 2005.

[177] HIGUCHI, A. & PACEJKA, H. B. "The Relaxation Length Concept at Large Wheel Slip and Camber". In: *Vehicle System Dynamics* 27.sup001 (1997), S. 50–64. ISSN: 0042-3114. DOI: 10.1080/00423119708969644.

[178] HIRSCHBERG, W. & RILL, G. & WEINFURTER, H. "User-Appropriate Tyre-Modelling for Vehicle Dynamics in Standard and Limit Situations". In: *Vehicle System Dynamics* 38.2 (2002), S. 103–125. ISSN: 0042-3114. DOI: 10.1076/vesd.38.2.103.5620.

[179] HIRSCHBERG, W. & RILL, G. & WEINFURTER, H. "Tyre Model TMeasy". In: *CCG Seminar TV 4.08: Tyre Models in Vehicle Dynamics: Theory and Application, Wien, Österreich* (2008).

[180] HÜSEMANN, T. & BACHMANN, C. & WINTER, S. & HENRICHMÖLLER, D. "Mobile Prüfstandstechnik zur Messung von Reifen-Fahrbahn-Reibwerten". In: *ATZ - Automobiltechnische Zeitschrift* 113.6 (2011), S. 504–509. ISSN: 2192-8800. DOI: 10.1365/s35148-011-0115-z.

[181] Hüsemann, T. C. *Adaption von Labor-Reifenkennfeldern an reale Fahrbahnoberflächen.* Bd. 148. Schriftenreihe Automobiltechnik. Aachen: FKA, 2011. ISBN: 9783940374516.

[182] Hadrys, D. & Węgrzyn, T. & Miros, M. "The influence of various pressures in pneumatic tyre on braking process of car with anti-lock braking system". In: *Transport Problems* 3.1 (2008), S. 85–94. ISSN: 1896-0596.

[183] International Organization for Standardization. *ISO 18164:2005-07: Passenger car, truck, bus and motorcycle tyres – Methods of measuring rolling resistance.* Hrsg. von Beuth Verlag. Berlin, 2005.

[184] International Organization for Standardization. *ISO 21994:2007: Passenger cars - Stopping distance at straight-line braking with ABS - Open-loop test method.* Hrsg. von Beuth Verlag. Berlin, 2007.

[185] International Organization for Standardization. *ISO 8855:2011: Straßenfahrzeuge - Fahrzeugdynamik und Fahrverhalten - Begriffe.* Hrsg. von Beuth Verlag. Berlin, 2013.

[186] International Organization for Standardization. *ISO 6358-3: Pneumatic fluid power - Determination of flow-ratecharacteristics of components using compressible fluids Part 3: Method for calculating steady-state flow-rate characteristics of systems.* Hrsg. von Beuth Verlag. Berlin, 2014.

[187] International Organization for Standardization. *ISO 4130: Straßenfahrzeuge, 3 dimensionales Bezugssystem und primäre Bezugspunkte, Definitionen.* Hrsg. von Beuth Verlag. Berlin, 1979.

[188] IPG Automotive GmbH. *IPG Documentation CarMaker: Reference Manual Version 5.0.1.* Karlsruhe, 2015.

[189] Ivanov, V. & Augsburg, K. & Savitski, D. & Schreiber, V. & Els, S. & Dhaens, M. "Collaborative engineering of integrated chassis control for ground vehicle: Case study of lifelong learning technologies in automotive mechatronics". In: *2017 IEEE International Conference on Mechatronics (ICM)*, S. 449–454. DOI: 10.1109/ICMECH.2017.7921149.

[190] Jaiswal, M. & Mavros, G. & Rahnejat, H. & King, P. D. "Influence of tyre transience on anti-lock braking". In: *Proceedings of the Institution of Mechanical Engineers, Part K: Journal of Multi-body Dynamics* 224.1 (2010), S. 1–17. ISSN: 1464-4193. DOI: 10.1243/14644193JMBD225.

[191] Jeschor, M. "Ein neues Verfahren zur Bewertung von Runflat-Reifen - ein Beitrag auf dem Weg zum reserveradlosen Pkw". Dissertation. Technische Universität Dresden, 2005.

[192] Jacobson, B. & Kalker, J. J., Hrsg. *Rolling Contact Phenomena.* Bd. 411. International Centre for Mechanical Sciences, Courses and Lectures. Vienna und s.l.: Springer Vienna, 2000. ISBN: 978-3-211-83332-2. DOI: 10.1007/978-3-7091-2782-7. URL: http://dx.doi.org/10.1007/978-3-7091-2782-7.

[193] Johnson, R. W., Hrsg. *The handbook of fluid dynamics.* Heidelberg und Boca Raton: Springer und CRC Press, 1998. ISBN: 3540646124.

[194] JOSIPOVIC, N. *Der rechtliche Rahmen der Elektromobilität: Nationale und europäische Regelungen und ihre Auswirkungen auf den Fahrzeugabsatz.* 1. Auflage. Bd. Nr. 2/2016. Rechtswissenschaftliche Arbeitspapiere der Technischen Universität Braunschweig. Berlin: BWV Berliner Wissenschafts-Verlag, 2016. ISBN: 9783830536796.

[195] JIMENEZ, E. & SANDU, C. "Handling Performance of Pneumatic Tires on Sandy Loam". In: *Proceedings of the 13th European Conference of the ISTVS, Rom, Italien* (2015).

[196] JANSEN, S. T. & ZEGELAAR, P. W. & PACEJKA, H. B. "The Influence of In-Plane Tyre Dynamics on ABS Braking of a Quarter Vehicle Model". In: *Vehicle System Dynamics* 32.2-3 (1999), S. 249–261. ISSN: 0042-3114. DOI: 10.1076/vesd.32.2.249.2086.

[197] KACZMAREK, R. W. "Central Tire Inflation Systems (CTIS): A Means to Enhance Vehicle Mobility." In: *Proceedings of the International Conference on the Performance of Off-Road Vehilces and Machines, Cambridge, UK, 05.-11.08.1984* (), S. 1255–1271.

[198] KAMM, W. "Steigerung der Wirtschaftlichkeit des Personenkraftwagens". In: *VDI-Berichte, Band 84* (1940), S. 485–491.

[199] KLÜPPEL, M. & ALSHUTH, T. & SCHUSTER, R. H. "Theorie der Gummireibung und Traktionseigenschaften von Reifen". In: *2. Darmstädter Reifenkolloquium.* Hrsg. von BREUER, B. Düsseldorf: VDI Verlag, 1998.

[200] KIENCKE, U. & DAISS, A. "Estimation of Tyre Friction for enhanced ABS-Systems". In: *AVEG-Congress, Tokio, Japan* (1994).

[201] KELLY, K. J. "Modeling Tools for Predicting the Impact of Rolling Resistance on Modeling Tools for Predicting the Impact of Rolling Resistance on Energy Usage and Fuel Efficiency for Realistic Driving Cycles: Paper #31C". In: *International Tire Exhibition and Conference (ITEC), Akron, USA* (2002).

[202] KERBER, S. *Bestimmung des maximalen Kraftschlusses an mit ABV ausgerüsteten Fahrzeugen und Fahrzeugzügen.* Bd. Nr. 170. FAT-Schriftenreihe. Frankfurt/M.: FAT, 2001.

[203] KASPRZAK, E. M. & GENTZ, D. *The Formula SAE Tire Test Consortium-Tire Testing and Data Handling: SAE Technical Papers, No. 2006-01-3606.* Warrendale, USA: SAE International, 2006. DOI: 10.4271/2006-01-3606.

[204] KNIPPING, F. & GÖLZ, K. "Die Forschungsarbeiten des Straßenbau-Instituts der Technischen Hochschule Darmstadt". In: *Die Bautechnik* 14.23 (1936), S. 316–319.

[205] KIDNEY, J. & MANI, N. & ROTH, V. & TURNER, J. & BRANCA, T. *Experimental and Computational Studies of Contact Mechanics for Tire Longitudinal Response: Vortrag 30th Annual Meeting and Conference on Tire Science and Technology.* Akron, USA, 14.09.2011.

[206] KIESEWETTER, W. & KLINKNER, W. & REICHELT, W. & STEINER, M. "Der neue Brake Assist von Mercedes-Benz - aktive Fahrerunterstützung in Notsituationen". In: *ATZ - Automobiltechnische Zeitschrift* 99.6 (1997), S. 330–339. ISSN: 0001-2785. DOI: 10.1007/BF03221647.

[207] KISTLER INSTRUMENTE AG. *Betriebsanleitung RoaDyn für System 2000: S635 – Typ 9267A1.* Winterthur, 2005.

[208] KISTLER INSTRUMENTE AG. *Datenblatt RoaDyn S635 System 2000: Radkraftsensor für schwere Pkw und Hochleistungsfahrzeuge.* Winterthur, 2009.

[209] KLAAS, A. & OOSTEN, J. v. & SAVI, C. & UNRAU, H.-J. & BOUHET, O. "TI-ME, Tire Measurements: Eine neue Standardprüfprozedur für stationäreReifen-Seitenkraftmessungen". In: *Reifen, Fahrwerk, Fahrbahn, VDI Berichte Nr. 1494* (1999), S. 119–137.

[210] KLEMPAU, F. *Untersuchungen zum Aufbau eines Reibwertvorhersagesystems im fahrenden Fahrzeug.* Als Ms. gedr. Bd. 576. Berichte aus dem Fachgebiet Fahrzeugtechnik der TU Darmstadt. Düsseldorf: VDI Verlag, 2004. ISBN: 3-18-357612-0.

[211] KUMMER, H. W. & MEYER, W. E. "Kraftübertragung zwischen Reifen und Fahrbahn". In: *ATZ - Automobiltechnische Zeitschrift* 66.9 (1964), S. 245–250. ISSN: 2192-8800.

[212] KUMMER, H. W. & MEYER, W. E. "New Theory Permits Better Frictional Coupling between Tire and Road". In: *Paper B11, 11th International FISITA Congress, München* (1966).

[213] KUMMER, H. W. & MEYER, W. E. "Verbesserter Kraftschluß zwischen Reifen und Fahrbahn: Ergebnisse einer neuen Reibungstheorie". In: *ATZ - Automobiltechnische Zeitschrift* 69.8 (1967), S. 245–257. ISSN: 2192-8800.

[214] KNECHT, S. *Ein Beitrag zur Erhöhung der Straßenverkehrssicherheit durch ein pyrotechnisches Notbremssystem.* Wissenschaftliche Reihe Fahrzeugtechnik Universität Stuttgart. Wiesbaden: Springer Fachmedien Wiesbaden, 2018. ISBN: 978-3-658-20593-5.

[215] KOBETZ, C. "Verfahren zur Reifendruckregelung bei einem Kraftfahrzeug". Deutsche Patentanmeldung DE102005004955A1, Anmelder: Daimler AG. 03.02.2005.

[216] KUDLICZA, P. & PESTER WOLFGANG. "Druckverlust verliert den Schrecken". In: *VDI Nachrichten* (06.01.2006).

[217] KRAUS, M. *Pressemitteilung: IAA Nutzfahreuge: Goodyear stellt „Air MaintenanceTechnology" vor.* Hanau/Hannover, 19.09.2012.

[218] KRAMER, F., Hrsg. *Integrale Sicherheit von Kraftfahrzeugen: Biomechanik - Simulation - Sicherheit im Entwicklungsprozess ; mit 55 Tabellen.* 4., erw. und korrigierte Aufl. ATZ/MTZ-Fachbuch. Wiesbaden: Springer Vieweg, 2013. ISBN: 978-3-8348-2607-7.

[219] KRAFTFAHRT-BUNDESAMT. *Pressemitteilung Nr. 01/2018: Fahrzeugzulassungen im Dezember 2017 - Jahresbilanz.* Flensburg, 04.01.2018.

[220] KLEINHOFF, K. & SCHARR, G. & ROSTECK, M. "Verfahren und Vorrichtung zur Erhöhung der übertragbaren Kräfte". Deutsche Patentanmeldung DE10202993A1, Anmelder: Continental AG. 26.01.2002.

[221] KUMMER, H. W. "Unified Theory of Rubber and Tire Friction". In: *The Pennsylvania State University, Engineering Research Bulltein B94* (1966).

[222] KUIPER, E. & VAN OOSTEN, J. J. M. "The PAC2002 advanced handling tire model". In: *Vehicle System Dynamics* 45.sup1 (2007), S. 153–167. ISSN: 0042-3114. DOI: 10.1080/00423110701773893.

[223] LACH, B. *Automatische Reifendruckregelung in der Gesamtsimulation Fahrzeug-Gelände: Helmut-Schmidt-Univ./Univ. der Bundeswehr, Diss.–Hamburg, 2005.* Berichte aus der Fahrzeugtechnik. Aachen: Shaker, 2006. ISBN: 3832250697.

[224] LEE, C. F. & SAVITSKI, D. & MANZIE, C. & IVANOV, V. "Active Brake Judder Compensation Using an Electro-Hydraulic Brake System". In: *SAE International Journal of Commercial Vehicles* 8.1 (2015). ISSN: 1946-3928. DOI: 10.4271/2015-01-0619.

[225] LEX, C. & EICHBERGER, A. & HIRSCHBERG, W. "Methoden zur Ermittlung des Reifen-Fahrbahn-Kraftschlusspotenzials für Fahrerassistenzsysteme". In: *ATZ - Automobiltechnische Zeitschrift* 113.12 (2011), S. 992–997. ISSN: 0001-2785. DOI: 10.1365/s35148-011-0232-8.

[226] LEISTER, G. *Fahrzeugreifen und Fahrwerkentwicklung: Strategie, Methoden, Tools.* 1. Aufl. Praxis. Wiesbaden: Vieweg+Teubner Verlag / GWV Fachverlage GmbH Wiesbaden, 2009. ISBN: 978-3-8348-9312-3. DOI: 10.1007/978-3-8348-9312-3.

[227] LEISTER, G. *Fahrzeugräder - Fahrzeugreifen: Entwicklung - Herstellung - Anwendung.* Wiesbaden: Springer, 2015. ISBN: 978-3-658-07464-7.

[228] LEISTER, G. "New Procedures For Tyre Characteristic Measurement". In: *Vehicle System Dynamics* 27.sup001 (1997), S. 22–36. ISSN: 0042-3114. DOI: 10.1080/00423119708969642.

[229] LEVENBERG, K. "A method for the solution of certain non-linear problems in least squares". In: *Quarterly Journal of Applied Mathmatics* 2.2 (1944), S. 164–168.

[230] LIDNER, L. "Experience with the Magic Formula Model". In: *Vehicle System Dynamics* 21.sup001 (1992), S. 30–46. ISSN: 0042-3114. DOI: 10.1080/00423119208969996.

[231] LIEBL, J. & LEDERER, M. & ROHDE-BRANDENBURGER, K. & BIERMANN, J.-W. & ROTH, M. & SCHÄFER, H. *Energiemanagement im Kraftfahrzeug: Optimierung von CO2-Emissionen und Verbrauch konventioneller und elektrifizierter Automobile.* ATZ/MTZ-Fachbuch. Wiesbaden: Springer Vieweg, 2014. ISBN: 9783658044510.

[232] LUGNER, P. & MITTERMAYR, P. "A measurement based tyre characteristics approximation". In: *Vehicle System Dynamics* 21.sup001 (1992), S. 127–144. ISSN: 0042-3114. DOI: 10.1080/00423119208970004.

[233] LMS IMAGINE S.A. *LMS Imagine.Lab AMESim: Pneumatic Library Rev 13: User's guide.* Roanne, Frankreich, 2014.

[234] LORENZ, B. & OH, Y. R. & NAM, S. K. & JEON, S. H. & PERSSON, B. N. J. "Rubber friction on road surfaces: Experiment and theory for low sliding speeds". In: *The Journal of chemical physics* 142.19 (2015), S. 194701. ISSN: 0021-9606. DOI: 10.1063/1.4919221.

[235] LUGNER, P. & PLÖCHL, M. "Specifications of the test procedures". In: *Vehicle System Dynamics* 45.sup1 (2007), S. 21–28. ISSN: 0042-3114. DOI: 10.1080/00423110801902681.

[236] LEISTER, G. & RUNTSCH, G. "Ermittlung objektiver Reifeneigenschaften im Entwicklungsprozess mit einem Reifenmessbus". In: *2. Darmstädter Reifenkolloquium.* Hrsg. von BREUER, B. Düsseldorf: VDI Verlag, 1998.

[237] LEISTER, G. & RUNTSCH, G. & WIDMAYER, H. "Ermittlung objektiver Reifeneigenschaften im Entwicklungsprozess mit einem Reifenmessbus". In: *ATZ - Automobiltechnische Zeitschrift* 101.5 (1999), S. 318–325. ISSN: 2192-8800. DOI: 10.1007/BF03224258.

[238] LUCHINI, J. R. "Test Surface Curvature Reduction Factor for Truck Tire Rolling Resistance". In: *SAE International Truck and Bus Meeting and Exposition.* SAE Technical Paper Series. Warrendale, USA: SAE International, 1982. DOI: 10.4271/821264.

[239] LUDWIG, D. & BACHMANN, V. & STÖCKER, J. & BREUER, B. "Messungen im Reifen mittels integrierter Sensoren". In: *1. Darmstädter Reifenkolloquium, Fortschritt-Berichte VDI Reihe 12, Nr. 285* (1996), S. 89–99.

[240] LUDWIG, D. *Untersuchungen zur Profilelementverformung von Pkw-Reifen auf realer Fahrbahn bei Geradeausfahrt unter besonderer Berücksichtigung von Verschleiß und Reibwert: Techn. Hochsch., Diss.–Darmstadt, 1997.* Als Ms. gedr. Bd. 363. Berichte aus dem Fachgebiet Fahrzeugtechnik der TH Darmstadt. Düsseldorf: VDI Verlag, 1998. ISBN: 3183363127.

[241] MARQUARDT, D. W. "An Algorithm for Least-Squares Estimation of Nonlinear Parameters". In: *Journal of the Society for Industrial and Applied Mathematics* 11.2 (1963), S. 431–441. ISSN: 0368-4245. DOI: 10.1137/0111030.

[242] MATHE, L. "Examination of Rolling Losses on Loamy Sand". In: *Proceedings of Power and Machinery. International Conference of Agricultural Engineering - CIGR-AgEng 2012, Valencia, Spanien, 8.-12.07.2012* ().

[243] MAULICK, T. *Ein neues Verfahren zur Berechnung von Reifenkennfeldern.* Bd. Bd. 17. Schriftenreihe des Instituts für Verbrennungsmotoren und Kraftfahrwesen der Universität Stuttgart / Lehrstuhl Kraftfahrwesen. Renningen-Malmsheim: Expert Verlag, 2001. ISBN: 3816920276.

[244] MAURICE, J. P. "Short Wavelength and Dynamic Tyre Behaviour under Lateral and Combined Slip Conditions". Dissertation. Technische Universität Delft, 1999.

[245] MAVROS, G. "Contact mechanics of tyre - road interactions and itsrole in vehicle shuffle". In: *Tribology and dynamics of engine and powertrain.* Hrsg. von RAHNEJAT, H. Woodhead Publishing in mechanical engineering. Oxford und Philadelphia: Woodhead Pub, 2010. ISBN: 9781845693619.

[246] MARSHEK, K. M. & CUDERMAN, J. F. & JOHNSON, M. J. "Performance of Anti-Lock Braking System Equipped Passenger Vehicles - Part III: Braking as a Function of Tire Inflation Pressure". In: *SAE 2002 World Congress & Exhibition.* SAE Technical Paper Series. Warrendale, USA: SAE International, 2002. DOI: 10.4271/2002-01-0306.

[247] MEYWERK, M. *CAE-Methoden in der Fahrzeugtechnik.* Berlin, Heidelberg: Springer, 2007. ISBN: 9783540498667. DOI: 10.1007/978-3-540-49867-4.

[248] MACISAAC JR., J. D. & GARROTT, W. R., Hrsg. *Preliminary Findings of the Effect of Tire Inflation Pressure on the Peak and Slide Coecients of Friction, DOT HS 809428.* Washington, USA: U.S. Department of Transportation (DOT), National Highway Traffic Safety Administration (NHTSA), 2002.

[249] MACHL, T. & HECKMANN, M. & BERNHARDT, H. "So kommt Zugkraft auf den Boden". In: *dlz Agrarmagazin* 2010.10 (), S. 80–83.

[250] MICRO-EPSILON MESSTECHNIK GMBH & CO. KG. *Betriebsanleitung scanCONTROL 2700 / 2710 / 2750.* Ortenburg.

[251] MILLER, S. L. & YOUNGBERG, B. & MILLIE, A. & SCHWEIZER, P. & GERDES, J. C. "Calculating longitudinal wheel slip and tire parameters using GPS velocity". In: *Proceedings of American Control Conference*, 1800–1805 vol.3. DOI: 10.1109/ACC.2001.945995.

[252] MIZUNO, M. & SAKAI, H. & OYAMA, K. & ISOMURA, Y. "Development of a tyre force model incorporating the influence of the tyre surface temperature". In: *Vehicle System Dynamics* 43.sup1 (2005), S. 395–402. ISSN: 0042-3114. DOI: 10.1080/00423110500140187.

[253] MIZUNO, M. "Development of Tire Side Force Model Based on "Magic Formula" with the Influence of Tire Surface Temperature". In: *R&D Review of Toyota CRDL Vol. 38 No. 4* (2004).

[254] MUNRO, R. & MACCULLOCH, F. *Tyre Pressure Control on Timber Haulage Vehicles: Some observations on a trial in Highland, Scotland: Abschlussbericht ROADEX III.* 2008.

[255] MUNDL, R. & MESCHKE, G. & LIEDERER, W. "Kraftübertragung von Profilstollen auf Schneefahrbahnen". In: *Fahrwerk, Reifen, Fahrbahn. VDI Berichte Nr. 1224* (1995).

[256] MARTINEZ, W. L. & MARTINEZ, A. R. & SOLKA, J. L. *Exploratory data analysis with MATLAB.* 2. ed. Computer science and data analysis series. Boca Raton, Fla.: CRC Press / Taylor & Francis, 2011. ISBN: 1439812209.

[257] MOCK, P. *European vehicle market statistics: Pocketbook 2017/18.* Berlin, 2017.

[258] MOORE, D. F. *The friction and lubrication of elastomers.* Bd. v. 9. International series of monographs on materials science and technology. Oxford und New York: Pergamon Press, 1972. ISBN: 978-0080167497.

[259] MÄCKLE, G. & SCHIRLE, T. "Active Tire Tilt Control: Ein Reifen-Fahrwerksystem zur verbesserten Kraftübertragung zwischen Reifen und Straße". In: *4. Darmstädter Reifenkolloquium, Fortschritt-Berichte VDI Reihe 12, Nr. 511* (2002), S. 20–33.

[260] MIQUET, C. & SCHICK, B. "Which benefits result of thermal and mechanical tire model for the vehicle dynamics simulation in practical application". In: *Fahrwerk, Reifen, Fahrbahn. VDI Berichte Nr. 2086* (2009).

[261] Mitschke, M. & Wallentowitz, H. *Dynamik der Kraftfahrzeuge.* 4. Aufl. VDI. Berlin: Springer, 2004. ISBN: 9783540420118.

[262] National Research Council. *Tires and passenger vehicle fuel economy: Informing consumers, improving performance.* Bd. 286. TRB special report. Washington, DC: Transportation Research Board, 2006. ISBN: 0309094216.

[263] Nüssle, M. & Gnadler, R. "Messeinrichtung zur Bestimmung von Reifenkennlinien im Fahrbetrieb". In: *ATZ - Automobiltechnische Zeitschrift* 103.7-8 (2001), S. 628–634. ISSN: 0001-2785. DOI: 10.1007/BF03226226.

[264] Niemz, T. "Reducing braking distance by control of semi-active suspension". Dissertation. Technische Universität Darmstadt, 2006.

[265] Nelder, J. A. & Mead, R. "A Simplex Method for Function Minimization". In: *The Computer Journal* 7.4 (1965), S. 308–313. ISSN: 0010-4620. DOI: 10.1093/comjnl/7.4.308.

[266] N.N. "Alle Sechse". In: *Mercedes-Benz Offroad* 2 (2013), S. 16–19.

[267] Niskanen, A. & Tuononen, A. J. "Three 3-axial accelerometers fixed inside the tire for studying contact patch deformations in wet conditions". In: *23rd International Symposium on Dynamics of Vehicles on Roads and Tracks, Quingdao, China, August 19-23, 2013.* 2013, S. 1–8.

[268] Nüssle, M. *Ermittlung von Reifeneigenschaften im realen Fahrbetrieb: Zugl.: Karlsruhe, Univ. , Diss., 2002.* Berichte aus der Fahrzeugtechnik. Aachen: Shaker, 2003. ISBN: 3832214453.

[269] Niemz, T. & Winner, H. "Reduction of Braking Distance by Control of Active Dampers: Paper F2006V045". In: *FISITA 2006 World Automotive Congress: 22-27 October, Yokohama, Japan* (2006).

[270] Oertel, C. "75 Years Tyre Modelling for Vehicle Dynamics Analysis: Review and Future Challenges". In: *Proceedings of the 4th International Tyre Colloquium.* Hrsg. von Gruber, P. & Sharp, R. S. Surrey: University of Surrey, 2015, S. 11–20. ISBN: 978-1-84469-032-9.

[271] Oertel, C. & Fandre, A. "Das Reifenmodellsystem RMOD-K". In: *ATZ - Automobiltechnische Zeitschrift* 103.11 (2001), S. 1074–1079. ISSN: 2192-8800. DOI: 10.1007/BF03223462.

[272] Oertel, C. & Fandre, A. "Ride comfort simulations and steps towards life time calculations: RMOD-K and ADAMS". In: *Proceedings of the International ADAMS Users Conference, Berlin* (1999).

[273] Oosten, J. v. & Unrau, H.-J. & Riedel, A. & Bakker, E. "TYDEX Workshop: Standardisation of Data Exchange in Tyre Testing and Tyre Modelling". In: *Vehicle System Dynamics* 27.sup001 (1997), S. 272–288. ISSN: 0042-3114. DOI: 10.1080/00423119708969660.

[274] Ortiz, A. & Cabrera, J. A. & Guerra, A. J. & Simon, A. "An easy procedure to determine Magic Formula parameters: A comparative study between the starting value optimization technique and the IMMa optimization algorithm". In: *Vehicle System Dynamics* 44.9 (2006), S. 689–718. ISSN: 0042-3114. DOI: 10.1080/00423110600574558.

[275] Pacejka, H. B. *Tyre and vehicle dynamics.* 1. Aufl. Amsterdam: Elsevier Butterworth-Heinemann, 2002. ISBN: 0-7506-5141-5.

[276] Pacejka, H. B. *Tyre and vehicle dynamics.* 2. Aufl. Amsterdam: Elsevier Butterworth-Heinemann, 2006. ISBN: 978-0-7506-6918-4.

[277] Pacejka, H. B. *Tyre and Vehicle Dynamics.* 3. Aufl. Oxford, UK: Butterworth-Heinemann, 2012. ISBN: 9780080970165.

[278] Pacejka, H. B. "Tire as a Vehicle Component". In: *Road and off-road vehicle system dynamics handbook.* Hrsg. von Mastinu, G. & Plöchl, M. Boca Raton, USA: CRC Press, 2014, S. 563–624. ISBN: 1420004905.

[279] Pacejka, H. B. *The wheel shimmy phenomenon – a theoretical and experimental investigation with particular reference to the nonlinear problem: Delft, Techn. Univ., Diss.* 1966.

[280] Pasterkamp, W. R. *The tyre as sensor to estimate friction: Techn. Univ., Diss.-Delft, 1997.* Delft: Univ. Press, 1997. ISBN: 9040715386.

[281] Pauwelussen, J. P. *Essentials of vehicle dynamics.* Oxford, UK: Butterworth-Heinemann, 2015. ISBN: 9780081000366.

[282] Pacejka, H. B. & Bakker, E. "The Magic Formula Tyre Model". In: *Vehicle System Dynamics* 21.sup001 (1992), S. 1–18. ISSN: 0042-3114. DOI: 10.1080/00423119208969994.

[283] Pacejka, H. B. & Besselink, I. J. M. "Magic Formula Tyre Model with Transient Properties". In: *Vehicle System Dynamics* 27.sup001 (1997), S. 234–249. ISSN: 0042-3114. DOI: 10.1080/00423119708969658.

[284] Persson, B. N. J. *Sliding Friction: Physical Principles and Applications.* Second Edition. NanoScience and Technology. Berlin und Heidelberg: Springer, 2000. ISBN: 9783662042830.

[285] Persson, B. N. J. "Theory of rubber friction and contact mechanics". In: *The Journal of Chemical Physics* 115.8 (2001), S. 3840–3861. ISSN: 00219606. DOI: 10.1063/1.1388626.

[286] Persson, B. N. J. "Rubber friction and tire dynamics". In: *Journal of physics. Condensed matter : an Institute of Physics journal* 23.1 (2011), S. 015003. ISSN: 0953-8984. DOI: 10.1088/0953-8984/23/1/015003.

[287] Pfeffer, P. & Harrer, M. *Lenkungshandbuch: Lenksysteme, Lenkgefühl, Fahrdynamik von Kraftfahrzeugen.* 2., überarb. u. erg. Aufl. 2013. ATZ / MTZ-Fachbuch. Wiesbaden und s.l.: Springer Fachmedien Wiesbaden, 2013. ISBN: 978-3-658-00976-2.

[288] Plesser, J. *Dynamisches Verhalten von Ackerschlepperreifen in Vertikal- und Längsrichtung auf fester Fahrbahn: Zugl.: Stuttgart, Univ., Diss., 1997.* Als Ms. gedr. Bd. 83. Fortschritt-Berichte VDI Reihe 14, Landtechnik, Lebensmitteltechnik. Düsseldorf: VDI Verlag, 1997. ISBN: 3183083140.

[289] POHEN, F.-H. *Entwicklung einer radgebundenen Reifendruckregelanlage für landwirtschaftliche Fahrzeuge: Techn. Hochsch., Diss.–Aachen, 2009*. Bd. 482. Forschungsbericht Agrartechnik des Arbeitskreises Forschung und Lehre der Max-Eyth-Gesellschaft Agrartechnik im VDI (VDI-MEG). Aachen: Shaker, 2009. ISBN: 9783832287788.

[290] POTTINGER, M. G. & PELZ, W. & WINKLER, C. & TAPIA, G. A. "A Combined Cornering And Braking Test For Heavy Duty Truck Tires". In: *Road transport technology - Proceedings of 4. International Symposium on Heavy Vehicle Weights and Dimensions, University of Michigan Transportation Research Institute, Ann Arbor, USA* (1995).

[291] PASTERKAMP, W. R. & PACEJKA, H. B. "The Tyre as a Sensor to Estimate Friction". In: *Vehicle System Dynamics* 27.5-6 (1997), S. 409–422. ISSN: 0042-3114. DOI: 10.1080/00423119708969339.

[292] PRUCKNER, A. & OCHNER, U. & EILETZ, R. & KÖNIG R. "Ein hocheffizientes Fahrwerk für ein hocheffizientes Konzeptfahrzeug". In: *Reifen-Fahrwerk-Fahrbahn 2015*. Bd. 2241. VDI-Berichte. Düsseldorf: VDI-Verlag, 2015, S. 1–10. ISBN: 978-3-18-092241-6.

[293] PTG REIFENDRUCKREGELSYSTEME GMBH. *AIRBOOSTER: Reifenfüll- und Schnellentlüftungs-Set für alle Traktoren: Datenblatt*. Neuss.

[294] PTG PÖSGES & TIGGES GMBH. *Reifendruckregelsysteme für die Landwirtschaft: Informationsbroschüre Landwirtschaft*. Neuss, 2005.

[295] RACELOGIC LTD. *Brake tests with CAN wheel speed data: Application Note*. Buckingham, 2005.

[296] RACELOGIC LTD. *Brake Testing with VBOX: Application Note*. Buckingham, 2011.

[297] RACELOGIC LTD. *VB3iSL Dual Antenna 100 Hz GPS Data Logger: User Guide*. Buckingham, 2014.

[298] RAJAMANI, R. *Vehicle dynamics and control*. Mechanical engineering series. New York: Springer, 2006. ISBN: 9780387263960.

[299] REIF, K. & DIETSCHE, K.-H. *Kraftfahrtechnisches Taschenbuch*. 27., überarb. und erw. Aufl. Studium und Praxis. Wiesbaden: Vieweg + Teubner, 2011. ISBN: 9783834814401.

[300] RECKNAGEL, R.-J. & MEISTER, D. & THIELE, J. & WELLHÖFER, M. & ARRAMON, S. "Vorrichtung zur Erzielung einer erhöhten Längsverzögerung eines Fahrzeugs durch Veränderung des Reifenluftdrucks". Deutsches Patent DE10336330B3, Anmelder: Robert Bosch GmbH. 07.08.2003.

[301] REICHEL, J. *Untersuchungen zum Einfluss stufenlos verstellbarer Schwingungsdämpfer auf das instationäre Bremsen von Personenwagen*. Als Ms. gedr. Bd. 553. Berichte aus dem Fachgebiet Fahrzeugtechnik der TU Darmstadt. Düsseldorf: VDI-Verlag, 2003. ISBN: 3-18-355312-0.

[302] REIF, K. *Fahrstabilisierungssysteme und Fahrerassistenzsysteme*. Bosch Fachinformation Automobil. Wiesbaden: Vieweg+Teubner Verlag / GWV Fachverlage GmbH Wiesbaden, 2010. ISBN: 9783834813145.

[303] RASTE, T. & HARTMANN, B. & KRETSCHMANN, M. "Assistance System for Aquaplaning Situations". In: *Reifen-Fahrwerk-Fahrbahn 2017*. Bd. 2296. VDI-Berichte. Düsseldorf: VDI-Verlag, 2017, S. 1–19. ISBN: 978-3-18-092296-6.

[304] RIEHM, P. & UNRAU, H.-J. & GAUTERIN, F. & TORBRÜGGE, S. & WIES, B. "Einfluss der Fahrbahntextur auf die longitudinale Charakterisitik von PKW-Reifen bei trockener und nasser Fahrbahn". In: *Reifen-Fahrwerk-Fahrbahn 2015*. Bd. 2241. VDI-Berichte. Düsseldorf: VDI-Verlag, 2015. ISBN: 978-3-18-092241-6.

[305] RIEGER, H. "Experimentelle und theoretische Untersuchungen zur Gummireibung". Dissertation. Technische Universität München, 1968.

[306] RILL, G. "First Order Tire Dynamics". In: *III European Conference on Computational Mechanics*. Hrsg. von MOTASOARES, C. A. & MARTINS, J. A. C. & RODRIGUES, H. C. & AMBRÓSIO, J. A. C. & PINA, C. A. B. & MOTASOARES, C. M. & PEREIRA, E. B. R. & FOLGADO, J. Dordrecht: Springer Netherlands, 2006, S. 776. ISBN: 978-1-4020-4994-1. DOI: 10.1007/1-4020-5370-3{_}776.

[307] RILL, G. *Road vehicle dynamics: Fundamentals and modeling*. Ground vehicle engineering series. Boca Raton, USA: CRC Press Taylor & Francis, 2012. ISBN: 1439838984.

[308] ROBERT BOSCH GMBH. *Sicherheits- und Komfortsysteme*. 3., neu bearb. und erw. Aufl. Kraftfahrzeugtechnik. Wiesbaden: Vieweg, 2004. ISBN: 3-528-13875-0.

[309] ROTH, J. *Untersuchungen zur Kraftübertragung zwischen Pkw-Reifen und Fahrbahn unter besonderer Berücksichtigung der Kraftschlußerkennung im rotierenden Rad*. Als Ms. gedr. Düsseldorf: VDI Verlag, 1993. ISBN: 9783181495124.

[310] REIMPELL, J. & SPONAGEL, P. *Fahrwerktechnik*. 2., überarb. Aufl. Vogel-Fachbuch Technik Kraftfahrzeugwesen. Würzburg: Vogel Verlag, 1988. ISBN: 3802307372.

[311] REITER, M. & WAGNER, J. "Automated Automotive Tire Inflation System – Effect of Tire Pressure on Vehicle Handling". In: *IFAC Proceedings Volumes* 43.7 (2010), S. 638–643. ISSN: 14746670. DOI: 10.3182/20100712-3-DE-2013.00013.

[312] SAVITSKI, D. & IVANOV, V. & SCHLEININ, D. & AUGSBURG, K. & PUTZ, T. & LEE, C. F. "Advanced control functions of decoupled electro-hydraulic brake system". In: *2016 IEEE 14th International Workshop on Advanced Motion Control (AMC)*, S. 310–317. DOI: 10.1109/AMC.2016.7496368.

[313] SAVITSKI, D. & SCHLEININ, D. & IVANOV, V. & AUGSBURG, K. "Individual wheel slip control using decoupled electro-hydraulic brake system". In: *IECON 2017 - 43rd Annual Conference of the IEEE Industrial Electronics Society*, S. 4055–4061. DOI: 10.1109/IECON.2017.8216695.

[314] Savitski, D. & Ivanov, V. & Augsburg, K. & Shyrokau, B. & Wragge-Morley, R. & Pütz, T. & Barber, P. "The new paradigm of an anti-lock braking system for a full electric vehicle: Experimental investigation and benchmarking". In: *Proceedings of the Institution of Mechanical Engineers, Part D: Journal of Automobile Engineering* 230.10 (2016), S. 1364–1377. ISSN: 0954-4070. DOI: 10.1177/0954407015608548.

[315] Schmeitz, A. J. C. & Besselink, I. J. M. & Jansen, S. T. H. "TNO MF-SWIFT". In: *Vehicle System Dynamics* 45.sup1 (2007), S. 121–137. ISSN: 0042-3114. DOI: 10.1080/00423110701725208.

[316] Skoff, G. & Christely, H. "Einrichtung für die automatische Betätigung einer Reifenfüllanlage für Kraftfahrzeuge". Europäische Patentanmeldung EP1362716A2, Anmelder: Steyr-Daimler-Puch Spezialfahrzeug GmbH. 16.04.2003.

[317] Schmeitz, A. J. C. & Besselink, I. J. M. & Hoogh, J. de & Nijmeijer, H. "Extending the Magic Formula and SWIFT tyre models for inflation pressure changes". In: *Reifen, Fahrwerk, Fahrbahn.* Bd. 1912. VDI-Berichte. Düsseldorf: VDI-Verlag, 2005, S. 201–225. ISBN: 3-18-091912-4.

[318] Schick, B. & Henning, J. & Wurster, U. & Klein-Ridder, B. "Simulationsmethoden zur Evaluierung und Verifizierung von Funktion, Güte und Sicherheit von Fahrerassistenzsystemen im durchgängigen MIL-, SIL- und HIL-Prozess". In: *3. Tagung Aktive Sicherheit durch Fahrerassistenz, 7.-8. April 2008, Garching* (2008), S. 1–14.

[319] Schramm, D. & Hesse, B. & Maas, N. & Unterreiner, M. *Fahrzeugtechnik: Technische Grundlagen aktueller und zukünftiger Kraftfahrzeuge.* De Gruyter Studium. Berlin und Boston: De Gruyter Oldenbourg, 2017. ISBN: 978-3486716207.

[320] Schmeitz, A. J. C. "A Semi-Empirical Three-Dimensional Model of the Pneumatic Tyre Rolling over Arbitrarily Uneven Road Surfaces". Dissertation. Technische Universität Delft, 2004.

[321] Schlotter, V. *Einfluss dynamischer Radlastschwankungen und Schräglaufwinkeländerungen auf die horizontale Kraftübertragung von Ackerschlepperreifen: Zugl.: Stuttgart, Univ., Diss., 2005.* Bd. 437. Forschungsbericht Agrartechnik des Arbeitskreises Forschung und Lehre der Max-Eyth-Gesellschaft (MEG). Aachen: Shaker, 2006. ISBN: 9783832248659.

[322] Schulze, P. M. *Beschreibende Statistik.* 6., korrigierte und aktualisierte Aufl. München: Oldenbourg, 2007. ISBN: 978-3486582208.

[323] Schmeitz, A. J. C. *MF-Tyre/MF-Swift: Vortrag The Future of Tire Technology 2013.* Charlotte, USA, 28.-30.10.2013.

[324] Schmidt, H. "Worldwide Harmonized Light-Vehicles Test Procedure (WLTP) und Real Driving Emissions (RDE) - aktueller Stand der Diskussion und erste Messergebnisse". In: *15. Internationales Stuttgarter Symposium.* Hrsg. von Bargende, M. & Reuss, H.-C. & Wiedemann, J. Proceedings. Wiesbaden: Springer Fachmedien Wiesbaden, 2015, S. 1403–1411. ISBN: 978-3-658-08843-9. DOI: 10.1007/978-3-658-08844-6{_}97.

[325] SCHWANGHART, H. "Auswirkungen einer Luftdruckminderung bei landwirtschaftlichen Reifen im lockeren Boden". In: *Fahrwerk, Reifen, Fahrbahn. VDI Berichte Nr. 1088* (1993), S. 371–387.

[326] SCHLECHTER, H.-P. "Design and Performance of Central Tire Inflation Systems: Proceedings 6th European ISTVS Conference, 28.-30.09.1994, Wien, Österreich". In: *Proceedings 6th European ISTVS Conference, 28.-30.09.1994, Wien, Österreich* (1994), S. 295–320.

[327] SCHWANGHART, H. "Effect of Reduced Tire Inflation Pressure on Agricultural Tires". In: *Proceedings 6th European ISTVS Conference, 28.-30.09.1994, Wien, Österreich* (1994), S. 277–294.

[328] SCHLIPPE, B. v. & DIETRICH, R. *Zur Mechanik des Luftreifens.* Berlin-Adlershof: Zentrale für wissenschaftliches Berichtswesen der Luftfahrtforschung des Generalluftzeugmeisters (ZBW), Kommissionsverlag von R. Oldenbourg, 1942.

[329] STALLMANN, M. J. & ELS, P. S. "Parameterization and modelling of large off-road tyres for ride analyses: Part 2 - Parameterization and validation of tyre models". In: *Journal of Terramechanics* 55 (2014), S. 85–94. ISSN: 0022-4898. DOI: 10.1016/j.jterra.2014.05.003.

[330] STALLMANN, M. J. & ELS, P. S. & BECKER, C. M. "Parameterization and modelling of large off-road tyres for ride analyses: Part 1 - Obtaining parameterization data". In: *Journal of Terramechanics* 55 (2014), S. 73–84. ISSN: 0022-4898. DOI: 10.1016/j.jterra.2014.05.004.

[331] SELIG, M. & MEYER, M. & PETRY, F. & WESTERMANN, S. "Reifensimulationsmodelle der Zukunft". In: *Reifen-Fahrwerk-Fahrbahn 2017.* Bd. 2296. VDI-Berichte. Düsseldorf: VDI-Verlag, 2017, S. 33–46. ISBN: 978-3-18-092296-6.

[332] SEMMLER, S. "Bremsregelungen für mechatronische Bremsen". In: *Fahrdynamik-Regelung.* Hrsg. von ISERMANN, R. Kraftfahrzeugtechnik. Wiesbaden: Friedr. Vieweg & Sohn Verlag | GWV Fachverlage GmbH Wiesbaden, 2006, S. 137–168. ISBN: 978-3-8348-0109-8.

[333] SENDLER, J. & TRUTSCHEL, R. & AUGSBURG, K. & SCHUMANN, N. P. & SCHOLLE, H. C. "Bewertungs- und Entwicklungs methoden zur Pedal- und Bremscharakteristik". In: *ATZ - Automobiltechnische Zeitschrift* 111.7 (2009), S. 568–574. ISSN: 2192-8800. DOI: 10.1007/BF03222095.

[334] SENTEC ELEKTRONIK GMBH. *PETRA: Pressure Enhanced Tire Radio Access: Bedienungsanleitung.* Hrsg. von SENTEC ELEKTRONIK GMBH. 2015.

[335] SCHMID, A. & FÖRSCHL, S. "Vom realen zum virtuellen Reifen: Reifenmodellparametrierung". In: *ATZ - Automobiltechnische Zeitschrift* 111.3 (2009), S. 188–193. ISSN: 2192-8800.

[336] SCHRAMM, D. & HILLER, M. & BARDINI, R. *Modellbildung und Simulation der Dynamik von Kraftfahrzeugen.* Berlin: Springer, 2010. ISBN: 978-3-540-89313-4.

[337] SHOOP, S. "Electric Vehicle Traction and Rolling Resistance in Winter". In: *Tire Science and Technology* 26.2 (1998), S. 64–83. ISSN: 0090-8657. DOI: 10.2346/1.2135963.

[338] SKOFF, G. "Verfahren und Vorrichtung zum Betreiben einer Einrichtung zum Überwachen und drahtlosen Signalisieren einer Druckänderung und zur automatischen Druckregelung in Luftreifen an Fahrzeugen". Patentanmeldung WO03/016078A1, Anmelder: Steyr-Daimler-Puch Spezialfahrzeug GmbH. 14.08.2001.

[339] SKOFF, G. "Automatische Luftdruck Regelung ALR: Ein umfassender Beitrag für das Automobil der Zukunft". In: *3. Symposium "Reifen und Fahrwerk" 26. September 2005.* Hrsg. von GERINGER, B. Bd. 603. Bericht des Instituts für Verbrennungskraftmaschinen und Kraftfahrzeugbau der Technischen Universität Wien (IVK). Düsseldorf: VDI-Verl., 2005, S. 53–70. ISBN: 3183603128.

[340] SKOFF, G. "Verfahren zum Betrieb einer Einrichtung für eine Reifenfüllanlage für Kraftfahrzeuge". Europäisches Patent EP1757472B1, Anmelder: Steyr-Daimler-Puch Spezialfahrzeug GmbH. 23.06.2006.

[341] SCHMEITZ, A. J. C. & LENEMAN, F. *MF-Tyre/MF-Swift 6.1.1: Help Manual.* Hrsg. von TNO AUTOMOTIVE. Helmond, Niederlande, 2008.

[342] SMC. *2/2-Wege-Elektromagnetventil in Energiesparausführung: Serie VXE: Produktkatalog.*

[343] SOCIETY OF AUTOMOTIVE ENGINEERS. *SAE J1269: Rolling Resistance Measurement Procedure for Passenger Car, Light Truck, and Highway Truck and Bus Tires.* Warrendale, USA, 2006.

[344] SOCIETY OF AUTOMOTIVE ENGINEERS. *SAE J670: Vehicle Dynamics Terminology.* Warrendale, USA, 2008.

[345] SOCIETY OF AUTOMOTIVE ENGINEERS. *SAE J2452: Stepwise Coastdown Methodology for Measuring Tire Rolling Resistance.* Warrendale, USA, 1999.

[346] SCHURING, D. J. & PELZ, W. & POTTINGER, M. G. "The BNPS Model - An Automated Implementation of the "Magic Formula" Concept". In: *International Pacific Conference On Automotive Engineering.* SAE Technical Paper Series. Warrendale, USA: SAE International, 1993. DOI: 10.4271/931909.

[347] SIVARAMAKRISHNAN, S. & SINGH, K. B. & LEE, P. "Experimental Investigation of the Influence of Tire Design Parameters on Anti-lock Braking System (ABS) Performance". In: *SAE International Journal of Passenger Cars - Mechanical Systems* 8.2 (2015), S. 128–145. ISSN: 1946-4002. DOI: 10.4271/2015-01-1511.

[348] SIVARAMAKRISHNAN, S. & SINGH, K. B. & LEE, P. "Influence of Tire Operating Conditions on ABS Performance". In: *Tire Science and Technology* 43.3 (2015), S. 216–241. ISSN: 0090-8657.

[349] STÄDELE, A. *Reifendruckverstellanlagen in der Serie bei leistungsstarken Traktoren: Vortrag VDI-Seminar Landtechnik, Bodenschonender Einsatz von Landtechnik.* Weihenstephan, 22.01.2015.

[350] STATISTISCHES BUNDESAMT. *Fachserie 8 Reihe 7: Verkehr, Verkehrsunfälle 2017.* Wiesbaden, 2018.

[351] STÖCKER, J. *Untersuchung lokaler Vorgänge in Pkw-Reifen mittels integrierter Sensorik: Techn. Hochsch., Diss–Darmstadt.* Als Ms. gedr. Bd. 343. Berichte aus dem Fachgebiet Fahrzeugtechnik der TH Darmstadt. Düsseldorf: VDI Verlag, 1998. ISBN: 3183343126.

[352] STROTMANN, G. & WIEDITZ, M. *Traktionsbox: Bedienungs- und Montageanleitung.* Herzebrock – Clarholz, 2003.

[353] SVENDENIUS, J. & WITTENMARK, B. "Brush Tire Model with inreased Flexibility". In: *Proceedings of the European Control Conference, Cambridge, UK* (2003).

[354] SCHIESCHKE, R. & WURSTER, U. "IPG-Tire: Ein flexibles, umfassendes, Reifenmodell fuer den Einsatz in Simulationsumgebungen". In: *Automobil-Industrie* 33. Jahrgang.September (1988), S. 495–500.

[355] STRÜBEL, C. & WIES, B. & OCHS, M. "Potenzial für Rollwiderstandsverbesserung durch neue Reifendimensionen". In: *Reifen-Fahrwerk-Fahrbahn 2015.* Bd. 2241. VDI-Berichte. Düsseldorf: VDI-Verlag, 2015, S. 61–73. ISBN: 978-3-18-092241-6.

[356] TABOREK, J. J. *Mechanics of Vehicles.* Cleveland, USA: Penton, 1957.

[357] THE MATHWORKS, I. *Optimization Toolbox User's Guide.* Natick, USA, 2016.

[358] TNO. *MF-Tyre/MF-Swift 6.2: Help Manual.* Hrsg. von TNO AUTOMOTIVE. Helmond, Niederlande, 2013.

[359] TRABELSI, A. *Automotive Reibwertprognose zwischen Reifen und Fahrbahn: Zugl.: Hannover, Univ., Diss., 2005.* Als Ms. gedr. Bd. 608. Berichte aus dem Mechatronik-Zentrum Hannover. Düsseldorf: VDI-Verl., 2005. ISBN: 3-18-360812-X.

[360] TRUTSCHEL, R. *Analytische und experimentelle Untersuchung der Mensch-Maschine-Schnittstellen von PKW-Bremsanlagen: Dissertation.* Bd. 1. Kraftfahrzeugtechnische Berichte. Ilmenau: Univ.-Verl., 2007. ISBN: 9783939473145.

[361] TRUCKENBRODT, E. *Fluidmechanik.* 4., ergänzte Aufl. 1996, Nachdr. 2008 in veränderter Ausstattung. Berlin: Springer, 2008. ISBN: 9783540790174.

[362] TRZESNIOWSKI, M. *Rennwagentechnik: Grundlagen, Konstruktion, Komponenten, Systeme.* 1. Aufl. Wiesbaden: Vieweg+Teubner Verlag, 2008. ISBN: 978-3-8348-0484-6.

[363] TSCHÖKE, H., Hrsg. *Die Elektrifizierung des Antriebsstrangs: Basiswissen.* ATZ / MTZ-Fachbuch. Wiesbaden: Springer Vieweg, 2015. ISBN: 978-3-658-04643-9.

[364] TUONONEN, A. J. & HARTIKAINEN, L. & PETRY, F. & WESTERMANN, S. "Parameterization of in-plane rigid ring tire model from instrumented vehicle measurements". In: *Proceedings of the 11th International Symposium on Advanced Vehicle Control (AVEC '12), Seoul, Korea* (2012).

[365] TURNER, J. & ROTH, V. & XIE, K. & KIDNEY, J. "Investigation of Tire Longitudinal Relaxation Length and Its Effect on Dry Stopping Performance". In: *178th Technical Meeting of the Rubber Division, American Chemical Society 2010.* Red Hook, NY: Curran Associates Inc, 2010, S. 1275–1308. ISBN: 9781617820175.

[366] UNRAU, H.-J. & FREY, M. & FERTIG, M. *Grundsatzuntersuchung zum quantitativen Einfluss von Reifenbauform und -ausführung auf die Fahrstabilität von Kraftfahrzeugen bei extremen Fahrmanövern.* Bd. Nr. 192. FAT-Schriftenreihe. Frankfurt/M.: FAT, 2005.

[367] UFFELMANN, F. "Berechnung des Lenk- und Bremsverhaltens von Kraftfahrzeugzügen auf rutschiger Fahrbahn". Dissertation. Technische Universität Braunschweig, 1980.

[368] UIL, R. T. "Tyre models for steady-state vehicle handling analysis". Masterarbeit, DCT 2007.142. Technische Universität Eindhoven, 2007.

[369] UNRAU, H.-J. *Der Einfluss der Fahrbahnoberflächenkrümmung auf den Rollwiderstand, die Cornering Stiffness und die Aligning Stiffness von Pkw-Reifen: Karlsruher Institut für Technologie, KIT, Diss.–Karlsruhe, 2012.* Print on demand. Bd. 16. Karlsruher Schriftenreihe Fahrzeugsystemtechnik / Institut für Fahrzeugsystemtechnik. Karlsruhe: KIT Scientific Publ, 2013. ISBN: 978-3-86644-983-1.

[370] UPPENKAMP, N. "Richtiger Luftdruck per Knopfdruck". In: *top agrar* 2007 (3), S. 97–101.

[371] U.S. DEPARTMENT OF TRANSPORTATION (DOT), NATIONAL HIGHWAY TRAFFIC SAFETY ADMINISTRATION, Hrsg. *Tire Pressure Monitoring System FMVSS No. 138: Final Regulatory Impact Analysis.* Washington, USA: U.S. Department of Transportation (DOT), National Highway Traffic Safety Administration (NHTSA), 2005.

[372] UNRAU, H.-J. & ZAMOW, J. *TYDEX-Format: Description and Reference Manual Release 1.3.* 09.01.1997.

[373] VAJNA, S. & BLEY, H. & HEHENBERGER, P. & WEBER, C. & ZEMAN, K. *CAx für Ingenieure: Eine praxisbezogene Einführung.* 2., völlig neu bearb. Aufl. Berlin, Heidelberg: Springer, 2009. ISBN: 978-3-540-36038-4. DOI: 10.1007/978-3-540-36039-1.

[374] VAN OOSTEN, J. & AUGUSTIN, M. & GNADLER, R. & UNRAU, H.-J. "EC Research Project TIME – Tire Measurements, Forces and Moments: Workpackage 2: Analysis of parameters influencing tyre test results". In: *2. Darmstädter Reifenkolloquium, Band 362* (1998).

[375] VAN OOSTEN, J. & SAVI, C. & AUGUSTIN, M. & BOUHET, O. & SOMMER, J. "Time, tire measurements forces and moments: A new standard for steady state cornering tyre testing". In: *Vehicle systems technology for the next century, EAEC European Automotive Congress, Barcelona* (1999).

[376] VAN OOSTEN, J. & UNRAU, H.-J. & RIEDEL, A. & BAKKER, E. "Standardization in Tire Modeling and TireTesting: TYDEX Workgroup, TIME Project". In: *Tire Science and Technology* 27.3 (1999), S. 188–202. ISSN: 0090-8657.

[377] VAN OOSTEN, J. J. & BAKKER, E. "Determination of Magic Formula Tyre Model Parameters". In: *Vehicle System Dynamics* 21.sup001 (1992), S. 19–29. ISSN: 0042-3114. DOI: 10.1080/00423119208969995.

[378] VELENIS, E. & TSIOTRAS, P. & CANUDAS DE WIT, C. & SORINE, M. "Dynamic tyre friction models for combined longitudinal and lateral vehicle motion". In: *Vehicle System Dynamics* 43.1 (2005), S. 3–29. ISSN: 0042-3114. DOI: 10.1080/00423110412331290464.

[379] VELD, I. o. h. "Enhancing the MF-Swift tyre model for inflation pressure changes". Masterarbeit, DCT Rep. 2007.144. Technische Universität Eindhoven, 2007.

[380] VEREIN DEUTSCHER INGENIEURE. *VDI 2221: Methodik zum Entwickeln und Konstruieren technischer Systeme und Produkte.* Hrsg. von VDI VERLAG. Düsseldorf, 1993.

[381] VILLAGRA, J. & D'ANDRÉA-NOVEL, B. & FLIESS, M. & MOUNIER, H. "A diagnosis-based approach for tire–road forces and maximum friction estimation". In: *Control Engineering Practice* 19.2 (2011), S. 174–184. ISSN: 09670661. DOI: 10.1016/j.conengprac.2010.11.005.

[382] VINCKEN, D. *Der Reifen: Haftung - was Auto und Straße verbindet.* Dt. Erstaufl. Clermont-Ferrand: Societe de Technologie Michelin, 2005. ISBN: 2-06-711659-2.

[383] VINCKEN, D., Hrsg. *Der Reifen: Rollwiderstand und Kraftstoffersparnis.* Dt. Erstaufl. Clermont-Ferrand: Societe de Technologie Michelin, 2005. ISBN: 2-06-711658-4.

[384] VITS, A. *Präsentation eSafety - Status and Outlook, Directorate General Information Society and Media, ICT for Transport: Informal Document No.: ITS-13-07, 13th session of ITS.* 23.06.2006.

[385] WABCO. *Einzylinder-Kompressor: 411 140: Datenblatt.*

[386] WABCO. *Luftbehälter: Produktkatalog.* 2015.

[387] WALLENTOWITZ, H. *Längsdynamik von Kraftfahrzeugen: Verkehrssystem Kraftfahrzeug, Leistungs- und Energiebedarf, Antriebstrang, Fahrzeugdynamik ; Vorlesungsumdruck Fahrzeugtechnik I.* 14. Aufl. Bd. 32. IKA-Schriftenreihe Automobiltechnik. Aachen: Forschungsges. Kraftfahrwesen, 2008. ISBN: 3-925194-32-0.

[388] WANG, B. & QI, C. & VICTORINO, A. & CHARARA, A. "Real-time experimental validation of nonlinear observer for vehicle dynamics parameters estimation: A laboratory vehicle description". In: *2012 IEEE International Conference on Vehicular Electronics and Safety (ICVES 2012), Istanbul, Türkei* (2012), S. 72–77. DOI: 10.1109/ICVES.2012.6294286.

[389] WARNER, R. "Central Tire Inflation Systems (CTIS) Technology, Development, and Application". In: *International Truck & Bus Meeting 1994, SAE Technical Paper 942335* (1994). DOI: 10.4271/942335.

[390] WATTER, H. *Hydraulik und Pneumatik: Grundlagen und Übungen - Anwendungen und Simulation.* Wiesbaden: Vieweg+Teubner Verlag, 2007. ISBN: 978-3-8348-9416-8.

[391] WEBER, I. “Reibwertangepasste Regelstrategien bei Bremsmanövern im Kraftfahrzeug”. In: *4. Darmstädter Reifenkolloquium, Fortschritt-Berichte VDI Reihe 12, Nr. 511* (2002), S. 146–163.

[392] WEBER, I. “Verbesserungspotenzial von Stabilisierungssystemen im Pkw durch eine Reibwertsensorik”. Dissertation. Technische Hochschule Darmstadt, 2004.

[393] WEBER, R. “Der Kraftschluß von Fahrzeugreifen und Gummiproben auf vereisten Oberflächen”. Dissertation. Universität Karlsruhe, 1970.

[394] WEBER, R. “Reifenführungskräfte bei schnellen Änderungen von Schräglauf und Schlupf”. Dissertation. Universität Karlsruhe, 1981.

[395] WIRMEL, M. & HAHMANN, K. “Simulation of a Tire Pressure Control System: Time savings and new options by ECU tests on the model”. In: *Elektronik special issue electronica India* (2010), S. 14–16.

[396] WIEGNER, P. “Über den Einfluss von Blockierverhinderern auf das Fahrverhalten von Personenkraftwagen bei Panikbremsungen”. Dissertation. Technische Universität Braunschweig, 1974.

[397] WILLISTON, S. L. “Automatisches Aufpumpen von Reifen basierend auf Fahrzeugbeladungszuständen”. Deutsche Patentanmeldung DE 10321235A1, Anmelder: General Motors Corp. 2003.

[398] WINNER, H. & HAKULI, S. & LOTZ, F. & SINGER, C., Hrsg. *Handbuch Fahrerassistenzsysteme: Grundlagen, Komponenten und Systeme für aktive Sicherheit und Komfort.* 3., überarb. und erg. Aufl. ATZ/MTZ-Fachbuch. Wiesbaden: Springer Vieweg, 2015. ISBN: 978-3-658-05733-6.

[399] WIRMEL, M. “Verfahren und Vorrichtung zur Temperaturüberwachung eines Reifens”. Deutsche Patentanmeldung DE200410051197A1, Anmelder: Daimler AG. 21.10.2004.

[400] WITZEL, P. “Ein validiertes Reifenmodell zur Simulationdes fahrdynamischen und fahrkomfortrelevanten Verhaltens von Ackerschleppern bei Hindernisüberfahrt”. Dissertation. Universität Stuttgart, 2015.

[401] WIES, B. & LAUER, P. & MUNDL, R. “Kraftschluss-Verbesserung durch Synergien aus Winterreifen-Entwicklung und ABS-Regelsystemen”. In: *Reifen, Fahrwerk, Fahrbahn.* Bd. 1632, Buch. VDI-Berichte. Düsseldorf: VDI-Verl., 2001. ISBN: 3-18-091632-X.

[402] WOHANKA, U. *Ermittlung von Reifenkennfeldern auf definiert angenässten Fahrbahnen: Univ., Diss.–Stuttgart, 2001.* Bd. 18. Schriftenreihe des Instituts für Verbrennungsmotoren und Kraftfahrwesen der Universität Stuttgart. Renningen: Expert Verlag, 2002. ISBN: 3816921051.

[403] WONG, J. Y. *Theory of ground vehicles.* 3. ed. New York: Wiley, 2001. ISBN: 0471354619.

[404] WORLD HEALTH ORGANIZATION. *Global status report on road safety: Time for action.* Genf: World Health Organization, 2009. ISBN: 978 92 4 156384 0.

[405] XIE, C. *Experimentelle Untersuchungen zur Interaktion zwischen Pkw-Reifen und Fahrbahn beim Bremsen: Techn. Univ., Diss–Darmstadt.* Als Ms. gedr. Bd. 486. Berichte aus dem Fachgebiet Fahrzeugtechnik der TU Darmstadt. Düsseldorf: VDI Verlag, 2002. ISBN: 3183486121.

[406] YAVARI, B. & TWORZYDLO, W. W. & BASS, J. M. "A Thermomechanical Model to Predict the Temperature Distribution of Steady State Rolling Tires". In: *Tire Science and Technology* 21.3 (1993), S. 163–178. ISSN: 0090-8657. DOI: 10.2346/1.2139527.

[407] ZAMOW, J. "Messung des Reifenverhaltens auf unterschiedlichen Prüfständen". In: *Reifen, Fahrwerk, Fahrbahn.* Hrsg. von VEREIN DEUTSCHER INGENIEURE. VDI Verlag, 1995, S. 43–60.

[408] ZEGELAAR, P. W. A. "The Dynamic Response of Tyres to Brake Torque Variations and Road Unevennesses". Dissertation. Technische Universität Delft, 1998.

[409] ZOMOTOR, A. *Fahrwerktechnik: Fahrverhalten: Kräfte am Fahrzeug, Bremsverhalten, Lenkverhalten, Testverfahren, Meßtechnik, Bewertungsmethoden, Versuchseinrichtungen, aktive Sicherheit, Unfallverhütung.* 2., aktualisierte Aufl. Vogel-Fachbuch Kraftfahrzeugtechnik. Würzburg: Vogel, 1991. ISBN: 3802307747.

[410] ZEGELAAR, P. W. A. & PACEJKA, H. B. "Dynamic Tyre Responses to Brake Torque Variations". In: *Vehicle System Dynamics* 27.sup001 (1997), S. 65–79. ISSN: 0042-3114. DOI: 10.1080/00423119708969645.

Im Rahmen des Dissertationsthemas betreute studentische Arbeiten

[Ber16] BERNIUS, V. G. "Durchführung und Auswertung von experimentellen Untersuchungen zur Parametrisierung eines Reifenmodells". Masterarbeit. Technische Universität Ilmenau, 2016.

[Bol12] BOLDT, A. "Entwicklung eines Regelalgorithmus zur hochdynamischen Anpassung des Reifenfülldrucks in Abhängigkeit des Fahrzustands". Projektseminar. Technische Universität Ilmenau, 2012.

[Büc16] BÜCHNER, F. "Durchführung und Auswertung von Messungen mit einem Reifenmessanhänger zur Charakterisierung von quasistationären Reifeneigenschaften". Bachelorarbeit. Technische Universität Ilmenau, 2016.

[Büc17] BÜCHNER, F. "Erweiterung von Reifenmodellen um den Fülldruckeinfluss anhand durchzuführender und auszuwertender Reifenkennlinienmessungen". Projektseminar. Technische Universität Ilmenau, 2017.

[Büc18] BÜCHNER, F. "Simulative Untersuchung des Reifenfülldruckeinflusses auf den Bremsweg von Fahrzeugen". Masterarbeit. Technische Universität Ilmenau, 2018.

[Göp17] GÖPFERT, G. "Untersuchung des Einflusses der Fahrbahnoberflächenkrümmung auf quasistationäre Reifeneigenschaften". Projektseminar. Technische Universität Ilmenau, 2017.

[Hof15] HOFFMANN, P. “Implementierung einer Reifenfülldruckregelanlage an einem Reifenmessanhänger zur mobilen Charakterisierung von Reifeneigenschaften”. Bachelorarbeit. Technische Universität Ilmenau, 2015.

[Hof16] HOFFMANN, P. “Vorbereitung, Durchführung und Auswertung von Messungen mit einem Reifenmessanhänger zur Ermittlung des Einflusses einer dynamischen Reifenfülldruckregelanlage auf Reifeneigenschaften”. Projektseminar. Technische Universität Ilmenau, 2016.

[Hof17] HOFFMANN, P. “Experimentelle Untersuchungen mit einem Reifenmessanhänger zur Parametrisierung eines Reifenmodells und Implementierung in eine IPG CarMaker Simulationsumgebung”. Masterarbeit. Technische Universität Ilmenau, 2017.

[Hut14] HUTENGS, K. “Durchführung und Auswertung von experimentellen Analysen zur Untersuchung des Reifenfülldruckeinflusses auf die Längsdynamik von Kraftfahrzeugen”. Masterarbeit. Technische Universität Ilmenau, 2014.

[Jes17] JESTÄDT, L. “Untersuchungen der Flächenpressungsverteilung im Reifenlatsch in Abhängigkeit der Fahrbahnkrümmung”. Bachelorarbeit. Technische Universität Ilmenau, 2017.

[Jes18] JESTÄDT, L. “Weiterentwicklung einer Umrechnungsmethodik zur Korrektur Fahrbahnkrümmungseinflusses auf das Kraftübertragungsverhalten von Reifen”. Projektseminar. Technische Universität Ilmenau, 2018.

[Kor16] KORN, B. “Simulative Auslegung einer Reifenfülldruckregelanlage mit AMESim und Validierung an einem Versuchfahrzeug”. Projektseminar. Technische Universität Ilmenau, 2016.

[Mun17a] MUNZERT, F. “Simulative Untersuchung des Einflusses einer Reifenfülldruckregelanlage auf den Bremsweg”. Projektseminar. Technische Universität Ilmenau, 2017.

[Mun17b] MUNZERT, F. “Simulative Untersuchung des Einflusses von Reifenfülldruck und ABS Parameter auf den Bremsweg von Fahrzeugen”. Masterarbeit. Technische Universität Ilmenau, 2017.

[Nol12] NOLL, A. “Inbetriebnahme eines Versuchsfahrzeugs zur Untersuchung des Potentials von dynamischen Reifendruckregelungssystemen”. Bachelorarbeit. Technische Universität Ilmenau, 2012.

[Pas11] PASOLD, M. “Untersuchung geeigneter Drucksensoren zur Entwicklung eines dynamischen Reifendruckregelungssystems”. Bachelorarbeit. Technische Universität Ilmenau, 2011.

[Pas13a] PASOLD, M. “Entwicklung einer Regelstrategie zur dynamischen Anpassung des Reifenfülldrucks zur Optimierung des Kraftstoffverbrauchs von Kraftfahrzeugen”. Masterarbeit. Technische Universität Ilmenau, 2013.

[Pas13b] PASOLD, M. “Untersuchung der Übertragung von KFZ Bordspannung zur Versorgung von Sensorik und Aktorik am drehenden Rad”. Projektseminar. Technische Universität Ilmenau, 2013.

[Poh17] POHLI, P. "Erweiterung eines Corner Modul Prüfstand zur Charakterisierung von Reifen- und Fahrwerkseigenschaften". Projektseminar. Technische Universität Ilmenau, 2017.

[Rei15] REITH, F. "Konstruktion und Inbetriebnahme eines Corner-Modul-Prüfstands zur stationären Charakterisierung von Reifen- und Fahrwerkseigenschaften". Masterarbeit. Technische Universität Ilmenau, 2015.

[Roc11] ROCKMANN, P. "Konstruktion und Inbetriebnahme einer Prüfvorrichtung zur Untersuchung des Potentials von dynamischen Reifenfülldruckregelanlagen". Projektseminar. Technische Universität Ilmenau, 2011.

[Sch13b] SCHMIDT, M. "Entwicklung einer Regelstrategie zur dynamischen Anpassung des Reifenfülldrucks zur Optimierung der Fahrzeuglängsdynamik". Masterarbeit. Technische Universität Ilmenau, 2013.

[Sch14] SCHULZ, M. "Optimierung und Implementierung eines Regelalgorithmus zur dynamischen Anpassung des Reifenfülldrucks zur Verbesserung der Fahrzeuglängsdynamik an einem HIL-Prüfstand". Projektseminar. Technische Universität Ilmenau, 2014.

[Sti13] STIER, A. "Analyse von transienten Reifenmodellen und Implementierung eines Regelalgorithmus zur dynamischen Anpassung des Reifenfülldrucks zur Verbesserung der Fahrzeuglängsdynamik an einem Versuchsfahrzeug". Projektseminar. Technische Universität Ilmenau, 2013.

[Str14] STRUNK, S. "Konstruktion und Messkonzeptentwicklung eines Reifenmessanhängers zur mobilen Charakterisierung von Reifeneigenschaften". Projektseminar. Technische Universität Ilmenau, 2014.

[Tie13] TIETSCH, V. "Konstruktion einer Radaufhängung für einen Reifenmessanhänger zur mobilen Charakterisierung von Reifeneigenschaften". Projektseminar. Technische Universität Ilmenau, 2013.

[Tra14] TRAUTMANN, C. "Entwicklung und Implementierung einer Messeinrichtung für einen Reifenmessanhänger zur mobilen Charakterisierung von Reifeneigenschaften". Projektseminar. Technische Universität Ilmenau, 2014.

[Vie14] VIEHWEGER, M. "Entwicklung einer Schlupfregelung mit LabView für einen Reifenmessanhänger zur mobilen Charakterisierung von Reifeneigenschaften". Projektseminar. Technische Universität Ilmenau, 2014.

[Vie15] VIEHWEGER, M. "Durchführung und Auswertung von Messungen mit einem Reifenmessanhänger zur mobilen Charakterisierung von quasistationären und transienten Reifeneigenschaften". Masterarbeit. Technische Universität Ilmenau, 2015.

[Wen15a] WENZEL, F. "Entwicklung und Inbetriebnahme eines Mess- und Regelkonzepts für ein Corner Modul Prüfstand zur Charakterisierung von Reifen- und Fahrwerkseigenschaften". Masterarbeit. Technische Universität Ilmenau, 2015.

[Wen15b] WENZEL, F. "Konstruktion und Konzipierung eines modularen Prüfstandes für einen Vierrollenprüfstand zur Charakterisierung von Reifen- und Fahrwerkeigenschaften". Projektseminar. Technische Universität Ilmenau, 2015.

[Wol11] WOLF, J. "Entwicklung eines Simulationsmodells zur Untersuchung des Potentials von dynamischen Reifendruckregelungssystemen". Bachelorarbeit. Technische Universität Ilmenau, 2011.

Eigene Veröffentlichungen

[Aug+13] AUGSBURG, K. & IVANOV, V. & KRUCHKOVA, K. & HÖPPING, K. & GRAMSTAT, S. & BOGDEVICIUS, M. & KISS, P. "Project Adtyre: Towards Dynamic Tyre Inflation Control". In: *Proceedings of the FISITA 2012 World Automotive Congress*. Bd. 198. Lecture Notes in Electrical Engineering. Berlin, Heidelberg: Springer Berlin Heidelberg, 2013, S. 185–198. ISBN: 978-3-642-33794-9. DOI: 10.1007/978-3-642-33795-6{_}16.

[Els+13] ELS, P. S. & BOTHA, T. R. & HAMERSMA, H. A. & BECKER, C. M. & SAVITSKI, D. & HEIDRICH, L. & HÖPPING, K. "The Effect of Controllable Suspension Settings On the ABS Braking Performance of An Off-Road Vehicle On Rough Terrain". In: *Proceedings of the 7th Americas Regional Conference of the International Society for Terrain-Vehicle Systems (ISTVS), 4.-7. November 2013, Tampa, Florida, USA*. 2013. ISBN: 978-1-942112-44-0.

[Els+16] ELS, P. S. et al. "Comparison of Tire Footprint Measurement Techniques". In: *ASME 2016 International Design Engineering Technical Conferences and Computers and Information in Engineering Conference*. 2016, V003T01A027. DOI: 10.1115/DETC2016-59944.

[HA14] HÖPPING, K. & AUGSBURG, K. "Dynamic Tire Pressure Control System – Analysis of the effect on longitudinal vehicle dynamics and fuel consumption". In: *Shaping the Future by Engineering: 58th IWK, Ilmenau Scientific Colloquium, Technische Universität Ilmenau, September 8-12, 2014, urn:nbn:de:gbv:ilm1-2014iwk-164:2* (2014).

[HAB17a] HÖPPING, K. & AUGSBURG, K. & BÜCHNER, F. "Extending the HSRI tyre model for large inflation pressure changes". In: *Engineering for a Changing World: 59th IWK, Ilmenau Scientific Colloquium, Technische Universität Ilmenau, September 11-15, 2017, urn:nbn:de:gbv:ilm1-2017iwk-085:6* (2017).

[HAB17b] HÖPPING, K. & AUGSBURG, K. & BÜCHNER, F. "Vergleich des Reifenfülldruckeinflusses auf Reifenkennlinienmessungen unter Labor- und Realbedingungen". In: *Reifen-Fahrwerk-Fahrbahn 2017*. Bd. 2296. VDI-Berichte. Düsseldorf: VDI-Verlag, 2017, S. 233–256. ISBN: 978-3-18-092296-6.

[HAB18] HÖPPING, K. & AUGSBURG, K. & BÜCHNER, F. "Extending the Magic Formula Tire Model for Large Inflation Pressure Changes by Using Measurement Data from a Corner Module Test Rig". In: *SAE International Journal of Passenger Cars - Mechanical Systems* 11.1 (2018). DOI: 10.4271/06-11-01-0009.

[Höp+16] HÖPPING, K. & AUGSBURG, K. & HUTENGS, K. & DHERBOMEZ, G. & WANG, B. & VICTORINO, A. & CHARARA, A. "Analysis of the effect of tire inflation pressure on tire road interaction during braking". In: *The Dynamics of Vehicles on Roads and Tracks.* Hrsg. von ROSENBERGER, M. & PLÖCHL, M. & SIX, K. & EDELMANN, J. CRC Press, 2016, S. 739–748. ISBN: 978-1-138-02885-2. DOI: 10.1201/b21185-79.

[Nov+12] NOVELLIS, L. de & SORNIOTTI, A. & GRUBER, P. & SHEAD, L. & IVANOV, V. & HÖPPING, K. "Torque Vectoring for Electric Vehicles with Individually Controlled Motors: State-of-the-Art and Future Developments". In: *26th International Electric Vehicle Symposium (EVS26), 6.-9. Mai 2012, Los Angeles, CA, USA* (2012).

[Sav+15] SAVITSKI, D. & HÖPPING, K. & IVANOV, V. & AUGSBURG, K. "Influence of the Tire Inflation Pressure Variation on Braking Efficiency and Driving Comfort of Full Electric Vehicle with Continuous Anti-Lock Braking System". In: *SAE International Journal of Passenger Cars - Mechanical Systems* 8.2 (2015). DOI: 10.4271/2015-01-0643.

[Shy+13] SHYROKAU, B. & WANG, D. & HEIDRICH, L. & HÖPPING, K. "Analysis of subsystems coordination for electric vehicle during straight-line braking and brake-in-turn". In: *2013 IEEE Symposium on Computational Intelligence for Engineering Solutions (CIES).* Singapur, 2013, S. 61–67. DOI: 10.1109/CIES.2013.6611730.

[Shy+15] SHYROKAU, B. & WANG, D. & SAVITSKI, D. & HÖPPING, K. & IVANOV, V. "Vehicle motion control with subsystem prioritization". In: *Mechatronics* 30 (2015), S. 297–315. ISSN: 09574158. DOI: 10.1016/j.mechatronics.2014.11.004.

[Wan+13] WANG, B. & VICTORINO, A. & CHARARA, A. & AUGSBURG, K. & HÖPPING, K. "Assessment of rollover stability based on risk indicator". In: *2013 IEEE Symposium on Computational Intelligence for Engineering Solutions (CIES).* Singapur, 2013, S. 56–60. DOI: 10.1109/CIES.2013.6611729.

A Anhang

A.1 Auslegung elektro-servohydraulischen Bremssystems für den Reifenmessanhänger

Zur Realisierung von Bremsschlupf am Reifenmessanhänger wurde ein Bremssystem aus dem Pkw-Bereich verbaut. Aus Kostengründen, der Ermöglichung hoher Bremskräfte sowie der sehr guten Regelbarkeit kommt hier eine Faustsattelbremse mit innenbelüfteter Scheibenbremse der Fa. *TRW*[43] zum Einsatz, welche elektro-servohydraulisch betätigt wird. Geht man von einem Reibkoeffizienten μ_B von 0,48 zwischen Belag und Scheibe, einem max. Bremsdruck p_B von 100 bar sowie einem Wirkungsgrad η_B von 98 % aus, ergibt sich nach Gl. A.1 ein maximal realisierbares Bremsmoment M_B von ca. 3.100 Nm. [46] Um bei sehr hohen Radlasten und hohen Reibwerten der Fahrbahn ein ausreichendes Bremsmoment zur Bremsschlupfrealisierung zu ermöglichen, wurde pro Bremse am Radmodul die Montage eines zweiten Bremssattels vorgesehen. Im Rahmen der Forschungsarbeit wurde jedoch nur ein Bremssattel pro Seite genutzt.

$$M_B = 2 \cdot r_{B,eff} \cdot \mu_B \cdot (p_B - p_U) \cdot A_K \cdot \eta_B \tag{A.1}$$

Bei der Auslegung des Systems zur Bremsaktuierung wurde sich an den Aufbau des elektro-servohydraulischen Systems des Bremsroboters *Brake Robot III* des *Fachgebiets Kraftfahrzeugtechnik* der *TU Ilmenau* orientiert. [vgl. 111; 333] Es wird daher vorgeschlagen, ein Hydrauliksystem gemäß des in Abb. A.1 dargestellten Hydraulikschaltplans aufzubauen. Zur Bremsdruckaktuierung kommt ein Tandem-Hauptbremszylinder[44] mit einem Kolbendurchmesser von 21,06 mm sowie einem max. Hub von 42 mm zum Einsatz. Dieser wird von einem Hydraulikzylinder betätigt. Die Regelung des Hubs sowie der Aus- bzw. Einfahrgeschwindigkeit des Kolbens erfolgt hierbei über Ansteuerung des Volumenstroms durch das Servoventil. Dieses ist mit einem Druckspeicher verbunden, der von einem Hydroaggregat befüllt wird. Zwei stromlos offene 2/2 Schaltventile gewährleisten eine Notausfunktion für einen schnellen Bremsdruckabfall. Für die Dimensionierung des Systems wird auf ein am *Fachgebiets Kraftfahrzeugtechnik* entwickeltes Berechnungswerkzeug zurückgegriffen. [vgl. 111] Die Hauptforderung für die Auslegung des Systems waren hierbei eine erreichbare Kolbenkraft am Hydraulikzylinder von 7.000 N (entspricht ca. 200 bar Bremsdruck), ein minimaler Kolbenhub von 42 mm sowie eine möglichst hohe Betätigungsgeschwindigkeit. In

[43] *TRW FCB-57* 16", Kolbendurchmesser d_K 57 mm, Belagfläche A_B 2 x 76,6 cm^2, Außendurchmesser $d_{B,A}$ der Bremsscheibe 320 mm, eff. Reibradius $r_{B,eff}$ 130 mm

[44] Um am linken und rechten Rad des Messanhängers möglichst ein gleiches Bremsmoment zu gewährleisten wird nur einer der beiden Bremskreise genutzt.

Abhängigkeit des Speicherdrucks, der Druckverluste am Servoventil sowie der Rohrreibung in den Zu- und Rückleitungen, lässt sich überschläglich die nutzbare Kolbenkraft nach Gl. A.2 abschätzen. [390; 111]

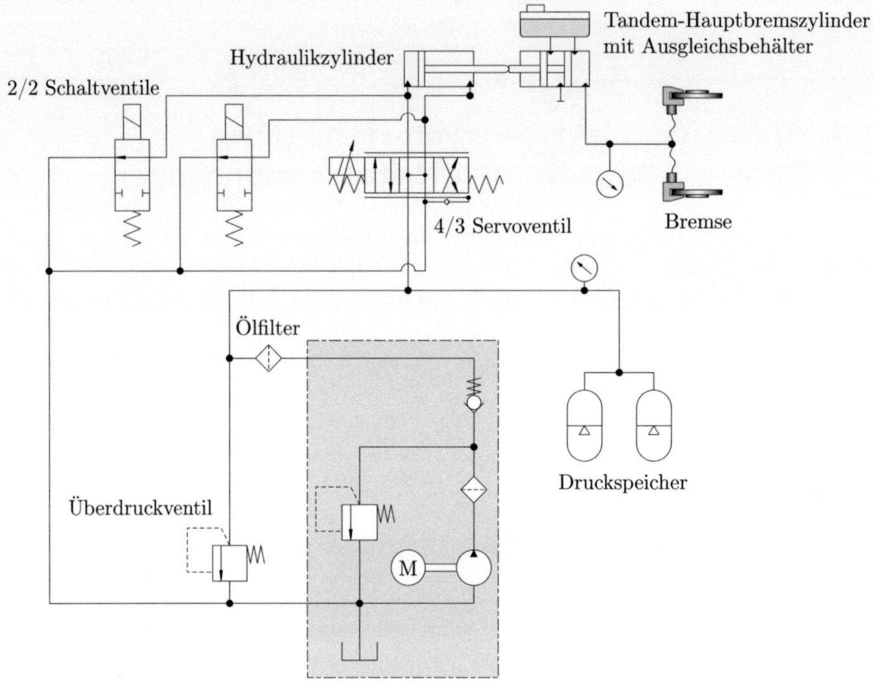

Abb. A.1: Schema elektro-servohydraulisches Bremssystem zur Realisierung des Bremsschlupfs

$$F_{Nutz} = A_{K,1} \cdot p_{Speicher} - A_{K,1} \cdot \frac{\Delta p_{SV} \cdot v_K^2}{2 \cdot Q_{n_{SV}}^2} \cdot \left(A_{K,1}^2 + A_{K,2}^2\right) - A_{K,1} \cdot 32 \cdot \nu_{Kin} \cdot \rho_{Fluid} \cdot v_K \cdot \left(\frac{l_{R,Zu} \cdot A_{K,1}}{D_{R,Zu}^2 \cdot A_{Zu}} + \frac{l_{R,Rück} \cdot A_{K,1}}{D_{R,Rück}^2 \cdot A_{Rück}}\right) - p_2 \tag{A.2}$$

Mithilfe einer Parametervariation können, anhand der im Berechnungswerkzeug integrierten Gl. A.2, die Auswirkungen von Hydraulikzylinder- und Servoventil-Dimension auf Kolbenkraft und erreichbare Hubgeschwindigkeit bestimmt werden. Als sinnvoll hat sich hier ein Zylinder mit einer Kolbenfläche A_K von 32 mm sowie ein Servoventil mit einem Nennvolumenstrom $Q_{n_{sv}}$ von 10 l/min herausgestellt. Nach Bestimmung der Kombination von Servoventil und Hydraulikzylinder erfolgte anschließend die Berechnung des benötigten Ölvolumens und die damit verbundene Auslegung der Druckspeicher sowie der Hydraulikpumpe. In Tab. A.2 in Kap. A.3 im Anhang sind die im Rahmen der Dimensionierung ausgewählten Komponenten aufgeführt.

Wesentliche Voraussetzungen für die Realisierung des erforderlichen Bremsschlupfs ist die hohe Regelgüte des Bremsdrucks. Auch bei bei dynamischer Regelung sollten keine hoch- oder niederfrequenten Bremsdruckschwingungen sowie ein Über- oder Unterschwingen auftreten. TRUTSCHEL [360] postuliert, dass bei der Regelung des Bremsdrucks über ein Servoventil und einen Servozylinder ein nichtlinearer P-Regler unter mehreren unterschiedlich komplexen Reglern die besten Ergebnisse liefert. Daher wird auch in dieser Forschungsarbeit ein nichtlinearer P-Regler zur Regelung der Servoventilspannung, respektive des Bremsdrucks, genutzt. Die betriebspunktabhängigen Reglerparameter wurden experimentell ermittelt und als Wertetabelle in der Regelsoftware hinterlegt (vgl. Kap. 4.1.2).

A.2 Spezifikation der Versuchsfahrzeuge

Tab. A.1: Spezifikation der Versuchsfahrzeuge zur Abschätzung des Bremswegverkürzungspotenzials

Transporter	**Sportwagen 1**	**Sportwagen 2**	**Kompaktfahrzeug**

Fahrzeugbezeichnung			
Mercedes Sprinter W906 509 CDI	Gumpert Apollo	Porsche 991 Turbo S	Peugot 308 SW
Gewicht (instrumentalisiert)			
Gesamt: 2944 kg[a] Verteilung (VA/HA): 51/49	Gesamt: 1441 kg[b] Verteilung (VA/HA): 41/59	Gesamt: 1740 kg[c] Verteilung (VA/HA): 38/62	Gesamt: 1798 kg[a] Verteilung (VA/HA): 55/45
Reifen			
Goodyear Cargo G26 205/75 R 16 C (110/108R) Profiltiefe: ca. 7 mm	Michelin Pilot Super Sport VA: 265/30 ZR 19 (93Y) HA: 345/30 ZR 20 (106Y) Profiltiefe: ca. 6 mm	Pirelli Pzero VA: 245/35 ZR 20 (91Y) HA: 305/30 ZR 20 (103Y) Profiltiefe: ca. 6 mm	Pirelli PZero Nero 225/45 ZR 17 (94W) Profiltiefe: ca. 7 mm
Testgelände			
Flugplatz Arnstadt-Alkersleben	Flugplatz Altenburg	Flugplatz Arnstadt-Alkersleben	CERAM Mortefontaine (Frankreich)
Fahrbahnen			
trockener Asphalt nasser Low-μ-Belag	trockener Beton	trockener Asphalt nasser Low-μ-Belag	trockener Asphalt nasser Asphaltlinebreak nasser Low-μ-Belag
Umgebungsbedingungen			
trockene Fahrbahn: leicht bewölkt T_U: 2 °C bis 6 °C T_{FB}: 4 °C bis 10 °C nasse Fahrbahn: leicht bewölkt T_U: 20 °C bis 23 °C	leicht bewölkt T_U: 11 °C bis 12 °C T_{FB}: nicht erfasst	trockene Fahrbahn: leicht bewölkt T_U: 16 °C bis 22 °C T_{FB}: 19 °C bis 26 °C nasse Fahrbahn: leicht bewölkt T_U: 16 °C bis 17 °C T_{FB}: 17 °C bis 19 °C	sonnig T_U: 22 °C bis 29 °C
Initialgeschwindigkeit			
trockene Fahrbahn: 100 km/h nasse Fahrbahn: 70 km/h	trockene Fahrbahn: 110 km/h	trockene Fahrbahn: 105 km/h nasse Fahrbahn: 83 km/h	trockene Fahrbahn: 100 km/h nasse Fahrbahn: 70 km/h
untersuchte Reifenfülldrücke			
(1,25 bar); 2,5 bar; 3,75 bar; 5,0 bar; (6,25 bar)	1,5 bar; 2,0 bar; 2,5 bar; 3,0 bar; 3,5 bar	1,5 bar; 2,0 bar; 2,5 bar; 3,0 bar; 3,5 bar	1,5 bar; 2,5 bar; 3,5 bar
Besonderheiten / zusätzliche Messwerterfassung			
-	-	Bremspedalaktuierung durch Bremsroboter	4 Radkraftsensoren

[a] mit Fahrer und Beifahrer
[b] mit Fahrer
[c] ohne Fahrer

A.3 Am Reifenmessanhänger verwendete Komponenten des elektro-servohydraulischen Bremssystems

Tab. A.2: Spezifikation der Komponenten des elektro-servohydraulischen Bremssystems

Bauelement	**Beschreibung**
Hydraulikzylinder	doppeltwirkender Blockzylinder *AHP Merkle BZ 500.32/20.33.201.050 N* (Kolbendurchmesser: 32 mm, Hub: 50 mm)
Servoventil	Elektrohydraulisches Servoventil *Schneider Kreuznach HVM 062-010-1200* inklusive Box-Chopper-Verstärker (Nennvolumenstrom $Q_{n_{sv}}$: 10 l/min)
Druckspeicher	zwei Membranspeicher *Hydac SBO210-2,8E1* (Nennvolumen jeweils 2,8 l, zulässiger Betriebsdruck: 210 bar, Gasfülldruck: 108 bar)
Hydraulikaggregat	Hydraulikaggregat *Hoerbiger Micro-Aggregat A109Q3DR2E-X*, Fördervolumen: 0,48 cm^3/U, 700 W-Gleichstrommotor (U_{EV}: 12 V, $n_{EM,n}$: 2000 1/min)
Schaltventile	zwei 2/2-Wege Schaltventile *Hoerbiger SP3-3-0-ME* zur Gewährleistung Notaus-Funktion, stromlos offen
Druckbegrenzngsventil	Druckbegrenzungsventil *Hoerbiger P3B-0-5-0* (stufenlos einstellbar 50..250 bar, max. Durchfluss: 6 l/min)
Ölfilter	Mitteldruckfilter *Mahle PI 3605-014* mit Filterelement *Mahle PI 2205 PS VST 3*

A.4 Am Reifenmessanhänger verwendete Messtechnik

Tab. A.3: Spezifikation der verwendeten Messtechnik am Reifenmessanhänger

Sensor	Beschreibung
Kistler RoaDyn S635	6-Komponenten-Messrad zur Messung der am Rad wirkenden Kräfte und Momente sowie der Raddrehzahl
Racelogic VBox 3iSL	Geschwindigkeits- und Beschleunigungsmessung sowie Schwimmwinkelbestimmung mittels GPS
Riftek RF603	3 Laserabstandsmesser zur Erfassung der Lage des Anhängers im Raum (Berechnung von Wank- und Nickwinkel)
Kulite Drucksensor (Typ ETM-375)	Druckmessumformer zur Bremsdruckmessung (Messbereich bis 375 bar)
Parker Drucksensor (Typ PTDVB2501B1C2)	Druckmessumformer zur Bremsdruckmessung (redundante Überwachung, Messbereich bis 250 bar)
Celesco Linearpotentiometer	Linearpotentiometer zur Messung der Position des Hauptbremszylinders-Druckstangenkolbens
senTec PETRA	PETRA Luftdrucksensoren zum Aufschrauben auf die Reifenventile
WIKA Drucksensor (Typ A-10)	Druckmessumformer zur Druckerfassung am Luftdruckspeicher
Leuze Induktivgeber (Typ IS255MP/2NO-1E5)	Induktivgeber zur Raddrehzahlmessung links/rechts
Optris Pyrometer (Typ CT LT15F CB3)	Infrarot-Pyrometer zur kontaktlosen Erfassung der Temperatur der Reifenlauffläche
Thermoelemente Typ K	Thermoelemente zur Temperaturüberwachung einer Bremsscheibe (schleifendes Thermoelement) und zur Temperaturüberwachung des Hydroaggregats und der Bremsflüssigkeit

A.5 Am Corner-Modul-Prüfstand verwendete Messtechnik

Tab. A.4: Spezifikation der verwendeten Messtechnik am Corner-Modul-Prüfstand

Sensor	Beschreibung
Kistler RoaDyn S635	6-Komponenten-Messrad zur Messung der am Rad wirkenden Kräfte und Momente sowie der Raddrehzahl
Heidenhain ROD 426	Inkrementalgeber mit 5000 Impulsen pro Umdrehung zur internen Erfassung der Rollendrehzahl des Vier-Rollen-Prüfstands
Mirco-Epsilon ScanCONTROL 2710-100	Laserlinienscanner zur Erfassung des Schräglaufwinkels
Kulite Drucksensor (Typ ETM-375)	Druckmessumformer zur Bremsdruckmessung (Messbereich bis 375 bar)
Parker Drucksensor (Typ PTDVB2501B1C2)	Druckmessumformer zur Bremsdruckmessung (redundante Überwachung, Messbereich bis 250 bar)
Baumer MIR10	lagerloser inkrementaler Drehzahlgeber mit 4096 Impulsen pro Umdrehung zur Aufzeichnung der Raddrehzahl
senTec PETRA	PETRA Luftdrucksensoren zum Aufschrauben auf die Reifenventile
Optris Pyrometer (Typ CT LT15F CB3)	Infrarot-Pyrometer zur kontaktlosen Erfassung der Temperatur der Reifenlauffläche
Thermoelemente Typ K	Thermoelemente zur Temperaturüberwachung einer Bremsscheibe (schleifendes Thermoelement) und zur Temperaturüberwachung der Bremsflüssigkeit

A.6 Architektur des Mess- und Regelsystems des Reifenmessanhängers

Die auf die cRIO-Plattform kompilierte bzw. übertragene Software wurde mithilfe der Software *National Instruments LabVIEW* (Version 2014) programmiert. Bei der Umsetzung wurde auf eine dezidierte Realtime-Programmierung geachtet, d. h. die Gesamtanwendung teilt sich in verschiedene Unterprogramme, sog. Virtual Instrument (VI), auf. Die Host-Anwendung, welche auf einem Notebook betrieben wird, beinhaltet die Benutzeroberfläche. Die Echtzeitanwendung, welche auf dem Realtime-Betriebssystem des cRIO-Systems ausgeführt wird, ist in drei Abschnitte unterteilt: Einen Programmteil mit normaler Priorität, einen zeitkritischen Programmteil und einen FPGA-Teil. Dies ist wichtig damit jede Aufgabe die Prozessorressourcen bekommt, die es benötigt. Programmteile, die deterministisch ausgeführt werden müssen, werden im VI mit zeitkritischer Priorität (Time Critical Interface) platziert. Anderer Programmcode wird im VI mit normaler Priorität ausgeführt. Abb. A.2 veranschaulicht die *LabVIEW*-Realtime-Softwarearchitektur zur Steuerung, Regelung und Messwerterfassung der *cRIO*-Plattform des Reifenmessanhängers.

Im **FPGA**-Teil werden die analogen (AI), digitalen (DI), Thermoelement (TC)- und CAN-Bus-Messsignale der Eingangsmodule eingelesen und teilweise konditioniert. Zudem ist die Bremsdruckregelung im FPGA-Programmteil integriert. Die Ausgabe der Servoventilspannung zur Regelung des Bremsdrucks sowie die Ansteuerung der Schaltventile erfolgt über die analogen (AO) bzw. digitalen (DO) Ausgangskanäle. Die Taktfrequenz beträgt 12 kHz.

Im **Time Critical Interface (TCI)**-Programmteil wird die Sollwert-Berechnung des Bremsdrucks ausgeführt. Zusätzlich ist die Reifenfülldruckregelung im TCI-Teil implementiert. Zudem erfolgt hier die Datenaufzeichnung und -abspeicherung. Es hat sich gezeigt, dass der zeitkritische Teil mit einer Taktfrequenz von 800 Hz arbeiten kann ohne den Controller zu überlasten. Entsprechend erfolgt die Aufzeichnung der Messdaten mit einer Taktzeit von 1,25 ms.

Der **Normal Priority (NP)**-Programmteil dient vor allem als Kommunikationszwischenebene zwischen dem zeitkritischen VI und dem (auf dem Bedienrechner ausgeführten) Host VI. Zur Kommunikation zwischen dem Host VI und dem NP VI (und demzufolge zwischen dem Bedien-Notebook und dem über ein Ethernet-Kabel verbundenem *cRIO*-System) wird das TCP/IP-Protokoll genutzt. Die Taktzeit beträgt 100 Hz.

Das **Host** VI dient zur Anzeige der Messdaten auf dem Bedien-PC. Zudem hat der Anwender die Möglichkeit Einstellungen vorzunehmen, Sollgrößen für die Regelungen am Reifenmessanhänger vorzugeben sowie die Messausführung und die Aufzeichnung zu starten.

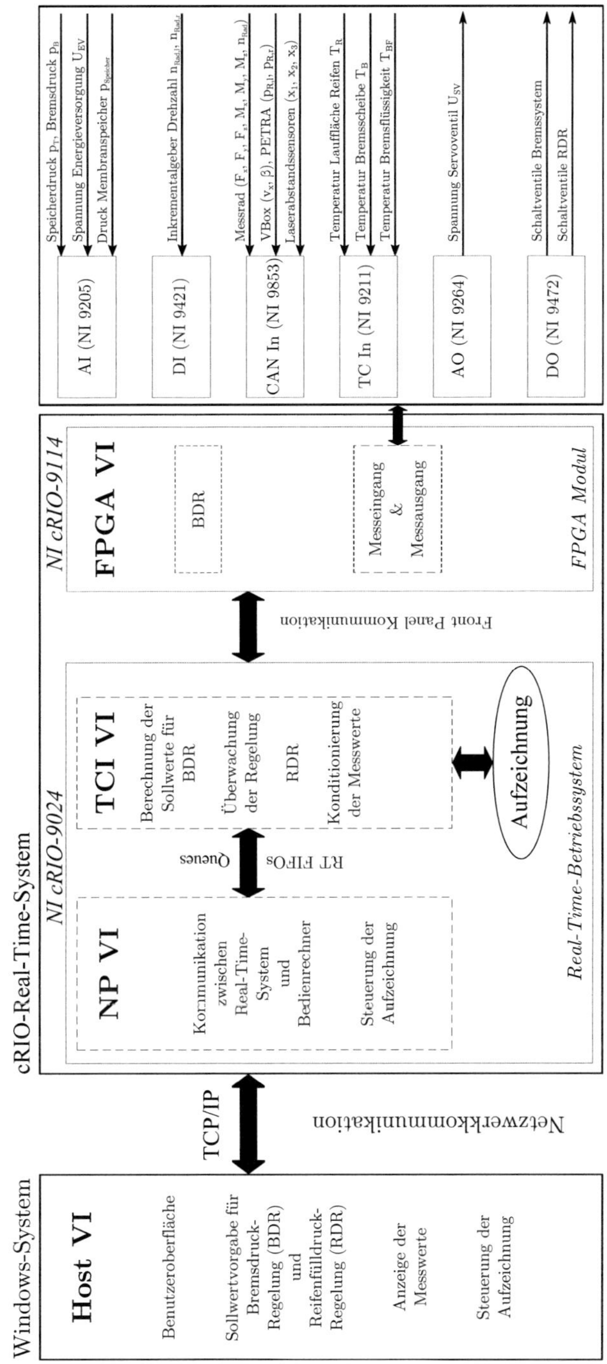

Abb. A.2: RT-Softwarearchitektur zur Regelung und Messwerterfassung am RMA

A.7 Rad-Koordinatensysteme

Aus der Literatur sind verschiedene Konventionen zur Definition des Reifen-Koordinatensystems, z. B. nach SAE J670 [277; 344] oder nach ISO 8855 [185], bekannt. Oft genutzt wird die Einteilung nach der *TYDEX*-Forschungskooperation, die einen Standard - *Tyre Data Exchange Format (TYDEX)* - zum Datenaustausch von Reifenmessdaten entwickelte. [273; 372] Neben der Normung von Messgrößen-Einheiten und der konkreten Festlegung des Aufbaus einer standardisierten Messdatei, wurden Messkoordinatensysteme standardisiert. Dies ermöglicht eine Vergleichbarkeit von unterschiedlichen Mess- oder Simulationsergebnissen. Insgesamt wurden drei verschiedene Rad-Koordinatensysteme definiert, die sich durch die Lage des Ursprungs und der Bewegung des Achssystems bei Bewegung des Rads unterscheiden:

- *TYDEX-C*: Der Ursprung des Rad-Koordinatensystems liegt in der Radmitte. Bei Schräglauf oder Sturz des Rads schwenkt das Koordinatensystem mit.
- *TYDEX-H*: Der Ursprung des Rad-Koordinatensystems liegt in der Radmitte. Bei Schräglauf schwenkt das Koordinatensystem mit. Die z-Achse ist orthogonal zur Fahrbahn, d. h. bei Sturz des Rads verändert sich das Koordinatensystem nicht.
- *TYDEX-W*: Das W-Achssystem ist nach ISO 8855 standardisiert. Der Ursprung des Rad-Koordinatensystems liegt in der Mitte des Reifenlatsches auf der Fahrbahn. Bei Schräglauf schwenkt das Koordinatensystem mit. Bei Sturz bleibt das Koordinatensystem senkrecht zur Fahrbahn und ändert sich nicht.

Die mit einem Radkraftsensor ermittelten Kräfte und Momente werden üblicherweise im radfesten *TYDEX-C (Centre Axis System)* Achssystem aufgezeichnet (vgl. Abb. A.3). Die Reifenhauptebene wird durch die Vektoren der Radlast und der Umfangskraft aufgespannt. Das Koordinatensystem wird mit dem Radsturzwinkel mitgeneigt. Die x-Achse zeigt in Fahrtrichtung und verläuft parallel zum Boden. Die y-Achse entspricht der Drehachse des Rads. Die nach oben gerichtete z-Achse ist in Bezug zur Normalen der Fahrbahnoberfläche um den Sturzwinkel γ gedreht. x-, y- und z-Achse bilden ein orthogonales Achssystem. Bei allen drei Achssystemen ist der Schräglaufwinkel als Winkel zwischen Reifenhauptebene und dem Vektor der Fahrgeschwindigkeit definiert. Die positive Richtung ist diejenige entgegen dem Uhrzeigersinn. In Linkskurven ist der Schräglaufwinkel daher negativ, bei Rechtskurven positiv. Ein positiver Schräglaufwinkel α führt zu einer negativen Seitenkraft F_y, ein negativer Schräglaufwinkel α führt zu einer positiven Seitenkraft F_y. Die in x-Richtung wirkende Längskraft F_x gibt mit positiven Vorzeichen die Antriebskräfte und mit negativen Vorzeichen die Bremskräfte wider. Die Vorzeichenkonvention des in dieser Forschungsarbeit verwendete Radkraftsensor orientiert sich am Referenz-Koordinatensystem für Straßenfahrzeuge nach ISO 4130 [187], d. h. die in x-Richtung wirkende Längskraft F_x wird beim Bremsen positiv und ein positiver Schräglaufwinkel α resultiert in einer positiven Seitenkraft F_y.

Die Anwendung der richtigen Koordinatenkonvention ist vor allem bei der Einbindung in Fahrdynamiksimulationsumgebungen essentiell. Reifenmodelle, die nicht die standardisierte Schnittstelle *STI (Standard Tire Interface)*, sondern z. B. die *CPI (Contact Point Interface)* Schnittstelle nutzen, verwenden das W-Achsensystem. Dazu zählen

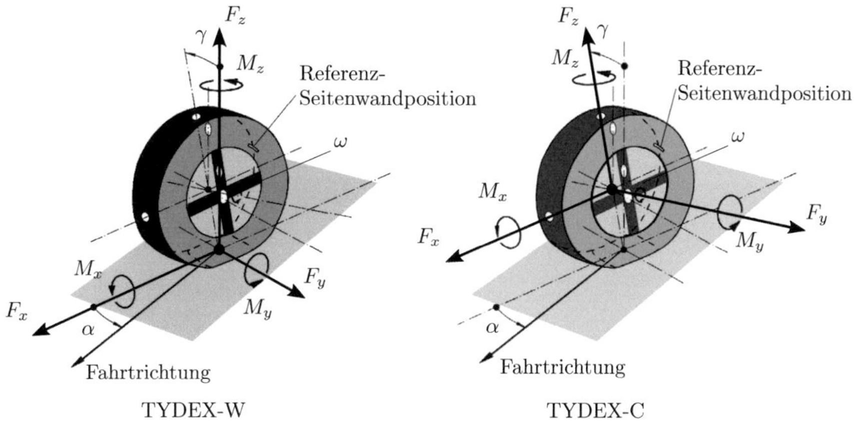

Abb. A.3: TYDEX-W- und TYDEX-C-Koordinatensystem [273]

u. a. Reifenmodelle wie *IPG RealTime Tire*, *Magic Formula* oder *Tame Tire.* [188]. Eine entsprechende Umrechnungsvorschrift muss daher angewendet werden [18]:

$$\begin{pmatrix} F_{xW} \\ F_{yW} \\ F_{zW} \end{pmatrix} = \begin{bmatrix} 1 & 0 & 0 \\ 0 & cos(\gamma) & -sin(\gamma) \\ 0 & sin(\gamma) & cos(\gamma) \end{bmatrix} \cdot \begin{pmatrix} F_{xC} \\ F_{yC} \\ F_{zC} \end{pmatrix} \tag{A.3}$$

$$\begin{pmatrix} M_{xW} \\ M_{yW} \\ M_{zW} \end{pmatrix} = \begin{bmatrix} -F_{yC} \cdot r_l + M_{xC} \\ F_{yC} \cdot r_l \cdot cos(\gamma) + M_{yC} \cdot cos(\gamma) - M_{zC} \cdot sin(\gamma) \\ F_{xC} \cdot r_l \cdot sin(\gamma) + M_{yC} \cdot sin(\gamma) + M_{zC} \cdot cos(\gamma) \end{bmatrix} \tag{A.4}$$

A.8 Messprogramm

Abb. A.4 sowie Abb. A.5 veranschaulichen schematisch das erarbeitete Messprogramm. Weiterhin sind die Betriebsbedingungen beschrieben, die während der experimentellen Analysen charakterisiert wurden.

Abb. A.4: Messplan der experimentellen Analysen unter Realbedingungen

Abb. A.5: Messplan der experimentellen Analysen unter Laborbedingungen

A.9 Einfluss des Versatzes zwischen Messrad und Laufrolle auf den Umfangskraftbeiwert

Mithilfe der vorhandenen Zentriereinrichtungen am *MaSTeR*-Prüffeld ist es möglich den zu untersuchenden Reifen auf den Zenit der Trommel zu positionieren. Die Genauigkeit ist jedoch limitiert und wird mit ±5 mm abgeschätzt. Zudem zeigen die Untersuchungen in Kap. 4.2, dass sich das Messrad bei sehr großen Umfangskräften während des Versuchs, aufgrund der (Elasto-)Kinematik des verwendeten Fahrwerks am Corner-Modul-Prüfstand bzw. der Elastizität der Ketten zur Fesselung des Reifenmessanhängers auf dem Vier-Rollen-Prüfstand, um bis zu 5 mm verschieben kann.

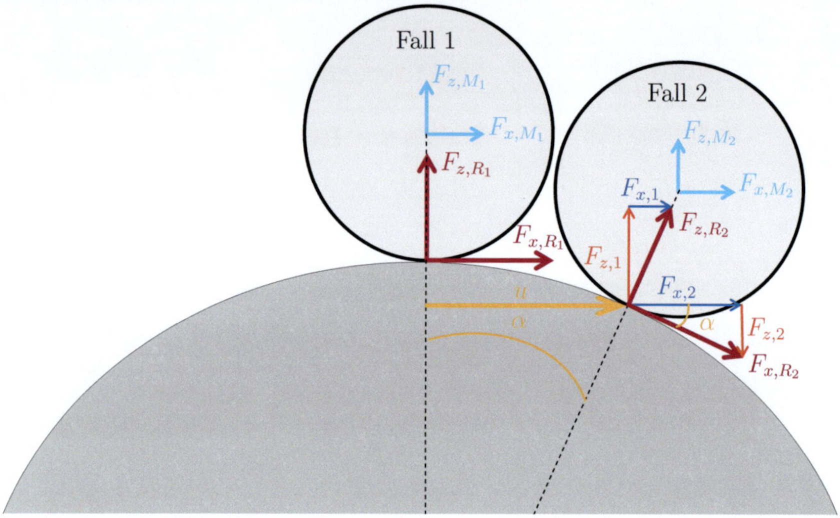

Abb. A.6: Positionierung des Messrads auf der Laufrolle des *MaSTeR*-Prüffelds

Abb. A.6 veranschaulicht ein Messrad (Fall 1), das auf dem Zenit der Laufrolle positioniert ist, sowie einen Rad (Fall 2), das um den Betrag u versetzt auf der Rolle positioniert ist. Mit der Kalibrierung der Messfelge wird das radfeste Koordinatensystem des Radkraftsensors festgelegt. Die im radfesten Achssystem ermittelten Längs- und Vertikalkräfte werden hier mit F_{x,M_1} und F_{z,M_1} bzw. F_{x,M_2} und F_{z,M_2} bezeichnet. Befindet sich der Reifen auf dem Zenit der Prüfstandsrolle, entspricht die zu ermittelnde Umfangskraft F_{x,R_1} der gemessenen Längskraft F_{x,M_1} und die zu ermittelnde Vertikalkraft F_{z,R_1} der gemessenen Radlast F_{z,M_1}. Ist das Rad um einen gewissen Betrag versetzt, greifen die im Aufstandspunkt resultierende Umfangskraft F_{x,R_2} und die Vertikalkraft F_{z,R_2} in Bezug zum radfesten Koordinatensystem um den Winkel α verdreht an. Der Winkel α kann nach Gl. A.5 abgeschätzt werden.

$$\alpha = arcsin\left(\frac{u}{r_{Trommel}}\right) \tag{A.5}$$

Es kann gezeigt werden, dass durch eine trigonometrische Umrechnung die Umfangskraft F_{x,R_2} sowie die Vertikalkraft F_{z,R_2} aus den mit dem Radkraftsensor ermittelten

Längskraft F_{x,M_2} und Radlast F_{z,M_2} nach Gl. A.6 und Gl. A.7 ermitteln lassen. [vgl. Göp17]

$$F_{x,R_2} = F_{x,M_2} \cdot cos(\alpha) - F_{z,M_2} \cdot sin(\alpha) \tag{A.6}$$

$$F_{z,R_2} = F_{x,M_2} \cdot sin(\alpha) + F_{z,M_2} \cdot cos(\alpha) \tag{A.7}$$

Geht man im Worstcase-Fall von einem Versatz u von 10 mm auf der „kleinen“ 48"-Trommel aus, ergibt sich ein Verdrehwinkel α von ca. 0,94 °. Demnach ergibt sich, je nach angenommenen Reibwert zwischen dem Reifen und der Prüfstandsrolle, eine relative Abweichung zwischen dem realen und dem mit dem Radkraftsensor gemessenen Umfangskraftbeiwert zwischen 3,40 % und 3,55 %. Abb. A.7 veranschaulicht den relativen Fehler in Abhängigkeit des Rollendurchmessers und des angenommen Reibwerts zwischen der Fahrbahnoberfläche und dem Reifen.

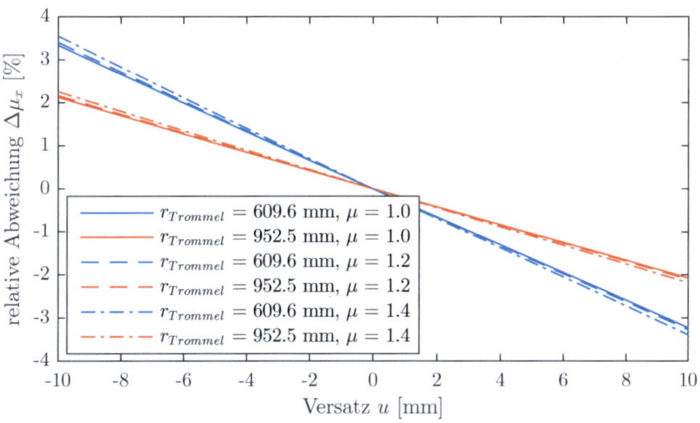

Abb. A.7: Relative Abweichung zwischen realen und gemessenen Umfangskraftbeiwert μ_x bei einem Versatz u zwischen Messrad und Prüfstandsrolle

A.10 Vergleich der parametrisierten *Magic Formula* Modelle

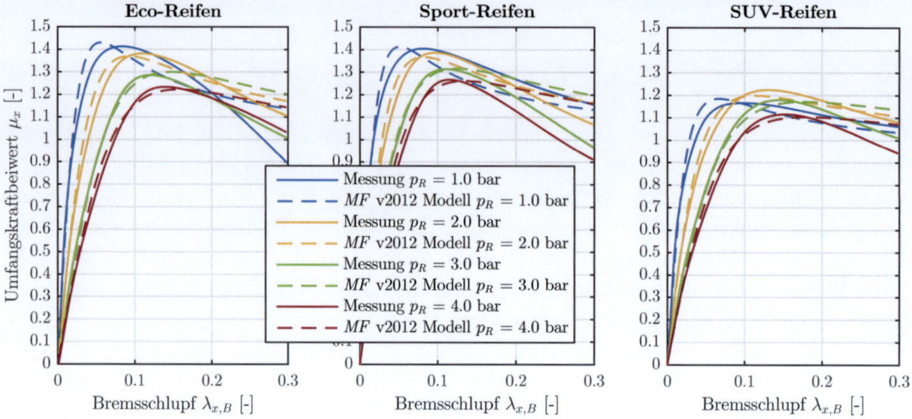

Abb. A.8: Parametrisiertes *MF* v2012 Modell (CMP auf 48“-Trommel, $F_z \approx 3.000\,\mathrm{N}$)

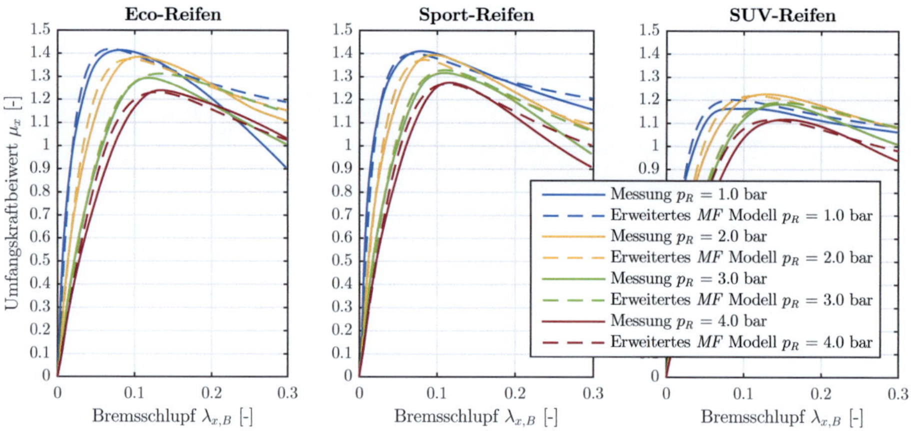

Abb. A.9: Parametrisiertes erweitertes *MF* Modell (CMP auf 48“-Trommel, $F_z \approx 3.000\,\mathrm{N}$)

A.11 Auf verschiedenen Fahrbahnkrümmungen ermittelte Reifencharakteristiken

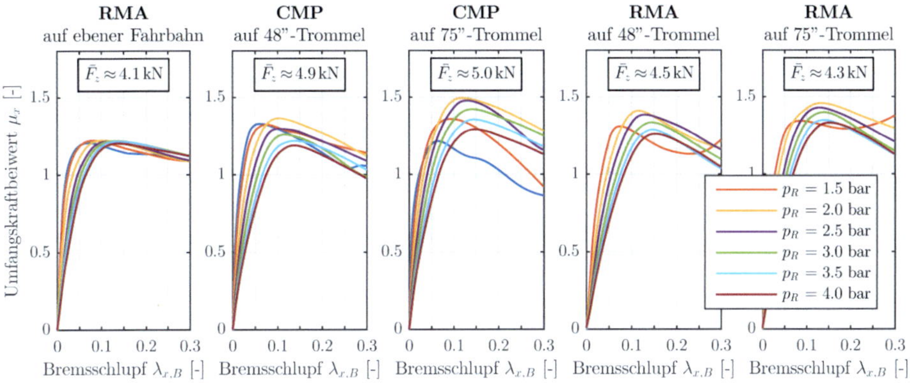

Abb. A.10: Für den Eco-Reifen auf unterschiedlichen Krümmungen ermittelte Reifenkennlinien

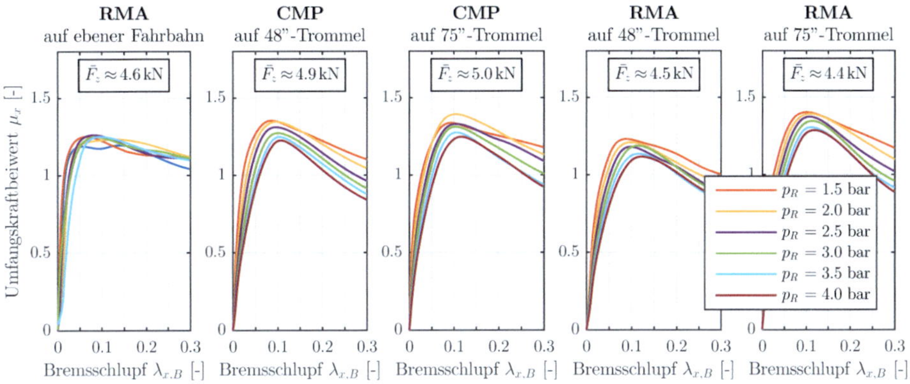

Abb. A.11: Für den Sport-Reifen auf unterschiedlichen Krümmungen ermittelte Reifenkennlinien

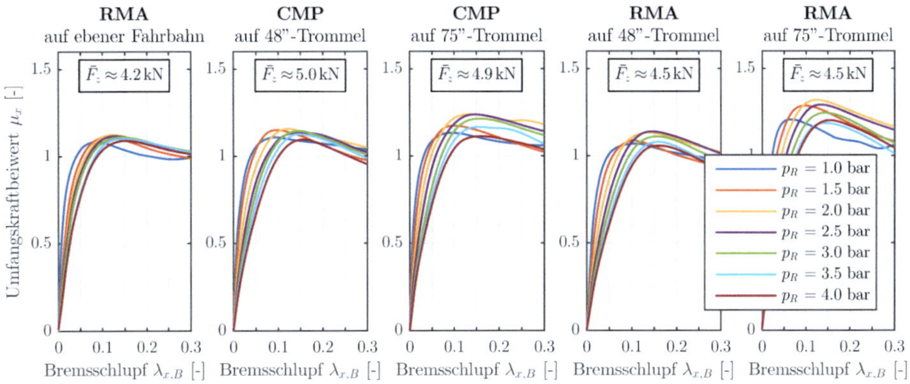

Abb. A.12: Für den SUV-Reifen auf unterschiedlichen Krümmungen ermittelte Reifenkennlinien

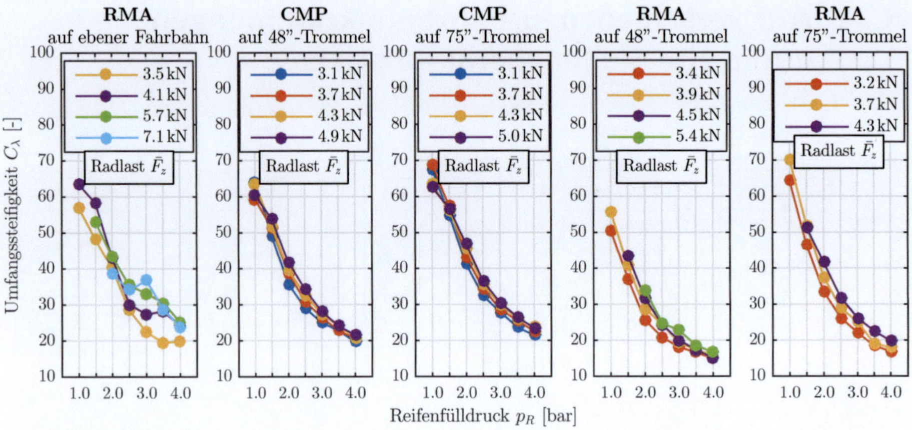

Abb. A.13: Für den Eco-Reifen auf unterschiedlichen Krümmungen ermittelte Umfangssteifigkeiten

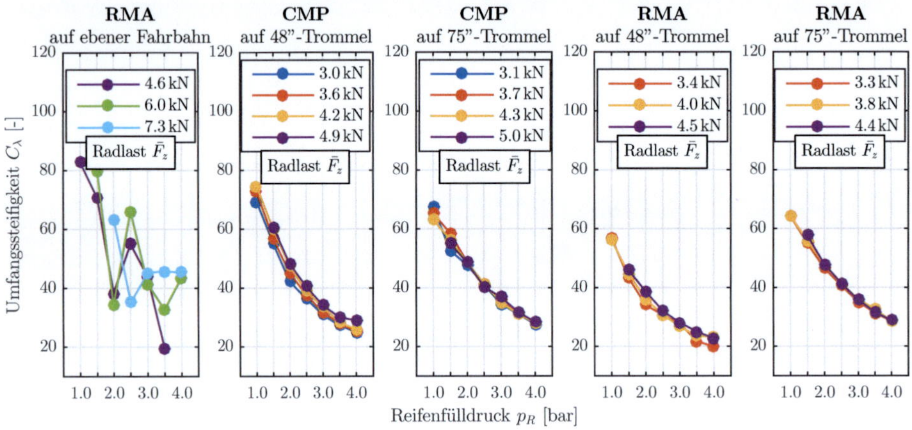

Abb. A.14: Für den Sport-Reifen auf unterschiedlichen Krümmungen ermittelte Umfangssteifigkeiten

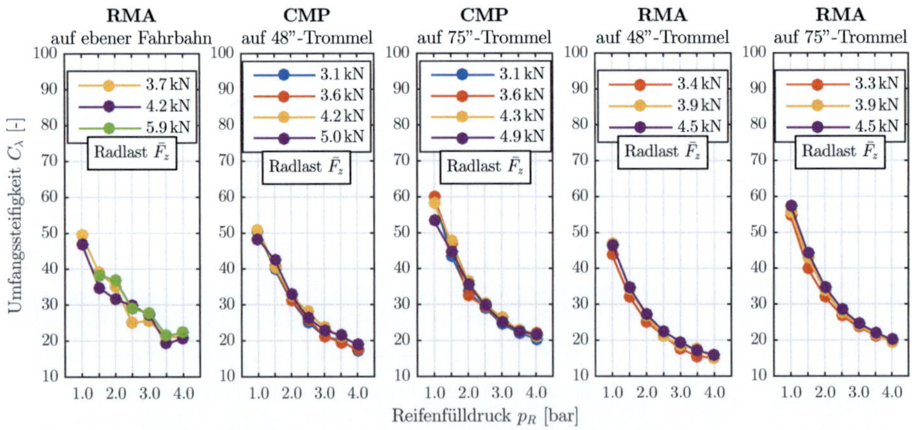

Abb. A.15: Für den SUV-Reifen auf unterschiedlichen Krümmungen ermittelte Umfangssteifigkeiten

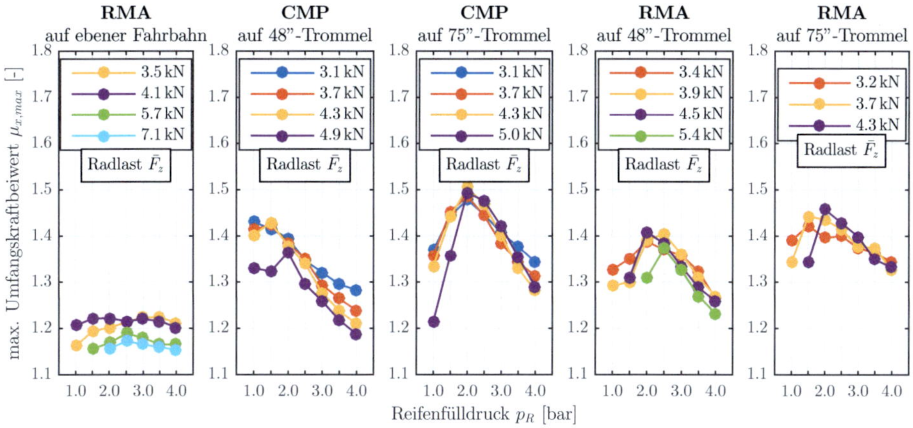

Abb. A.16: Für den Eco-Reifen auf unterschiedl. Krümmungen erm. max. Umfangskraftbeiwerte

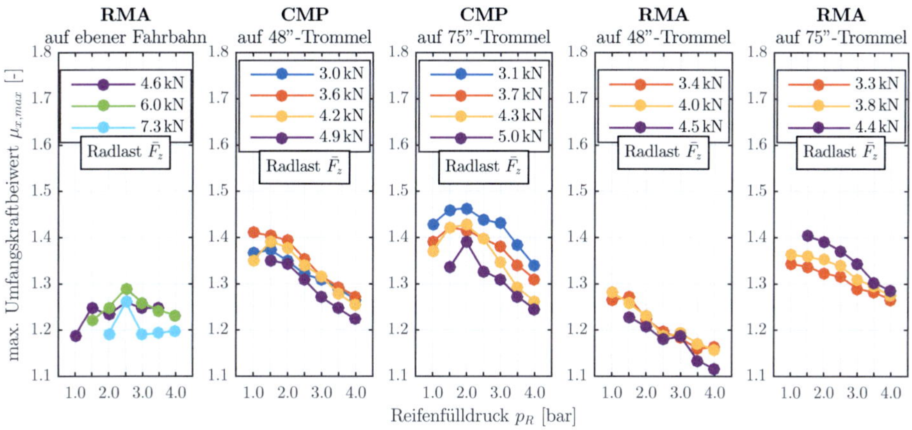

Abb. A.17: Für den Sport-Reifen auf unterschiedl. Krümmungen erm. max. Umfangskraftbeiwerte

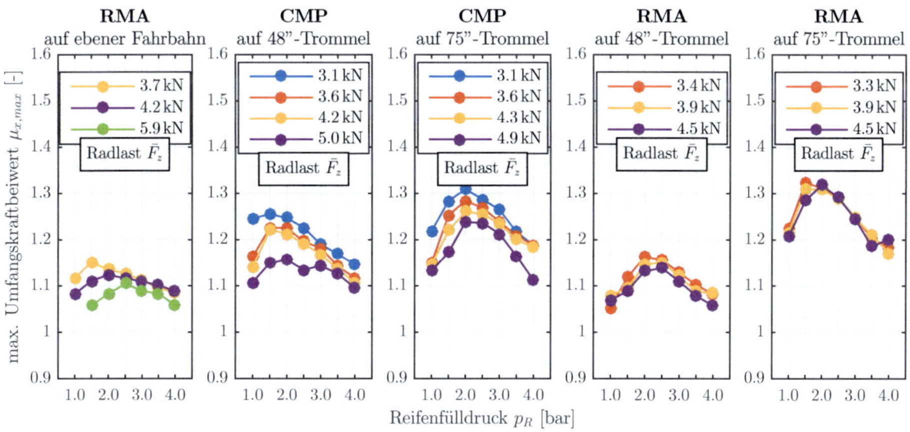

Abb. A.18: Für den SUV-Reifen auf unterschiedl. Krümmungen erm. max. Umfangskraftbeiwerte

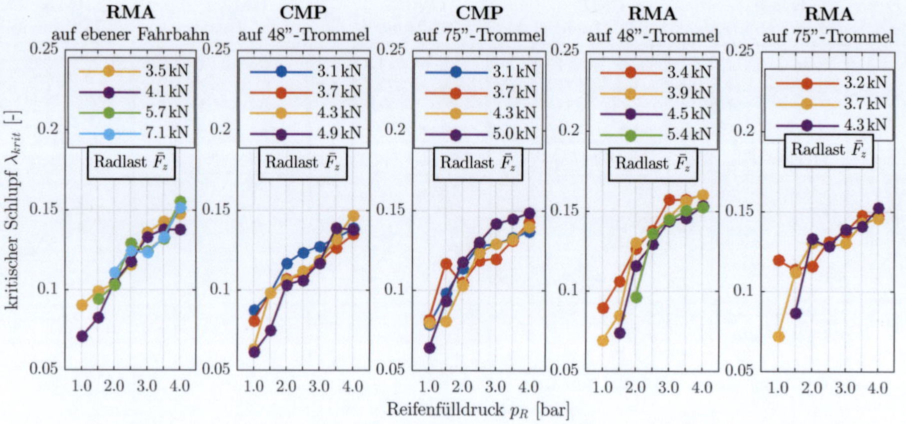

Abb. A.19: Für den Eco-Reifen auf unterschiedlichen Krümmungen ermittelte krit. Schlupfwerte

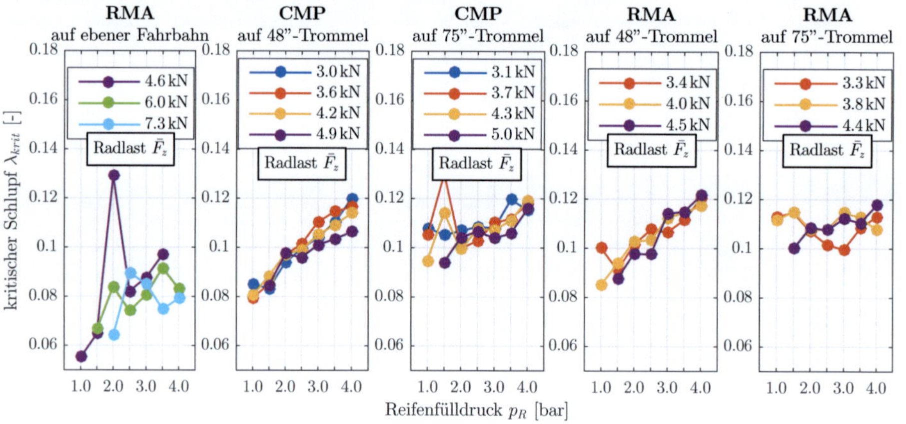

Abb. A.20: Für den Sport-Reifen auf unterschiedlichen Krümmungen ermittelte krit. Schlupfwerte

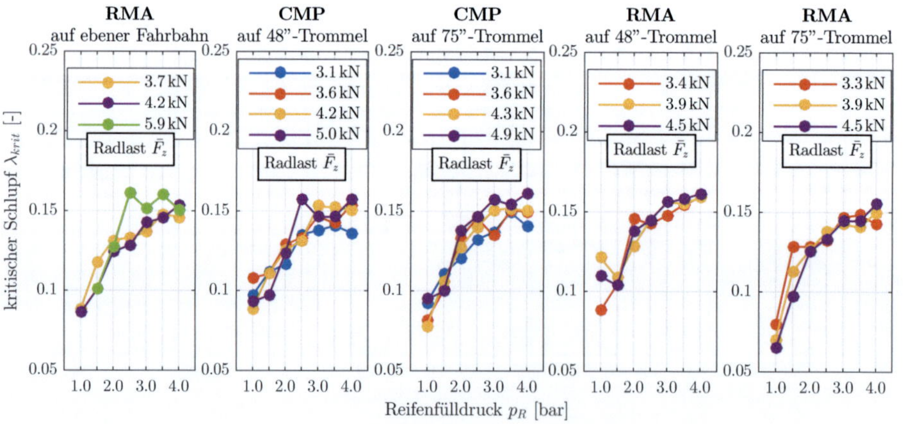

Abb. A.21: Für den SUV-Reifen auf unterschiedlichen Krümmungen ermittelte krit. Schlupfwerte

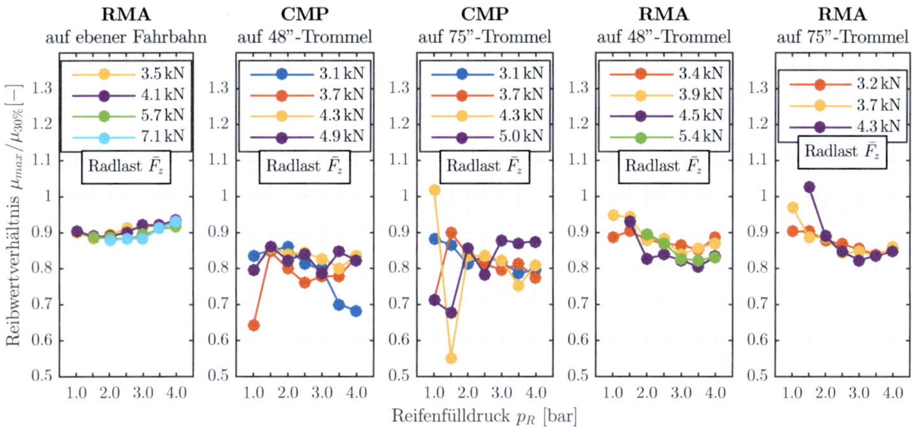

Abb. A.22: Für den Eco-Reifen auf unterschiedlichen Krümmungen ermittelte Reibwertverhältnisse

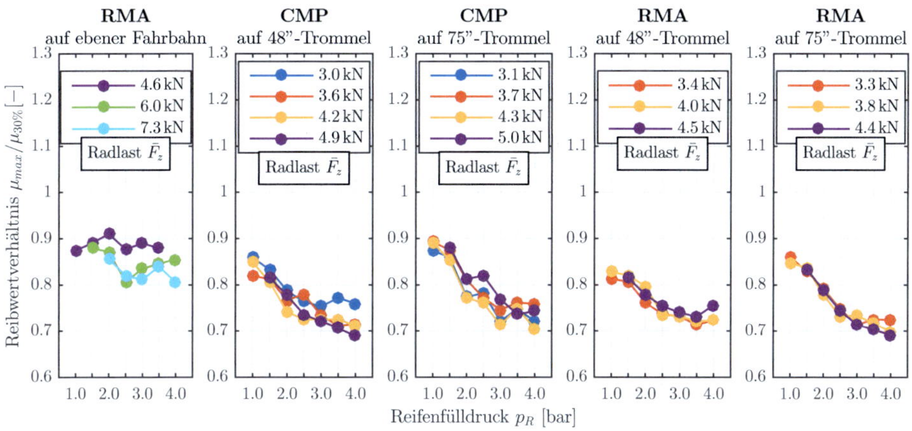

Abb. A.23: Für den Sport-Reifen auf unterschiedlichen Krümmungen ermittelte Reibwertverhältnisse

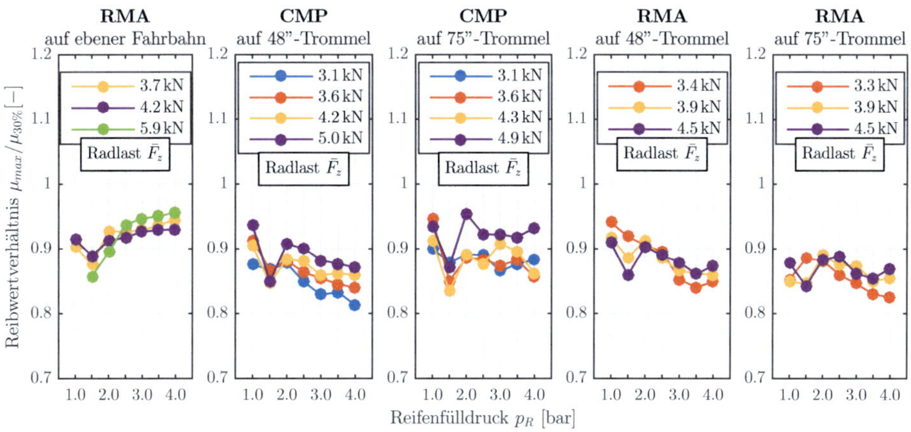

Abb. A.24: Für den SUV-Reifen auf unterschiedlichen Krümmungen ermittelte Reibwertverhältnisse

A.12 Ermittelte Flächenpressungsverteilungen im Reifenlatsch

Tab. A.5: Für den Eco-Reifen ermittelte Flächenpressungsverteilungen ($F_z \approx 4{,}4\,\mathrm{kN}$)

p_R / κ_{FB}	**1,5 bar**	**2,5 bar**	**3,5 bar**
48"-Trommel	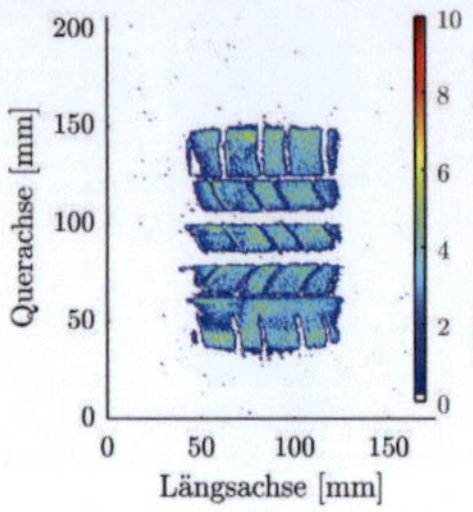	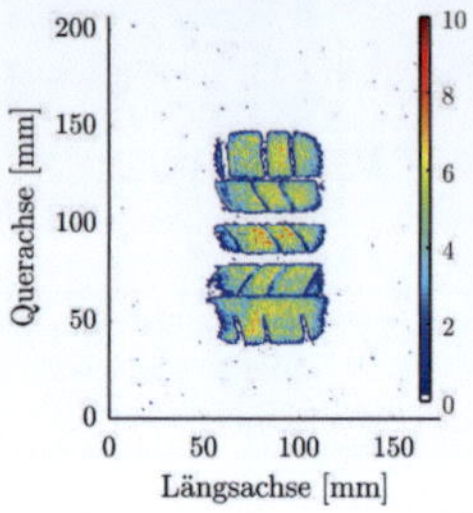	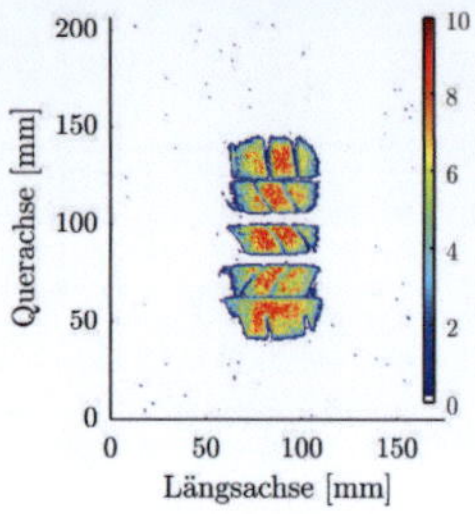
75"-Trommel	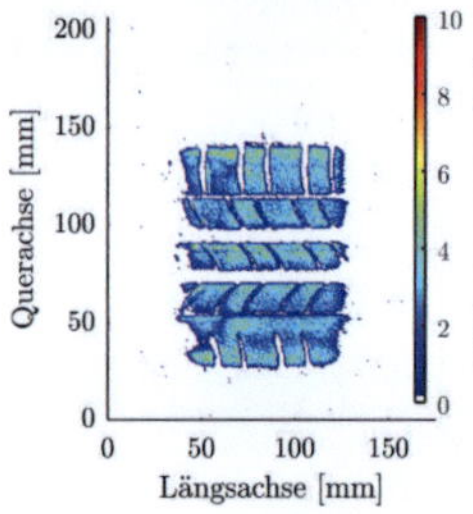	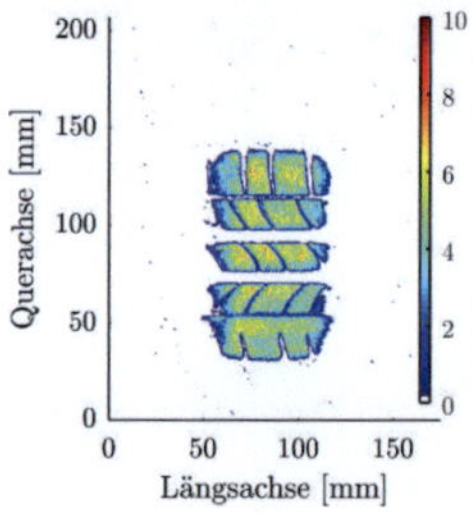	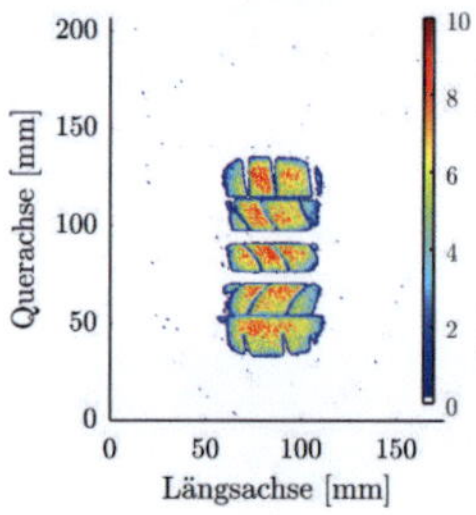
Ebene	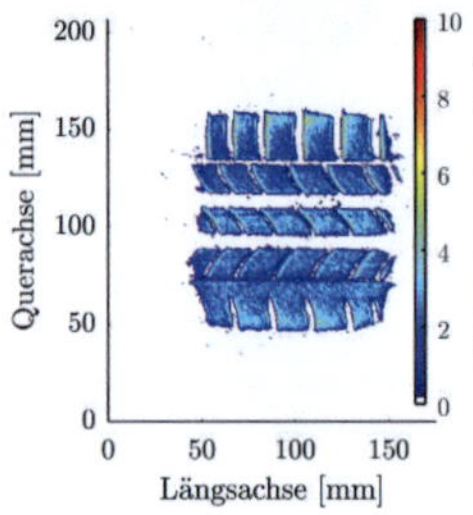	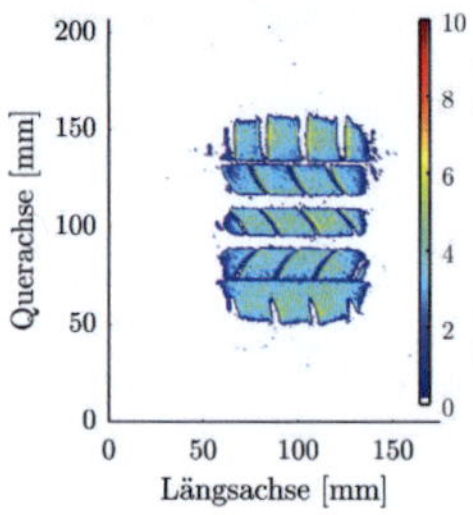	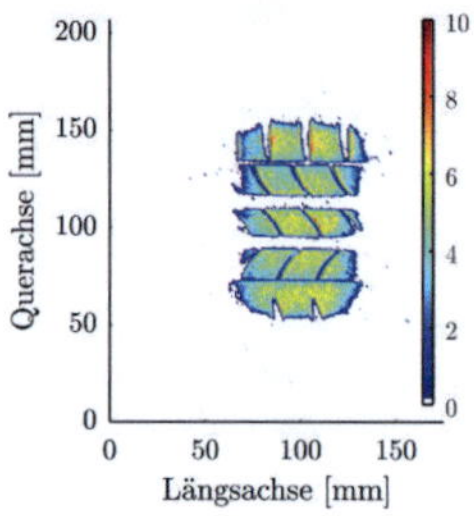

Tab. A.6: Für den Sport-Reifen ermittelte Flächenpressungsverteilungen ($F_z \approx 4{,}4\,\text{kN}$)

κ_{FB} \ p_R	**1,5 bar**	**2,5 bar**	**3,5 bar**
48"-Trommel	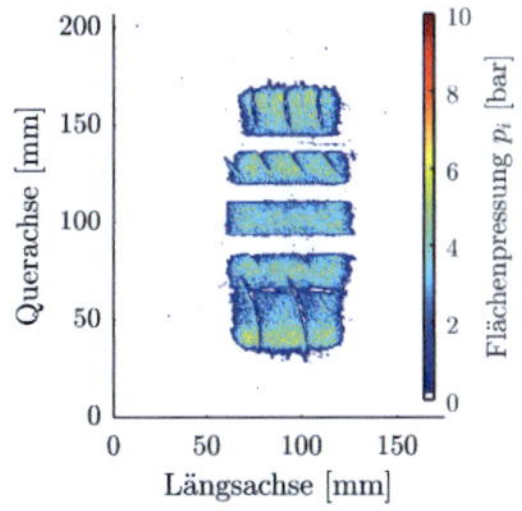	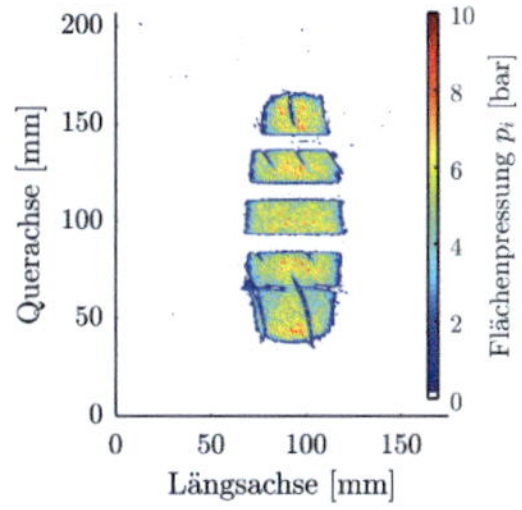	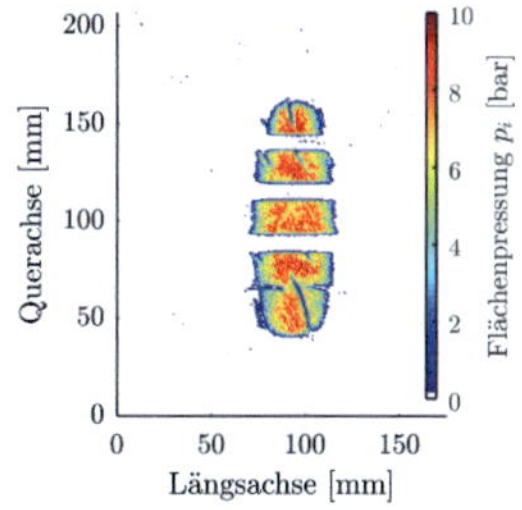
75"-Trommel	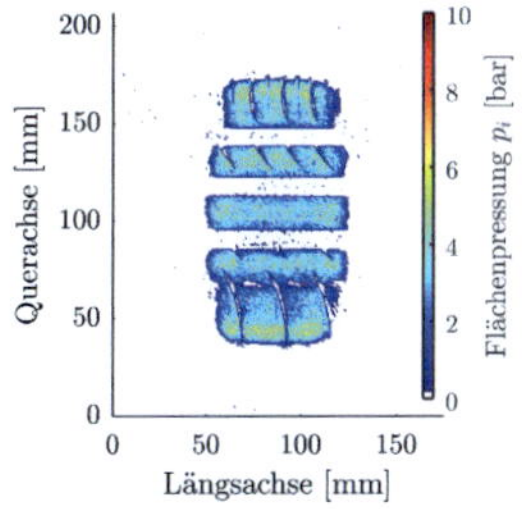	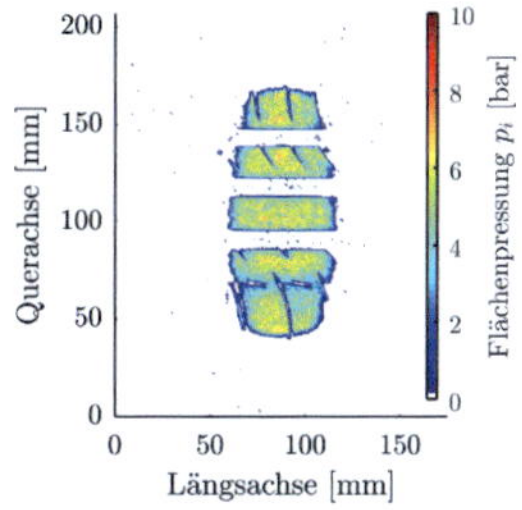	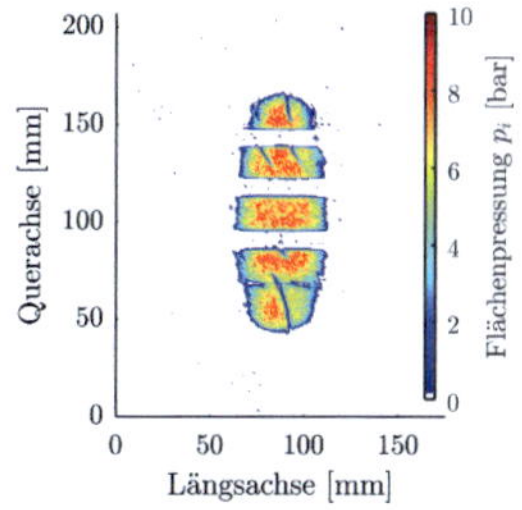
Ebene	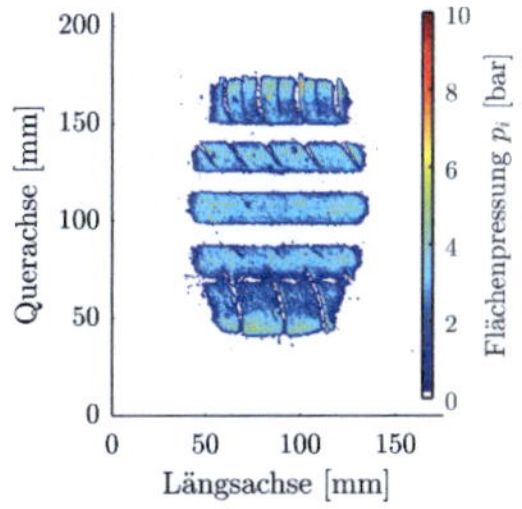	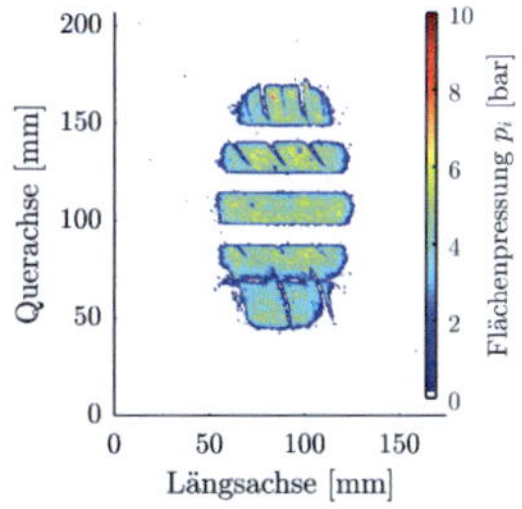	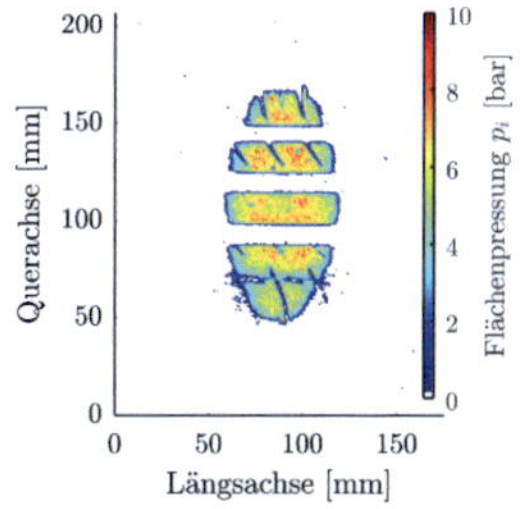

Tab. A.7: In Abhängigkeit der Fahrbahnkrümmung bestimmte Verhältnisse der Latschlängen

	$\frac{L_{L,E}}{L_{L,75}}$			$\frac{L_{L,E}}{L_{L,48}}$			$\frac{L_{L,75}}{L_{L,48}}$		
	Minimal	Mittel	Maximal	Minimal	Mittel	Maximal	Minimal	Mittel	Maximal
Eco-Reifen	1,120	1,186	1,255	1,222	1,276	1,333	1,000	1,077	1,147
Sport-Reifen	1,159	1,226	1,266	1,214	1,329	1,426	1,022	1,085	1,146
SUV-Reifen	1,166	1,233	1,276	1,289	1,348	1,411	1,036	1,094	1,148

A.13 Experimentell mit dem Versuchsfahrzeug ermittelte Umfangskraftbeiwert-Schlupf-Verläufe

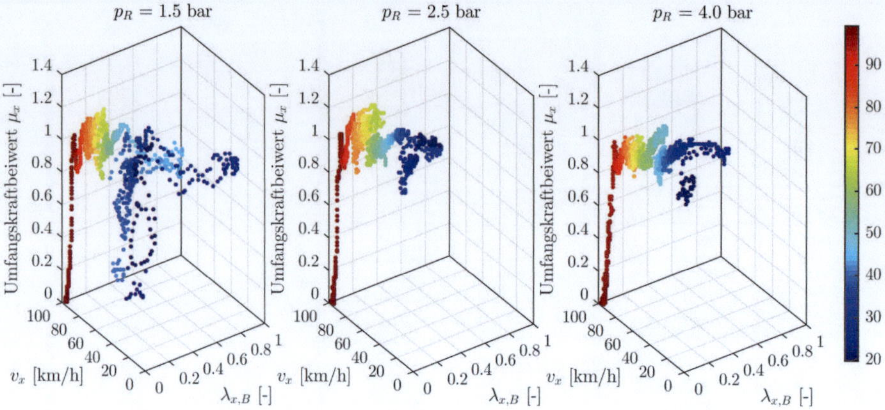

Abb. A.25: Umfangskraftbeiwert-Schlupf-Verläufe während der Bremsung auf trockener Asphalt-Fahrbahn in Abhängigkeit vom Reifenfülldruck p_R (gemessen am rechten Vorderrad)

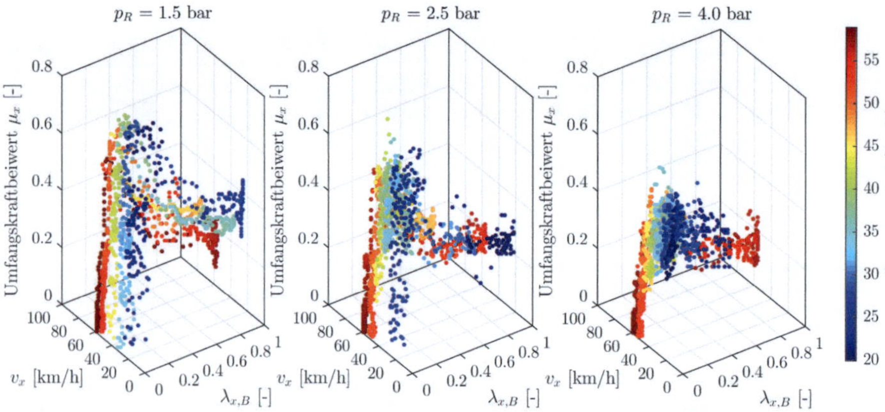

Abb. A.26: Umfangskraftbeiwert-Schlupf-Verläufe während der Bremsung auf nasser Niedrigreibwertfahrbahn in Abhängigkeit vom Reifenfülldruck p_R (gemessen am rechten Vorderrad)